教育部高等学校地矿学科教学指导委员会
地质工程专业规划教材

地震勘探

熊章强　周竹生　张大洲　编　著

内 容 简 介

全书共分八章，第一、二章介绍地震勘探的物理基础和地质基础，第三章介绍地震波的时距关系，第四、五章介绍野外地震数据采集和抗干扰技术，第六、七章介绍地震资料的数据处理和地质解释，第八章简单介绍金属矿地震勘探、垂直地震剖面、地震层析、面波勘探、微动监测和声波探测等其他一些地震勘探方法与技术。

本书资料丰富，涉及面广，涵盖了从陆上到海上以及从能源、工程到金属矿等各个地震勘探领域，可作为高等院校应用地球物理专业的教材，也可供从事物探工作的工程技术人员参考。

图书在版编目（CIP）数据

地震勘探/熊章强，周竹生，张大洲编著.—长沙：中南大学出版社，2010.9

ISBN 978-7-5487-0105-7

Ⅰ.地… Ⅱ.①熊…②周…③张… Ⅲ.地震勘探
Ⅳ.P631.4

中国版本图书馆 CIP 数据核字(2010)第 176668 号

地震勘探

熊章强　周竹生　张大洲　编著

□责任编辑　陈海波
□责任印制　易红卫
□出版发行　中南大学出版社
社址：长沙市麓山南路　邮编：410083
发行科电话：0731-88876770　传真：0731-88710482
□印　　装　长沙鸿和印务有限公司

□开　　本　787×1092　1/16　□印张 22.5　□字数 561 千字　□插页
□版　　次　2010 年 9 月第 1 版　□2019 年 7 月第 4 次印刷
□书　　号　ISBN 978-7-5487-0105-7
□定　　价　52.00 元

图书出现印装问题，请与出版社调换

总序

地球是一个庞大而复杂的系统。地球科学是六大基础自然科学之一，它不仅承担着揭示地球奥秘与规律的科学使命，同时也为人类如何适应和利用地球提供科学的方法。随着生产和科学与技术的发展，地球科学的研究内容和领域也在不断地深入和扩展，逐渐形成了日臻完善的综合性学科体系。

地质工程是为国民经济建设服务的先导性工程领域，地质工程学科是地球科学的重要组成部分，其主要研究对象包括地质调查、矿产资源的普查与勘探，和重大工程的地质结构与地质背景，其学科涉及地质学、地球物理学、地球化学、岩土工程学、遥感技术、测试技术、及信息与计算机技术等。

在2006—2010年教育部高等学校地矿学科教学指导委员会的成立大会上，委员们一致认为，教材建设是本届教学指导委员会的重要任务之一。地质工程专业系列教材被列为教学指导委员会三大规划教材（地质、采矿和矿物加工）之一，涵盖了资源勘查工程、应用地球物理和岩土钻掘工程三个专业方向。地质工程专业系列教材编审委员会通过多次沟通和研讨，在总结以往教学和教材编撰经验的基础上，以推动新世纪地质工程专业教学改革和教材建设为宗旨，提出了地质工程专业系列教材的指导思想和编写原则：①教材的体系、知识层次和结构要合理，要遵循教学规律，既要有利于组织教学又要有利于学生学习；②教材内容要体现科学性、系统性、新颖性和实用性，并做到有机结合；③既要重视基础，又要强调地质工程专业的实践性和针对性；④要反映地质工程学科的新理论、新技术、新方法、新成果、新标准、新规范，以体现时代特性和创新精神。

当前，地质工程领域各个学科和各种技术都在不断发展，地质工程专业的教材需要不断完善和更新。全国参与地质工程专业教材编写的老师们必定能够共同努力，精益求精，写出更好的地质工程专业的系列新教材，以适应我国国民经济快速发展的需要。借地质工程专业一批新教材陆续出版的机会，衷心祝愿我国地质工程学科在新世纪得以更快发展。

何继善

中国工程院院士

2010 年 9 月 30 日

前　言

近些年来，我国多所高校编写了各有侧重的《地震勘探》教材，有侧重石油和天然气的油气地震勘探，有侧重煤田的煤田地震勘探，还有侧重工程的工程(或浅层)地震勘探。随着我国经济建设和社会的持续发展，能源、矿产、交通等各领域的巨资投入，促使地球物理探测成为当今地质行业中的热门。因此，对高校物探专业来说，编写一本适合以上地质工作及通用性强的地震勘探教材是十分必要的。

本书前七章系统地叙述了地震勘探的基本理论、地质基础、数据采集、数据处理和地质解释，第八章简单介绍了金属矿地震勘探、垂直地震剖面、地震层析、面波勘探、微动监测和声波探测等其他一些地震勘探方法与技术。

本书最突出的特点是其通用性，包括了从陆上地震勘探到海上地震勘探，从石油、煤田等能源地震勘探到金属矿地震勘探以及工程地震勘探等各个领域，方便学生对各领域地震勘探进行了解和对比，也便于学生的择业。在教材编写过程中力求做到通俗易懂、深入浅出、概念明确、重点突出。

本书由熊章强主编，其中绪论及第一、二、三章由熊章强编写，第六、七章由周竹生编写，第四、五、八章由熊章强和张大洲共同编写，全书由熊章强修改定稿。

全书讲授时间需80~100学时。为方便教学安排，可分别开设“地震勘探原理”(第一到第五章)及“地震勘探数据处理与解释”(第六、七章)，第八章还可单独作为本科生或研究生的“地震勘探新方法与新技术”的教材或参考书。根据各领域地震勘探的特点和不同的教学大纲，可选讲教材中的部分内容。

本书在编写过程中，重点参考了陆基孟主编的《地震勘探原理》，姚姚编著的《地震波场与地震勘探》，李录明等编著的《地震勘探原理方法和解释》，徐明才等著的《金属矿地震勘探》，钱绍瑚编的《地震勘探》以及王振东编著的《浅层地震勘探应用技术》，并得到了吉林大学韩立国教授、中国地质大学刘江平教授和顾汉明教授以及东华理工大学方根显副教授和李红星博士的大力支持和帮助，在此深表谢意。同时要特别感谢中南大学物探教研室同仁们的大力支持与帮助。

由于编者水平所限，书中错误或不妥之处，恳请读者批评指正。

编　者
2010 年 9 月

目　录

绪 论

第一节 地震勘探方法简介

地球物理勘探方法都是以研究岩石的某种物理性质为基础的，地震勘探是其中重要的一种，它所依据的是岩石的弹性。地震勘探学由天然地震学发展而来，当发生地震时，地壳会产生断裂，裂缝两边的岩石会产生相对移动，正是这种破裂产生了由断裂面向外传播的地震波。地震勘探属于人工地震，所采用的震源可以控制，可以移动，其基本工作方法是采用炸药或非炸药震源，在地表某测线上或浅井中激发地震波，当地震波向下传播遇到弹性不同的分界面时，就会发生反射、透射和折射，我们可沿测线的不同位置安置检波器并用专门的地震勘探仪器记录这些地震波。由于地震波在介质中传播时，其传播路径、振动强度及波形将随所通过介质的结构和弹性性质的不同而变化，如果掌握了这些变化规律，根据所接收到的地震波旅行时间与速度资料，就可推断解释地层结构和地质构造的形态，而根据波的振幅、频率、速度等参数，则有可能推断地层或岩石的性质，从而达到地震勘探的目的。

从投资费用以及解决地质问题的广泛程度来说，地震勘探无疑是最重要的一种地球物理勘探方法。和其他地球物理方法相比，地震勘探的重要特点或者说优势是准确性好、分辨率高、探测深度大。地震勘探最突出的成就是寻找能源，世界各地的各大油气田和煤田绝大多数是由地震勘探发现的，目前普遍采用能提供更丰富细节信息的三维地震技术，极大地发掘了油藏工程和煤田勘查的能力。此外，地震勘探还常被用于解决诸如工程地质填图、建筑、水利、电力、核电站、铁路、公路、桥梁、港口、机场等各种工程地质问题。遗憾的是，由于地震技术不能很好地区分多种类型岩石分布复杂情况时的界面，过去它很少直接用于金属矿勘探。目前，我国的地质找矿难度日益增大，在寻找盲矿和深部隐伏矿为中心的勘探，地震勘探方法再次引起人们的重视。事实上，金属矿往往都是构造控矿，可利用地震和测井方法对地下复杂的地质构造进行成像，这方面已有取得成功的应用实例；另外，对金属矿易产生散射的特点，强调研究基于地震波散射理论的散射波地震技术是金属矿地震勘探技术的发展方向。

在地震勘探中，根据地震波的类型不同可分为纵波、横波和面波地震勘探，根据地震波传播特点的不同可分为反射波法、折射波法和透射波法地震勘探，根据地震勘探的目的和任务可以分为工程(浅层)、煤田、石油、金属矿地震勘探以及地震测深等。此外，还可根据探测对象和应用目的不同，分为浅层地震勘探和中、深层地震勘探。研究大地构造与深部地质问题的称为地震测深；寻找石油、天然气的叫石油地震；探测煤层和煤田构造的叫煤田地震，这些地震勘探一般探测深度都比较大，达数百米至数千米，故称之为中、深层地震勘探。浅层地震勘探主要研究地表数百米范围内的地层和地质构造，主要用于各种工程、水文、环境等地质勘探。

一、反射波法

反射波法研究的是地震波在不同弹性介质分界面上按一定规律产生反射的原理。在日常生活中，经常遇到波的反射现象，如人在山谷中的呼喊会产生回声，这是因为声波在空气中传播时遇到障碍物——山而反射回来的结果。声波在空气中的传播速度约为 340 m/s，如果记录下声波反射来回的时间，就可以大致计算出障碍物与呼喊者之间的距离。

反射波法地震勘探原理与这种声波反射的情况非常相似，但其反射过程要复杂得多，因为弹性波在地下介质中的传播速度受其成分的影响而在很大范围内变化，且往往为未知，因此利用反射波测量反射界面的深度也要复杂得多。换言之，从地震波所携带的信息中还可以了解波传播路径中所遇到的岩石性质。为了更好地研究反射界面的深度、形态以及地下介质的岩性，一般要同时记录地震波从一个震源到达若干观测点上引起的大地振动，这需要使用专门的地震勘探仪器来完成这一工作。根据地震波场理论，地震反射纵波的能量主要集中在接近震源的地方，而在靠近震源处，地震反射纵波的运动学特征变化规律也比较简单。因此，纵波反射波法勘探通常在距离震源较近的若干测点上布设检波器，分析各检波器上接收到的反射波旅行时，结合地震波的传播速度，就可以确定发生反射的界面的位置和起伏形态；而反射纵波的速度、波形、频率、吸收等动力学特征参数，可作为推断地层特征、岩性性质或其他矿物存在与否的标志。

反射波法勘探深度可以从最浅的几米到几千米，甚至上万米，只要存在弹性分界面和足够能量的震源，就必然会出现反射波，因此其应用范围最为广泛。无论是寻找石油、煤炭等能源资源，还是解决工程地质问题及矿产资源勘探开发问题，以及大地构造与深部地质问题都可以使用反射波法。

二、折射波法

折射波法是研究地震波在速度分界面（波在这个界面以下地层中的传播速度大于波在其上面地层中的传播速度）产生滑行波引起的振动。当地震波射线以临界角入射时，射线在速度分界面上会发生全反射，即透射角为 90°，射线以下伏岩层的速度沿界面滑行，由于上、下介质的弹性联系，进而引起上覆岩层介质中的质点发生振动，并以与入射时临界角相等的角度返回地面，这种波称为折射波，由于这种波首先被地震仪接收到，所以也叫首波。通过研究在地表接收到的折射波的传播时间和距离的关系，可以求得地下介质速度及界面埋深等参数。由于折射波需要以临界角入射，仅当下伏岩层比上覆岩层的地震波速大时才会产生，并且折射波法得不到反射波法那样高精度的构造图，折射波法的应用比反射波法要少得多，它主要用于工程地震勘探中探查基岩的埋深，并利用地震波速度进行工程地质围岩分类及评价岩体质量等。

三、透射波法

透射波法和反射波法、折射波法不同，它是观测和研究通过某种岩层的直达穿透波。这种波与光学中的折射波相同。工作时，振动的激发点和接收点分别位于地下弹性分界面或地质体的两侧。此法多数情况下是在钻孔或坑道中进行，根据地震波的传播时间以及激发点与接收点之间的距离，可以求得波在该层中的传播速度进而确定地质异常体的形态，并可计算出岩层或地质体的弹性模量等力学参数。目前实际工作中开展的透射波法主要是跨孔法和垂直地震剖面(VSP)法，前者激发点和接收点均在井中，使用得较少；后者是常规速度测井的扩展，在井与地面之间激发和接收，使用较为广泛。

第二节 地震勘探的发展

一、地震勘探发展简史

地震勘探学是天然地震学的产物，由天然地震学发展而来。我国是世界上地震学发展最早的国家。公元132年，东汉时期杰出的自然科学家张衡就设计成功了世界上第一台观测地震的仪器——候风地动仪。当时在洛阳已经能记录到远在千里之外(甘肃)的地震，还能够测定发生地震的方向。

直到19世纪初，随着西方国家的大工业以及数学、力学和弹性力学的发展，科学家才从理论上证明了纵、横波的存在。在第一次世界大战期间(1914—1918年)，德国和同盟国双方都做过试验，根据重炮发射时因反冲而产生的地震波，利用三个或更多的机械式地震仪来定位对方的炮兵阵地。第一次世界大战结束后，经济恢复对石油的需求迅速增长，而用地质方法寻找石油的收益开始下降，地震方法便应运而生了。

1919年德国人Mintrop L申请了折射波法专利，并在1920年至1921年利用折射波法研究了德国北部两个著名的盐丘以及后来发现的Meissendorf盐丘。与此同时，他成立了一个地震公司(Seismos)进行地球物理勘探，使用的地震折射波法是初至折射波法，利用机械地震仪，采用剖面法进行观测，研究并促进了折射波法地震勘探的发展。1922年，Seismos公司在瑞典试验用于矿业勘探，在荷兰试验用于煤田勘探，成功地探测了煤层深度。1926年前后，Seismos公司使用折射波法进行石油勘探，一系列的钻探成功，引发了地震折射波法的大规模应用，并促使了石油勘探的革命。

实际上，在Mintrop L的折射波法兴起和迅速发展的同时，反射波法亦在萌发之中。1919年，Karcher和McCollum申请了3项有关地震反射波法的专利。1920年，他们组建了地质工程公司(Geological Engineering Company)，应用地震反射波法来寻找油气。

1920年6月，英国皇家学会会员Evans J W和Whiteley W B在英国申请了“地球内部构造研究方法的改进”专利，这份专利明确提出了地震反射波勘探方法。

1920年前后，Karcher和Haseman进行了一系列的反射波法试验性勘测，他们使用一台示波器改装成3道的地震仪，并用无线电话接收器做成了电动式检波器。他们在一已知的背斜上做了一个地震反射法剖面，获得了一些清晰的反射波记录，并作出了背斜顶面构造的剖面图。

从1922年到1927年，由于石油价格下跌，地震反射波法勘探的发展受到了影响，在断断续续进行的反射波法试验中，不同地区所做的反射波法地震记录质量也非常不稳定。实际上，在1928年以前，由于检波器和地震记录仪器的性能不佳，加上野外工作方法不适当，这一时期的反射波法一直是试验性的。

1927年，美国科罗拉多矿业学院首次开设了地球物理勘探课程，也是在这一年进行了第一次地震测井。

1929 年，GRC 的一个地震队在 Louisiana 的海湾地区对已知 Darrow 盐丘进行详查，这个队用“测定倾角观测系统”进行反射波法勘探，根据反射波作出了构造图，所钻的第一口井见到了工业油流，从而发现了 Darrow 油田，接着又陆续钻了一些油井。这些井表明，反射波法作出的构造图比折射波法作出的构造图精度高，从而开始显示出反射波法的优点。反射波法也很快成为石油勘探中占主导地位的勘探方法。

值得指出的是，1930 年，前苏联学者甘布尔采夫把反射波技术应用于折射波法中，创造了折射波对比法，不仅记录初至，还可对比追踪中深层界面产生的续至折射波，提高了解释精度，加深了勘探范围，扩大了折射波法的应用范围，使之能在很多领域发挥作用。然而，由于地震折射波法的固有缺点，如折射波法会漏掉大部分地层界面，在地质条件相对复杂时容易造成解释中的错误，地面观测折射波必须在盲区以外等，这些使折射波法具有很大的局限性，因此它在石油勘探中逐渐失去了优势，逐渐让位于反射波法。但是，由于折射波法具有能直接计算出界面以下的地层速度等优点，直到今天地震折射波法在低速带测量及地壳测深等方面仍然是不可缺少的方法，尤其是在工程地质勘察中发挥了重要作用。

20 世纪 30 ~ 40 年代，反射波法迅速发展起来，美国在短时间内出现了很多家地球物理勘探公司，他们相互竞争，在美国陆续发现一系列大油田。1933 年开始在反射波法中应用组合检波，1940 年出现了 24 道地震仪，并带有带通滤波性能的自动增益放大器，多道混波能力，还采用了震源组合激发地震波，共深度点记录是 Harry 在 1945 年作为减小噪声的一种方法发明的，磁带记录使得共深度点法成为可能，这一方法始于 1956 年，但直到 20 世纪 60 年代末期才被广泛应用，今天共深度法已成为地震勘探的常规方法。

与陆上地震的发展不同，大量的海上作业直到 1944 年才出现，标志着海上地震勘探开始发展。浮标拖缆首次被使用是在 1945—1950 年间，近年来出现的海底电缆使得海上地震勘探出现了前所未有的好形势。

地震勘探中的记录道数也一直在增加。1937 年时，反射波的标准道数是 6 ~ 8 道，到 1940 年，大多数地震队采用 10 ~ 12 道系统，第二次世界大战后的许多年，24 道成为了标准的道数。到了 1981 年以后，大多数地震道数采用 48 ~ 96 道工作。近年来，使用 120 ~ 240 道工作的地震队已经减少，大多数是上千道。目前，上万道，甚至十万道以上的记录也已经出现。但在工程地震勘探中，由于勘探目的层较浅，直到目前还多采用 24 ~ 48 道工作。

检波器的制造技术也一直在发展。最初的地震仪为机械式地震仪，检波器为无线电话接收器做成的电动式检波器，这种检波器不久便被电感检波器所取代。早期的电感检波器主要有电容型、可变磁阻型及电动线圈型等三种类型，使用的是油阻尼介质。随着较好磁性材料的使用，电感检波器的灵敏度提高了，重量却减轻了，电磁阻尼取代了油阻尼。电磁类型的检波器成为陆上工作的主要类型。海上工作主要使用压电式检波器。目前，数字检波器已经出现，并有取代上述检波器的趋势。

震源技术也一直随着地震勘探技术在发展。陆上震源除了炸药震源之外，还有非炸药震源。最简单经济的非炸药震源是采用重锤，20 世纪 50 年代，许许多多的地震队采用落重法激发地震波；而最重要也最巧妙的陆上非炸药震源是可控震源（Vibroseis），它是由 Crawford M在 1953 年提出并首次使用，并在 60 年代初得到普遍应用。到了 90 年代初，国外陆上地震勘探可控震源队已占陆上地震队的一半。在 60 年代中期，海上出现了多种非炸药震源，如空气枪震源、电火花震源等。这些安全又环保的新式震源的应用不仅提高了生产效率，也扩大了地震勘探的适应范围。由于新式震源既经济高效，又保护了自然环境，因此迅速地取代炸药震源而成为海上地震勘探的震源。

事实上，地震勘探的发展最重要的标志是记录仪器的发展，以记录仪器为标志，地震勘探的发展可分为三个阶段。

第一阶段(1927—1952 年)：以光点示波记录、手工作图处理资料为特点。地震仪采用电子管元件，以光点示波的方法得到地震波形记录。其缺点是动态范围小(约 20 dB)、频带窄、信噪比低、资料不能重复处理、结果不便于保存，人工处理资料效率低。

第二阶段(1953—1963 年)：以模拟磁带记录，多次覆盖观测、资料用模拟电子计算机处理为特点。地震仪采用晶体管元件，用磁带记录，然后在室内用回放仪以不同因素反复处理，以达到最佳效果。动态范围稍大(约 40 dB)、频带稍宽、信噪比有较大提高，资料处理可实现半自动化，效率较高，结果较有利保存。回放处理结果可得到能直观反映地下地质构造的时间剖面。

第三阶段(1964 年至今)：以数字磁带记录，高覆盖次数观测，资料用数字电子计算机处理为特点。动态范围大(一般达到 84 ~ 120 dB 以上)、精度高，提高信噪比的手段多而灵活，原始资料的质量、资料处理的自动化程度及解释精度都大为提高，仪器正向遥测、遥控、高采样率、超多道发展，大大加强了地震勘探解决地质问题的能力和效率。

二、我国地震勘探发展简史

1. 能源地震勘探

1937 年，在中国土地上进行了第一次地震勘探，当时正值日本侵占我国东北之时，为了掠夺中国资源，“满洲石油株式会社”在内蒙的扎赉诺尔和辽宁的阜新为寻找石油进行过地震勘探，但没有发现石油。我国自己的地震勘探起步很晚，直到新中国成立后的 1951 年，才由翁文波主持成立中国第一个地震队，使用的仪器是美国的 24 道光点地震仪。20 世纪 60 年代以来，随着我国对石油等能源需求量的大量增加，我国地震队伍的数量也迅速发展，仅石油系统就达到 100 多个，为大庆、胜利、辽河等大型油田的发展作出了重要贡献。到 70 年代我国地震队的数量达到顶峰，石油系统已达到 290 多个，90 年代末调整为 160 多个。

(1)地震勘探仪器

1956 年，西安石油仪器厂试制成功了我国第一台地震仪——DZ－571 型电子管光电地震仪及 DJ－571 型地震检波器，并进行批量生产装备了全国地震队。1964 年从法国 CGG 公司引进车装 CGG－59 型轻便式模拟磁带地震仪及 CS－621 型回放仪，开始了我国模拟地震记录和回放处理的时代。1965 年 923 厂研制成功 DZ－651 型 24 道模拟磁带地震仪，西安石油仪器厂在此基础上试制了 DZ－663 型模拟磁带仪。1973 年我国从法国引进第一批 SN338 数字地震仪——我国首次引进数字地震仪，开始了地震资料采集的数字化进程。1978 年西安石油仪器厂试制成功了 SDZ－751A 型 48 道数字地震仪，批量生产后迅速装备了我国的地震队。

通过自己生产和从国外购进数字地震仪，1985 年全国地矿系统地震队全部实现数字化，到 1987 年，全国石油系统 262 个地震队也全部实现数字化。这是我国地震勘探史上的一个重大技术进步，为地震技术的进一步发展奠定了物质基础。1990 年，西安石油仪器厂研制的 YKZ－480 遥测地震仪试验成功，次年通过了国家鉴定，并先后生产了 20 余套。1999 年，该厂研制的 GZY－4000 型高精度遥测地震仪通过了国家验收。

(2)地震资料处理

用于地震资料处理的大型电子计算机也发展很快。早在1969年，由国务院批准，列为国家重点工程的“150工程”，由石油部有关生产单位和院校研制用于地震资料处理的大型电子计算机DJS－150型计算机于1973年研制成功，并编制了地震资料处理软件。1978年，物探局从法国CGG公司引进了两套CYBER－1724计算机及随机配置的全套地震数据处理软件，这是我国较早为地震数据处理引进的大型电子计算机，从此开始了引进外国大型计算机的过程，到1984年，各油田都有了自己的大型计算机处理系统。1986年，国防科技大学研制成功的亿次级分布式复合多机系统，即“银河”地震数据处理系统，配备物探局和有关院校协作研制的地震资料处理软件，通过国家鉴定后投入使用，大大提高了我国地震数据处理水平。

(3)地震勘探技术

20世纪70年代前后，中国地震勘探在技术方法上取得一系列重大进步。第一是多次覆盖方法:从1970年开始，多次覆盖方法在全国陆上和海上迅速推广开来。1973年，石油部属所有地震队已全部采用多次覆盖方法，这标志着中国地震勘探水平的重大进步。第二是三维地震:1974年，江汉油田物探处进行了三维地震方法试验，在国产小型机121机上用自己研制的软件进行处理，于1977年夏获得了三维偏移剖面，紧接着各油田的三维地震广泛开展起来，到20世纪80年代末，三维地震技术在国内已逐渐完善，特别是20世纪最后几年，三维地震采用了高覆盖次数，全三维处理，精确成像，多信息利用和可视化技术，使三维技术的精度进一步提高，已成为地震勘探中的一项成熟技术。

震源技术也取得了重大进展。早在20世纪60年代中期，石油部所属海洋一队就与中科院电工所联合研制电火花震源，经过4年奋斗，于1970年试制成功国产第一台电火花震源(能量20万至25万J)并投入生产。这是第一种国产非炸药震源，随后发展出一系列电火花震源，包括陆上使用的电火花震源。1974年，地质部所属第一海洋地质调查大队研制成功我国第一台高压空气枪震源，以后研发出系列空气枪震源装备了国内地震队。1981年第一套7吨级KZ－7型国内可控震源在玉门试制成功，不久石油物探局等单位也研制成功系列可控震源及28吨级的大吨位可控震源。在20世纪70年代后期，我国海上地震震源就已经全部采用了非炸药震源，既保护了海洋环境，提高了生产效率和质量，也保证了安全。

我国多波地震勘探研究始于20世纪80年代初。石油部四川石油管理局地调处在四川遂南进行了横波勘探试验，当时用炸药做震源，采用多排井爆炸方法产生SH波。1983年，地矿部第二物探大队在四川阆中进行了转换波试验。后来的十几年里，在9个地区进行了转换波试验，共采集30多条测线实际地震数据，开发研制出一整套转换波处理软件。1998年中国石化集团石油物探研究所开发出“多分量地震资料处理工作站系统”，这是我国第一套成熟的地震多分量处理软件。

多年来，我国地震勘探技术紧跟国际先进水平，不断取得发展和进步。在从简单构造向复杂构造、从浅中层向深层、从构造到地层岩性的发展过程中，锻炼了队伍，发展了技术，在解决我国许多复杂地震地质条件(例如黄土、沙漠、戈壁、沼泽、山地等)下的地震勘探问题方面，已经走到了世界的前列。

2. 工程地震勘探

跟能源地震勘探一样，我国在工程领域的地震勘探工作也随着新中国的成立而迅速发展起来。

（1）折射波法

我国从1957年开始试用浅层地震勘探，当时主要使用折射波法测定岩土介质的弹性波速度。从1969年开始我国已能生产多道光点式轻便地震仪，并从国外引进了部分轻便地震仪器设备。浅层地震在我国许多部门相继开展，当时使用的是爆炸震源、光点示波记录，解释方法是在示波图上读取波的初至时间（“光点”记录阶段），手工作图进行地震资料解释。

20世纪80年代使用了信号增强型浅层地震仪，进一步促进了折射波法的发展。通过信号增强，提高了抗干扰能力、观测精度和分辨率，仪器轻便、工作效率高、成本低，扩大了折射波法的应用范围。采集数据记录在磁带上，通过计算机进行处理，进一步提高了资料解释的精度和效率，使那些手工难以解释的时间场法，t_0差数时距曲线法等很容易实现计算机自动成图。

目前，折射波法在工程勘察中的应用已十分普遍，它可用来测定覆盖层的厚度、基岩的起伏情况、测定隐伏断层、破碎带的位置及产状以及评价岩体质量和工程地质围岩分类等，古老的折射波法至今仍是工程地震勘探中的重要方法。

（2）反射波法

由于折射波法须具备一定的物理前提，要求被探测地层的波速大于上覆地层波速，并且观测折射波必须在盲区以外，激发点到接收点之间通常有较大的距离，因而在许多情况下它的应用受到限制。为了补充折射波法的不足，长期以来工程地震一直在发展浅层反射技术。

我国从20世纪50年代后期至70年代后期，浅层反射方法一直处于试验研究阶段，由于仪器设备性能及方法技术不能适应浅层反射技术的要求，所以试验研究没有取得多少进展。

20世纪80年代初信号增强型工程地震仪为浅层反射试验与应用提供了条件。它有较宽的工作频率、较高的采样率、能将单次激发较弱的反射信号进行叠加增强，并有多组前置模拟滤波器和自动增益控制器，数字记录可在计算机上进行处理。80年代中期，地矿、铁道、水电、核工业等有关部门都广泛开展了浅层反射方法研究，其中包括多种浅层地震震源的方法试验及震源研制、数据采集方法研究、资料电算处理方法研究以及处理软件的研制等。经过地震工作者的不懈努力，浅层反射技术已取得了突出的成果，在我国许多重大工程项目中得到广泛应用。目前采用的工作方法有：浅层纵波反射法，浅层横波反射法，反射－折射法联合应用等。观测系统也比较灵活，有共深度点水平叠加、共炮点接收、最佳窗口技术及最佳偏移距技术等。

由于反射波法不受地层速度逆转的影响，受施工场地影响也较小，适应性较强，获得的地质信息比较丰富，剖面图像直观而深受工程技术人员的欢迎。浅层反射波法在松散沉积地层中，对地层层序的划分有很好的效果，对地基勘察和新构造运动迹象的调查都具有明显的成效。在我国大型坝址勘测、核电站选址、城市建筑工程勘察、地震小区划及场地稳定性评价、工程病害地质调查、人文地质调查中都得到了广泛应用。

（3）其他工程地震方法

地震映像技术（共偏移距技术），由于是在最佳窗口内选择的公共偏移距进行单点激发和接收，因此不受振幅和相位变化的影响。该方法数据处理简单，不需作动校正，不存在由于动校正造成的波形拉伸畸变或近地表宽角反射波引起的畸变。因此，这种方法在工程勘察中得到了广泛应用。在水上地震勘察中，利用我国福建省建筑设计研究院制造的具有专利技术的机械式大能量船载连续冲击震源，采用水上地震映像法结合GPS定位导航技术，使得水上工程地震勘察变得既简单方便又经济实用。

瑞雷波勘探是一种在地面进行垂直地震横波速度测量的方法，广泛用于地基结构的调查，探测地下空洞、探测地下埋设物以及检测建筑地基密实程度等。在20世纪80年代中期，我国煤炭、铁道、建设部门分别引进日本率先推出的GR810佐滕式全自动稳态面波仪，地矿部门则用国产电磁设备配合浅层地震仪开展稳态面波方法的实验及应用。稳态面波激震设备笨重昂贵，采集效率低，从90年代中期开始很快被瞬态面波法所取代。瞬态面波具有野外采集设备简单、效率高等优点，在我国获得了广泛的推广应用。到目前为止，无论是正反演理论研究还是在工程中的实际应用都取得了较满意的效果。而由于稳态面波法在获取频散曲线能力和质量方面的优势，我国物探工作者一直没有放弃对稳态面波法的研究，近年来在研制更适用的变频设备方面也取得了一些进展。

3. 金属矿地震勘探

金属矿地震勘探十分复杂，主要原因在于：相对于油气等能源资源，金属矿所处的地质背景及其勘探所涉及的地震地质条件更为复杂，无论在理论上还是方法技术上，经过几十年发展已趋于成熟的、用于油气等能源勘探的反射波地震勘探技术，都不能直接套用于金属矿勘探。金属矿地震勘探的复杂性主要表现在以下几个方面：

（1）地震地质条件的复杂性

同能源地震地质条件相比，金属矿地震地质条件要复杂得多，主要表现在：①金属矿床往往形态复杂，地层界面连续性差，难以满足现有地震反射方法所依据的反射条件；②目的层界面波阻抗一般较小，有效信号振幅弱；③表层结构复杂、岩性多变，从而引起地震波的激发接收条件多变。

（2）数据采集的复杂性

能源地震勘探是在沉积盆地内进行数据采集，金属矿地震勘探一般需要在与火成岩和变质岩有关的山区或丘陵地带进行数据采集，其复杂性远大于能源地震勘探。

（3）资料处理的复杂性

金属矿地震资料处理尚未形成一套完整的方法技术。目前只能借助于现有的常规处理流程处理金属矿地震资料。实际上，金属矿地震资料中有各类转换波（如P－SV－P波，P－P－SV波等），地震记录中的波场十分复杂。

（4）资料解释的复杂性

金属矿地震资料解释与常规地震资料相比，主要存在如下问题：①由于金属矿区地质构造复杂，各地层之间物性差异较小，因此难以发现较好的标准层；②由于存在复杂断块、岩体侵入以及其他复杂构造，使得地震波组关系变得相当复杂。

由于以上金属矿勘探的复杂性，目前金属矿地震在金属矿勘查中的作用还不是很明显，应用研究程度比较低，尚处于试验和发展阶段，且存在许多难题。若要有效地解决金属矿勘探问题，必须发展新的方法和理论。近些年来，我国在地震波散射，即地球三维非均匀性引起的地震波场变化的研究以及散射波成像技术的研究均取得了很大进展，其理论和方法已被用于金属矿产资源勘探，并获得了一些成功的应用实例。

第一章　地震勘探的理论基础

地震勘探是根据人工激发的地震波在岩土介质中的传播规律来研究地质构造或地质体赋存状态的地球物理方法。地震波在介质中的传播特征表现在两个方面：一是波传播的时间与空间的关系，称为波的运动学特征；二是波传播过程中其波形、振幅、频率、相位等的变化，称为波的动力学特征。前者是地震波对地质体的构造响应，后者是地震波对地质体岩性特征的响应。我们把上述两种特征统称为地震波的波场特征。实际上，地震勘探就是通过研究地震波的波场特征来进一步研究地下地质构造或地质体赋存状态的一门科学。

第一节　弹性理论概述

一、弹性介质与粘弹性介质

1. 弹性介质

在外力作用下，固体的体积或形状会发生相应的变化，这种变化称为固体的形变，当外力去掉后，固体又恢复到原来的状态，这种特性称为弹性。具有这种特性的固体叫做完全弹性体或理想弹性体，其形变称为弹性形变，如弹簧、橡皮等。反之，若外力去掉后，固体不能恢复原状，而是保持受外力作用时的状态，这种特性称为塑性，具有这种特性的固体称为塑性体，其形变称为塑性形变，如橡皮泥等。

在外力作用下，一个固体产生弹性形变还是塑性形变，取决于一定的条件：是否在弹性限度之内。这同固体所受外力的大小、作用时间的长短及固体本身的性质有关。一般说来，如果作用力不大，作用时间又很短暂，则大部分固体产生的是弹性形变；反之，若作用力很大，或作用时间很长，则大部分固体表现为塑性形变，甚至发生破碎。

自然界中绝大部分固体，在外力作用下，既可以显示出弹性，也可以显示出塑性。在地震勘探中，人工激发的震源是脉冲式的，作用时间很短（小于 100 ms），一般接收点离震源有一定距离，该处的岩石、土壤受到的作用力很小，因此，可以把岩、土介质看作弹性介质，用弹性波理论来研究地震波。

在研究弹性理论时，可将岩、土的性质分为各向同性和各向异性。凡弹性性质与空间方向无关的介质称为各向同性介质；反之，则称为各向异性介质。在地震勘探中，只要岩土性质差异不大，都可以将岩土作为各向同性介质来研究，这样可使很多弹性理论问题的讨论大为简化。

2. 粘弹性介质

固体在小外力、长时间作用下会出现不能恢复原状的形变，这种外力撤销后形变仍然存在的性质与粘滞性的液体性质十分相似，称这种性质为粘滞性。运动（或者波动）在粘滞性的介质中传播时，介质中会产生一种阻碍这种运动的应力，这种力称为粘滞力或者内摩擦力。既有弹性、又有粘滞性的性质称为粘弹性，具有这种性质的固体称为粘弹性介质。

在实际的地震勘探中，人们发现在地面接收到的地震波不同于激发时的信号，它的波形要变“胖”，振幅也变小，这是由于岩土地层对其中传播的地震波有吸收作用，吸收了激发信号中的某些高频成分，使其能量发生损耗，并使地震波形发生改变。显然，岩土层这种既有弹性、又有粘滞性的性质就是粘弹性，岩土层就可以称为粘弹性介质。实际的岩石固体更接近于粘弹性介质，从理想弹性介质模型到粘弹性介质模型是由理想化的模型向实际介质跨了一大步。

二、应力与应变

既然在地震勘探中，地震波所传播的实际岩层可以抽象地作为理想弹性介质来研究。因此，在震源(外力)作用下，弹性体就会发生形变，可以用应力和应变的概念来描述这种作用力和形变之间的关系。

1. 应力

设有一圆柱状直杆，长度为 l，直径为 d，横截面积为 S，如图 1. 1. 1 所示。该直杆受到一个不大的外加拉力 F 时产生形变，长度变为 $l' = l + \Delta l$，直径变为 $d' = d - \Delta d$。同时，直杆内部质点之间会产生一个对抗外力使固体恢复原状的内力。显然，该内力垂直于直杆的横截面，它的大小应和外力相等，但方向相反。

在弹性理论中，将单位面积上所产生的内力称为应力，用 σ 表示。

$$\sigma = \frac{F}{S} \tag{1.1.1}$$

为了更一般地表示应力，考察空间中一平行六面小体积元的应力分布，如图 1. 1. 2 所示。当物体处于平衡状态时，六面体 3 个可见的侧面上分别沿 x、y、z 轴上作用 3 个不同的应力向量，而每个应力向量又可沿垂直于坐标轴的面积元上分解成 3 个不同的应力分量。

对于 xOy 面元，其应力分量为：σ_{zx}、σ_{zy}、σ_{zz}；

对于 xOz 面元，其应力分量为：σ_{yx}、σ_{yy}、σ_{yz}；

对于 yOz 面元，其应力分量为：σ_{xx}、σ_{xy}、σ_{xz}；

其中第一个下标表示面元的法线方向，第二个下标表示应力分量的作用方向。在这 9 个应力分量中，与面元垂直的应力分量称为法向应力，即：σ_{xx}、σ_{yy}、σ_{zz}；与面元相切的应力分量称为切应力，即：σ_{xy}、σ_{xz}、σ_{yx}、σ_{yz}、σ_{zx}、σ_{zy}。

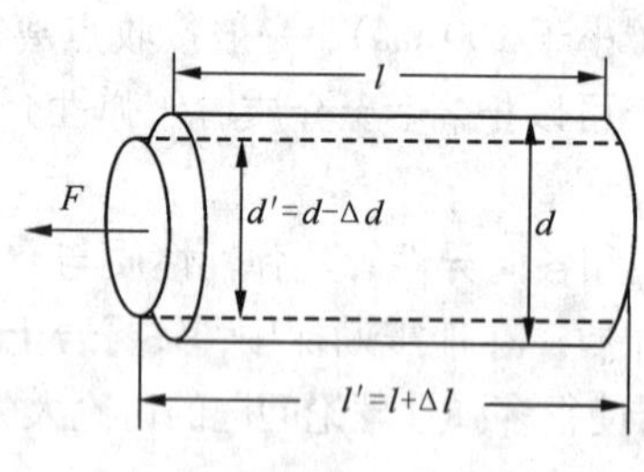

图 1.1.1　直杆拉伸试验中的应力与应变

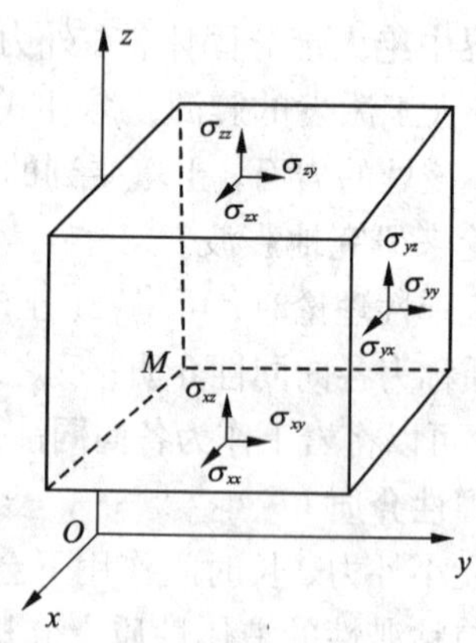

图 1.1.2　单位体积元上的应力分布

当体积元处于相对静止平衡状态时，可以证明：$\sigma_{xy}=\sigma_{yx}$，$\sigma_{xz}=\sigma_{zx}$，$\sigma_{yz}=\sigma_{zy}$。此时，9个应力分量中有6个是相对独立的。

2. 应变

弹性体在应力作用下产生的体积和形状的变化叫做应变。

(1) 正应变

正应变包括体应变和线应变。

弹性体在正应力作用下，体积发生变化（膨胀或压缩），体积的相对变化就是体应变，通常用 θ 表示。

$$\theta=\frac{\Delta V}{V}=\frac{V'-V}{V} \tag{1.1.2}$$

式(1.1.2)表示体积发生膨胀时的体应变，如果是体积压缩，则 $\Delta V=V-V'$，如图1.1.3所示。

体应变是由线应变组成的，线应变是单位长度的伸长（或缩短）量，一般用 e 来表示（图1.1.1中线应变 $e=\frac{\Delta l}{l}$）。

为了定量描述弹性介质的应变状态，我们讨论物体内部一小体积元受应力作用发生体积变化时的情况。则小体积元中任一质点 P 在应变状态下空间上的位移 $\boldsymbol{u}$ 可表示为：

$$\boldsymbol{u}=u\boldsymbol{i}+v\boldsymbol{j}+w\boldsymbol{k} \tag{1.1.3}$$

其中：u、v、w 分别为体积元的质点沿 x、y、z 轴的位移分量。为方便分析，先考察体积元 yOz 平面沿 y 轴方向的线应变的情形，如图1.1.4所示。

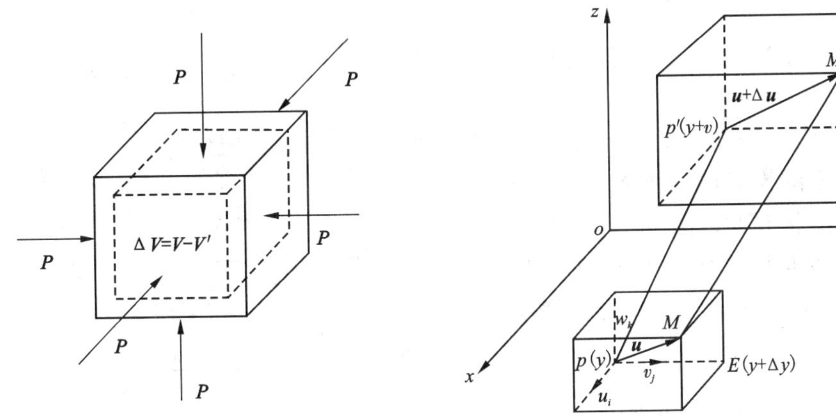

图1.1.3　立方体单元受力后的体积压缩　　图1.1.4　体积元棱边的形变

在沿 y 方向的作用力下，体积元的棱长由 $\overline{PE}$ 变至 $\overline{P'E'}$，其坐标位置分别为

$$P(y),\quad E(y+\Delta y),\quad P'(y+v),\quad E'\left(y+\Delta y+v+\frac{\partial v}{\partial y}\Delta y\right)$$

式中：$\frac{\partial v}{\partial y}$ 为体积元的位移沿 y 轴方向的变化率。因此，体积元棱长拉伸后的长度是

$$\overline{P'E'}=\left(y+\Delta y+v+\frac{\partial v}{\partial y}\Delta y\right)-(y+v)=\Delta y+\frac{\partial v}{\partial y}\Delta y$$

从而体积元棱长的相对增加量，即沿 y 轴方向的线应变 e_{yy} 为

$$e_{yy}=\frac{\overline{P'E'}-\overline{PE}}{\overline{PE}}=\frac{\left(\Delta y+\frac{\partial v}{\partial y}\Delta y\right)-\Delta y}{\Delta y}=\frac{\partial v}{\partial y} \tag{1.1.4}$$

用同样的方法，可以求得沿 x 轴方向和沿 z 轴方向的线应变，综合式(1.1.4)得到

$$e_{xx}=\frac{\partial u}{\partial x},\qquad e_{yy}=\frac{\partial v}{\partial y},\qquad e_{zz}=\frac{\partial w}{\partial z} \tag{1.1.5}$$

如果体积元沿 x、y、z 轴 3 个方向同时发生拉伸，则该单元体的体积将发生膨胀。设形变前体积元的体积 $V=\Delta x\Delta y\Delta z$，体积元沿 x、y、z 方向的形变分别为 Δu、Δv 和 Δw，则形变后的体积元的体积

$$\begin{aligned}V'&=(\Delta x+\Delta u)(\Delta y+\Delta v)(\Delta z+\Delta w)\\&=\left(\Delta x+\frac{\partial u}{\partial x}\Delta x\right)\left(\Delta y+\frac{\partial v}{\partial y}\Delta y\right)\left(\Delta z+\frac{\partial w}{\partial z}\Delta z\right)\\&=(1+e_{xx})(1+e_{yy})(1+e_{zz})\Delta x\Delta y\Delta z\end{aligned}$$

那么，体应变可表示为

$$\theta=\frac{V'-V}{V}=\frac{(1+e_{xx})(1+e_{yy})(1+e_{zz})\Delta x\Delta y\Delta z-\Delta x\Delta y\Delta z}{\Delta x\Delta y\Delta z}$$

将上式展开，考虑到在弹性限度内 e_{xx} 等都是小量，略去高阶微量，整理可得

$$\theta=e_{xx}+e_{yy}+e_{zz}=\frac{\partial u}{\partial x}+\frac{\partial v}{\partial y}+\frac{\partial w}{\partial z} \tag{1.1.6}$$

上式就是体应变和线应变的关系，可见，体应变是 3 个方向上的线应变之和。

(2)切应变

弹性体在切应力作用下，其形状发生变化，称为切应变。

如图 1.1.5 所示，研究体积元 $\Delta x\Delta y\Delta z$ 改变前后在 yOz 平面上的投影。设物体受到一个切向力作用而发生形状改变，直角 $\angle EPC$ 变成了锐角 $\angle E'PC'$，总的角度改变量为 $\alpha+\beta$，C 点的位移量为 Δv，E 点的位移量为 Δw。由于角度改变量很小，则有

$$\alpha\approx\tan\alpha=\frac{\overline{EE'}}{\overline{PE}}=\frac{\Delta w}{\Delta y},\quad \beta\approx\tan\beta=\frac{\overline{CC'}}{\overline{PC}}=\frac{\Delta v}{\Delta z}$$

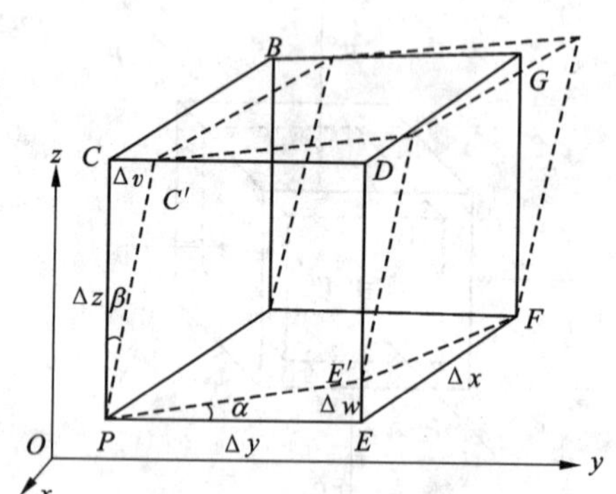

图 1.1.5　体积元的切应变

根据偏微分的定义，有

$$\overline{EE'}=\Delta w=\frac{\partial w}{\partial y}\Delta y,\qquad \overline{CC'}=\Delta v=\frac{\partial v}{\partial z}\Delta z$$

于是得到

$$\alpha=\frac{\partial w}{\partial y},\qquad \beta=\frac{\partial v}{\partial z}$$

因此，总的角度错动量，也就是切应变分量 e_{yz} 可表示为

$$e_{yz}=\alpha+\beta=\frac{\partial w}{\partial y}+\frac{\partial v}{\partial z}$$

以上是 yOz 平面上侧面角的错动，同理可求得其他两个侧面上的角度错动量，即另外两

个切应变分量，其下标表示所讨论侧面角错动时的坐标平面，于是有

$$\left.\begin{aligned} e_{xy} &= e_{yx} = \frac{\partial v}{\partial x} + \frac{\partial u}{\partial y} \\ e_{yz} &= e_{zy} = \frac{\partial w}{\partial y} + \frac{\partial v}{\partial z} \\ e_{zx} &= e_{xz} = \frac{\partial u}{\partial z} + \frac{\partial w}{\partial x} \end{aligned}\right\} \tag{1.1.7}$$

正应变和切应变是弹性应变的两种基本运动形式，它们描述了弹性体在应变状态下质点的运动形式，反映了质点的位移与应变间的相互关系。

三、应力与应变的关系

1. 广义虎克定律

弹性理论的一个基本假设是应力与应变间存在着单值的线性关系，称为虎克定律。对于一弹性体，在一维情况下，当其形变在弹性范围内时，由虎克定律可知，应力与应变成正比，即

$$f = -kx \tag{1.1.8}$$

式中：f、x 分别表示应力与应变；k 为比例系数，是由弹性介质性质所决定的弹性常数。

当考虑空间小体积元受多个应力作用时，每一个应力分量都独立地产生应变，总应变是各应力分量所产生的应变之和，每一个应变分量是所有对应的应力的线性函数，这就是广义虎克定律，用数学形式可表示为：

$$\left.\begin{aligned} \sigma_{xx} &= c_{11}e_{xx} + c_{12}e_{yy} + c_{13}e_{zz} + c_{14}e_{yz} + c_{15}e_{zx} + c_{16}e_{xy} \\ \sigma_{yy} &= c_{21}e_{xx} + c_{22}e_{yy} + c_{23}e_{zz} + c_{24}e_{yz} + c_{25}e_{zx} + c_{26}e_{xy} \\ \sigma_{zz} &= c_{31}e_{xx} + c_{32}e_{yy} + c_{33}e_{zz} + c_{34}e_{yz} + c_{35}e_{zx} + c_{36}e_{xy} \\ \sigma_{yz} &= c_{41}e_{xx} + c_{42}e_{yy} + c_{43}e_{zz} + c_{44}e_{yz} + c_{45}e_{zx} + c_{46}e_{xy} \\ \sigma_{zx} &= c_{51}e_{xx} + c_{52}e_{yy} + c_{53}e_{zz} + c_{54}e_{yz} + c_{55}e_{zx} + c_{56}e_{xy} \\ \sigma_{xy} &= c_{61}e_{xx} + c_{62}e_{yy} + c_{63}e_{zz} + c_{64}e_{yz} + c_{65}e_{zx} + c_{66}e_{xy} \end{aligned}\right\} \tag{1.1.9}$$

式中弹性系数 c_{ij}(i，j = 1，2，3，4，5，6) 共 36 个，表示在小体积元上弹性体的弹性性质。

2. 弹性模量

弹性模量也叫弹性参数或弹性常数，它表示了弹性体应力与应变之间的关系，反映了弹性体的弹性性质。

(1) 杨氏模量(E)

当弹性体在弹性限度内单向拉伸时，应力与应变的比值称为杨氏模量(拉伸模量)。那么，图 1.1.1 所示中的杨氏模量为

$$E = \frac{F/S}{\Delta l/l} = \frac{\sigma_{xx}}{e_{xx}} \tag{1.1.10}$$

(2) 泊松比(σ)

从图 1.1.1 可见，在拉伸形变中，直杆的横切面会减小。反之，在轴向挤压时，横截面将增大。也就是说，在拉伸或压缩形变中，纵向增量 Δl 和横向增量 Δd 的符号总是相反的。

介质的横向应变与纵向应变的比值称为泊松比。

$$\sigma = -\frac{\Delta d/d}{\Delta l/l} = \frac{e_{yy}}{e_{xx}} = \frac{e_{zz}}{e_{xx}} \tag{1.1.11}$$

式中负号是为了使 σ 成为正值。

(3) 体积模量(K)

图 1.1.3 表示一个体积为 V 的立方体，在流体静压力 P 的挤压下所发生的体积形变。即每个正截面的压应力为 P 时，体积缩小了 ΔV。在这种情况下，$\sigma_{xx}=\sigma_{yy}=\sigma_{zz}=-P$，$\sigma_{yz}=\sigma_{zx}=\sigma_{xy}=0$。我们把所加压力 P 与体积相对变化之比叫体积模量(压缩模量)。

$$K = -\frac{P}{\theta} \tag{1.1.12}$$

(4)拉梅常数(λ、μ)

在广义虎克定律中，勒夫(Love A E H, 1927)证明由于弹性能是应变的单值函数，式(1.1.9)的系数 c_{ij} 和 c_{ji} 必须相等，因此上述 36 个弹性系数可以减少到 21 个。当研究的弹性体是各向同性介质时，这时为描述介质弹性系数可以减少到只剩两个，可用 λ 和 μ 来表示，称之为拉梅常数。这时：

$$\begin{aligned} &c_{12}=c_{13}=c_{21}=c_{23}=c_{31}=c_{32}=\lambda \\ &c_{44}=c_{55}=c_{66}=\mu \\ &c_{11}=c_{22}=c_{33}=\lambda+2\mu \end{aligned}$$

其余的 24 个系数都等于零。于是方程组(1.1.9)可写成如下形式：

$$\begin{aligned} &\sigma_{xx}=(\lambda+2\mu)e_{xx}+\lambda e_{yy}+\lambda e_{zz}=\lambda e_{xx}+2\mu e_{xx}+\lambda e_{yy}+\lambda e_{zz} \\ &\sigma_{yy}=\lambda e_{xx}+(\lambda+2\mu)e_{yy}+\lambda e_{zz}=\lambda e_{xx}+2\mu e_{yy}+\lambda e_{yy}+\lambda e_{zz} \\ &\sigma_{zz}=\lambda e_{xx}+\lambda e_{yy}(\lambda+2\mu)e_{zz}=\lambda e_{xx}+\lambda e_{yy}+\lambda e_{zz}+2\mu e_{zz} \\ &\sigma_{yz}=\mu e_{yz}, \qquad \sigma_{zx}=\mu e_{zx}, \qquad \sigma_{xy}=\mu e_{xy} \end{aligned}$$

将体应变 $\theta=e_{xx}+e_{yy}+e_{zz}$ 代入上列各式可得：

$$\left.\begin{aligned} &\sigma_{xx}=\lambda\theta+2\mu e_{xx} \\ &\sigma_{yy}=\lambda\theta+2\mu e_{yy} \\ &\sigma_{zz}=\lambda\theta+2\mu e_{zz} \\ &\sigma_{yz}=\mu e_{yz},\sigma_{zx}=\mu e_{zx},\sigma_{xy}=\mu e_{xy} \end{aligned}\right\} \tag{1.1.13}$$

方程组(1.1.13)建立起了 6 个应力与 6 个应变之间的关系式，他们之间的系数是由确定各向同性体弹性性质的拉梅常数 λ、μ 和体积应变 θ 所确定的。

从方程组(1.1.13)可以看出

$$\mu = \frac{\sigma_{xy}}{e_{xy}} = \frac{\sigma_{yz}}{e_{yz}} = \frac{\sigma_{zx}}{e_{zx}} = \frac{\sigma_{ij}}{e_{ij}}(i,j=x,y,z,i\neq j) \tag{1.1.14}$$

式(1.1.14)中的 μ 表示了固体切应力与切应变之比。

当 μ 值较大时，e_{ij} 值就变小，这说明常数 μ 的物理意义是阻止切应变 e_{ij} 的一个量度，因此它常常被称为切变模量或剪切模量。对于液体，$\mu=0$，即液体不产生切应变，只有体积的变化。

以上五个弹性参量，由弹性理论的研究证明，对于均匀的各向同性介质，其中任意一个参量，都可以用任意两个其他的参量表示出来，这样就会得到许多关系式，而且每一个关系式都附带着自己的适用条件，我们只写出其中一组：

$$\left.\begin{aligned}E&=\frac{\mu(3\lambda+2\mu)}{\lambda+\mu}\\\sigma&=\frac{\lambda}{2(\lambda+\mu)}\\K&=\lambda+\frac{2}{3}\mu\end{aligned}\right\}\tag{1.1.15}$$

从以上讨论的各参数中可知，弹性参数是应力与应变的比例常数，表示介质抵抗形变的能力，其数值愈大，表示该介质愈难以产生形变。根据试验和理论推导，E、σ、μ 都大于零，泊松比 σ 在 0 ~ 0.5 之间变化。一般岩石的 σ 值在 0.25 左右，极坚硬岩石的 σ 值仅为 0.05，流体的 σ 值为 0.5，而软的、没有很好胶结土的 σ 值可达 0.45。表 1.1.1 中列举出一些岩石和介质的弹性参数。

表 1.1.1　介质的弹性参数

参数 介质	杨氏模量 E	体积模量 K	切变模量 μ	拉梅常数 λ	泊松比 σ	密度 ρ
	($\times10^6$ N/cm^2)					(g/cm^3)
钢	20	17	8	11	0.30	7.70
铝	7	7.5	2.5	5.5	0.35	2.70
玻璃	7	5	3	3	0.25	2.55
花岗岩	7	3	2	2.5	0.24 ~ 0.31	2.52 ~ 3.07
石灰岩	5.5	3.5	2	3.5	0.24 ~ 0.35	2.30 ~ 2.90
砂岩	4.5	3	1.5	2.5	0.20 ~ 0.22	2.35 ~ 2.75
页岩	3	2	1	1	0.23 ~ 0.25	2.30 ~ 2.61

四、波动方程

1. 波动方程的建立

为了研究弹性波形成的物理机制和传播规律，必须建立波的运动方程(波动方程)。为了使问题简化，首先讨论一弹性杆体积元受单向正应力所产生的波动方程。

考虑均匀细长杆介质中的一个小体积元，受力后沿 x 方向作小振动。令 $\sigma_{xx}(x,t)$ 为 t 时刻在 A 点沿 x 方向的应力，$u(x,t)$ 为该时刻沿同一方向的位移，A、B 两质点离原点的距离分别为 x 和 $x+\Delta x$，如图 1.1.6 所示。

由于应力在 x 方向的分布是变化的，在 A、B 两点所受的应力分别为 σ_{xx} 和 $\sigma_{xx}+\frac{\partial\sigma_{xx}}{\partial x}\Delta x$，则应力差引起体积元内部质点发生相对位移。设体积元质心的位移为 $u(x,t)$，并认为作用在面元 dS 上的力等于该面元中心的应力乘上它的面积。根据牛顿第二

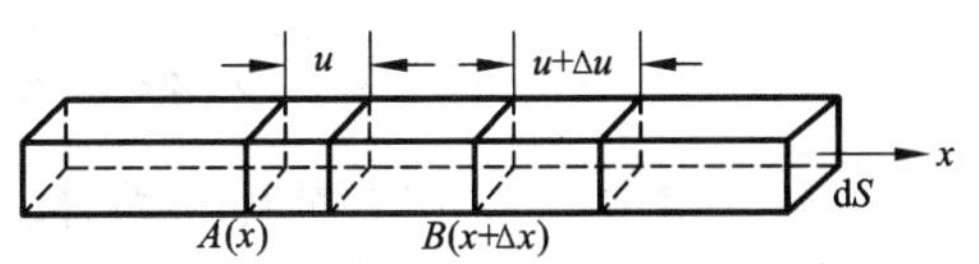

图 1.1.6　纵向应力引起细杆元的形变

定律，当外力(体力)作用已结束时，由应力的变化产生的波的运动方程为

$$\left(\sigma_{xx}+\frac{\partial\sigma_{xx}}{\partial x}\Delta x\right)\mathrm{d}S-\sigma_{xx}\mathrm{d}S=\rho\mathrm{d}S\Delta x\cdot\frac{\partial^2 u}{\partial t^2}$$

式中：ρ 是体积元的密度；dS 为截面积。

上式可化简为：

$$\frac{\partial\sigma_{xx}}{\partial x}=\rho\frac{\partial^2 u}{\partial t^2} \tag{1.1.16}$$

据杨氏模量：

$$\sigma_{xx}=Ee_{xx}=E\frac{\partial u}{\partial x} \tag{1.1.17}$$

将式(1.1.17)代入式(1.1.16)得

$$\frac{\partial^2 u}{\partial t^2}=\frac{E}{\rho}\cdot\frac{\partial^2 u}{\partial x^2} \tag{1.1.18}$$

上式即为一维弹性杆正应力产生的纵波波动方程(标量形式)。

同理，如果考虑三维问题，并加上体力(外力)作用，则各向同性弹性介质中小体积元分别在 x、y、z 3 个方向的运动平衡方程(应力方程)为

$$\left.\begin{aligned}\rho\frac{\partial^2 u}{\partial t^2}&=\frac{\partial\sigma_{xx}}{\partial x}+\frac{\partial\sigma_{xy}}{\partial y}+\frac{\partial\sigma_{xz}}{\partial z}+\rho F_x\\\rho\frac{\partial^2 v}{\partial t^2}&=\frac{\partial\sigma_{yx}}{\partial x}+\frac{\partial\sigma_{yy}}{\partial y}+\frac{\partial\sigma_{yz}}{\partial z}+\rho F_y\\\rho\frac{\partial^2 w}{\partial t^2}&=\frac{\partial\sigma_{zx}}{\partial x}+\frac{\partial\sigma_{zy}}{\partial y}+\frac{\partial\sigma_{zz}}{\partial z}+\rho F_z\end{aligned}\right\} \tag{1.1.19}$$

式中：$\boldsymbol{F}$ 为作用于单位质量物体体积元上的体力；$\rho\boldsymbol{F}$ 则为作用于单位体积的体力；F_x、F_y、F_z 则分别表示 $\boldsymbol{F}$ 在 x、y、z 三轴方向上的分量。

将式(1.1.13)代入上式，则可得到均匀、各向同性、理想弹性介质中的三维标量的波动方程(位移方程)

$$\left.\begin{aligned}(\lambda+\mu)\frac{\partial\theta}{\partial x}+\mu\nabla^2 u+\rho F_x&=\rho\frac{\partial^2 u}{\partial t^2}\\(\lambda+\mu)\frac{\partial\theta}{\partial y}+\mu\nabla^2 v+\rho F_y&=\rho\frac{\partial^2 v}{\partial t^2}\\(\lambda+\mu)\frac{\partial\theta}{\partial z}+\mu\nabla^2 w+\rho F_z&=\rho\frac{\partial^2 w}{\partial t^2}\end{aligned}\right\} \tag{1.1.20}$$

将以上各式分别乘以单位向量 $\boldsymbol{i}$, $\boldsymbol{j}$, $\boldsymbol{k}$，相加后可以得到波动方程的向量形式

$$(\lambda+\mu)\,\mathrm{grad}\theta+\mu\nabla^2\boldsymbol{u}+\rho\boldsymbol{F}=\rho\frac{\partial^2\boldsymbol{u}}{\partial t^2} \tag{1.1.21}$$

式中：$\boldsymbol{u}$ 为位移向量；$\boldsymbol{F}$ 为体力向量；θ 为体变系数。

$$\theta=\mathrm{div}\boldsymbol{u}=\frac{\partial u}{\partial x}+\frac{\partial v}{\partial y}+\frac{\partial w}{\partial z}=e_{xx}+e_{yy}+e_{zz}$$

$$\mathrm{grad}\theta=\frac{\partial\theta}{\partial x}\boldsymbol{i}+\frac{\partial\theta}{\partial y}\boldsymbol{j}+\frac{\partial\theta}{\partial z}\boldsymbol{k}$$

算符 ∇^2 称为拉普拉斯算子：

$$\nabla^2 = \frac{\partial^2}{\partial x^2} + \frac{\partial^2}{\partial y^2} + \frac{\partial^2}{\partial z^2}$$

对式(1.1.21)两边分别取散度和旋度，利用关系 $\mathrm{div}\cdot\mathrm{grad}\theta = \nabla^2\theta$ 及 $\mathrm{rot}\cdot\mathrm{grad}\theta = 0$，并令 $\boldsymbol{\omega} = \mathrm{rot}\boldsymbol{u}$，则有

$$\frac{\partial^2\theta}{\partial t^2} - \frac{\lambda + 2\mu}{\rho}\nabla^2\theta = \mathrm{div}\boldsymbol{F} \tag{1.1.22}$$

$$\frac{\partial^2\boldsymbol{\omega}}{\partial t^2} - \frac{\mu}{\rho}\nabla^2\boldsymbol{\omega} = \mathrm{rot}\boldsymbol{F} \tag{1.1.23}$$

式(1.1.22)和式(1.1.23)的右边分别为 $\mathrm{div}\boldsymbol{F}$ 和 $\mathrm{rot}\boldsymbol{F}$，由物理场论可知，它们分别表示两种不同性质的力。$\mathrm{div}\boldsymbol{F}$ 表示的是一种胀缩力，$\mathrm{rot}\boldsymbol{F}$ 表示的是一种旋转力。式(1.1.22)描述的是在胀缩力 $\mathrm{div}\boldsymbol{F}$ 作用下，介质仅产生与体应变 θ 有关的体积相对胀缩的扰动，这就是纵波，也称为无旋波或胀缩波；式(1.1.23)描述的是在旋转力 $\mathrm{rot}\boldsymbol{F}$ 作用下，介质仅产生与旋转应变 $\boldsymbol{\omega} = \mathrm{rot}\boldsymbol{u}$ 有关的角度相对转动的扰动，这就是横波，也称为无散波或剪切波。这两种独立的扰动在弹性介质中分别以纵波速度 v_p 和横波速度 v_s 传播。

2. 波动方程的求解

由物理场论的观点，位移向量 $\boldsymbol{u}$ 和力向量 $\boldsymbol{F}$ 都是向量场，如同电场中的电位及重力场中的重力位一样，分别可以用位移位和力位来表示。根据亥姆霍兹(Helmholtz)涡流理论，任何一个向量场，如果在定义域内有散度和旋度，则该矢量场可以用一个标量位的梯度场和一个矢量位的旋度场之和来表示，即可以表示为一个无旋部分和一个旋转部分之和。于是有

$$\left.\begin{aligned} \boldsymbol{u} &= \boldsymbol{u}_P + \boldsymbol{u}_S = \mathrm{grad}\varphi + \mathrm{rot}\,\boldsymbol{\psi} \\ \boldsymbol{F} &= \boldsymbol{F}_P + \boldsymbol{F}_S = \mathrm{grad}\boldsymbol{\Phi} + \mathrm{rot}\boldsymbol{\Psi} \end{aligned}\right\} \tag{1.1.24}$$

式中：φ 和 $\boldsymbol{\psi}$ 分别表示位移场的标量位和向量位；$\boldsymbol{\Phi}$ 和 $\boldsymbol{\Psi}$ 分别表示力场中的标量位和向量位。将式(1.1.24)代入式(1.1.22)和式(1.1.23)得到用位移表示的波动方程

$$\frac{\partial^2\varphi}{\partial t^2} - \frac{(\lambda + 2\mu)}{\rho}\nabla^2\varphi = \boldsymbol{\Phi} \tag{1.1.25}$$

$$\frac{\partial^2\boldsymbol{\psi}}{\partial t^2} - \frac{\mu}{\rho}\nabla^2\boldsymbol{\psi} = \boldsymbol{\Psi} \tag{1.1.26}$$

令

$$v_p^2 = \frac{(\lambda + 2\mu)}{\rho},\ v_s^2 = \frac{\mu}{\rho} \tag{1.1.27}$$

则式(1.1.25)和式(1.1.26)变为

$$\frac{\partial^2\varphi}{\partial t^2} - v_p^2\nabla^2\varphi = \boldsymbol{\Phi} \tag{1.1.28}$$

$$\frac{\partial^2\boldsymbol{\psi}}{\partial t^2} - v_s^2\nabla^2\boldsymbol{\psi} = \boldsymbol{\Psi} \tag{1.1.29}$$

这就是在外力作用下用位函数表示的波动方程，此处的外力就是震源的激发力。欲研究由震源激发力所产生波动的动力学特点，则要求解其波动方程。

众所周知，求解波动方程须先知其初始条件。如图 1.1.7 所示为球腔震源激发纵波示意图，半径为 a 的球腔具有球形对称性，均匀作用在腔壁上的力是正压力 P_0。爆炸产生的作用

力延续时间很短，设激发出的脉冲延续时间为 Δt，那么初始条件可写为

$$\sigma_{rr}(a,t)=\begin{cases}0, & t<0\\ P_0, & 0\leqslant t\leqslant\Delta t\\ 0, & t>\Delta t\end{cases}\tag{1.1.30}$$

式中：当 $t>\Delta t$ 时，$\sigma_{rr}(a,t)=0$ 的物理意义是震源力作用已结束，波动在弹性介质中传播，则上述方程变成齐次方程

$$\frac{\partial^2\varphi}{\partial t^2}-v_p^2\nabla^2\varphi=0\tag{1.1.31}$$

$$\frac{\partial^2\boldsymbol{\psi}}{\partial t^2}-v_s^2\nabla^2\boldsymbol{\psi}=0\tag{1.1.32}$$

图 1.1.7　球腔震源激发纵波示意图

以上齐次方程的解只研究波动与介质性质的关系，而不考虑震源力的作用，这类问题在弹性动力学中属于波的传播问题。

齐次波动方程(1.1.31)式和(1.1.32)式的形式完全相同，仅系数不同，因此我们仅研究式(1.1.31)，即仅研究纵波的传播问题。由于震源具有球形对称性，为求解该方程，用球坐标形式表示更为简便。因为函数 $\varphi=\varphi(r)$，只与传播距离 r 有关，而与方向无关，三维波动方程变为更简单的一维问题。如果用 r、α、β 表示球坐标系，坐标原点和球腔中心重合，将球坐标系的拉普拉斯算子代入波动方程可得

$$\frac{\partial^2\varphi}{\partial t^2}-v_p^2\left[\frac{1}{r^2}\frac{\partial}{\partial r}\left(r^2\frac{\partial\varphi}{\partial r}\right)+\frac{1}{r^2\sin\alpha}\frac{\partial}{\partial\alpha}\left(\sin\alpha\frac{\partial\varphi}{\partial\alpha}\right)+\frac{1}{r^2\sin^2\alpha}\frac{\partial^2\varphi}{\partial\beta^2}\right]=0\tag{1.1.33}$$

考虑到 φ 与方向无关，即

$$\frac{\partial\varphi}{\partial\alpha}=\frac{\partial\varphi}{\partial\beta}=0,\qquad\frac{\partial^2\varphi}{\partial\beta^2}=0$$

方程式(1.1.33)可简化为

$$\frac{\partial^2\varphi}{\partial t^2}-v_p^2\left(\frac{\partial^2\varphi}{\partial r^2}+\frac{2}{r}\frac{\partial\varphi}{\partial r}\right)=0\tag{1.1.34}$$

上式可以进一步简化成弦振动方程的形式：

$$\frac{\partial^2(r\varphi)}{\partial t^2}-v_p^2\frac{\partial^2(r\varphi)}{\partial r^2}=0\tag{1.1.35}$$

本方程可用达朗贝尔的经典解法求出解为

$$\varphi(r,t)=\frac{1}{r}[C_1(r-v_pt)+C_2(r+v_pt)]\tag{1.1.36}$$

此处 C_1 和 C_2 是两个任意函数，其中如果自变量

$$r-v_pt=\text{常数},\qquad r+v_pt=\text{常数}$$

则描述了波动的某种状态：其中第一项 $C_1(r-v_pt)$ 表示波动随时间增加远离震源传播，称为“发散波”；第二项 $C_2(r+v_pt)$ 则表示随时间增加波动由远处向震源方向传播，称为“会聚波”。显然，会聚波不符合初始条件，因为按式 $r+v_pt=$ 常数在 $t<0$ 时总有一波动在 r 处满足此方程，说明震源未作用之前已经存在一种波动，这在物理上是不可实现的。因此，方程的解(1.1.36)式变为：

$$\varphi(r,t)=\frac{1}{r}C_1(r-v_pt) \tag{1.1.37}$$

从上述波的传播问题的解中可看到，在震源作用结束后，纵波是以速度 v_p 向远离震源沿径向 r 方向传播，据式(1.1.27)可知速度的快慢仅取决于介质的弹性常数 λ、μ 及密度 ρ。

同理可求出横波波动方程的解，横波是以速度 v_s 沿 r 方向远离震源传播，它的速度仅取决于介质的参数 μ 及 ρ。

第二节　地震波的基本类型

一、地震波动的形成

从上一节讨论可知，所谓波动，是指弹性体内相邻质点间的应力变化而产生质点的相对位移，当存在应力梯度时，便产生波动。为了说明地震勘探中利用地震波的本质，先来讨论地震波的形成过程。

弹性波必须在弹性介质中才能传播，前面我们已经讨论过，对于地壳岩层来说，岩、土介质可以近似地作为各向同性的弹性介质来研究。

一个固体在受到由小逐渐增大的力作用时，大体上经历三种状态：外力很小时，在弹性限度以内，固体产生弹性形变；当外力增大到超过弹性限度，固体产生塑性形变；当外力继续增大，超过了固体的极限强度，固体就会被拉断或压碎。

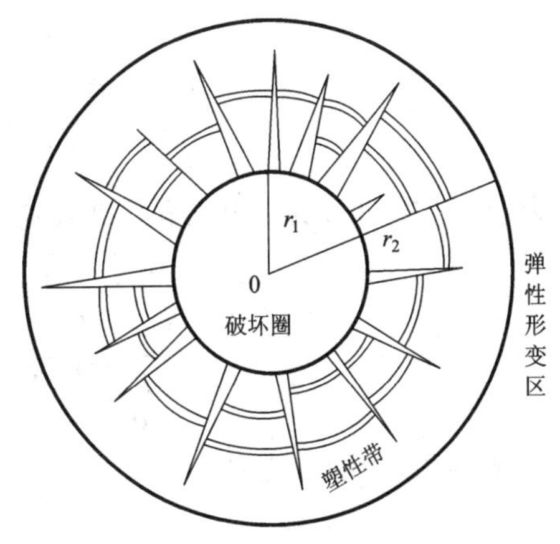

图 1.2.1　爆炸对岩石的影响

当在岩层中用炸药爆炸激发地震波时情况基本一样。在炸药包附近，爆炸所产生的强大压力远大于周围岩石的弹性极限，岩石被破碎形成一个破坏圈，如图 1.2.1 所示；随着离开震源距离的增大，压力减小，但仍超过岩石的弹性限度，此时岩石不发生破碎，但发生塑性形变，形成一系列裂缝的塑性及非线性形变带；在塑性带以外，随着距离的进一步增加，压力降低到弹性限度内，又因为炸药爆炸是一个延续时间很短的脉冲力，所以这一区域的岩石发生弹性形变。因此，地震波实质上就是一种在岩层中传播的弹性波。

二、纵、横波的形成及其特点

从弹性波场中知道，在外力作用下，弹性介质中存在着两种扰动(胀缩力和旋转力)。由胀缩力的扰动，弹性介质产生体积应变，体积应变所引起的波动称为纵波(又叫 P 波)；由旋转力的扰动，弹性介质产生剪切应变，剪切应变所引起的波动称为横波(又叫 S 波)。这两种波统称为体波。

纵波在介质中传播时，波的传播方向与质点振动方向一致，如图 1.2.2(a)所示。在纵波经过的扰动带内，会间隔地形成压缩带(密集带)和膨胀带(稀疏带)，因此纵波又称为疏密波或压缩波。它是同一介质中传播速度最快的波，纵波速度用符号 v_p 表示，横波速度用符号 v_s 表示。

横波在介质中传播时，波的传播方向与质点的振动方向相垂直。质点振动在水平平面中的横波分量称为SH波，在垂直平面中的横波分量称为SV波，见图1.2.2(b)、(c)。横波只在弹性固体介质中传播，液体和气体中不存在横波。

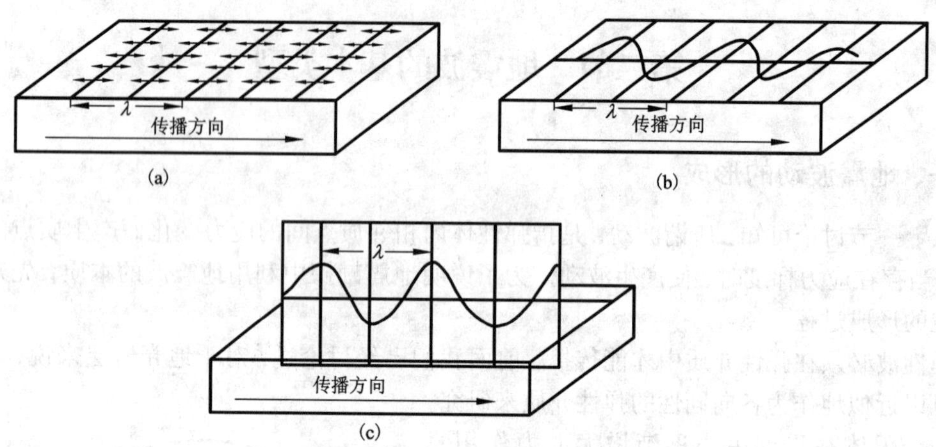

图1.2.2　纵、横波的传播

(a)纵波的传播；(b)SH波的传播；(c)SV波的传播

从波动方程中知道，纵波和横波在均匀无限介质中传播的速度分别为

$$\left.\begin{aligned} v_p &= \sqrt{\frac{(\lambda+2\mu)}{\rho}} = \sqrt{\frac{E}{\rho}\,\frac{1-\sigma}{(1+\sigma)(1-2\sigma)}} \\ v_s &= \sqrt{\frac{\mu}{\rho}} = \sqrt{\frac{E}{2\rho}\,\frac{1}{(1+\sigma)}} \end{aligned}\right\} \tag{1.2.1}$$

那么，纵、横波速度之比为

$$\frac{v_p}{v_s} = \sqrt{\frac{1-\sigma}{0.5-\sigma}} \tag{1.2.2}$$

从上式可见，两波速度之比可以确定泊松比 σ 的值。反之，已知泊松比的值也可以确定速度比。v_p/v_s 比值与介质泊松比的关系如表1.2.1所示。

表1.2.1　v_P/v_S 值与介质泊松比的关系

σ	0	0.1	0.2	0.25	0.3	0.4	0.5
v_p/v_s	1.41	1.50	1.63	1.73	1.87	2.45	∞

从表可见，当 σ 值从0.5变化到0，相应速度的比从∞到 $\sqrt{2}$，由于一般岩石的泊松比为0.25左右，因此纵横波速度比 $v_p/v_s=\sqrt{3}$。从表中还可看出，横波最小速度为零，最大速度为纵波的70%，这分别对应液体和极坚硬的介质。

由于横波速度比纵波低，对于厚度较小的同一岩层，横波传播所用的时间比纵波长，因此，横波分辨薄层的能力比纵波强。

纵波勘探是地震勘探中的一种常规方法。对于横波来说，其激发、接收和识别的技术比纵波困难得多，以至于横波勘探较难开展。但是，对于要求高分辨率的地震勘探，横波勘探有非常重要的意义，特别是在解决某些特殊问题：如探测充满液体的洞穴(如溶洞)，地基的液化以及测定岩、土介质的物理力学参数，进行工程岩体分类，横波的测定都有其特有的意义。近年来随着科学技术的发展，浅层横波勘探得到了较快的发展(用地震面波也可近似测定岩土介质中的横波)，它是工程地震勘探中的重要发展方向之一。

三、面波

在弹性介质内传播的纵波和横波，由于它存在于整个弹性空间，因而这些波统称为体波。相对于体波而言，在弹性分界面附近还存在着另一类波动，从能量上来说它们只分布在弹性分界面附近，故称为面波。面波又分为瑞雷面波(Rayleigh wave)、勒夫面波(Love wave)和斯通利波(Stoneley wave)。

1. 瑞雷面波

瑞雷面波也叫地滚波，简称 R 波，它是英国学者瑞雷(Rayleigh)于 1887 年首先在理论上确定后被证实的一种面波。瑞雷面波只分布在自由界面(地面)附近并沿自由界面传播，它的强度随深度呈指数衰减(传播深度约为一个波长)，但在水平方向衰减很慢。

瑞雷面波传播时，质点是在通过传播方向的铅垂面内沿椭圆轨迹逆转运动，椭圆的短轴(平行于传播方向)与长轴(垂直于传播方向)的比为 2∶3，其振动轨迹与前进中的车轮转动方向相反，如图 1.2.3(a)所示。当质点振动在垂直方向时，恰好与纵波质点运动方向一致，因此在纵波勘探中面波是一种干扰波，它具有低频、低速(瑞雷面波的传播速度 v_R 大约是横波速度的 0.95 倍)、强振幅的特点。在天然地震中，瑞雷面波是一种对建筑物危害极大的波。

关于瑞雷面波的有关特性和勘探方法，在第八章中还将进行深入讨论。

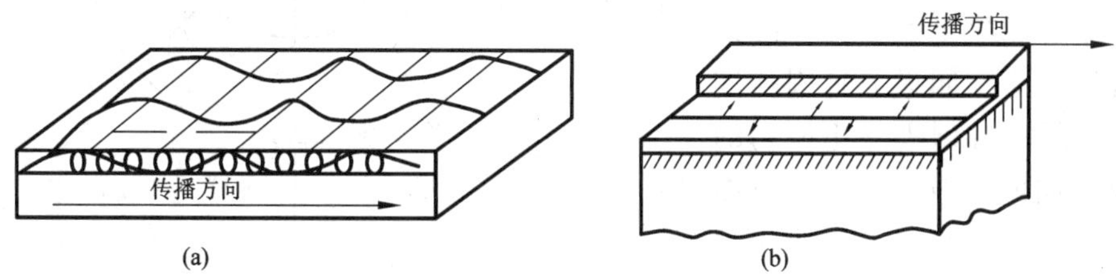

图 1.2.3 面波的传播

(a)瑞雷面波；(b)勒夫面波

2. 勒夫面波

当存在一速度低于下层介质的表层介质时，在低速带顶、底界面之间产生一种平行于界面的波动，其质点振动方向垂直于波的传播方向，是一种线性极化波，这种波就叫勒夫(Love，1911)面波。它实际上也是一种 SH 波，如图 1.2.3(b)所示，它对纵波勘探影响不大，但对横波勘探来说是一种严重的干扰波。

3. 斯通利波

在两种均匀弹性介质的分界面上，也可以形成瑞雷型面波，它沿着分界面方向传播，其振幅在垂直分界面的方向上随离分界面的距离按指数规律衰减，这种面波称为斯通利波。斯通利波在液体和固体介质分界面上总是可以形成的，其传播速度小于固体介质自由表面瑞雷面波的传播速度。有资料表明，当海底淤泥较厚时，海水与海底地层之间的分界面上常观测到这种斯通利波。这种波对海上地震勘探是有影响的，但研究程度不够深入。

地震勘探中，在震源力的作用下，自由界面往往会形成较强的瑞雷面波。在地震勘探中凡无特别说明的面波，均指瑞雷面波。

第三节　地震波场的基本知识

为了解地震勘探的基本原理，首先要了解地震波场的基本特征及其描述方法。地震波场的基本理论包括波的运动学和动力学两部分。研究地震波在地层中传播时的空间位置与传播时间(称为旅行时)的关系，称为地震波的运动学(或几何地震学)，研究地震波的波形、振幅、频率、相位等与空间位置的关系，称为地震波的动力学。地震波场特征是地下地质体岩性与构造等的动力响应。本节介绍的运动学和动力学的基本知识，是后续学习有关章节内容的重要基础。

一、运动学的基本知识

1. 惠更斯－菲涅尔原理

如果已知某一时刻的地震波场，能否求出任意时刻的地震波场？惠更斯(Huygens)从几何上首先回答了这一问题，然后菲涅尔(Fresnel)从物理上对它进行了补充。这就是惠更斯－菲涅尔原理。

如图 1.3.1 所示，在地面 O 点爆炸后，地震波从 O 点震源出发，同时向各个方向传播。把某一时刻 t 时介质中刚开始振动的点连接起来成一曲面，该曲面叫做 t 时刻的波前；而把在同一时刻刚停止振动的点连接成的曲面叫波后。在波前面以外的质点，由于波尚未到达而没有振动，而波后以内的点均已停止振动，两者之间的区间各点均在振动，称为振动带。波前面的形状与介质的波速有关，介质波速结构的变化，波前面形状也会产生变化。在均匀介质中，波前是以震源 O 为中心的一簇同心球(半球)面，称球面波(当球面波半径很大时，称平面波)；而对于非均匀介质，波前面为曲面。

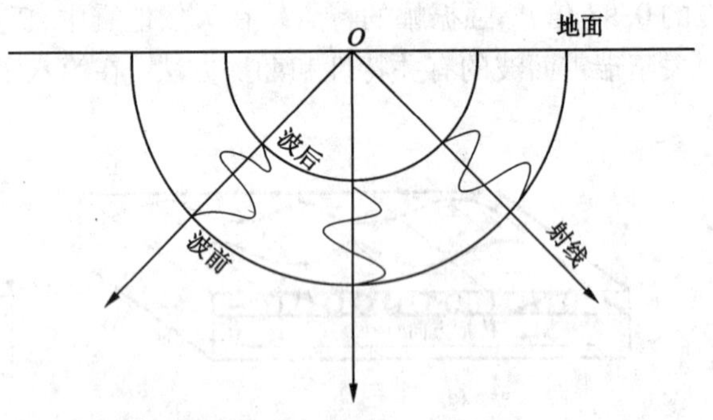

图 1.3.1　波前、波后和射线

惠更斯原理是说明波前向前传播的规律：在弹性介质中，已知 t 时刻的同一波前面上的各点，可以把这些点看作从该时刻产生子波的新的点振源，由它产生二次扰动，经过 Δt 时刻后，这些子波的包络面就是 $t+\Delta t$ 时刻新的波前面。

根据惠更斯原理可以从已知波前面的位置求出以后各时刻波前面的位置。但是，惠更斯原理只给出了波传播的空间几何位置，而没有描述波到达该位置时的物理状态，因而对波传播的描述是不完善的。菲涅尔补充了惠更斯原理的不足，他指出，由波前面上各点所产生的子波(二次扰动)，在观测点上相互干涉叠加，其叠加结果就是我们在该点观测到的总扰动。这就使得惠更斯原理具有更明确的物理意义。

如图 1.3.2 所示，假设 Q 是由点源 M_0 发出的任意时刻的波前面，其半径为 r_0。dQ 为波前面 Q 上的任意小面元，M 为 Q 面外任意一点，它至 dQ 的距离为 r，且用 θ 表示成 dQ 的法线 n 与 r 的夹角。那么，由 M_0 引起的在 M 点的扰动，可由 Q 面上各面积元在 M 点引起的扰动的叠加求得。如果由 M_0 点发出之球面谐波的振幅为 A，角频率为 ω，则由 M_0 点到达小面积单元 dQ 上的振动，按波动理论可写为

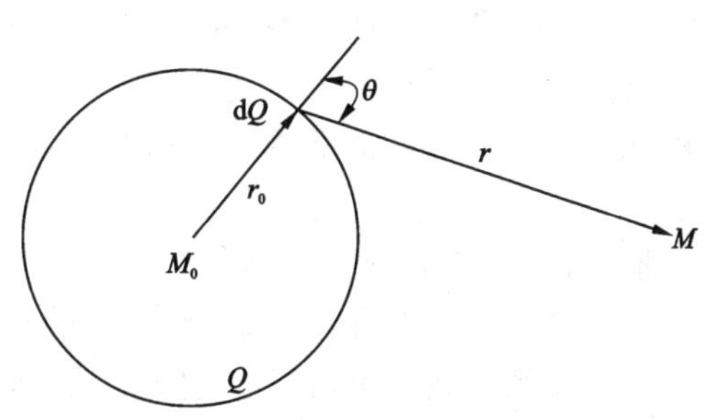

图 1.3.2　惠更斯－菲涅尔原理和倾斜因子示意图

$$\frac{1}{r_0}Ae^{i\omega(t-\frac{r_0}{v})} \tag{1.3.1}$$

设 $k=\frac{\omega}{v}$ 表示角波数，上式变为

$$\frac{1}{r_0}Ae^{i\omega t}\cdot e^{-ikr_0} \tag{1.3.2}$$

若不考虑振动的能量(只表示谐和振动的形状)，可略去时间因子 $e^{i\omega t}$。

根据惠更斯－菲涅尔原理，把波前面 Q 上的小面积元 dQ 看作二次振源，则在 M 点观测到的扰动可写为

$$du(M)=k(\theta)A\frac{e^{-ikr_0}}{r_0}\cdot\frac{e^{-ikr}}{r}dQ \tag{1.3.3}$$

则由整个波前面 Q 在 M 点形成的总扰动应为

$$u(M)=\frac{A}{r_0}e^{-ikr_0}\iint_Q\frac{1}{r}e^{-ikr}k(\theta)\,dQ \tag{1.3.4}$$

式中：$k(\theta)$ 是与夹角 θ 有关的方向因子(倾斜因子)，与二次扰动的传播方向有关。由克希霍夫(Kirchoff)积分公式可以证明

$$k(\theta)=\frac{i}{2\lambda}(1+\cos\theta) \tag{1.3.5}$$

式中：λ 为波长。

惠更斯－菲涅尔原理(又称为波前原理)既可用于均匀介质，也可用于非均匀介质，利用这个原理可以构制反射界面、折射界面等。

2. 时间场方程

在非均匀介质中，假设弹性模量(拉梅常数)λ、μ 和介质密度 ρ 随空间位置改变而变化的速度缓慢，即 λ、μ 和 ρ 的空间变化率在一个波长范围内与它们自身值相比很小，则可以写出在这种非均匀介质中的波动方程

$$\frac{\partial^2\varphi}{\partial t^2}-v^2(x,y,z)\nabla^2\varphi=0 \tag{1.3.6}$$

一般情况下，它有谐和波解

$$\varphi=\varphi_0(x,y,z)\exp\left\{i\omega\left[\frac{r(x,y,z)}{v(x,y,z)}-t\right]\right\}=\varphi_0(x,y,z)\exp[i\theta(x,y,z)] \tag{1.3.7}$$

式中：$\varphi_0(x,y,z)$称为振幅函数；$\theta(x,y,z)$称为相位函数；$r(x,y,z)$为空间任一点(x,y,z)到原点的距离。

由 $\theta(x,y,z)$值相同的那些空间点所组成的面称为等相位面，由 $\theta(x,y,z)$值为零的那些空间点所组成的面称为波前面。当时间 t 增大时，为保证 $\theta(x,y,z)$值仍为零，$r(x,y,z)$必须增大，即波前面随时间增加而向外传播。在空间任一点(x,y,z)处，波前面的到达时间只有一个。从场论的观点来看，可以将波前面的到达时间看成是一个场，称为时间场。时间场显然是一个标量场。波前面的到达时间 t_k 是空间坐标的函数，即

$$t_k=\frac{r(x,y,z)}{v(x,y,z)}=\tau(x,y,z) \tag{1.3.8}$$

式中：$\tau(x,y,z)$称为时间场的特性函数。因此，解(1.3.7)式可得

$$\varphi(x,y,z)=\varphi_0(x,y,z)\mathrm{e}^{i\omega[\tau(x,y,z)-t]} \tag{1.3.9}$$

将(1.3.9)式代入波动方程(1.3.6)式中，有

$$\begin{aligned}\frac{\partial^2\varphi}{\partial t^2}&=-\omega^2\varphi_0\mathrm{e}^{i\omega(\tau-t)}=v^2\nabla^2\varphi\\&=v^2[(\nabla^2\varphi_0-\omega^2\varphi_0\mathrm{grad}^2\tau)+i(2\omega\mathrm{grad}\varphi_0\cdot\mathrm{grad}\tau+\omega\varphi_0\mathrm{grad}^2\tau)]\mathrm{e}^{i\omega(\tau-t)}\end{aligned} \tag{1.3.10}$$

要使方程两边相等，只能是方程两边的实部和虚部对应相等。由实部相等有

$$-\omega^2\varphi_0=v^2(\nabla^2\varphi_0-\omega^2\varphi_0\mathrm{grad}^2\tau)$$

或

$$-4\pi^2\varphi_0=\frac{v^2}{f^2}\nabla^2\varphi_0-4\pi^2v^2\varphi_0\mathrm{grad}^2\tau \tag{1.3.11}$$

式中：f 为频率；ω 为角频率。当$f\to\infty$ 且$\nabla^2\varphi_0$ 不是很大时(高频近似)，(1.3.11)式中的第一项趋于零，则有

$$v^2\mathrm{grad}^2\tau=1$$

即

$$\left(\frac{\partial\tau}{\partial x}\right)^2+\left(\frac{\partial\tau}{\partial y}\right)^2+\left(\frac{\partial\tau}{\partial z}\right)^2=\frac{1}{v^2(x,y,z)} \tag{1.3.12}$$

上式即为非均匀介质中的时间场方程。

若已知介质速度的空间分布，则可利用边界条件、初始条件求解时间场方程，得到任意时刻等时面的空间位置。在均匀无限弹性介质中，不同时刻的等时面是以震源为中心的同心球面族，如图 1.3.3 所示。而在非均匀介质中，等时面是一个曲面族。在浅层折射波法勘探资料解释中，有一种精度较高的解释方法称时间场法，它就是应用时间场的基本知识来绘制时间场的等时线，进而作出定量解释。

3. 射线方程

由物理场论可知，场既可以用等值面表示，也可以用力线来表示，时间场也不例外。在时间场中，等值面就是等时面，力线就是地震波的射线。因为力线方向就是场的梯度方向，因而射线方向也就是时间场的梯度方向。由全部射线组成的射线族与时间场中的等时面族互

相垂直，如图 1.3.4 所示。由于时间场内各时刻波前面的位置与等时面重合，因而在时间场内射线亦垂直于波前面。从能量的角度来看，地震波传播时的大部分能量都集中在射线方向上。由前述惠更斯－菲涅尔原理的表达式(1.3.4)中的方向因子(1.3.5)式可知，当波前面法线 n 与 r 之间夹角 θ 为零度时，表示波前面法线与射线方向一致，此时方向因子有最大值

$$K(\theta)=\frac{i}{2\lambda}(1+\cos\theta)=\frac{i}{\lambda} \tag{1.3.13}$$

这说明波沿射线传播的方向能量最强。

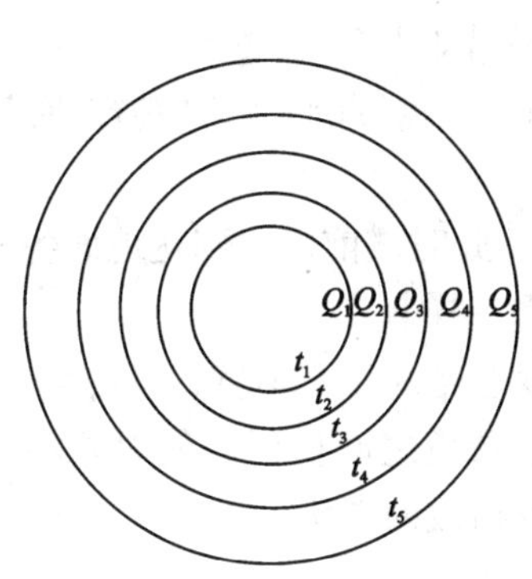

图 1.3.3　均匀介质中等时面示意图

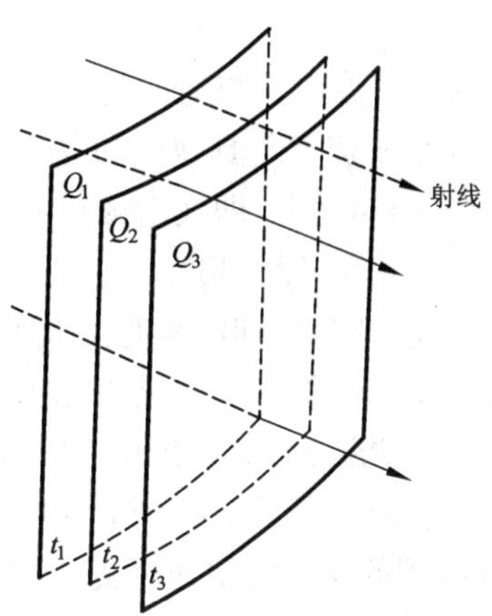

图 1.3.4　等时面簇和射线簇示意图

4. 费马原理

费马(Fermat)原理可描述为：地震波沿旅行时最短的路径传播。这条路径正是垂直于波前面的路径，即射线路径。因此，费马原理从射线角度也可以说，波沿射线传播的时间最短。

由于波沿射线传播的旅行时间和沿任何其他路径传播的时间比较起来是最小的，所以费马原理也称为最小时间原理。在均匀介质中，两点间传播时间最短的路径是连接这两点的直线。因此，从震源发出的弹性波可用震源为中心的一簇辐射直线来描述，而平面波射线是垂直于波前面的平行直线。对于非均匀介质，这种最佳路径不再是直线，而成为曲线，但射线与波前面总是垂直的。

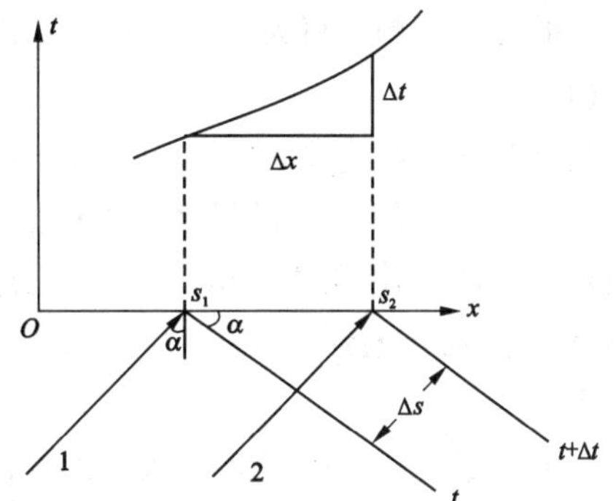

图 1.3.5　视速度原理示意图

5. 视速度定理

由费马原理可知，地震波的传播是沿波射线方向进行的。波沿射线方向传播的速度称为射线速度，是波的真速度，也就是说，如果站在射线的方向来观测波的传播，则观测到的速度 v 应该是波在介质中传播的真速度。在地震勘探中往往是在地面观测波的传播，实际观测方向和波射线方向不一致，这样测得的速度值不是波的真速度，称之为视速度，用 v_a 表示。

图 1.3.5 中 S_1、S_2 为地面上的两个观测点，距离为 Δx，设一来自地下平面波沿射线 1 到达 S_1 点的时间为 t，沿射线 2 到达 S_2 点的时间为 $t+\Delta t$，于是在地面上测得的视速度为

$v_a=\dfrac{\Delta x}{\Delta t}$，而此时 S_1、S_2 两点平面波波前传播的距离为 Δs，于是真速度为 $v=\dfrac{\Delta s}{\Delta t}$。从图中可知，$\Delta s=\Delta x\cdot\sin\alpha$，那么

$$v=\frac{\Delta s}{\Delta t}=\frac{\Delta x}{\Delta t}\cdot\sin\alpha=v_a\sin\alpha$$

即

$$v_a=\frac{v}{\sin\alpha} \tag{1.3.14}$$

式中：α 为平面波波前与地面的夹角（或称波射线与地面法线的夹角）。式(1.3.14)称为视速度定理，表示视速度与真速度的关系。从视速度定理可得出如下结论：

(1)当 $\alpha=90°$时，即波沿测线方向入射到观测点，有 $v_a=v$。此时波的传播方向与测线方向一致，视速度等于真速度。

(2)当 $\alpha=0°$时，即波垂直测线方向传播，有 $v_a\to\infty$。此时波前同时到达地面各点，各点没有时间差，这好像有一波动以无穷大的速度沿测线传播一样。

(3)一般情况下，α 总在 $0°\sim90°$间变化，因此视速度总是大于真速度，即 $v_a>v$。在地震勘探中，近炮点记录道接收到的反射波视速度高，相邻记录道之间反射波的时差小，远炮点记录道接收到的反射波视速度低，相邻记录道接收到的反射波时差大。

二、动力学的基本知识

1. 振动图与波剖面

地震波在传播过程中使介质中很多质点都在振动，为了具体地描述这种振动的状态，为此设想了与介质质点振动有关的图形。由于波在岩层中传播时，质点振动的位移随不同的时间和位置是不相同的，当我们沿测线（设为 x 轴）进行地震工作时，质点的位移 u 是时间 t 和测点 x 的二元函数，写为 $u=u(x,t)$，于是可以分别从两个坐标系统来观察波动。

(1)振动图

当 x 为某一特定值($x=x_1$)时，二元函数 $u=u(x,t)$ 就变为 t 的一元函数 $u=u(t)$，也就是说在某一确定的距离观察该处质点位移随时间变化的图形，称之为振动图。振动图表示地震波随时间的变化规律，如图 1.3.6(a)所示。图中 t_1 表示质点刚开始振动，称为波的初至，Δt 表示质点从起振到停振的时间间隔，称为振动的延续时间，Δt 的大小直接影响地震勘探的分辨率。

在地震勘探中，地震波从激发到地面接收到反射波，最长时间一般不会超过 2～3 s，并且波在传播过程中的振幅也是变化的。这种延续时间短，振幅变化的振动，称为非周期脉冲振动。对非周期振动可用视振幅、视周期和视频率来描述它。

视振幅：质点离开平衡位置的最大位移，称为视振幅，在振动图上表示极值的大小，如图 1.3.6(a)中的 A。一般来说，振动的能量和振幅的平方成正比，振幅愈大，表示振动能量愈强。

视周期和视频率：在振动图形上两个相邻极大值或极小值间的时间间隔称为视周期，用 T_a 表示，它说明质点完成一次振动所需要的时间；视周期的倒数叫做视频率，用 f_a 表示，即 $f_a=1/T_a$，它表示质点每秒钟内的振动次数。

地震勘探中，当在地表测线上某点 S_1 接收地下反射界面 R_1、R_2 的反射波，所得地震记录就是振动图形，如图1.3.6(b)所示。T_1 波组是界面 R_1 的反射波，它有三个视振幅值，地震中叫做三个相位；T_2 波组是界面 R_2 的反射。同样在 S_2 点也可接收到界面 R_1、R_2 的反射波。实际工作中，往往采用多点(多道)接收的办法，多个接收点得到的振动图，就是地震波形记录。

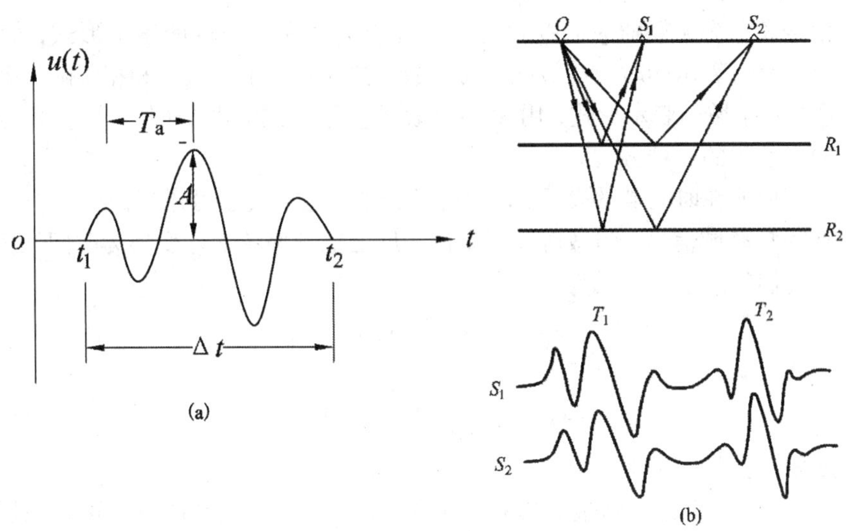

图1.3.6　振动图

(a) 质点的振动图；(b)波形记录

(2)波剖面

如果在某一确定的时刻($t=t_1$)，介质质点的位移 $u=u(x)$ 就成了距离 x 的一元函数，即 $u=u(x)$，这种用 $u-x$ 坐标表示质点位移与波传播距离的关系的图形称之为波剖面，它表明了振动与空间的关系，如图1.3.7所示。波剖面中，最大正位移叫波峰，最大负位移叫波谷，两个相邻波峰或波谷之间的距离叫视波长 λ_a，它表示波在一个周期里所传播的距离，视波长的倒数叫做视波数 k_a。视频率 f_a、视周期 T_a、视波长 λ_a 和波传播的视速度 v_a 之间的关系为

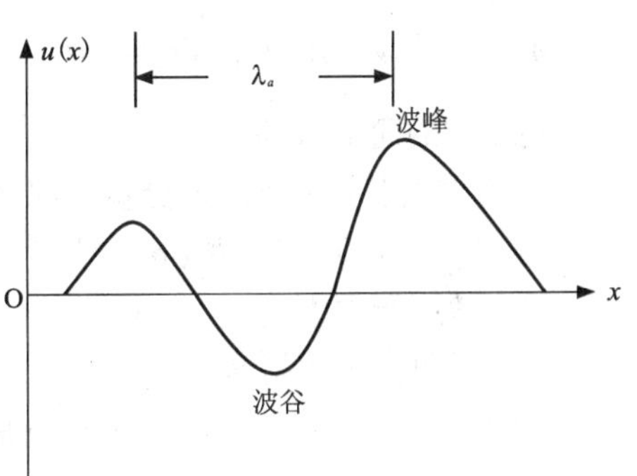

图1.3.7　波剖面

$$\left.\begin{aligned}\lambda_a &= T_a v_a = \frac{v_a}{f_a}\\ k_a &= \frac{1}{\lambda_a} = \frac{f_a}{v_a}\end{aligned}\right\} \tag{1.3.15}$$

鉴于地震勘探中激发的都是脉冲波形，没有“单色”的频率和波长，它的特点基本上由其主要频率和主要波长来体现，为了有别于此，故在频率、波长等术语前加一“视”字。凡以后不加专门说明的，都是指视频率、视波长等。

2. 频谱理论

运动学只局限于波动与时间及空间的关系，它仅仅是认识波动的一个方面，可以从另一个角度(即频率的角度)来进一步认识弹性波动的性质。从后面各章的学习中将会发现，频谱分析是地震勘探中一个非常重要的概念，频谱理论是地震数据的采集和处理的一个十分有用的工具。

(1)时间域和频率域

把一个信号表示为振幅随时间变化的函数称为信号在时间域的表示形式，如波的振动图，地震记录 $x(t)$ 所表示的时空区域就叫时间域。把信号表示为振幅和相位随频率变化的函数，称为信号在频率域的表示形式，用 $X(f)$ 来表示，它包括振幅谱和相位谱。频谱分析就是信号在频率域内表示的一种方式。

信号在频率域或在时间域的表示，两者是等价的，这种关系可用傅氏变换表示出来。时间域信号变换为频率域信号，叫做傅氏正变换。反之把频率域信号变换为时间域信号，叫做傅氏反变换。它们的数学表达式为

$$\left.\begin{aligned} X(f) &= \int_{-\infty}^{\infty} x(t)\mathrm{e}^{-i2\pi ft}\mathrm{d}t \\ x(t) &= \int_{-\infty}^{\infty} X(f)\mathrm{e}^{i2\pi ft}\mathrm{d}f \end{aligned}\right\} \tag{1.3.16}$$

(2)复杂周期振动的频谱

众所周知，简谐振动是固体最简单的振动形式，一个简谐振动的特征可以用振幅、频率和初相三个参数来表示。而自然界中我们所观察到的是更复杂的周期振动，这种复杂的周期振动是由许多(有限数目)不同频率的简谐振动合成的复合振动，叫做振动的合成。反之，一个复杂的周期振动可利用傅氏级数展开为许多简谐振动，这叫做振动的分解，其数学式为

$$x(t) = A_0 + A_1\cos(\omega_0 t + \varphi_1) + A_2\cos(2\omega_0 t + \varphi_2) + \cdots + A_n\cos(n\omega_0 t + \varphi_n) \tag{1.3.17}$$

式中：ω_0 称为基频(角频率，$\omega_0 = 2\pi f_0 = \frac{2\pi}{T}$)；$n\omega_0$ 称为倍频。式中各项为不同振幅、不同频率、不同相位的简谐振动。

研究结果表明：只要简谐分量足够多而它们的参数又选得合适，就几乎能够合成任意所需要的振动。图 1.3.8(a)和(b)分别表示为两个简谐振动合成复杂的振动和许多简谐信号合成一个复杂的脉冲信号。

(3)非周期振动的频谱

对于非周期的振动，可用傅氏积分展开为无限多个频率和相位连续变化的简谐振动之和，即为

$$x(t) = \int_{-\infty}^{\infty} A_n\cos(\omega_n t + \varphi_n)\mathrm{d}\omega \tag{1.3.18}$$

其频谱 $X(\omega)$ 可表示为

$$X(\omega) = \int_{-\infty}^{\infty} x(t)e^{-i\omega t}\mathrm{d}t \tag{1.3.19}$$

用欧拉公式展开得：

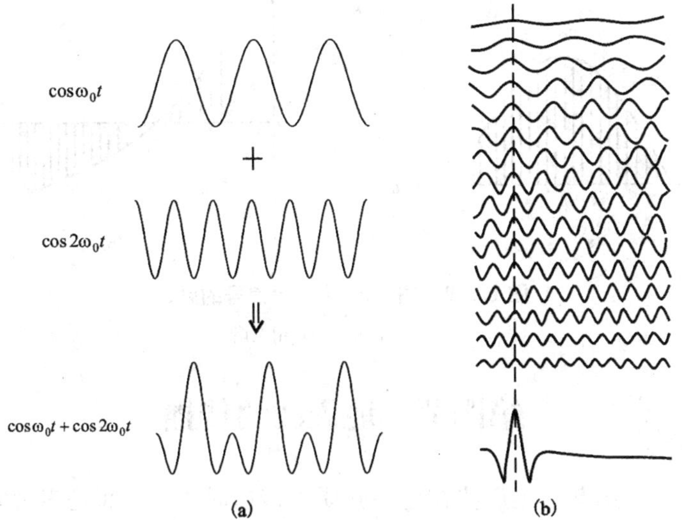

图 1.3.8　复杂周期振动的频谱

(a)两个简谐振动合成复杂的振动；(b)许多简谐信号合成一个复杂的脉冲信号

$$
\begin{aligned}
X(\omega) &= \int_{-\infty}^{\infty} x(t)\cdot\cos\omega t\mathrm{d}t - i\int_{-\infty}^{\infty} x(t)\cdot\sin\omega t\mathrm{d}t \\
&= a_1(\omega) + ia_2(\omega) \\
&= A(\omega)\cdot \mathrm{e}^{i\varphi(\omega)}
\end{aligned} \tag{1.3.20}
$$

式(1.3.20)中：

$$
\left.
\begin{aligned}
a_1(\omega) &= \int_{-\infty}^{\infty} x(t)\cdot\cos\omega t\mathrm{d}t \\
a_2(\omega) &= -\int_{-\infty}^{\infty} x(t)\cdot\sin\omega t\mathrm{d}t
\end{aligned}
\right\} \tag{1.3.21}
$$

$$
\left.
\begin{aligned}
A(\omega) &= \sqrt{a_1(\omega)^2 + a_2(\omega)^2} \\
\varphi(\omega) &= \arctan\frac{a_2(\omega)}{a_1(\omega)}
\end{aligned}
\right\} \tag{1.3.22}
$$

式中：$a_1(\omega)$、$a_2(\omega)$分别表示谱函数$X(\omega)$的实部和虚部；$A(\omega)$、$\varphi(\omega)$分别表示频谱$X(\omega)$的振幅谱和相位谱。

如果把一个复杂周期振动或非周期振动的各个分振动的振幅A和相位φ与圆频率ω的关系表示在$A-\omega$和$\varphi-\omega$的坐标平面内，所得的图像就叫做振幅谱或相位谱，图1.3.9就是图1.3.8(b)中脉冲信号的振幅谱和相位谱，图中各分频率与振幅和相位的关系为一条条平行于振幅轴和相位轴的直线，称为谱线。这些谱线分别是圆频率为ω_0，$2\omega_0$，…，$n\omega_0$的简谐振动。因此，周期振动的振幅谱和相位谱为离散谱，非周期振动的振幅谱和相位谱为连续谱。

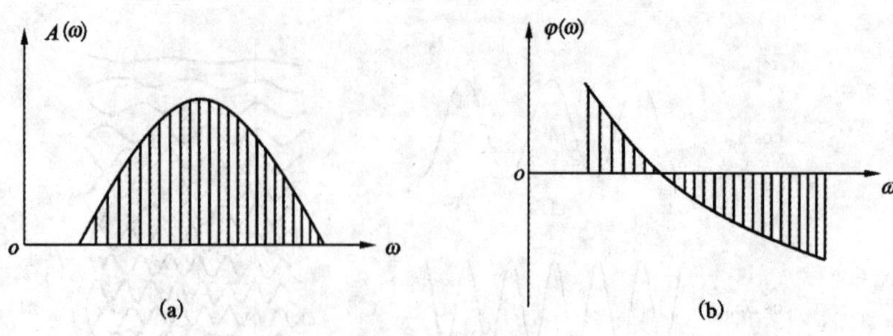

图1.3.9　图1.3.8(b)中信号的频谱

(a) 振幅谱；(b) 相位谱

第四节　地震波的传播

从前面讨论中我们知道，地震波在地层介质中传播时，一方面是表现它的运动学特征，另一方面是表现它的动力学特征。在这一节中将讨论地震波在地层介质中传播时的传播路径、波形、能量以及频率的变化特点。

一、地震波的反射和透射

反射和透射是波动在介质分界面上的一种现象，无论是光波、声波或地震波，在分界面上发生反射、透射是波动的共性，因此本节中的一些名词、定律与光学中相同。然而地震波传播的媒介是地层介质，地层介质形成的弹性波有自己的特性，因此有些名词和传播规律与其他波动则不尽相同，例如地震波的折射与折射波的传播特点等。

如图1.4.1所示，假设界面R将弹性空间分为上、下两部分W_1和W_2，上、下半空间纵波的传播速度为v_1、v_2。平面波波前AB以入射角α投射至界面，当地震波(平面波)波前上的A点到达界面R上A'点时(此时平面波前为$A'B'$)，根据惠更斯原理可以将界面上A'点看成一个新震源，由该点产生一个新扰动向介质四周传播，当波前上B'点经过Δt时间传播到界面R上的Q点时，由A'点新震源发出的扰动在W_1介质中亦以速度v_1传播了Δt时间，且在W_2介质中按速度v_2传播了Δt时间。在W_1和W_2介质中，均以A'点为圆心，并分别以$v_1\Delta t$和$v_2\Delta t$为半径画弧，以Q点分别画这两圆弧的切线，切点为S点和T点。

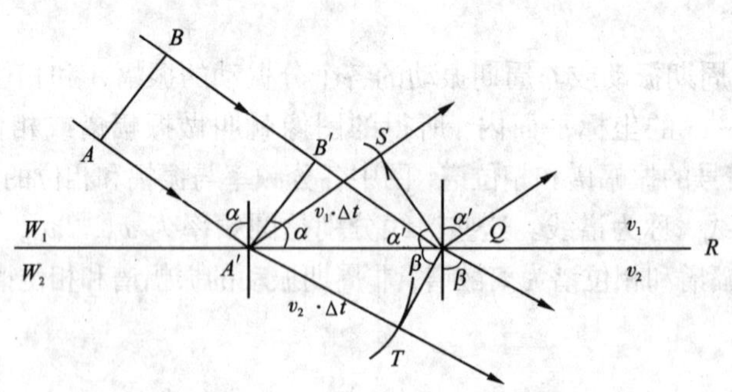

图1.4.1　地震波的反射和透射

从图中可以看出，在 W_1 介质中产生的新波前为 QS，它同入射波波前 $A'B'$ 在同一介质内，称为反射波；在 W_2 介质中产生新波前为 QT，称为透射波。如果设入射波波前面 $A'B'$、反射波波前面 QS、透射波波前面 QT 同界面 R 的夹角分别为 α、α'、β，则从图 1.4.1 上简单的三角关系可以得到

$$\frac{\sin\alpha}{v_1}=\frac{\sin\alpha'}{v_1}=\frac{\sin\beta}{v_2}=p \tag{1.4.1}$$

该式反映了弹性分界面上入射波、反射波和透射波的关系。如果定义 α 为入射角、α' 为反射角，β 为透射角，式(1.4.1)说明反射角等于入射角，而透射角则决定于上下介质的速度比值；且在一个界面上对入射、反射和透射波来说都具有相同的射线参量 $p=\sin\alpha_i/v_i$。这个定律就是著名的斯奈尔定律，亦称反射－透射定律。

由于射线垂直于波前，因此在弹性分界面上亦可用射线来表示入射、反射和透射三者之间的关系，它们亦应满足斯奈尔定律，不过此时入射角 α、反射角 α' 和透射角 β 分别表示入射线、反射线和透射线同界面 R 的法线之间的夹角，如图 1.4.2 所示。

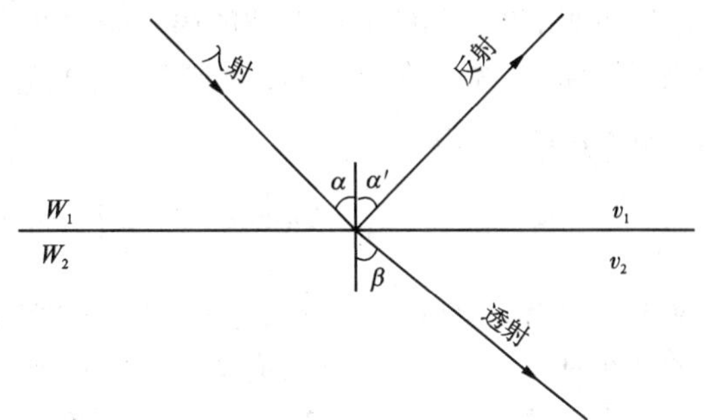

图 1.4.2　入射、反射和透射之间的关系

二、折射波的形成

假设地下有一个水平的速度分界面，下层介质的波速 v_2 大于上层介质的波速 v_1。从震源发出的地震波以不同的入射角(这实际上是一种球面波，而平面波只是一种近似，是一种数学概念的抽象)投射到界面上，根据斯奈尔定律可知，由于入射角 α 的增大，透射角 β 也随着增大，透射波射线偏离法线向界面靠拢，当 α 增大到某一角度时，可使 $\beta=90°$，这时透射波就以 v_2 的速度沿界面滑行，形成滑行波，如图 1.4.3 所示。并称这时的入射角为临界角 i，写为

$$\sin i=\frac{v_1}{v_2},\qquad i=\arcsin\left(\frac{v_1}{v_2}\right) \tag{1.4.2}$$

如果已知 v_1、v_2，就可由上式求出临界角。

根据波前原理，高速滑行波所经过的界面上的任何一点，都可看作从该时刻产生子波的新震源，由于界面两侧的弹性介质是连续的，那么质点的运动也应是连续的。因此，下面介质质点的振动必然要引起上覆介质质点的振动，这样在上层介质中就形成了一种新的波动，这在地震勘探中称之为折射波，由于它是高速滑行波的超前运动所引起的，因此又称为首波。

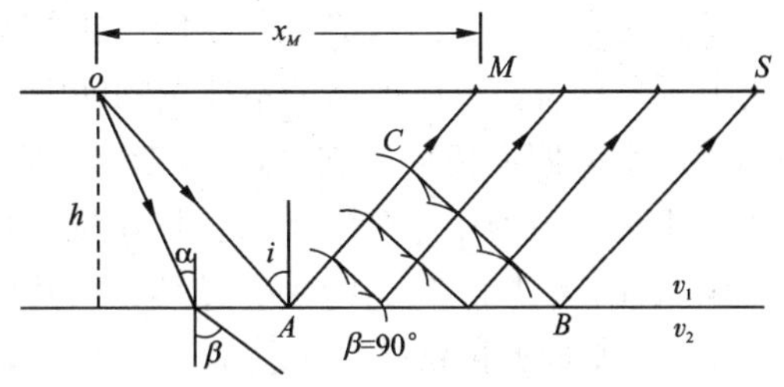

图 1.4.3　折射波的形成

折射波的波前是界面上各点源产生的新振动向上面介质中发出的半圆形子波的包线，从图 1.4.3 可见，滑行波自 A 点以 v_2 速度向前滑行了一段时间 Δt，波前到达 B 点，则 $AB=v_2\Delta t$，同时 A 点向上面介质中发生半圆形子

波，其半径为 $AC=v_1\Delta t$，从 B 点作 A 点发出子波波前圆弧的切线 BC，它就是该时刻折射波的波前面，它与界面的夹角 $\angle ABC$ 为临界角 i，因为 $\triangle ABC$ 为直角三角形，可得

$$\sin\angle ABC=\frac{AC}{AB}=\frac{v_1\Delta t}{v_2\Delta t}=\frac{v_1}{v_2}=\sin i$$

于是

$$\angle ABC=i$$

因为波前与射线相垂直，所以折射波的射线是垂直于波前 BC 的一簇平行线，它们与界面法线的夹角就等于临界角。

由图可见，射线 AC 是折射波的第一条射线，从地面上 M 点开始才能观测到折射波，所以称 M 点为折射波的始点，自震源到 M 点的范围内，不存在折射波，这个范围称为折射波的盲区，那么盲区 x_M 为

$$x_M=2h\tan i=2h\tan\left[\arcsin\left(\frac{v_1}{v_2}\right)\right]=2h\frac{v_1}{\sqrt{v_2^2-v_1^2}} \tag{1.4.3}$$

从上式可知，盲区 x_M 的大小与折射界面深度 h 和上下介质速度的比值 v_2/v_1 有关，x_M 随着 h 的减小和 v_2/v_1 比值的增大而减小，当 $v_2/v_1=1.4$ 时，$x_M=2h$，因此作为一条经验法则，折射波只有在炮检距大于两倍折射界面深度时才能观测到。

从上面的讨论中可以发现，折射波形成的条件比反射波要苛刻，不仅要求界面两侧的速度不相等，而且必须满足下层介质的速度 v_2 大于上层介质的速度 v_1。在实际的多层介质中，一般速度随深度递增，因而可形成多个折射界面，但是上、下地层速度倒转的现象在地震勘探中也是经常发生的，即在地层剖面中，中间可以出现速度相对较低的地层，在这些低速层界面的顶面就不能形成折射波。因此，实际工作中折射界面可能要比反射界面少。

三、绕射波

实际地层介质中，分界面并不总是连续的、无限延伸的，经常有复杂地质构造出现，诸如断层、尖灭等等，它们构成了地层的间断点，亦即介质性质的突变点。如果用简单的射线概念来讨论这些不连续界面的反射和透射问题，势必会得出在这些间断点之外观测不到波动的结论。但是，实际上在这些地质体的端点（如断棱、尖灭点……）以外的地方依然观测到波动的存在。这种现象就如同物理光学中的小孔成像产生光的衍射一样，在屏幕上并不是只反映通过这个小孔的“一条”光线的一个光点，而是根据惠更斯原理把小孔看成是一个新的光源，屏幕上的像是此新的点光源的反映。地震波通过这些弹性不连续的间断点时，也和光学中的衍射现象一样，可以把这种不连续的间断点看成为新的震源，由此新震源产生一种新的扰动向弹性空间四周传播。这种扰动波在地震勘探中称为绕射波，这种现象称为绕射。

图 1.4.4 所示为用一个断层的物理模型来说明这种绕射现象。假设一个平面波 AB 法线入射在断层体 AB 上，当它在 $t=t_0$ 时刻达到断层体表面时，波前的位置是 COD。在 $t=t_0+\Delta t$ 时，O 右边的平面波前继续往下传播至 GH 的位置，而 O 左边的波前在断层体表面反射到达线段 EF 的位置。从物理意义上来说，在同一时刻地震波的波前不应出现间断，否则在波前间断处质点如何振动就无法解释了。现在同一时刻的波前面 GH 和 EF 之间发生了很大的间断，使用射线的概念是无法弥补上这一间断的，只有使用波动理论。惠更斯原理是波动理论的一个简单表述，利用它可以方便地解决这一问题。根据惠更斯原理，采用作图法，把 CO

和 OD 上各点作为圆心，以 $v\Delta t$ 为半径作圆弧，这些圆弧的包络就是 EF 和 GH 的波前面，其中断棱点 O 为圆心的点构成了上行波波前面 EF 和下行波波前面 GH 之间的转换点，而圆弧 FPG 就是以 Q 点为新震源产生的绕射波波前，它在$t=t_0+\Delta t$时刻把 EF 和 GH 两个波前面连接起来，就使得新的波前没有间断了。这个绕射波当然亦存在于 GN 和 FM 范围内，在 FM 范围内绕射波和反射波相互叠加。因此，在断点 O 的右侧虽无弹性界面存在，但仍可观测到由 FPG 绕射波前构成的绕射波动。

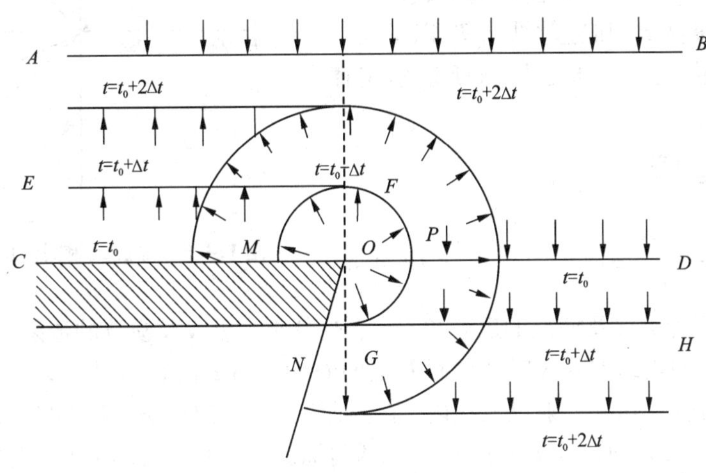

图 1.4.4　断层绕射示意图

严格地说，根据惠更斯－菲涅尔原理，凡波传播到空间的每一个点都可以看成一个新的绕射源。例如：欲研究某一个弹性界面，当波传播到该界面时，可以把界面上的每一个点都看作是新的点震源，在地面上某一点观测到的反射波，实际上并非仅仅由满足斯奈尔定律的那个反射点才有影响，而是由这个界面上所有新震源产生的绕射波在观测点上的总叠合。从这个角度来说就不存在上述断层点、尖灭点等绕射点了，空间上的每一个点实际上都是绕射点，或者说断层点、尖灭点是空间的某些特殊绕射点。如果把空间上的每一个点都看作是绕射点这种思想称为广义绕射的话，那么断层点、尖灭点等所产生的绕射就是狭义绕射。以后凡提到绕射现象如果不加特殊说明，一般均指狭义绕射。

广义绕射认为，地面上某一点 O 处接收到的地震波是地下界面上每个绕射源对它所作“贡献”的结果。问题是每一个绕射点其“贡献”都一样吗？如果不一样，那么多大范围外的点的贡献可以忽略不计？由于界面上不同绕射点到 O 点的距离不同，方向也不同，显然各点的贡献是不相同的。理论和实际可以说明，在地面 O 点处观测到的地震波的能量，主要是由以 r 为半径的圆周带内各绕射点的贡献。这个带称为第一菲涅尔带，简称菲涅尔带。在讨论地震横向分辨率时还将进一步研究它。

四、在弹性分界面上波的转换和能量分配

前面讨论了地震波在弹性分界面上发生反射、透射和折射的情况，这是波的运动学问题，但没有讨论这些波在弹性分界面上的波型转换和振幅变化，这属于波的动力学问题。其实，地震波入射到弹性分界面上，情况是比较复杂的，首先表现为波型发生转换，其次波的

能量分配(振幅变化)会随着界面两侧弹性介质参数的不同以及入射波角度的不同而变化很大。

1. 弹性分界面上波的转换

如图 1.4.5 所示，当一纵波 p 以某一角度 α 入射到反射界面上的 O 点时，界面两侧的介质质点可分别受到垂直和平行界面的正应力和剪应力的作用，因此在上下介质中就会分别形成四种不同的波，即反射纵波 R_p 和透射纵波 T_p 以及反射横波 R_s 和透射横波 T_s。于是根据斯奈尔定律便有

$$\frac{\sin\alpha}{v_{p_1}}=\frac{\sin\alpha_1}{v_{p_1}}=\frac{\sin\beta_1}{v_{s_1}}=\frac{\sin\alpha_2}{v_{p_2}}=\frac{\sin\beta_2}{v_{s_2}}=p \qquad (1.4.4)$$

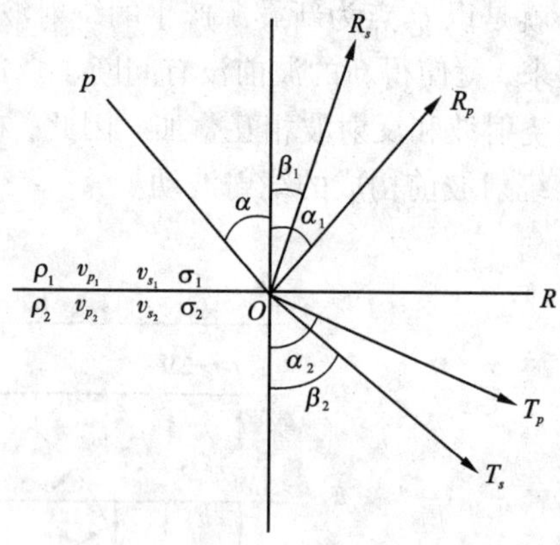

图 1.4.5　纵波入射时波的分裂与转换

式中：α_1、β_1 分别为纵波及横波的反射角；α_2、β_2 分别为纵波及横波的透射角。

式(1.4.4)说明当纵波 p 入射到界面 R 上的 O 点，那么在 O 点处分裂为 2 个反射波及 2 个透射波，也就是说，包括入射纵波在内，在界面上的 O 点处共有 5 个波动，其中 2 个波动是同入射纵波的波型相同，即反射纵波 R_p 和透射纵波 T_p，称之为同类波；而另 2 个波动同入射纵波的波型不相同，即反射横波 R_s 和透射横波 T_s，称之为转换波。

2. 弹性分界面上波的能量分配

讨论弹性分界面上波的能量分配可采用佐普里兹方程(Zoeppritz, 1919)，用平面谐和波来进行研究。

为了简化问题的讨论，只研究平面谐和纵波的入射问题。设平面纵波 P 以 α 角入射到分界面上的 O 点，按上述讨论，波会分裂为反射纵波、透射纵波、反射横波和透射横波 4 个二次波。根据各个波的传播方向可以分别写出入射纵波和其他 4 个波的位移表达式(只考虑射线所在的铅垂面，即 $x-z$ 平面，x 方向为分界面 R 所在方向，z 方向为与分界面 R 垂直向下的方向)。

$$\left.\begin{aligned}
U_p&=A_0\mathrm{e}^{i\omega\left(t-\frac{x\sin\alpha+z\cos\alpha}{v_{p_1}}\right)}\\
U_{R_p}&=A_1\mathrm{e}^{i\omega\left(t-\frac{x\sin\alpha_1+z\cos\alpha_1}{v_{p_1}}\right)}\\
U_{R_s}&=B_1\mathrm{e}^{i\omega\left(t-\frac{x\sin\beta_1+z\cos\beta_1}{v_{s_1}}\right)}\\
U_{T_p}&=A_2\mathrm{e}^{i\omega\left(t-\frac{x\sin\alpha_2+z\cos\alpha_2}{v_{p_2}}\right)}\\
U_{T_s}&=B_2\mathrm{e}^{i\omega\left(t-\frac{x\sin\beta_2+z\cos\beta_2}{v_{s_2}}\right)}
\end{aligned}\right\} \qquad (1.4.5)$$

式中：A_0、A_1 和 A_2 分别是入射纵波、反射纵波和透射纵波的振幅值；B_1 和 B_2 分别是反射横波和透射横波的振幅值；ω 是谐和波的角频率；ρ_i、v_{p_1}、v_{s_1} $(i=1, 2)$是介质参数。定义各个波对应的位移向量如图 1.4.6 所示。由各个波的质点振动方向可以写出在介质 w_1 和 w_2 中的位移分量：

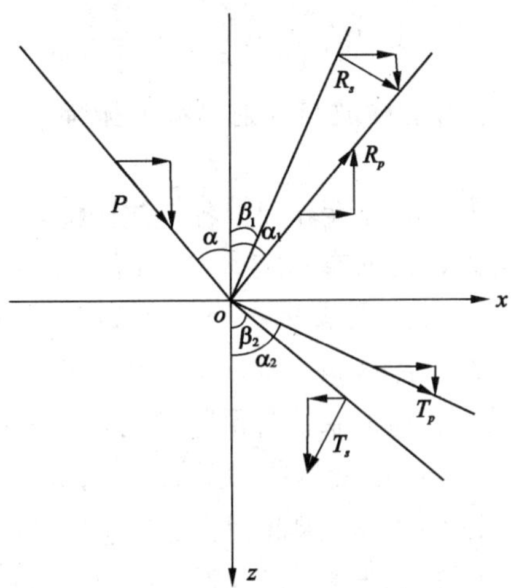

图 1.4.6　纵波入射时位移向量的定义

$$\left.\begin{aligned} u_1 &= U_p\sin\alpha + U_{R_p}\sin\alpha_1 + U_{R_s}\cos\beta_1 \\ w_1 &= U_p\cos\alpha - U_{R_p}\cos\alpha_1 + U_{R_s}\sin\beta_1 \\ u_2 &= U_{T_p}\sin\alpha_2 - U_{T_s}\cos\beta_2 \\ w_2 &= U_{T_p}\cos\alpha_2 + U_{T_s}\sin\beta_2 \end{aligned}\right\} \tag{1.4.6}$$

这些位移分量必须满足界面处的二组边界条件。一组是应力连续条件，写成公式为

$$\left.\begin{aligned} (\sigma_{zz})_{1R} &= (\sigma_{zz})_{2R} \\ (\sigma_{xz})_{1R} &= (\sigma_{xz})_{2R} \end{aligned}\right\} \tag{1.4.7}$$

或者以位移分量的形式写出为

$$\left.\begin{aligned} &\lambda_1\left(\frac{\partial u_1}{\partial x}+\frac{\partial w_1}{\partial z}\right)_{1R}+2\mu_1\left(\frac{\partial w_1}{\partial z}\right)_{2R}=\lambda_2\left(\frac{\partial u_2}{\partial x}+\frac{\partial w_2}{\partial z}\right)_{2R}+2\mu_2\left(\frac{\partial w_2}{\partial z}\right)_{2R} \\ &\mu_1\left(\frac{\partial u_1}{\partial z}+\frac{\partial w_1}{\partial x}\right)_{1R}=\mu_2\left(\frac{\partial u_2}{\partial z}+\frac{\partial w_2}{\partial x}\right)_{2R} \end{aligned}\right\} \tag{1.4.8}$$

另一组为位移连续条件，表示为

$$\left.\begin{aligned} (u_1)_{1R} &= (u_2)_{2R} \\ (w_1)_{1R} &= (w_2)_{2R} \end{aligned}\right\} \tag{1.4.9}$$

将式(1.4.5)代入式(1.4.6)，再代入边界条件式(1.4.8)和式(1.4.9)，经化简后可得到矩阵形式的能量分配方程

$$\begin{bmatrix} -\sin\alpha_1 & \cos\beta_1 & \sin\alpha_2 & -\cos\beta_2 \\ \cos\alpha_1 & -\sin\beta_1 & \cos\alpha_2 & \sin\beta_2 \\ \sin2\alpha_1 & \dfrac{v_{p_1}}{v_{s_1}}\cos2\beta_1 & \dfrac{\rho_2 v_{s_2}^2 v_{p_1}}{\rho_1 v_{s_1}^2 v_{p_2}}\sin2\alpha_2 & \dfrac{\rho_2 v_{s_2} v_{p_1}}{\rho_1 v_{s_1}^2}\cos2\beta_2 \\ -\cos2\beta_1 & -\dfrac{v_{s_1}}{v_{p_1}}\sin2\beta_1 & \dfrac{\rho_2 v_{p_2}}{\rho_1 v_{p_1}}\cos2\beta_2 & -\dfrac{\rho_2 v_{s_2}}{\rho_1 v_{s_1}}\sin2\beta_2 \end{bmatrix} \begin{bmatrix} R_{pp} \\ R_{ps} \\ T_{pp} \\ T_{ps} \end{bmatrix} = \begin{bmatrix} \sin\alpha_1 \\ \cos\alpha_1 \\ \sin2\alpha_1 \\ \cos2\beta_1 \end{bmatrix} \tag{1.4.10}$$

这就是著名的佐普里兹方程。式中的 $R_{pp}=\frac{A_1}{A_0}$、$R_{ps}=\frac{B_1}{A_0}$、$T_{pp}=\frac{A_2}{A_0}$、$T_{ps}=\frac{B_2}{A_0}$分别表示为反射纵波、反射横波、透射纵波、透射横波与入射纵波的振幅比，即反射纵横波的反射系数和透射纵横波的透射系数。

佐普里兹方程描述了纵波入射时弹性界面上各个波振幅之间的关系。如果已知入射波的振幅 A_0 和入射角 α，则首先可以根据斯奈尔定律求出 α_1、α_2、β_1、β_2 诸角。然后根据已知的介质参数(ρ_1、ρ_2、v_{p_1}、v_{p_2}、v_{s_1}、v_{s_2} 分别表示上下介质的密度和纵横波速度)求解方程组(1.4.10)，便可求得 R_{pp}、R_{ps}、T_{pp}、T_{ps} 各量，因此也就确定了它们之间的能量分配关系。鉴于方程组(1.4.10)确定的反射系数和透射系数各量除了同入射角 α 有关系外，还同很多参量有关，例如 ρ_2/ρ_1、v_{p_2}/v_{p_1}、v_{s_2}/v_{s_1}……。改变这些参量的比值，就会引起反射系数和透射系数的变化，也就是说改变了能量的分配关系。因此，欲直观地从方程组一目了然地看出它们之间的关系是很困难的。为此，我们先来研究法线入射这样一种特殊情况，然后再来讨论一般倾斜入射的情况。

(1)法线入射

法线入射即入射波垂直投射到弹性分界面上，这种情况不仅具有重要的理论意义，而且在地震勘探的实践中具有重要的现实意义。因为地震勘探特别是反射波法勘探在野外的接收点一般都是近震源布置，因此震源至接收点之间的距离相对地面震源至深达数百米甚至数千米的弹性分界面距离而言可以认为很小。这样，从震源投射到弹性分界面再返回至地面，接收到的反射波是近法线入射。

由于法线入射，因此入射角 $\alpha=0$，按斯奈尔定律有 $\alpha_1=\alpha_2=\beta_1=\beta_2=0$，于是佐普里兹方程组变成如下简单形式

$$\left.\begin{aligned}&R_{ps}-T_{ps}=0\\&R_{pp}+T_{pp}=1\\&R_{ps}+T_{ps}\frac{\rho_2 v_{s_2}}{\rho_1 v_{s_1}}=0\\&R_{pp}-T_{pp}\frac{\rho_2 v_{p_2}}{\rho_1 v_{p_1}}=-1\end{aligned}\right\}\qquad(1.4.11)$$

从上式可以解出

$$\left.\begin{aligned}&R_{ps}=T_{ps}=0\\&R_{pp}=\frac{\rho_2 v_{p_2}-\rho_1 v_{p_1}}{\rho_1 v_{p_1}+\rho_2 v_{p_2}}\\&T_{pp}=\frac{2\rho_1 v_{p_1}}{\rho_1 v_{p_1}+\rho_2 v_{p_2}}\end{aligned}\right\}\qquad(1.4.12)$$

式中：密度 ρ 和速度 v_p 的乘积 ρv_p，称之为波阻抗，一般用 z 表示。根据(1.4.12)式可以得出如下结论。

①纵波垂直入射时，不存在转换波($R_{ps}=T_{ps}=0$)，只有同类的反射纵波和透射纵波。

②只要上、下介质的波阻抗不等，即 $\rho_2 v_{p_2}\neq\rho_1 v_{p_1}$，则反射系数总不会为零，总会存在反射波，且波阻抗差越大，反射波能量越强。

③当$\rho_2 v_{p_2} > \rho_1 v_{p_1}$时，$R_{pp}$为正，表明$A_1$与$A_0$同号，说明入射波由疏介质向密介质投射时，反射波的相位与入射波的相位一致；反之，当$\rho_2 v_{p_2} < \rho_1 v_{p_1}$，$R_{pp}$为负，表明$A_1$与$A_0$反号，说明入射波由密介质向疏介质投射时，反射波的相位与入射波的相位相反，即相位相差π，这种现象在物理上称为"半波损失"。

④透射系数T_{pp}永远为正，说明透射波的相位同入射波总是同相的。

⑤反射系数和透射系数的关系为$T_{pp}=1-R_{pp}$，即反射系数和透射系数之和等于1。

垂直入射的另一个特例是真空反射问题。当波在地层中传播经反射后向上垂直投射到地面时，由于空气的密度和岩石的密度相比可以认为是零，因此地面成为一个自由界面。在自由界面上，位移不受任何限制，而应力为零。在真空中没有介质，也就没有位移，因此边界条件就只有两个，即

$$\left.\begin{aligned}&\lambda_1\left(\frac{\partial u_1}{\partial x}+\frac{\partial w_1}{\partial z}\right)_R+2\mu_1\left(\frac{\partial w_1}{\partial z}\right)_R=0\\&\mu_1\left(\frac{\partial u_1}{\partial z}+\frac{\partial w_1}{\partial x}\right)_R=0\end{aligned}\right\}\tag{1.4.13}$$

将介质中的位移分量(1.4.6)式代入边界条件(1.4.13)式，经简化后得：

$$\left.\begin{aligned}&A_1\cos2\beta_1-B_1\frac{v_{s_1}}{v_{p_1}}\sin2\beta_1=-A_0\cos2\beta_1\\&A_1\frac{v_{s_1}}{v_{p_1}}\sin2\alpha_1+B_1\cos2\beta_1=A_0\frac{v_{s_1}}{v_{p_1}}\sin2\alpha_1\end{aligned}\right\}\tag{1.4.14}$$

考虑到纵波为垂直入射，入射角、反射角均为零，故有：

$$\left.\begin{aligned}&A_1=-A_0\\&B_1=0\end{aligned}\right\}\tag{1.4.15}$$

上式表明当地震波垂直入射到自由界面时，只有反射纵波，反射横波消失，且反射纵波振幅与入射纵波振幅大小相等，相位相反。因为是自由界面，地面位移的振幅应该是入射波振幅与反射波振幅之和，故此时地面位移的总振幅为$2A_0$，即垂直入射至自由界面上的波使自由界面上的介质质点位移比介质内部质点的位移大一倍。

(2)倾斜入射

当$\alpha\neq0°$，即平面纵波倾斜入射时，波动之间的能量分配关系要比法线入射时复杂得多。为了能直观地研究这些波动之间的能量分配关系，采用作图的方法。国外许多研究机构在这方面作了大量的研究和计算工作，绘制了不少反射系数和透射系数的曲线模图。这些图大致可以分为两类：一类是描述反射系数和透射系数同入射角α之间的关系曲线；另一类是描述它们同各参量例如密度比、速度比之间的关系曲线。下面选择其中一些典型的曲线进行分析，以便从中引出对地震勘探有益的结论。

图1.4.7(a)表示P波从一种波阻抗较大的密介质入射到波阻抗较小的疏介质中的情形。条件为：$v_{p_2}/v_{p_1}=0.5$；$\rho_2/\rho_1=0.8$；$\sigma_1=0.30$，$\sigma_2=0.25$。从图中可见：

①当入射角$\alpha<20°$时，除反射纵波R_p外，能量主要分布在透射纵波T_p上，横波能量很小(极限情况，$\alpha\to0°$时：$R_s\to0$，$T_s\to0$，此时不产生横波)，这同上述法向入射的情况是相符的。

②随入射角增大，纵波的某些能量转化为横波 R 和 T，但主要能量还是集中在 R_p 和 T_p 上。值得注意的是，在 $\alpha \approx 40° \sim 60°$ 时，反射横波 R_s 和透射横波 T_s 的强度可以超过反射纵波 R_p 的强度，这说明在远离震源接收或大倾角入射时，容易接收到反射的转换横波。

③当入射角 $\alpha \to 90°$ 时，入射波近似与界面平行，横波消失，全部能量集中于反射纵波。

图 1.4.7(b) 表示另一种特殊的情况，这簇曲线的条件是：$v_{p_2}/v_{p_1}=2.0$；$\rho_2/\rho_1=0.5$；$\sigma_1=0.30$，$\sigma_2=0.25$。显然，$v_{p_2}\rho_2=v_{p_1}\rho_1$，即上、下介质的波阻抗相等。此外，第一临界角 $i_p=\arcsin v_{p_1}/v_{p_2}$，第二临界角 $i_s=\arcsin v_{s_1}/v_{s_2}$。

①当入射角 $\alpha \to 0°$ 时，相当于近法线入射的情形，此时纵波 $R_p \to 0$ 及横波 $R_s \to 0$ 和 $T_s \to 0$，这说明在法线入射时无反射纵波。②当入射角 $\alpha \to i_p$ 时，纵波沿界面滑行，$T_p \to 0$，反射纵波 R_p 及反射横波 R_s 和透射横波 T_s 都急剧增大。这种强度的急剧变化，反映了波的能量转换。我们在前面折射波的形成中已经讨论过，在临界角附近将产生一种新的波动，即产生折射波。

③当入射角 $\alpha > i_p$ 时，横波 R_s 和 T_s 分别减弱，而纵波 R_p 继续增大。

④在入射角 $\alpha = i_s$ 时，横波 $R_s \to 0$ 和 $T_s \to 0$，而纵波 R_p 达到最大值。

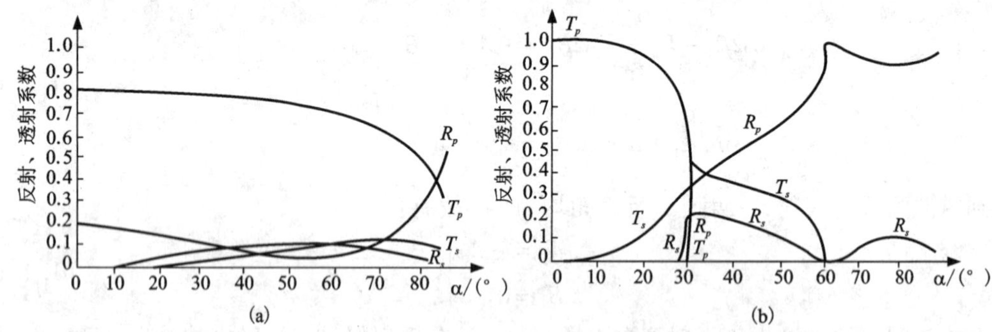

图 1.4.7 反射系数、透射系数与入射角关系图

从以上讨论中可知，在第一临界角附近反射纵波和反射横波的强度都很强。在那里的反射称为广角反射，人们期望在这一带范围内追踪广角反射，以便在波阻抗较小的弱反射界面上得到更强的振幅。在地震勘探中，人们通常使用“最佳窗口技术”和“最佳偏移距技术”来进行反射勘探，就是广角反射原理的具体应用。

图 1.4.8(a) 和图 1.4.8(b) 描述了速度比和密度比对反射系数变化的影响。从图 1.4.8(a) 中可以看出：当 $v_{p_2}/v_{p_1}<1.0$ 时，曲线变化缓慢；v_{p_2}/v_{p_1} 越接近于 1，则曲线越平缓。这反映上、下介质的波阻抗值差异越小，反射越弱，反之越强。这一点可用来指导我们在进行地震资料解释时根据反射的强弱来识别岩性。当 $v_{p_2}/v_{p_1}>1.0$ 时，则曲线急剧变化，尤其是在临界角附近。至于图 1.4.8(b)，随着 ρ_2/ρ_1 值的变化，各曲线变化规律相似，差别不大，这说明密度的变化对反射波的强度影响不大。

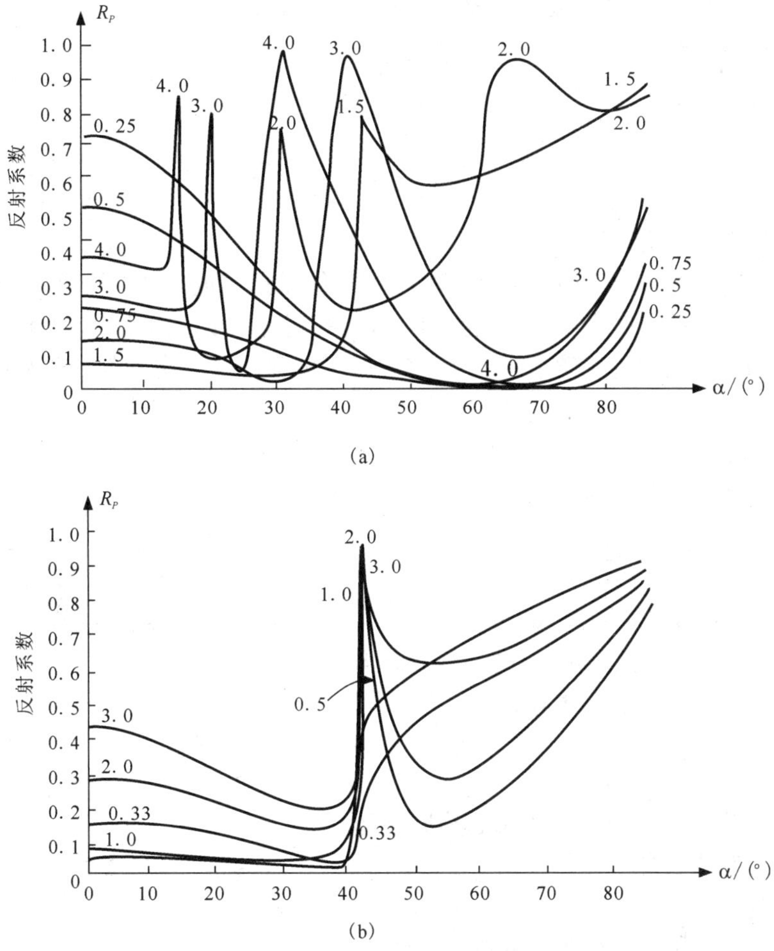

图 1.4.8 反射系数与速度比、密度比、入射角关系图

五、地震波的衰减

地震波从激发、传播到接收过程中，它的振幅和波形都要发生变化，能量不断地衰减，其影响因素是很多的，但归纳起来主要有三类：第一类是激发条件的影响，它包括激发方式、激发强度、震源与地面的耦合状态等；第二类是地震波在传播过程中受到的影响，包括波前扩散、地层吸收、反射、透射、波形转换等造成的衰减；第三类是接收条件的影响，包括检波器、放大器及记录仪的频率特性对波的改造、检波器与地面的耦合状况等。下面主要讨论与地层岩性直接有关的第二类因素，有关波形转换造成的衰减已在上一节讨论过。

1. 波前扩散

地震波由震源向周围介质传播，波前面越来越大，就是说越来越远地离开震源，其振幅也越来越小。这种现象是由地震波的波前扩散(球面扩散)所引起，因为由震源形成的能量散布在面积不断增加的波前面上，单位面积上的能量随着传播距离 r 的增加而减小。

设均匀介质中某一时刻球面波的波前面为 S，总能量为 E，单位面积上的能量为 ε，则有

$$\varepsilon = \frac{E}{S} = \frac{E}{4\pi r^2} \tag{1.4.16}$$

式中：r 为球面的半径。因为能量 E 与振幅 A 的平方成正比，即

$$A^2 \propto \frac{1}{4\pi r^2} \tag{1.4.17}$$

因而可得

$$A = C \cdot \frac{1}{r} \tag{1.4.18}$$

式中：C 为与能量 E 有关的常数。

由上式可知，在均匀介质中，反射波的振幅与传播距离成反比，按照 $1/r$ 的规律衰减。在层状介质中，深处的速度大于浅处，波的射线为折射线，波前面比均匀介质时大，故因波前扩散而衰减的速率比均匀介质中快，图 1.4.9 中示意画出了波在均匀介质和层状介质中波前扩散的情况。

式(1.4.18)仅适应于反射波和直达波，对于折射波其振幅与距离的关系为

$$A = \frac{C}{\sqrt{r(r-r_0)^3}} \tag{1.4.19}$$

式中：r 是震源至观测点的距离，r_0 为临界距离，即由震源到地面上开始观测到折射波的距离。当观测距离很大时，即 $r \gg r_0$，上式可简化为

$$A = C \cdot \frac{1}{r^2} \tag{1.4.20}$$

这意味着，折射波由于球面扩散，其振幅随距离的衰减比反射波更快。

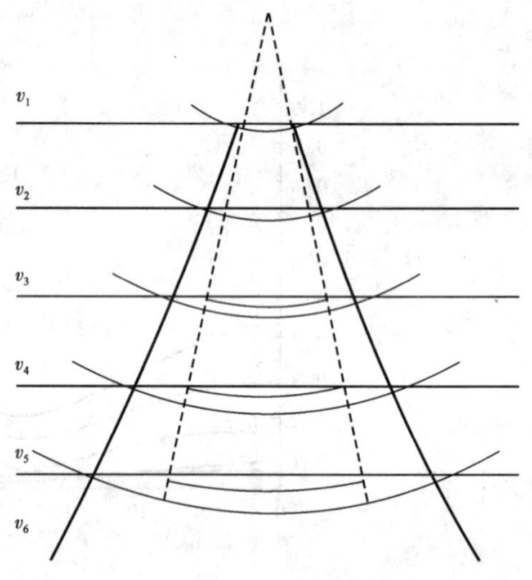

图 1.4.9　波在均匀介质与层状介质中的扩散

2. 吸收衰减

理想弹性介质是对实际介质的近似，事实上，实际介质对地震波的能量具有不同程度的吸收作用。在波动过程中，介质的不同部分之间、颗粒之间会出现某种摩擦力或粘滞力，导致地震波振动的机械能向其他形式的能量（主要是热能）转化，从而使地震波的高频成分容易消失，波幅按指数规律衰减，这种现象称为介质对地震波的吸收。这样的介质也叫粘弹性介质，通过求粘弹性介质波动方程的方法可知，地震波能量随传播距离按指数规律衰减的规律可写成

$$A = A_0 e^{-\alpha(f)r} \tag{1.4.21}$$

式中：A_0 为地震激发时的初始振幅；$\alpha(f)$ 为衰减系数或吸收系数，它是频率的函数，其单位为 m^{-1}，它表示单位距离内振幅的衰减率，有时它的单位表示为 dB/λ，表示单位波长距离内振幅衰减的分贝数。

介质的吸收与岩土性质有关，一般坚硬、密度大的岩石，吸收系数小，一般认为沉积岩的吸收系数为 0.5 dB/λ；而疏松胶结差的岩层，吸收系数较大，为 1 dB/λ 以上，风化层可超过 10 dB/λ；对第四系松散砂土层，吸收系数更大。

此外，介质的吸收还与频率有关，吸收系数是频率的函数。据理论证明和实际观测，可知吸收系数与频率成正比，频率越高，吸收越厉害，也就是说，介质对地震波频谱中各成分的吸收有选择性，高频成分容易消失。这种岩层对地震波的吸收作用，称为“大地低通滤波

器的作用”。

3. 透射损失

据以上讨论可知，入射波在每一个弹性界面上都要把能量分成两部分，一部分分配给反射波，另一部分分配给透射波，因此反射波的能量要比入射波的能量小。对反射波勘探来说，这种在地层中传播时，地震波透过界面所发生的能量损耗称为透射损失(严格地说，地震波在界面上的反射和透射，只涉及能量的分配，而不涉及能量的损耗)。下面我们来讨论水平层状介质中垂直入射情况下的透射损失。

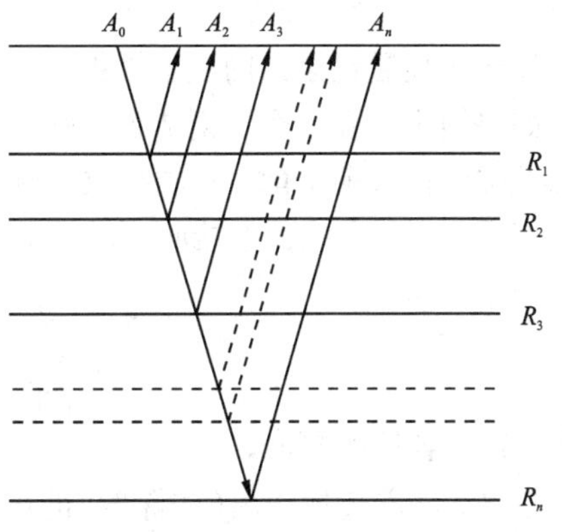

图 1.4.10 透射损失

如图 1.4.10 所示，假设入射波振幅为 A_0，与界面 R_1，R_2，…，R_n 对应的反射系数亦为 R_1，R_2，…，R_n，对应层数反射波的振幅为 A_1，A_2，…，A_n。为讨论方便，该图有意把入射波和反射波的垂直入射和反射都画为斜线。

首先讨论只有两个水平界面的情况。由于反射系数分别为 R_1 和 R_2，当入射波以振幅 A_0 法线入射到 R_1 界面时，产生透射波，透射系数为 $T_1=1-R_1$，波投射到 R_2 界面后，发生反射，并由下向上第二次透射 R_1 界面，这时 R_1 变为负值，透射系数为 $T'_1=1+R_1$，波两次透过这个界面，我们把 T_1 与 T'_1 的乘积叫双程透射系数 T_d，写为

$$T_d=T_1T'_1=(1-R_1)(1+R_1)=1-R_1^2 \tag{1.4.22}$$

显然，双程透射系数总小于 1，这表示反射波的振幅总是因透射损失而减弱。当波在 R_2 界面反射并两次透过 R_1 界面时，反射波的振幅为

$$A_2=A_0(1-R_1^2)R_2$$

同理，当存在三个水平界面时，反射系数分别为 R_1、R_2 和 R_3，当波分别两次透过 R_1、R_2 界面时，反射波的振幅为

$$A_3=A_0(1-R_1^2)(1-R_2^2)R_3$$

其中 $(1-R_2^2)$ 为 R_2 界面的双程透射系数。依此类推，对于来自第 n 个界面上的反射波振幅为

$$A_n=A_0\prod_{i=1}^{n-1}(1-R_i^2)R_n=A_0R_nT \tag{1.4.23}$$

式中：$T=\prod_{i=1}^{n-1}(1-R_i^2)$ 称为双程透射损失因子，其值为第 n 个反射界面以上的各反射面双程透射系数的连乘。

从上式可知，多层介质中的反射波振幅 A_n 与各个中间层面的反射系数 R_i 平方成反比，因此，如果中间层面的反射系数大，透射损失也大，这种情况对勘探其下部地层是不利的。此外，由该式还可以看出，界面越多透射损失也越大，因而透射损失会使深层反射波的能量比浅层反射波的能量小，加上波的传播路径深层比浅层长，导致大地吸收与波前扩散引起波能量的衰减也比浅层的大，因此，在地面上接收到的深层反射波信号要比浅层的小得多。

4. 界面散射

地震波在地下岩层中传播，当遇到粗糙不平滑的分界面，界面上凹凸部分的曲率半径与

波长相近时，波将会在界面上发生散射。此外，当遇到波长小于地震波波长的不均匀体时，波在不均匀体表面也会产生散射，形成向各个方向传播的波。

波的散射会使地震波能量分散、振幅衰减，在地震波形记录上则会形成没有规则的杂乱反射。

5. 一个地震记录道的反射波振幅

如果地下存在 n 个反射界面，则一个实际地震道就可以记录 n 个反射波。每一个反射子波的振幅将由波前扩散、介质吸收衰减、透射损失及反射系数等诸因素决定。那么，当地震波垂直入射时，在地面上接收到的第 n 个界面反射波的振幅与波的传播距离的关系可写成

$$A = \frac{A_0}{2\sum_{i=1}^{n} h_i} e^{-2\sum_{i=1}^{n}\alpha_i h_i} \left[\prod_{i=1}^{n-1}(1 - R_i^2)\right] R_n \tag{1.4.24}$$

式中：h_i 为各层的厚度。

总之，随着传播距离(或深度)的增大，频谱中的高频成分被大地吸收，能量变小，导致地震波的波形也随之改变(振动图的频率变低，振幅变小，时间延续度变大)，使地震勘探的分辨率降低、勘探深度降低。因此，在中深层地震勘探中要用能量较强的震源，如炸药震源，而浅层地震勘探有时用锤击震源即可，而在地震资料的采集和处理过程中，都有一个提高地震记录分辨率的问题。另外，在实际工作中，如果对接收到的反射波振幅做波前扩散、吸收衰减、透射损失等方面的补偿工作，即消除上述各因素对地震波形和振幅的影响，使接收到的地震波振幅和波形的变化只与界面的反射系数有关(即 $A_n = A_0 R_n$)，这种剖面称之为“真振幅”剖面，利用这种资料可以达到对岩性解释的目的。

六、地震波的频谱

1. 主频及频带宽度

地震波是非周期的脉冲振动，可用傅氏积分展开为无限多个频率、相位连续变化的简谐振动之和，用公式可表示为

$$x(t) = \int_{-\infty}^{\infty} A_n \cos(2\pi f_n t + \varphi_n)\,\mathrm{d}f \tag{1.4.25}$$

式中：$f_n = \omega_n / 2\pi$，为振动的频率。

这时所得的振幅谱和相位谱均为连续谱。为了描述一个振幅谱的特征，要引用主频和频带宽度两个参数。图1.4.11表示了一个波形频谱的典型例子。f_0 是频谱的主频，即频谱曲线极大值所对应的频率，信号的大部分能量都集中在主频附近的简谐分量中。若以 $|A(f)|$ 的值为1，可找出对应于 $|A(f)| = 0.707$ 的两个频率值 f_1 和 f_2，并且把 $\Delta f = f_1 - f_2$ 叫做频谱(带)的宽度，f_1、f_2 的大小反映了脉冲信号的绝大部分能量在哪个频率范围之内，Δf 的大小给出了这个范围的宽窄。

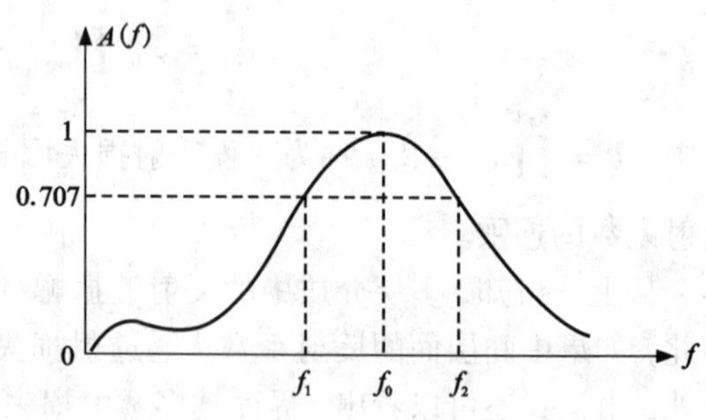

图 1.4.11　频谱的主要参数

2. 频谱特征

人们在大量的生产实践中已积累了在各种激发和接收条件以及各种地质条件下的地震波(及有关波动)频谱资料，如图 1.4.12 所示。总的来说，反射波的能量主要分布在 30 ~ 70 Hz 的频带内；折射波的能量主要在 30 ~ 45 Hz 的频带内；而面波的主要能量分布在 10 ~ 30 Hz 的频带内，具有低频的特点；风吹草动等微震的频谱则在高频方面，且频带较宽；声波的频率较高，在 100 Hz 以上；工业交流电干扰主频是 50 Hz，频带很窄。

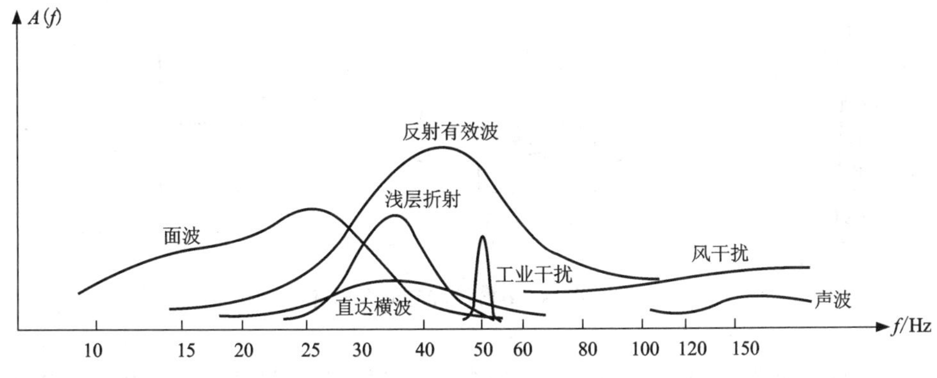

图 1.4.12 地震波与有关波动的频谱

在实际的地震勘探工作中，浅层反射波的频率较高，而较深层反射波的频率较低，如图 1.4.13(a)为反射波旅行时间为 100 ms 和 300 ms 的振动图。从图中可以看出，浅层的信号延续时间短，深层的信号延续时间长，相应的振幅谱如图 1.4.13(b)所示，曲线①、②分别对应于 100 ms 和 300 ms 的反射波振幅谱。从图上可见，浅层时间短的信号的主频要比深层时间长的信号的主频要高；而且浅层时间短的信号的频带比深层时间长的频带要宽，即信号的时间长度与频带宽度成反比，这就是频谱分析中的时标变换定理。

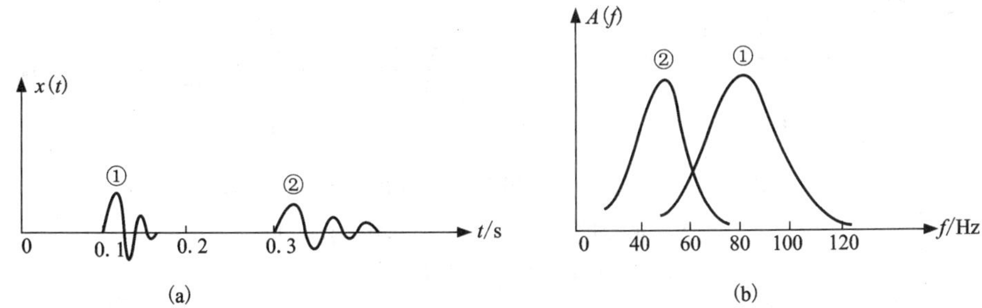

图 1.4.13 地震波的频谱特征

(a)反射波波形；(b)相应的振幅谱

时标变换定理表述为若信号时间延长 a 倍，则频带会变窄 a 倍。这个定理表明，脉冲信号越窄，它的频谱就越宽。一种极限情况叫做 δ 脉冲(叫单位脉冲或尖脉冲)，它是一个振幅无限大、延续时间无限小、并趋于零的脉冲信号，其定义是

$$\delta(t)=\begin{cases}\infty, 当\ t=0\ 时\\ 0, 当\ t\neq 0\ 时\end{cases} \tag{1.4.26}$$

如果用频率域来表示，其振幅谱是高度为 1 的一条水平线，即频率从负无穷大到无穷大的各个分量都有相同的振幅，有最宽的频谱，如图 1.4.14 所示。在地震勘探中，往往把炸药激发一瞬间的信号近似看作单位脉冲。

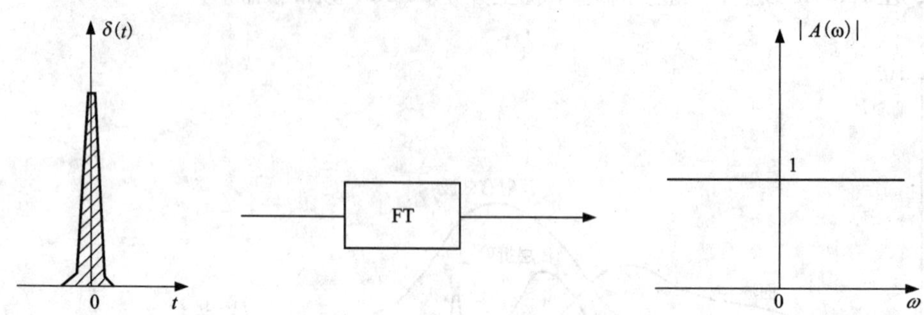

图 1.4.14　δ 脉冲和它的振幅谱

对于不同类型的地震波，其频谱也有差别，同一界面的反射横波比反射纵波频谱低、频带窄，见图 1.4.15(a)；其次，不同类型的震源激发方式其地震波频谱也有差别，图 1.4.15(b)表示炸药、锤击和高频震源枪激发时的地震波振幅谱，从图中可以看出，锤击频带较窄，频率较低，高频震源枪频带较宽，频率较高。

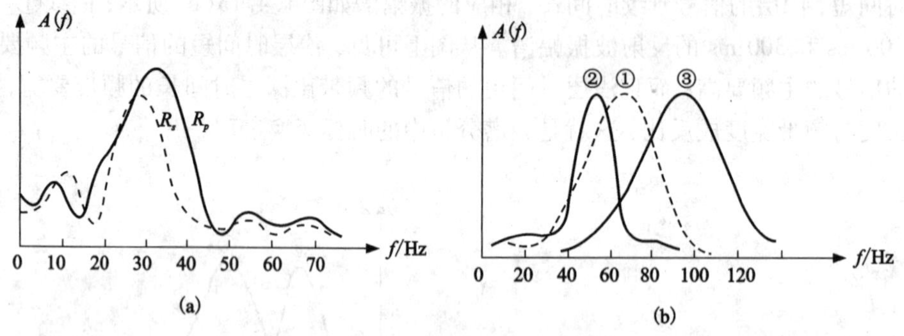

图 1.4.15　不同类型及不同激发方式的地震波频谱

(a) R_p、R_s 波的频谱；(b) 不同方式激发的频谱

①炸药；② 锤击；③ 震源枪

第五节　地震勘探的分辨率

在地震勘探中，地震记录所反映的各种地质构造的清晰程度取决于地震资料的分辨率。地震勘探的分辨率就是指分辨各种地质体和地层细节的能力，它包括纵向分辨率和横向分辨率两个方面。

一、纵向分辨率

纵向分辨率也称垂向分辨率或时间分辨率，它是指地震记录沿垂直方向能够分辨的最薄地层的厚度。通常有两种含义：一种是从地震记录上能够正确地识别地层顶、底界面的反射波；另一种是从地震记录上能够确定薄地层的反射波，从而确定地下薄层的存在。两种含义的分辨率在地震勘探中有各自的用途，但在不加说明的情况下，所讨论的分辨率均指前者。对纵向分辨率的讨论，可以从不同的研究角度来进行，并会得到不同的结果。下面从薄层顶、底反射波的时差以及振幅变化两个方面来进行讨论。

1. 波的时差法

如图 1.5.1(a)所示，一水平薄层的顶、底界面分别为 R_1、R_2，厚度为 Δh，薄层的速度为 v_2，R_1 界面的自激自收地震波为 $b_1(t)$（为讨论方便，图中把波的射线拉开了），R_2 界面的波为 $b_2(t)$，并假设两个波具有相同的极性、视周期和延续时间。用 $\Delta\tau$ 表示薄层顶、底两个反射波的时差，用 Δt 表示地震波的延续时间。在传统的地震勘探中，常用 $\Delta\tau$ 与 Δt 的比值大小来定义纵向分辨率，其比值大于 1 时，两个波能分开，就说有较高的分辨率；当比值小于 1 时，两波不能分开，就说是低分辨率的。随着薄层厚度的变化，$\Delta\tau$ 与 Δt 的相对关系会出现下面两种情况。

第一种情况，当 Δh 较大时，可使 $\Delta\tau \geqslant \Delta t$，则 $\Delta\tau/\Delta t \geqslant 1$，这时接收点所收到的薄层顶、底的两个波能分开，如图 1.5.1(b)所示。

第二种情况，当 Δh 较小时，会出现 $\Delta\tau < \Delta t(\Delta\tau/\Delta t < 1)$ 的情况，这时薄层顶、底的波发生干涉，成为复波，已无法从地震记录上来分辨地下的薄层。

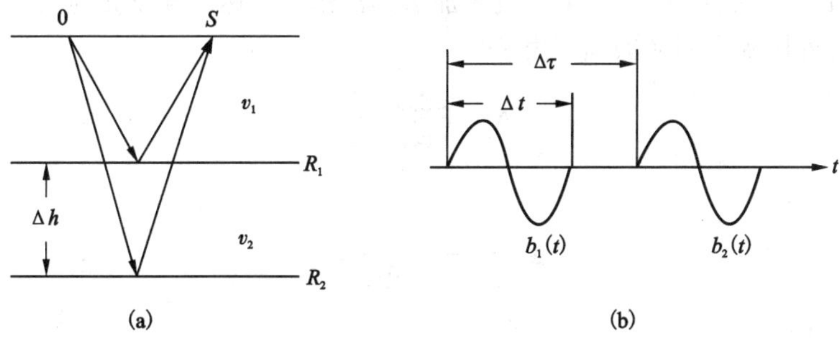

图 1.5.1　波的时差法分辨薄层示意图

(a)水平薄层模型；(b)薄层较厚时两波能分开

从上述两种情况的讨论，可知纵向分辨率主要与 $\Delta\tau$、Δt 的大小有关，假设 $\Delta\tau$ 一定，可以通过缩短地震波的延续时间，达到 $\Delta\tau \geqslant \Delta t$ 的目的，即所谓改造纵波的办法，这是当前高分辨率地震勘探中的一种基本思路和采用的主要办法。

在上述假设条件下，可以定量来讨论纵向分辨率，有以下关系式：

$$\Delta\tau = \frac{2\Delta h}{v_2} \tag{1.5.1}$$

设 $\Delta\tau \geqslant \Delta t$，可得

$$\frac{2\Delta h}{v_2} \geqslant \Delta t \tag{1.5.2}$$

地震波延续时间的长短与延续时间内包含的相位数有关，设延续时间等于 n 个视周期 T_a，即

$$\Delta t = nT_a$$

将它代入上式，于是有

$$\Delta h \geqslant \frac{v_2 \Delta t}{2} = \frac{nT_a v_2}{2} = \frac{n\lambda_a}{2} \tag{1.5.3}$$

当 $n = 1$ 时

$$\Delta h \geqslant \frac{\lambda_a}{2} \tag{1.5.4}$$

式中：λ_a 为视波长。

从上式可知，当地震波的延续时间越短、相位数越少（设 $n = 1$）、波长越短时，Δh 越小，则分辨率越高；反之，分辨率就低。当薄层厚度小于 1/2 波长时，就无法利用波的时差来分辨薄层的厚度，这时要用薄层的振幅变化来定义纵向分辨率。

2. 波的振幅法

假设在波速为 v_1 的均匀介质中夹有一种波速为 v_2 的楔形地层，且 $v_2 < v_1$。当楔形地层的厚度从大逐渐减小直至尖灭，如果忽略透射损失、多次反射和波形转换的影响，这时模型上下界面反射系数大小相等、符号相反，上界面反射系数 R_1 为负值，下界面反射系数 R_2 为正值。

当薄层厚度较大时，上下界面初至相反的反射波在时间上可分辨。随厚度变小，两波逐渐靠扰，当其时差为 1/2 视周期时，薄层上下界面反射波的波峰（或波谷）相对应，因此两波必然同相叠加，出现相干加强。如图 1.5.2 所示，$b_1(t)$ 为楔形地层上界面的反射波；$b_2(t)$ 为楔形地层下界面的反射波，$b(t)$ 为两个波叠加后的波形，显然，合成波的振幅是单个子波振幅的二倍，称这种振幅为调谐振幅。由于

$$\Delta \tau = \frac{2\Delta h}{v_2} = \frac{T_a}{2} \tag{1.5.5}$$

因而

$$\Delta h = \frac{v_2 T_a}{4} = \frac{v_2}{4f_a} = \frac{\lambda_a}{4} \tag{1.5.6}$$

式中：f_a 为视频率。

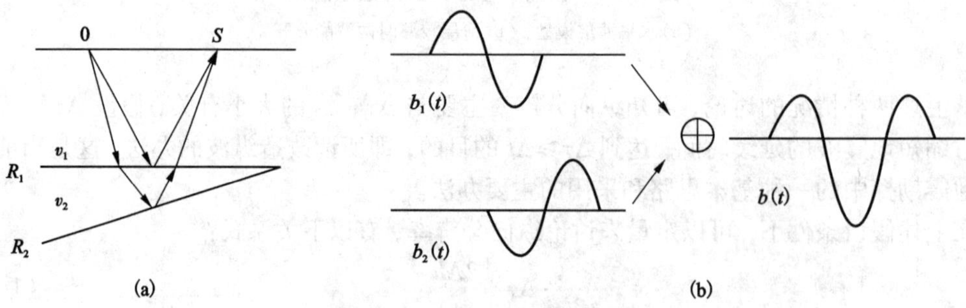

图 1.5.2 楔形模型的调谐效应

从上式可知调谐振幅所对应的地层厚度为四分之一视波长（$\Delta h=\frac{1}{4}\lambda_a$），此厚度称为调谐厚度，定义调谐振幅所对应地层的调谐厚度为纵向分辨率。

为了进一步剖析调谐厚度的物理含义，接下来研究厚度变化的尖灭地层顶、底板反射波的干涉情况。图 1.5.3 为不同层厚时顶、底板反射波形图，图的左侧注上了地层相对波长的厚度。

（1）当层厚等于一个波长（$\frac{\Delta h}{\lambda}=1$）时，顶、底板反射是可以分开的两个波，直到层厚等于$\frac{1}{2}\lambda$时，都可以用波的时差法来分开两个反射波；

（2）当厚度小于$\frac{1}{2}\lambda$以后，两个反射波互相干涉，从波形上就难以分出两个波了，这时可从波的振幅上来研究；

（3）当$\Delta h=\frac{\lambda}{4}$时，相对应的叠加振幅出现了极大值，这种现象称为薄层的调谐效应，这时地层的厚度称为调谐厚度。当地层厚度再减小时，叠加波形已不再变化，波形趋于稳定。

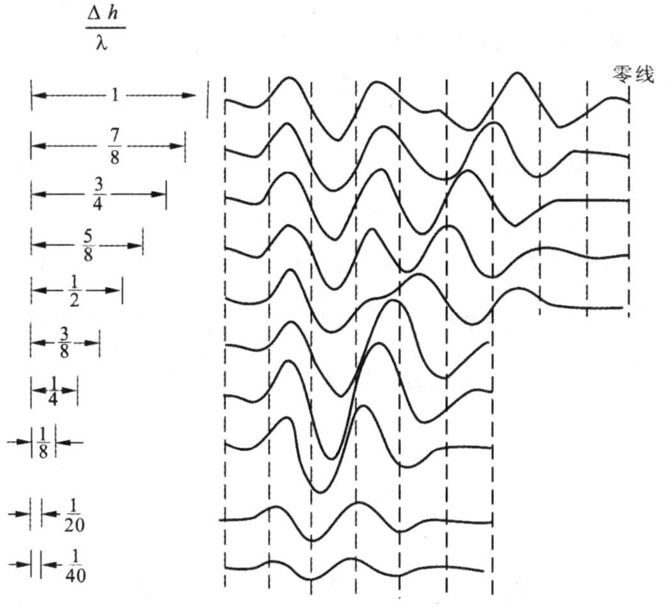

图 1.5.3　地层顶底板反射波形图

调谐效应是地震勘探中分辨薄层的有效手段，它可使对薄层厚度的分辨由$\frac{1}{2}\lambda$提高到$\frac{1}{4}\lambda$。

上述对分辨率的讨论可知，地震波的频率较高（一般指优势频率或主频），它的延续时间就越短，波长越小，分辨率越高。

在实际的地震勘探中，由于大地对地震波频率的吸收和衰减作用，在地层的不同深处，其分辨率是不一样的。对浅层来说，由于对波的高频成分吸收较小，因此分辨率较高；而对于深层，由于大地对波的高频成分吸收较大，其分辨率较低。

此外，在讨论纵向分辨率时，有时对薄层是否存在更感兴趣。比如，地面数百米以下是否存在 1 m 左右的煤层，混凝土坝体中是否存在厘米级的软泥层(或夹砂层)，冲击桩是否出现裂缝，等等。

二、横向分辨率

横向分辨率也叫水平分辨率或空间分辨率，它是指地震记录沿水平方向能够分辨的最小地质体的宽度。

如图 1.5.4 所示，假设均匀介质的地震波速为v，下面有一个界面深度为h，地面O点既是激发点又是接收点。根据前面讨论的广义绕射理论可知，地面检波点O接收到的地震波不只是反射界面上一个点O_1的反射，而是整个菲涅尔带CC_1界面上所有二次点震源发出的绕射波叠加的结果。由不同点发出的绕射波的旅行时不同，它们与O_1点发出的绕射波之间的旅行时差为

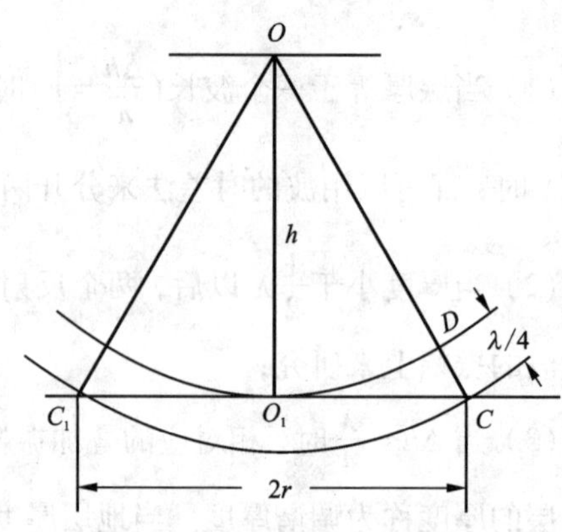

图 1.5.4 菲涅尔带计算示意图

$$\Delta t = \frac{2(l-h)}{v} \tag{1.5.7}$$

式中：l为地下界面上任意一点到O点的距离。这些绕射波在O点处叠加形成复合波被观测到。

根据物理学中波的干涉原理，当参与叠加的各个波的旅行时差小于半个周期(即$\frac{1}{2}T$)时，发生相长干涉，否则为相消干涉。因此，可以认为只有与O_1点发出的绕射波(因它的时间最短)旅行时相差小于$\frac{1}{2}T$的那些点发出的绕射波才能相长干涉，才能对O点处接收到的地震波有所贡献。由

$$l = \sqrt{h^2 + r^2} \tag{1.5.8}$$

可得

$$\frac{T}{2} = \Delta t_r = \frac{2(l-h)}{v} = \frac{2(\sqrt{h^2+r^2}-h)}{v} \tag{1.5.9}$$

因此，菲涅尔带半径为

$$r = \sqrt{(\frac{\lambda}{4}+h)^2 - h^2} = \sqrt{\frac{h\lambda}{2} + \frac{\lambda^2}{16}} \tag{1.5.10}$$

当界面深度远远地大于地震波长，即$h \gg \lambda$时，忽略上式根号中的第二项，得

$$r = \sqrt{\frac{\lambda h}{2}} = \sqrt{\frac{vh}{2f}} = \frac{v}{2}\sqrt{\frac{t_0}{f}} \tag{1.5.11}$$

式中：f为地震波频率；t_0为地震波由O点到O_1点的双程运行时。

地震勘探中一般把菲涅尔带的大小作为地震记录的横向分辨率。如果一个地质体的横向

宽度 $a \geqslant r$，才能够在水平叠加时间剖面上分辨该地质体的存在；反之，如果一个地质体的横向宽度 $a<r$，则这样小的地质体一般不可能分辨出来，因为它所产生的绕射与点绕射几乎一样。从式(1.5.11)可知，菲涅尔带的半径随频率 f 的增高而减小，随探测深度的增加而变大。因此，要提高地震记录的横向分辨率，主要在于提高所激发的地震波的频率。由于横向分辨率随着深度的增加而减小，因此一个深部的地质体必须有较大的横向延伸面积才能与浅层较小的地质体产生同样的地震效应。

图 1.5.5 是位于深度 1 500 m 处的不同宽度小段反射界面的理论地震记录，所使用的地震波主波长大约为 30 m，据(1.5.11)式可以算出菲涅尔带的半径大约为 150 m。由图中可以看到，当小段反射界面的宽度小于菲涅尔带的半径（$a=\frac{1}{2}r$ 和 $a=\frac{1}{4}r$）时，所计算出的绕射波与一个点的绕射波几乎完全一样，因此无法分辨出其大小。当然，技术的发展使得可以从其他方面对之进行分辨，这超出了本教材的范围，有兴趣的读者可查阅其他参考书。

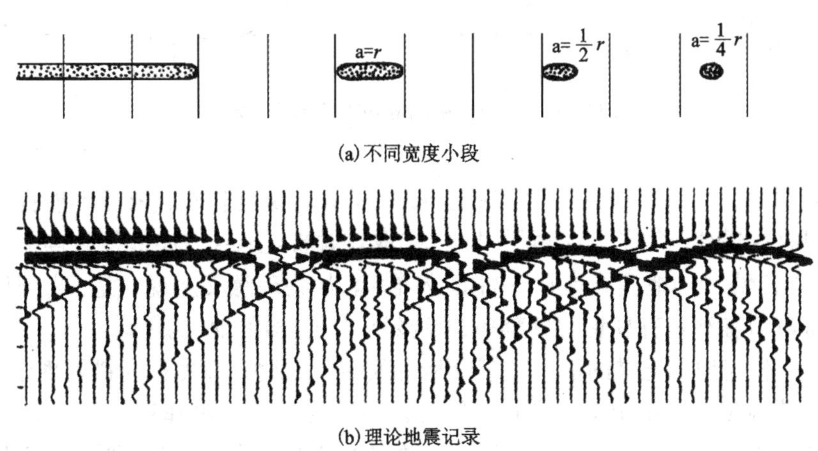

(a)不同宽度小段

(b)理论地震记录

图 1.5.5　不同宽度反射界面地震响应图

三、影响分辨率的主要因素

影响地震记录分辨率的主要因素有以下几个方面：反射波的主频和频带宽度，子波形态，信噪比，地震波的传播深度及时间和空间采样率等。其中地震波的穿透深度对分辨率的影响已在上一节中讨论过，而信噪比将在第五章抗干扰技术一节中详细讨论，本节主要讨论主频和频带宽度以及时间和空间采样率对分辨率的影响。

1. 主频和频带宽度

主频和频带宽度是影响地震勘探分辨率的关键因素。图 1.5.6 表示了不同频带对应的脉冲响应。从图中可以看出，当频带较窄、中心频率较低时，对应的脉冲响应主瓣较宽、旁瓣振幅较大，见图 1.5.6(a)；当频带宽度不变、中心频率较高时，对应的脉冲响应主瓣较窄、旁瓣振幅比图 1.5.6(a)所示的情况还要大，且尾部振幅衰减慢，见图 1.5.6(b)。显然，以上两种情况的频率响应不利于提高地震记录的分辨率。图 1.5.6(c)表示的是频率响应的中心频率 f_0 保持不变、频带宽度加大一倍时所对应的脉冲响应。这种情况下主瓣较窄、旁瓣振幅值小，且尾部振幅衰减快，具有较高的分辨率。

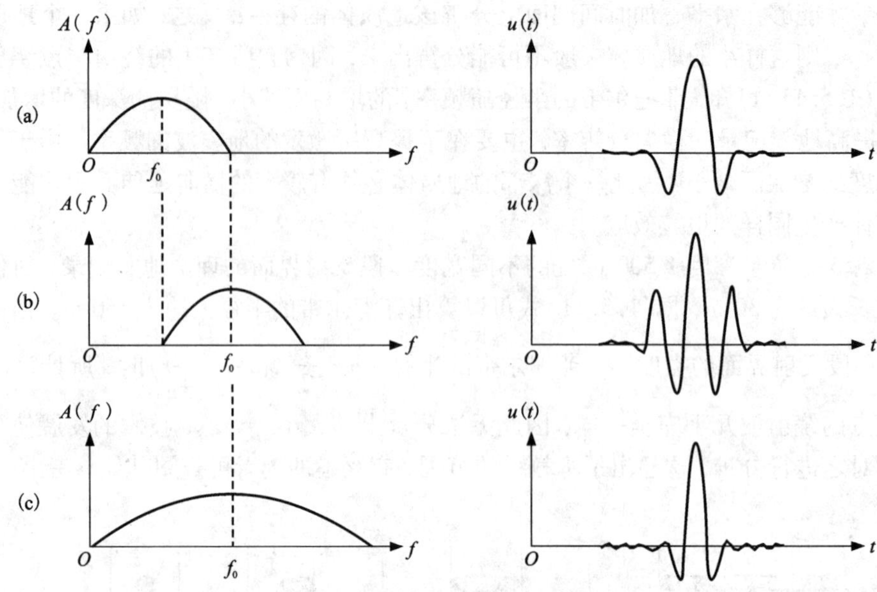

图 1.5.6　不同频率响应和对应的脉冲响应

以上讨论说明：仅仅提高地震子波的主频，而其频带宽度较窄，依然不能提高地震记录的分辨率；只有在提高地震子波主频的同时，采取宽频带记录，方能取得较高的分辨率。因此可以认为，宽、高频的地震波具有较高的分辨率。从物理意义上说，宽、高频信号更接近 $\delta(t)$ 脉冲，而 $\delta(t)$ 脉冲具有理想的分辨率，能够分辨任意薄的地层。

而事实上，任何地震记录的信号频带总是有限的。在数据采集和资料处理中，影响地震波的主频和频带宽度的因素很多，其主要有：震源频谱，大地滤波作用，检波器的固有频率，水平及垂直叠加次数，记录仪器的通频带以及数据处理方法等，这些问题将在以后章节分别进行讨论。

2. 采样率

采样率包括时间采样率和空间采样率，无论是在时间域进行采样，还是在空间域进行采样，采样间隔均应满足采样定理，才能不出现假频（有关采样定理和假频的概念将在第四章中讨论）。下面分别对这两种采样率进行讨论。

（1）时间采样率

设时间采样间隔为 Δt，则能够记录到的不出现假频的最高频率（即尼奎斯特频率）为 $1/(2\Delta t)$。显然，如果有效波的频率上限较高，如 350 Hz，而采用的采样率较低，如 2 ms，则高于 250 Hz 的高频有效信号在记录过程中将被抑制，这种情况下，时间分辨率将降低；如采用的采样率较高，如 0.5 ms，则尼奎斯特频率为 1 000 Hz。显然，有效波信号中不存在这么高的频率，谱上部的高频部分将是空缺的，这样势必造成一种浪费。因此，任意信号的采样率只要高得足以限定最高频率存在就行了。

（2）空间采样率

空间采样率一般指检波器的道间距 Δx，地震记录的横向分辨率决定于采样的道间距。一般来说，道间距越小，横向分辨率越高。

在水平叠加时间剖面上，地震记录的横向分辨率依赖于第一菲涅尔带的大小。为了对反射层更好地进行采样，Δx 应小于第一菲涅尔带的半径，一般情况下，在一个第一菲涅尔带内至少应包含 4 个共反射点。

习题一

1. 试给出杨氏模量、泊松比、体积模量、剪切模量与拉梅常数的定义。

2. 试推导三维介质波动方程，并对三维纵波的波动方程进行求解。

3. 名词解释：

(1)波剖面；(2)振动图；(3)波前扩散；(4)吸收系数；(5) 半波损失；(6)转换波；(7)瑞雷面波；(8)勒夫面波；(9)散射波；(10)斯奈尔定理；(11)纵向分辨率；(12)横向分辨率；(13)第一菲涅尔带。

4. 简述惠更斯－菲涅尔原理。

5. 试说明速度随深度呈线性变化的连续介质中，地震波的射线、波前面的传播特点。

6. 写出视速度定理的函数表达式，并说明影响视速度的因素。

7. 什么叫反射系数、透射系数？形成反射波、透射波和折射波的条件是什么？

8. 何谓地震波的绕射？试举例说明地震波的绕射现象。

9. 何谓近法线入射(或反射)的物理模型，它对入射角及炮检距有什么要求？这种模型对地震勘探有什么实用意义？

10. 推导佐普里兹方程，并讨论地震波法线入射时的特性。

11. 试绘出 P 波、SH 波、SV 波在介质中传播时的振动方向示意图，并作简要说明。

12. 什么是地震信号的频谱？有何特征？何谓频谱分析？

13. 影响分辨率的主要因素有哪些？并说明原因。

14. 界面两侧介质的纵波传播速度 $v_1 = 2\ 000$ m/s，$v_2 = 3\ 000$ m/s；泊松比 $\sigma_1 = 0.3$，$\sigma_2 = 0.25$。当入射纵波以入射角 20°从 v_1 介质中射向界面时，计算反射横波 P_1S_1、透射纵波 P_{12} 和透射横波 P_1S_2 的传播方向。

15. 设有三层水平界面，反射系数分别为 R_1、R_2、R_3，各层厚度分别为 h_1、h_2、h_3，吸收系数分别为 α_1、α_2、α_3，如果法向入射波的振幅为 A_0，试写出在地表所接收的第三个界面上反射波振幅(A_3)的表达式。

16. 水平层状介质层面序号为 R_1、R_2、…、R_5，各层参数如下表所示：

序号	岩性	层厚度 h/m	纵波速度 v_p/(m·s^{-1})	密度 ρ/(g·cm^{-3})
1	湿砂	10	800	2.00
2	含水砂砾岩	10	1 800	2.10
3	砂岩	40	3 600	2.30
4	粘土岩	10	2 800	2.55
5	泥灰岩	100	3 000	2.38
6	石灰岩	∞	4 500	2.60

指出该剖面中的反射界面和折射界面，对于反射界面计算出反射系数，对于折射界面计算出盲区半径。

17. 如图所示，在 O 点放炮，在离 O 点 200 m 处布置一个排列，共 14 道，道间距为 10 m，震源激发后得到一地震记录，在该记录上可看到直达波的一组振动图。请分析这张记录，回答下列问题。

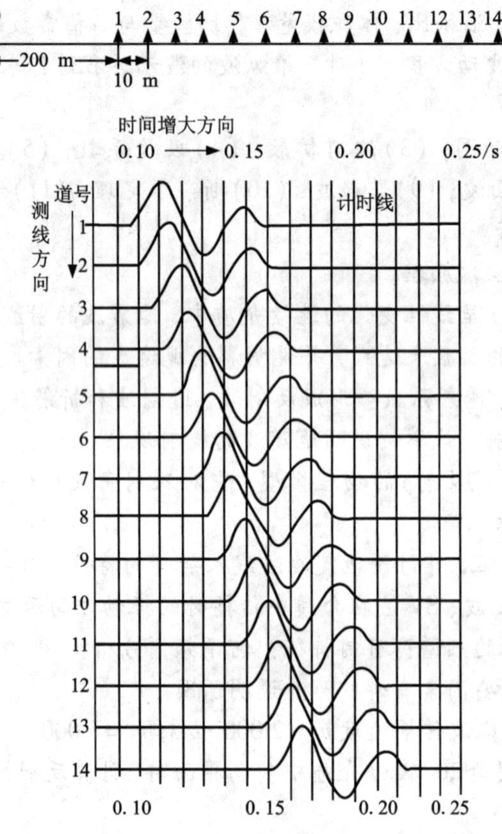

(1) 读出图上直达波的到达时间，画出直达波的时距曲线，并根据时距曲线的斜率求出直达波的波速。

(2) 根据这张记录，试画出下列各时刻的波剖面。时间分别为 $t_i = 0.11$、0.13、0.16、0.17、0.20 s。作图时用一张 15 cm×25 cm 的方格纸，距离 x 的比例尺为 1∶200。振幅的比例尺与地震记录上振幅的比例尺相同。

(3) 从哪个时刻的波剖面上可以读出这个波的视波长数值来，视波长等于多少？根据视波长和视周期的公式，从地震记录上得到有关数值，再用公式计算出视波长值，把计算出的值与从波剖面上读出的数值进行比较。

(4) 这个波的波剖面长度是多少？振动图的延续时间是多少？

第二章 地震勘探的地质基础

自然界中，不同类型的岩石往往具有不同的物质成分和结构，表现出不同的弹性性质，而对于同一类型的岩石，存在环境条件的不同亦会出现不同的弹性特征。地震勘探正是利用这种弹性性质的差别来解决地质问题的。一个地区地震勘探工作效果的好坏，除采用先进的技术装备和正确的工作方法外，还取决于工区具体的地质和地球物理条件是否满足地震勘探的前提。因此可以说，弹性波理论和岩石的弹性差异分别是地震勘探的物理基础和地质基础，是地震勘探工作的依据。

第一节 影响地震波传播速度的地质因素

在地震勘探中，影响地震波传播速度的地质因素是很多的(这里仅讨论地震纵波的传播速度)，除具有不同岩石成分和结构的岩性外，主要还与岩石的密度、孔隙度、孔隙充填物、地质年代、埋藏深度等因素有关。

一、岩性

不同的岩土介质由于其弹性性质的差异而具有不同的传播速度和波阻抗，一般说来，火成岩和变质岩比沉积岩的波速大，沉积岩的波速较低而变化范围较大。这是因为沉积岩的结构比较复杂、波速受到岩石的致密程度和含水性等的影响所致。其中波速最低的是未成岩的第四系地层，对于现代的沉积、堆积层，当它们十分干燥时，地震波速甚至比声波速度还低。而气体、液体、煤等介质的速度较小，其速度变化范围也较小。表 2. 1. 1 列出了部分常见岩土介质的波速和波阻抗。

表 2.1.1 部分岩土介质的纵波速度和波阻抗

岩 石	速 度 $v_p/(m\cdot s^{-1})$	波阻抗 $/(10^4 g\cdot cm^{-2}\cdot s^{-1})$	岩 石	速 度 $v_p/(m\cdot s^{-1})$	波阻抗 $/(10^4 g\cdot cm^{-2}\cdot s^{-1})$
风化带	100 ~ 150	1. 2 ~ 9	泥质页岩	2 700 ~ 4 800	65 ~ 135
干砂、砾石	100 ~ 600	2. 8 ~ 14	灰岩、白云岩	2 000 ~ 6 250	35 ~ 180
泥	500 ~ 1 900	3. 8 ~ 30	硬石膏、岩盐	4 500 ~ 6 500	110 ~ 140
湿砂、砾石	200 ~ 2 000	3 ~ 40	煤	1 600 ~ 1 900	20 ~ 35
粘土	1 200 ~ 2 800	15 ~ 65	空气	310 ~ 360	0. 004
疏松砂岩	1 500 ~ 2 500	27 ~ 60	石油	1 300 ~ 1 400	12 ~ 15
泥灰岩	2 000 ~ 4 700	20 ~ 120	水	1 430 ~ 1 590	14 ~ 16
致密砂岩	1 800 ~ 4 300	40 ~ 116	冰	3 100 ~ 4 200	30 ~ 45

从上表可见，不同岩石或地层之间，存在着波速和波阻抗的差异，因而不同岩性的分界面，往往就是地震波的反射或折射界面，这是开展地震勘探工作的基础。

二、密度

在第一章弹性理论的讨论中得出了地震波速度和密度之间的关系，由式(1.2.1)可知，杨氏模量 E 与地震波速度成正比，密度 ρ 和地震波速度成反比。事实上，随着岩石密度 ρ 的增大，杨氏模量 E 比密度 ρ 增加更快。因此，随着岩石密度的增大，地震波速度不是减小，而是增大。大量实践数据表明，在沉积岩中地震波速度与岩石密度相关，两者的关系基本上是线性的，其经验公式如下：

$$\rho = 1.75 + 0.266v - 0.015v^2 \tag{2.1.1}$$

式中：ρ 为密度，g/cm^3；v 为速度，m/s。

如果岩石密度处于1.9～2.7 g/cm^{3}之间，则 v 与 ρ 间存在着线性关系，其表达式为

$$\rho = 1.899 + 0.174v \tag{2.1.2}$$

由于自然界大多数岩、矿石的密度处于1.9 ～2.7 g/cm^{3}之间，因此式(2.1.2)有着更重要的实用价值。图2.1.1表示了不同岩石的密度与速度的关系。

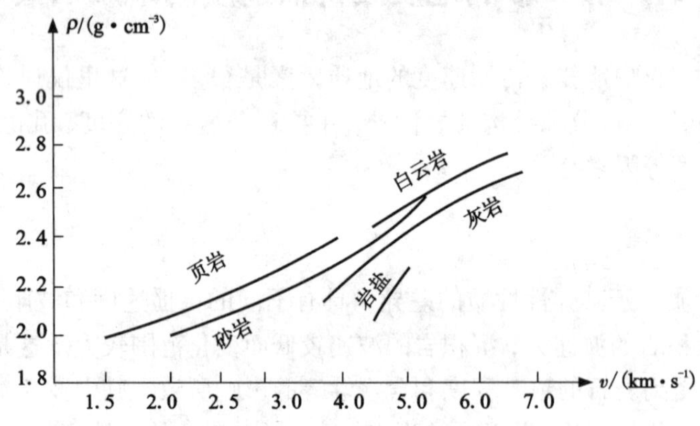

图2.1.1　不同岩石的密度与速度的关系曲线

三、孔隙度

对于一块岩石，从结构上来说，它基本上由两部分组成。一部分是矿物颗粒本身，称为岩石的骨架(基质)，另一部分是由各种气体或液体充填的孔隙。岩石实际上是双相介质，地震波就在这种双相介质中传播。1956年威利(Wyllie)等人提出了一个较简便计算波速和孔隙度之间关系的公式，称为时间平均方程，即

$$\frac{1}{v} = \frac{(1-\theta)}{v_m} + \frac{\theta}{v_l} \tag{2.1.3}$$

式中：θ 为岩石的孔隙度；v 为岩石中波传播的速度；v_m 为岩石骨架中波传播的速度；v_l 为孔隙中充填介质波传播的速度。

这个方程说明地震波在单位厚度的岩石中传播的时间，是岩石骨架中和充填介质中波传播所用时间的总和。根据该公式所作出的理论曲线，见图2.1.2。根据统计研究表明，当孔隙度由3% 增加到30% 时，速度变化可达60%，随着孔隙度的增加，速度反比例减小；反之，孔隙度变小时，速度增大，可见孔隙度是影响速度的重要因素。

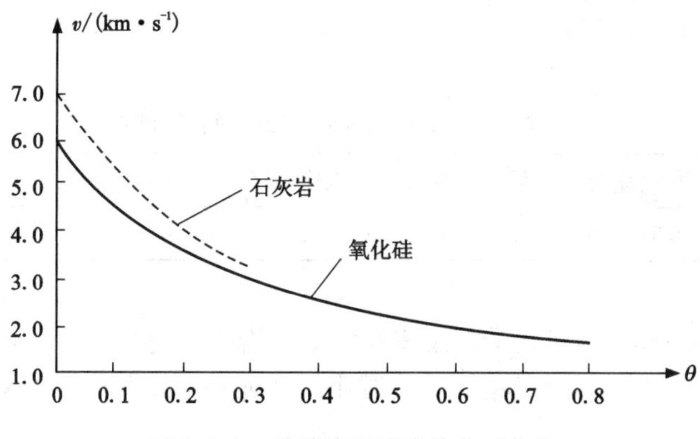

图 2.1.2　孔隙度和速度的关系曲线

孔隙度的变化也会影响岩石密度的变化，密度和孔隙度之间成反比关系，孔隙度增大，岩石密度相对变小，反之则变大。它们之间满足下列经验公式：

$$\rho = \rho_l \theta + (1-\theta)\rho_m \tag{2.1.4}$$

上式称为体积密度方程，式中：ρ_m 是岩石骨架的密度；ρ_l 是孔隙充填物的密度。

如果在某一地质年代的地层中，沉积了一套砂泥岩的地层，依据时间平均方程的思想，可以导出一个计算速度与砂泥岩百分含量的经验公式

$$\frac{1}{v} = \frac{(1-\varphi_{泥})}{v_{砂}} + \frac{\varphi_{泥}}{v_{泥}} \tag{2.1.5}$$

或

$$\frac{1}{v} = \frac{\varphi_{砂}}{v_{砂}} + \frac{\varphi_{泥}}{v_{泥}} \tag{2.1.6}$$

式中：v 为地震波在砂泥岩中的传播速度；$v_{砂}$ 为地震波在砂岩中的速度；$v_{泥}$ 为地震波在泥岩中的速度；$\varphi_{砂}$ 为砂泥岩中砂的百分含量，$\varphi_{泥}$ 为砂泥岩中泥的百分含量，且 $\varphi_{砂} + \varphi_{泥} = 1$。

根据地质资料所提供的 v、$v_{砂}$、$v_{泥}$ 等速度资料，便可计算出任意深度上砂泥岩的百分含量，它可以作为寻找油气储集层的重要资料。

四、孔隙充填物

岩石或土层中孔隙充填物的性质也会影响地震波的传播速度。在石油勘探中，岩石孔隙中不是被水或油等液体所充填，就是被气体或气态碳氢化合物充填。实验测定证明，当地震波在这些充填物中传播时，速度都会降低。一般气体中地震波传播速度最低，油次之，水中地震波速相对较高。由此可见，当岩石孔隙中，特别是砂岩的孔隙中，充填有不同性质的油、气和水等物质时，都会引起地震波速度上的差异。地震波速度的差异提供了预测油、气的可能性。另外，地震波速度的变化，又会使油、气、水之间，以及它们与顶、底围岩之间，形成良好的波阻抗反射分界面，产生较强的反射波。

五、风化程度

风化作用使岩体矿物发生变异、原生结构遭到破坏，导致质点间弹性联系减弱，因而岩体波速随风化程度增加而减小。表 2.1.2 给出了长江三峡坝区结晶岩（闪长花岗岩）中不同

风化带的波速。

表 2.1.2 长江三峡坝区结晶岩中风化带的波速

风化带	全风化带	强风化带	中风化带	弱风化带	微风化带与新鲜岩体
波速 $v/(\mathrm{km \cdot s^{-1}})$	0.5~1.5	1.5~3.0	2.5~5.0	4.5~5.5	5.0~5.9

从表 2.1.2 可见，全、强风化带其波速要比新鲜岩体小得多，而微风化带与新鲜岩体的波速差别较小。因此，波速因岩体受风化而减小的特征是地震勘探划分风化带的重要依据。

六、其他因素

许多实际资料表明，岩体形成的地质年代、埋藏深度以及所受的压力都会影响地震波在岩层中的传播速度。一般说来，年代越久和埋藏越深的岩层，承受上覆地层压力的时间越长和强度越大，致使孔隙度变小、密度增大，速度变大。但也有少数反常的情况，传播速度倒转(即下面岩层的传播速度小于上面岩层的传播速度)就是一例，这往往是由于岩性不同，上部地层坚硬、密度较大而引起的结果。

第二节　地震介质的划分

地震波是在实际地层介质中传播的扰动。实际地层介质无论是从构成它的岩石成分的性质来说，还是从它的空间分布结构来说都是十分复杂的。作为科学研究的一般方法，可先从理想的、简单的、已知的情况入手，然后再去讨论实际的、复杂的、未知的情况。这种由简单到复杂、由已知到未知、由理想条件到实际条件的研究问题的方法是科学研究中经常采用的。为此，本节将复杂的实际地层介质简化成各种理想的地震地质模型，使问题的讨论得以简化。由于在第一章中介绍弹性理论时对理想弹性介质与粘弹性介质的模型进行了讨论，因此本节仅对其他三种介质模型进行讨论。

一、各向同性介质与各向异性介质

在弹性理论的研究中，通常把固体的性质分为各向同性和各向异性。凡弹性性质与空间方向无关的固体，称为各向同性体，反之则称为各向异性体。岩石弹性性质的方向性取决于组成岩石、矿物质点的空间方向性及矿物质点的排列结构和岩石成分。矿物质点的方向性由矿物结晶体的结构决定，但是从晶体的线度来说它远远小于地震波波长，因此由晶体引起的各向异性完全可以被忽略。对矿物质点排列的结构来说，沉积比较稳定的沉积岩大都由均匀分布的矿物质的集合体所组成，即使在横向上有变化也是极为缓慢的，较少表现出岩石各向异性的性质。实际上，为了研究问题的方便，也常常把实际地层介质看成是各向同性介质模型，较少使用各向异性介质模型。近年来，对定向裂隙介质的研究大为增加，出现了一种称为“横各向同性”介质的简化各向异性介质模型。在一般的各向异性介质中，弹性系数达 21 个之多。在横各向同性介质中，独立的弹性系数减少为 5 个。在各向同性介质中，弹性系数只有 2 个：λ 和 μ(拉梅系数)，它们不随空间方向变化。这样将固体介质当作各向同性来研究，可以大大简化求解弹性力学的问题。

在地震勘探中，大部分工作是在沉积比较稳定的沉积岩地区，宏观上看大部分沉积岩都是由均匀分布的矿物质所组成的，如砂岩、页岩、灰岩等。因此，在一个局部范围内可以把沉积岩看为各向同性介质。正是由于可以把岩石近似看作各向同性的弹性介质，所以可以用弹性波的理论来研究地震波的传播问题，从而使问题得以简化。

二、均匀介质、层状介质与连续介质

固体的弹性性质与空间分布有关，特别表现在由弹性性质决定的波传播速度的空间分布上。根据速度的空间分布规律，可以把固体介质分为均匀介质和非均匀介质两大类。速度值不随空间坐标变化的介质为均匀介质。反之，若速度值是随空间坐标变化而变的介质则称为非均匀介质。在非均匀介质中，凡速度值相同的点可以构成一个区域，于是整个介质可以分为若干个区域，在每个区域内介质可以看成是均匀的。因此，非均匀介质又可分为层状介质和连续介质两大类。

1. 均匀介质

在这种介质中，波传播的速度不随深度和距离的变化而变化，波速与深度的关系在 $v-z$ 坐标中为一条平行于深度轴的直线，如图 2.2.1(a)所示，这是对实际介质的一种理想的假设，它使研究讨论问题大为简单。

2. 层状介质

在这种介质中，速度随深度成层分布，在每一个地层中，速度是不变的，在 $v-z$ 坐标中的图像是阶梯状的，最简单的层状介质如图 2.2.1(b)所示，称为水平层状介质。

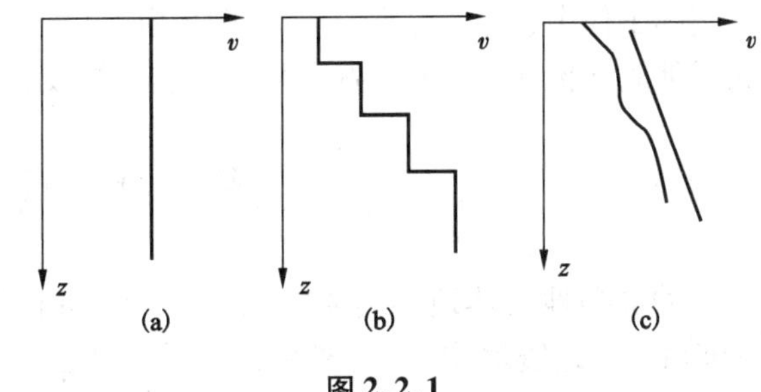

图 2.2.1

(a)均匀介质；(b)层状介质；(c)连续介质

层状介质模型(包括界面是水平面、倾斜面、曲面，以及地层是厚层或薄层)是地震勘探中最常用的物理模型，但它仍然是实际介质的一种近似。因为在沉积岩地区岩层有很好的成层性，各岩层可由不同弹性性质的岩石组成，因此岩层的岩性分界面有时同地下介质的弹性分界面非常一致，把实际地层理想化成层状介质就具有其实际意义。

3. 连续介质

在这种介质中，速度随岩层埋藏深度的增加而连续缓慢地增加，在 $v-z$ 坐标中的图像是一条平滑的曲线或一条斜的直线，如图 2.2.1(c)。这种变化是一种连续性的渐变过程，没有明显的速度界面，这种介质称为连续介质。在工程地震勘探中，对于第四系覆盖层和风化地层，由于其湿度或风化程度随深度不同而变化，因此其速度就随深度增加而连续变化。在石油及煤田地震勘探中，不少地区，特别是沉积旋回比较发育的地区，往往有很多薄层，每一个薄层具有一种速度。这时可以认为波的速度是沿地层沉积方向连续变化的，亦即波的速度是空间连续函数，把这种波速是空间连续变化函数的介质定义为连续介质。当层状介质中的层数无限增加、每层的厚度无限减小时，层状介质就过渡为连续介质。因此，连续介质是层状介质模型的一种极限情况。

对于连续介质的地层，通过大量的观测数据统计，可近似地认为速度随深度连续变化的规律可表示为：

$$v(z)=v_0(1+\beta z)^{\frac{1}{n}} \tag{2.2.1}$$

式中：v_0 表示 $z=0$ 时的初始速度，即地表的速度；β 为速度增长系数；n 为等于或大于1的整数。当 $n=1$ 时，速度随深度呈线性增加，这种介质称为线性连续介质。β 为一个常数值；当 $n>1$ 时，称非线性连续介质。

一般情况下，连续介质都是指线性连续介质，地震勘探中常把非线性连续介质简化为线性连续介质，因为其数学表达式比较简单，便于一些问题的讨论。

三、单相介质与双相介质

上述讨论在对实际介质进行各种模型简化时，都只考虑了岩相的单一性，即把组成地层的岩石都视为单一的固体相，如砂岩相、页岩相、灰岩相等，通常把建立各种模型时只考虑单一相态的介质称为单相介质。实际上地下岩石都是由两部分组成：一部分是构成岩石的骨架，称为基质；另一部分是由各种流体（或气体）充填的孔隙。例如，某些含油砂岩是由呈球状的岩石颗粒构成的岩石基质和石油流体充填的孔隙组成。由于地震波经过岩石基质的速度一般不同于经过孔隙中流体（石油）的速度，因此从波传播来说这种岩石（含油砂岩）实际上是由两种相态物质构成的，称这种岩石为双相介质。

在实际工作中，为了提高资料的解释精度，一般都要建立双相介质模型来研究不同孔隙充填物对地震波传播的影响，这对岩性地震勘探及直接寻找油气的研究有重要意义。

第三节　地震地质特征

对各种类型地质体地震地质特征的了解是进行野外地震工作与地震地质解释的基础环节，本节对工程地震地质特征、能源地震地质特征以及金属矿地震地质特征进行介绍，其范围基本上涵盖了从近地表到地下深处数千米的浅、中、深层地震勘探。

一、工程地震地质特征

1. 覆盖层

覆盖层是指第四系各种不同成因类型沉积或堆积的松散地层。一般来说，覆盖层的结构比较松散，透水性较强，其中黏土层常为相对隔水层，而砂层和砂砾石层则为透水层。

覆盖层的波速通常比基岩波速低，在覆盖层中，地下水面以上的波速又比地下水面以下的波速低，因此，地下水面（潜水面）通常是一个良好的速度界面。基岩顶板一般为良好的折射界面和反射界面。土层或砂层与砾石层之间，冲积、洪积层与冰积层之间亦可能形成折射界面和反射界面。

地震方法探测覆盖层通常包括以下工作内容：覆盖层厚度探测，覆盖层分层和覆盖层弹性力学参数的测定。

2. 基岩风化带

根据基岩风化程度的不同，一般可将风化带分为全风化、强风化、中风化、弱风化和微风化（或未风化）5层。各风化层间，下层的波速、密度一般都大于上层。多数情况下基岩风化层存在着 3 ~4 个速度或波阻抗界面。这些界面常与全风化、强风化、中风化、弱风化和微风化界面相一致或相接近。通常情况下，全风化层和其上覆盖层在波速上差异甚小，容易造成两者混淆。

在坝址区和主要建筑物区用地震方法可以查明基岩风化程度和风化厚度，在波速差异明显时，还可进行风化带分层。

3. 隐伏构造破碎带

隐伏构造破碎带是指覆盖层以下的断层破碎带。按断层两盘岩性划分，通常有以下 3 种情况：上、下盘为同一岩性的断层破碎带；上、下盘为相同岩性，但基岩面有一定高差的断层破碎带；上、下盘为不同岩性的断层破碎带。

各种构造破碎带中大都有断层泥、糜棱岩和破碎、充水等特征，因此地震波在破碎带中传播时高频成分易被吸收，且波速较低。此外，当断层面比较光滑且其两侧岩石的波阻抗有明显差异时，断层面本身就是一个反射界面。

4. 岩溶地质

在我国南方，尤其在沿海省份的硫酸盐岩和碳酸盐岩地区广泛存在着岩溶，要在这些岩溶分布区修建大坝、桥梁、铁路、机场等重要基础设施，必须对岩溶的分布范围、形状、规模、位置及发育程度探查清楚，以便进行合理的施工设计。

岩溶的形成与发育，主要与地层岩性、地质构造和地下水的活动等因素有关。岩溶经常形成于厚块状可溶性的纯灰岩地层，多沿岩层层面或断层破碎带发育成溶洞或溶蚀裂隙，地表水和地下水活动愈剧烈，水量愈大时，岩溶发育就愈强烈。

岩溶洞穴与其围岩之间，一般存在着明显的密度、波速和波阻抗差异，因此，可用地震方法来探明岩溶地区溶洞的分布和发育情况。

5. 滑坡

在铁路、高速公路、大型水库等的施工或使用过程中，都可能遇到滑坡这样的灾害地质现象。工程地质上依据滑坡体组成物质的不同，一般将滑坡分为土体滑坡和岩石滑坡两大类。

滑坡体在滑动过程中常使其岩土结构受到不同程度的破坏，产生大小不等的裂隙，从而使滑坡体的波速降低，滑坡体的波速一般都比滑动面以下的岩(土)体低，通常以基岩面为滑动面的土层滑坡体和以断层面(或风化界面)为滑动面的岩石滑坡体与滑坡床之间形成明显的速度界面。因此，可以用地震方法来探测滑坡体的分布范围和厚度。如图 2. 3. 1 所示为滑坡地貌特征示意图。

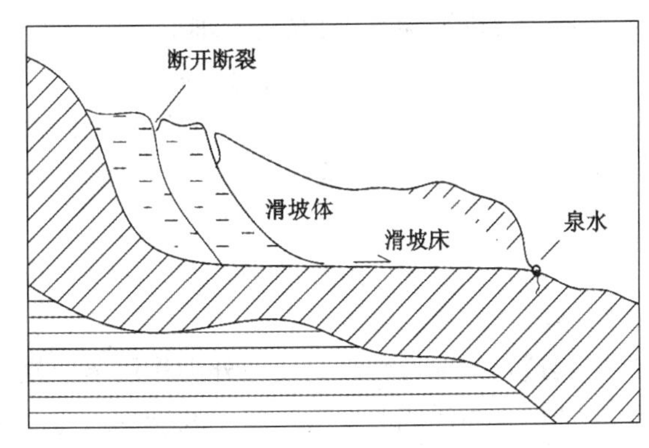

图 2.3.1　滑坡地貌特征示意图

6. 沉积层中的软弱夹层

沉积层中的软弱夹层常指在力学强度上要比上、下岩土层低得多的地层。软弱夹层往往具有渗透性差、波速低和密度小等特点。因此，可用地震反射方法来探测砂砾石层中所夹的土层(如淤泥、黏土层)和基岩中的泥化夹层等的位置及其厚度。由于软弱夹层有速度倒转现象，因此一般不适合用折射波法来探测。

7. 含水层和渗漏带

含水层一般可分为两类：一类是第四系地层中的含水层，主要是孔隙度大、透水性强的砂层和砂砾石层，它们与透水性弱的黏土层之间会形成一个良好的波阻抗界面；二是基岩中的裂隙带、岩溶发育带、断层破碎带等含水层(带)。基岩含水层(带)与其围岩相比，通常具有弹性波速度低和密度小等特点，这也会形成良好的速度界面和波阻抗界面。

渗漏带是具备良好的地下水活动条件的地带，当它们与地下水源连通时，将成为含水层(带)，这与含水层的地震地质特征相似。

二、能源地震地质特征

1. 背斜和向斜

背斜和向斜，是油气地震勘探中最常见的地质构造之一。背斜其几何形态为凸曲界面，向斜的几何形态是凹曲界面。无论是背斜还是向斜，其曲率半径 ρ 均大于埋藏深度 h。它们的反射波同相轴也形似背斜和向斜呈弯曲的形状，并容易形成回转波、回折波等。背斜和向斜构造也是油气容易聚集的地方，地震勘探中的亮点技术(即造成振幅增强的异常)就是背斜含油气的重要标志。

2. 断层构造

断层构造在含油区是普遍存在的一种构造，特别是我国东部油区，断裂构造体系发育，纵横交错，使地震时间剖面变得异常复杂。从地震勘探的角度来说，断层面两边的岩性如果有差异，则断层面本身亦是一个物性界面，它也会产生地震响应的同相轴，称之为断面波。由于断层面的产状、规模不一，所以断面波表现的形式也不一。高倾角断面波的同相轴可以同断层倾角下倾方向的地层同相轴相交；断层的断点是岩性的突变点，将产生双曲线形状的绕射波。

3. 尖灭地层结构

岩层厚度逐渐变薄直到缺失，形成的楔形地质体称为尖灭。尖灭可分为岩性尖灭、不整合尖灭、超复和退复尖灭及断层尖灭等。尖灭可以形成地层圈闭油气藏。在时间剖面上表现为上、下两组波的同相轴逐渐靠拢，两波之间的反射相位逐渐减少，直到消失，最后两波合拢，出现尖灭点。有时，尖灭点可形成绕射波。

4. 复杂构造

复杂构造是相对于一般构造而言的，在油气勘探中经常遇到的主要有底辟构造、古潜山构造、礁等。

底辟构造是地下可塑性物质在外力作用下上拱，使上覆地层出现褶皱、断裂，甚至穿刺进入上覆地层中而形成的地质现象。底辟构造与油气聚集有密切关系，它可使上覆地层出现隆起，也可以和围岩之间形成地层圈闭油气藏。底辟体与上覆地层之间的反射，反映了底辟体上表面的形态。地震波进入底辟体内，波速会出现明显的异常。

古潜山是指不整合面以下的古地形，它往往是由碳酸盐地层组成的，在一定条件下能形成圈闭，如我国的华北油田就是以古潜山为主体的油气藏。古潜山顶面是不整合面，具有不整合面反射波的特点，表现为低频强相位、多相位的波形，并伴有绕射波、断面波、回转波、侧面波等。

礁是由海底生物群和沉积物堆积在一起而形成的，它是目前海相碳酸盐岩中找油的一种重要油气藏。由于礁是生物堆积而成，有明显的外形，在地震剖面上一般呈隆起状，而礁内因没有层理，故地震反射为杂乱或空白。

5. 各种成因类型的储集体

不同成因类型的储集体的几何形态及其内部结构是不相同的，在地震分辨率高的前提下，可利用地震相分析来识别不同成因类型的储集体。储集体一般有冲积扇、河道沉积、三角洲等类型。

冲积扇一般发育于盆地形成的初期或盆地衰退期，沿山麓呈裙带状或朵状分布。常分布在断陷盆地陡岩一侧，剖面形态呈楔形或透镜状。整体上看，在平行沉积走向的地震剖面上，冲积扇响应为厚层状杂乱楔状反射，在垂直沉积走向的地震剖面上，冲积扇响应为厚层顶凸底平的丘形杂乱反射。

河道沉积是沉积相对稳定的一种河流沉积，当地震反射剖面垂直河流流向时，可显示清晰的河道充填地震反射，即在下凹的同相轴上充填水平的或倾斜的短的同相轴，其四周为反映河漫滩沉积的连续性较好的席状反射。

三角洲是在海洋或湖泊中由河流作用沉积的陆上与水下相连接的沉积体。三角洲沉积体系是最重要的油气聚集单元之一。三角洲的顶积层和底积层有典型的地震反射响应。

6. 含煤地层

在煤田地震勘探中，一般情况下，煤层为低速层，上、下围岩都是高速层。如果在这层低速煤层中激发地震波，波在煤层中传播时会在顶、底板上产生反射，当入射角 α 大于临界角 i 时，由于煤层顶、底板是两个反射系数极大的反射界面，因而地震波在遇到该层的顶板和底板时其能量会大部分被反射回到这一层里，即地震波的能量都被“局限”在该低速层内而不向围岩“散发”，这个低速层好似一个波导层，这种现象也称为地震波的波导效应。在这种情况下接收到的地震波称为槽波。

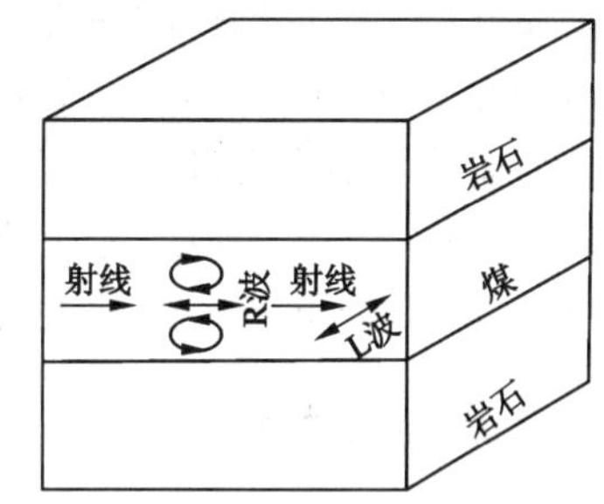

图 2.3.2　槽波的基本类型及质点的振动

许多实验和实际观察表明，由煤层传播的槽波主要是勒夫型面波（L 波）和瑞雷型面波（R 波），前者的质点运动是和煤层平行并垂直射线方向，后者则是垂直于煤层与传播方向平行并呈逆行椭圆状运动，如图 2.3.2 所示。这种槽波在煤层内具有很强的能量，而在邻近的围岩内振幅随着离开煤层的距离而呈指数迅速地衰减，衰减的速度取决于波的频率，频率越高，衰减越快。

三、金属矿地震地质特征

1. 沉积层控矿床

砂金矿床、砂锡矿床等沉积金属矿床和与古河道有关的沉积铀矿床都属于沉积型层控矿床，其含矿沉积层与上下围岩之间有明显的速度和波阻抗差异，使用地震方法探测层控沉积金属矿床，其方法技术类似于油气地震勘探，所不同的是由于勘探的地质目标物较浅，地震观测系统的几何尺度需按比例缩小而已。

2. 控矿构造和控矿断层

沉积层控金属矿床相对较少，非沉积型金属矿床较多。大多数金属矿都与地质构造及断层有关，而有的矿体存在于地层的接触带附近，采用地震反射方法探测控矿构造及控矿断层或地层接触带是金属矿地震勘探的重要应用领域。比如硫化物矿床、重晶石矿床及许多有色金属矿床等都属于这种情况。

3. 隐伏岩体、侵入岩体和喷发岩筒

对于侵入岩体和喷发岩筒，它们与围岩的反射地震波组特征通常表现为同相轴的中断、消失、增多与减少。有些金属矿床还与隐伏岩体的形态有关，在岩体隆起或凹陷部位，或者破火山口内，通常有金属矿床的富集，由于隐伏岩体与上覆及下伏地层之间往往具有较明显的波阻抗差异，因此，可以根据地震波组的振幅特征、频率特征等查明矿体的位置及形态。

4. 与金属矿有关的不均匀体

当地下地质体几何尺度较小且形态不规则时，这些不均匀地质体常产生具有一定强度的散射波，从复杂的地震波场中提取和利用这些与局部不均匀体有关的散射波可对隐伏金属矿进行空间定位预测。理论上，该局部不均匀体将产生一定强度的地震散射波场被记录下来，地震记录上散射波的强度与地下局部不均匀体的不均匀性有关，不均匀性越强，产生的散射波振幅就越强，反之，产生的散射波振幅就越弱。

第四节　地震地质条件

以上讨论了各种类型地震勘探针对不同探测对象的地震地质特征，它们是进行地震勘探工作的物质基础。地震勘探的最终目的是要有效地解决地质问题，在一个工区内能否有效地应用地震勘探来解决地质问题，在很大程度上取决于地表附近和地下深处的地质条件，总称为地震地质条件。地震野外采集能否得到好的资料除了与所使用的仪器、工作方法等有关外，更重要的还与工区的地震地质条件密切相关。一般来说，地震地质条件可分为表层地震地质条件和深部地震地质条件两大类。

一、表层地震地质条件

表层地震地质条件主要是指地表附近的地貌和地质特点，它往往影响地震勘探的激发、传播和接收，大致包括以下几个方面。

1. 低速带的特性

地表附近的岩层，由于长期遭受风化而变得比较疏松，地震波在其中的传播速度较基岩低得多，因此称为低速带。低速带的存在，使从深部反射上来的地震波射线，会向垂直方向偏移（按斯奈尔定律），如图 2. 4. 1 所示。因此在地表附近，纵波的质点位移几乎垂直于地面，而横波的质点位移在地面做水平运动。

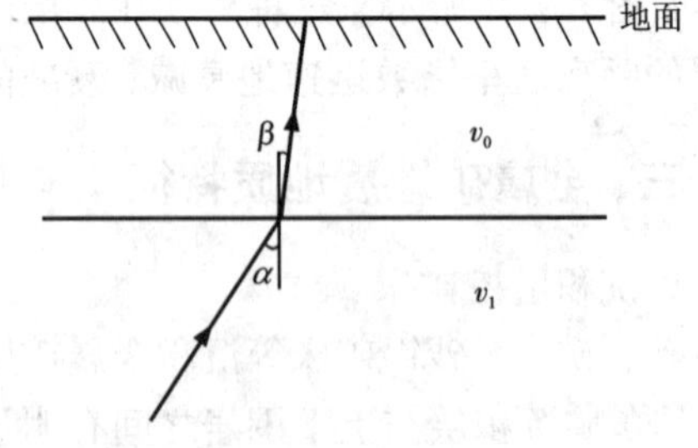

图 2. 4. 1　低速带对射线的影响

低速带对地震波的高频成分有很强的吸收作用，使波的能量变弱，因此在低速带内难于激发较强的地震波。如果低速带厚度太大，则传播到深层岩石界面上的能量将大大削弱，以致不能接收到返回地面的有效波，从而大大降低勘探深度。如我国西北的沙漠、戈壁地区，地表干燥、含砂量大，能否有效地激发和接收地震波成为工作成败的关键。

低速带的存在还会使地震波经过低速带后出现时间上的滞后。如果低速带的厚度和速度变化是均匀的，而且厚度不大，如我国东部油区（低速带厚度一般在几米至几十米范围内缓缓地变化，速度基本不变），则从深处到达地面各点的反射波都滞后一个时间 Δt，其相对滞后时间变化不大。反之，如果低速带的厚度变化大，或速度在横向上变化不均匀，会使反射波返回地表时产生相对滞后时间的差异就大，从而造成时间剖面资料解释的困难，甚至造成解释结果的失真。如我国西北地区和西南地区，低速带的变化很大，厚度从十几米变至几十米，甚至有的地区厚达一百多米，速度从每秒几百米变到每秒上千米。因此，在对地震原始资料进行处理时要进行必要的校正，以消除低速带对构造失真的影响。这种校正通常称为低速带校正或静校正。

实际上，低速带与其下的基岩往往形成一个明显的速度界面，是良好的折射界面，浅层折射波法就是利用这一特性来探测基岩起伏的。这也是一个很强的波阻抗界面，很容易产生多次反射波。

在海上进行地震勘探时，表层均为海水，因此不存在低速带，激发条件较好。

2. 潜水面的位置

潜水面常常就是低速带的底部，所以低速带一般是指不含水的风化带。表层介质中的含水率对波速影响很大，实践证明，在水中激发时，即使振源强度不是太大，亦能激发较强的地震波，而且频谱十分丰富，因此潜水面高是工作的有利条件。由于潜水面上、下界面的波速差异明显，因此，地震上追踪的第一个界面往往就是潜水面。

表层含水层的位置同地震勘探有很大的关系。通常潜水面的位置往往就是上述低速带的底部，所以低速带一般指的是那些不含水的风化层。表层介质中的含水率对波速影响很大，当风化层中含有饱和水后，其速度会增高，因此地震勘探中指的低速带同地质上的风化带并不完全一致。实践证明，在含水层中能激发出频谱成分十分丰富且能量较强的地震波，可取得较好的地质勘探效果。例如我国东部油区，东北、华北、江汉等平原，在地面以下几米就有含水层，在这类含水层中激发能获得干扰背景小，反射层次多的地震记录。在西北地区，如新疆、青海等被戈壁、沙漠覆盖的盆地，由于干旱缺水，潜水面深至几十米甚至一百多米，因此难以获得较强的反射波。

3. 高速夹层

在浅部地质层位中是否存在高速夹层对能否有效地开展地震勘探工作具有很大的影响。当存在着高速夹层（较厚）时，它与顶、底板的岩层形成很强的反射界面，对地震勘探具有以下三方面的不利因素：①使下传的地震波遇此界面能量大部分被反射回地表，透射波能量很小，限制了地震波的穿透能力；②这种强反射返回地面后，一部分能量又由地表（或低速带底界面）反射回去，以至于在这个强反射面和地面（或低速带底界面）之间形成多次反射，这种多次反射对一次反射是一种严重干扰；③不能用折射法研究更深处的速度相对低的地层，影响对下部地层的勘探。地震勘探把此现象称作“高速层的屏蔽”。

4. 地形、地貌和植被

测区地形平坦、地貌简单、植被和建筑物较少，不仅施工方便，而且人为引起的微震干扰也少；否则，地形起伏较大、水系纵横、植被茂盛、建筑物林立，不仅施工困难，而且也影响记录质量。

二、深部地震地质条件

深部地震地质条件同地下地质构造的复杂程度有关，它关系到地震勘探的可行性和解决地质问题的程度。好的深部条件一般指以下4个方面。

1. 地震层位和地质层位一致

地震界面是波阻抗界面或速度界面，而地质界面一般是岩性界面，前者是物理界面，后者是地质界面，一般情况下两者是一致的。不同的地质层位往往具有不同的岩性，但是有时亦不完全一致。例如：相邻地层由于颜色和颗粒大小的不同属于不同的地质层位，但不能形成明显的波阻抗界面，不足以构成地震反射面；另外，同一岩性的地层，既无层面也无岩性界面，但由于岩层中所含流体成分的不同（如水油界面、水气界面、油气界面等），而形成明显的波阻抗界面，足以构成地震反射面。

同地质层位一致的地震层位对解释地震剖面中的沉积关系、构造形成的时代以及地质发展历史等都是十分有利的。特别是对于那些在解决含油气构造中具有重要意义的目的层，如含油层、含气层等，总是希望它们就是地震层位。

2. 具有较好的地震标准层

有效波能量强、波形稳定且在全工作区能被连续追踪的地震层位称之为地震标准层，它具有较明显的运动学和动力学特征。地震标准层和地质标准层一样，具有重要意义，它是对比连接地震层位、控制构造形态、研究上下地层之间的关系（特别是当地震标准层同地质层位一致时，该标准层能有地质时代、地层岩性等含意）等具有重要的意义的层，它可以使整个地震剖面在解释时具有丰富的地质内容。一般来说，在一个探区内总是希望有一个最好是几个这样的地震标准层。我国多数油区，地下构造比较复杂，多数含油气构造被各种走向的断层所切割。实践证明即使在这样比较复杂的工区，只要工作方法选用得当，仪器因素选择合适，还是可以在比较大的范围内找到具有一定意义的地震标准层。

3. 具有明显的地震相特征

在现代高信噪比、高分辨率的地震数字处理剖面中能相应地反映出深层地质剖面上的岩性特征和沉积结构模式不同岩性单元（或地表地层单元）的反射波运动学和动力学特征，这些特征包括反射层的振幅、频率、连续性、丰度、结构、外形等。反射层相同特征的集合体称为地震相，它可以同地质剖面上的岩性特征和沉积结构作一一对应解释。如果能够获得具有明显地震相特征的剖面（目前海上地震勘探的剖面能够做到这一点），那么通过地震相分析有助于研究岩相古地理，建立各种沉积环境和沉积模式。

4. 具有良好的地震波组关系

当深层地质剖面上具有比较明显的几套地层时，若几套地层之间有明显的不整合或超覆等关系，那么地震记录上反映这些关系的波组特征亦会相应地表现为顶超、削蚀、上超、下超等地震波组的接触关系，这些波组关系有利于对地震层序的划分。

绝对理想的地震地质条件几乎是不存在的，但只要存在勘探对象与围岩有弹性差异，那么其他不利条件，随着仪器设备和勘探技术的不断改进，都能得到克服。例如，20世纪70年代以前，用反射波法还无法对第四系地层进行划分，而到80年代以后，由于解决了浅层反射的技术难题，困难已被克服，这当中地震仪器的更新换代和应用水平叠加技术起着决定性的作用。

习题二

1. 什么叫单相介质和双相介质？地震波在双相介质中传播有什么特点？双相介质中如何计算地震波的传播速度？

2. 影响地震波在岩层中传播速度的地质因素有哪些？研究这些地质因素有什么意义？

3. 地层介质近似划分的地质基础是什么？有什么实际意义？

4. 为什么能用地震法来探测溶洞、隐伏构造、滑坡，探测覆盖层厚度，划分基岩风化带？它的地质依据是什么？

5. 低速带对地震勘探工作有什么影响？怎样来消除这些影响？

6. 工程、能源和金属矿地震勘探各有哪些地质特征？

7. 进行地震勘探时良好的深部地震地质条件是什么？并进行解释。

第三章　地震波的时距关系

地震波的时距关系是地震波的运动学特征，属于几何地震学的内容。几何地震学，主要是研究地震波在传播过程中波前的空间位置与其传播时间之间的几何关系(即地震波的时距关系)来解决地下地质构造的问题。通常在二维平面上观测得到的时距关系构成一个曲面，称为时距曲面；而在一维测线上观测得到的时距关系构成一条曲线，称为时距曲线。

不同种类的地震波，如直达波、反射波、折射波等，它们的时距曲线特点各不相同。每一类特定的时距曲线，都与地震界面(反射界面或折射界面)的埋藏深度、起伏形态等直接有关。由野外地震数据采集工作获得的时距曲线求取地下界面的深度和几何形态，称为地震勘探的反演问题；反之，若给定地下界面的深度与产状要素和速度参数等条件求得时间场，称为地震勘探的正演问题。本章讨论地震波的时距关系(时距曲线)，亦即重点研究与解正演问题有关的地震波的运动学问题。

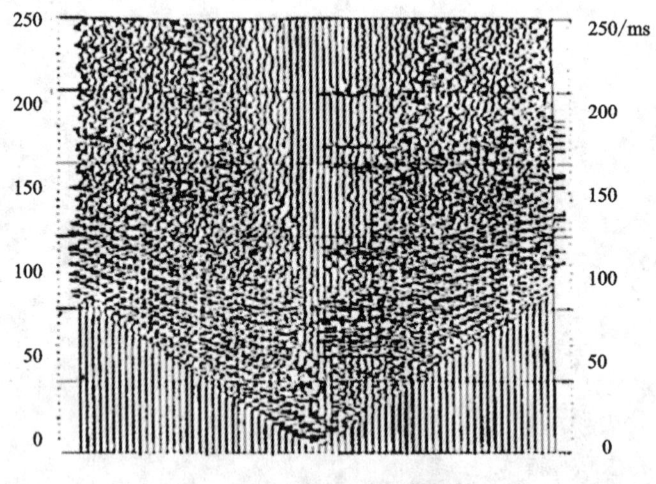

图 3.1.1　一段地震记录示意图

在野外地震工作中，每激发一次地震波，都要在测线上不同的检波点位置接收地震信号。激发点(也称炮点)到任意检波点的距离称为炮检距，用 x 表示；相邻两检波点之间的距离 Δx 称为道间距。地震波激发的一瞬间作为计时零点。各种类型的地震波经不同的传播路径先后到达各检波点，形成一张横坐标表示各检波点的距离(米)、纵坐标表示记录时间(毫秒)的地震记录，如图 3.1.1 所示。每个检波器得到的一条波动曲线就是一道地震记录，它反映出一个检波点的振动过程。通常浅层地震勘探仪器的记录道数为 12 道、24 道和 48 道，煤田、石油等地震勘探仪器的记录道数一般在 100 道以上，有的甚至多达数千道。

记录中各条波形曲线上波峰的规则排列，称为同相轴。读取该同相轴上各道的时间 t 与其对应的炮检距 x，就可以在 $t-x$ 坐标中得到相应的图像，此图像就是时距曲线。它表示地震波传播时间与测线上接收点位置的函数关系，即 $t=t(x)$。

第一节　直达波及折射波时距曲线

一、直达波时距曲线

直达波是一种从震源出发不经过反射、折射而直接到达地面各接收点的地震波。这是地震波传播的最简单情况。假设地表为均匀介质，波在其中的传播速度为 v，x 为震源 O 点到测线上各观测点的距离，t 为直达波到达各观测点的旅行时间，那么，直达波时距曲线方程为

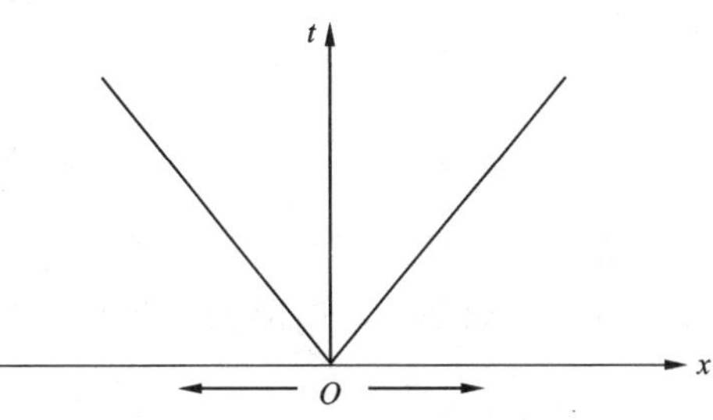

图 3.1.2　直达波时距曲线

$$t=\frac{x}{v} \tag{3.1.1}$$

该方程对应的时距曲线如图 3.1.2 所示，即以震源 O 为坐标原点，以观测点至 O 点的距离 x 为横坐标，以地震记录中读到的各道直达波时间 t 为纵坐标所绘制的时距曲线。显然，这是两支通过原点且对称于 t 轴的直线，该直线的斜率为

$$m=\frac{1}{v} \tag{3.1.2}$$

求该斜率的倒数就可以得出地表覆盖层的波速。此外，声波、面波等也符合这种直线传播规律，只是它们时距曲线的斜率不同而已。

由于直达波方程只与观测点的坐标和波速有关，而与地下弹性分界面的空间位置无关，所以无法给出地层分界面或构造的产状数据。

二、水平层状介质中折射波时距曲线

从第一章中讨论可知，当某一地震界面下方介质的传播速度大于上覆介质的传播速度时，则由地表震源发出的地震波，总可以某个临界角在该界面上滑行而产生折射波，并在盲区以外的接收点上可记录到。

1. 二层介质

假设在地面下深度 h 处，有一水平分界面 R，其上、下两层介质的波速分别为 v_1 和 v_2，且 $v_2>v_1$，如图 3.1.3 所示。从震源点 O 至地面某一接收点 S 的距离为 x。波由震源出发，以临界角 i 投射到界面上的 A 点，在界面 R 上滑行一段距离 AB 后，在 B 点再以 i 角出射到地面上的 S 点，这时折射波的旅行路程为 OA、AB、BS 之和，它的旅行时 t 为

$$t=\frac{OA}{v_1}+\frac{AB}{v_2}+\frac{BS}{v_1}=\frac{AB}{v_2}+2\frac{OA}{v_1} \tag{3.1.3}$$

从图中简单的几何关系可见

$$AB=x-2h\tan i \qquad OA=\frac{h}{\cos i}$$

所以

$$t=\frac{x-2h\tan i}{v_2}+\frac{2h}{v_1\cos i}=\frac{x}{v_2}-\frac{2h\sin i}{v_2\cos i}+\frac{2h}{v_1\cos i}$$

由于

$$v_2=\frac{v_1}{\sin i}$$

因此

$$t=\frac{x}{v_2}+\frac{2h\cos i}{v_1} \tag{3.1.4}$$

这就是二层介质的时距方程。可见它的时距曲线也是一条直线，直线的斜率是 $1/v_2$，如图 3.1.3 所示。将折射波时距曲线延长到时间轴，其截距为 t_0，那么，这个截距时间为

$$t_0=\frac{2h\cos i}{v_1} \tag{3.1.5}$$

则

$$h=\frac{t_0}{2}\cdot\frac{v_1}{\cos i} \tag{3.1.6}$$

由此可见，可利用直达波和折射波时距曲线得出 v_1、v_2 和截距时间 t_0，按式(3.1.6)计算出震源点下界面的埋藏深度 h。此外，从图3.1.3还可看出，从地面 M 点到震源 O 的范围内观测不到折射波，这就是折射波的盲区，据图中简单的三角关系可以求出盲区半径 x_M 为

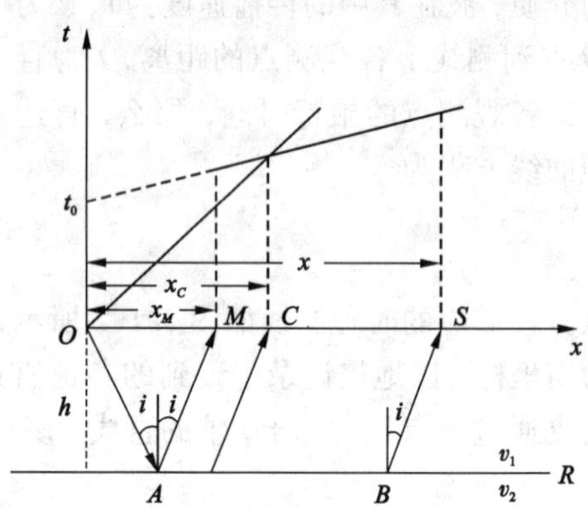

图 3.1.3　水平二层介质的折射波时距曲线

$$x_M=2h\tan i=2h\frac{\sin i}{\cos i} \tag{3.1.7}$$

由于

$$\sin i=\frac{v_1}{v_2}$$

那么

$$x_M=2h\frac{\sin i}{\sqrt{1-\sin^2 i}}=\frac{2h}{\sqrt{\left(\frac{v_2}{v_1}\right)^2-1}} \tag{3.1.8}$$

式(3.1.8)说明，盲区半径 x_M 随比值$\frac{v_2}{v_1}$的增大而减小。当$\frac{v_2}{v_1}=1.41$ 时，$x_M=2h$。所以，作为经验准则，折射波法只能在比折射波界面深度大一倍以上的炮检距处进行观测，否则，将观测不到折射波。

图 3.1.3 中临界距离 x_C 可通过式(3.1.1)和式(3.1.4)联立求解得出

$$x_C=2h\sqrt{\frac{v_2+v_1}{v_2-v_1}} \tag{3.1.9}$$

在实际工作中，通过实测的时距曲线有时能比较清楚地判定临界距离 x_C 的大小，则震源处界面深度 h 也可用下式求得

$$h = \frac{x_c}{2}\sqrt{\frac{v_2 - v_1}{v_2 + v_1}} \tag{3.1.10}$$

至于多层介质的情况，可以用交点法将问题简化，逐层进行计算。

2. 多层介质

多个水平层介质折射波模型由图 3.1.4 表示，图中给出了 3 个速度层，有两个水平折射界面 R_1 和 R_2，且 $v_3 > v_2 > v_1$。图中，$OABCDS$ 是在界面 R_2 上产生折射波的射线路径。在 B 点形成折射波，则入射角必须满足界面 R_2 的临界角，根据斯奈尔定律得

$$\frac{\sin i_{13}}{v_1} = \frac{\sin i_{23}}{v_2} = \frac{1}{v_3}$$

那么，折射波路径 $OABCDS$ 的传播时间为

$$t = \frac{OA + DS}{v_1} + \frac{AB + CD}{v_2} + \frac{BC}{v_3} = \frac{x}{v_3} + \frac{2h_2 \cos i_{23}}{v_2} + \frac{2h_1 \cos i_{13}}{v_1} \tag{3.1.11}$$

式中：h_1、h_2 分别为 2 个折射层的厚度。

把式(3.1.11)推广到 n 层($v_n > v_{n-1} > \cdots v_2 > v_1$)，则

$$t = \frac{x}{v_n} + \sum_{k=1}^{n-1} \frac{2h_k \cos i_{kn}}{v_k} \tag{3.1.12}$$

那么，截距时间 t_{0k} 为

$$t_{0k} = \sum_{k=1}^{n-1} \frac{2h_k \cos i_{kn}}{v_k} \tag{3.1.13}$$

由式(3.1.12)可见，在多层介质情况下，折射波时距曲线均为直线，它的斜率是该折射层波速的倒数$\frac{1}{v_n}$。

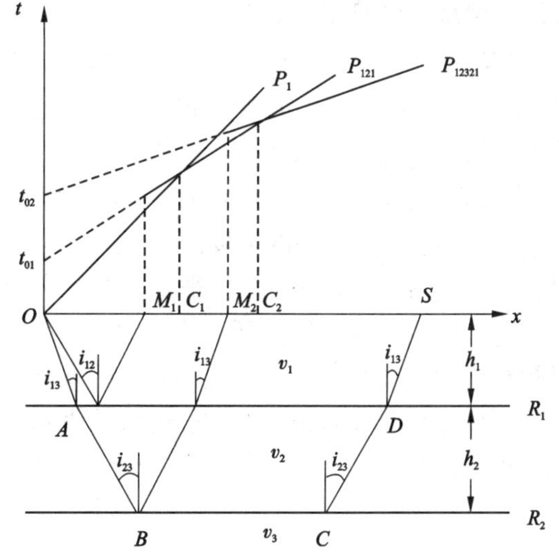

图 3.1.4　水平三层介质的折射波时距曲线

由于各层的速度 v_n 是不同的，因此各层时距曲线的斜率也不同，于是多个水平层状介质的时距曲线是互相交叉的直线，形成时距曲线的相互干涉，致使折射波时距曲线系即使在最简单的水平层情况下，也是比较复杂的。

为此，我们引入几个名词术语。最先到达接收点的波称为初至波；在某区段内，某一界面的折射波总是以初至波的形式最先到达，将此段称为该折射波的初至区(如图中的 C_1C_2 段)；并将 OC_1 及 OC_2 这段距离称为折射波的临界距离；在初至波到达之后，陆续到达接收点的波称为续至波。

由于地震记录上只有初至波是在平静的背景上出现的，为了能在记录上准确地判断波的初至时刻，在进行折射波法工作时，检波器应埋置在与勘探目的层相对应的初至区内，以利于提高工作质量。因此，在布置工作时，应先对工作区做一些试验工作，以确定勘探目的层的最佳接收地段，以便把检波器埋置在它的初至区内。

三、隐伏层中的折射波

所谓隐伏层，就是指初至折射波法中不能探测到的地层。根据其产生的原因不同可分为两类：一类是层状介质中的低速夹层，由于 $v_{上} > v_{下}$，因而在低速夹层的上界面不能产生折射波而成为隐伏层；另一类是，虽然波速逐层递增，但其中某层的厚度很小，所形成的折射波不能出现在初至区，而是隐藏在续至区中难以识别，这种“薄层”也称为隐伏层。现分别讨论如下。

1. 层状介质中的低速夹层

为方便起见，以水平三层介质为例进行讨论。如图 3.1.5 所示，各层速度值的关系为：$v_1 > v_2 < v_3$（且 $v_1 < v_3$）。根据斯奈尔定律可知，在 v_1、v_2 的界面上不能产生折射波，也就是说，从折射波地震记录上不能发现 v_2 层的存在，只能得到相当于两层介质的时距曲线。

因此，在有低速夹层存在的地区开展折射波法工作时，应该有钻孔资料或其他物探资料配合解释，才能得出正确的结果，否则，会带来很大的误差。

2. 正常速度下的隐伏“薄层”

所谓“薄层”，是指各层速度的分布满足 $v_1 < v_2 < \cdots < v_n$ 的关系，但其中某层的厚度较小，使得该层下界面所产生的折射波不能在初至区出现。仍以三层介质为例进行讨论。

设有三层介质模型参数为：$v_1 = 800$ m/s，$v_2 = 1\ 600$ m/s，$v_3 = 3\ 200$ m/s，$h_1 = 10$ m，而对 h_2 分别用 1，2，5，7.5，10，20 m 的不同厚度计算其理论时距曲线，结果如图 3.1.6 所示。从图中可以看出，尽管各层的速度满足了 $v_1 < v_2 < v_3$ 的正常条件，但当第二层的厚度 h_2 逐渐减小时，界面 R_2 的 P_{12321} 曲线往下平移，导致中间层 P_{121} 的初至区逐渐减小，当 $h_2 = 7.5$ m 时，P_1、P_{121}、P_{12321} 三条曲线交于 A 点，过 A 点后（$h_2 \leqslant 7.5$ m），由 v_1、v_2 界面产生的折射波再不能以初至波的形式在地震记录上出现，而只能在续至波中存在，即中间层由初至层蜕变为隐伏层。因而从初至波时距曲线看，也只是假两层的情况。和低速夹层的影响相似，同样不可能进行正确的解释。

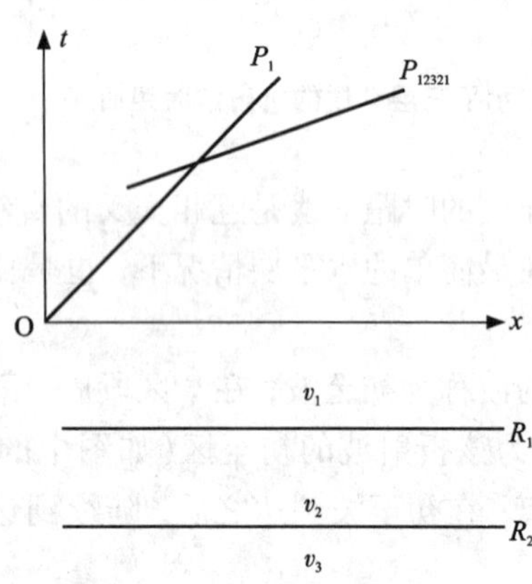

图 3.1.5　含低速夹层的隐伏层

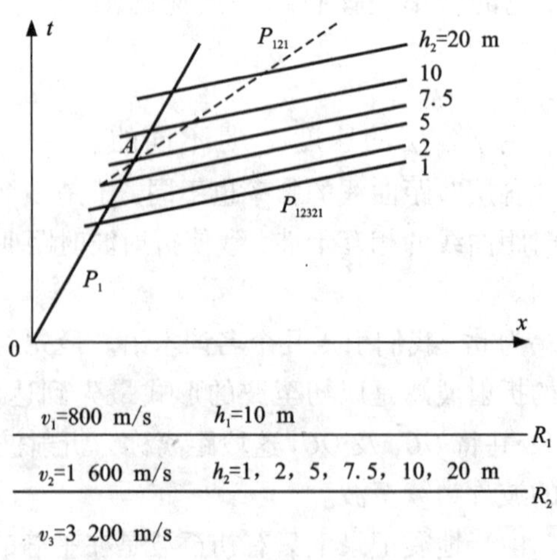

图 3.1.6　正常速度下的隐伏薄层

四、倾斜界面折射波时距曲线

实际地层常常是有倾角的，故讨论倾斜界面情况下折射波的时距关系更具实际意义。下面仅讨论一个倾斜界面的情况。

1. 时距方程

如图3.1.7所示，设 $v_2>v_1$，界面 R 的倾角为 φ，在 O_1 点激发，在测线下倾方向距离为 x 处的 O_2 点接收，O_1 和 O_2 处界面的法线深度分别为 h_1 和 h_2，显然，在下倾方向接收时的折射波旅行时为

$$t_{下}=\frac{O_1A+O_2B}{v_1}+\frac{AB}{v_2}$$

由图可见

$$AB=x\cos\varphi-(h_2+h_1)\tan i$$

$$O_1A=\frac{h_1}{\cos i}\qquad O_2B=\frac{h_2}{\cos i}$$

那么

$$t_{下}=\frac{h_1+h_2}{v_1\cos i}+\frac{x\cos\varphi-(h_1+h_2)\tan i}{v_2}=\frac{x\sin(i+\varphi)}{v_1}+\frac{2h_1\cos i}{v_1} \tag{3.1.14}$$

同样，在 O_2 点激发，在上倾方向 O_1 点接收，此时波的旅行时间为

$$t_{上}=\frac{x\sin(i-\varphi)}{v_1}+\frac{2h_2\cos i}{v_1} \tag{3.1.15}$$

2. 时距曲线的特点

从式(3.1.14)和(3.1.15)和图3.1.7可以看出：

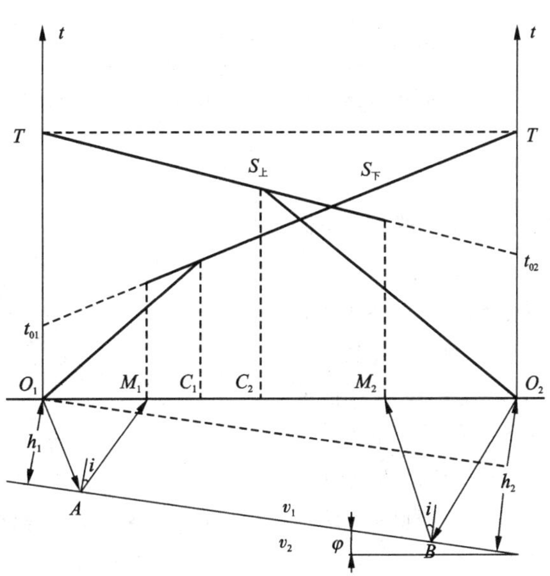

图3.1.7　倾斜界面上折射波相遇时距曲线

(1)时距曲线的形状

在倾斜平界面情况下，时距曲线仍为直线，其斜率或视速度的倒数分别为

$$\left.\begin{aligned}\frac{1}{v_{a下}}&=\frac{\sin(i+\varphi)}{v_1}\\\frac{1}{v_{a上}}&=\frac{\sin(i-\varphi)}{v_1}\end{aligned}\right\}\tag{3.1.16}$$

从上式可知，下倾方向接收的折射波，它的时距曲线斜率大，视速度小，曲线陡；上倾方向接收的折射波，它的斜率小，视速度大，曲线缓。

(2)特征点的距离

在界面上升端激发，下倾方向接收时折射波的临界距离 O_1C_1 或盲区 O_1M_1 较小，时距曲线的截距时间 t_{01}($t_{01}=\frac{2h_1\cos i}{v_1}$)也较小，反之则临界距离 O_2C_2 或盲区 O_2M_2 就大些，截距时间 t_{02}($t_{02}=\frac{2h_2\cos i}{v_1}$)也较大，这可以帮助我们判别界面的倾向。

(3)界面倾角的计算

由式(3.1.16)可得

$$i+\varphi=\arcsin\frac{v_1}{v_{a下}}$$

$$i-\varphi=\arcsin\frac{v_1}{v_{a上}}$$

易得

$$\left.\begin{aligned}i&=\frac{1}{2}\left(\arcsin\frac{v_1}{v_{a下}}+\arcsin\frac{v_1}{v_{a上}}\right)\\\varphi&=\frac{1}{2}\left(\arcsin\frac{v_1}{v_{a下}}-\arcsin\frac{v_1}{v_{a上}}\right)\end{aligned}\right\}\tag{3.1.17}$$

如果已知 v_1 值，并由折射波时距曲线分别求得两支曲线的视速度，利用上式就可以求出临界角 i 和界面倾角 φ。

(4)互换时间

从图3.1.7可以看出，在 O_1 点激发，下倾方向 O_2 点接收，同 O_2 点激发，上倾方向 O_1 点接收，它们所经过的射线路径都是 O_1ABO_2，路径是完全一样的，因此这两个特定点处折射波的旅行时间完全相等，这就是所谓的互换原理。这两点的时间用 T 表示，称为互换时间。此外，在上、下倾方向分别激发和接收的这种观测方式，通常称为相遇观测，得到的这两支时距曲线称为相遇时距曲线。

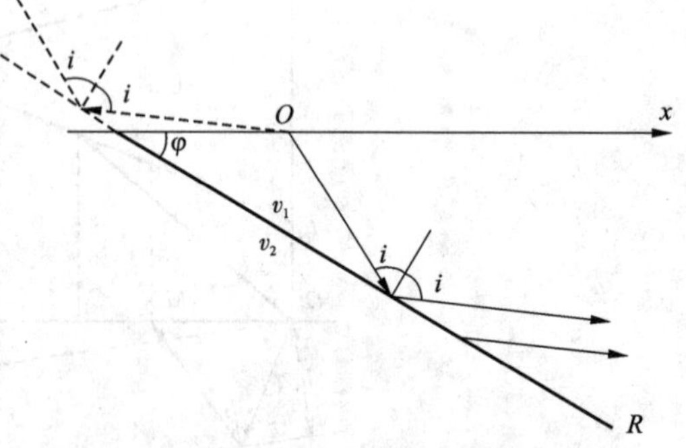

图 3.1.8　$i+\varphi\geqslant 90°$时接收不到折射波

(5)界面倾角的影响

在倾斜界面情况下，并非在任何条件下都能接收到折射波，在条件 $i+\varphi\geqslant 90°$时，若在下

倾方向接收，折射波射线将无法返回地面，因为此时盲区为无限大，如图3.1.8所示。而在上倾方向接收，入射角总是小于临界角，无法产生折射波。因此，在大倾角地区进行折射法工作时要特别注意这一点，应把测线布置得同地层倾角斜交，使视倾角变小，以满足$i+\varphi<90°$的条件。

上面讨论了一个倾斜界面折射波的时距方程和时距曲线的特点，多个倾斜界面折射波的时距关系要复杂得多，但原则上可以按一个界面情况来处理，将多层介质简化为用均方根速度或平均速度替代的均匀介质。

五、弯曲界面折射波时距曲线

上面讨论的都是倾角不变的倾斜平界面的情况，实际的折射界面不一定是平面，有可能是起伏变化、凹凸不平的曲面。

实际上，如果折射界面是弯曲的，那么它的时距曲线也是弯曲的，如图3.1.9(a)所示，对凹型界面，随着炮检距的增大，折射波在地面的出射角由大变小，使视速度从小变大，斜率由大变小，因此时距曲线是呈凸状的。同理对于凸界面，时距曲线是凹状的，如图3.1.9(b)。因此，曲界面折射波时距曲线的斜率是可变的，时距曲线与界面的弯曲形状成镜像关系(但不是镜像对称)。

应特别指出的是，折射界面为曲率很大的凸界面时，会发生波的穿透现象，即射线穿过界面传播而不是沿界面滑行传播，如图3.1.9(c)所示。这种情况下的时距曲线也是凹状的，与图3.1.9(b)所示的凸界面折射波时距曲线相似，这干扰了对折射波的辨认。为了识别穿透现象，可以采取追逐观测的方式，即在激发点同侧的不同位置上再进行一次激发，在同一地段重复观测，这样可以得到两支时距曲线。对折射波来说，如果没有穿透，追逐时距曲线应是互相平行的($\Delta t_1=\Delta t_2$)，如图3.1.9(b)所示；而对于穿透波而言，由于出射角的变化，追逐时距曲线不平行，如图3.1.9(c)所示。

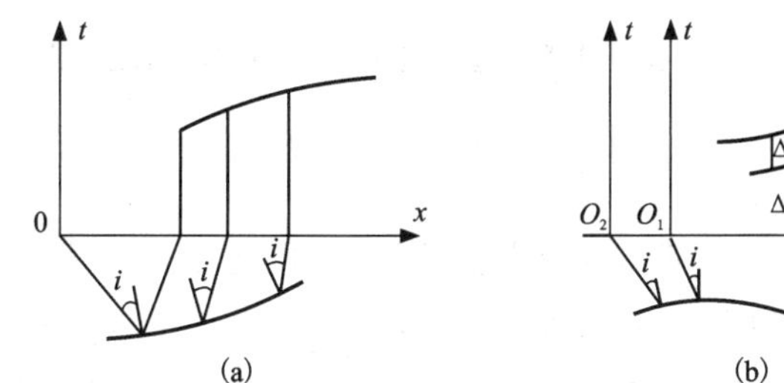

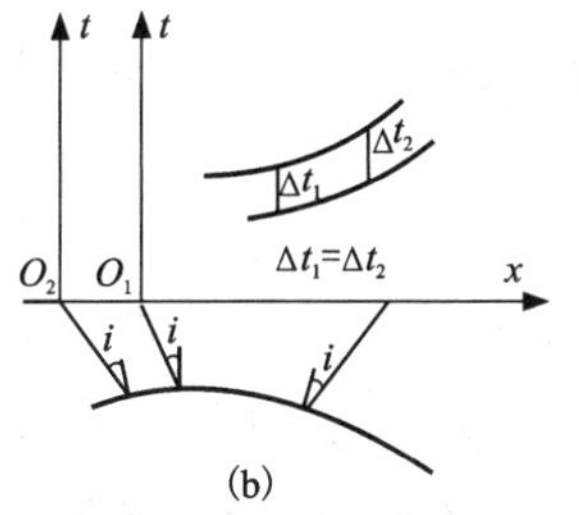

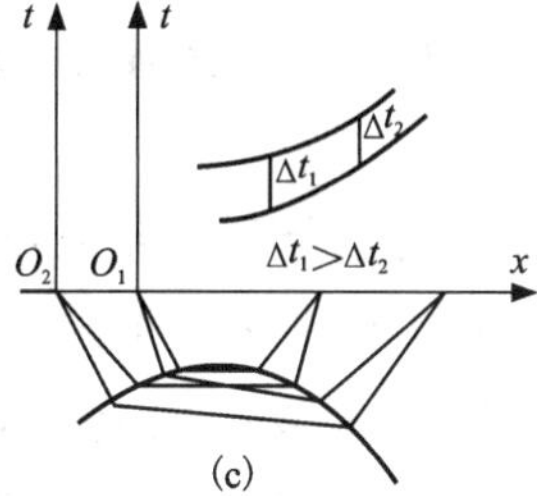

图3.1.9　曲界面的折射波时距曲线

六、垂直构造的折射波时距曲线

1. 单个直立界面

如图3.1.10所示，一直立分界面W分隔速度为v_2和v_3的介质，上面为波速为v_1的水平覆盖层，其厚度为h，$v_1<v_2<v_3$。

当激发点O_1位于v_2一侧时，波从O_1点出发，入射到v_1、v_2之间的水平界面R时，必定会产生沿界面滑行的折射波，其出射角为$i_{12}=\arcsin v_1/v_2$，即沿测线观测到的P_{121}(符号P_{121}

表示纵波 P 从激发点经过波速为 v_1 的介质再以 v_2 速度在界面上滑行，最后又出射回 v_1 介质。下见含义类同)，接收段在 BC 之间，时距曲线 P_{121} 的斜率为 $m_{12}=1/v_2$；当波射线沿界面滑行至 A 点，过 A 点以后，在界面 R 上又转换成新的折射波，其出射角 $i_{13}=\arcsin v_1/v_3$ 时距曲线为 P_{1231}，接收段在 D 点以远，P_{1231} 的斜率为 $m_{13}=1/v_3$。P_{121} 和 P_{1231} 在 CD 段相互垂叠交叉，且由于 $m_{12}>m_{13}$，因此，在 A 点之后，时距曲线的斜率由陡变缓，但转折点的位置并不在 A 点的正上方。

当激发点 O_2 位于 v_3 一侧时，沿测线 EF 段观测到 P_{131}，斜率 $m_{13}=1/v_3$，滑行波到 A 点后产生新的折射波 P_{1321}，接收段在 G 点以远，斜率为 $m_{12}=1/v_2$，可见，在 A 点之后，时距曲线的斜率由缓变陡。在 FG 段，既没有 P_{131}，也没有 P_{1321}，只有绕射波，它的曲线是双曲线，双曲线的两边分别与 P_{131} 和 P_{1321} 相切。同样，出现绕射段的位置也不在 A 点的正上方，但是，把两支相遇时距曲线联系起来可知，CG 或者 DF 位置的中心就是直立界面 W 的投影位置。

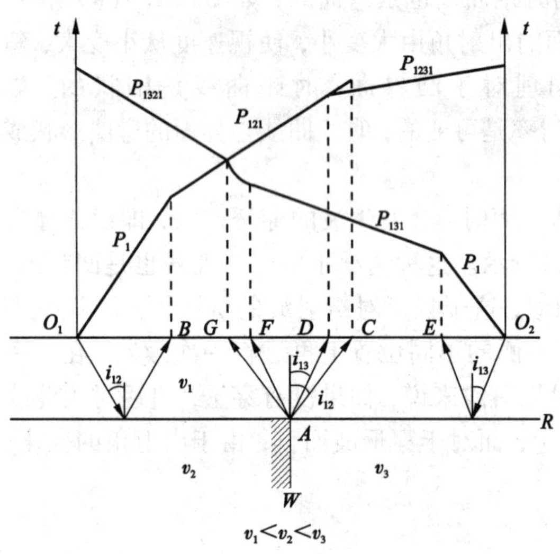

图 3.1.10　直立界面的折射波时距曲线

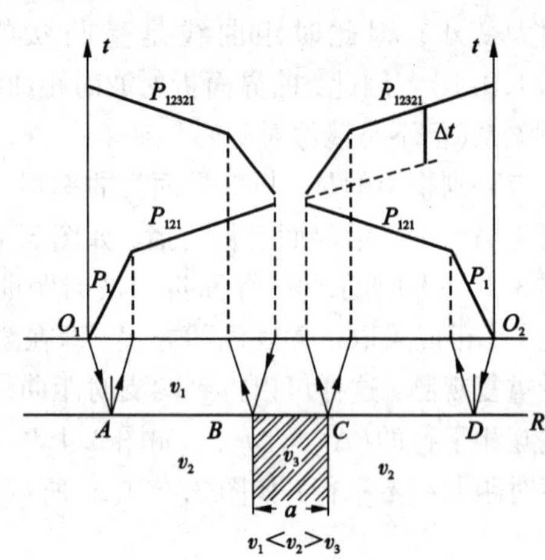

图 3.1.11　垂直低速带的折射波时距曲线

2. 垂直低速带(断层)

如图 3.1.11 所示，一宽度为 a 的垂直低速带(断层)，其速度为 v_3，两边是速度为 v_2 的均匀介质，低速带的上方为速度 v_1 的水平覆盖层，其厚度为 h，且 $v_1<v_2<v_3$。当波在 O_1 点激发，O_1O_2 段接收，波的旅行路径为 O_1ABCDO_2。由 O_1 出发的波，以临界角 $i(i=\arcsin v_1/v_2)$ 投射到界面 R 上的 A 点，在 AB 段产生折射波，对应的时距曲线为 P_{121}，同样在 CD 段也产生折射波，其折射波出射角也为临界角 i，因此所对应的时距曲线 P_{12321} 与 P_{121} 斜率相等，两线平行。在 BC 段，如果 $v_1>v_3$，则不会产生折射波；如果 $v_1<v_3$，会产生折射波，其折射波出射角为 $i=\arcsin v_1/v_3$。延长 P_{121} 直线，可以看出，P_{121} 和 P_{12321} 的时间差为 Δt，Δt 与低速带宽度 d 的关系式为

$$\Delta t=\frac{d}{v_3}-\frac{d}{v_2}=d\left(\frac{v_2-v_3}{v_2v_3}\right)$$

那么

$$d = \Delta t\left(\frac{v_2 v_3}{v_2 - v_3}\right) \tag{3.1.18}$$

上式即为求垂直低速带宽度的公式。由于低速带两边介质一样，因此，在 O_2 点激发，O_2O_1 段接收时，可以得到与前一支完全相同的时距曲线，如图 3.1.11 所示。

第二节 反射波时距曲线

一、水平界面的反射波时距曲线和正常时差

1. 反射波时距曲线

从第一章中讨论可知，当地下介质中存在波阻抗界面时，入射到界面的地震波会发生反射。设地下二层介质结构如图 3.2.1 所示，有一水平反射界面 R，埋深为 h，界面以上为均匀介质，波速为 v，震源 O 点与接收点 S 之间的距离为 x。波由 O 点激发经界面上 A 点反射到 S 点的时间为 t，那么它们的时距关系为

$$t = \frac{OA + AS}{v} = \frac{2}{v}\sqrt{h^2 + \left(\frac{x}{2}\right)^2} = \frac{1}{v}\sqrt{4h^2 + x^2} \tag{3.2.1}$$

上式就是水平界面的反射波时距方程，显然这是一个关于 x 的二次方程，经化简后可得标准的二次曲线方程

$$\frac{t^2}{(2h/v)^2} - \frac{x^2}{(2h)^2} = 1 \tag{3.2.2}$$

上式为双曲线方程，可见反射波的时距曲线为双曲线，对称于 t 轴，曲线的顶点坐标为 $(0,\ \frac{2h}{v})$，渐近线的斜率为

$$m = \frac{2h/v}{2h} = \frac{1}{v} \tag{3.2.3}$$

这个斜率实质上是前面所讨论的直达波的斜率，也就是说，当接收点远离震源时，即 x 足够大时，反射波时距曲线与直达波时距曲线重合。因此，直达波的时距曲线是反射波时距曲线的渐近线。

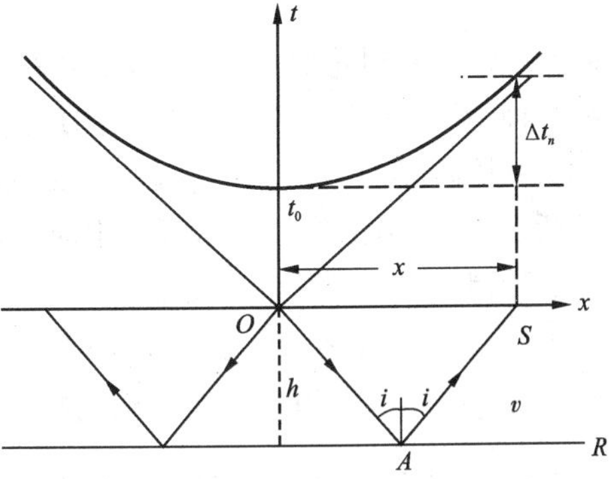

图 3.2.1 水平界面的反射波时距曲线

2. 正常时差

时距曲线在 t 轴上的截距，在地震勘探中叫做 t_0 时间，即：

$$t_0 = \frac{2h}{v} \tag{3.2.4}$$

它表示波沿界面法线传播的双程旅行时间，有时也叫回声时间或自激自收时间。此时式(3.2.1)可写成如下形式

$$t = \sqrt{\frac{x^2}{v^2} + \left(\frac{2h}{v}\right)^2} = \sqrt{\frac{x^2}{v^2} + t_0^2} = t_0\sqrt{1 + \frac{x^2}{t_0^2 v^2}} \tag{3.2.5}$$

如果把任意接收点的反射波旅行时间 t_x 和同一反射界面的双程垂直时间 t_0 的差，定义为正常

时差，用 Δt_n 表示，那么

$$\Delta t_n = t_x - t_0 = t_0\sqrt{1+\frac{x^2}{t_0^2v^2}} - t_0 \tag{3.2.6}$$

当 $t_0^2v^2 \gg x^2$ 时，即 $2h \gg x$ 时，也就是说炮检距与其勘探目的层深度相比很小时，式(3.2.6)可用二项式定理展开，略去高次项

$$\Delta t_n = t_0\left[1+\frac{1}{2}\left(\frac{x^2}{t_0^2v^2}\right)-\frac{1}{8}\left(\frac{x^2}{t_0^2v^2}\right)^2+\cdots\right]-t_0 \approx \frac{x^2}{2t_0v^2} \tag{3.2.7}$$

此式表明，正常时差可用抛物线函数来逼近。如果把各接收点的时间减去相应的正常时差，则各点都变成了 t_0 时间，即

$$t_x - \Delta t_n = t_0 \tag{3.2.8}$$

这种时间上的校正，叫正常时差校正，校正后原来的双曲线拉直为与界面相平行，也就是说，此时的时距曲线的几何形态与地下反射界面的起伏形态有了直接的联系。此外，正常时差校正(反射波数据处理中也称动校正)还可用来判断地震记录上的同相轴是否为正常的反射波同相轴。这些在以后地震资料的处理和解释时还将详细讨论。

3. 时距曲线的弯曲情况

第一章介绍了视速度定理。视速度 v_a 与真速度 v 之间的关系可表示为 $v_a = \frac{v}{\sin\alpha}$，式中 α 为平面波波前与地面的夹角或者波射线与地面法线的夹角。此外，根据视速度的定义，由反射波时距方程式(3.2.1)也可求得水平界面时沿测线变化的视速度为

$$v_a = \frac{\mathrm{d}x}{\mathrm{d}t} = v\sqrt{1+\left(\frac{2h}{x}\right)^2} \tag{3.2.9}$$

可用视速度定理来讨论时距曲线的弯曲情况，如图 3.2.2 所示。

第一种情况：对于一个反射界面的反射波曲线来说，随着炮检距 x 的增大，α 角也增大 $(\alpha_2 > \alpha_1)$，从而使 v_α 变小，斜率变大，曲线越来越弯曲；当 x 足够大时，$\alpha \to 90°$，$v_\alpha = v$，曲线趋近于渐近线；相反，当波近法线入射时，$\alpha \to 0°$，$v_\alpha \to \infty$，斜率趋近于零，曲线变得平缓。

第二种情况：对于埋藏深度不同的两个反射界面的两条时距曲线来说，因为深层反射波返回地表的 α 角比浅层的要小($\alpha_{深} < \alpha_{浅}$)，或者说 $h_2 > h_1$，那么 $v_{a_2} > v_{a_1}$，深层的斜率小，浅层的斜率大，因而深层的时距曲线比浅层相对平缓。

二、倾斜界面的反射波时距曲线

1. 反射波时距方程

设地下有一倾斜反射平界面 R，倾角为 φ，界面以上为均匀介质，波速为 v。在 O 点激发，沿测线 x 进行观测，如图 3.2.3 所示。

先求取时距方程，即求出波由震源经 A 点反射回接收点的时间。为使讨论问题简便，采用镜像法。自 O 点作界面 R 的垂线，垂向深度为 h，向下延长一倍得虚震源 O^*，通过简单的三角关系可证明：$OA = O^*A$，$OB = O^*B$，O^*、A、S 三点在一条直线上。这样就可以把由震源 O 点出发，经 A 点反射到 S 点的路径，看作地下为均匀介质、由虚震源 O^* 点出发经 A 点直接到 S 点的波，那么，波的旅行时间为

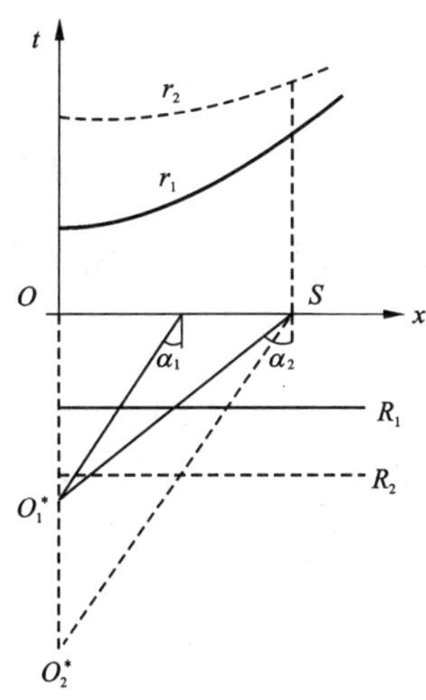

图 3.2.2 时距曲线的弯曲情况

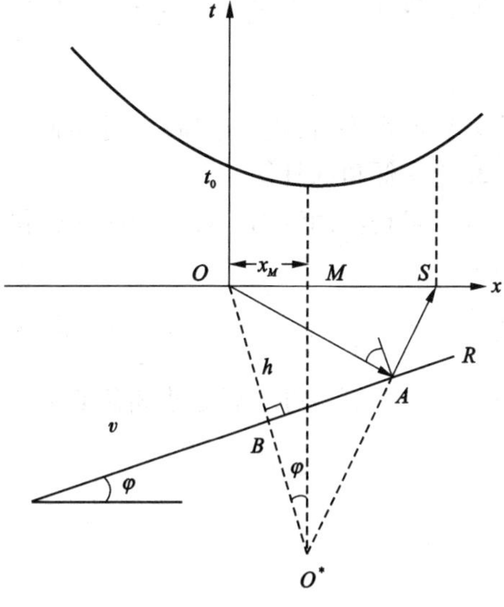

图 3.2.3 倾斜平界面的反射波时距曲线

$$
\begin{aligned}
t &= \frac{O^*S}{v} = \frac{1}{v}\sqrt{MS^2 + O^*M^2} \\
&= \frac{1}{v}\sqrt{(x - 2h\sin\varphi)^2 + (2h\cos\varphi)^2} \\
&= \frac{1}{v}\sqrt{4h^2 + x^2 - 4hx\sin\varphi}
\end{aligned} \tag{3.2.10}
$$

上式经简单变换可写成

$$
\frac{t^2}{(2h\cos\varphi/v)^2} - \frac{(x - 2h\sin\varphi)^2}{(2h\cos\varphi)^2} = 1 \tag{3.2.11}
$$

上式就是倾斜单界面的反射波时距曲线方程，时距曲线也为双曲线。

2. 时距曲线的特点

(1) 极小点

从虚震源出发到地面有多条射线，其中有一条最短，它就是从虚震源到地面所作的垂线 O^*M，波沿此射线传播的时间为最小，称为极小点，其坐标为

$$
\left.\begin{aligned}
x_M &= 2h\sin\varphi \\
t_M &= \frac{2h\cos\varphi}{v}
\end{aligned}\right\} \tag{3.2.12}
$$

显然，极小点向界面的上升端偏移了 x_M，此时反射波时距曲线对称于通过极小点的纵轴。式中的 φ 可正可负，由选测线的坐标方向与界面倾斜情况的相对关系来确定，当 x 轴指向反射界面的上升方向取正号，反之取负号。

(2) t_0 时间

当 $x=0$，可得波返回震源的回声旅行时，在时距曲线上就是反射波时距曲线与时间轴的交点 t_0，那么，t_0 时间的坐标为

$$
x = 0, \qquad t_0 = \frac{2h}{v} \tag{3.2.13}
$$

t_0 时间可以从实测的反射波时距曲线上求得，于是可求得自震源到反射界面的法向深度

$$h = \frac{1}{2} v t_0 \tag{3.2.14}$$

当反射界面水平时，极小点就在时间轴上的 t_0 点。

3. 界面倾角的计算

为了求得界面倾角，对时距曲线方程(3.2.10)进行二项式定理展开，并略去高次项化简后得

$$t \approx t_0 \left(1 + \frac{x^2 - 4hx\sin\varphi}{8h^2} \right) \tag{3.2.15}$$

求倾角的一个简单办法就是求得炮点两边等距离的两个点的时间差$(t_1 - t_2)$。令

$$\Delta t_d = (t_1 - t_2)$$

则

$$\Delta t_d = t_0 \left(\frac{x\sin\varphi}{h} \right) = \frac{2x\sin\varphi}{v} \tag{3.2.16}$$

那么

$$\varphi = \arcsin\left(v \frac{\Delta t_d}{\Delta x} \right) \tag{3.2.17}$$

式中：Δt_d 称为倾角时差，若界面水平，则 $\Delta t_d = 0$；Δx 为两个对称观测点的距离(即 $2x$)。若测线是沿倾向布置，所求得的倾角就是真倾角。若测线是任意方向，那么求真倾角就需要有两条相交测线。

三、水平多层介质的反射波时距曲线

实际的地层介质，特别是在沉积稳定、构造运动不太剧烈的沉积盆地中，常常是由大量不同性质的水平地层组成，称之为水平层状介质。

前面讨论在两层介质条件下，波只在一个界面上产生的反射，此时所建立的时距方程及相应时距曲线比较简单。但在多层介质中，波沿折射线传播，要建立它的时距方程就比较困难。为了讨论问题的方便，可用某种速度的“等效层”来替代实际的层状介质。下面我们就来讨论这种用等效层速度建立的时距方程和时距曲线，以及由此而产生的误差。

1. 均方根速度

如图 3.2.4(a) 所示为一组水平层状介质，在 O 点激发，S 点接收，波沿折射线传播，则波经第 n 个界面反射到达 S 点的旅行时间之和为

$$t = 2\sum_{i=1}^{n} \frac{l_i}{v_i} = 2\sum_{i=1}^{n} \frac{h_i}{v_i \cos\alpha_i} \tag{3.2.18}$$

式中：l_i 是每一层中的波传播的路程长度；v_i 是每一层的传播速度；h_i 是每一层的厚度；α_i 是波在每一层中的入射角。由斯奈尔定律可知

$$\frac{\sin\alpha_1}{v_1} = \frac{\sin\alpha_2}{v_2} = \cdots = \frac{\sin\alpha_i}{v_i} = p$$

故

$$\left.\begin{aligned} \sin\alpha_i &= pv_i \\ \cos\alpha_i &= \sqrt{1 - p^2 v_i^2} \end{aligned}\right\} \tag{3.2.19}$$

将上式代入式(3.2.18)得

$$t = 2\sum_{i=1}^{n}\frac{h_i}{v_i\sqrt{1-p^2v_i^2}} \tag{3.2.20}$$

对上式的根号部分用二项式展开，并令 $t_i=\frac{h_i}{v_i}$为波在各分层的单程垂直传播时间，考虑到近震源接收，α_i 较小，因此 $\sin\alpha_i = pv_i$ 的高次项可略去，于是可得

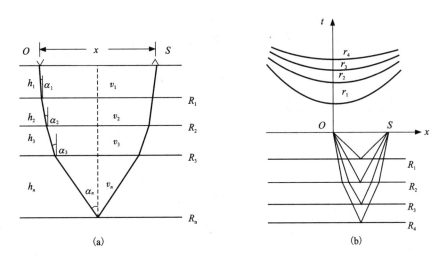

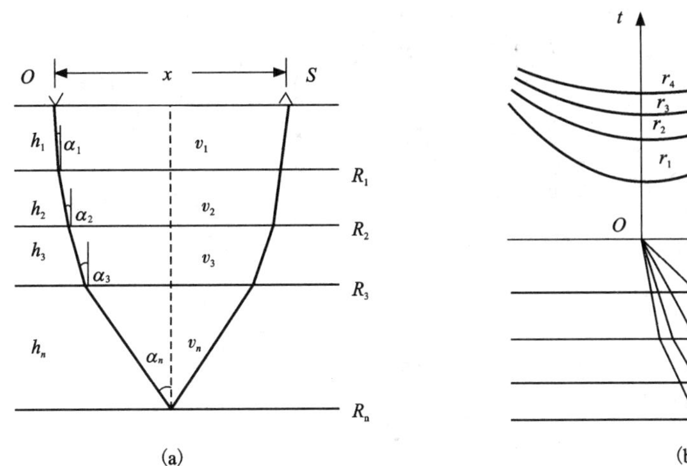

图 3.2.4　水平层状介质求取均方根速度示意图

(a)波传播路径模型；(b)反射波时距曲线

$$\begin{aligned} t &= 2\sum_{i=1}^{n}t_i\left(1+\frac{1}{2}p^2v_i^2+\frac{1}{2}\cdot\frac{3}{4}p^4v_i^4+\cdots\right) \\ &\approx 2\sum_{i=1}^{n}t_i\left(1+\frac{1}{2}p^2v_i^2\right) \\ &= 2\sum_{i=1}^{n}t_i+\sum_{i=1}^{n}t_ip^2v_i^2 \end{aligned} \tag{3.2.21}$$

而双程垂直时间为

$$t_0 = 2\sum_{i=1}^{n}t_i$$

从而可得

$$t = t_0+\sum_{i=1}^{n}t_ip^2v_i^2 \tag{3.2.22}$$

由图 3.2.4 可见，S 点的横坐标 x(炮检距) 为

$$x = 2\sum_{i=1}^{n}x_i = 2\sum_{i=1}^{n}h_i\tan\alpha_i = 2\sum_{i=1}^{n}\frac{h_ipv_i}{\sqrt{1-p^2v_i^2}} \tag{3.2.23}$$

式中：x_i 表示 l_i 在 x 轴上的投影。

同样进行二项式展开，略去 pv_i 的高次项得

$$x = 2\sum_{i=1}^{n}pv_i^2t_i \tag{3.2.24}$$

式(3.2.22) 和式(3.2.24) 组成一个以 p 为参数的方程组

$$\left.\begin{aligned} t &= t_0 + \sum_{i=1}^{n} t_i p^2 v_i^2 \\ x &= 2\sum_{i=1}^{n} t_i p v_i^2 \end{aligned}\right\} \tag{3.2.25}$$

这就是以参数 p 表示的水平多层介质一次反射波的时距曲线方程。将它们分别平方，略 pv_i 高次项，得

$$\left.\begin{aligned} t^2 &= t_0^2 + 2t_0 p^2 \sum_{i=1}^{n} t_i v_i^2 \\ x^2 &= 4p^2 \left(\sum_{i=1}^{n} t_i v_i^2\right)^2 \end{aligned}\right\} \tag{3.2.26}$$

消去方程组中的参数 p，并进行化简后得

$$t^2 = t_0^2 + \frac{x^2}{v_\sigma^2} \tag{3.2.27}$$

式中

$$v_\sigma = \sqrt{\frac{\sum_{i=1}^{n} t_i v_i^2}{\sum_{i=1}^{n} t_i}} \tag{3.2.28}$$

称为均方根速度，它是以各分层的层速度加权再取均方根值得到的。

把式(3.2.27)与式(3.2.5)比较可以看出，两式在形式上完全一样，时距曲线都为双曲线。这意味着在多层介质情况下，当入射角 α_i 较小时，亦即当炮检距较小时，可用均方根速度 v_σ 代替反射界面以上多层介质的速度值，把介质假想成为具有均方根速度的均匀介质。

通过以上讨论，可以给均方根速度下这样的定义：把水平层状介质情况下的反射波时距曲线近似当作双曲线时，求出的波速就是这一水平层状介质的均方根速度。

引入均方根速度的概念，使多层水平层状介质的时距曲线理论可以用 v_σ 表示的均匀介质来等效非均匀介质，从而使问题的讨论得以简化。若要研究多层介质中某一个反射界面的时距曲线，则可以将该界面以上的非均匀介质覆盖层用速度为 v_σ 的层来代替。从这个角度出发，可以得出多层水平介质的时距曲线为一簇以激发点 O 为对称的双曲线，如图3.2.4(b)所示。

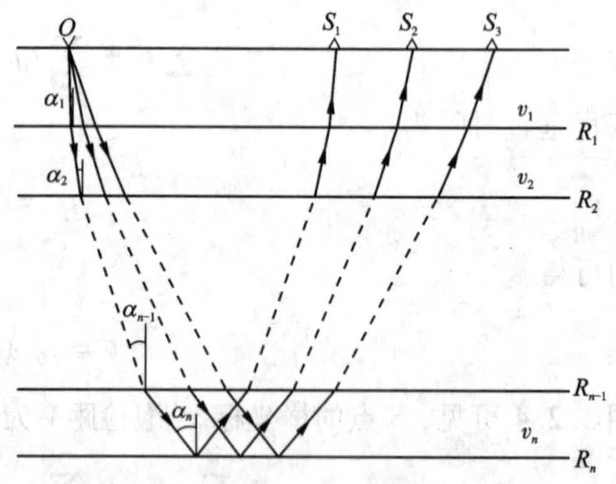

图 3.2.5 水平层状介质模型与射线路径

2. 射线速度和平均速度

事实上，在 n 层水平多层介质模型中(如图 3.2.5)，每一条射线的传播速度是不一致的，我们定义波沿射线传播的速度为射线速度 v_r。从图 3.2.5 很容易得出射线速度值应为

$$v_r = \frac{\dfrac{h_1}{\cos\alpha_1} + \dfrac{h_2}{\cos\alpha_2} + \cdots + \dfrac{h_n}{\cos\alpha_n}}{\dfrac{h_1/\cos\alpha_1}{v_1} + \dfrac{h_2/\cos\alpha_2}{v_2} + \cdots + \dfrac{h_n/\cos\alpha_n}{v_n}} \tag{3.2.29}$$

当波沿界面法向入射时，$\alpha_1 = \alpha_2 = \cdots = \alpha_n = 0$，式(3.2.29)中射线速度 v_r 值变成

$$\bar{v} = \frac{h_1 + h_2 + \cdots + h_n}{\dfrac{h_1}{v_1} + \dfrac{h_2}{v_2} + \cdots + \dfrac{h_n}{v_n}} = \frac{\sum_{i=1}^{n} h_i}{\sum_{i=1}^{n} t_i} \tag{3.2.30}$$

本书定义在这种特殊情况下的射线速度为平均速度，并用符号$\bar{v}$表示，也就是说，平均速度就是地震波垂直穿过地层的总厚度与单程传播所需的总时间之比。

由以上讨论可知，射线速度主要与射线的出射角有关，不同的炮检距有不同的出射角，也就有不同的射线路径。射线速度比较真实地反映了波在层状介质中传播的规律，是波传播的真实速度(真速度)，理论上是准确的，但由于波传播时 α 角很难确定。因此，目前在地震勘探工作中还不能直接求得射线速度，但可以用地震资料中提供的层厚和层速的资料，假定不同的 α 角，计算射线速度的理论值。在分析均方根速度、平均速度的精确度时，射线速度可用来作为一个比较的标准。

3. 平均速度、均方根速度、射线速度三者的关系

图3.2.6定性地显示了层状介质中$\bar{v}$、v_σ 和 v_r 与炮检距 x 的关系曲线。从图中可看出射线速度 v_r 随炮检距 x 的变化情况：当 $x=0$时，$v_r=\bar{v}$，而 $v_r<v_\sigma$，可见此时平均速度为精确速度；随着 x 的增加，v_r 将大于$\bar{v}$，而趋近 v_σ，当 x 为某一个值时(此处在 $x=100$ m 附近)，$v_r=v_\sigma$，此时，均方根速度成了较准确的速度；x 值再增加，v_r 随之增大，并趋近于介质中速度的最高层速度，而这时均方根速度的误差也随之增大。

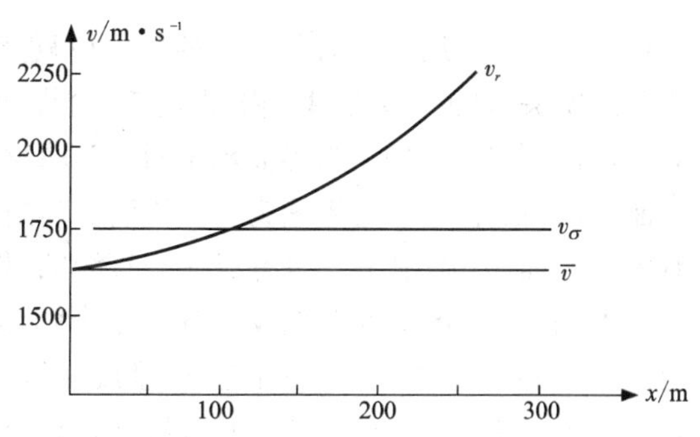

图3.2.6 $\bar{v}$、v_σ、v_r 与 x 的关系曲线

综上所述，均方根速度 v_σ 介于平均速度$\bar{v}$和最高层速度 v_i 之间。用均方根速度作为等效层速度时，当炮检距较大时，误差较大；当炮检距较小时，误差较小；而当处于一个最佳接收地段(最佳窗口)时，误差最小。事实上，当炮检距 x 小于界面埋深 h 的0.5倍时，用均方根速度引起的误差很小，算出的二次双曲线同实际高次曲线比较接近。

四、复杂情况下的反射波时距曲线

1. 倾斜层状介质

实际地层并非都是水平层状介质，几套地层之间往往存在角度不整合，因此有必要讨论倾斜层状介质的复杂情况。对于任意倾斜的多层介质地层，要严格推导其时距关系是困难的。我们仅利用前面讨论的一个倾斜层的时距曲线理论以及假想均匀层和虚震源的概念简要

地勾绘出它们的反射波时距曲线形状。图 3.2.7 为具有相同倾角的多层介质情况及其时距曲线簇，图 3.2.8 为倾角不相同的多层介质情况及其时距曲线簇。

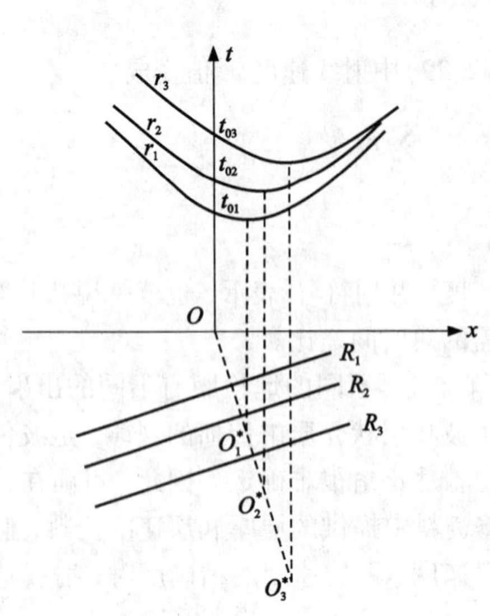

图 3.2.7　倾角相同多层介质的反射波时距曲线

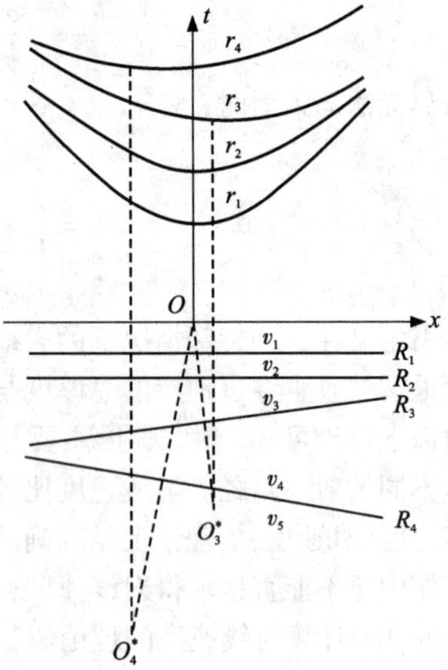

图 3.2.8　倾角不同多层介质的反射波时距曲线

2. 弯曲界面

当界面弯曲时，反射波时距曲线的形状更复杂。图 3.2.9 给出了反射波时距曲线与反射界面曲率之间关系的一般规律。由图可知，当界面凸起弯曲时，界面曲率为正，相应的时距曲线向上弯曲（如图中 1）；当界面水平时，其曲率半径为无穷大，相应的时距曲线为向上弯曲的双曲线（如图中 2）；当界面为凹界面时，其曲率半径为负值，相应的时距曲线变化很大，其中有向上弯曲的（图中 3），也有成一条直线的（图中 4），还有向下弯曲（图中 5），甚至还有蜕化成一点的（图中 6），此时的反射界面是个圆形且震源在圆心。

当凹界面的曲率半径 ρ 小于它的埋藏深度 h 时，即 $\rho<h$ 时，会产生一种特别的波动，称为回转波。如图 3.2.10 所示，假设 AB 和 DE 段为平界面，BCD 段为凹界面。当在 O 点激发时，时距曲线上的 $A'B'$ 和 $D'E'$ 分别为平界面段 AB 和 DE 的反射波；在凹界面 BCD 上，当地下反射点从左向右由 B 点到 D 点时，时距曲线上的反射波从右向左由 B' 移到 D'，出现了界面上反射点的移动与时距曲线上波的移动方向相反的情况，称为回转波。

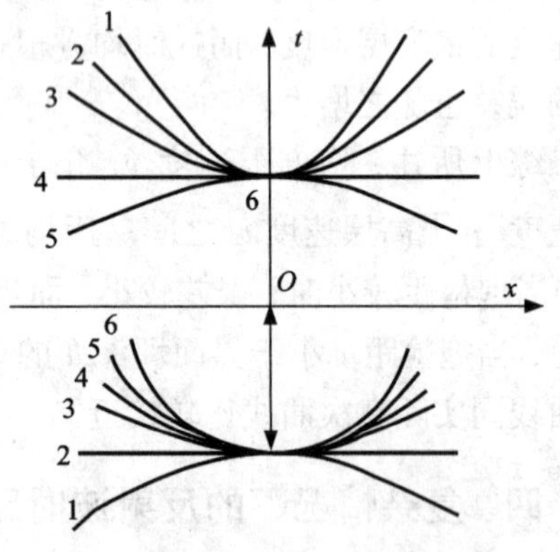

图 3.2.9　弯曲界面的反射波时距曲线

3. 断层

设断层两侧的界面是水平的，震源 O 在下降盘的一侧，如图 3.2.11 所示。作下降盘界面的虚震源 O_1^*，因界面在 A 点错开，所以下降盘的反射波只能在 S_1 的左方接收到。同样，可作上升盘界面的虚震源 O_2^*，显然在 S_2 点左边无上盘的反射波。在地震记录上可以看到，反射波同相轴在 S_1 和 S_2 两点之间中断，出现反射空白带(所谓反射空白带，实际上往往是存在绕射、散射等各种特殊波的复杂带)，并且其同相轴错开一段时差 Δt。

$$\Delta t = \frac{O_1^* S_1 - O_2^* S_2}{v_1} \tag{3.2.31}$$

显然，时差 Δt 的大小与断距 Δh 有关。

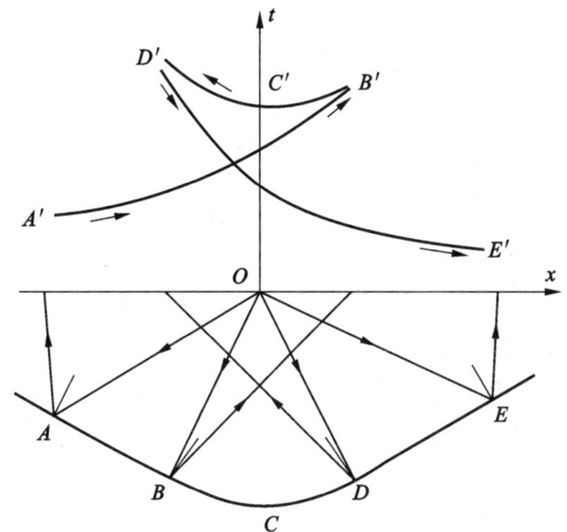

图 3.2.10 回转波时距曲线

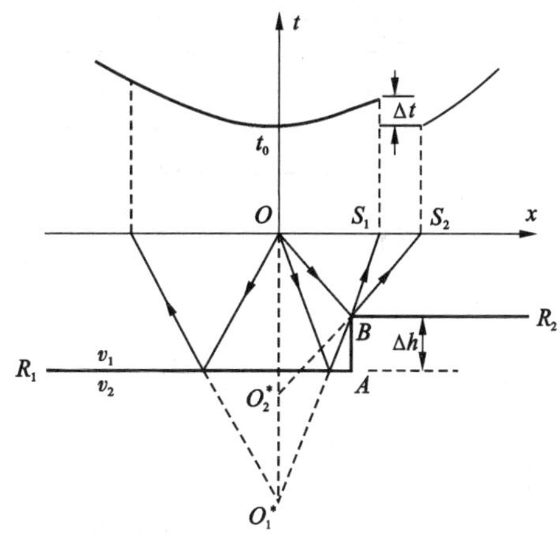

图 3.2.11 断层情况下的反射波时距曲线

第三节 连续介质中的地震波

在沉积岩地区，地震波传播速度的分布规律具有成层性，因此可以把地层近似看作是层状介质。但是通过地震勘探的大量生产实践发现，在不少地区，特别是沉积旋回比较明显的地区，地下介质往往是由许多薄层组成的，层与层之间波速变化不大，能近似地认为波速是空间坐标的连续函数。此时的水平层状介质就过渡为连续介质了。此外，在工程地震勘探中，近地表的覆盖层和风化层其实也更多地表现为连续介质的情形。因此，本节有必要专门针对连续介质中的地震波的传播规律进行讨论。

一、连续介质中波的曲射线方程

1. 曲射线及参数方程

在连续介质中，由于波速是空间的连续函数。因此，可以把这种连续介质看成是无限个厚度为 Δz 的薄层所组成，如图 3.3.1(a)所示，而每层的波速是逐渐递增的，构成一个递增的波速序列 $v_0, v_1, v_2, \cdots, v_n$，且波的入射角 α_i 也随深度而变化。如果将层数无限地增加，而厚度无限地减小，则这种层状介质就可以近似地看成连续介质，波射线的轨迹也由折射线越来越近似圆滑的曲射线了。

为了研究方便，可取曲射线中任意一段很小的单元，把它近似为直线，如图3.3.1(b)所示，这种情况与层状介质相比，相当于把层厚 Δz 用 $\mathrm{d}z$ 来表示，把折射段 lz 用 $\mathrm{d}s$ 来表示，把炮检距 x 用 $\mathrm{d}x$ 来表示。这时可把连续介质中的参数方程写成积分的形式

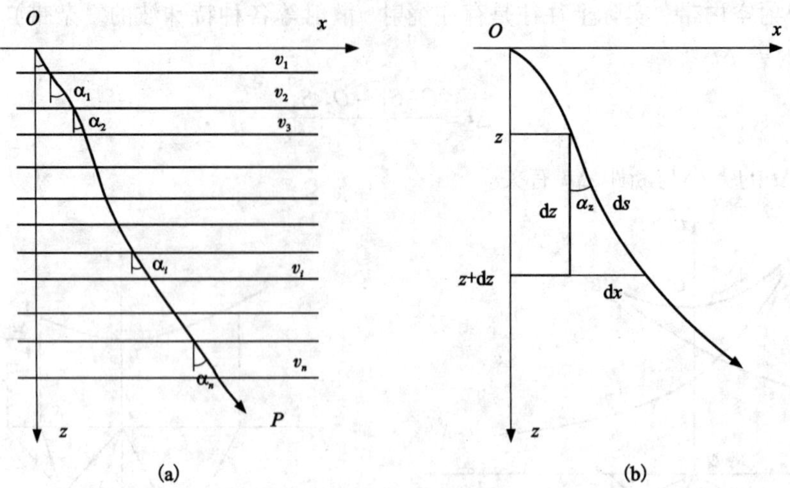

图 3.3.1 连续介质中的射线

(a)连续介质的近似表示；(b)射线方程的推导

$$\left.\begin{aligned} x &= \int_0^z \tan\alpha_z \mathrm{d}z = \int_0^z \frac{pv_{(z)}}{\sqrt{1-p^2v_{(z)}^2}}\mathrm{d}z \\ t &= \int_0^z \frac{1}{v_{(z)}\cos\alpha_z}\mathrm{d}z = \int_0^z \frac{1}{v_{(z)}\sqrt{1-p^2v_{(z)}^2}}\mathrm{d}z \end{aligned}\right\} \tag{3.3.1}$$

从第二章的讨论中知道，连续介质中速度随深度线性变化是最简单的变化关系，将变化关系式 $v(z) = v_0(1+\beta z)$ 代入上式得

$$\left.\begin{aligned} x &= \int_0^z \frac{pv_0(1+\beta z)}{\sqrt{1-p^2v_0^2(1+\beta z)^2}}\mathrm{d}z \\ t &= \int_0^z \frac{1}{v_0(1+\beta z)\sqrt{1-p^2v_0^2(1+\beta z)^2}}\mathrm{d}z \end{aligned}\right\} \tag{3.3.2}$$

在地震勘探中有实用意义的是根据上述参数方程组讨论地震波在线性连续介质中传播的射线(或波前)的数学表达式及几何形状，这对地震资料的解释很有帮助。

2. 射线方程及几何形状

对式(3.3.2)中的第一式进行积分运算得

$$\begin{aligned} x &= \frac{1}{p\beta v_0}\int_0^z \frac{pv_0(1+\beta z)\mathrm{d}[pv_0(1+\beta z)]}{\sqrt{1-p^2v_0^2(1+\beta z)^2}} \\ &= \frac{1}{p\beta v_0}\left[\sqrt{1-p^2v_0^2} - \sqrt{1-p^2v_0^2(1+\beta z)^2}\right] \end{aligned} \tag{3.3.3}$$

上式就是连续介质中地震波射线方程。为了能清楚地看出它的几何形状，进行适当的变换，使它变成标准形式的曲线方程，式中 pv_0 用 $\sin\alpha_0$ 取代，变换后的结果为

$$\left(x-\frac{1}{\beta\tan\alpha_0}\right)^2 + \left[z-\left(-\frac{1}{\beta}\right)\right]^2 = \left(\frac{1}{\beta\sin\alpha_0}\right)^2 \tag{3.3.4}$$

显然，这是一个圆的方程式，其圆心坐标为

$$\left.\begin{aligned} x &= \frac{1}{\beta\tan\alpha_0} \\ z &= -\frac{1}{\beta} \end{aligned}\right\} \tag{3.3.5}$$

半径为

$$R = \frac{1}{\beta\sin\alpha_0} \tag{3.3.6}$$

式(3.3.4)说明，在线性连续介质中地震波的射线轨迹是由激发点出发的一簇圆弧曲线。实际上，为了能在$x-z$坐标中画出射线，可在x轴的负方向作一条与x轴平行，并相距为$1/\beta$的直线，在直线上取任一点x_1为圆心，以$x_1O=r_1$为半径作一圆弧，就得到一条射线。用同样的方法，以x_2、x_3…为圆心，可以作出一系列圆弧状的射线，见图3.3.2。

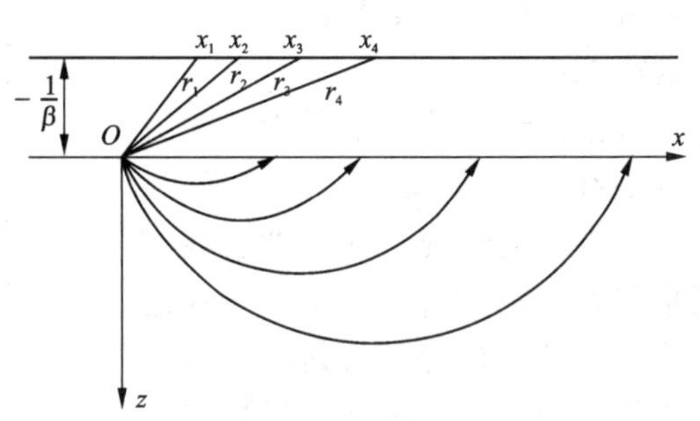

图3.3.2　线性连续介质中波

二、连续介质中的"直达波"(回折波)

以上讨论可知，线性连续介质中的波射线为圆弧。如果在地面上观测，可接收到与均匀介质中直达波相似的另外一种波：波自震源出发，在介质中沿曲射线传播、没有遇到界面就直接观测到的波。这种波也是一种直达波，但它区别于均匀介质中沿地表直线传播的直达波，通常称其为回折波。

由式(3.3.2)可导出，回折波时距方程为

$$t = \frac{1}{\beta v_0}\mathrm{arch}\left[\frac{\beta^2(x^2+z^2)}{2(1+\beta z)}+1\right] \tag{3.3.7}$$

由于在地面上观测，$z=0$，式 (3.3.7)变为

$$t = \frac{1}{\beta v_0}\mathrm{arcch}\left(\frac{\beta^2 x^2}{2}+1\right) \tag{3.3.8}$$

这是一条反双曲余弦函数的曲线，因此说明在速度随深度呈线性变化的连续介质中，回折波的时距曲线是一条曲线，而不是一条直线，如图3.3.3所示。

从图中可以看出，对于线性连续介质，即使下面没有岩性分界面，也可以得到一条"类似"两层介质的折射波时距曲线。如果我们对连续介质中波的特点认识不足，把它作为两层时距曲线来解释，则会得出错误结果。事实上，在工程地震勘探中，由于表层大多为近似线性变化的覆盖层或风化层，直达波时距曲线多为回折波曲线，这一点在进行资料处理时应特别注意。

三、连续介质中的反射波和折射波

如图3.3.3所示，深度$z=H$处存在一个速度突变的界面R，上覆介质为速度随深度变化的线性连续介质，下部为速度v_2的均匀介质，并且$v_2>v(z)$，则深度H处的界面R既为反射界面又为折射界面。这时在时距曲线图上可以见到反映覆盖层的回折波时距曲线和反映v_2介质界面的反射波及折射波时距曲线。

由图3.3.3可见，由于有界面R的存在，产生回折波的最大回折深度为$z=H$。当$z>H$时回折波在尚未回折前即遇界面R而产生反射，因此，$z>H$的那条回折射线在地面的出射点A限制了回折波和反射波的可接收范围，显然只有在OA段才能观测到这两种波。

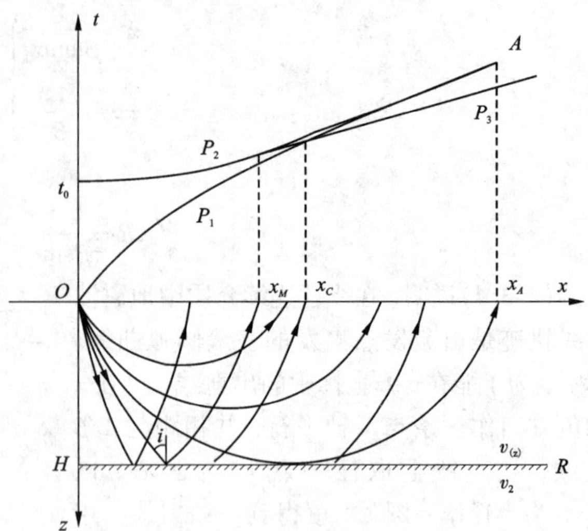

图3.3.3　连续介质中的回折波、折射波及反射波时距曲线

P_1—回折波；P_2—反射波；P_3—折射波

线性连续介质水平界面反射波时距曲线可以从式（3.3.7）导出。鉴于水平界面情况下入射波射线和反射波射线的对称性，反射波在地面出射点的横坐标是入射波到达反射界面的那一点的横坐标的两倍，而反射波的旅行时亦是入射波到达反射界面旅行时的两倍。因此，把（3.3.7）式中的x改成$x/2$，t改成$t/2$，并令$z=H$，便可得到反射波的时距曲线方程为

$$t=\frac{2}{\beta v_0}\operatorname{arcosh}\left[\frac{\beta^2\left(\frac{x^2}{4}+H^2\right)}{2(1+\beta H)}+1\right] \tag{3.3.9}$$

可以看出，以上曲线方程不是双曲线方程。但当x较小时，它可近似地看成一条对称于时间轴的双曲线。在A点处反射波时距曲线与回折波时距曲线相切，这是因为$z=H$的射线既是反射波的射线也是回折波的射线。由于该射线到达深度为H的界面时，入射角$\alpha=90°$，于是只要让

$$p=\frac{\sin\alpha}{v(z)}=\frac{1}{v_0(1+\beta z)},\qquad z=H$$

代入式(3.3.3)中就可求得地下回折点的横坐标。考虑到A点横坐标是地下回折点的横坐标的两倍，即可求得A点的横坐标为

$$x_A=\frac{2}{\beta}\sqrt{(1+\beta H)^2-1} \tag{3.3.10}$$

此外，由于$v_2>v(z)$，界面R也为折射界面，在临界角入射以后，界面R上会产生滑行波，因此，在盲区x_M以外还可以观测到折射波。这种情况下的折射波时距方程相对比较复杂，此处不再深入进行讨论。

第四节　特殊波时距曲线

地震勘探中的所谓特殊波，种类繁多，例如：因断层面两侧介质的岩性、波阻抗不同而产生的断层反射波，断层面切割反射界面时在界面接触处发生的绕射波，强反射界面之间的多次反射波，凹形界面的回转波以及连续介质中的回折波等等。研究这些特殊波的时距关系对于识别干扰、提高信噪比等有很大的实际意义。由于断层反射波及回转波、回折波在前一

节中已作介绍，本节着重讨论其他两种特殊波的时距曲线特征。

一、全程多次反射波的时距曲线

前面讨论的都是一次反射波，它们是反射波法勘探的有效波。当地下存在强波阻抗界面（如低速带底界面、不整合面和基岩面等）时，往往会产生多次反射，形成多次反射波，且多次反射波与一次反射波并存，形成一次反射波的假象或相互干涉，它是地震勘探中的一种干扰波。多次反射波分为全程多次波和短程多次波等，其中全程多次波规律性强，容易识别，并且具有代表性。为了讨论问题的方便，以下讨论一个倾斜平界面二次全程反射的情况。

假设地下有一倾斜的平界面 R，倾角为 φ，界面以上介质的波速为 v，激发点 O 至界面的法线深度为 h，如图 3.4.1 所示。从 O 点激发的地震波，经过二次全程反射，按 $OABCS$ 的路径到达炮检距为 x 的 S 点。由图可见，将 AB 与 BC 以界面 R 为对称界面翻转 180°，得到与 B 点对称的 B' 点。显然，路径 $OAB'CS$ 与波实际的传播路线完全一致，且 OAB' 和 $B'CS$ 为两条直线。连接 PB' 作为假想的反射界面 R'，则 R' 界面的倾角应为 R 界面倾角的两倍，设它的法线深度为 h'，这时 R 界面上的二次反射波相当于倾角为 2φ 的假想界面上的一次反射波，它的时距方程可写成

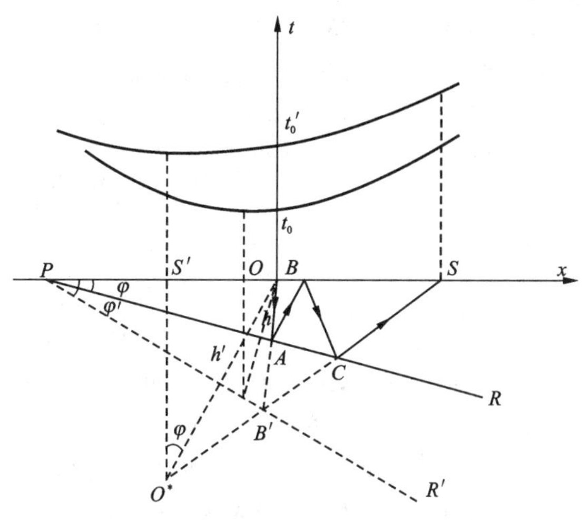

图 3.4.1　二次反射波时距曲线

$$t^{(2)} = \frac{1}{v}\sqrt{x^2 + 4h'^2 + 4h'x\sin2\varphi} \tag{3.4.1}$$

式中 h' 可由下式得出

$$OP = \frac{h}{\sin\varphi} = \frac{h'}{\sin2\varphi}$$

故有

$$h' = h\frac{\sin2\varphi}{\sin\varphi} \tag{3.4.2}$$

把式(3.4.2)代入式(3.4.1)，得到二次波时距方程

$$t^{(2)} = \frac{1}{v}\sqrt{x^2 + 4\frac{\sin^2(2\varphi)}{\sin^2\varphi}h^2 + 4\frac{\sin^2(2\varphi)}{\sin\varphi}hx} \tag{3.4.3}$$

推广到 n 次全程多次波，时距方程可写为

$$t^{(n)} = \frac{1}{v}\sqrt{x^2 + 4\frac{\sin^2(n\varphi)}{\sin^2\varphi}h^2 + 4\frac{\sin^2(n\varphi)}{\sin\varphi}hx} \tag{3.4.4}$$

显然，多次波的时距曲线仍为双曲线。分析上面的时距方程和时距曲线，可得出全程多次波与一次波的两个重要关系。

1. 多次波与一次波的 t_0 时间成倍数关系

多次波的 $t_0^{(2)}$ 时间为

$$t_0^{(2)} = \frac{2h'}{v} = \frac{2h\sin 2\varphi}{v\sin\varphi} = t_0\frac{\sin 2\varphi}{\sin\varphi} = 2t_0\cos\varphi \tag{3.4.5}$$

当界面倾角很小时，$\cos\varphi \approx 1$，则 $t_0^{(2)} = 2t_0$，也就是说二次波的 $t_0^{(2)}$ 时间相当于一次波 t_0 时间的两倍。

实际上，对 n 次反射，就有 $t_0^{(n)} = nt_0$。

2. 时距曲线极小点位置不同

一次波与二次波极小点的位置分别为

$$\left.\begin{aligned} x_m &= 2h\sin\varphi \\ x_m^{(2)} &= \frac{\sin^2(2\varphi)}{\sin^2\varphi}x_m = 2h\frac{\sin^2(2\varphi)}{\sin\varphi} \end{aligned}\right\} \tag{3.4.6}$$

从上式可得

$$x_m^{(2)} = \frac{\sin^2(2\varphi)}{\sin^2\varphi}x_m = 4x_m\cos^2\varphi \tag{3.4.7}$$

当界面倾角很小时，$\cos^2\varphi \approx 1$，因此，$x_m^{(2)} = 4x_m$。这就是说二次波极小点的横坐标近似等于一次波极小点横坐标的4倍。同样，对 n 次全程多次反射，有 $x_m^{(n)} = 2nx_m$。

从上面所讨论时距曲线的特点可知，多次全程反射波的 t_0 时间和极小点横坐标与一次波的 t_0 时间和极小点横坐标成倍数关系是用来识别全程多次波的重要标志。

由于一次反射波随 t_0 增加(或随深度增加)其速度值增大，在相同 t_0 情况下，多次波显然是比一次波深度浅得多的界面上的反射，因此速度值比一次波小得多，故多次波的正常时差比一次波的正常时差大，也就是说，多次波双曲线比一次波陡，这一结论是以后要讨论的共深度点叠加技术中压制多次波的基础。

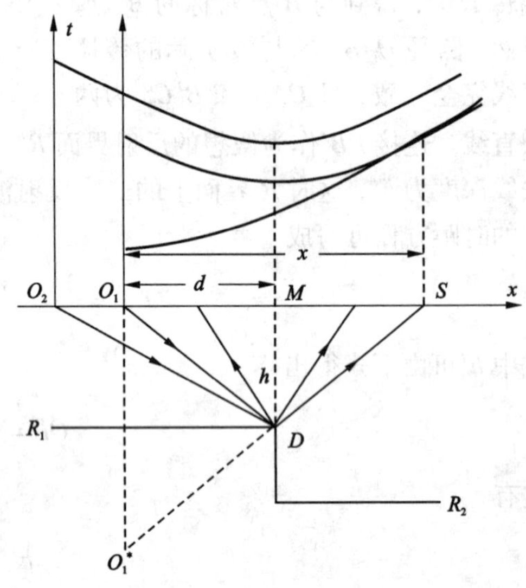

图 3.4.2 绕射波时距曲线

二、绕射波时距曲线

从第一章的讨论中可知，地震波在地下岩层中传播，当遇到断层棱角点、地层尖灭点以及不整合接触面上的起伏点等物性突变点时，将以这些“突变点”作为新的点震源产生一种新的波动，并向周围介质传播，形成绕射波。现以一个断棱的绕射为例，分析绕射波的时距关系及时距曲线的特征。

如图 3.4.2 所示，设绕射点源 D 的埋藏深度为 h，在地面测线上的投影点为 M，震源 O_1 到 M 点的距离为 d，到任意接收点 S 的距离为 x，则在 O_1 点激发，D 点产生的绕射波旅行时间的表达式为

$$t_D = \frac{O_1D + DS}{v} = \frac{1}{v}\left[\sqrt{h^2 + d^2} + \sqrt{h^2 + (x-d)^2} \right] \tag{3.4.8}$$

由上式可知，方程式中第一个根式为常数，第二根式是 x 的函数，它的形式与水平界面时反射波的时距方程相类似，时距曲线也为双曲线，它有如下特点：

1. 极小点的位置

极小点在绕射点的正上方，它的坐标为

$$\left.\begin{aligned} x_M &= d \\ t_M &= \frac{1}{v}\left(\sqrt{h^2 + d^2} + h \right) \end{aligned}\right\} \tag{3.4.9}$$

当激发点的位置沿测线移动时，只改变 d 值，而绕射波时距曲线的形状和极小点的位置不变。因此，在测线上不同点激发时，所得的时距曲线互相平行。据极小点的位置可确定断点的位置，这是绕射波在地震资料解释中的重要作用之一。

2. 绕射波和反射波的关系

为了便于比较，我们把反射波和绕射波的时距方程写在一起

$$\left.\begin{aligned} t_{反} &= \frac{1}{v}\sqrt{4h^2 + x^2} \\ t_{绕} &= \frac{1}{v}\left(\sqrt{h^2 + d^2} + \sqrt{h^2 + (x-d)^2} \right) \end{aligned}\right\} \tag{3.4.10}$$

式中，当 $x = 2d$ 时

$$t_{反} = t_{绕} = \frac{2}{v}\sqrt{h^2 + d^2} \tag{3.4.11}$$

其斜率为

$$\frac{\mathrm{d}t_{反}}{\mathrm{d}x} = \frac{\mathrm{d}t_{绕}}{\mathrm{d}x} = \frac{d}{v\sqrt{d^2 + h^2}} \tag{3.4.12}$$

式(3.4.11)和式(3.4.12)表示，当 $x = 2d$ 时，绕射波和反射波有相同的传播路径，两波时距曲线相切，在切点处两波斜率相同。

式(3.4.10)中，当 $x \neq 2d$ 时，$t_{绕} > t_{反}$。这就是说，除切点外，绕射波的传播时间总是大于反射波的传播时间，这表明绕射波时距曲线总在反射波时距曲线的上方，如图3.4.2所示。

第五节　$\tau - p$ 域内各种波的运动学特点

前面我们所讨论的各种波的时距关系都是在时空域($t - x$ 域)内进行的。在 $t - x$ 域内，各种波的时距曲线(直线和双曲线)同时出现在一个平面内，它们之间相互重叠、交叉干涉，这给单独利用各种波的特点进行资料解释造成困难。如图3.5.1所示，在 $t - x$ 坐标内有反射波、折射波、直达波和面波。假如要压制面波干扰，通常的做法是切除或者滤波，当这样做的时候，势必会损害部分反射波。于是有人设想，是否可以根据这些波 t_0 时间和斜率 p 的不同，把它们分离开来。回答是肯定的：在 $t - x$ 域内各种波的交叉干涉，到了 $\tau - p$ 域内各自分离，波的相互关系变得十分简明。

由 $t - x$ 域变换到 $\tau - p$ 域，从数学上来说相当于做了一次坐标变换，变换关系式为

$$t = \tau + px$$

或

$$\tau = t - px \qquad (3.5.1)$$

对水平层反射波来说，它的时距曲线方程为

$$t = \frac{1}{v}\sqrt{x^2 + 4h^2} \qquad (3.5.2)$$

则

$$p = \frac{\mathrm{d}t}{\mathrm{d}x} = \frac{x}{v\sqrt{x^2 + 4h^2}} \qquad (3.5.3)$$

所以

$$x = \frac{2hpv}{\sqrt{1 - p^2v^2}} \qquad (3.5.4)$$

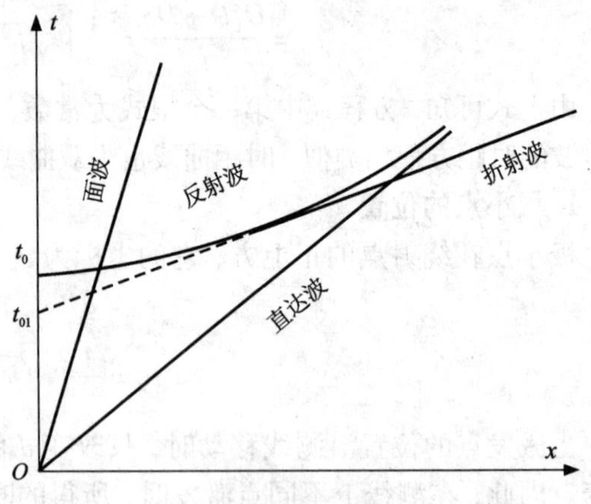

图 3.5.1　$t-x$ 域内各种波的时距曲线

将式(3.5.2)和式(3.5.4)代入式(3.5.1)可得

$$\tau = t - px = \frac{1}{v}\sqrt{x^2 + 4h^2} - p\frac{2hpv}{\sqrt{1 - p^2v^2}} \qquad (3.5.5)$$

再将式(3.5.4)代入式(3.5.5)，经化简后得

$$\tau^2 = t_0^2(1 - p^2v^2) \qquad (3.5.6)$$

把上式变为标准的二次曲线方程，得

$$\frac{\tau^2}{t_0^2} + \frac{p^2}{(1/v)^2} = 1 \qquad (3.5.7)$$

可见，在 $t-x$ 域内为双曲线的反射波，到 $\tau-p$ 域内变为椭圆，其长半轴为 $1/v$，短半轴为 t_0，如图 3.5.2所示。

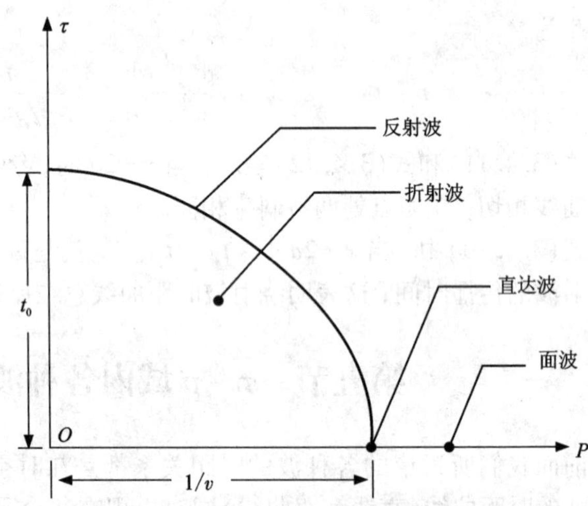

图 3.5.2　$\tau-p$ 域内各种波的分布

对在 $t-x$ 域内为直线型的直达波、面波和折射波来说，由于 p 值为一定值，因此它们在 $\tau-p$ 域内均变为一个“点”。直达波和面波均自震源出发，它们在 t 轴上的截距为零，即 $\tau=0$，因此它们都在 $\tau=0$ 的 p 轴上。因为直达波是反射波的渐近线，在无限远处同反射波相切，在切点处两波具有相同的斜率 p 值，所以直达波同反射波在 p 轴上共点，而面波因斜率大于直达波，故 p 值大，它的“点”位于椭圆之外。由于折射波的斜率较小(小于直达波和面波)，而截距时间小于反射波的 t_0 时间，在反射波与折射波相切处具有相同的 p 值，故折射波的“点”位于椭圆上。

可见，在 $t-x$ 域内相互干涉的时距曲线，变换至 $\tau-p$ 域后都相互各自分离，这给我们有效地利用和压制各种类型的波创造了条件。例如要消除面波，则可在 $\tau-p$ 域内消去反映面波的那个点，再经过反变换后便可在 $t-x$ 域内克服面波。

值得指出的是，对于多层介质，或者第一层的厚度小于面波的波长时，面波会产生频散（关于面波的频散特性在第八章的瑞雷面波勘探一节中还将详细讨论），其速度 v_R 不再为一常数，在这种情况下变换到 $\tau-p$ 域中的面波就不再是一个点，而是在 p 轴上椭圆之外的一个区域。

习题三

1. 名词解释：

（1）初至波；（2）临界距离；（3）截距时间；（4）回声时间；（5）连续介质；（6）多次反射；（7）回折波；（8）绕射波。

2. 什么叫 t_0 时间？什么叫正常时差？影响正常时差的因素有哪些？

3. 倾斜界面的折射波时距曲线和反射波时距曲线各有什么特点？

4. 折射波勘探中何谓隐伏层？简述产生隐伏层的原因。

5. 绕射波和反射波的时距曲线有何异同点？如何区别它们？

6. 在 $\tau-p$ 域内各种波有什么特点？

7. 推导水平界面和倾斜界面共炮点反射波时距曲线方程，并画出射线路径和时距曲线，说明时距曲线的特点。

8. 判断下列说法是否正确，并说明理由。

（1）上覆非均匀介质，单一平界面，纵直测线观测的反射波时距曲线是一条光滑的双曲线。

（2）反射波时距曲线的正常时差只随炮检距的变化而变化。

（3）只有测线方向与地层走向垂直时，射线平面与铅垂面重合。

（4）对折射波来说，只要有高速层存在，就产生屏蔽现象。

（5）近炮点观测的水平层状介质的反射波时距曲线是一条近似双曲线。

9. 什么叫射线速度、平均速度、均方根速度？其物理含义有什么不同？相互有什么关系？

10. 假设水平三层介质的地层参数为 $v_1=500$ m/s，$v_2=1\ 200$ m/s，$v_3=3\ 600$ m/s，$h_1=20$ m，$h_2=10$ m。请在同一直角坐标系中分别绘出直达波、折射波与反射波的时距曲线。

11. 具有相同 t_0 时间的多次反射波时距曲线与一次反射波时距曲线有何异同之处？

12. 用视速度定理讨论反射波时距曲线的弯曲情况（分两种情况，即单个水平界面和两层水平界面）。

13. 反射波时距曲线为什么是双曲线而折射波却是直线？请用视速度定理进行说明。

14. 已知以下地质模型，作出反射波和折射波的时距曲线。

15. 已知以下地质模型，作出直达波、反射波、折射波和绕射波时距曲线。

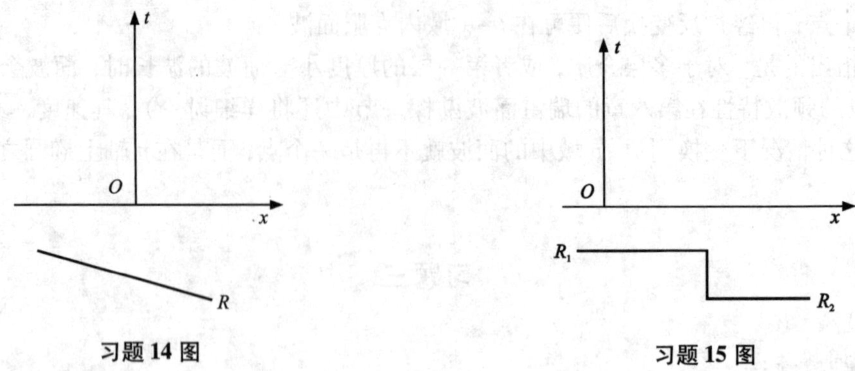

习题 14 图　　　　习题 15 图

16. 计算以下正常时差和倾角时差。

(1) 有一水平界面，界面以上覆盖均匀介质，速度 $v=2\ 500$ m/s，界面埋深 $h=1\ 250$ m，试计算 $x=0$ m, 200 m, …, 500 m 的反射波旅行时 $t(t=\frac{1}{v}\sqrt{x^2+4h^2})$，并计算各 x 的正常时差 $\Delta t_n=t-t_0$，再用近似公式计算 $\Delta t_n\approx\frac{x^2}{2t_0v^2}$计算比较两组 Δt_n，并画出时距曲线图。

(2) 如果为倾斜界面，界面倾角为 $\varphi=10°$，激发点 O 处界面的法线深度 $h_0=1\ 250$ m，均匀覆盖介质速度 $v=2\ 500$ m/s，计算 x 分别为 0 m，±200 m，…… ±500 m 的反射波旅行时 $t(t=\frac{1}{v}\sqrt{x^2+4h_0x\sin\varphi+4h_0^2})$，画出反射波时距曲线。并用倾角时差公式 $\Delta t_d\approx\frac{2x\sin\varphi}{v}$计算倾角时差。

17. 有一组四层水平介质，各层的速度和厚度如图所示，试计算 R_3 界面以上盖层的平均速度$\bar{v}$、均方根速度 v_σ 以及入射角 $\alpha=0°$、10°、20°时的射线平均速度。

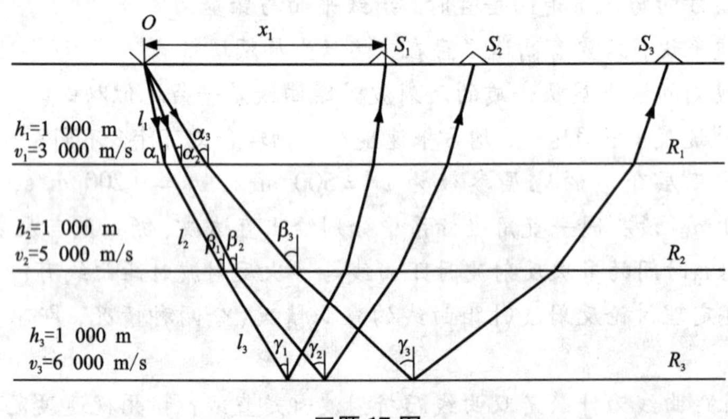

习题 17 图

第四章　地震资料的野外采集

野外工作是整个地震勘探中重要的基础性工作，它的基本任务是进行地震数据的采集。原始地震数据采集质量的好坏决定了室内数据处理和资料解释成果的质量，它除了与测区的地震地质条件有关外，还与所采用的野外工作方法技术和地震仪器设备有关。

野外工作主要包括地震测线的布置，观测系统的设计，激发、接收条件的选择，各种方法技术的使用，等等。野外工作方法技术中有两个理论性较强的内容——组合法和多次覆盖法将在第五章抗干扰技术中详细讨论。测网的地形测量工作，虽然也属于地震外业工作的一部分，但它与地形测量方法相同，故本书不予介绍。

第一节　地震勘探野外采集系统

地震勘探野外采集系统——地震勘探仪器是接收记录地震波必不可少的工具，它是一种集精密传感器技术、近代电子技术、计算机技术为一体的组合装置。地震勘探技术的发展是和地震勘探仪器的不断完善和发展紧密联系在一起的。地震仪的性能，直接影响到地震记录的质量。本节主要介绍数字地震勘探仪器的工作原理、组成、特点以及地震数据的记录格式等。

一、几个基本概念

地震仪常用的技术指标有仪器的道数、增益、动态范围、采样率、截止频率、频带宽度及A/D位数等，为了方便后面的讨论，有必要对电子技术及野外数据采集过程中的一些基本概念进行介绍。

1. 增益

增益即地震仪器的放大倍数，它是指输出信号振幅 A_2 与输入信号振幅 A_1 的比值，常用 K 表示，它没有单位。

$$K = \frac{A_2}{A_1}$$

把输出与输入相除的形式表示成对数相减的形式，则用分贝(dB)表示其值大小。对于上述比值 K 用分贝表示时，则定义为

$$K(\mathrm{dB}) = 20\lg K = 20\lg \frac{A_2}{A_1} \qquad (4.1.1)$$

结合上式可知，100 dB 的意思是指：若有 5 μV 的输入振幅，则输出端可得到 0.5 V(即 0.5×10^6 μV)的输出。

在主放大器中主要有两种增益形式：一种是固定增益，其增益值不能随信号的强弱自动跟踪变化，只能手动设置；另一种是瞬时浮点自动增益，它克服了固定增益的弱点，对强弱信号自动给予最佳的增益进行放大。

2. A/D 转换器

它是一个将来自放大系统的模拟信号转换成数字信号的装置。其输出为一系列用二进制表示的采样值(振幅值),且所容纳振幅值的大小由转换器提供的二进位数决定。显然,位数越多,所能容纳的振幅值就越大。

3. 动态范围

动态范围是指仪器最大允许输入信号的振幅(即在无畸变或容许畸变范围内的信号极大值)与仪器的固有噪声折合到输入端的等效输入噪声振幅的比值。它表征了所能容纳信号幅值的最小至最大的范围,其大小主要由主放增益和 A/D 转换器的位数决定。显然,该值越大,信号保真度越好。动态范围一般用分贝来表示,其数学表示式为

$$\text{动态范围(dB)} = 20\lg \frac{A}{a} \tag{4.1.2}$$

式中:A 为信号振幅的极大值;a 为系统噪音水平。

4. 假频

由于计算机只能对离散的数据进行运算,因此,对随时间连续变化的地震波形信号必须进行离散取样。离散取样时按一定的时间间隔对地震波形信号顺序取若干瞬时值,瞬时值称为子样,这种离散的过程称为采样或抽样,相邻子样的时间间隔称为采样间隔,用 Δt 表示。Δt 越小,则所得的一组离散值越能代表原波形信号(模拟信号)的形状,Δt 的大小由数字信号处理中的采样定理来确定,即

$$\Delta t \leqslant \frac{T_{\min}}{2} = \frac{1}{2f_{\max}} \tag{4.1.3}$$

式中:$f_{\max}$为信号中的最高频率成分;$T_{\min}$为最小周期。

如图 4.1.1 所示,对一个信号进行采样,采样的时间间隔为 $\Delta t = 4$ ms,那么它的采样频率为 $\Delta f = 250$ Hz。图 4.1.1(a)表示对 25 Hz 的连续信号进行采样,则输出频率亦为 25 Hz;图 4.1.1(b)表示对 100 Hz 的连续信号进行采样,则输出频率亦为 100 Hz;图 4.1.1(c)表示对 125 Hz 的连续信号进行采样,则输出频率亦为 125 Hz。以上采样表明,在对小于或等于 125 Hz 的连续信号进行的采样时,在连续信号的每个周期内都可以取到多于两个的离散值。如果把离散取样值恢复成连续信号,则它的频率与取样前的频率相同。而另外的情况是:图 4.1.1(d)表示对 200Hz 的连续信号进行采样,则输出频率为 50Hz;图 4.1.1(e)表示对 250Hz 的连续信号进行采样,则输出频率为 0Hz。可见对于其频率大于 $\Delta f = 250$Hz 一半的连续信号离散取样后会变成一个新信号,这个新信号的频率正好等于取样频率与原来的信号频率之差。这个新的频率就叫假频。

于是可以给假频下一个这样的定义:某一连续信号,在进行离散采样时,由于采样频率小于信号频率的两倍,于是在连续信号的每一个周期内采样不足两个,信号采样后变成另一种频率的新信号。

但采样间隔也不是越小越好,Δt 过小,会因数据量增大而增加不必要的处理工作量;另一方面,由于一般的地震仪(比如浅层地震仪)受数字电路的数学容量限制,只能处理一定数量的子样(通常为 512 个、1 024 个或 2 048 个),因此过小的采样间隔必然会使记录长度缩短,致使勘探深度变浅。就一般的浅层地震仪来说,Δt 有 0.1、0.25、0.5、1、2 ms 等不同档次,可以根据不同的情况选用。

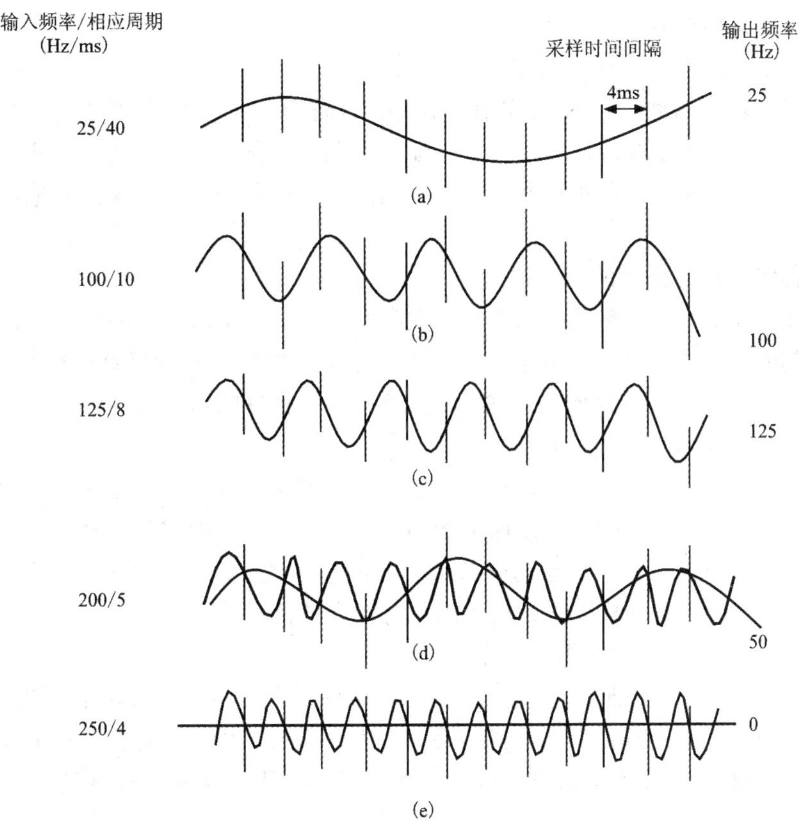

图 4.1.1 假频现象

二、地震勘探对仪器的要求

1. 对仪器的基本要求

根据地震勘探的需要，对所设计和生产的地震仪器应有如下基本要求：

（1）地震仪应具有高放大倍数的性能

地震波通过反射或折射返回地表时，引起地表质点的振动是相当微弱的，仅仅只有几微米，这种信号是很难用一般的仪器记录下来的，必须要有高放大倍数（通常为几十万倍以上）的放大器。

（2）地震仪应具有把能量相差悬殊的浅、中、深层的反射波不失真记录下来的性能

实际资料表明，来自浅层的强反射波和来自深层的弱反射波能量相差最大可达 100 万倍，相当于 120 dB 左右，为了能使强弱信号都能被记录下来，这就要求地震仪器的放大倍数随着信号能量的变化而迅速变化，即具有实现瞬时浮点自动增益功能：当信号强的地震波到来时，仪器的放大倍数小一些；当信号弱的地震波到来时，仪器的放大倍数大一些。

（3）地震仪应具有合适的通频带及频率滤波器

在地震勘探中，浅层和深层反射波频率成分是不相同的，浅层信号有时高端频率可达 300 Hz，而深层反射波有时低端频率可低至 30 Hz 以下。为了同时接收浅、深层反射波，地震仪应具有较宽的频带范围。另外，有效波和干扰波在频谱上常有差别，故仪器要有可选择的

频率滤波器。

2. 对仪器的其他要求

（1）地震仪应具有较高的分辨率

如果要探测较小的地质体和较详细的分层，这就要求地震仪有较高的分辨率，也就是说，当仪器的固有振动延续时间小于相邻界面地震反射波的到达时间差时，两个相邻界面的反射波能够被分辨出来，即要求仪器的固有振动延续时间尽可能小，这样对地震波才有较高的分辨能力。

（2）地震仪应具有良好的道一致性

为了提高工作效率，地震勘探通常是一次激发在百米或千米以上的测线上许多检波点处同时进行观测的，仪器有可能是数十道甚至多达数千道检波器同时接收地震波。因此，要求各记录道对同一组地震波有相同的反映，即仪器应具有良好的道一致性。

（3）地震仪应具有较高的信噪比

如果是工程地震勘探，则一般是在人口居住比较密集、交通运输比较繁忙的地区进行，外界干扰往往较严重，且工程地震勘探由于勘探深度浅，采用的偏移距和排列长度较短，受震源干扰波影响严重。因此，要求地震仪有较高的信噪比，以压制干扰波的影响。对石油、煤田等能源地震勘探，也同样要求地震仪应具有较高的信噪比。

（4）地震仪应具有信号增强的功能

对于工程地震勘探，在某些特殊的工程施工地区，往往不能用炸药震源来激发地震波，而要采用可控震源甚至是锤击等非炸药震源来激发地震波。由于非炸药震源的能量往往达不到足够的强度，这就要求地震仪应具有信号增强功能，用多次激发叠加的方式来增强有效波、压制干扰波。

此外，现代地震采集仪器还应具有轻便、性能稳定、耗电量少、自动化程度高以及资料处理方便迅速等特点。

三、地震仪的主要组成部分

尽管地震仪的种类和型号繁多，其结构和记录方式也各不相同，但主要组成部分是很相似的。一般来说，各种不同的地震仪都包括以下三个主要组成部分：检波器、数据记录系统和震源同步系统。一个检波器、一个放大器（包括滤波器等电路）和一个记录器组合在一起称之为一个地震道。一台地震仪可以有多个地震道同时进行工作，一般说来，工程地震仪的道数为 12 道、24 道，或 48 道；用于煤田及石油勘探的地震仪一般在数百道甚至数千道以上。

1. 地震检波器

地震检波器有时称作探测器或地震接收器，其作用是把地震波到达地表（或水中或井下）接收点处所引起的微弱机械振动转换为电磁振动的一种机电转换装置。为了适应地震勘探的各种要求，检波器的类型和性能是多种多样的。按接收波型的不同，可分为纵波检波器、横波检波器和井中检波器（三分量检波器）；按其使用地区的不同，可分为陆上检波器和水上检波器；按检波器的电压输出与地表质点运动的速度关系，又可分为速度检波器和加速度检波器。下面仅介绍接收纵波的垂直检波器。

（1）动圈式检波器

如图 4.1.2 所示为陆上接收纵波用的一种动圈式（电磁式）速度检波器。它主要由外壳、圆柱形磁铁、环形弹簧片和线圈等组成。磁铁被垂直地固定在外壳中央，它产生一个磁场。线圈绕在圆筒形的线圈架上（惯性体），它通过上下两个弹簧片与外壳作软连接，使它置于磁铁和外壳之间的环形磁通间隙中并能上下移动。当地震波引起地表介质振动时，检波器外壳连同磁铁随介质质点一起振动，而线圈由于惯性不随外壳同时运动，于是便产生了线圈与磁铁的相对运动，线圈切割磁力线便产生了感应电流，这说明检波器相当于一个小小的“发电机”。感应电流的大小与线圈切割磁通量的速度成正比，也就是说，与其相对于磁铁的运动速度成正比。因此，动圈式检波器也称为速度检波器。显然只有在外振动力的方向与线圈轴线方向一致时，检波器才能产生最大的输出电压，也就是说它具有最大的灵敏度，这也叫检波器的方向特性。动圈式检波器的灵敏度取决于磁铁的磁场强度、线圈的圈数以及磁力线与线圈相互作用的几何位置。

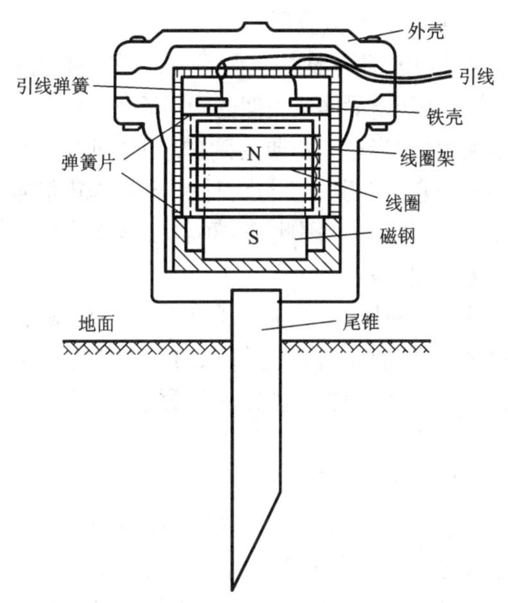

图 4.1.2　电磁式检波器结构示意图

不同的速度检波器对地震波有频率选择作用，即有其对应的频率特性。如果按检波器固有频率高低来分：固有频率为 10 Hz 以下的为低频检波器；固有频率为 10 ~ 38 Hz 的为中频检波器；固有频率为 39 ~ 100 Hz 的为高频检波器。如图 4.1.3 所示为 SSJ－100 型高频检波器的频率特性曲线。从曲线可看出，它由三部分线段组成，第一段为线性段，在频率较低时，输出随频率的升高而增大，当频率为某值时输出最大，频率再升高，输出逐渐变小，并趋于一个极限值。整个频率曲线表现出一种高通滤波的性能，它可适当地压制低频面波等干扰，而相对地提高高频成分的能量。

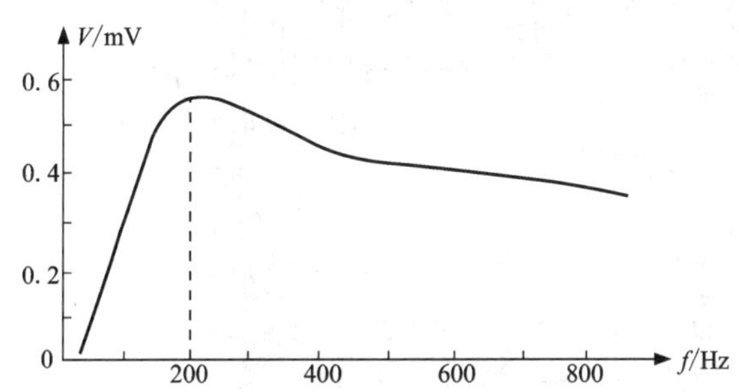

图 4.1.3　SSJ－100 型检波器频率特性

在中、深层地震勘探中，多采用低频或中频的检波器；在浅层工程地震勘探中，多采用高频检波器。

（2）动磁式检波器

这种检波器主要用于地震测井，因此生产数量较少，其内部结构见图 4.1.4 所示。它是由磁铁及固定在磁铁上的线圈、弹性垫片、软铁隔板组成。地震波到达时使水压发生变化，水压变化引起软铁隔板相对磁铁发生位移，进而导致磁路的长度变化，引起磁路中磁阻差改变，磁阻变化使磁通改变，结果在线圈中产生感应电流。

(3) 压电式检波器

这种检波器一般用于水下一定深度接收地震波。它是用压电晶体或类似的陶瓷活化元件作为压力传感元件。当这类物质受到物理形变时(如水压力变化),它们产生一个与瞬时水压(和地震信号有关)成正比的电压。因此,这种检波器称作压力检波器或水下检波器。

还有一种压力检波器通常安置在注满油的塑料软管内,油的作用是将水的压力变化传给检波器内的敏感元件。这类检波器包在海洋电缆(称拖缆)内。

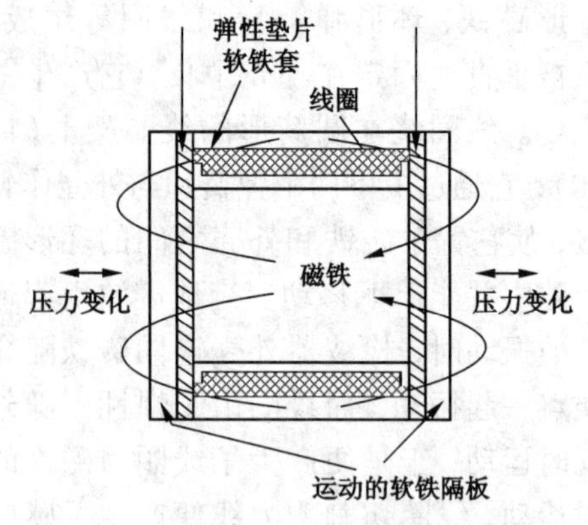

图 4.1.4　动磁式检波器结构示意图

(4) 涡流检波器

这是日本 OYO 公司 1984 年研制成的一种新型检波器，这种检波器的电压输出与地表质点运动的加速度成正比，也称为加速度检波器。

如图 4. 1. 5 可知，涡流检波器是将一个非磁性的铜质圆筒作为惯性体，圆筒通过弹簧片与外壳连接，然后通过导线与检波器接线柱连接。当外壳运动时，圆筒对外壳及磁铁作相对运动而切割磁力线，在圆筒导体中产生感应电动势。此时，感应电动势的方向与磁场方向垂直，这种电流即为涡流。

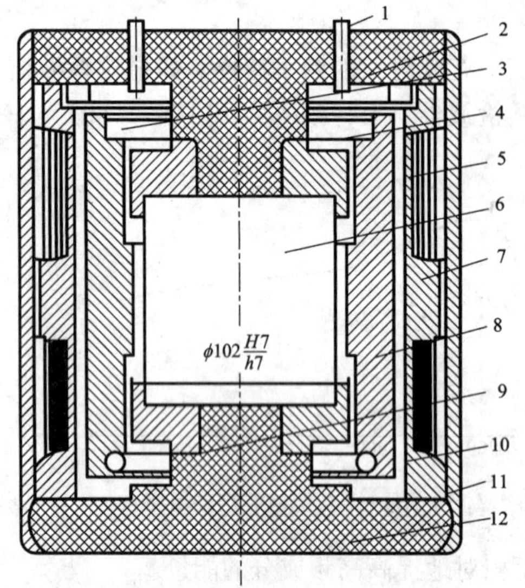

图 4.1.5　涡流检波器结构示意图

1—接线柱; 2—上顶盖; 3—卡簧;
4—上弹簧片; 5—线圈; 6—磁钢;
7—线架; 8—铜片; 9—下弹簧片;
10—卡簧; 11—外壳; 12—底座

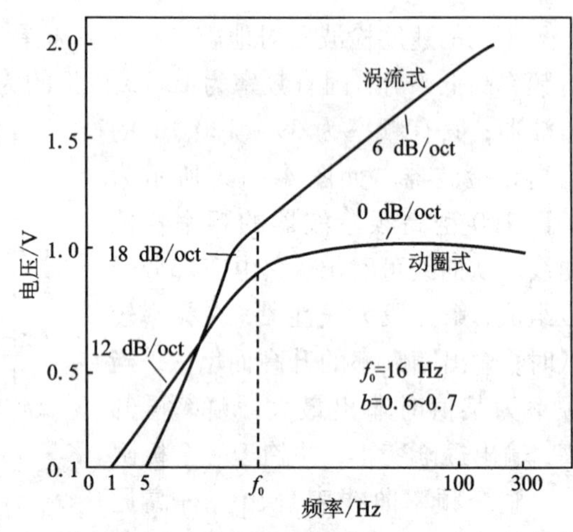

图 4.1.6　涡流检波器的频率特性

涡流检波器的频率响应曲线与常规的速度检波器的频率响应曲线是不同的，如图 4. 1. 6 所示。图中所示的两条曲线，它们的自然频率为 f_0，阻尼系数为 0. 6 ~ 0. 7。由图可知，涡流检波器的电压输出灵敏度是随着激振频率的增高而线性增加的。频率响应曲线在自然频率f_0处形成拐点。在拐点左边以 18 dB/oct 的陡度下降，对低频干扰的抑制能力比常规的动圈式检波器增强50%。在拐点右边以 6 dB/oct 的陡度上升，高频信号的电压灵敏度随着激振频率的升高呈线性上升的特性。这一优点对大地衰减吸收的高频信号是一个很重要的补偿。该种检波器对低频干扰和面波等有较强的压制能力。它主要用于高分辨率地震勘探，但其灵敏度低于常用的动圈式速度检波器，对深层反射波的接收不利。

2. 地震数据数字记录系统

1965 年出现地震信号的数字记录，到 1975 年初西方国家开始普及。数字记录系统通常装在称为记录站的专用汽车上，由前置放大器、模拟滤波器、多路采样开关、增益控制放大器、模数转换器、格式编排器、磁带机等组成，它与地震数据数字回放系统一起构成数字地震仪的整体结构，其方框图如图 4. 1. 7 所示。如果是用于浅层勘探的工程地震仪，其数字记录系统与回放系统就是一台轻便的仪器主机。

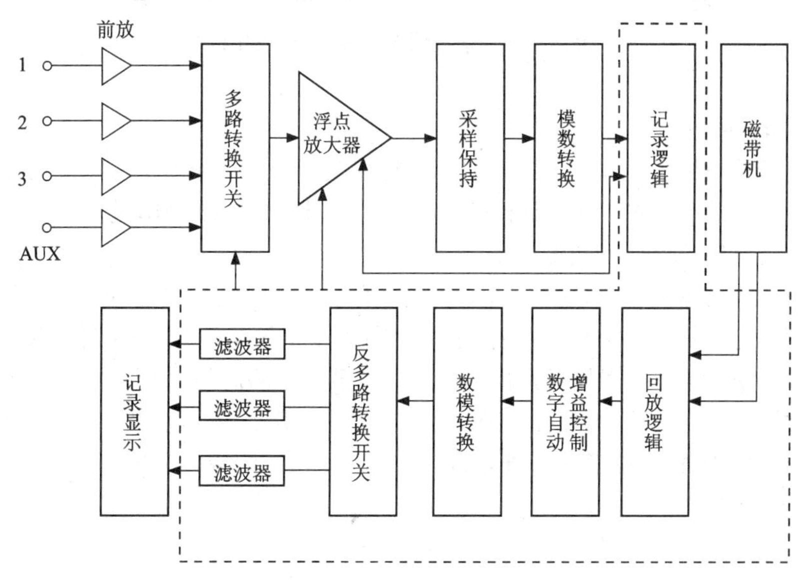

图 4. 1. 7　数字地震仪结构方框图

（1）前置放大器

每个地震道都有一个前置放大器，它的主要作用是在信号离散化之前提高信噪比。由于地震检波器接收到的信号中既含有有效波成分又含有面波、声波、微震及工业电干扰等干扰波成分，为了使地震记录突出有效波，抑制干扰波，在前放中设置一些滤波器及陷波器，用来消除上述干扰。为了把经过检波器拾取的微弱地震信号放大到多路转换开关能够采样的电平水平，以及它与浮点增益放大器配合能将地震信号放大到 A/D 转换器的测量范围，提高信噪比，要求前放有一定增益的放大。为使地震信号经过大线与仪器相匹配，最大限度地减小能量损耗，前放的输入端必须与不同长度大线的阻抗相适应，并具有较强的共模抑制能力。因此，它必须具有以下三个功能，即：对输入信号进行可选择的具有一定增益的线性放大；尽可能滤除检波器、大线来的各种干扰，以及避免可能产生的假频信号；对输入、输出进行必要的阻抗匹配。

前置放大器的原理框图如图4.1.8所示，它的各部分包括大线滤波器、可选增益放大器、陷波器、低截滤波器、高截滤波器及输出匹配级等，各部分功能如下。

①大线滤波器：是为了有效地传输信号，提高整个仪器的输入阻抗，抑制共模干扰。

②可选增益放大：低噪声放大器对输入信号进行可选增益放大，为全机噪声指标关键，其等效输入噪声为0.1～0.5μV。

③陷波器：是为了消除50Hz工业交流电或其他特定频率的干扰。

④低截止滤波器：是为了消除低频干扰，其截止频率一般在3～20Hz。

⑤高截止滤波器：用于滤除经多路转换开关可能产生假频的那些高频干扰，其截止频率为多路转换开关采样频率的1/4。

⑥输出匹配级：也称稳定放大器，它与多路转换开关匹配，电压增益为1。

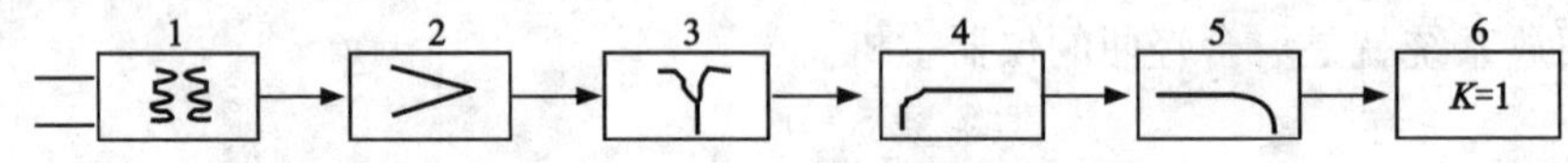

图4.1.8　前放的各部分功能示意图

（2）多路转换开关

多路转换开关是依次把模数转换器与工作道连接起来的电子开关，即按规定的时间间隔依次接通不同的地震道，并将其送到模数转换器成为唯一的一个输出道。

①多路开关对模拟信号的离散作用

由于前置放大器输出的是模拟信号，对这种信号计算机是无法处理的，计算机只能对有限个离散数据进行计算。多路开关的作用就是对随时间连续变化的模拟信号（波形曲线）进行离散取样，即按一定时间间隔对模拟信号顺序取若干个瞬时值（即子样），这种离散的过程称为采样或抽样，相邻子样的时间间隔称为采样间隔，用Δt表示。从前一节的讨论中可知，离散取样的时间间隔Δt必须满足采样定理，以防出现假频现象。

②多路开关的“多路合一”作用

多路开关的另一个作用是把“多路并行”的数据传输方式变为“单路串行”的方式。老式地震仪，如模拟磁带地震仪，一道检波器对应有一个放大器、一个记录器，组成一个地震记录道。测线上有多道检波器，仪器相应有多个放大器和记录器，在这种情况下，数据的传输方式叫“多路并行”。现代的数字地震仪中只有一个放大器（主放），它为各地震道所共用，这样做可使仪器体积大为缩小，但在离散数据到达放大器之前，要加一个多路转

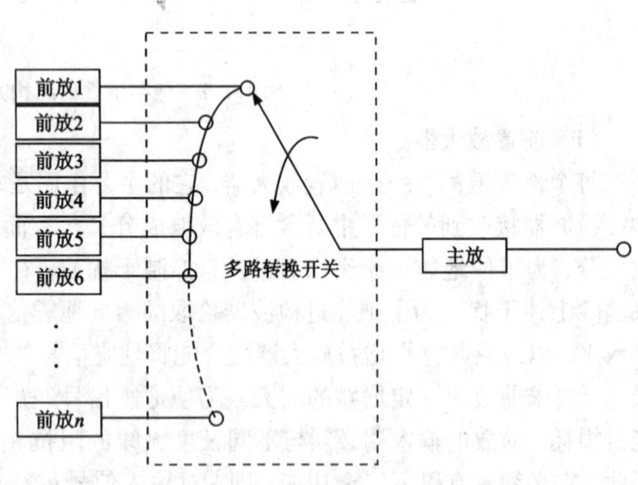

图4.1.9　多路转换开关的类比

换开关。多路转换开头的作用可用一个单刀多掷开关来比喻，如图 4. 1. 9 所示。把所有地震道前放的输出信号加到各档上，当刀以一定速度转动时，输出端就相继出现各道信号的瞬时值，完成了采样和按时序编排的工作。刀每旋转一周，相当于对所有各道采一个子样，连续旋转就使采样过程不断重复下去，从而使各道信号的子样按时间顺序合为一路送至主放，即完成了“多路合一”的任务。显然，这种转换是相当慢的，实际工作中是采用一系列电子开关来实现多路转换。

（3）瞬时浮点放大器

瞬时浮点放大器简称主放大器或主放，地震信号子样的放大主要由它来完成。它具有增益能瞬时自动变化、高速、高精度的特点。

①主放的作用及特点

地震信号经前放和多路开关、多路合一为一系列离散子样信号，其动态范围达 120 dB 以上。主放的作用不但能不畸变地精确地放大如此大动态范围的地震信号，而且还能高速完成最佳增益调节，实现增益数字化。

主放大器与一般放大器有显著不同，它有以下几个方面的特点：放大离散子样，实现增益数字化；扩大数字仪的记录动态范围，不会出现波形畸变；快速调整确定最佳增益值，高精度放大每个子样瞬时值。

②浮点放大器增益调整原理

浮点放大器采用了在采样瞬间内阶跃式控制增益变化的逻辑电路，使浮点放大器在采样的时间内其增益可在全部增益变化台阶内进行增益调整。其增益的台阶数（增益阶数）作为增益阶码（按二进制数取值）被记录下来，经过增益调整后放大子样送至 A/D 转换器，经转换作为尾数记录下来。主放对子样进行增益调整的目的是选择合适的放大倍数，使其输出子样达到一定电平，经 A/D 转换后其尾数有较高位数，从而提高了精度，更多地保存了地震信号的信息。

（4）模数转换器（A/D）

模数转换器的作用是将经主放大器放大后的每一个地震模拟信号子样的幅值转换成以二进制数码表示的数字量。离散的信号经过放大之后，还只是一批离散的子样幅值，要把它们转换成数字信号才能进行记录，这一工作是由模数转换器来完成的。如果要把一个模拟量 A 转换为 D，首先要选定一个模拟参考量 R 作单位，然后把这两个模拟量 A 和 R 相比较，它们的比值就是数字量 D，可表示为

$$D \simeq \frac{A}{R} \tag{4.1.4}$$

这里用近似等号的意义是由于 A/R 的值是任意的，而 D 的值则又由于其位数是有限的（通常为十五位二进制数码），因此只是 A/R 值的一个最接近的近似值，近似程度取决于 D 这个数值本身的分辨率（位数）。

模数转换器的输出是一系列用二进制数表示的采样值。它们在送入记录系统之前，每个二进制字的各个位被按照规定的格式排列。数据的格式编排之所以必须，是为了使所记录的数据能够被计算机读取。格式编排处理包括把每个二进制字的各位分配在磁带（盘）上若干个规定的信息轨上。

3. 数据回放系统

野外工作时，为了及时对采集的地震数据的质量进行检查和监视，在数字地震仪中设置

了地震数据数字回放系统。它的功能是把数字磁带(盘)记录中见不到的数字信号在野外及时转换成可见的模拟波形记录，其作用过程相当于数字记录系统的逆过程。如记录系统中有多路转换开关、模数转换器，则回放系统中就有反多路转换开关、数模转换器(D/A)等。其各部分功能与记录系统相似，不再赘述。

(1) 地震数据的记录格式

在野外地震数据采集时，通常把每放一炮所记录的全部数据存储在一个文件上，并进行编号，称为文件号(或炮号)。其数据存储是按事先规定的格式进行编排存储的。SEG(美国勘探地球物理学会)先后推荐了几种记录格式。1987 年 10 月 SEG 通过了 SEG－2 格式为工程地震仪或探地雷达仪所用数据记录格式。如图 4.1.10所示，通常一个文件包含下面三部分内容：①数据文件记录的格式标志信息，这些信息由仪器自动生成。②在数据处理、成果解释时所必需的参考信息。如：工作方法(反射法或折射法)、数据采样长度、采样间隔、文件号、采集时间(年、月、日)、测线号、记录道数，等等；在文件记录中称为文件记录段和道记录段。③ 由检波器输出而最终被离散取样并量化后的地震信息，它以地震道为单位，一般按字节连续存储，称为数据段。

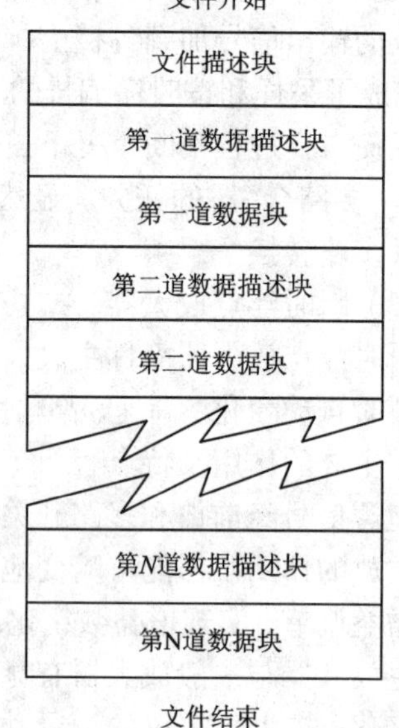

图 4.1.10　SEG－2 地震数据记录格式

(2) 地震数据的显示

不同类型的地震仪在记录显示的方式上有所不同。但无论是石油、煤田还是工程地震仪的数字记录系统都是把放大输出的信号记录在磁带或磁盘上，所记录的地震信号可以从放大器直接输出进行显示，亦可对磁带(盘)上的记录进行回放显示。显示信号的形式主要有波形显示及波形加变面积显示两种。如果是进行照相显示时，照相装置利用电压变化使检流计偏转的原理，通过某些光学装置把检流计的偏转记录在照相纸上。输出一般是波形记录，在记录上附加有垂向的计时线。

4. 震源同步系统

震源同步系统一是用以激发地震波，二是与激发的时间同步产生触发信号，经电缆使主机开始记时。用锤击作为震源时，一般用两个弹簧片与导线连接作为触发器，当锤击产生振动时，弹簧片接触产生一个触发信号；而用炸药作震源时，用爆炸机控制雷管使炸药爆炸，爆炸使捆在炸药包上的导线炸断，从而产生触发信号。

四、数字地震仪的工作原理

1. 工作原理

数字地震仪工作原理图如图 4.1.11 所示。其工作原理如下：人工激发所产生的地震波通过地层反射(或折射)到达地面，由检波器接收并转换成电模拟信号，然后被送到前置放大器(包括滤波器)进行固定增益放大和各种模拟滤波(高通、陷波、高切、低切、假频滤波等)；再经过多路转换开关，将多路并行的模拟信号进行逐次采样离散变为一路串行的离散模拟脉冲信号(即子样)时间序列，此脉冲信号时间序列输入到增益可以瞬时调节的浮点放大器(简称主放)放大，以使信号达到模数转换器要求的幅度范围内；再送至模数转换器(简称 A/D)进行离散化，转换为相应的数字信号，这些信号按照规定的格式记录在磁带机(或磁盘)上，同时计算机可进行模拟波形记录的监视。

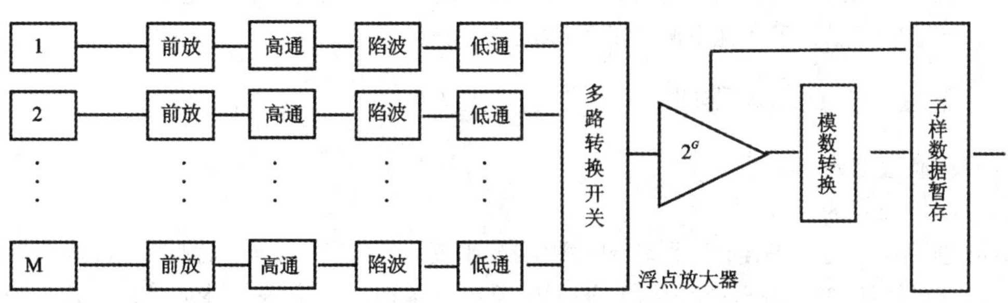

图 4.1.11　数字叠加式浅层地震仪工作原理图

2. 工程地震仪的数字叠加原理

工程地震勘探的深度一般是近地表的几米到数百米之间，所探测的范围及构造规模一般都不大。在这样的深度和范围内开展工作，各种干扰因素比较复杂，严重地影响有效波的接收和识别。并且，工作区往往是在人口稠密、建筑物林立的城市及周边进行，不适宜采用炸药震源来激发地震波，而要采用可控震源或者是锤击震源等非炸药震源来激发地震波。由于非炸药震源的能量比较小，客观上要求地震仪应具有信号增强功能，即可用多次激发叠加的方式来增强有效波、提高信噪比。

工程地震仪的数字叠加原理流程如图 4. 1. 12 所示。叠加原理如下：来自放大器的模拟信号经 A/D 转换后的数字信号和存储器已有(前一次)的数字信号相加，再送回存储器，等待与再次激发产生的数据信号相加。若使每次激发产生的地震信号依次进行相加，就可得到多次叠加后的增强地震数据。该地震数据不但比单次激发得到的地震数据能量大，而且对无规则干扰信号有一定的压制能力，从而可以提高地震数据的信噪比。

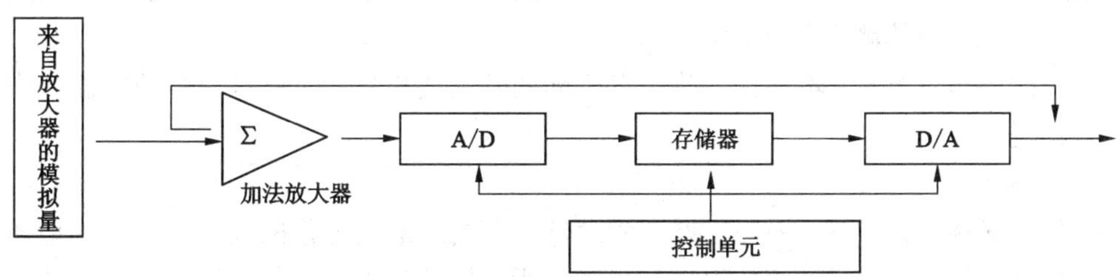

图 4.1.12　数字叠加原理及流程图

第二节　地震测线的布置

地震勘探一般分为初查、详查、精查等不同的阶段，但根据地质任务及实际情况的不同，勘探阶段的划分有时并不严格。野外地震勘探测线的布置，取决于工作任务的要求、探测对象的大小、地质构造的复杂程度、测区地形、地貌及地震地质条件等。尽可能多地收集有关地质、地球物理勘探资料，尤其是收集有关钻井及测井资料是十分重要的。在正确分析评价前期工作的基础上，设计地震测线。陆上施工首先要做的是测量工作，按设计的测线在野外敷设各种标志（如木桩、红布条等），标示出测线在地面上的实际位置；海上地震勘探的测量工作与地震波的激发、接收同时进行，即地震船按设计测线航行，进行地震波激发接收的同时，测量出每个炮点和实际施工测线的实际位置。

一、测线布置的基本要求

1. 测线布置原则

（1）测线最好为直线

这时垂直切面为一平面，所反映的构造形态比较真实。相反，如果测线为折线或者弯曲线，则在资料处理中往往把一个共反射面元内反射的地震记录道进行叠加处理，尤其当地下界面倾斜或地质构造比较复杂时，这种叠加处理不利于提高地震记录的分辨率。

（2）主测线应尽量垂直构造走向

其目的是最大限度地控制构造形态，为绘制构造图提供方便，有利于地震资料的分析与解释。当地下地质构造比较复杂时，如果测线不垂直构造走向，则会使地下复杂的地质构造所产生的地震波更加复杂化，各种异常波大量出现。如果不能进行三维归位处理，则对解释是非常不利的。而测线垂直主要构造走向，就可以减少这种复杂性，使反射有效波波场特征明显，有利于资料的地质解释。因此，进行三维地震的优点之一，也在于可以在最终得到的三维数据体上根据各种需要切出各种不同方向的垂直剖面。

（3）测线应尽可能与其他物探测线或钻探勘探线一致

这样做的目的是便于对其他物探资料和地质资料进行综合对比分析和解释。若测区有已知的钻孔，测线应尽可能通过已知钻孔。

（4）测线的疏密程度

测线的疏密程度应根据地质任务的要求、探测对象的大小及复杂程度等因素来确定。

除此之外，地震测线的布置还应考虑地形、地物等因素，对于各种复杂的地表地形条件，也可以采用弯曲测线或分段观测的方式，力求以最少的工作量来解决地质问题。

2. 不同勘探阶段的测线布置要求

地震测线的布置方法，不同勘探阶段有不同的精度要求，下面针对油气地震勘探中的几种情况分别进行讨论。

（1）路线初查

路线初查又称路线普查，一般在勘探程度低，未做过地震工作的地区进行，其地质任务是了解区域性的地质构造情况，取得进一步工作所需要的地震地质条件的资料。布置测线的依据是从地质测量或其他物探（重力、磁法、电法勘探）资料中，了解到工区地质构造的最初步资料，如构造线的方向，构造单元的大致范围等。布置测线的要求是在垂直工区的区域地质构造走向的原则下，尽可能穿过较多的构造单元，测线应尽量为直线，而对于地表条件复杂的地区，测线也可沿道路、河流等敷设成折线或弯曲的形状。线距大小可根据工区内的区域地质构造规模的大小而定。

(2) 面积普查

面积普查主要是在有含油气远景地区，寻找可能的储油气带，研究地层的分布规律，查明较大的局部构造。一般是在路线初查所发现的构造上进行，首先应证实构造的存在，然后再进一步开展工作。因此，开始工作时使用“丰”字形测线，用较少的工作去证实构造是否闭合，如图 4. 2. 1 所示。但往往实际的构造形态和位置较复杂，所以野外工作中须及时整理和分析资料，必要时改变测线的布置，使它更利于搞清构造的形态及位置。布置测线的要求是：主测线垂直构造走向，测线间距以不漏掉局部构造为原则。

(3) 面积详查

面积详查的任务是在已知构造上查明其构造特点(范围、形态、目的层厚度、上下地层的接触关系以及断层的大小、产状与分布，等等)。提供最有利的含油气地带，为钻探准备井位。面积详查是根据初步查明的构造大小和形态来布置测线。一般要求主测线垂直构造走向，联络测线垂直于主测线，并与主测线组成多边形的闭合圈，以便检查对比解释工作的正确性，如图 4. 2. 2 所示。

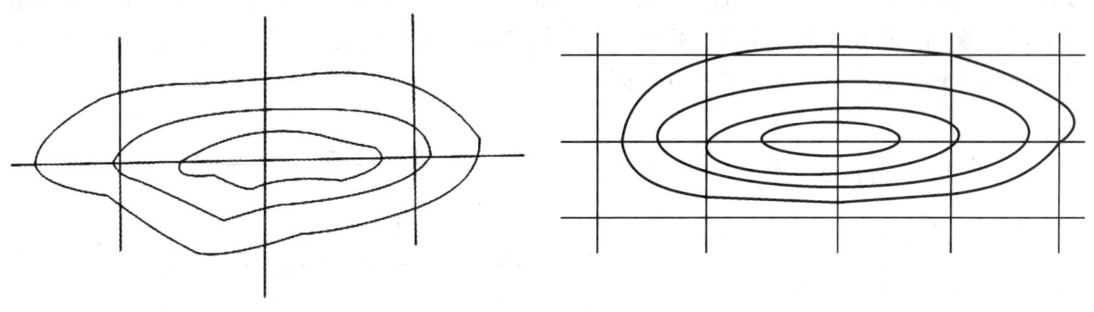

图 4.2.1 “丰”字形测线　　**图 4.2.2 面积详查的测线布置**

(4) 构造精查

为了配合钻井进行油田开发，有时甚至要将测线距离缩短到数百米进行精查。这时对勘探精度有比较高的要求，测线布置应以一个构造或一个构造带为勘探单位。在复杂的断裂构造带上测线的布置应立足于搞清楚断层的分布及断块的形态。当构造被断层分割成许多断块时，则应使每个断块分别构成封闭的测线网。

一般做法如下：在复杂的断裂构造上，为查明断层的分布和断块的形状，须要加密测线。在初步查明的各断块之间，布设穿越断块测线，用以查明断块间的关系和检查平面上断层的连线正确与否；作连井测线，用钻井资料来控制和帮助地震资料的地质解释，用以查明井与井之间的构造关系，如图 4. 2. 3 所示。

以上讨论的是油气勘探中的情况，对于煤田、金属矿及工程地震勘探等领域，勘探阶段的划分可能不完全相同，也可能不那么详细。比如工程领域中的高速公路隧道地震勘察，一般只分为工程可行性勘探与初勘、详勘三个阶段或只分为工程可行性勘探与详勘两个阶段。尤其是对小面积的工程物探，一般不需要划分不同的勘探阶段，而是根据地质任务，一次性完成。

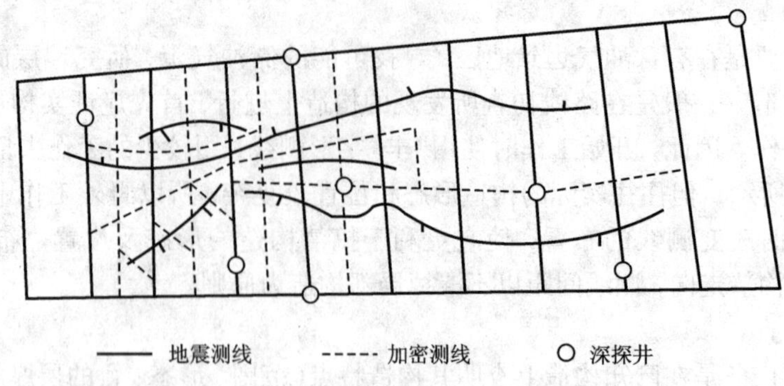

图 4.2.3　主测线垂直断层走向并与钻孔连接

二、测线布置形式

地震勘探按观测点的展布方式可分为二维地震勘探和三维地震勘探；前者是沿地震测线观测地震波，后者是在一个观测面上观测地震波。对二维地震勘探来说（三维勘探的情况在反射波法观测系统中进行讨论），根据激发点与接收点相对位置的不同，测线分为纵测线和非纵测线两种布置形式，如图 4.2.4 所示。

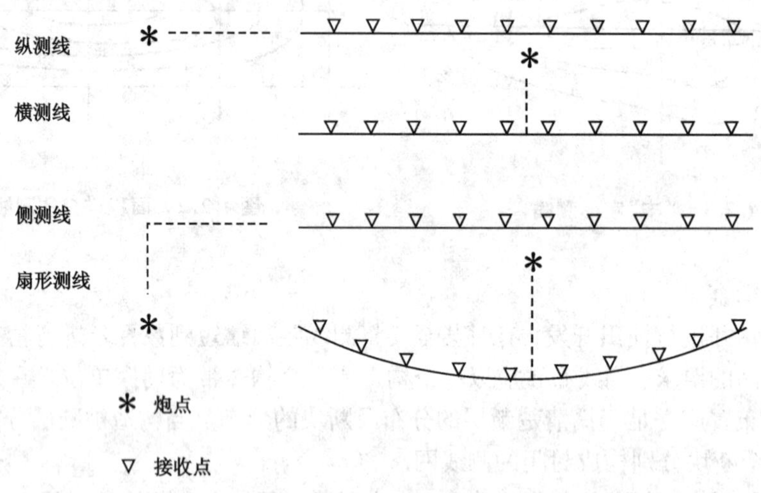

图 4.2.4　几种测线形式

1. 纵测线

当接收点与激发点布置在同一条直线上时，称为纵测线。在工程地震勘探中主要使用纵测线，因为纵测线观测所得到的地震记录处理起来比较方便，测线的垂直切面为一平面，所反映的构造形态比较真实，便于资料的综合分析和解释。

2. 非纵测线

当接收点和激发点不在同一条测线上时，称为非纵测线。非纵测线又分为横测线（又称 T 形测线，激发点到排列线的垂足位于排列的中点）、侧测线（又称 L 形测线，垂足位于排列的一个端点处或者离端点一定距离的地方）及弧形测线等几种形式。非纵测线在实际工作中一般只作为辅助测线来布置，它可在某些特定条件下解决一些特殊地质问题（如探测洞穴、古墓、古河床等），以弥补纵测线的不足。

第三节　地震勘探观测系统

一、观测系统的概念

地震勘探中，为了能保证得到整条测线上连续和完整的地下反射资料，必须按一定的规则来部署激发点与接收排列，一个一个排列地进行观测。将这种激发点和接收排列的相对空间位置关系叫做观测系统。在二维地震勘探中一般以纵测线观测为主。为了能较清楚地讲述观测系统，先来介绍一些与观测系统有关的专业术语。

1. 道间距

相邻两道检波器的间距称道间距，一般用 Δx 表示。在地震勘探中，调查目的不同，道间距亦不一样。一般来说，道间距小，测量精度高，横向分辨率高，但若兼顾工作效率，道间距不宜太小。一般应根据排列长度以及目的层或新鲜基岩的深度来综合确定。目前在工程地质调查中，浅层折射波法的道间距一般采用5 m或10 m，浅层反射波法一般采用2～5 m。有时为了求准表层速度而加密震源附近的检波点，缩短这些检波点之间的道间距构成不等间距排列。

2. 排列长度

第一道到最后一道检波器的距离叫做排列长度，一般用 L 表示。如果工作中确定了某种型号地震仪的接收道数 N 以后，那么排列长度为：

$$L=(N-1)\Delta x \tag{4.3.1}$$

显然，道间距愈大，排列长度也愈大，工作效率也就愈高。但如果排列长度太大，各相邻记录道之间同一个波的相位追踪和对比会发生困难，不利于分辨有效波，并且离震源较远处的有效波会由于波的能量的衰减而被干扰波所淹没。

3. 偏移距

炮点离最近一个检波器之间的距离叫做偏移距，一般用 x_1 表示。如果端点放炮时，端点既是炮点又是检波点。在实际地震工作中，由于炮点井口喷出物及面波对炮点附近（锤击也一样）的几道检波器都会产生严重的干扰，因此一般情况下端点不设置检波器，即紧挨震源的检波器离开震源一定距离，这个距离就称为偏移距。一般说来，偏移距的长度不应小于最浅的目的层深度，一般为道间距的整数倍。

4. 最大炮检距

炮点与检波点的间距叫做炮检距。离开炮点最远的检波点与炮点的距离叫做最大炮检距，一般用 x_{max} 表示。最大炮检距与探测深度有密切关系，并受地形、地质及地层波速的影响。对于折射波法，最大炮检距至少要为目的层或新鲜基岩深度的5～7倍以上，如果长度不够便不能掌握深部基岩状况，甚至导致错误的解释推断；对于反射波法，最大炮检距经验上取与目的层深度相近，取值范围一般在深度的0.7～1.5倍之间。

在实际工作中常采用偏移距、最大炮检距来表示炮点与接收点的相对关系，如图4.3.1所示的端点放炮排列，可表示为 $O-x_1-x_{max}$，共中 O 为炮点，设 $N=48$，$\Delta x=10$ m，

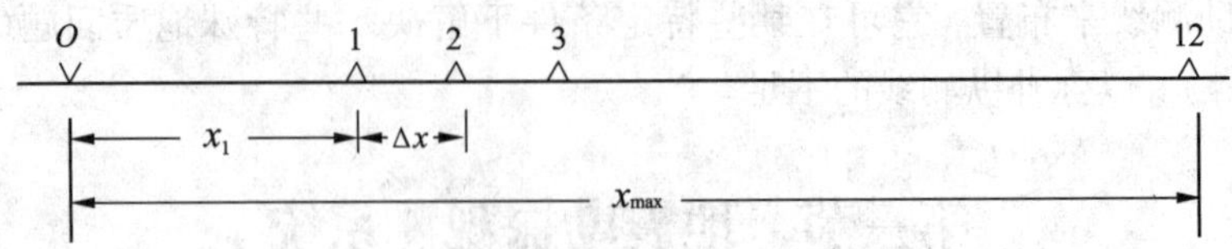

图 4.3.1　端点放炮排列

$x_1=4\cdot\Delta x=40$ m，则上面的关系式可具体写为 $O-40-510$。

二、观测系统的图示方法

为了方便野外工作的布置，观测系统一般有图示的方法来布置。常用的图示法有三种：时距平面法、综合平面法和普通平面法。下面以反射波法观测系统为例来加以说明。

1. 时距平面法

时距平面法是用时距曲线的方式来表示的观测系统。表示方法如图 4.3.2(a)所示，把测线上的激发点 O_1、O_2、O_3、…按一定比例尺标在水平直线上，然后在水平线下方画出反射界面 R，以激发点为坐标原点向上作代表时间 t 的纵轴，构成时距平面($x-t$)。在 O_1 点激发，O_1O_2 地段接收，其时距曲线用 $t_{01}T'$ 表示，对应的反射界面为 R_1R_2；O_2 点激发，同在 O_1O_2 地段接收，其时距曲线用 $t_{02}T$ 表示，对应的反射界面为 R_2R_3。而对两条相遇时距曲线而言，他们的端点(O_1 和 O_2)都是互为激发点和接收点。根据互换原则，O_1 激发 O_2 接收或者 O_2 激发 O_1 接收，其反射路径是相同的，故他们的传播时间相等，即互换时间 $T=T'$，因此，把 O_1 和 O_2 叫做互换点。通过 O_1 和 O_2 两次激发，可得到连续的反射界面段 R_1R_3，把激发点和排列向一个方向移动，重复以上工作，就可以得到一条连续的长反射界面。

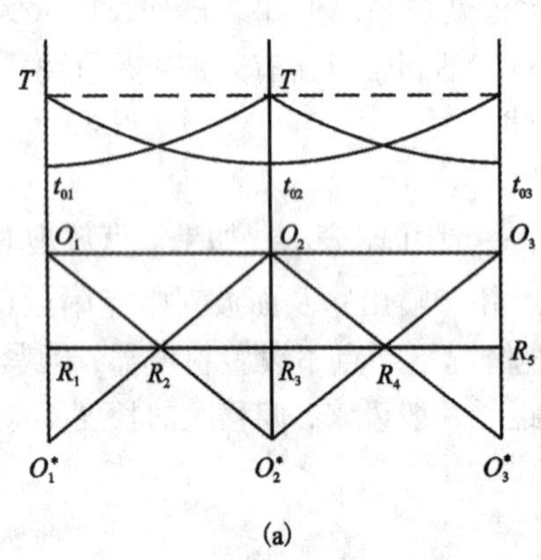

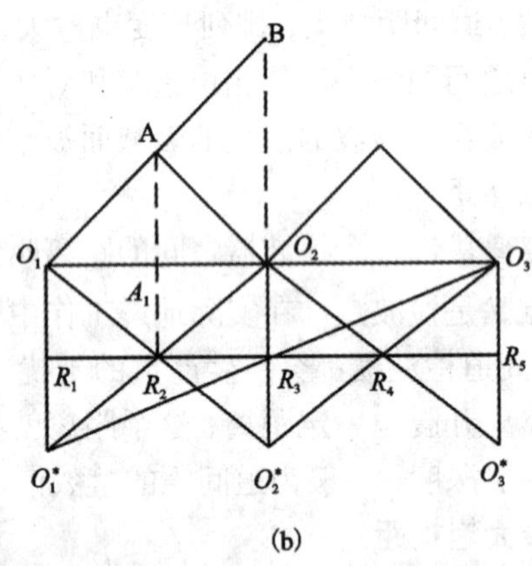

图 4.3.2　观测系统图示

(a) 时距平面法；(b) 综合平面法

时距平面法的优点是非常直观，对于简单的观测系统很容易表示，但对于复杂的观测系统就显示困难了。目前这种方法在反射波法勘探中不常使用，而在工程折射波法勘探中使用比较普遍。

2. 综合平面法

综合平面法是由前苏联地球物理学家甘布尔采夫 1954 年提出的，对于表示纵测线上的观测系统是非常方便的，一直在生产中广泛使用。

如图4.3.2(b)所示，把激发点 O_1，O_2，O_3，…标在水平直线上，然后从激发点向两侧作与测线成45°角的斜线，组成坐标网。当在测线上某点激发而在某一地段接收时，则可将该接收段投影到通过激发点的45°的斜线上，用此投影线段来表示接收地段。例如在 O_1 点激发，在 O_1O_2 地段接收，可用斜线段 O_1A 来表示，O_1A 在测线上的垂直投影 O_1A_1 就是所反映的反射界面 R_1R_2 的长度；同理在 O_2 点激发，同一地段接收，可用斜线段 O_2A 来表示，相应的反射界面为 R_2R_3。这样也同样可以得到连续的反射界面。

在综合平面图上，每两支观测线段的交点(如 A 点)称为互换点，即它们是两次观测中激发与接收的位置互换的点。

在反射波法工作中，使用的观测系统多用综合平面法来表示，它由水平线以上的许多等腰三角形组成。它的形式很简单，又很直观地表示了激发点和排列之间的关系。

3. 普通平面法

这种方法是按一定比例尺把激发点和接收点如实地画在普通坐标的平面上，它非常直观但不容易表示排列的移动特点，适宜于描绘用非纵测线排列或面积观测时的观测系统。普通平面法在三维地震勘探工作中常被采用。

三、二维反射波法观测系统

反射波法观测系统分为二维和三维两种情况。二维观测系统目前主要用于浅层工程地震勘探和部分煤田地震勘探，而三维观测系统则主要用于石油、天然气地震勘探和煤田地震勘探。二维反射波法中常常采用连续剖面观测系统，这种观测系统能得到沿测线地质结构的最完全概念，可选择各种连续剖面来进行波的位置追踪和记录反射的质量等情况。

1. 简单连续观测系统

图4.3.3(a)是一张描述简单连续观测系统的综合平面图，O_1，O_2，…，O_6 是激发点，A，B，C，D，E 表示互换点，实线段 O_1A，AO_2，O_2B…等在水平直线上的投影正好连续单次地覆盖了整条测线。这种观测系统，可连续勘探整条测线以下反射界面，所得地震剖面为单次剖面。由于这种观测系统在排列两端分别激发，所以又称为双边激发(或双边放炮)观测系统。又因为此种观测系统对地下反射界面仅一次采样，故又称它为单次覆盖观测系统，所得到的地震剖面为单次剖面。图4.3.2表示的也是这种观测系统。

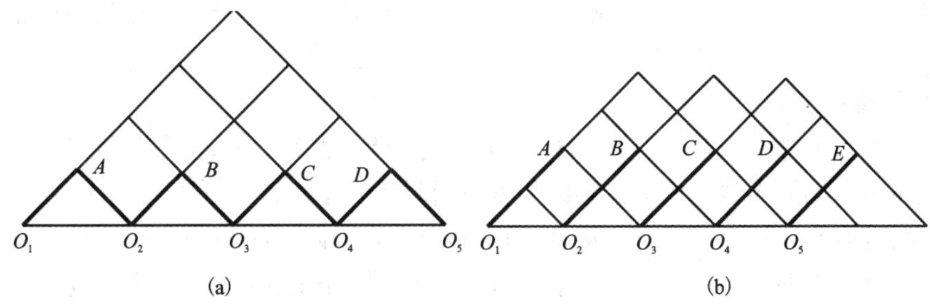

图4.3.3　简单连续观测系统

(a) 双边激发；(b)单边激发

如果震源固定在排列的一端激发，每激发一次，排列沿测线方向移动一次(半个排列长度)，那么这种观测系统叫做单边激发(或单边放炮)观测系统，如图 4. 3. 3(b)所示。

如果震源位于排列中间，也就是在激发点的两边安置数目相等的检波器同时接收，这种观测形式叫做中间激发(或中间放炮)观测系统。

简单连续观测系统的最大特点是接收段靠近激发点，能避开折射波干涉，便于野外施工，但受面波和声波干扰较大。

2. 间隔连续观测系统

为了避开激发点附近面波和声波的强干扰，或由于地表条件的原因，将激发点与接收排列的第一道检波点间隔一段距离(或者说偏离一段距离)，其综合平面图如图 4. 3. 4所示。这种观测系统称为间隔连续观测系统，又称偏移观测系统。这种观测系统可以通过互换点(图中尖端向上的交点 B、D、F 为互换尾点，尖端向下的交点 A、C、E、G 为互换首点)连续追踪反射界面，称这种观测系统为间隔连续观测系统。激发点与排列上第一道检波点间的距离称为偏移距。由于这种观测系统所得到的地震反射剖面也为单次剖面，因此它也称单次覆盖观测系统。

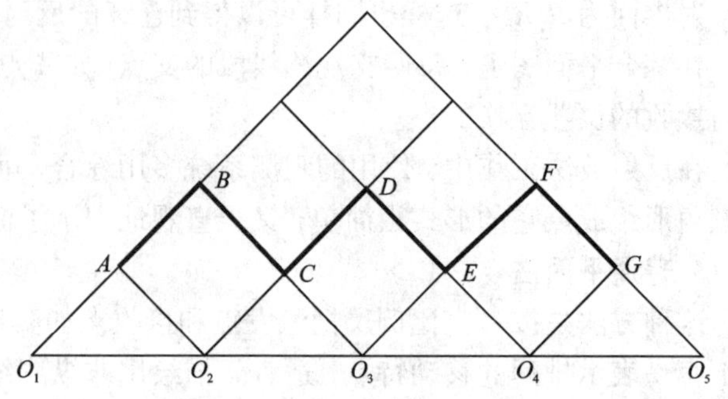

图 4. 3. 4　间隔连续观测系统

3. 多次覆盖观测系统

图 4. 3. 2(b)中，在 O_2 点激发，在 O_1O_2 地段接收反射波，对反射界面 R_2R_3 进行了一次观测，这叫单次覆盖。如果在 O_1 点激发，在 O_2O_3 段接收，可用斜线段 AB 表示该接收地段，这时对反射界面 R_2R_3 又进行了一次观测，即重复观测了两次，叫二次覆盖。同理，可对 R_2R_3 段进行更多次的覆盖，称为多次覆盖。推而广之，这样对整条反射界面 $R_1R_2R_3R_4R_5\cdots$ 进行多次覆盖的系统就称为多次覆盖观测系统。

多次覆盖观测系统是目前应用最为广泛的观测系统，它与简单连续观测系统、间隔连续观测系统的野外施工没有本质上的区别，唯一的区别就是移动激发点和接收排列的距离较短，这样就可以重复观测地下界面。

多次覆盖技术的应用是为了压制多次反射波之类的特殊干扰波，以提高地震记录的信噪比。在第五章的抗干扰技术方法中还将对它作更详细的介绍。

4. 延长时距系统

在实际工作中经常会遇见河流、沼泽、居民点等障碍，测线上不能铺设检波器和电缆，这时要采用专门的延长时距曲线系统方能连续研究反射界面。图 4. 3. 5 是该系统的时距平面图。

设 AB 间有河流通过，不能布置排列，AB 两侧为无障碍时的简单连续观测系统。为了获得 AB 下面的反射界面，可在 A 点激发，BC 段接收，得到时距曲线 T_A 及对应的反射界面段 R_2R_3。又在 B 点激发，AD 段接收，得到时距曲线 T_B 及对应的反射界面段 R_1R_2。这种情况下所表示的观测系统就称为延长时距系统。

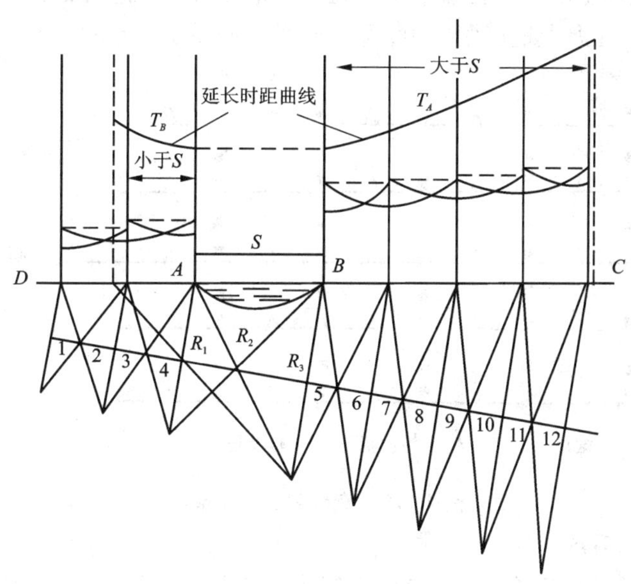

图 4.3.5　延长时距系统时距平面图

四、三维反射波法观测系统

目前石油、煤田等地震勘探大量采用三维勘探方法，相应的观测系统就称为三维观测系统。三维地震勘探分为线性三维和面积三维两大类。前者实际上是假三维勘探，后者才是完全的三维勘探。实际上，前面讨论的反射波法观测系统都是纵测线型观测系统，而三维观测系统都为反射波法的非纵测线型观测系统。

1. 线性三维观测系统

线性三维观测系统即观测点沿测线在一个条带范围内布置，是不完全的三维勘探。它包括两大类：

（1）弯曲测线观测系统

如图 4.3.6 所示，由于地形条件的限制，测线只能布置成弯曲形状（如沿河谷、山沟、公路等布设测线）时，激发点和排列上的各检波点不在一条直线上，它们的平面坐标 x，y 都是变化的。

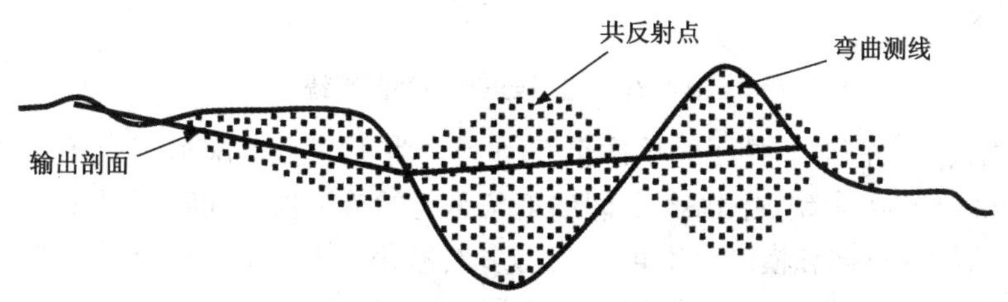

图 4.3.6　弯曲测线观测系统

（2）宽线剖面观测系统

如图 4.3.7 所示，沿测线方向布设多条平行的检波器线。每次激发时，这些检波器线同时接收，获得纵、横向上的多次覆盖信息。处理结果除可得到地震剖面外，还可精确地测定反射层的横向倾角。在海上地震勘探中，采用这种观测系统工作非常方便。

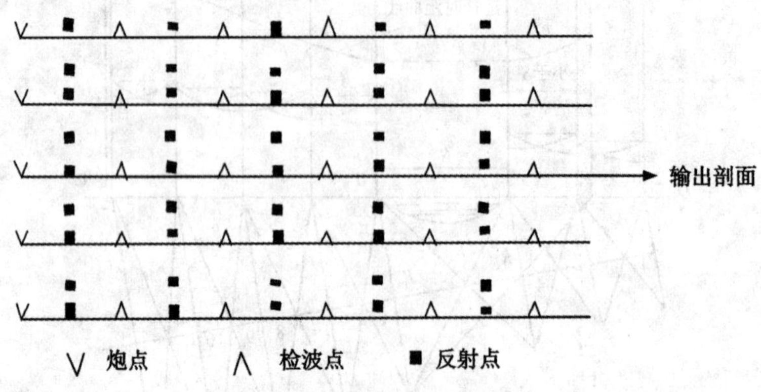

图 4.3.7 宽线剖面观测系统

2. 面积三维观测系统

面积三维观测系统有多种形式，灵活性很大，采样密度大，叠加次数高，可在各种复杂的地表条件下进行观测，可获得地下界面的面积资料。它不仅能解决复杂的构造问题，而且能勘探非构造圈闭，进行储层评价等。从激发点阵与接收点阵的分布关系考虑，面积三维观测系统主要分为正交型和环线型两大类。

（1）正交型观测系统

最简单的正交型观测系统是激发点等间隔地分布在一条直线上依次激发，而检波点则等间隔地分布在与激发点线垂直的另一条直线上分别记录。这种正交关系可以布置成 L 形、T 形或十字形，如图 4.3.8 所示。图中“ × ”表示激发点，阴影区表示覆盖范围。

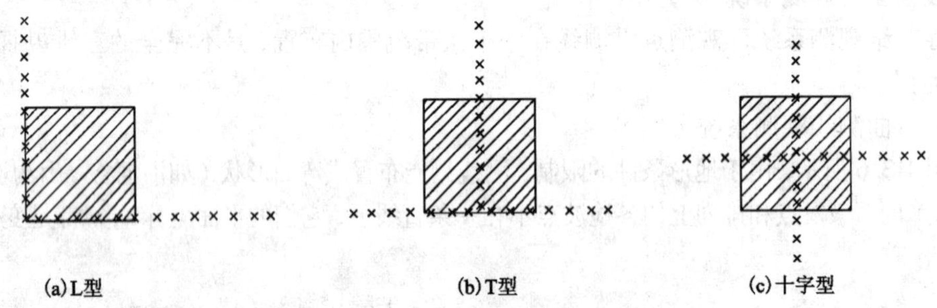

图 4.3.8 三维正交型观测系统

上述形式只能获得地下界面的单次覆盖资料。为了获得多次覆盖资料，需要在此基础上组成更复杂的正交组合型观测系统，即用多条平行的检波器线同时记录多条平行的激发线的每次激发，这样在纵向和横向上都可以获得多次覆盖，如图 4.3.9 所示。改变检波器线的排列方式或改变激发点线的间距，可以形成不同的覆盖次数。

（2）环线观测系统

将弯曲测线观测系统扩展就可以得到环线观测系统。它是在地表上布置不规则形状的任意环形测线，进行多次激发和接收，如图 4.3.10 所示。环线观测有很大的灵活性，但不能保证获得均匀的覆盖次数和网络密度。

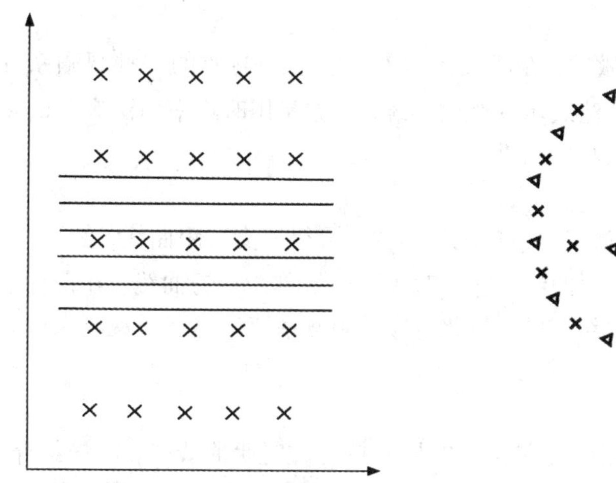

图 4.3.9　三维正交组合型观测系统

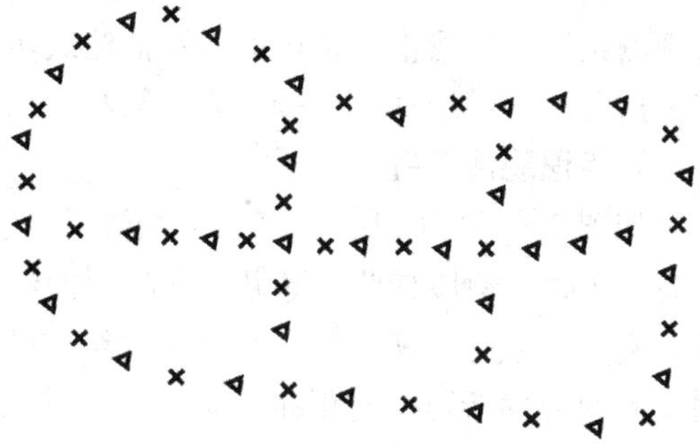

图 4.3.10　环线观测系统

五、折射波法观测系统

折射波法是工程地震勘探中一种常用的方法，由于其方法的特殊性决定了折射波法观测系统与反射波法观测系统的根本区别，折射波法观测系统也可用时距平面法和综合平面法来表示。在野外施工中常采用以下几种观测系统，如图 4.3.11 所示。

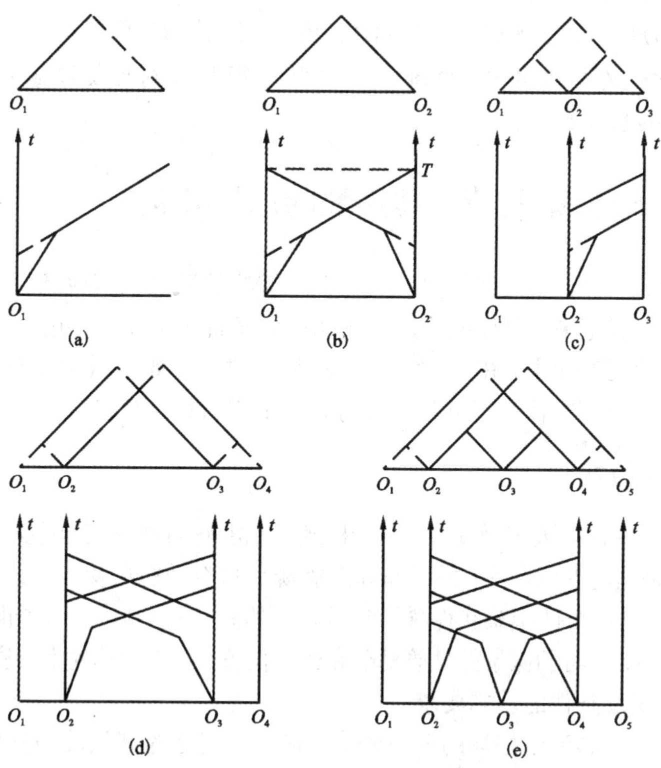

图 4.3.11　折射波法规测系统

(a)单边观测系统；(b)相遇系统；(c)追逐系统；(d)相遇追逐系统；(e)双重相遇追逐系统

1. 单边观测系统

如图 4. 3. 11(a)所示，在 O_1 点激发，在激发点右方(或左方)接收的一种观测系统称单边观测系统。图形上方是用综合平面法表示的观测系统，下方是用时距平面法表示的观测系统。这种观测系统适应于折射界面较浅的条件。

2. 相遇观测系统

如图 4. 3. 11(b)所示，在 O_1 点激发，O_1O_2 地段接收，可得一支时距曲线，然后在 O_2 点激发，在同一地段接收，得另一支时距曲线，这一对时距曲线称为相遇曲线，并存在互换关系。它实际上是由两个单边时距曲线组成的，与此对应的观测系统就称相遇观测系统。这在讨论倾斜界面折射波时距曲线时已提及过。

3. 追逐观测系统

如图 4. 3. 11(c)所示，这种观测系统在讨论曲界面折射波时距曲线时，已详细介绍过。它的主要作用是在界面弯曲情况下，判断波有无穿透现象。此外，在存在断层情况下，还可判断是否产生绕射现象。

4. 相遇追逐观测系统

如图 4. 3. 11(d)所示，这种观测系统的优点是可利用追逐时距曲线的平行性来延长解释区间，判定有无穿透现象，并比较准确地确定求时深转换波速 v_e(有效速度)的交点。在工程地震折射波法工作中，经常采用这种形式的观测系统。

5. 双重相遇追逐观测系统

如图 4. 3. 11(e)所示，这种观测系统的优点是既可利用 O_3 两侧交点求出的两个 v_e 值来控制 v_e 的横向变化，又可利用大、小排列的两组 t_0 值相互对比提高解释精度，并且具备图 4. 3. 11(d)种观测系统的优点。

第四节　地震波的激发和接收

地震记录质量的好坏，在很大程度上取决于地震波的激发和接收条件，为了得到尽可能不被干扰复杂化的地震记录，合理地选择激发和接收条件十分重要，这是关系到第一手资料质量好坏的问题。地震勘探中，在不同的地表地质条件下，如何激发和有效地接收地震波？这些人工激发的地震波有些什么特点？这些将在本节进行详细讨论。

一、地震波的激发

地震勘探中的地震波是人工激发产生的，称激发地震波的这些震源为人工震源。人工震源有两大类型，一类是炸药震源，另一类是非炸药震源。自有地震勘探以来，炸药震源一直是处于支配地位的，因为其他方法很难获得爆炸时所产生的高能量。近年来，国际上采用非炸药震源的趋势在迅速加强，这与勘探条件日益复杂和勘探设备、技术的迅速发展密切相关。

1. 地震勘探对激发条件的基本要求

激发条件是影响地震记录好坏的第一要素，它是得到好的有效波的基础条件，如果激发条件很差，再如何改进接收条件也是徒劳的，地震勘探对激发条件一般有以下几个基本要求：

①激发的地震波要有一定的能量，以保证获得勘探目的层的反射；

②要使激发的地震波频带较宽，使激发的波尽可能接近 δ 脉冲(持续时间无限短、能量无限大的尖脉冲)，以利提高地震勘探的分辨率；

③要使激发的地震有效波能量较强，而干扰波相对微弱，有较高的信噪比；

④在同一震源点重复激发时，地震记录要有良好的重复性。对于可重复的震源，可以采用垂直叠加的方式来增加能量，而又不影响地震子波的宽度。

对一个地区的地震工作来说，地表激发条件的优劣固然会影响地震记录的好坏，但要人为地改变地表条件，是不太现实的。但可以在激发地震波的震源上多花些工夫，了解震源特性，设计最理想的震源，采取最合理的激发方式，可以大大提高地震记录的质量。

2. 炸药震源

在地震勘探中，炸药是一种很普遍也很有效的震源。它是一种特殊的化学物质(TNT 或硝氨)，能在外界的影响(例如用电雷管起爆)下迅速放出气体和高热，形成高压气团而急剧膨胀。在瞬间将压缩作用施加于周围物体，形成很强的冲击波。在爆炸中心，岩石将被粉碎、破坏或产生非弹性形变；在破坏带及非弹性形变之外，形成岩石的弹性形变带，此时冲击波变成弹性波传播出去。炸药所激发的地震波具有良好的脉冲特性，具有很高的能量，被认为是一种理想的地震震源，也是自地震勘探问世以来一直作为激发地震波的主要震源。

(1) 炸药量与地震波特性的关系

炸药是通过雷管引爆的，从输入电流到炸药爆炸，时间非常短暂，最多 2 ms。以雷管线断开作为爆炸记时信号，表明地震波已被激发开始传播。

炸药量的多少，爆炸介质的岩性、药包形状及其与爆炸介质的耦合等因素，对地震波的形状、波的振幅、频率等特点有重要影响。经验表明，爆炸激发的地震振动是衰减很快的似正弦脉冲，脉冲的前缘很陡，能量高度集中。在均匀介质中爆炸时形成中心对称的膨胀型振动，主要产生纵波。

实验结果表明，炸药量影响地震脉冲的特征。假设一球型炸药包的炸药量为 Q，则地震脉冲的延续时间 t 与药量的关系是

$$t \propto Q^{\frac{1}{3}} \tag{4.4.1}$$

脉冲的振幅 A 与炸药量 Q 的关系服从下式

$$A \propto Q^{k_1} \tag{4.4.2}$$

式中：k_1 是个可变的系数。当炸药量较小时，k_1 可达到 1～1.5；当炸药量较大时，k_1 可减少至 0.5～0.2。这是由于炸药量较小时，对岩石的破坏作用很小，爆炸的大部分能量转化为弹性波；当炸药量增大时，大部分能量损耗于破坏周围的岩石，分配给弹性波的能量比例减小。振动振幅与炸药量的关系随不同地震地质条件而异，实际工作中要经试验求得。在海水中爆炸时，k_1 平均为 0.65。

地震脉冲波的视周期或主频与炸药量的关系是：

$$T_a = \frac{1}{f_a} \propto Q^{k_1} \tag{4.4.3}$$

从上式可以看出，药量越大，激发产生的视周期越大，主频就越低。图 4.4.1 表示的是采用 5 lb 和 20 lb(1lb = 0.454 kg)炸药在相同炮点和激发深度处，同一接收排列接收到的信号频谱。从图中可以看出，采用 5 lb 炸药激发时峰值频率为 36 Hz，而采用 20 lb 炸药激发时峰值频率降低到 31 Hz，且高频成分的信号振幅更弱。

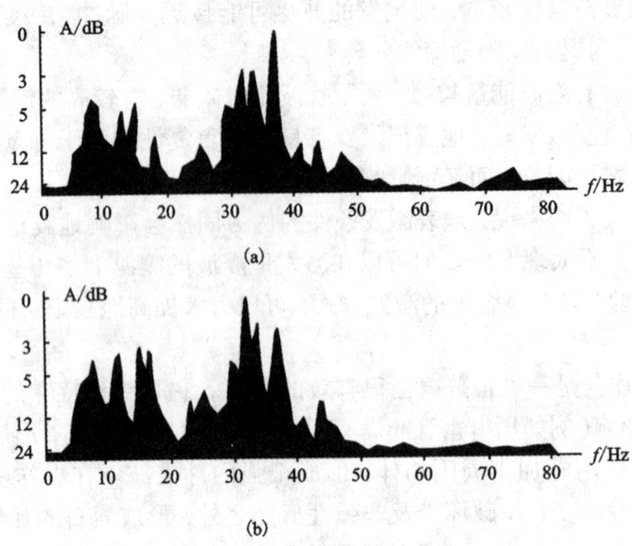

图 4.4.1　药量对频率成分的影响

(a)5 磅炸药；(b)20 磅炸药

由此可得出这样的结论：在保证能获得勘探目的层反射的前提下，尽量采用小药量激发，以获得高频的地震波。石油、煤田地震勘探根据目的层深度的不同，炸药量为一般几千克到几十千克；工程地震勘探的目的层一般较浅，常采用几十克到几千克的小药量激发。

(2) 炸药的激发方式

炸药包的形状也影响所激发的振动的特性。一般来说，球形炸药包效果最佳；长柱状炸药包的效果差一些，往往产生更强的水平传播的干扰。野外施工时，通常将炸药装在圆柱状塑料袋内密封后置于几米至数十米深的井内引爆。如果激发井较浅，将药包放在井中时应将土回填埋实，或者注满水，以促使能量向下传播，这样可以压制由于爆炸引起的各种干扰波(如面波、声波等)，如图 4.4.2 所示。

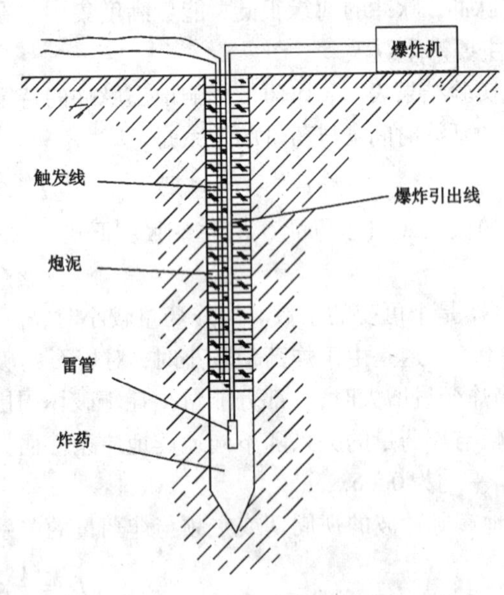

图 4.4.2　爆炸震源的激发方式

爆炸介质的性质对所激发的地震脉冲波有很大影响。实验表明，在低速带疏松岩石中激发时，能量被大量吸收而得不到好的效果，所产生的振动频率低、能量弱。在坚硬岩石中激发时得到的振动频率较高。在胶泥、泥岩中或潜水面下激发得到的频率适中。

实验表明，地震波的能量的大小与爆炸能量和介质之间的耦合情况有关，这表现在两个方面：一是几何耦合，二是阻抗耦合。几何耦合指炸药包直径与炮井直径的比值，当该比值等于1时，几何耦合为100%，这是最好的耦合。阻抗耦合指炸药的特性阻抗与介质的特性阻抗之比，即(炸药密度×炸药起爆速度)/(岩石密度×岩石中纵波的波速)。当这两种耦合都为100%时，激发的地震波能量最大。

实际工作中，为了在低速带下选择合适的岩性进行激发以控制有效波的频率范围和能量，在陆地上进行地震勘探时，多数情况是在井中爆炸激发地震波。特别在面波干扰较强的地方，如果使爆炸深度大于面波波长，则可以削弱面波干扰。在无法钻井或钻井困难的地区，例如沙漠、稻田、黄土或砾石层发育地区，可采取坑中或直接在地面爆炸。坑中或地面爆炸虽然能快速而方便地进行激发，但都会产生强烈的声波和面波，必须在野外工作方法上采取一定的措施以减少干扰。在江河湖海上勘探时采用水中爆炸。经验证明，在水中3～4 m的深度范围内激发可以获得良好的记录，但注意不能放在水底淤泥中激发，因为淤泥强烈吸收能量。当激发深度较大时可能产生重复冲击的干扰波，需加大药量或减小药包沉放深度。

3. 非炸药震源

虽然炸药震源是一种理想的震源，随着勘探规模的扩大和技术的发展，逐渐发现炸药震源存在着许多缺点。例如，施工的危险性比较大，保管不安全，钻井和放炮所需成本费用较高；更主要的问题是在无法钻井、严重缺水的地区(如沙漠)工作困难，有的地区(如工业区、人口稠密区或海上渔业区等)甚至不允许炸药爆炸。因此，地震勘探逐渐发展了非炸药震源，特别是近年来，国内外非炸药震源的发展非常迅速，并得到广泛应用。非炸药震源种类很多，简介如下：

(1) 锤击震源

锤击震源是目前工程地震勘探中采用最为广泛的一种简便激发方式，它特别适合于在建筑物比较密集的地区开展工作。这种震源由大锤、金属垫板、锤击开关和连接电缆组成。大锤一般是18 lb到24 lb的铁锤，激发信号由锤击开关经电缆输入记录系统。图4.4.3所示是24 lb铁锤锤击地面进行4次增强的地震波频谱，在100 Hz以下有较强的能量。

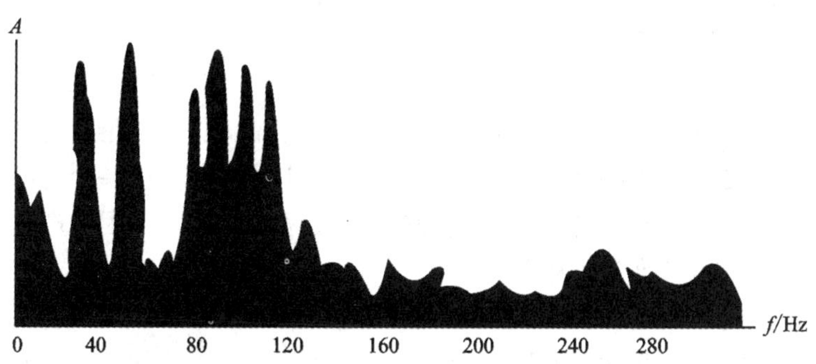

图4.4.3 锤击震源的波谱

对于这种激发方式，测区地表地层结构对锤击震源的激发效果影响很大，如在干燥松软的地面锤击效果较差，而在潮湿密实的地面锤击效果较好。实践表明，只要锤击员每次都以相同的方式锤击金属板，锤击震源具有较好的重复性。而目前用于工程地震勘探的地震仪一般都是信号增强型地震仪，因此采用多次锤击叠加的办法可以获得能量较强、分辨率较高的地震波频谱。此外，为保证多次激发时波的重复性较好，应保持金属垫板与地面的耦合状态良好，一般对于较疏松的覆盖层应把较疏松的部分刨去。

还有一种激发横波 SH 波的锤击震源称叩板震源。一般用作震源的木板长约 2.5 m，宽约 30 cm，厚约 15 cm。实际工作中，放置木板的地面应平整，木板一定要与地面耦合良好，通常将带有锯齿状的铁皮紧固在木板的底部，并在木板上压上数百公斤重物，或者直接将现场的汽车开上去，用前轮压住木板。激发时，在木板两端分别进行水平敲击，可产生相位相反的 SH 波，如图4.4.4所示。在进行资料处理求取横波速度时，利用相位相反的特征能较好地确认 SH 波的初至波走时。这种震源在土地基上激发的 SH 波频率范围一般在 30 ~70 Hz 之间。

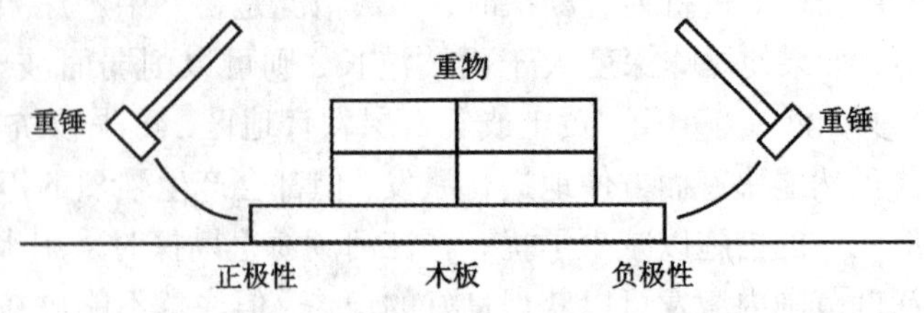

图 4.4.4　叩板震源产生 SH 波示意图

锤击震源最大的缺点是产生严重的水平方向的干扰噪声，如面波和声波的干扰较大，下面讨论的落重法或机械撞击震源也属于这种情况。

(2)落重法或机械撞击震源

落重法或机械撞击震源是最古老的一种非炸药震源，早在 1925 年就已应用。实际上，最简单的落重法或机械撞击震源就是工程地震勘探中使用的锤击震源。现代石油地震勘探使用的落重法是把数吨重(或数百公斤重)的物体从 2 ~3 m 的高处落到地面，撞击地面激发地震波。重物(一般是重锤，即几吨重的大铁块)用链条吊在一种专用汽车的起重机上，需要撞击时使其从高处落下。

自由落体的速度受重力加速度的限制，能量不够大。后来又出现了新的撞击震源，可以使重锤获得更大的加速度，这种情况下撞击地面时产生的脉冲更加尖锐、频谱接近于炸药震源产生的脉冲频谱。例如，用压缩空气驱动气缸内的活塞或驱动钢板而撞击地面的气锤震源，其撞击速度比一般的落重法大许多倍。

(3)可控震源

可控震源是一种机械震源，这是自 20 世纪 50 年代出现以来一直在不断发展改进的新型非炸药震源。它是靠安装在特种汽车上的振动器连续冲击地面而产生一个延续时间从几秒到几十秒、频率随时间变化的正弦振动，因此称它为连续振动震源。又因它产生的振动频率和延续时间都可以事先控制和改变，因此又称为可控震源。

可控震源有许多优点：其一是可以控制传播的地震波的频率以满足勘探的需要，充分利用震源的能量；其二是与炸药和气动震源比较，它的消耗是比较低的；其三是它能在城市工作，既不用钻机，又不损害环境。因此，可控震源逐渐在地震勘探中得到了广泛的应用。

①振动原理

可控震源产生的可控制的振荡波(扫描信号或调频信号)的函数形式为

$$g(t)=A(t)\sin\left(\omega_1 t\pm\frac{bt^2}{2}\right)\qquad 0\leqslant t\leqslant T \tag{4.4.4}$$

式中：$A(t)$是变化缓慢的振幅包络函数；$b=\frac{\omega_2-\omega_1}{T}$，$\omega_1$、$\omega_2$ 分别是扫描起始和结束角频率，

T 是扫描持续时间。

该信号的频率变化方式有两种：一种是频率由低变高，称为升频扫描，对应于(4.4.4)式中的正号；另一种是频率由高变低，称为降频扫描，对应于(4.4.4)式中的负号，如图 4.4.5 所示。T 一般为 3 ~ 40 s，比常规地震信号长很多，增加扫描信号的持续时间的目的是为了加强波向下传的能量。

既然这种震源发出的振动信号延续时间很长，该信号传入地下经反射返回地面被记录到的反射波的延续时间也会比较长。不同界面反射波之间的时间间隔与这个延续时间相比起来，构成复杂的波形，无法分辨，不能直接解释。为了解释这种记录，必须把接收到的每道地震记录同震源发出的扫描信号用互相关技术进行处理，得到相关记录。在相关记录上，每个界面的反射波都被压缩成延续时间约为几十毫秒的零相位相关子波，与炸药震源获得的记录相似。这时，震源信号自相关子波的极大值相当于爆炸信号。

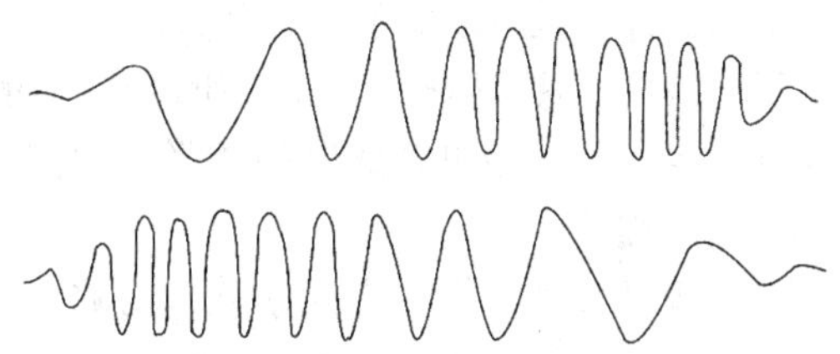

图 4.4.5　变频扫描信号

②信号相关处理

图 4.4.6 所示为可控震源的变频扫描信号与相关提取反射信号示意图。假设有三个反射界面，图中 a 为可控震源发射的变频扫描信号，b 为野外反射信号记录。图中 c、d、e 分别是第一、第二、第三个界面的反射波信号，它们的延续时间大致为变频扫描信号的记录长度。野外反射记录 b 是 c、d、e 三个反射的叠加结果，记录长度是始于第一个界面反射信号的初至直到第三个界面反射信号的终止时间，无法分辨与反射界面相应的三个反射波。f 是野外记录 b 和扫描信号 a 作互相关处理后的互相关记录，从 f 波形可以看出，显然是得到了与界面对应延续时间短的反射波。

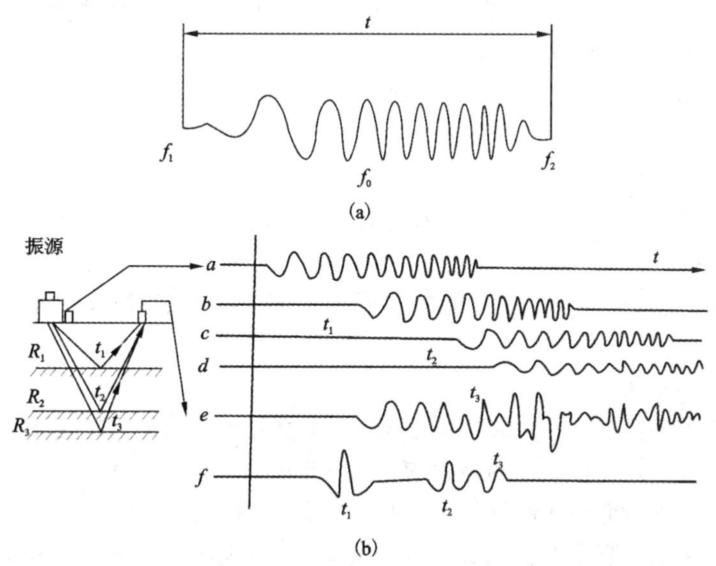

图 4.4.6　变频扫描信号与相关提取反射信号示意图

由此可见，扫描信号的自相关函数决定了相关记录上的基本波形。显然，最理想的相关子波应当是$\delta(t)$脉冲函数，因为它的宽度无限小，幅度无限大，分辨率最高。可是，在技术上无法实现以白噪声作为扫描信号($\delta(t)$是白噪声的自相关)，因为需要无限大的能量。况且，白噪声的频带无限宽，其中绝大部分成分在地层中被吸收而不能传送。但是，可以考虑采用一定的方法使相关子波尽可能地接近于$\delta(t)$脉冲。鉴于白噪声的自相关之所以具有宽度无限小的脉冲形式，是由于它各部分之间完全没有相似之处，或者说是由于它的任一部分都不重复。因此，只要扫描信号的瞬时频率不重复，该信号的自相关函数就接近$\delta(t)$脉冲函数。这就是为什么采用单调的升频或降频扫描的理由。

(4) 气爆震源

气爆震源是一种利用气态化学能作为陆上地震勘探的震源。它的地震波发生器是一个密闭的圆柱状爆炸室，其底板可自由伸缩，直接与地面接触，顶部为一沉重的反冲体。将混合气体(丙烷和氧气)导入爆炸室内，用电火花引爆，驱动爆炸室活动底板撞击地面激发地震波。一般用三台或更多的气动装置同时点火，引爆信号由记录装置用无线电发送。这种震源类似于锤击震源，一般是直接安装在汽车上，它产生的脉冲富含低频，因此有较大的穿透能力。

用于海上地震勘探的气爆震源称为水脉冲。与陆上使用的震源相似，在钢室中引爆混合气体后，高压混合气体通过一个细长的橡皮密封装置迅速膨胀，产生一个压力脉冲进入水中。当橡皮筒的体积达到最大时，安装在钢室的排气阀被打开，废气直接逸入空中，避免了气泡效应产生的干扰波。关于海上震源，在海上地震勘探一节中还将详细介绍。

二、地震波的接收

地震波的接收问题就是针对具体的地表地质条件，使用专门的仪器设备与合适频率的检波器，采用合理的工作方法，将地震波传播情况记录下来。关于地震检波器、数字地震仪等的工作原理已经在本章第一节中介绍，本节重点讨论地震波的接收条件以及检波器的有关特性。

1. 地震勘探对接收条件的基本要求

地震记录是研究地质现象的原始资料，因此在选择最佳激发条件以确保有效地激发地震波的同时，亦应选择良好的接收条件，从而保证地震记录具有如下特点：

①接收的地震记录有效波突出，并有明显的特征；

②与各地震界面相应的有效波层次分明，波间关系清楚，尤其是目的层反射明显；

③干扰波少，强度弱，并易于分辨。

选择良好的接收条件，主要从检波器的性能、检波器与大地的耦合状况以及检波器间距的选择等方面来考虑。

2. 检波器的频率特性

在高分辨率地震勘探中，总是希望尽可能获得宽高频地震信号，这就需要采用自然频率高的检波器进行接收。高频检波器的高频响应好，低频响应差。因此，可以利用高频检波器频率响应曲线的左半支对低频压制强烈，利用检波器响应曲线非线性部分相对补偿由大地滤波作用而造成的高频信号衰减严重和低频信号振幅相对强等特点，使检波器对高、低频信号的输出基本均一，如图4.4.7所示。由于高频检波器对低频强振幅信号进行了衰减，从而避免了地震勘探仪器前置放大器处于饱和状态。

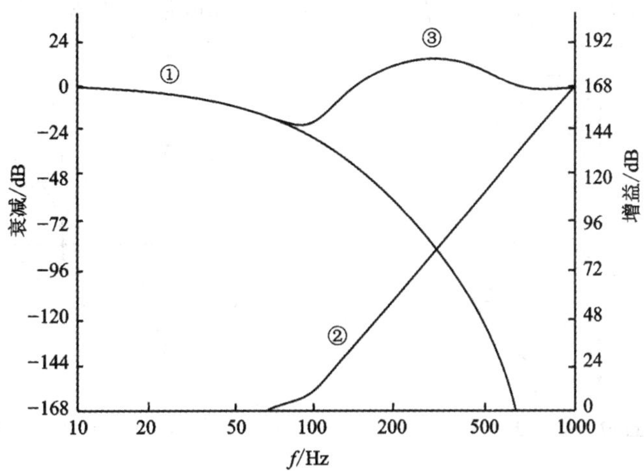

图 4.4.7　大地衰减和检波器特性曲线

3. 检波器的方向特性

高质量的地震记录就是有效波突出，信噪比高。实际工作中，人们往往利用有效波和干扰波之间的差异，采用不同的观测方式以降低各种干扰振动在记录上的能量，得到高质量的野外记录。利用地震波的方向特性压制干扰是其中的一个重要方面。实际上，检波器存在着两类方向特性：第一类方向特性是检波器的灵敏度(响应)与波传播时质点振动方向之间的关系；第二类方向特性是检波器的响应与波的传播方向之间的关系。人们通常利用这两类方向特性来压制干扰波，提高信噪比。下面讨论检波器的第一类方向特性，关于第二类方向特性——检波器的组合将在第五章中专门讨论。

(1) 单分量和三分量检波器

从第二章低速带特性的讨论中可知，地震波从地下经过低速带到达地面时，射线方向几乎垂直地面。因此对地震纵波来说，其质点振动方向也几乎垂直于地表。这时，使用垂向检波器记录地面位移的垂直分量，可以得到最大的灵敏度。同理，使用水平检波器记录地面位移的水平分量，也可以得到最大的灵敏度。由于这两种单分量检波器具有不同的方向特性，因此在纵波勘探时只需使用垂向检波器，在横波勘探中只需使用水平检波器。假定垂向检波器的最大灵敏度为 W_{01}，则波沿任意方向振动时其有效灵敏度 W_1 为

$$W_1 = W_{01}\cos\beta \tag{4.4.5}$$

式中：β 是质点振动方向(也是波的传播方向)与地面法线的夹角。

由(4.4.5)式可知，垂向检波器在垂直方向有最大的灵敏度 W_{01}，而在水平方向灵敏度为零。如用极坐标表示可得到如图 4.4.8 的图形。同理，对于水平检波器，有类似关系式

$$W_2 = W_{02}\cos\left(\frac{\pi}{2}-\beta\right) \tag{4.4.6}$$

式中：W_{02}是水平检波器的最大灵敏度。显然，当β为$90°$，即质点振动方向(与波的传播方向垂直)平行于地表时，水平检波器在水平方向得到最大的灵敏度。其方向特性如图 4.4.9 所示。

由此可见，当采用纵、横波联合勘探时或者记录三维空间中的任意方向振动时，都应该采用三分量地震检波器，这种检波器有 x, y, z 三个方向的机电转换装置。

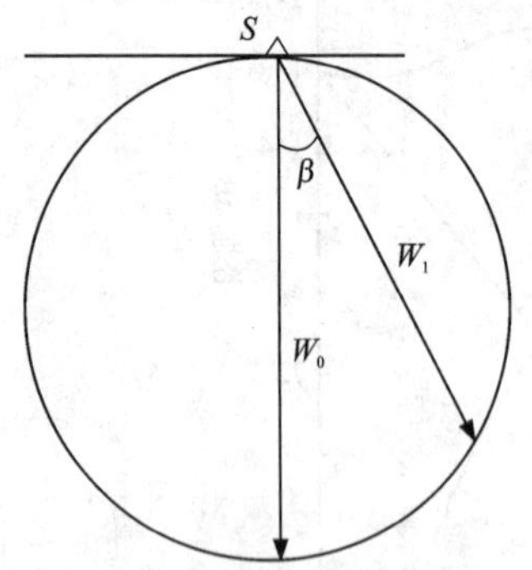

图 4.4.8　垂直检波器的方向特性

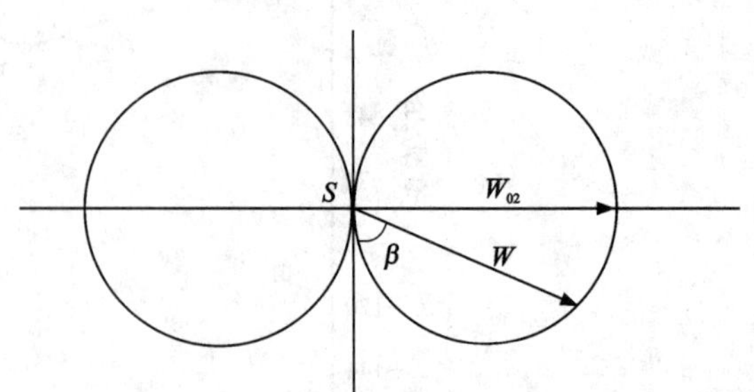

图 4.4.9　水平检波器的方向特性

（2）方位观测

所谓方位观测，就是在地面某观测点上，用多个垂向检波器以等倾角安置在沿锥形面的不同方位处，研究波形记录的振幅与检波器倾角的关系，如图 4.4.10 所示。

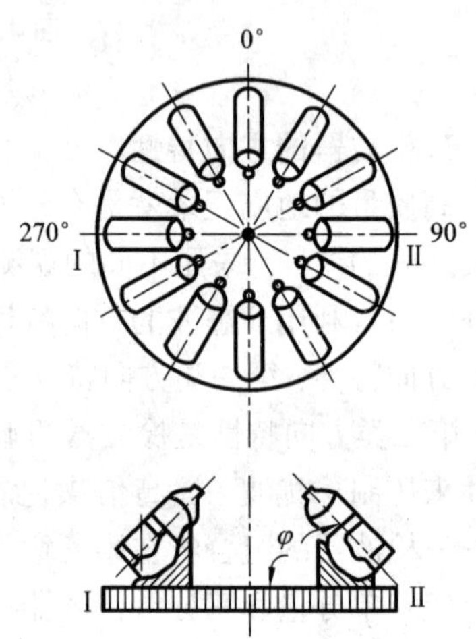

图 4.4.10　地震观测的方位装置

设检波器轴向与地面的夹角（倾角）为 φ，地震波的振动方向与地面法线的夹角为 β，仍然采用极坐标记录振幅与检波器倾角的关系，如图 4.4.11 所示为方位观测的方向性图解。从图中可见：①当 $\varphi=0$，方向性图解为两个相切的圆，对水平振动具有最大的灵敏度，同水平检波器的方向特性相同。②当 $0<\varphi<\beta$，方向性图解变得不对称，左面为小圆，右面为心脏线。在方位地震记录上，振幅的大小和相位都有变化，相位变化 180°。③当 $\varphi=\beta$，方向性图解不对称，左面变为一点，右面为心脏线。方位地震记录上只有一个方位的振幅为零值，相位几乎不变。④当 $\beta<\varphi<90°$，方向性图解仍不对称，但方位地震记录上的振幅差别不大，相位也没有变化。⑤当 $\varphi=90°$，方向性图解为一个圆，所有方位上记录完全一样，因为这时所有的检波器都是垂向安置的，这种情况同垂向检波器的方向特性相同。

根据以上结果，可利用方位地震记录识别纵波或横波等不同类型的地震波，特别是在复杂地震地质条件下可用来研究干扰波。在方位地震记录上，线性极化的纵波与横波的标志是：同相轴是垂直的，各道的记录形状相同，振幅按检波器方位的余弦函数变化。对于沿近于垂直方向到达方位装置的纵波，振动是同相的，相邻道的振幅差别很小，如图 4.4.11 中的 4、5 情况。对于沿相同方向到达的横波，如图中的 1、2 情况，因为质点振动方向近于水平，只有与横波极化线方向相同的两个检波器有最大振幅，但两者相位差 180°（如 1 中的 0°和 180°），而与横波极化线方向垂直的两个检波器则有最小振幅，两者相位差也为 180°（如 1 中的 90°和 270°），其他方位的振幅则按余弦规律变化。

从以上分析可以看出，三分量检波器只是方位观测装置的一个特例。此时只按 x、y、z

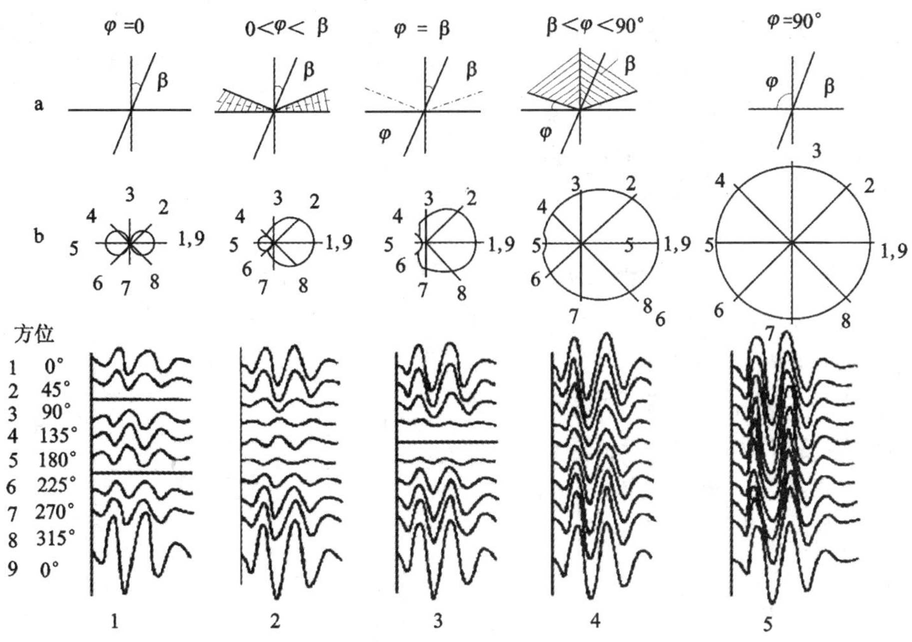

图 4.4.11　方位观测上方向性图解和地震记录

三个方位放置地震检波器，其中 z 轴放置垂向检波器，x 轴和 y 轴放置水平检波器。设各道记录的振幅分别为 A_x、A_y、A_z，则位移矢量的模为

$$A=\sqrt{A_x^2+A_y^2+A_z^2} \tag{4.4.7}$$

位移矢量的方位 α 及它与铅垂线的夹角 β 则按以下公式计算

$$\left.\begin{aligned}\alpha&=\arctan\frac{A_y}{A_x}\\ \beta&=\arctan\frac{\sqrt{A_x^2+A_y^2}}{A_z}\end{aligned}\right\} \tag{4.4.8}$$

4. 检波器与大地耦合

实际工作中，往往会出现这样的情况：检波器埋在树根旁，或草根较多的地方，得到的记录微震干扰就大；检波器埋在淤泥中，地震波低频成分便大为增加；一个排列跨过几种岩性，则记录上会呈现出各道波形随岩性不同而变化。以上说明检波器的安置条件与地震记录质量有直接关系。

试验表明，检波器与地面的耦合构成了检波器—地面阻尼振动系统，它们之间存在一个寄生谐振频率。如果检波器埋置条件好，即与地面耦合较好时，检波器和土壤就组成了一个阻尼较好的振动系统，其谐振频率就高；当检波器与大地耦合较差时，其谐振频率降低，有可能影响高频有效信号。检波器与大地固有耦合系统的特性取决于检波器的重量、检波器与大地的有效接触面积、地面振动幅度以及地表的弹性模量。

图 4.4.12 表示了检波器埋置质量不同和尾锥长度不同的效果。分析图 4.4.12 可知，对牢固埋置的长尾锥检波器而言，检波器的自然固有频率与检波器地面耦合响应的固有频率间

的响应是平坦的，如图4.4.12(b)中1线所示。如果检波器埋置不好，会使检波器输出响应发生畸变，如图4.4.12(b)中3、4线所示。检波器埋置不好造成的相位变化或畸变同振幅衰减一样有害，如图4.4.12(c)所示。

因此，野外施工时，在埋置检波器的地方，应去掉杂草、铲平，最好挖个小坑；碰到岩石出露，最好垫上一层潮湿的土，并把检波器用土垒紧，或者用胶泥、石膏等物将检波器固结在岩石表面上；在水田或沼泽地，则应将检波器密封好(为避免漏电)，直插水底，穿过淤泥触到硬土。

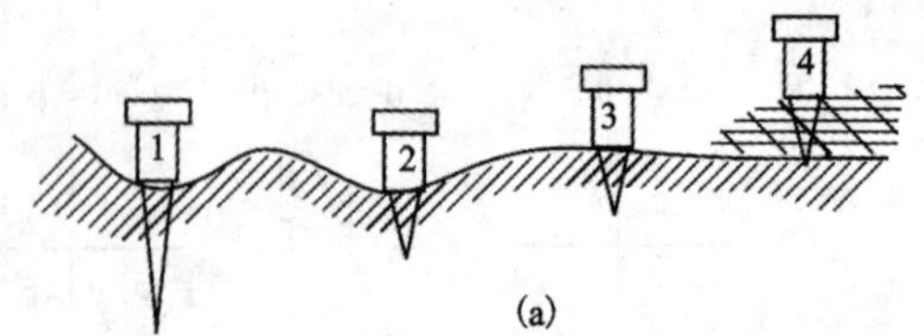

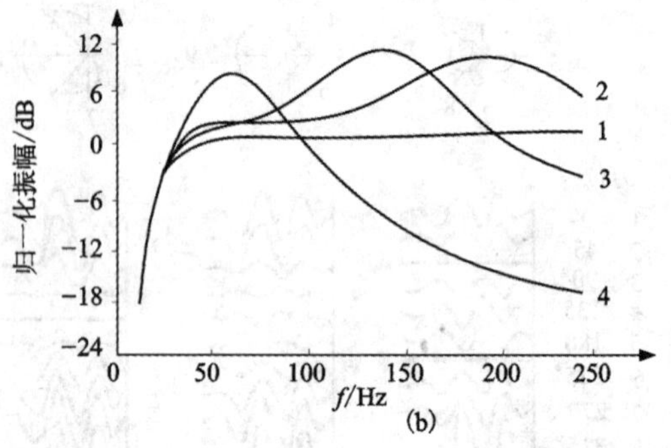

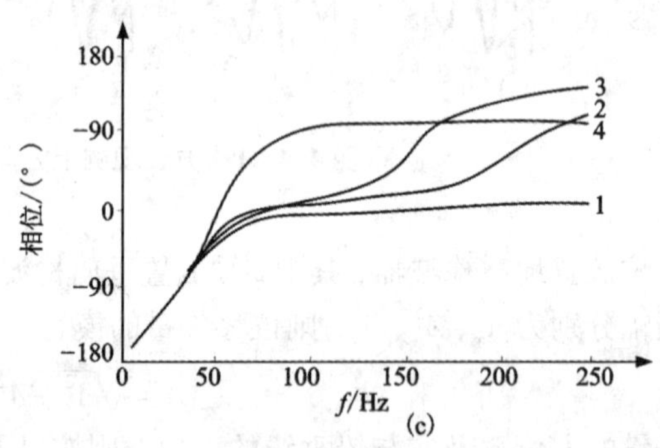

图4.4.12 检波器与地面的耦合

(a)检波器和各种地面耦合；
(b)不同耦合条件的检波器频率响应；
(c)不同耦合条件的检波器频率与相位关系

5. 道间距 Δx 的选择

前面在介绍地震观测系统时已谈到过检波器道间距 Δx 的选择问题，为了保证可靠地追踪和对比各地震道记录的有效波，必须合理地选择 Δx 的大小。

由于地震剖面上每一道记录往往是相邻原始几道所接收的振动叠加的结果，所以在选择 Δx 时应该考虑到以后的处理方法提出的要求。当然，更关键的还是解释工作的需要。决定 Δx 大小的总原则是：要求各道间相位关系清楚，同时轴明显，即在地震剖面的相邻道上能可靠地追踪波的同一相位。能否可靠辩认同一相位，主要决定于地震有效波(反射波或折射波)到达相邻检波器的时间 Δt，所记录有效波的视周期及其他波对有效波的干扰程度。如果有效波在地震记录上的视周期为 T_a，那么道间距 Δx 选择的基本原则是使时间 Δt 小于视周期 T_a 的一半，如图4.4.13(a)所示，这样便能可靠地辨认有效波的相同相位。反之，则有可能造成相位对比错误，即有可能把不同的相位错认了，如图4.4.13 (b)所示。那么

$$\Delta t \leqslant \frac{T_a}{2} \tag{4.4.9}$$

从视速度角度考虑时，得：

$$\Delta x \leqslant \frac{v_a T_a}{2} \tag{4.4.10}$$

式(4.4.10)可用于在一般条件下粗略地估算 Δx。在实际工作中，为了能同时可靠地追踪对

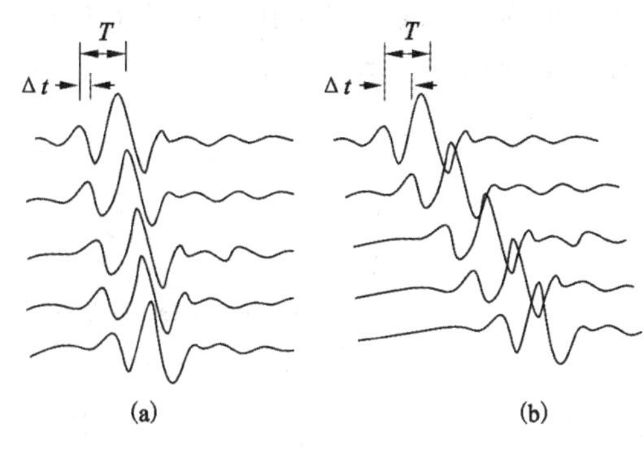

图 4.4.13　道间距 Δx 的选择

比深层和浅层反射波，Δx 应以浅层反射波（它的视速度小）的 v_a、T_a 作为标准来选择。对于石油地震勘探等目的层较深的情况：地震记录的相邻道时间差小，视速度较大，视周期也较大，因此 Δx 可以选择大一些；Δx 在很大程度上决定了野外工作的效率，所以只要不降低对比的可靠性，总是采用尽可能大的 Δx 值。而在大多数浅层或者超浅层的工程地震勘探中，反射波的视速度甚至小于折射波的视速度，因此，在很多情况下，反射波法的道间距应小于折射波法的道间距，对于要探测地下精细构造的情况时尤其如此。

第五节　地震波速度的测定

在反射地震勘探中，速度是一个非常重要的参数，它是利用地震资料进行地质解释的重要桥梁，也是工程地质勘察和工程质量检测中求取各种岩土力学参数的重要桥梁。在野外工作中，获得速度参数的途径有很多，可通过折射调查、速度谱、速度扫描、波阻抗反演等间接方法计算求得，也可通过岩石露头或标本测定以及地震测井、声波测井、PS 测井等直接方法求得。根据井中观测资料得到的地震波速度，可以较准确地求得地层的平均速度和层速度，本节主要讨论用测井的方法直接测定速度。

一、地震测井

1. 地震测井的野外工作

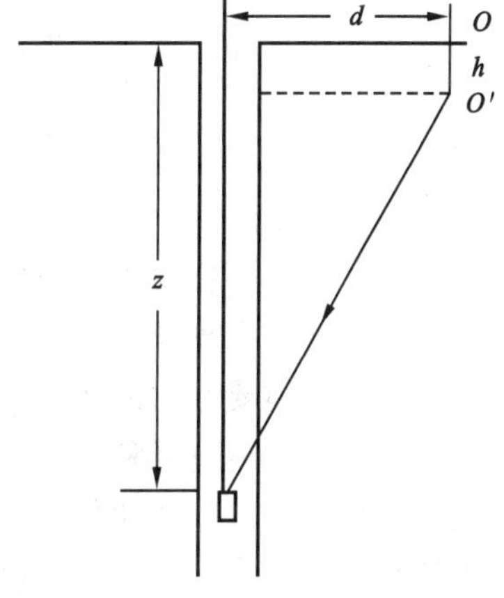

图 4.5.1　地震测井示意图

地震测井是在已钻好的井中直接测量地震波传播的平均速度和层速度的一种方法。进行地震测井工作时，利用测井绞车及仪器将耐高温高压且绝缘程度很好的测井检波器用电缆放入深井中，如图 4.5.1 所示。在靠近井口的地表爆炸激发，每激发一次，地震检波器向上提升一次，提升的距离一般为几十米。激发点（小炮井）至深井井口之间的水平距离称井源距。测井时首先是将检波器沉放到井底，从井底测起，测点间隔 50 米左右，在地层的分界面附近适当加密测点。地面上利用地震仪记录下从井口到检波器深度处直达波的传播时间 t，检波器的深度 z 可由电缆长度测得。这样就可以求得该深度 z 以上各地层的平均速度和层速度。

在我国石油勘探部门，地震测井通常是由钻井队和地震队共同协作完成。一般是在深井完井前进行。测井前由钻井队负责洗井，以防止井中的岩石碎块和泥浆阻塞检波器。为了提高所测平均速度和层速度的精度，在保证安全的情况下，应尽可能减小井源距，并设远近两个炮点。近炮点距深井 50 ~ 100 m，炮井按扇形排列，远炮点距深井 300 ~ 500 m，炮点按矩形排列，井距 10 m 左右，如图 4.5.2 所示。

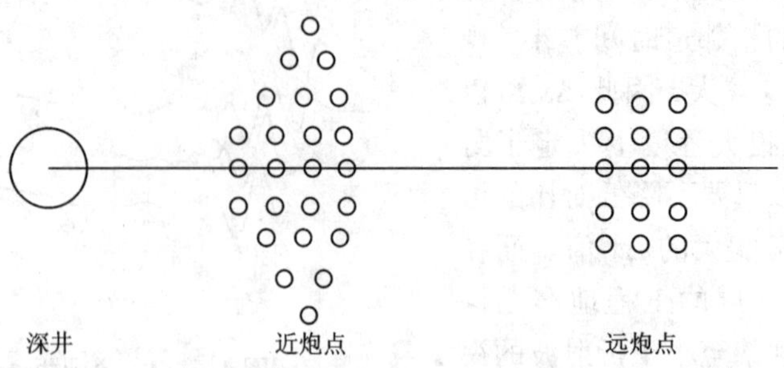

图 4.5.2　地震测井炮点分布示意图

从第三章中倾斜界面情况下折射波时距关系的讨论中可知，在地层上倾方向激发时，容易接收到折射波，在地层下倾方向激发时，不易接收到折射波。因此，当地层倾角较大时，炮点应布置在地层下倾方向，以防记录中出现折射波的干扰。如图 4.5.3 所示。

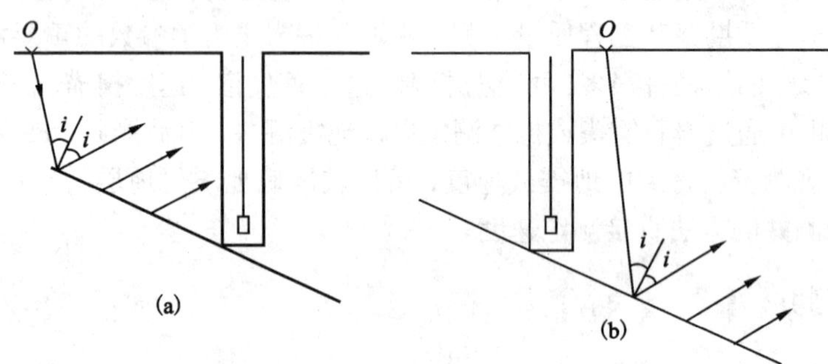

图 4.5.3　地震测井时的折射波干扰

(a)地层上倾方激发；(b)地层下倾方激发

测井时由于将测井检波器下放到深井中，井中的在检波器高温高压下很容易发生漏电现象。因此下井前要严格检查检波器的绝缘情况，用高压胶布将接头处包扎好，用水浸泡反复检查，务必使电缆检波器系统绝缘良好才能下井。另外，还要仔细检查检波器极性是否接错等。由于测井资料要利用记录下来的初至波，为了使初至起跳干脆，可用宽频档记录。激发所使用的炸药量可通过试验获取。

测井资料的初步整理和分析必须在井场进行，这样在现场发现问题可以及时检查和补充。例如在现场作出 $z-t_0$ 关系曲线(垂直时距曲线)，发现异常点时，应及时补炮检查。

2. 地震测井资料的整理

地震测井的有关参数，如图 4.5.1 中所示。激发点在地面的位置是 O，但真正位置是井底 O'，爆炸井深度为 h，检波器沉放深度为 z，井源距为 d。通过测井记录观测得到的时间 t' 是每次由炮点 O' 到沉放深度为 z 处的检波器的直达波传播时间。因此，计算速度时应从炮井井底 O' 算起，即

$$O'S=\sqrt{d^2+(z-h)^2} \tag{4.5.1}$$

如果将原始记录中的观测时间 t'转换为波沿深井井口到达深度为 z 处检波器的直达波垂直传播时间 t，则可得

$$t=\frac{z}{\sqrt{d^2+(z-h)^2}}\cdot t' \tag{4.5.2}$$

然后，可以根据下式计算波沿井口到达检波器的平均速度$\bar{v}$

$$\bar{v}=\frac{z}{t}=\frac{\sqrt{d^2+(z-h)^2}}{t'} \tag{4.5.3}$$

同时可利用 O'的直达波传播时间 t'计算波沿 $O'S$ 方向传播的速度，即射线平均速度

$$v_r=\frac{O'S}{t'}=\frac{\sqrt{(z-h)^2+d^2}}{t'} \tag{4.5.4}$$

显然，射线平均速度大于平均速度，尤其在浅层更为显著，深层时逐渐接近平均速度。从这方面考虑，设计炮点时应该尽可能使 d 小一些。但是，另一方面，d 太小则可能出现电缆波或套管波的干扰，对深井也不安全，因此 d 不能选得太小。

通过对地震测井资料的整理，可得出几种成果。

（1）平均速度曲线

利用（4.5.2）式和（4.5.3）式可计算出的 t 和$\bar{v}$，把数据绘在$\bar{v}-t$ 的二维坐标系中，就得到平均速度随时间 t 的变化曲线，如图 4.5.4 上部所示。

（2）垂直时距曲线

把波的传播时间 t 与深度 z 的关系绘在 $z-t$ 坐标中，就得到地震波沿垂直向下方向传播的距离 z 与传播时间 t 之间的关系，称为垂直时距曲线，如图 4.5.4 右下部所示。

（3）层速度曲线

当地层剖面的速度分层明显时，在垂直时距曲线上将表现为由许多斜率不同的折线段所组成。每一段折线反映了一种层速度的地层。折线段的斜率其倒数就是这一地层的层速度 v_n，即：

$$v_n=\frac{\Delta z}{\Delta t} \tag{4.5.5}$$

式中：Δz 和 Δt 为各分层的地层厚度和波在该层的传播时间。利用这一关系求出各层的层速度后，可作出 v_n-z 曲线，这反映了各地层的层速度 v_n 随深度 z 变化的情况，如图 4.5.4 左下部所示。

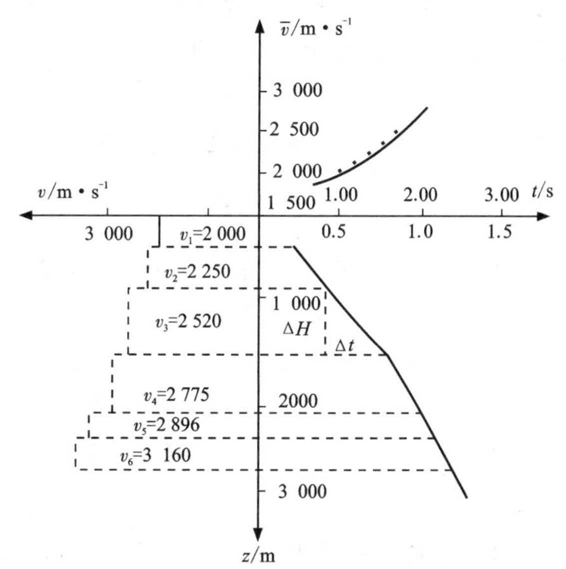

图 4.5.4　地震测井综合柱状图

把垂直时距曲线、平均速度曲线和层速度曲线绘在同一张图上，称为测井综合柱状图。

二、声波测井

地震测井可以求得比较可靠的平均速度和层速度，缺点是因激发的地震波波长较长及测点间距较大(几十米甚至几百米)，不能细致地划分岩层获得连续变化的速度剖面。针对这种方法的不足，可以采取连续测井的方法，称为声波测井。声波测井是利用声波在钻井岩石中传播的各种规律来研究钻井剖面，由于声波测井仪发射的声波频率一般都大于音频，所以又称为超声测井。地震测井和声波测井的主要区别在于工作频率的不同。声波测井所采用的信号频率要大大高于地震波的频率(通常可达 $n\times10^3\sim n\times10^6$ Hz)，因此具有较高的分辨率。另一方面，由于声源激发一般能量不大，且由于频率高、波长短，岩石对其吸收作用大，因此传播距离较小，一般只适用于在小范围内对岩体等地质对象进行较细致地研究。因为声波测井具有简便、快速、便于重复测试和对岩石无破坏作用等优点，目前已成为油气地震勘探尤其是工程地质勘查中重要的手段之一。

1. 声波测井原理

声波测井的方法较多，在地质勘查中应用最多的是声速测井。常用的声速测井有单发射双接收式(“一发二收”式)和井眼补偿式(“二发四收”式)两种，以前一种为例说明声速测井的原理。

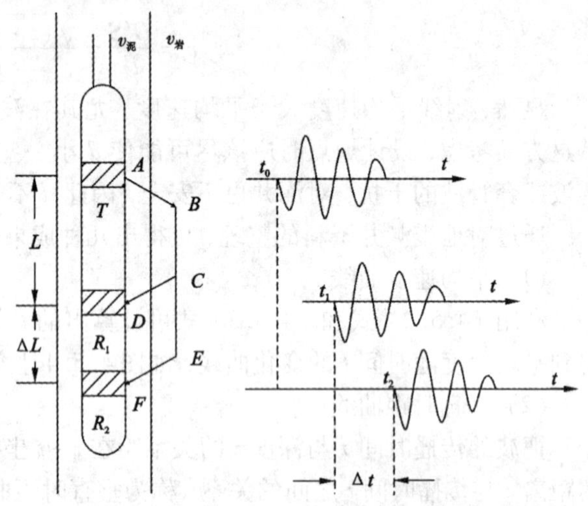

图 4.5.5　一发二收式声速测井原理图

如图 4.5.5 所示，声波测井仪的井中部分由超声波发射器 T 和接收器 R_1、R_2 组成。T 与地面上的脉冲讯号源相连，R_1、R_2 则与电子线路构成的记录装置相连。

测量时，井下检波器由井底连续向上提，超声波发生器 T 发射的脉冲波，经过泥浆，以临界角 $\theta=\arcsin\dfrac{v_泥}{v_岩}$($v_泥$ 是泥浆速度，$v_岩$ 是井壁岩层速度)入射到井壁上，产生一个沿井壁方向前进的滑行波。该波的一部分能量又经过泥浆，以临界角折射到两个接收器 R_1 和 R_2。只要超声波发射器与接收器之间的距离超过折射波的盲区范围，就能由记录装置将初至折射波旅行时记录。令声波到达 R_1 和 R_2 两个接收器的旅行时分别为 t_1 和 t_2，则有

$$t_1=\frac{AB}{v_泥}+\frac{BC}{v_岩}+\frac{CD}{v_泥} \tag{4.5.6}$$

$$t_2=\frac{AB}{v_泥}+\frac{BE}{v_岩}+\frac{EF}{v_泥} \tag{4.5.7}$$

因为 R_1 和 R_2 之间的距离 ΔL 一般约为 0.5 m，在此范围内井可以认为是不变的，于是 $CD=EF$，$\Delta L=DF=BE-BC$，可得

$$\Delta t=t_2-t_1=\frac{BE-BC}{v_岩}=\frac{\Delta L}{v_岩} \tag{4.5.8}$$

式中：Δt 是到达两个接收器初至折射波的时间差，记录点为 R_1 与 R_2 之间的中点，所得到的

测井曲线为连续的时差曲线，如图 4.5.6 所示。曲线上的 Δt 越小，所对应的岩层的声速 $v_{岩}$ 就越大。规定 ΔL 以 m 为单位，由(4.5.8)式可以算出

$$v_{岩}=\frac{\Delta L}{\Delta t}\times 10^{6} \quad (\mathrm{m/s}) \tag{4.5.9}$$

上式求出的就是相应地层的层速度。

除声速测井外，声波测井方法还有声幅测井和超声电视测井。声幅测井是测量声波振幅，并根据其衰减特性来研究岩石结构及孔隙中液体性质的方法。超声电视测井是一种能直接观察井壁情况的方法。其换能器能随着深度的变化向井壁作螺旋状的连续声波扫描，即不停地向井壁发射脉冲声波，并不断接收由井壁反射回来的反射波。可得到反映整个井身面貌的图像记录，对测定井中的裂隙和破碎带等有较好的效果。

2. 地震测井和声波测井的关系

通过以上讨论可知，地震测井和声波测井都是求取平均速度和层速度的有效方法，但它们各有自己的特点，主要差别如下。

（1）取得速度资料的方法不同

地震测井记录的信号频率是 20 ~ 80Hz，声速测井的信号频率一般为 2×10^{3} Hz，两者频率相差 250 ~ 1 000倍。从理论上讲，利用声波测井求出的平均速度应代表地层的真实速度，但由于声波频率高，穿透地层能力差，其速度只能反映井壁周围直径很小范围内的地层速度，而井壁地层速度受钻井泥浆的影响较大；而地震测井则不同，波在长距离的岩体中传播，几乎不受钻井泥浆的影响，因此，地震测井更接近于地震勘探的实际情况。

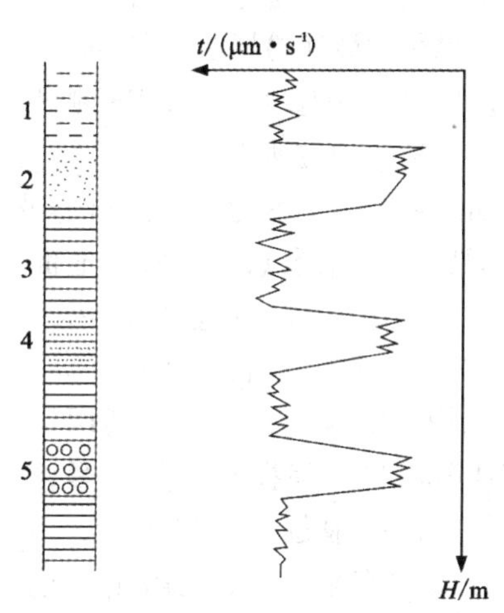

图 4.5.6　声速测井的声波时差曲线

1—黏土；2—砂；
3—泥岩；4—砂岩；5—泥岩

（2）工作条件不同

地震测井工作复杂、成本高、效率低、不方便；声波测井则可和电测井、核测井等其他地球物理测井同时进行，效率高、成本低、又方便。

（3）所得资料不同

地震测井时，如无其他干扰等因素影响，则所求的平均速度值的绝对误差较小，因时间值皆直接读得，所以精度高。但因为是逐点测量，点距又不能很小，所以划分层速度比较粗糙；而声波测井，由于它是连续测量，接收距又小，能细致划分层速度，能反映地层岩性特点，所以声波测井曲线可用于划分岩性并进行地层对比，对地质解释意义较大。例如，在碳酸盐钻井剖面中，当白云岩或石灰岩具有裂隙时，声波时差将明显增大，若认为是地层岩性变化引起的，就会出现差错。

（4）应用领域不同

地震测井一般只用于石油、煤田、金属矿等中、深部地震勘探；而声波测井除此之外，还可广泛地用于工程地质勘查，比如可用来探测岩体的完整性系数、裂隙系数和风化程度等。不过，工程地质勘查中的 PS 测井实际上也属于另一种意义上的地震测井。

三、PS 测井

PS 测井是 P 波、S 波速度测井的简称。与地震测井类似，也是在钻井中直接测量地震波传播的平均速度和层速度，既可测量 *P* 波速度，也可测量 *S* 波速度。在工程地质调查中，通过与地面浅层地震勘探配合使用，可大大提高地震资料的解释精度；并且可提供断层破碎带、地层厚度以及折射波法难于探测的低速夹层等资料；可计算剪切模量、泊松比等工程力学参数，还可用纵、横波速度比来评价岩体质量和地基各向异性、振动特性等。

1. PS 测井工作原理

PS 测井分为跨孔法和单孔法(检层法)两种。跨孔法工作中须将震源和检波器放在不同钻孔中的同一高程位置，根据孔水平间距和波传播历时即可求出相应深度处岩、土的波速。单孔法也称为波速检层法，在岩、土工程地质勘察中应用较多，PS 测井一般都是指这种方法。

如图 4.5.7 所示为 PS 测井的一种常规野外施工示意图，采用地面激发、井中接收的方式。它使用一个井中三分量检波器，检波器上一般装有橡皮囊和金属垫板，利用压缩气体或液体可使探头与井壁紧密耦合。震源一般位于井口附近，用锤击或爆炸产生纵波，用敲击与地面紧密耦合的木板产生横波(SH 波)。采用信号增强型工程地震仪接收，其测定深度可达 100 m 左右。

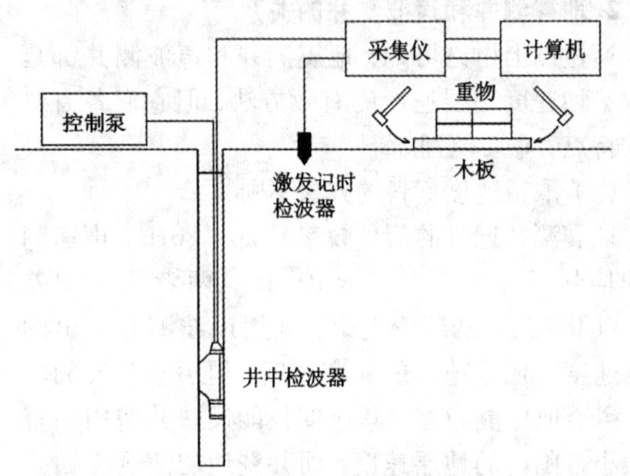

图 4.5.7　PS 测井野外施工示意图

2. 野外工作流程

测井的常规工作流程如下。

(1) 打钻孔或扫孔

按工作要求打好钻孔，孔深不应小于工程所需的地层勘测深度，孔径应保证检波器能顺利地在钻孔中或套管中上下移动，但也不要太大，以减小孔壁土体扰动。为提高测试结果精度，钻孔一定要垂直。被测孔如果不是刚打的钻孔，测前必须用钻机扫孔，以免泥浆沉淀固结，测不到预定深度。

(2) 震源设置

震源一般设置在离井口 1 ~2 m 的地方。激发纵波采用铁锤锤击地面的金属板(如果探测深度较大，可用标准贯入试验用的 63.5 kg 的重锤代替铁锤)，激发横波用铁锤侧击长方形木板(一般长约 2.5 m，宽约 0.3 m，厚约 0.15 m)的两端。激发横波震源的木板，一定要与地面耦合良好，并在木板上压上数百公斤重物，如果井口附近无井架和钻井机械等障碍，可将汽车前轮压在木板上代替重物。激震板的长轴方向应与以钻孔为圆心的圆相切，即木板的中心位置应正对钻孔，并应精确测量震源至井口的距离。

(3) 波动信号测量

测量时先将井中三分量检波器(探头)放至井底预定深度处，由深到浅测量(也可以采用由浅到深的测量方式)。测量时给井中检波器的橡皮囊充气或充水，使橡皮囊另一侧的垫板与井壁紧密耦合，然后激发弹性波，同时由仪器记录下检波器所接收到的信号。对于信号增强型仪器，可以进行垂直叠加来提高信噪比，当波形曲线记录满意后，放掉井中检波器橡皮囊中的气或水，将井中检波器提升到下一个测点，如此测定全井。

测量时相邻两测点的深度差一般为 0.5 ~2 m，不一定要等间距测量，但要根据钻孔地质资料保证每个层位 2 ~4 个测点，才能可靠地测定出这个层位的波速。

当只需测定地层中 *P* 波速度时，检波器不一定要求与井壁紧贴，但在这种情况下，钻孔中必须注满水或泥浆，不贴壁的检波器在干孔中接收 *P* 波也是困难的。

3. 资料处理和解释

(1) 横波的识别

PS 测井的资料处理和解释和地震测井非常相似，主要区别在于对横波的识别。

对于测井的原始记录波形，首先应确认 P 波和 S 波的初至(对于 S 波，可以根据波形相位有无反转来进行识别)。在激发横波时，尽管采用了横波激发震源，但地震记录中不可避免地还存在着纵波和其他干扰波。怎样从横波地震记录中识别横波或者说怎样从中区分出纵波和横波，一般可从以下几个特征来进行识别。

① 从时差上识别

由于横波速度总是小于纵波速度，因此在地震波形记录上，纵波是初至波，横波是续至波；另一方面，由于横波速度慢，随着接收距离的增大，各道时差较明显，而纵波的时差则难以区别。

② 从相位上识别

当对激震木板进行正、反两端敲击时，分别记录其纵、横波，横波将呈现相位倒转的特点，而纵波的相位一般是不变的，从而可以将纵波和横波区分开来，如图 4.5.8 所示。

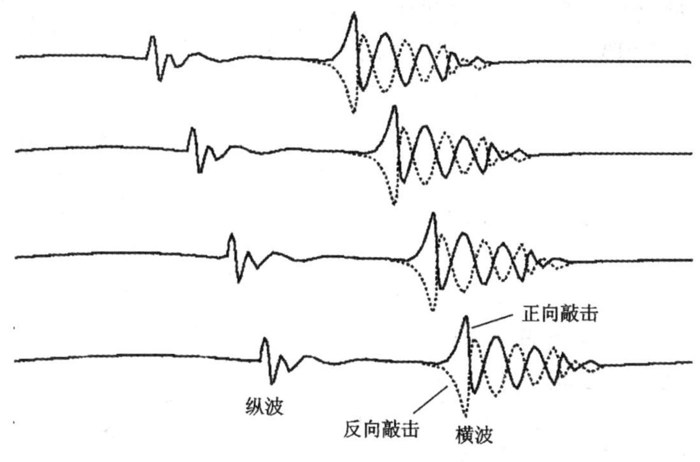

图 4.5.8　正反敲击横波相位倒转示意图

(2) 计算层速度和平均速度

在读取 P 波和 S 波的初至后，接着绘制时距曲线。和地震测井相似，将测井记录中得到的波沿射线传播的旅行时间换算成井口到达检波器的垂直入射时间，在此基础上即可计算层速度和平均速度。如图 4.5.9 所示，震源离井口的距离为 d，检波器沉放深度为 z，震源离检波器的距离即波射线的长度为 l。假定地震波是沿直线传播到井中接收点的，则检波器在深度 z 处所对应的旅行记录时间和垂直时间分别为 t' 和 t，那么与式(4.5.2)相似可得

$$t = \frac{z}{\sqrt{d^2 + z^2}} \cdot t' \qquad (4.5.10)$$

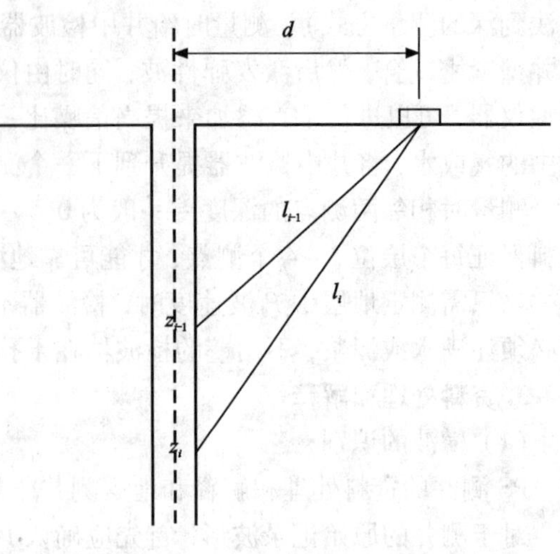

图 4.5.9　PS 测井原理示意图

设 t_{i-1} 和 t_i 为实测的初至时间，z_{i-1} 和 z_i 为相应点处的垂直深度，则 z_{i-1} 与 z_i 之间的波速为

$$v_i = \frac{l_i - l_{i-1}}{t_i - t_{i-1}} \qquad (4.5.11)$$

式中

$$\left.\begin{aligned} l_{i-1} &= \sqrt{z_{i-1}^2 + d^2} \\ l_i &= \sqrt{z_i^2 + d^2} \end{aligned}\right\} \qquad (4.5.12)$$

那么，弹性波以这个速度沿井壁从 z_{i-1} 到 z_i 所需的时间为

$$\Delta t_i = \frac{z_i - z_{i-1}}{v_i} \qquad (4.5.13)$$

将所有时间加起来，即 $t = \sum_{i=1}^{n} \Delta t_i$，就表示波从井口传播到 z_n 深度所用的全部时间。

以垂直时间 t 为横坐标，以深度 z 为纵坐标，可得 $z-t$ 关系的实测时距曲线图，称垂直时距曲线(分 P 波时距曲线和 S 波时距曲线)。用垂直时距曲线的线性段和拐点，可对所测地基分层并计算层速度

$$v_n = \frac{\Delta z}{\Delta t} \qquad (4.5.14)$$

某一深度 z_i 处以上的平均速度由下式计算

$$\bar{v} = \frac{z_i}{t_i} \qquad (4.5.15)$$

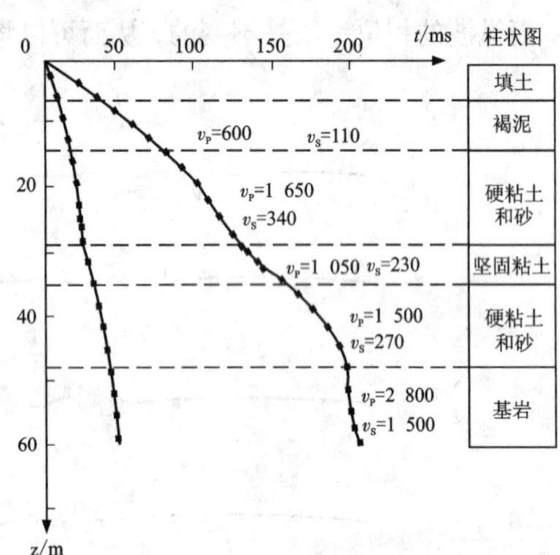

图 4.5.10　PS 测井综合解释图

实际工作中，人们大多参照地层剖面在时距曲线上分段线性拟合，垂直时距曲线上某直线段的斜率即为相应深度内地层的层速度，可分别计算 P 波和 S 波的层速度和平均速度，对地层情况进行合理的地质解释，如图 4.5.10 所示。

第六节　海上地震勘探

海上地震勘探是海上应用最广泛、发展最迅速的一种物探方法，通常采用地震反射波法。

目前，海上地震反射技术已日趋完善，在寻找石油、天然气工作中成效显著。海上地震勘探与陆上地震勘探相比在方法原理、资料处理和解释方法等方面基本上是一样的，只是对海上资料处理多了几个针对海上特有干扰波和采集方法的处理模块(如反鸣震)，而静校正部分比陆上地震资料处理静校正简单得多。但在野外工作方面，由于海上地震工作的特殊性，数据采集方法与陆地有很大的差别，这主要表现在海上的特殊干扰波、海上震源和海上定位等。

前面几节对陆上反射法野外工作进行了较详细的介绍，本节仅对海上地震工作中的一些特殊问题以及数据采集(包括水上工程地震数据采集)中的几种基本方法进行讨论。

一、海上地震特殊干扰波

在海上地震勘探中经常观测到一些海上特有的干扰波，如重复冲击、交混回响、鸣震、侧反射、海底面波等。下面对它们的形成原因及其性质进行简单介绍。

1. 重复冲击

震源在海水中激发时会产生气泡，气泡在上升过程中，在海水静压力作用下将产生胀缩运动(气泡效应)。每次胀缩都相当于一个新震源，产生重复冲击波动引起检波器(水上地震勘探中也称为水听器)振动。重复冲击波在地震记录上有非常明显的表现，即在初至波出现一定时间后，再次出现与初至波的视速度及方向相同的振动，如图 4.6.1 所示。

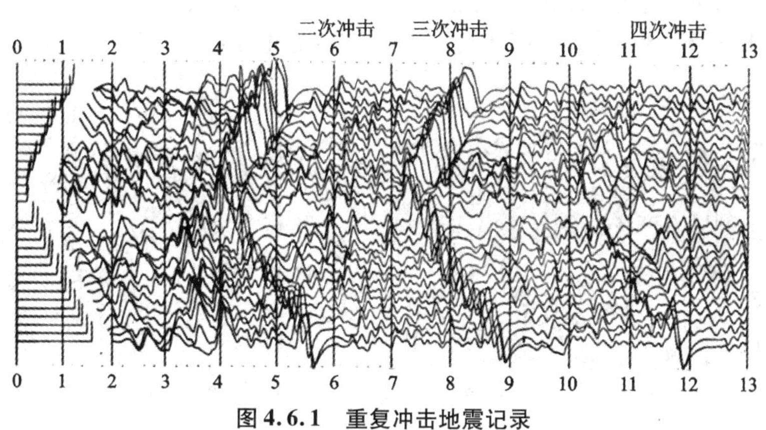

图 4.6.1　重复冲击地震记录

为了对重复冲击有一个形象的了解，对气泡的形成及变化过程作简单说明：设水下有一个直径 0.3 m 的球形炸药包在它的中心爆炸，在起爆后 500 μm 时，爆炸产生的高温高压气体所形成的气泡其直径约 0.6 m。直到爆炸后 200 μm 为止，气泡仍继续扩大，半径可达 3.0 m，但这时气泡内的压力只剩下 1.5×10^{-6} Pa 了，这压力比周围海水的静止压力低 2.5×10^{-5} Pa。由于此时周围海水压力大，气泡内压力小，气泡迅速收缩，又引起气泡内的压力增加。到 400 ms，气泡缩小到它的最小直径，然后又开始扩张。如此循环往复，形成对水中检波器拖缆的重复冲击振动。如果没有摩擦损耗，水泡也不升到水面，这个胀缩过程将无限地继续下去。实际上，因为气泡上面的水层阻碍它向上运动，当它的半径很大时，气泡的滞留深度差不多不变。当气泡的直径为最小时，水的阻力也最小，气泡以最大的速度上升。

试验表明：用 1 lbNCN 的炸药在水深 50 ft(15.24 m)处爆炸时，气泡的震荡周期约为 120 ms；当炸药量为 50 lb(22.68 kg)时，约为 700 ms。以这样的周期重复出现激发脉冲当然是非常有害的。为了克服气泡震荡，可以在较浅的深度处进行爆炸，使气泡到达水面以后就破裂了，不会发生震荡，或者使震荡控制在最弱。能使气泡破裂的最大深度 d 与炸药量 W（磅）的关系可用下式表示

$$d = 3.8W^{\frac{1}{3}} \tag{4.6.1}$$

式中：d 用英尺表示，1 ft = 0.3048 m；W 用磅表示，1 lb = 0.4536 kg。

必须指出，在由式(4.6.1)得出的这个深度处进行爆炸，从产生向下传播的地震能量来说又显得太浅了，以致会大大降低激发的效果。因此，在实际工作中，要对药量和爆炸深度作出合理选择。一旦确定了爆炸深度，就可以加大药量，使气泡上升至水面能发生破裂，以减弱或消除重复冲击。

2. 交混回响和鸣震

海水表面以上是空气，因此海水表面是一个很强的反射界面；海底是海水和淤泥（或基岩）的分界，因此海底也是一个很强的反射界面。因此，在夹着水层的两个反射系数比较大的界面之间，地震波会形成多次反射。当海底介质坚硬凹凸而致起伏不平时，地震波发生散射并和水层内多次波相互干涉，会造成对地震记录有效波的严重干扰，称为交混回响。如果海底是平坦的，界面的反射系数比较稳定，则在水层中产生的多次波与水层发生共振现象，称为鸣震。鸣震在地震记录上的特点是：具有稳定的似正弦形的波形，能量强，延续时间长，往往充满整张记录，会把有效波掩盖。鸣震是海上地震工作中一种主要干扰波。图4.6.2(a)、(b)所示分别为存在高频交混回响和鸣震时的地震记录。

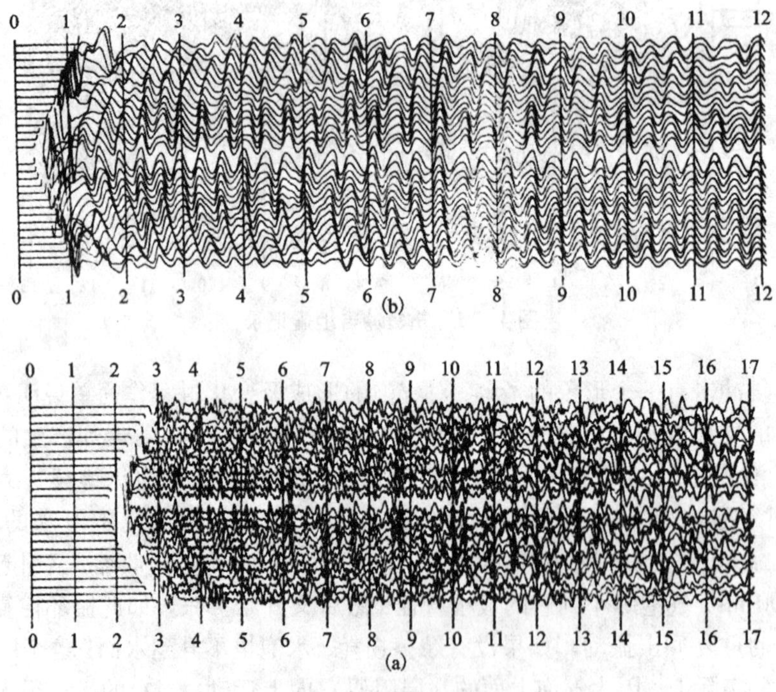

图 4.6.2 交混回响和鸣震

(a) 高频交混回响记录；(b) 鸣震记录

3. 侧反射波

在测线附近存在海底潜山、水下暗礁等时，在地震记录上均可观测到侧面反射波。这种反射波强度衰减很慢，并以各种不同的视速度在整张记录上出现，有时会连续好几个排列。当测线与海底潜山、暗礁等的走向平行时，侧反射波同相轴为直线，如图 4. 6. 3 所示；而当测线与其走向垂直时，侧反射波同相轴近似为双曲线。由于侧反射波在水中传播，海水速度一般为 1 440 m/s，因此在地震记录上这种波比较容易识别和消除。

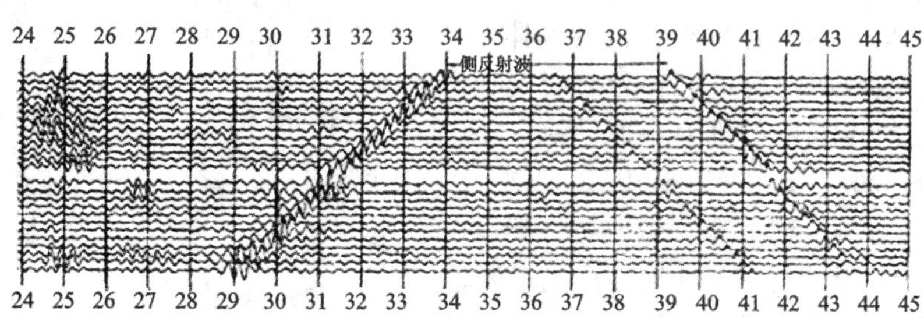

图 4.6.3 直线型侧反射波

4. 底波

这是与海底界面有关的海底面波，实际上是一种斯通利波，俗称底波。在浅海域进行地震勘探时，如果靠近海底激发，海水层与海底淤泥底面之间常观测到这种斯通利波。它的特点是频率较低(为 10 ~ 20 Hz)、视速度较小(大约为 1 000 m/s)，横向衰减慢，延续时间长，但离开海底即迅速衰减，如图 4. 6. 4 所示。

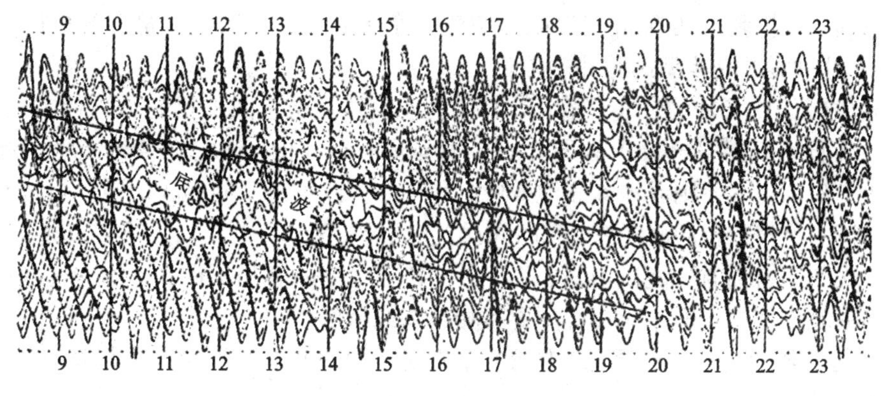

图 4.6.4 底波

二、海上震源

目前，海上地震勘探已普遍采用非炸药震源，这是因为在海上作业中，炸药震源有一些明显的缺点：第一，炸药在海水中激发会产生气泡效应，为了不产生重复冲击，要通过试验确定炸药的最佳沉放深度；第二，使用炸药震源不安全，妨碍提高海上地震勘探的生产效率；第三，炸药震源对海洋鱼类资源有严重的杀伤，还会造成环境污染。鉴于以上原因，现在已广泛使用非炸药震源。

海上用的非炸药震源种类很多，这里选择几种有代表性的简单介绍如下。

1. 空气枪震源

海洋勘探中最普遍应用的非炸药震源是空气枪，它属于气动震源，是将压缩空气在短暂的瞬间内释放于水中，可以和炸药爆炸一样，形成气泡并造成强烈的振动。海上地震勘探中使用的各种空气枪的具体结构不完全一样，但它们的工作原理都是将空气压缩送进空气枪的气室中并达到一定的压力。图 4.6.5 所示是一种 PAR 型空气枪的结构原理图。整个装置做成枪一样的形状，容量达数十升的空气，从高达 152×10^5 Pa压力的压力机送入装置的左上侧进入枪膛 A，又从梭子中心的细孔进入枪膛 B，空气的压力平衡使梭子保持着如图左的关闭状态。用电触发时，顶部的螺丝管打开一阀门，使高压气体(空气)压入梭子上部凸缘 C 的底部，产生一个向上的力，它超过了保持梭子关闭的力，打破了平衡，于是梭子迅速向上运动而打开枪膛 B，枪膛 B 中的高压空气通过气门冲到水中，产生很强的冲力，激发出类似于爆炸产生的重复振荡。因为能量较小，二次脉冲衰减很大，主要产生与脉冲波非常类似的地震波。当高压空气进入水中后，梭子因向上的力迅速衰减及枪膛 A 内空气的向下压力增大而回到关闭位置，枪膛 B 再次被充以高压空气，等待下一次的激发。整个释放周期只需要 25 ~ 40 ms。这种震源是典型的脉冲震源。

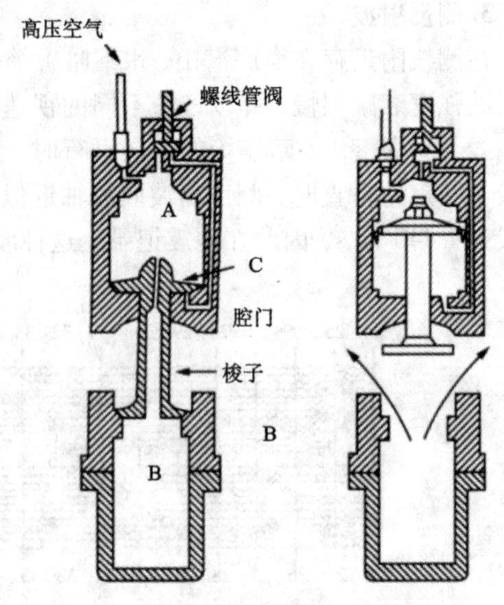

图 4.6.5　空气枪震源原理示意图

空气枪震源的缺点是也有气泡效应，必须注意克服。最有效的措施是进行空气枪组合。用于组合的不同容积的空气枪中必须有一个大容积的空气枪，使它在信号能量中起主导作用，其他小容积的空气枪则起消除气泡效应的作用。为此可将不同容积的空气枪按某种几何形状排列，而又严格保持同时激发，其时间误差应不超过 0.5 ~ 1.0 ms。这样，所有空气枪发射的脉冲信号就同相叠加，能量增强，并且由于各空气枪的容积不同，各枪的气泡效应出现的时间也不相同，使得气泡效应在叠加中互相减弱或抵消。

和空气枪类似的还有一种混合气体震源，它是将丙烷和氧气混合起来代替空气，以激发出更强大的地震脉冲。

2. 无气泡蒸汽枪

无气泡蒸汽枪震源是在海水中释放高温蒸汽造成地震振动，蒸汽在海水中迅速散热并恢复其体积可以消除气泡效应并达到良好的地震效果。

蒸汽枪震源装置由下面几部分组成：蒸汽发生器(包括一个锅炉和一个过热器)；导管(即枪)，它伸入水下面；贮气柜；阀门(由记录室控制)。工作时，在锅炉中把水变成压力为60 Pa、温度达 276℃的饱和蒸汽，再将此饱和蒸汽送入过热器，使其温度增高到 400℃，压力仍为 60 Pa。用这样的蒸汽供给气枪发射。两次激发之间，为了防止蒸汽凝聚，用一可调阀门使蒸汽在装置中不断循环。在激发后，多余蒸汽可排入大气或膨胀和凝聚，使水又恢复原状。

蒸汽枪震源没有笨重的转动机械或电子部件，各部分工作时无噪声和振动，便于使用。激发速度主要取决于蒸汽产量，较先进的蒸汽枪能达到每 6 s 激发一次，每炮有足够的能量。虽然每炮释放出一定的能量，但其声波对海洋生物无害。蒸汽枪每次激发的信号波形重复性很好。还有一个突出优点是所激发的信号其波形可以用检波器精确地记录下来，这就提供了地震子波的真实波形。使我们可以在处理时进行反滤波，把蒸汽枪激发的地震子波压缩为近于 $\delta(t)$ 脉冲，大大提高地震记录的分辨能力，如图 4.6.6 所示。所以无气泡蒸汽枪是一种较理想的海上地震勘探震源。

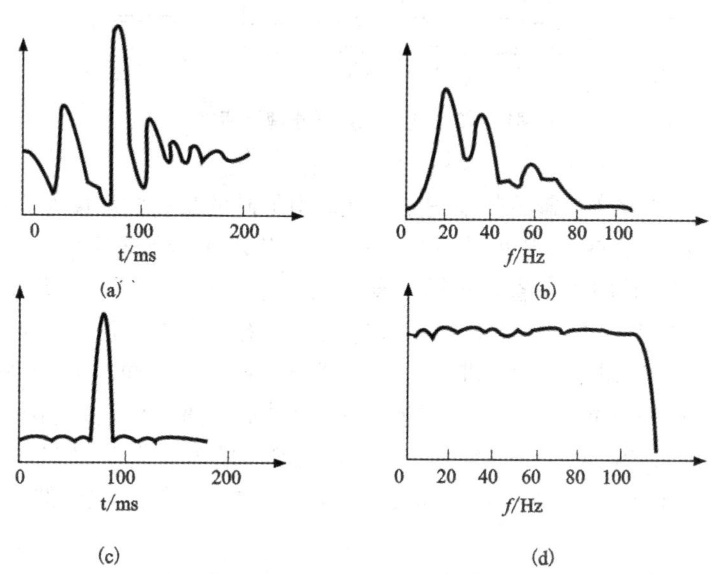

图 4.6.6　蒸汽枪激发的原始地震子及处理后的波形

(a)记录信号；(b)信号频谱；(c)处理过的信号；(d)频谱

3. 电火花震源

电火花震源除用于海上地震勘探外，也常用于浅海或江湖河上的工程地震勘探。它是利用电容器储存高压电能，在一瞬间通过水介质突然放电使海水汽化，产生巨大冲击力来激发地震波，其结构原理如图 4.6.7 所示。它的主要部件是由通过置于水中的电极组同船上的电容器组相连接，首先由发电机向电容器组充电，在激发的一瞬间，由一个专门设计的开关系统突然接通电流，于是电容器组就通过电极之间的盐水间隙放电。放电产生的热度相当高，以致水被突然汽化而产生迅速膨胀的蒸汽气泡，放电后又很快冷却，蒸汽气泡破灭而激发出压力脉冲，两者合并为总的振动。该震源的特点是激发的地震波频率高(一般 100 ~ 1 000 Hz 或以上)，因而分辨率较高。电火花震源可提供的能量较低，一般多采用组合激发。

4. 机械冲击震源

这是一种用于浅海或江湖中的水上工程地震勘探震源，由于勘探目的层较浅，因此要求所激发地震波的能量较小。由于弹性波在水中传播过程衰减很小，船底与水耦合较好，因此可将机械冲击装置(即地震波发生器)安装在特制的震源船的底部，通常这种震源船船体较小，工作时将震源船绑在观测船的旁侧。进行数据采集时机械冲击装置产生一定能量的地震

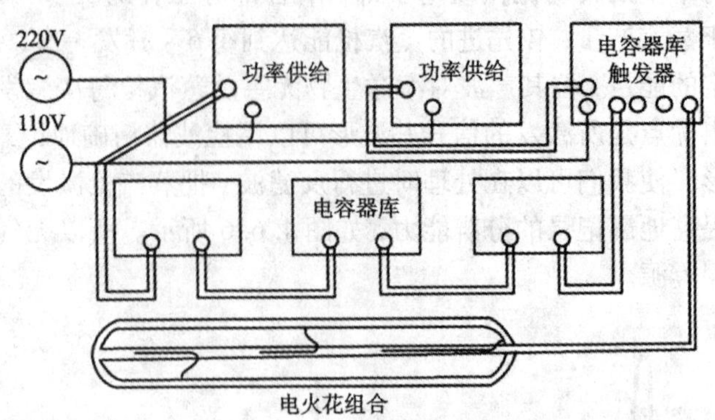

图 4.6.7　电火花震源原理示意图

波向水下传播，如果要改变地震波的激发频率可采用不同的材料和厚度作为锤垫，接收装置可以是拖缆(一般由 12 道或 24 道检波器组成)，也可以是单个检波器。

20 世纪 90 年代，我国福建省建筑勘察设计院设计生产了一种全自动连续冲击震源船，该船能产生 3 000 J 的振动能量，能激发能量较大、主频较宽的振动波。这种震源安装在观测船后面的震源船上，其原理是在密闭带阻尼的容器内设置一尼龙冲击头，在机械动力的带动下，定时向下冲击产生大能量宽频冲击应力波，冲击时间间隔可自由调节，一般控制在 1.5 ~2.0 s，一小时可冲击 1 800 ~2 400 次。控制观测船的走航速度，同时可调节采样点距，每 1 ~2 m 即可采 1 个点，一般每小时即可完成 3.0 ~4.0 km 的地震映像剖面，效率及精度都很高。

以上讨论的各种非炸药震源相对炸药震源而言安全可靠，对附近的建筑物和工程设施无破坏作用，无环境污染，激发震源的频带较宽，高频成分丰富，且重复性好，能量可以调节，操作方便，它们已成为现代海上地震勘探的理想震源。

三、海上定位

在海上地震勘探中，导航定位是十分重要的工作。没有适当的导航定位设备和技术保证，所获得的地震资料会因为缺乏关于测线位置的数据而变得毫无价值。在海洋地球物理勘探史上，有许多因为无法重新定位而使整个勘探资料或部分工作付诸东流的实例。导航定位设备必须使其测线的位置能够在作图比例尺的精度范围之内，并用地理坐标表示出来，否则将会给编制成果图件造成困难。

我国已经在陆地上建立起统一的大地测量三角点网，设置了地物目标，只要使用全站仪或经纬仪就能在陆地上精确测定任何地点的位置。但是，在海上勘探这个问题就复杂得多了，大海茫茫，无边无际，没有地物目标。过去一般使用六分仪并利用天体定位的方法，但很难保证海上地震工作所要求的精度；后来又采用无线电定位导航系统，使定位精度大为提高；目前普遍采用综合卫星导航设备技术和 GPS 全球导航定位系统，既保证了定位精度又提高了工作效率。下面对无线电定位导航系统和卫星导航系统进行简单介绍。

1. 无线电定位系统

无线电定位导航系统要求已知精确经纬度的岸台设备。岸台发射的无线电波具有可以看成常数的传播速度。观测船接收无线电波并精确地确定其到达参数，就可以求得观测船对发射岸台的位置线，两条位置线的交点就是所求的船位。

如图4.6.8所示，在离海岸线较近的海域工作，可以使用罗兰(Shorn)测距系统来定位。首先，在岸上地理位置已知的两地点架设询问应答器和岸台发射机A和B，观测船P向A、B分别发射不同频率f_1和f_2的无线电信号，A、B接收到信号后，立即由岸台发射机发出同频率的信号并由观测船P接收。只要观测船P能准确测定出分别对岸台A、B发射与接收电信号的时间t_1、t'_1与t_2、t'_2，就能够精确地测定船位。这时观测船P到岸台A的距离

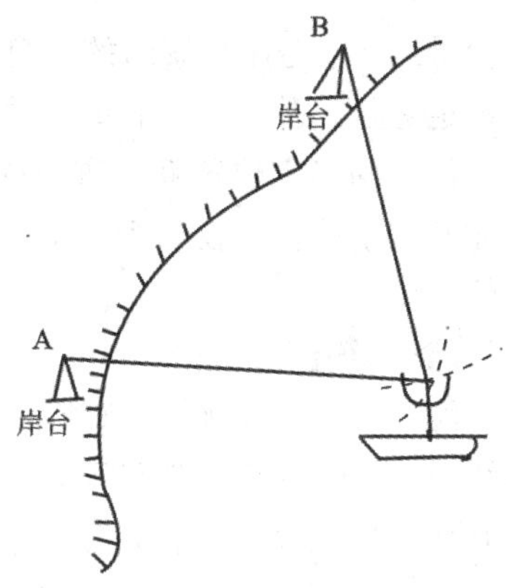

图4.6.8 无线电测距系统示意图

$$d_A = \frac{1}{2}v(t'_1 - t_1) \tag{4.6.2}$$

式中：v表示无线电波在空气中的传播速度，一般为已知；$t'_1 - t_1$为信号往返所用时间。

以A为圆心，以d_A为半径作圆，就能求得观测船P的可能位置，也称位置线。同理，观测船P到岸台B的距离

$$d_B = \frac{1}{2}v(t'_2 - t_2) \tag{4.6.3}$$

以B为圆心，以d_B为半径作圆，就能求得第二条位置线。显然，两条位置线的交点就是观测船P的位置。在此方法中，实际上是测定观测船到某个目标之间的距离，所以也称为无线电测距法。它的缺点在于，两个岸台应答器只能供给一条观测船使用，同时要求有强大的发射功率，工作距离较近，一般为20～30 km，并且工作效率较低。但它也有优点，即设备投资少，架设方便，又有很高的精度，最高可达测定距离的1/25 000。

2. 导航卫星定位系统

无线电定位导航系统虽然精度较高，但有效工作距离较近。利用卫星导航最显著的优点是不受离岸距离的限制，而且是全天候，不分昼夜，并具有较高的精度。自1964年美国海军首先使用人造地球卫星定位(NNSS系统)后，显示出很大的优越性，1968年便在海洋勘探中采用卫星导航技术。要利用人造地球卫星导航定位，必须具有下列设备和条件：第一，要有足够的、轨道适当的导航卫星；第二，必须对卫星的运行进行跟踪并能及时精确预报其轨道参数；第三，卫星高速运行中发射的无线电信号频率有多普勒频移，必须采用专门的设备进行接收。

这种导航卫星为子午卫星，一共为6颗，每个卫星围绕地球经线运行，运行轨道为圆形，卫星距离地面的高度约1 075 km，绕地球一周的时间约为108 min。为了方便在空中运转的子午卫星进行导航定位，在地面必须设置跟踪站。跟踪站跟踪卫星，并测定卫星轨道的有关参数。根据这些参数，计算出卫星轨道，来预报卫星于任何瞬间的位置。知道了子午卫星的位置，船舰进行观测即可求得船位。卫星轨道越精确，船位就可以定得越精确。

由于子午卫星导航定位是全球覆盖的，它不受地球上任何地域的限制，从而摆脱了定位岸台设置的问题；同时，它又不受天气、风浪等气候条件的限制，能在一天24 h内提供精确

的位置资料。卫星一般每隔 2 min 发射一次定位信号，船上的计算机将这些信息与多普勒频移的测量结果、船速和航向的信息综合在一起，就可以得到船的位置。但是，卫星导航定位也有不足之处，因为子午卫星大约 108 min 左右出现一次，可以取得一个准确的船位，但在两次船位之间确定位置就要进行内插，这显然会产生误差。根据大量实际结果的统计，子午卫星导航的定位精度在 ±50 m 之内(Spradley，1976)，这样的精度显然仍不能满足海上地震工作的需要。

3. 综合导航系统

对海上地震工作来说，对导航定位的要求应当是在观测船上能实时计算航迹，并连续显示航线，以及能自动控制并记录地震震源的位置。为了全面地满足这些要求，可利用子午卫星和其他的导航设备，采用由计算机控制并进行数据采集和处理的综合卫星导航系统。这种系统在 20 世纪 70 年代末出现并逐步得到广泛地应用，并取得了良好效果，在 GPS 导航定位系统出现之前是最实用精度最高的海上地球物理勘探定位系统。

这种系统中包括用计算机使之与海洋物探设备连接起来的卫星接收机、多普勒声纳、陀螺罗经和劳兰 C，并实行自动控制。在卫星接收机测定的船位之间，使用多普勒声纳提供速度资料，使用陀螺罗经惯性导航系统提供航向资料，再由计算机适时地进行计算和校正。在多普勒声纳不能取得准确速度资料的深海大洋地区内，则应用劳兰 C 提供测定船位的补充资料。

特别需要指出，综合导航系统必须与海上地震工作紧密结合。因为地震工作要求观测船沿着预先设计好的一系列测线航行，震源又应沿测线作等距离分布，每次激发都要求导航系统确定出其准确位置。因此，各个环节都应当互相配合并由计算机统一控制才行。

4. 全球定位系统(GPS 导航定位)

综合卫星导航系统精度虽然高于导航卫星定位系统，在大洋中进行物探工作比较实用，但毕竟还是利用为数不多的几颗子午卫星，且要其他的导航设备配合使用，成本较高，而效率较低。目前在海洋地球物理导航定位中广泛应用全球定位系统，这种系统又称 GPS 导航定位系统，它是由在 22 200 km 高度的 24 颗卫星组成的。GPS 受美国政府控制，根据 GPS 利用三边测量方法可以确定目标的经度、纬度和海拔高度。GPS 共有 6 条卫星轨道，每个轨道面上均匀分布有 4 颗卫星，轨道平面与赤道平面之间的夹角为 55°，如图 4.6.9 所示，每颗卫星绕地球一圈的周期大约为 12 h。

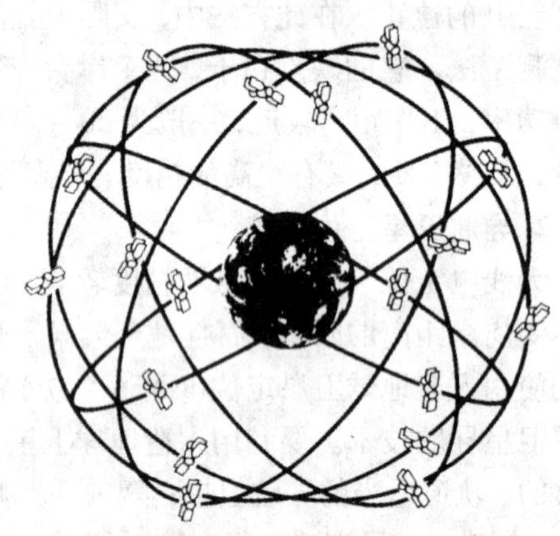

图 4.6.9　全球定位系统卫星位置示意图

由于导航卫星为子午卫星，只有 6 颗，环绕地球经线运行，且距离地面仅为 1 075 km，覆盖范围小；而 GPS 卫星多达 24 颗，同时环绕地球经线和纬线运行，距离地面为 22 200 km，覆盖范围大。显然，GPS 导航定位系统的精度远远高于导航卫星定位系统的精度，目前，GPS 的定位精度可以达到厘米级。当然，工作时导航定位精度的数值大小取决于所使用的 GPS 类型和采用的工作方法以及 GPS 能实时接收卫星的个数，下面举一例进行说明。

在近海岸的工程地震勘探中，常采用差分(DGPS)导航定位，实行动态差分定位精度可

达到 ±1 m。实时动态差分定位系统能实时提供较高精度的导航、定位成果，适宜于水域实时动态测量，其定位模式主要是：在已知控制点上安置一套带数据链和电台的 DGPS（岸台）连续进行观测，可不断测得本站位观测值，站位观测值与该控制点实际位置值之间有一个差值，该差值作为改正数，通过数据链和电台往外发送，而安置在勘探船的流动台接收到信号后，对所实测的位置进行校正，得出勘探船精确的实际位置，从而大大提高实时动态导航、定位精度。岸台和流动台都使用 12 通道的 GPS 接收机及配套的数据链和电台；在开始实施测量前，按规范对 GPS 接收机进行校验，校验合格后利用已知控制点对整套实时动态差分定位系数进行校测，校测稳定合格后才开始使用。测量时将岸台安置在控制点上，该点位置必须视野开阔，在再加上附近没有强磁场或电信号干扰，符合规范对岸台的要求。流动台安装在勘探船上，连续接收 GPS 信号和岸台所传送的改正数，实时计算、显示出勘探船的实际位置，工作人员指挥勘探船按设计的勘探测线进行物理勘探。

5. 对拖缆进行定位

前面讨论的导航定位一般是针对观测船或地震震源来说的，在海上进行石油、天然气勘探作业时，地震船一般在船尾拖着一条长度达数千米的检波器等浮电缆。即使已知船的位置，拖缆也可能产生较大漂移，因此，还必须对拖缆进行定位。针对这种情况，可以在拖缆的尾部加一个浮标，浮标上安装一个雷达反射器，测量拖缆的漂移量，船上的雷达系统可以测量拖缆方向的变化。但是，在强浪中很难区分哪些信号是浮标产生的反射，哪些信号是水波产生的散射，特别是浮标在波谷的时候。这时可在浮标上加一个雷达接收器或 GPS 接收器，就可以利用确定船位置的无线电定位系统或 GPS 系统来确定拖缆的位置。

如图 4.6.10 所示，在长 5 km 的拖缆上有 8 个磁罗盘，工作时将磁罗盘上读取的值数字化并送回到船上，在拖缆上还包括一个水断高频探测器，可以测量在水中以声速传播的槽波，根据测量结果可以计算出测量点与地震源的距离。如果是有多个震源或多条拖缆同时工作时，在这个系统中通常还包括高频声信号发生器，可以根据船的位置和其他拖缆或震源的位置，利用高频声信号发生器确定震源或拖缆的位置，在三维地震数据采集中常采用这种方式。最后将不同的传感器上接收到的信息用计算机进行换算，确定数据所在的共中心点面元的位置。

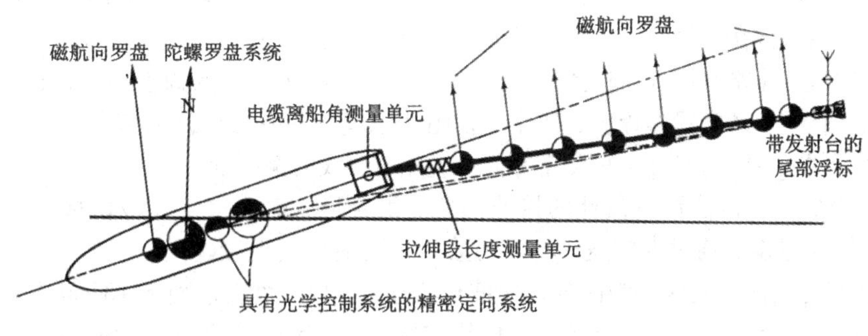

图 4.6.10　对拖缆定位示意图

四、海上地震数据采集方法

目前，海上地震数据采集有三种基本方法，即：拖缆法、海底电缆法及剖面法（地震映像法）。拖缆法是海上地震最常用的方法，也是历史最长的深水地震方法。海底电缆法及垂直电缆法都是20世纪80年代中期左右发展起来的方法，因其特有的优点和多波多分量采集解决复杂问题的能力和效果，在近几年得到快速的发展。此外，还有一种探测海底深部构造、海洋油气的OBS地震勘探方法。

1. 拖缆法

拖缆法是由地震船拖着震源和水中检波器电缆沿测线进行，边前进边放炮的海上地震方法，这种方法是海上反射地震勘探的常规方法，其原理如图4.6.11所示。地震船应该足够大，才能拖得动这些设备，地震仪和GPS导航定位系统就装在船上。在进行二维地震时，地震船只拖着一条电缆，单个或两个震源；三维地震时，地震船拖着多条电缆，两个或多个震源。

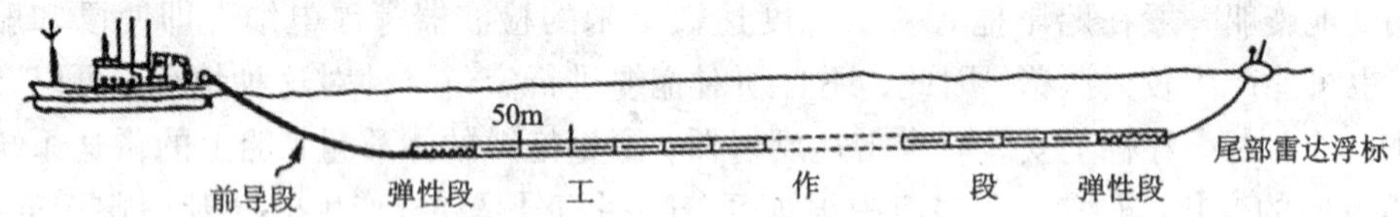

图4.6.11　海上拖缆法示意图

同陆上地震一样，应事先设计好测线。地震船开到预定测线上，沿测线激发和接收地震波，同时用GPS导航定位系统实测地震震源和检波点的实际坐标。检波电缆也叫"等浮电缆"，其基本结构为：最外层是塑料管，直径6~7 cm，里面装有水听器（海洋压力检波器）并灌满油，使整个电缆的比重与海水大体相当，并用若干根钢丝承担径向拉力。拖缆由几段构成，按距船远近由近及远依次是前导线、弹性段、工作段、弹性段，尾部为带雷达反射体或GPS接收器的浮标。前导段用于拖拽整个电缆，并将地震信号通过绞车接头传送到数字地震仪上。弹性段里有一根伸缩性很强的尼龙绳，以减少船体震动等原因对工作段产生的拖拽噪音，该段还带有加重铅块，以使浮标电缆靠近船体一端尽早沉到预定深度。工作段是等浮电缆的核心部分，其中除了装有水听器外，还均匀分布若干个定深器，由船上电缆深度控制器发送电信号来调节电缆浮标深度，以得到低噪音的最佳接收效果。工作段后面又紧接一弹性段，以减小电缆尾端对工作段的噪音影响。等浮电缆的末端是尾部雷达浮标，它包括一个浮筒，安置在浮筒上的是雷达反射天线或GPS接收器。拖缆上还安置有浮锚，其作用是阻止电缆的左右摆动，并将整个电缆尽量拉直，而尾部雷达天线或GPS接收器，可测定等浮电缆相对测线的偏移量。

工作段里的检波器位置按设计的接收道距、组合形式确定。工作段由多个小段组装而成，可以拆卸和更换。通过专门设计的"变道距程序插件"可改变道距。

等浮电缆的最佳沉放深度为四分之一波长，通常沉放深度在水面下10 cm左右。海上地震采集的一个特点是，即使是二维地震，电缆实际位置与测线并不重合，而且各激发的电缆位置是近似平行的羽状排列。这是由于测线与海流方向不一致，海流以某个角度从侧面冲击电缆，使电缆偏离航线，称为"羽状漂移"。电缆偏离测线的角度叫做"羽角"。在二维地震中都将羽角控制在一定范围内。由此不难理解，拖缆法中的多次覆盖，实际并非共中心点叠加，而是将一个面元上的反射信号叠加在一起。为了达到设计的覆盖次数，炮点距是事先设计好的，为此地震船必须沿测线等间距放炮。这可通过控制船的航速来实现，并通过计算机控制震源的激发时间。

2. 海底电缆法

海底电缆法是将检波器电缆布设在海底，用震源船在水下面放炮的海上地震方法。这种方法适用于水深小于200 m海域包括海滩区，大多用于三维地震。施工时，先按设计好的位置，用电缆船沿接收点线将检波器电缆铺设在海底，通常用多条电缆船同时作业，以快速布好电缆。随后，由震源船沿设计好的炮点线逐点激发。陆上三维地震通常采用许多检波点和尽量少的炮点进行观测，而海底电缆法三维地震则正好相反，通常采用少量海底电缆和大量炮点的观测方法，因为这种方法采用震源船放炮比在海底铺设电缆简单得多，成本也低。

海底电缆法都采用双检波器法，即在每个检波点都用两个检波器接收，一个速度检波器和一个压力检波器。速度检波器和压力检波器产生相同极性的上行波信号和相反极性的下行波信号，这是因为速度检波器有方向性而压力检波器无方向性的原因。将两种信号以合理的权系数加权相加，便可有效消除水层混响，其原理如图4.6.12所示。图4.6.12(a)中：①为气枪产生的地震子波；②为速度检波器输出信号；③为压力检波器输出信号；④为双速度检波器输出信号。在图4.6.12(b)中的相应频谱曲线可以看出，②、③频谱曲线上的缺口正好互补。

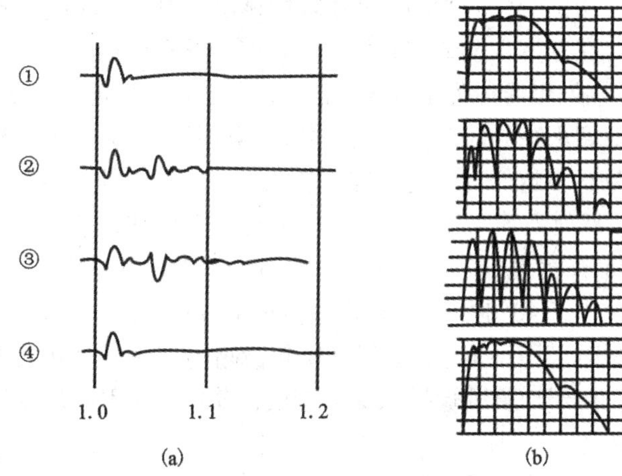

图4.6.12 双检波器法消除水层混响原理

实际上，双检波器还可以降低水层中噪音源(如船产生的噪音)的影响。目前海上地震勘探中常采用这种方法进行多波分量勘探，即用一个三分量地震检波器，另加一个压力检波器，因此也称为“4分量地震”。由于是在海水中激发，只能产生P波，海底检波器接收到的横波只是转换横波(P－SV波)。

海底电缆法与常规拖缆法相比有很多优点，主要包括：在有障碍物(如采油平台等)海域，因拖缆无法施工而留下大片空白，而此法不受限制；因在海底接收地震波，因此对海水波动之类的干扰不敏感；可进行多波分量作业，记录到转换横波P－SV；检波器电缆也可以长留海底作时延(4D)地震，以进行油藏监测。

3. 剖面法

剖面法(profiling)是浅海或江湖河上环境或工程地震勘探方法，也可以进行海上石油、天然气勘探中的烃类研究。通常目标体不需要很强的地震波穿透力，因此需要的设备较小，不需要专门的大型海上勘探船，只需要在当地租用小型的机动渔船即可。

在剖面法中，用小能量的高频震源可以得到高分辨率的剖面，利用能量较大的震源可以获取较深地层的信息，因此，震源一般是根据勘探的需要进行折衷选择。剖面法通常有三种方式：一种是使用拖缆采用共中心点叠加的方式，采用这种方式勘探深度较大，可以探测到数百米以下的地质信息；第二种是只用单个检波器，这种方式通常也称为水上地震映像法，勘探深度较浅，通常只能记录到海底及海底以下较薄沉积物或基岩的反射；第三种是声纳扫描法。对于第一种情况，剖面法与全范围的海上地震勘探其实并没有实质的区别，此处不再赘述。我们重点讨论第二和第三种情况，即水上地震映像法和声纳扫描法，这两种方法是目前探测浅海及江湖上海底地形、覆盖层分层、基岩面起伏等最理想的地震勘探方法。

(1)地震映像法

地震映像法是根据反射法中的最佳偏移距技术，在最佳窗口内选择一个最佳偏移距，激发点与检波点的距离固定不变，每激发一次，记录一道，输入地震仪，同时移动激发点及检波点。通过地震仪记录可获得一条最佳偏移距地震反射时间剖面，以大屏幕密集显示形成彩色数字剖面，再现地下地层结构形态。通过计算机对接收到的地震反射时间剖面进行数据处理解释，可获得地下地层界面的深度。由于是在最佳窗口内选择的公共偏移距，因此不受振幅和相位变化的影响，可在现场显示出似 t_0 时间剖面图。

在进行水上地震映像法工作时，震源和检波器(水听器)置于船的两侧和同侧均可，炮检距(此处也可称为偏移距)是一个非常重要的问题。水底是个强反射界面，波以不同的入射角入射到水底界面时其反射系数是不同的，为了便于能量向下传播并减弱多次波的影响，反射系数越小越好。经过研究分析，水底反射系数与波入射角有如下的相关关系：随着入射角增大，反射系数亦增大，入射角 α 在小于40°时，反射系数一般在0.31～0.34之间，当 α 增到62°时反射系数达到0.72，大于62°时产生了全反射，这时即无透射波。因此，当偏移距在入射角小于40°时，一般对水底界面的反射系数无大的影响，当水浅而又要求分辨浅部地层时，应尽量采用小偏移距，以获得较清晰的水底界面和较大的反射系数。

由于地震映像勘探深度较浅，震源可选用福建建筑勘察院设计生产的机械全自动连续冲击震源。

为了准确提供目的层深度，避免因潮位变化所造成的水位误差，一般要在测区附近海域设立水尺进行潮位观测，由专人负责测定，从物探作业开始前半小时开始观测，每10～15 min观测1次，工作结束30 min后停止观测，并作出不同时间潮位变化图，供资料解释时用作高程校正使用。

观测船的导航和定位可采用前面讨论的差分DGPS进行实时动态差分导航和定位。

图4.6.13所示为一浅海拟建造船厂地震映像某测线的反射波时间剖面图。从时间剖面图上可清晰看见水下地形、淤泥、砂卵石层及与基岩的分层界面。

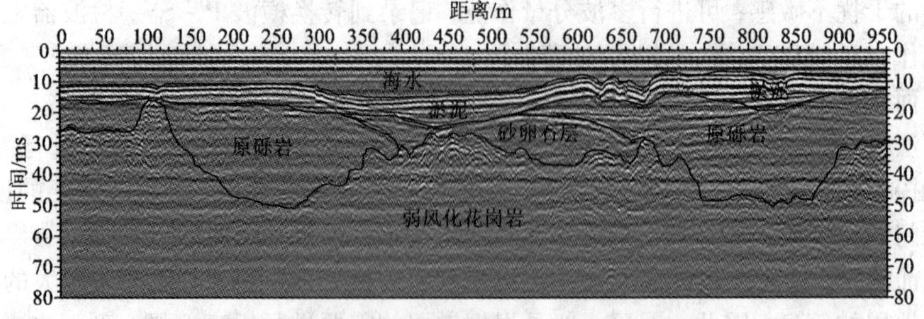

图4.6.13 某测线地震映像时间剖面

（2）声纳扫描法

声纳扫描（side scan sonar）法是将传感器密封安装在一个称“拖鱼”的装置中，拖鱼上的传感器可以发射和接收声纳脉冲信号。当拖鱼发射短的声纳脉冲信号，可对整个海底进行扫描，海底反向散射回来的能量信号又被拖鱼接收。所得到的记录就是海底地形起伏图，包括岩石、暗礁、金属物体、砂纹等反射体，这些物体在声纳图像是黑色区域，而洼地和其他区域在声纳图像上是浅色区域。声纳的覆盖范围可超过拖鱼高度的三倍（拖鱼一般离海底 20 m），在拖鱼的正下方会出现一个空白带。所得到的数据需要进行散射、斜距和船速变化校正。

4. OBS 地震法

OBS 是海底地震仪（Ocean Bottom Seis - mometer）的缩写，是一种可以放置在海底接收人工或天然地震信号的记录仪器，它是将三分量速度检波器与海底直接接触，除记录到纵波外，还能直接记录到由不同速度界面转换来的横波信息，是少有的记录多波信息的探测方法之一，因此，OBS 也可称为海底多波地震勘探技术。OBS 自 20 世纪 60 年代问世，而在我国是近十多年来发展起来的新型地震勘探技术，它具有勘探深度大（深度可达 10 ~ 40 km）、成本低的优势，在深部地质构造研究、海洋油气和天然气水合物等领域中，取得了良好的勘探效果，显示了良好的应用前景。海上常规反射地震由于受调查船拖带能力、电缆长度和施工环境的限制，其勘探深度一般为 10 km 以内的地层。折射地震是勘探深部地层的有利工具，但受电缆长度的限制更加难以实现。OBS 的出现使得在海洋中利用折射地震勘探来探测莫霍面各大套地层的分布以及研究其构造特征成为可能。

OBS 探测系统通常由塑料保护壳的玻璃球、无线电天线、深海水听器、声波换能器和重量底座（固定块）组成，玻璃球内装有三分量检波器、数据记录器、电池组、无线发射器和声波释放系统，是 OBS 的核心部分。为了抵抗深海的高压强，OBS 必须以高强度的玻璃圆球做外壳，在工作前将玻璃球内空气抽空，形成防水密封容器，同时作为浮力器使用。

OBS 与常规的地震工作方法不同，常规的多道地震得到的是共炮点记录，而 OBS 得到的是共接收点记录。通常，OBS 工作方法是：首先沿测线按一定的间隔（10 km 或 20 km）将 OBS 投放到海底，然后沿测线用大容量（容量在 5 000 in. cu 以上）气枪等间距激发地震波，OBS 接收所有激发的地震波，形成共检波点（共接收点）记录。测线施工完成后，发声讯指令信号，OBS 启动上浮至海面，将其回收后读取记录数据。目前，OBS 的工作水深可达到 6 000 m 以下，连续工作时间可超过 60 d。

由于在测线施工过程中，OBS 始终是在海底接收地震信号，它记录了炮检距零米到上百千米（甚至几百千米）的地震数据，所以 OBS 既接收到了反射记录（包括近炮检距的反射记录和远炮检距的广角反射记录），也接收到了来自于深部地层界面的折射波数据。

习题四

1. 解释名词：

（1）分贝；（2）动态范围；（3）假频；（4）前置放大器；（5）模数转换器；（6）多路转换开关；（7）时间采样率；（8）空间采样率；（9）三维地震勘探；（10）时距平面法；（11）综合平面法；（12）交混回响和鸣震；（13）侧反射波；（14）底波。

2. 地震勘探对仪器有何要求？

3. 简述数字叠加式地震仪的工作原理和叠加原理。

4. 试述速度型检波器和加速度型检波器的工作原理。

5. 简述数字叠加式地震仪主要部件的功能。

6. 何谓观测系统？有哪几种表示方法？常见的反射波法和折射波法观测系统有哪些？怎样来表示它们？

7. 地震折射波法观测系统有哪几种类型？分别用时距平面法表示出来。

8. 地震反射波法观测系统有哪几种类型？分别用综合平面法表示出来。

9. 在野外如何选择反射波法观测系统的参数？

10. 何谓检波器的频率特性和方向特性？何谓检波器的第一类方向特性？为什么强调检波器与大地的耦合？怎样埋置检波器？

11. 简述地震测井、声波测井、PS 测井的基本原理、特点与区别。

12. 陆上和海上地震勘探中各自有几种震源类型？各种震源的特点、作用和应用条件是什么？

13. 海上地震勘探中的导航定位主要有哪几种方法？它们之间有什么差别？

14. 简述海上地震数据采集的三种基本方法及各自特点。

第五章 抗干扰技术

前面讨论地震勘探的基本理论和波场的基本特点都是在理想和规则条件下进行的，实际情况非常复杂，在不同类型、不同场地、不同勘探对象的地震野外数据采集过程中，地震仪会接收到观测点处各种不同类型的所有波动。无论是煤田、金属矿、油气等中深部地震勘探还是浅部的工程地震勘探，都会遇到各种类型、不同性质的干扰波。地震勘探的一个关键问题就是与干扰波作斗争，因此，将抗干扰技术单独作为一章进行讨论，本章将讨论如何消除或压制干扰波、提高地震记录的信噪比。

第一节 有效波和干扰波

在采集地震数据时，实际接收到的地震波中，除反射波之外，还会接收到折射波、面波、多次波以及环境噪音等，按这些波所能提供的信息，可分成有效波和干扰波两大类。在地震勘探中我们把能用来解决地质任务的波统称为有效波，而把对有效波起干扰和破坏作用的波叫干扰波。但是有效波和干扰波是一种相对的概念，对反射纵波勘探来说，它能提供地下地质构造、岩性等方面的地质信息，称有效波，而其他类型的波就成为干扰波。对折射波法勘探来说，折射波是有效波，而反射波则成了干扰波。随着新技术的出现，对波的利用更加深入，干扰波可能会变成有效波，比如瑞雷面波长期以来都视为干扰波，面波勘探的出现使它变成了有效波。

根据地震勘探的特点，把干扰波分为震源干扰波和外界干扰波。对中深层的油气、煤田等反射地震勘探来说，面波、虚反射、多次反射等震源干扰波往往很严重；而对解决工程、环境等地质问题时的浅层地震勘探，由于大多在工业区或人口密集的城市进行，除了存在震源干扰波外，工业噪声、交通运输等外界干扰波往往也相当严重。

地震勘探中，为了利用有效波来解决地质任务，就必须想方设法来突出有效波，躲开、压制和消除干扰波，提高记录信噪比。所谓信噪比，是指有效波与干扰波强度（振幅）之比。在地震勘探的野外数据采集、资料的数字处理和解释的全过程中，都有一个如何来提高信噪比的问题。只有高信噪比的资料，才有可能较准确地进行地震地质勘探解释。

一、震源干扰波

震源干扰波指的是在地震震源激发后，震源本身产生的非有效波，它主要包括声波、面波、虚反射和多次反射波等几种类型。

1. 声波

在坑中、浅井（或浅水中）、地面用炸药爆炸或重锤锤击作为震源时，在地震记录上都能发现声波的记录。声波实质上是在空气中传播的弹性波，其特点是传播速度较稳定（约340 m/s），频率较高（一般在100 Hz以上），延续时间较短，且在地震记录上，一般为1～3

个波峰的窄条带直线同相轴，如图 5.1.1 所示。

在地震勘探中，当所采用的偏移距较小、排列长度较短时，声波干扰往往比较严重，对地面敲击震源更是如此。若在数据采集中，采用炸药震源，把炸药放在一定深度的井中激发，可减弱声波的干扰。

2. 面波

面波几乎出现在所有的地震记录上，是地震勘探中的一种主要干扰波。面波的视速度小(100 ~ 500 m/s)，频率低(10 ~ 30 Hz)、能量强、衰减慢，如图 5.1.1 所示。面波沿地表传播，由于地表介质不是均匀半空间，在水平方向尤其是垂直方向速度变化很大。因此，面波传播时，随着传播距离的增大，振动延续时间也增长，显示出明显的频散特点，在地震记录上形成“扫帚状”。这种发生频散，形成“扫帚状”的面波通常称之为地滚波。

地滚波能量的强弱与激发岩性、激发深度以及表层地震地质条件有关。在淤泥质和原砂土地区，由于这些地层对有效波的能量吸收强烈，有效波能量减弱，面波能量相对增强；在疏松的低速岩层中激发或所用炸药量过大，都会造成激发频率降低，使地滚波能量相对加强；在深井中爆炸面波较弱，在浅井中爆炸面波较强。在反射波法勘探中面波通常被认为是干扰，在地震学中常利用面波的频散性质研究地壳和上地幔的构造，在面波勘探中用来研究浅层构造和提取物性参数。

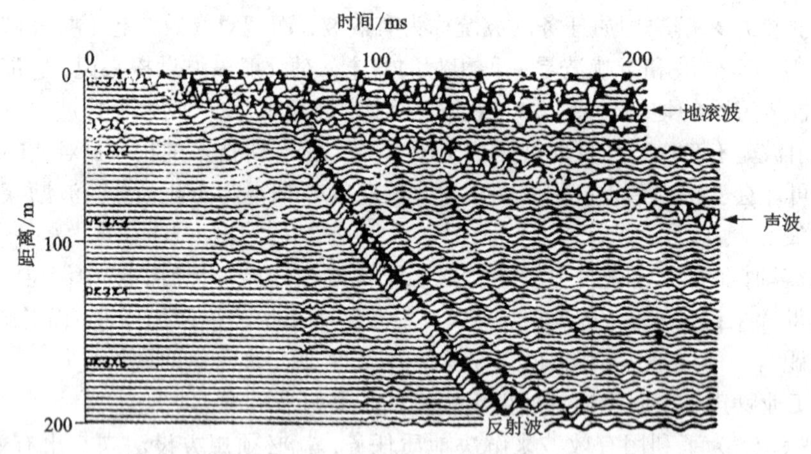

图 5.1.1　有声波和地滚坡干扰时的反射记录

3. 虚反射

虚反射是指从震源首先向上到达地面发生反射，然后向下传播，遇到弹性分界面又发生反射到达地面的波。它伴随在正常一次反射波之后并与一次反射波相互干涉，因此又称为伴随波或鬼波。由于虚反射的干涉，使正常一次反射波波形复杂化，相位数目增多。虚反射的波形、频率、视速度甚至有时振幅都与正常反射相似，难以分辨是否正常反射。野外工作中加大震源深度可以使虚反射与它所伴随的每个一次反射波分开，有利于对它的识别。图 5.1.2所示为具有虚反射的记录。

4. 多次反射

多次反射在第二章中已详细讨论过，当地下存在强波阻抗界面时会产生多次反射波。其

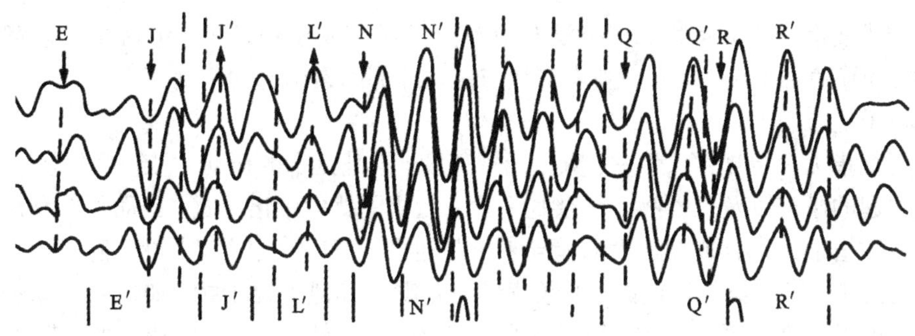

图 5.1.2　虚反射(伴随波)记录

特点与一次反射波相似，但视速度一般低于相同 t_0 时间的正常一次反射波，时距曲线斜率大，主要通过时差分析来识别。对于简单的多次波，其旅行时间与对应的一次反射波近似成倍数关系；对于层间多次波，其与一次反射波的旅行时间关系比较复杂，如图 5.1.3 所示。此外，如果记录上为真振幅，还可以通过振幅对比来推断多次反射波的存在。

海上地震勘探中海水表面与海底界面分别是两个很强的反射界面，它们之间产生多次反射的总效应称为交混回响，也叫鸣震。这在第四章海上地震勘探一节中详细讨论过，此不赘述。

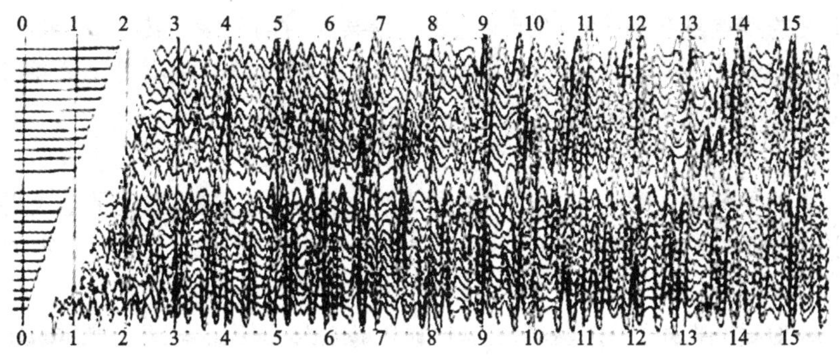

图 5.1.3　多次反射波

5. 侧面波

在地表条件比较复杂的地区进行地震勘探时，还会出现一种被称为侧面波的干扰波。例如在黄土高原地区，由于水系切割，形成沟谷交错的复杂地形。黄土高原的侧面是沟，原和沟的相对高差达几十米甚至几百米，在原与沟的交界为陡峻的黄土与空气的接触面，形成一个强波阻抗分界面，因而地震波激发后，传播到黄土边缘，被反射回来，记录上可能出现来自不同方向的具有不同视速度的干扰波。这种干扰波称为侧面波。此外，海上地震中的海底潜山、暗礁等也会形成侧面反射波，这在海上地震中详细讨论过，此不赘述。

二、外界干扰波

外界干扰波也称环境噪声，是指没有地震激发就存在于记录中，包括高低频背景的微震、仪器噪音等随机干扰，以及工业电干扰与各种外部因素引起的干扰。

1. 随机干扰

随机干扰指无一定规律、无一定频率及视速度、杂乱无章的振动，它包括人走、车行、风吹草动等引起的微震以及仪器噪音等杂乱干扰。随机干扰的频谱很宽，因而不能利用它和有效波之间在频谱上的差异或视速度的差异来压制随机干扰。在地震勘探中，随机干扰的来源大致可分为三类：第一类是地面高、低频背景的微震和其他外界干扰，如风吹草动和一些人为因素引起的无规则的振动，这类噪声在地震震源激发前就存在，它的特点是频带宽(从1~200 Hz)，强度取决于气象、时间、交通、工业、地质、地理等条件而不同；第二类是仪器在接收时或处理过程中的噪音；第三类是地震震源激发后产生的不规则干扰，如井中喷出物溅落会引起震源附近记录道上的随机干扰。在这三类随机干扰中，第一类对地震记录的信噪比影响最严重。

随机干扰表面上看起来是不规则的，但实际上仍有规律可循，它遵循统计规律。在抗干扰地震反射勘探技术中，利用其统计规律，采用组合检皮、多次水平叠加和垂直叠加的方法技术来压制随机干扰波。

2. 工业电干扰

当地震测线通过高压输电线路，地震检波器电缆会感应50 Hz的电压，形成工业电干扰。特别是在城市、工业区附近开展工程地震工作时，工业电干扰往往非常严重。

工业电干扰的特点是在整张地震记录上或其中某几道的记录上出现50 Hz的正弦波，其振幅大小受输电的电压、输电线的粗细、输电线与检波器电缆的距离等具体条件制约，有时其强度可超过地震有效波的许多倍。

3. 相干干扰

相干干扰指外界产生的具有一定规律性的干扰，相干干扰在地震记录上表现为有规律的振动，具有一定的频率和视速度，如同面波、声波等干扰波在记录上具有一定的频率和视速度一样。

在城市工程地震勘探中，尤其是在大型厂矿附近，相干干扰波相当严重，如厂矿企业内机器有规律的连续振动。另外，在海边、江边等工作区进行地震作业时，江、河、湖、海波浪冲击岸坡等也会产生较强的相干干扰波。相干干扰波一般会出现在整个记录过程中。如图5.1.4为机器振动所引起的相干干扰，从图中可以看出，地震记录上的许多波组几乎都有相同的视速度，且出现的间隔也很有规律性。

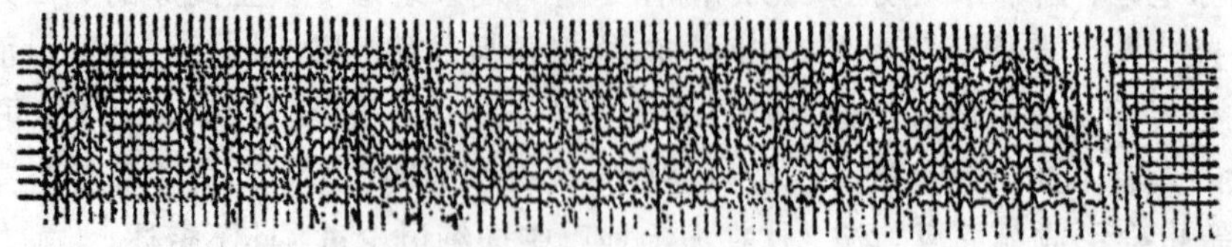

图5.1.4　相干干扰波记录

此外，根据地震波的相关性还可以将干扰波分为规则干扰波和不规则干扰波。前者在地震记录上出现具有规律性，如面波、声波、多次反射波以及海上地震中的重复冲击、交混回响和鸣震等；后者具有随机性，如高、低频背景的微震干扰等。

在地震地质条件比较复杂或环境噪音严重的地区进行地震勘探工作时，干扰波成为分辨和追踪有效波的严重障碍。因此，能否采用有效措施压制干扰波、提高信噪比，往往成为方法成效性的关键。实际上，干扰波与有效波在频谱、视速度、视波长等方面存在着一定的差异(图5.1.5所示)，根据这些差异，采用适当的抗干扰技术措施，即可削弱或压制这些干扰波。

目前，地震勘探所采用的抗干扰技术一般是组合法、水平叠加法、垂直叠加法、频率滤波以及最佳窗口接收等，下面就这些方法压制干扰波的基本原理和技术措施等进行讨论。

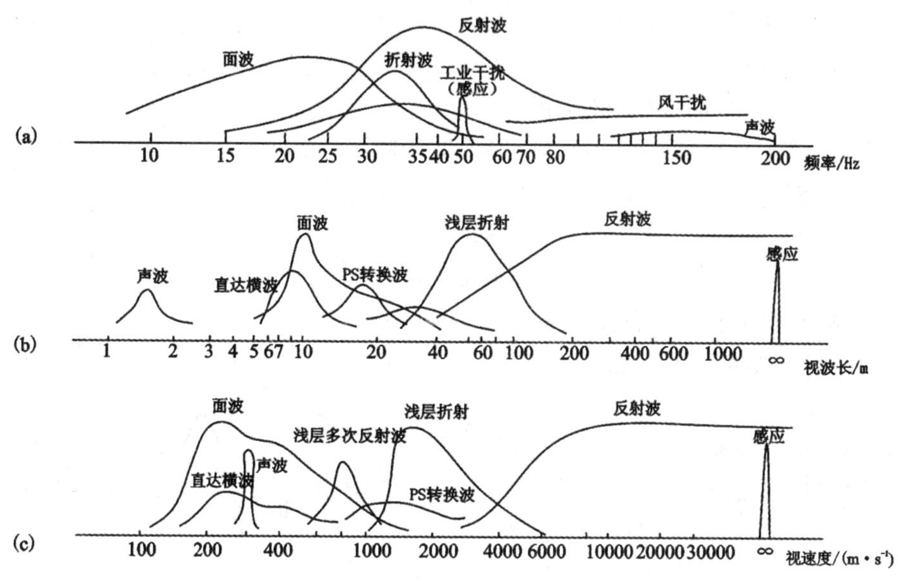

图5.1.5　有效波与干扰波的谱差异

(a)频谱；(b)视波长谱；(c)视速度谱

第二节　地震组合法

地震组合法主要是利用有效波和干扰波在视速度或传播方向上的差异来压制干扰波的，这是利用了检波器的第二类方向特性。组合又分为组合检波和组合激发两种形式。所谓组合检波，就是在每个地震道上都使用两个或两个以上的检波器组成一组，按一定的形式(直线或面积)安置在排列上，把检波器同极性的输出端用导线连接在一起，作为某一道的地震信号送到地震仪器中去；而组合激发则是利用两个以上震源同时激发构成一个新震源。按照互换原理，组合检波和组合激发的原理是等价的，因此，本节以组合检波为例讨论组合法原理。实践证明，组合法有很好的压制干扰效果，已成为地震勘探野外工作中常用的工作方法。

一、组合检波基本原理

为了讨论问题的方便，下面以最简单的两个检波器的线性组合为例，来说明组合检波的基本原理。

如图5.2.1所示，设S_1和S_2两点分别安置灵敏度完全一样的检波器，一速度为v的平面波以α角投射到地面上，它们到达S_1、S_2两个检波器的时间分别为t和$t+\Delta t$，从图5.2.1可知

$$\Delta t=\frac{\delta x\sin\alpha}{v}=\frac{\delta x}{v_a} \qquad (5.2.1)$$

式中：$v_a=v/\sin\alpha$为视速度；δx为S_1、S_2两检波器的距离，简称组内距。

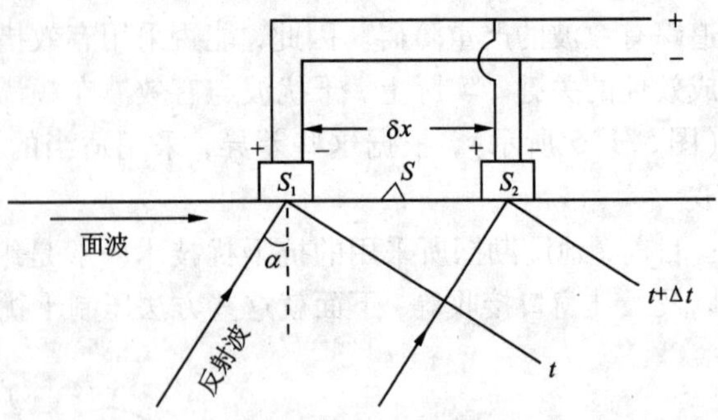

图5.2.1　组合检波示意图

为了便于定量讨论，用余弦波（或正弦波）代替地震波形，这样做不会影响所得结论的普遍性。令u_1、u_2分别表示S_1、S_2两点的波动位移值，其表达式为

$$\left.\begin{aligned}u_1&=A\cos2\pi ft\\u_2&=A\cos2\pi f(t+\Delta t)\end{aligned}\right\} \qquad (5.2.2)$$

因为两个检波器组合后共同输出的信号，应当是各道信号的叠加，因此其合振动为

$$\begin{aligned}u_\Sigma&=u_1+u_2\\&=A[\cos2\pi ft+\cos2\pi f(t+\Delta t)]\end{aligned} \qquad (5.2.3)$$

根据三角函数的和差化积公式，可将此式化为

$$\begin{aligned}u_\Sigma&=2A\cos\pi f\Delta t\cos2\pi f(t+\frac{\Delta t}{2})\\&=A_\Sigma\cos2\pi f(t+\frac{\Delta t}{2})\end{aligned} \qquad (5.2.4)$$

式中

$$A_\Sigma=2A\cos\pi f\Delta t=2A\cos\pi\frac{\Delta t}{T} \qquad (5.2.5)$$

为合成振动的总振幅，显然它既与各个分振动的振幅有关，同时还与时差有关。

当$\Delta t=0$、$T/4$、$T/2$时，则$A_\Sigma=2A$、$1.4A$、0。这种振动的叠加也可以用图解的方法绘出合成振动图形，如图5.2.2所示，图中粗实线表示合成振动图形，而未叠加时各个分振动的图形分别用细实线和细虚线表示。由此得到如下启示：

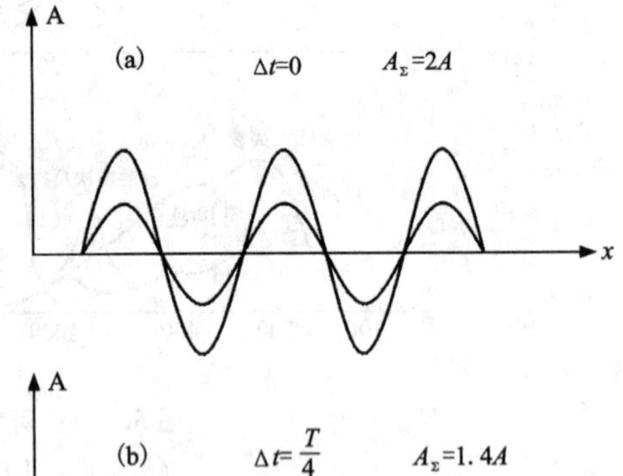

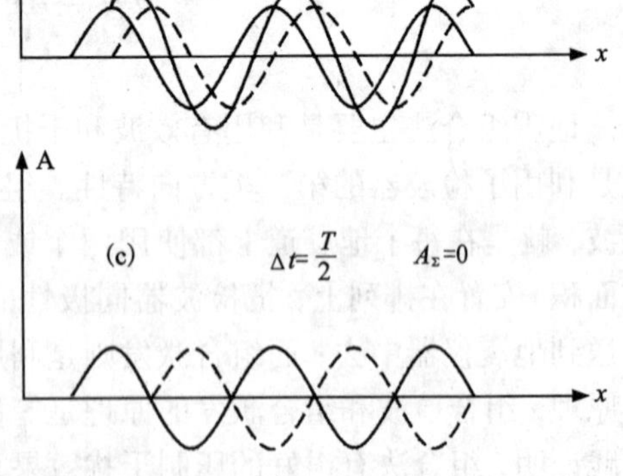

图5.2.2　振动叠加图解法

（1）当$\Delta t=0$时，组合后的总振幅得到最大加强。对深层界面反射回来的地震波来说，由于其

视速度很大，反射波到达相邻检波器的时差 $\Delta t \to 0$，因此，通过检波器的组合能使反射波得到加强，组合检波对突出反射波有利。

(2) $\Delta t = T/2$ 时，组合后的总振幅得到最大压制。而对于面波、声波等干扰波，调整组合距 ΔX，使它到达两检波器的时差为半个视周期，则组合后干扰波振幅几乎为零，因此，组合检波可以大大压制干扰波。如图 5.2.3 所示为组合对面波的压制效果。

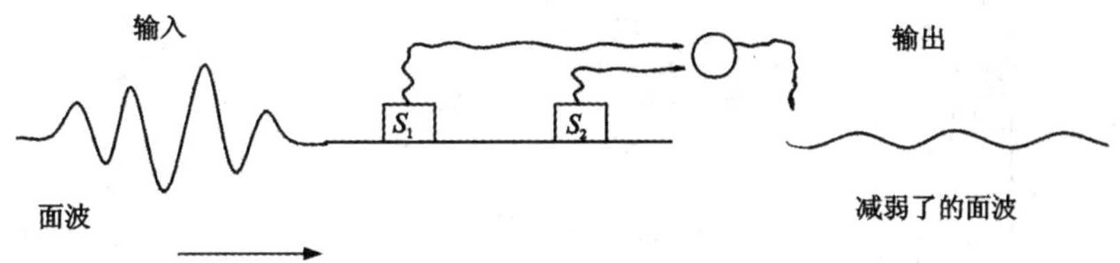

图 5.2.3　组合对面波的压制

二、组合的滤波特性

在组合法中，定义组合后振动的振幅和组合前振幅的比值，称检波器的组合灵敏度，用 φ_n 表示，n 表示组合的检波器个数，当 $n=2$ 时 φ_n 为

$$\varphi_2 = \frac{A_\Sigma}{A} = \frac{2A\cos\pi f\Delta t}{A} = 2\cos\pi f\Delta t \tag{5.2.6}$$

根据三角公式 $\sin2\alpha = 2\sin\alpha\cos\alpha$，上式变为

$$\varphi_2 = \frac{\sin2\pi f\Delta t}{\sin\pi f\Delta t} \tag{5.2.7}$$

上式为两个检波器的组合灵敏度，当 n 个检波器组合时，其组合灵敏度为

$$\varphi_n = \frac{\sin n\pi f\Delta t}{\sin\pi f\Delta t} \tag{5.2.8}$$

为了对不同组合个数的灵敏度特性进行比较，对上式进行归一化得

$$\phi_n = \frac{1}{n}\frac{\sin n\pi f\Delta t}{\sin\pi f\Delta t} \tag{5.2.9}$$

式中：ϕ_n 称为相对灵敏度。

从式(5.2.9)可以看出，ϕ_n 既是 f 的函数，也是 Δt 的函数，写成 $\phi_n(f, \Delta t)$。若固定 $f=f_i$，即只研究某一频率 f_i 的简谐波的组合效果，这时 $\phi_n(f,\Delta t)$ 就是方向特性，也称速度滤波特性。若固定 $\Delta t = \Delta t_i$，即只研究来自某一方向的不同频率的组合效果，这时 $\phi_n(f, \Delta t)$ 就是频率特性。

1. 组合的速度滤波特性

由于 $\Delta t = \delta x/v_a$，对某一确定的组合接收方式来说，检波器的组合个数 n 和组内距 δx 为固定值，即只研究 ϕ_n 和视速度 v_a 的关系，这时 $\phi_n(f, \Delta t)$ 也称组合的速度滤波特性。由式(5.2.9)可知组合的速度滤波特性为

$$\phi_n(v_a) = \frac{1}{n}\frac{\sin n\pi f\delta x/v_a}{\sin\pi f\delta x/v_a} \tag{5.2.10}$$

对于不同的视速度，图 5.2.4 给出了组内距 δx 为 5 m、12 个检波器组成的组合排列的速度滤波特性曲线。从这些曲线可以看出，组合接收对不同的视速度具有不同的响应，从这个

意义上说组合相当于一个视速度滤波器。

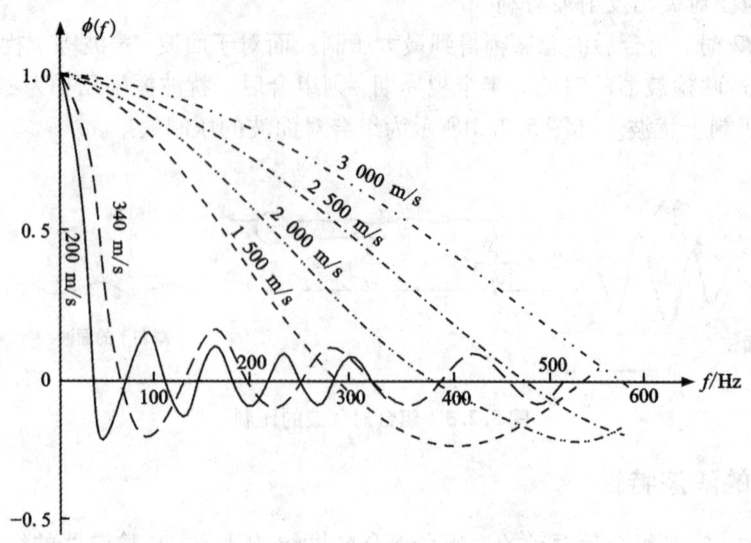

图 5.2.4　组合的速度滤波特性

由于面波、声波等干扰波都是沿测线方向传播，视速度较低，组合内相邻检波器间的时差较大，因此，组合对这类干扰波的高频成分压制比较严重，而经组合接收后面波和声波等低速干扰波的能量主要集中在 50 Hz 以下，再配合使用高频检波器接收和有效的低切滤波器，就能够有效地压制低视速度的干扰波。

相对于低视速度的干扰波而言，反射波的视速度较高，经组合接收后反射波得到了增强。从图 5.2.8 可以看出，反射波的视速度越高，组合接收对高频成分的抑制作用就越小。因此，在原始资料的数据采集时，我们应尽可能地提高反射波的视速度。提高反射波的视速度可从近炮点接收和从上倾方向接收两方面来考虑。对于来自深层的反射波来说，组合检波对压制干扰有很好的效果。

2. 组合的频率特性

上面讨论的速度滤波特性（组合的方向特性）是基于固定频率的平面简谐波，组合后的信号频率与组合前单个检波器的信号频率是一样的，不会产生波形畸变。而实际的地震波为脉冲波，包含有许多频率成分，频率不同，$f \cdot \Delta t$ 就不同，组合后波形就会发生畸变，即表现为组合的频率特性。

实际上，可以把组合看成一种频率滤波装置。从频谱分析的观点可知，把脉冲波看成是由许多不同频率的简谐波组成，每种频率的简谐波在组合后的变化可以利用组合的方向频率特性公式来计算。最后把组合后的各种简谐波成分叠加起来，就可以得到脉冲波组合的输出了。把式(5.2.9)灵敏度特性的公式中 Δt 固定，取频率 f 为自变量，就可得到频率特性公式

$$\phi_n(f) = \frac{1}{n}\frac{\sin n\pi f\Delta t}{\sin \pi f\Delta t} \tag{5.2.11}$$

若采用 n 个检波器等间距线性组合接收，对于不同的 Δt（亦即不同的组内距 δx），可得出组合的频率特性 $\phi(f)$ 与 f 的关系曲线。

假设 $n=12$，并分别取 $\Delta t=0$，$\Delta t=1/4$ ms，$\Delta t=1/3$ ms，$\Delta t=1/2$ ms，$\Delta t=1$ ms，计算出 $\phi(f)\sim f$ 曲线如图 5.2.5 所示。从组合频率特性曲线可见，当 $\Delta t=0$ 时，亦即波的视速度趋于无穷大时，组合的频率特性曲线是一条水平直线，即无频率滤波作用。当 $\Delta t\neq 0$ 时，组合具有频率滤波作用，总的趋势是低通的，并且随 Δt 增大，频率特性曲线的通频带变窄。因此，Δt 较大时，表明组合具有对高频成分的压制作用，组合后波形发生畸变。

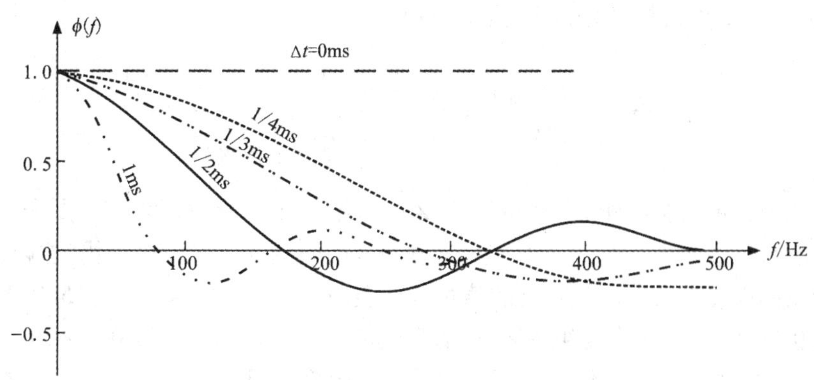

图 5.2.5　组合的频率特性曲线

通过上述讨论可知，组合相当于一个低通滤波器，组合会使波形发生畸变。由于浅层地震勘探深度浅，在一般情况下，检波器的排列不能同时做到近震源接收，组合接收时往往会降低地震记录的分辨率，因此，浅层地震勘探一般不采用组合方法压制干扰波。组合法通常是用于油气等深层地震勘探中。

三、组合对随机干扰的统计效应

前面讨论可知，组合对面波、声波等规则干扰波有良好的压制作用，这主要是利用了干扰波和有效波在传播方向上的明显差异，即利用组合的方向特性；实际上，组合对随机干扰也有较好的压制作用，这种压制作用主要是利用组合的统计特性。

1. 随机干扰的相关半径

事实上，地震勘探中的随机干扰是平均值为零的随机过程，因此，它的统计特性用它的相关函数就能完全描述。在讨论组合的统计效应时，随机干扰的自相关函数的特点又主要用“相关半径”这一参数来表示。

在地震记录上，随机干扰 $g(x,t)$ 既随时间 t 而变，也随接收道的位置 x 而变，它是 x 和 t 的函数。在某个接收道上，如 $x=x_R$，可以看到它随时间 t 变化的波形记录（振动图）$g(x_R,t)$；如果在记录上将任一固定时间 $t=t_R$ 的各个道的随机干扰幅值记录下来，画成一条振动幅度随位置 x 而变的曲线 $g(x,t_R)$，这叫随机干扰的波剖面。

因为随机干扰可看作是具有各态历经性质的平稳随机过程，所以 $g(x,t_R)$ 和 $g(x_R,t)$ 的统计特性是相同的。由于组合是同一时间不同位置上检波器振动的叠加，所以只需讨论与位置相关性有关的 $g(x,t_R)$ 即可。

任意两个检波器之间波形的相似程度可用相关系数 $R(l\delta x)$ 来表示，其中 l 表示相关步长。那么随机干扰 $g_i(x,t_R)$ 和 $g_{i+1}(x,t_R)$ 的相关系数为

$$R(l\delta x) = \frac{l}{n-l}\sum_{i=1}^{n-l}(g_i - \bar{g})(g_{i+1} - \bar{g}) \tag{5.2.12}$$

上式中，$\bar{g}$ 表示组合前随机干扰各统计参数的平均值

$$\bar{g} = \frac{1}{n}\sum_{i=1}^{n} g_i = M(g_i) \tag{5.2.13}$$

式中：M 表示数学期望。式(5.2.12) 中，当 $l = 0$ 时，$R(0)$ 是自相关系数，为 R 的最大值。用 $R(l\delta x)$ 除以 $R(0)$，可得标准化(归一化) 的相关系数

$$\rho(l\delta x) = \frac{R(l\delta x)}{R(0)} = \frac{\dfrac{l}{n-l}\displaystyle\sum_{i=1}^{n-1}(g_i - \bar{g})(g_{i+1} - \bar{g})}{\dfrac{1}{n}\displaystyle\sum_{i=1}^{n}(g_i - \bar{g})^2} \tag{5.2.14}$$

以上各式中：δx 为组内距；n 表示检波器的组合个数，每个检波器记录一个随机干扰的振动图，即 $g(x_1,t)$，$g(x_2,t)$，…，$g(x_n,t)$。取 $t = t_R$ 时刻的 n 个随机干扰"振幅值"，可组成这一时刻的波剖面 $g(x,t_R)$，它的离散值可表示为 g_1，g_2，…，g_n。在式(5.2.12)中，计算 $R(l\delta x)$时的相对移动 $l\delta x$ 应当是组内距 δx 的整数倍，$l = 0,1,2,3$ 或 $l = 0,2,4,6$ 等。$(n-l)$是计算自相关时，两个波形振幅值对应相乘的项数。因为在每次相对移动 l 后，求和的项数要减少一些，除以$(n-l)$就可以保证对两个波形相似性的衡量不受波形长短的影响。

当 $\rho(l\delta x) = 0$ 时，表示统计独立，说明检波器所接收到的随机干扰是互不相关的，称此时 $l\delta x$ 的值为相关半径。必须指出，在实际工作中，究竟$\rho(l\delta x)$的值为多少合适时，才可看作互不相关，这是有人为因素的，比如也可以定义为$\rho(l\delta x) < 0.1$ 作为决定相关半径的标准。

2. 组合的统计效应

当组内各检波器之间的距离大于该地区随机干扰的相关半径时，用 n 个检波器组合后，信噪比增大 λ 倍。下面对这一结论作出详细说明。

假设一个地震记录道$f(t)$是由有效波 $s(t)$和随机干扰 $g(t)$组成，即

$$f(t) = s(t) + g(t) \tag{5.2.15}$$

所谓信噪比是指有效波与随机干扰相对强度的比较。在讨论组合的统计效应时，信噪比 b 是指有效波振幅 A_s 同随机干扰的均方差 σ 之比。即

$$b = \frac{A_s}{\sigma} \tag{5.2.16}$$

由于随机干扰的瞬时幅值是随机的，大小不能确定，因此不能用随机干扰的瞬时幅值去同有效波的振幅相比。均方差 σ 是一个常数，说明了随机干扰偏离其平均值的幅度大小。

对式(5.2.15)用离散式子书写，任意地震记录道第 i 道

$$f(i) = s(i) + g(i) \tag{5.2.17}$$

组合后的总振动为

$$F = \sum_{i=1}^{n} f_i = \sum_{i=1}^{n} s_i + \sum_{i=1}^{n} g_i \tag{5.2.18}$$

对组合前的随机干扰，其方差为

$$D = \sigma^2 = \frac{1}{n}\sum_{i=1}^{n}(g_i - \bar{g})^2 = M(g_i - \bar{g})^2 \tag{5.2.19}$$

而在组合后，随机干扰其方差为

$$D_{\Sigma} = M\left[\sum_{i=1}^{n}(g_i - \bar{g})\right]^2 \tag{5.2.20}$$

令 $\Delta_i = g_i - \bar{g}$，则有

$$\begin{aligned} D_{\Sigma} &= M\left[\sum_{i=1}^{n}\Delta_i\right]^2 = M\left[\sum_{i=1}^{n}\Delta_i^2 + 2\sum_{i=1}^{n-1}\Delta_i\Delta_{i+1} + 2\sum_{i=1}^{n-2}\Delta_i\Delta_{i+2} + \cdots + 2\sum_{i=1}^{n-l}\Delta_i\Delta_{i+l} + \cdots\right] \\ &= nD + 2(n-1)R(\delta x) + 2(n-2)R(2\delta x) + \cdots + 2(n-l)R(l\delta x) + \cdots \\ &= nD + 2D\sum_{i=1}^{n-1}(n-l)\rho(l\delta x) \\ &= nD\left[1 + \frac{2}{n}\sum_{i=1}^{n-1}(n-l)\rho(l\delta x)\right] \end{aligned} \tag{5.2.21}$$

再令

$$\beta = \frac{2}{n}\sum_{i=1}^{n-1}(n-1)\rho(l\delta x) \tag{5.2.22}$$

式中：β 称为组合统计效应系数，其大小与随机干扰波剖面的相关系数有关。于是式(5.2.21)可写成

$$D_{\Sigma} = nD(1+\beta) \tag{5.2.23}$$

其均方差变为

$$\sigma_{\Sigma} = \sqrt{D_{\Sigma}} = \sqrt{nD(1+\beta)} \tag{5.2.24}$$

则组合后随机干扰的信噪比变为

$$b_{\Sigma} = \frac{\sum_{i=1}^{n}S_i}{\sqrt{D_{\Sigma}}} = \frac{S_{\Sigma}}{\sigma_{\Sigma}} \tag{5.2.25}$$

如果有效波到达组内各检波器时差 $\Delta t = 0$，则

$$S_{\Sigma} = \sum_{i=1}^{n}S_i = nA_s \tag{5.2.26}$$

把式(5.2.24)和式(5.2.26)代入式(5.2.25)后得

$$b_{\Sigma} = \frac{nA_s}{\sqrt{nD(1+\beta)}} = \frac{A_s\sqrt{n}}{\sqrt{D}\ \sqrt{1+\beta}} = \frac{b\sqrt{n}}{\sqrt{1+\beta}} \tag{5.2.27}$$

如果将组合的统计效应 G 定义为组合前后信噪比的比值，于是有

$$G = \frac{b_{\Sigma}}{b} = \frac{\dfrac{b\sqrt{n}}{\sqrt{1+\beta}}}{b} = \frac{\sqrt{n}}{\sqrt{1+\beta}} \tag{5.2.28}$$

如果组合内各检波器相距足够远，大于随机干扰的相关半径，即组内各检波器接收的随机干扰互相统计独立，则 $\rho(l\delta x) = 0$，即 $\beta = 0$，这时组合的统计效应有最大值

$$G = \frac{\sqrt{n}}{\sqrt{1+\beta}} = \sqrt{n} \tag{5.2.29}$$

由此可见，统计效应也与组合数目有关，其信噪比与检波器个数 n 的平方根成正比，但这只有在组合距 δx 大于随机干扰的相关半径这一前提下才可获得最大的效应。

此外，值得指出的是组合法还有平均效应，因为组内各检波器接收的波不是来自同一个

反射点。当这些反射点位于一个平面上时，则组合后的反射点可认为相当于这些点的“中心”；如果各反射点不在一个平面上，而是高低不平，或在断层两侧，则组合后所得的波是这个起伏面或断层两侧反射平均的结果，这对细致研究断块特点是不利的。下一节将要讨论的多次覆盖水平叠加技术在这方面就比组合好，因为共反射点叠加可以避免这种平均效应的副作用。

四、组合参数的选择

组合参数是指检波器的组合个数 n、组内距（组内检波器间距）δx、组合基距（组内检波器排列长度）$n\delta x$ 以及组合形式等。正确选择组合参数的目的是为了有效地压制干扰波，得到较高的信噪比记录。

1. 组合形式

组合形式主要有两种：一种是线性组合；另一种是面积组合。采用哪种组合形式，主要取决于工区干扰波的性质、类型、强度及工区地表条件。如果干扰波主要是来自于震源方向沿测线传播的面波和声波，则一般使用沿测线布置的线性组合来压制干扰。线性组合使用起来最方便，工效也高。如工区内的干扰波不仅沿测线方向传播，从侧面其他方向传来的干扰也很严重，且有较强的随机干扰，则应采用面积组合形式。面积组合时，检波器按一定的几何形状（如矩形、菱形、星形等）安置。如干扰波除沿测线方向传播外，主要是垂直测线方向传播，可用矩形组合，如果四面八方的干扰波同样严重，则可采用星形组合，以求得各个方向的干扰波皆有较满意的压制效果。由于面积组合施工困难、工效低，而且受工区自然条件的限制（如湖沼、沟渠、居民点分布影响等），因此，一般情况下多采用线性组合。只有当采用线性组合方法后仍远不能有效的压制干扰波时，才考虑使用面积组合。

2. 组合个数

组合个数主要取决于工区内原始信噪比的大小（即每道用一个检波器接收时的信噪比）。不言而喻，原始信噪比高时组合个数可少些，原始信噪比低时组合个数应多些。我国平原地区采用 9 个左右（一般用单数）。我国西部地区，由于干扰波特别发育，常采用大量组合个数的检波器组合，有的地区组合个数可达数十甚至一百以上。组合个数很多时，就不宜用线性组合。实际施工时，由于测定原始信噪比的困难，常用实验方法确定组合个数。

3. 组内距

组内距 δx 主要取决于有效波和干扰波的视速度 v_a、视周期 T_a（或视频率 f_a）。对于有效波，为使其处于方向特性曲线的通放带（所谓通放带，即 $0.7 \leqslant \phi_n \leqslant 1$ 时 $\Delta t/T$ 的那段区间，$\Delta t/T = 0$ 和 $\Delta t/T = 1/2n$ 时为通放带的边界，对于反射波，由于 Δt 很小并趋于零，多处在通放带内）中，根据通放带定义的边界，它应满足条件：

$$\frac{\Delta t}{T_a} = \frac{\delta x}{\lambda_a} \leqslant \frac{1}{2n} \tag{5.2.30}$$

那么

$$\delta x \leqslant \frac{\lambda_a}{2n} = \frac{v_a T_a}{2n} \tag{5.2.31}$$

对于干扰波，应将其置于压制带，组内距 Δx 应满足条件

$$\delta x > \frac{\lambda_{ga}}{2n} = \frac{v_{ga} T_{ga}}{2n} \tag{5.2.32}$$

式中的下标 ga 指所标参数属于干扰波。

当存在多组干扰波时，应选视波长最长的干扰波代入上面两式求取 δx。同时，为充分发挥组合检波的统计效应，应尽量使组内距 δx 大于随机干扰的相关半径。因此，最佳组内距 δx 应同时满足式(5.2.31)和式(5.2.32)，并尽可能大于相关半径。

必须指出，上述选择组内距 δx 的理论计算结果应通过野外试验验证其正确性。实际上，理论计算往往只是解决试验的方向问题，或指导试验的进行，最后还必须通过野外试验工作来确定。

以上以组合检波为例讨论了组合法的基本原理及其特性。实际上，组合检波的特性同样适应于组合激发，尤其是非炸药震源的组合，目前电火花、气枪和可控震源大多采用组合激发的形式。为了取得较高信噪比的资料，可联合采用组合激发和组合接收的方法。

第三节　多次覆盖法

前面讨论可知，组合检波在压制面波等视速度干扰方面有着明显的作用，但它降低了地震记录的分辨率；此外，它不能压制多次反射波之类的干扰波。为了弥补组合法的弱点，在地震勘探中，广泛采用多次覆盖法，这种方法所得资料经动静校正、叠加等数字处理后，可达到压制干扰、提高信噪比的目的，实践表明，这种方法较显著地提高了地震勘探的工作质量。

共反射点多次覆盖法，又有共深度点多次叠加法、水平叠加法等多种叫法。其基本思想是对地下反射界面上各个反射点的地质信息进行多次观测，以排除由于地面上个别观测点受到某种干扰而歪曲地下真实信息的影响。

一、共反射点叠加原理

所谓多次覆盖是指在测线上不同激发点激发、不同接收点接收来自地下界面相同反射点的多个地震记录道进行叠加。此方法是建立在水平界面假设的基础上的。

如图5.3.1(a)所示，在测线上不同位置的(O_1，O_2，O_3，…)点激发，可以在以 M 点为对称的相应的(S_1，S_2，S_3，…)点接收来自地下水平界面 R 上同一点 A 的反射波。A 点称为共反射点或共深度点。M 点是 A 点在地面的投影点，也是接收距的中心点，称为共中心点或共地面点。S_1、S_2、S_3，…处接收到的地震记录道称为共反射点(或共深度点)叠加道，把共反射点叠加道的集合称为共反射点或共深度点(CDP)道集。

如果以炮检距 x 为横坐标，以反射波到达各叠加道的时间 t 为纵坐标，就可以绘出对应 A 点的半支时距曲线，将炮点和接收点互换，得到另一侧半支时距曲线，如图5.3.1(b)所示。整支时距曲线称为共反射点时距曲线。该曲线的时距方程为

$$t=\frac{1}{v}\sqrt{4h^2+x_i^2} \tag{5.3.1}$$

式中：x_i 为共反射点道集中各道的炮检距；h 为 M 点处的界面法线深度；v 为地震波速度。

上式与水平界面的共炮点反射波时距曲线方程式(3.2.1)在形式上是完全一样的，但两者的物理含义完全不同。其一，共炮点反射波时距曲线反映的是地下反射界面的一个区段，而共反射点时距曲线仅仅反映界面上的一个点；其二，共炮点时距曲线上的 t_0 时间是表示炮

点的回声时间，而共反射点时距曲线上的 t_0 时间是表示共反射点 A 的垂直反射时间，也就是共中心点 M 的回声时间，当 $x_i=0$ 时，$t_0=2h/v$。

事实上，对共反射点时距曲线进行动校正就是把各叠加道的时间都校正到 M 点的回声时间，或者把呈双曲线的共反射点时距曲线拉平，如图 5.3.1(c)所示。而应当引起注意的是，这里所说的动校正是共反射点各叠加道相对于共中心点 M 而言的。经动校正后，共反射点道集中各反射波不仅波形相似，且相位相同，此时进行叠加，必然是同相叠加，叠加后振幅成倍增加。因此，把叠加后的总振动作为共中心点 M 一个点的自激自收时间，就实现了共反射点多次叠加的输出，如图 5.3.1(d)所示。

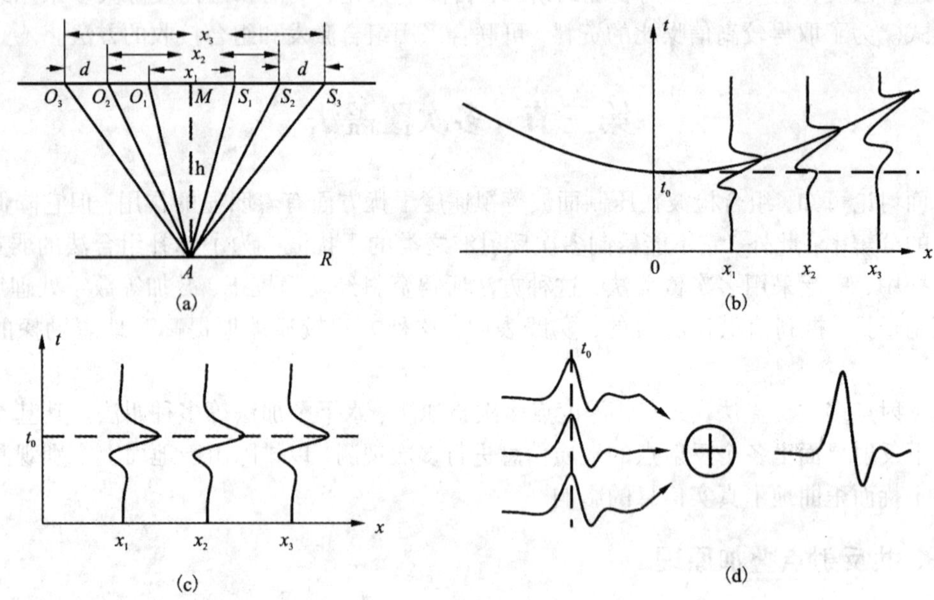

图 5.3.1　共反射点叠加模型

(a)地质模型；(b)共反射点时距曲线；(c)动校正；(d)叠加

二、多次覆盖观测系统

在上一章讨论反射波法观测系统时，已经提到对整条反射界面进行多次覆盖的系统观测叫多次覆盖观测系统。它主要有端点(单边)和中间放炮两种形式，下面以比较简单常用的单边放炮六次覆盖观测系统为例来进行讨论。

如图 5.3.2 所示，炮点位于排列的端点，每放完一炮，炮点和接收点一起向前移动 2 个道间距，这样便组成了一个 6 次覆盖的观测系统。从图可见，每放一炮可得地下 24 个反射点，放完六炮，可得相应的 6 个反射界面段，其中反射点 A 至 D 的界面段，每次放炮都对它进行了观测，即进行了 6 次观测。这可形象地看作好像盖被子一样，重复了 6 次，所以也叫做多次覆盖。其中第一炮的第 21 道，第二炮的第 17 道，第三炮的第 13 道，第四炮的第 9 道，第五炮的第 5 道，第六炮的第 1 道接收的都是来自 A 点的反射，因此在这六张记录上依次选出的第 21 道、17 道、13 道、9 道、5 道、1 道就是共反射点 A 的叠加道集，对其他的共反射点，也可以找到相应的共反射点道集。当放完 8 炮后，可得到 12 个共反射点的连续的 6 次覆盖剖面，其相应的叠加道如表 5.3.1 所示。

从图 5.3.2 和表 5.3.1 中可知，单边放炮无偏移距 6 次覆盖，在完成第 6 次激发后才会有 6 次叠加反射剖面，它由 4 个共反射点(一个小叠加段)组成。当依次放完 11 炮时，才能得到一张 24 个共反射点的 6 次叠加记录。

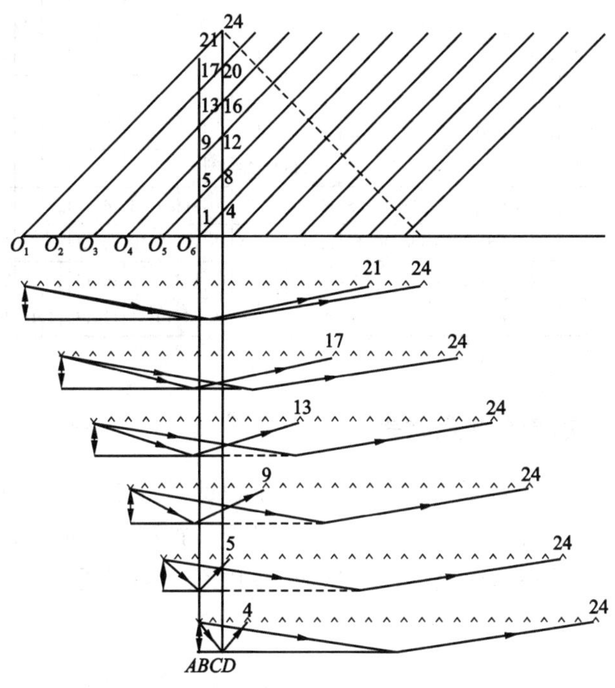

图 5.3.2　单边放炮六次覆盖观测系统平面图

根据上述特点，可得出炮点距与覆盖次数的关系，设炮点每次移动的道数为 ν，覆盖次数 n，仪器的道数为 N，则有

$$\nu = \frac{S \cdot N}{2n} \tag{5.3.2}$$

式中：S 是一个系数，单边放炮时 $S=1$，双边放炮时 $S=2$。如果采用单边放炮形式，并且接收道为 24 道，上式变为

$$\nu = \frac{N}{2n} = \frac{12}{n} \tag{5.3.3}$$

当采用六次覆盖时，$\nu=2$，即每移动两道放一炮；当 $n=12$，则 $\nu=1$。为了施工方便及便于计算机对资料进行处理，ν 应取正整数。显然，对于单边放炮的 24 道地震仪，覆盖次数 n 只能取 12、6、4、3、2 等 5 种形式。

表 5.3.1　六次覆盖观测系统表

共反射点序号 / 叠加道号 / 炮次	1	2	3	4	5	6	7	8	9	10	11	12	13	14	15	16	17	18	19	20	21	22	23	24	25	26	27	28	29	30	31	31
1	21	22	23	24																												
2	17	18	19	20	21	22	23	24																								
3	13	14	15	16	17	18	19	20	21	22	23	24																				
4	9	10	11	12	13	14	15	16	17	18	19	20	21	22	23	24																
5	5	6	7	8	9	10	11	12	13	14	15	16	17	18	19	20	21	22	23	24												
6	1	2	3	4	5	6	7	8	9	10	11	12	13	14	15	16	17	18	19	20	21	22	23	24								
7					1	2	3	4	5	6	7	8	9	10	11	12	13	14	15	16	17	18	19	20	21	22	23	24				
8									1	2	3	4	5	6	7	8	9	10	11	12	13	14	15	16	17	18	19	20	21	22	23	24

三、共反射点多次波的剩余时差

如图 5.3.3 所示，在水平界面 R_1 上产生二次全程反射，在 R_2 界面上产生一次反射，假设一次波的 t_0 时间等于二次波的 t_0 时间 t_{0d}。用视速度定理很容易证明具有相同 t_0 时间的二次波时距曲线比一次波时距曲线曲率大，一次波时距曲线相对平缓。

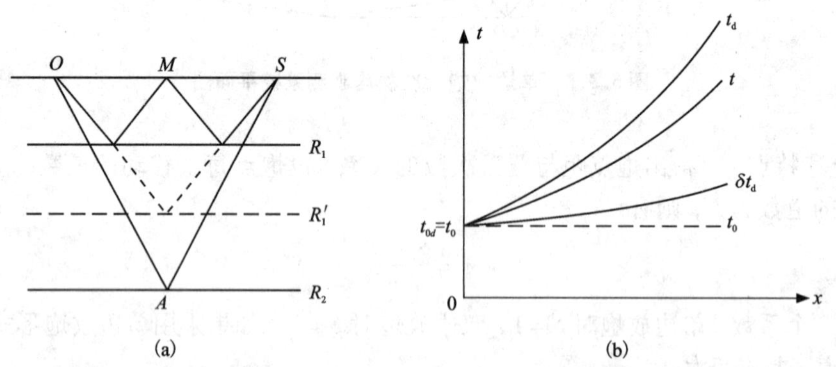

图 5.3.3　多次反射波的剩余时差曲线

对上述两条时距曲线按一次波的速度进行动校正，一次波的时距曲线被拉平，而多次波的时距曲线不能拉平，出现校正量不足，校正后的时距曲线仍是向上弯曲的，该曲线叫剩余时差曲线，也就是说对多次波的共反射点时距曲线按一次波进行动校正后，各叠加道的时间不能变为共中心点 M 的 t_0 时间，而出现一个时差，称该时差为剩余时差，用 δt_d 表示，它的数值为

$$\begin{aligned}\delta t_d &= (t_d - \Delta t) - t_0 \\ &= t_{0d} + \frac{x^2}{2t_0 v_d^2} - \frac{X^2}{2t_0 v^2} - t_0 \\ &= \frac{x^2}{2t_0}\left(\frac{1}{v_d^2} - \frac{1}{v^2}\right) = qx^2 \end{aligned} \tag{5.3.4}$$

式中：Δt 为动校正量；q 为多次波剩余时差系数，它为

$$q=\frac{1}{2t_0}\left(\frac{1}{v_0^2}-\frac{1}{v^2}\right) \tag{5.3.5}$$

由式(5.3.5)可见，多次波剩余时差与炮检距平方成正比。由于各叠加道的剩余时差不同，它们叠加时不是同相叠加，因此，叠加后多次波会被削弱，从而达到压制多次波的目的，如图5.3.4所示。分析式(5.3.5)可知，多次波的剩余时差 δt_d 随着炮检距 x 的平方增大。为了更好地采用水平叠加法压制多次波，就需要采用较大的炮检距，以获得更大的多次波剩余时差。而实际上，在野外工作中，由于受到各种因素的限制，尤其是在浅层地震勘探中，由于排列长度较短，炮检距的大小有限，因此，采用水平叠加法压制多次波的效果是有限的。这就提出了在资料处理中进一步压制多次波和解释中识别多次波的问题。

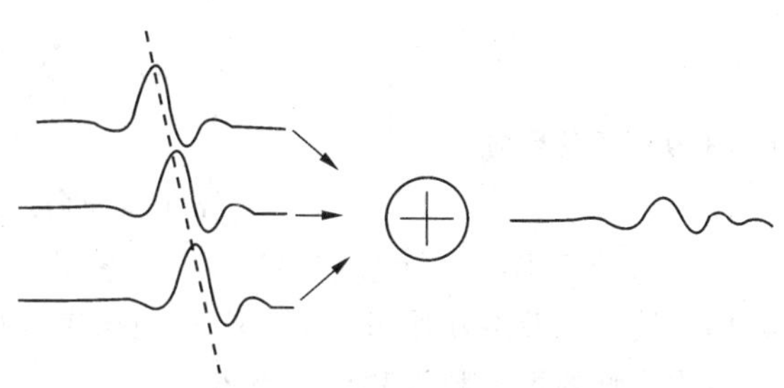

图5.3.4　多次波的叠加效果

对于其他的规则干扰波，若它们与一次波的剩余时差较大，采用水平多次叠加法也能够起到较好的压制作用，从而提高记录的信噪比。

四、共反射点多次叠加效应

为了深入了解共反射点多次叠加压制干扰波的规律，与组合法一样，需要进一步讨论共反射点多次叠加的特性。讨论叠加效应的思路是把叠加当作一个时不变系统，从分析信号在叠加前后频谱的变化，进而导出有关公式，然后讨论其叠加特性。

1. 基本公式

下面以单边放炮多次覆盖观测系统为例进行讨论。

设经过单边 n 次覆盖工作得到一共反射点道集，并设地下某一共反射点到达地面共中心点 M 处的一次反射波为 $f(t_0)$，其频谱为 $F(\omega)$。该共反射点道集内各道反射波的振动函数为 $f(t_i)$，且 $t_i=t_0+\Delta t_i$，Δt_i 是炮检距为 x_i 道的正常时差(动校正量)，按照 Δt_i 的规律对道集内各道的反射波进行动校正并叠加。对于正常的一次反射波来说，经过动校正后 Δt_i 刚好被消除，叠加后输出结果

$$g(t_0)=\sum_{i=1}^{n}f(t_i-\Delta t_i)=\sum_{i=1}^{n}f(t_0)=nf(t_0) \tag{5.3.6}$$

上式表示为叠加后的输出等于 n 个自激自收反射波之和，其对应的频谱为

$$G(\omega)=\sum_{i=1}^{n}F(\omega)=nF(\omega) \tag{5.3.7}$$

而对于多次反射波，由于动校正后仍有剩余时差 δt_i。由于多次波速度一般低于同 t_0 时刻的一次波速度，所以 δt_i 一般为正值，叠加后输出结果为

$$g_d(t)=\sum_{i=1}^{n}f(t_0+\delta t_i) \tag{5.3.8}$$

其对应的频谱为

$$G_d(\omega) = F(\omega) \sum_{i=1}^{n} e^{i\omega\delta t_i} \tag{5.3.9}$$

令

$$K(\omega) = \sum_{i=1}^{n} e^{i\omega\delta t_i} \tag{5.3.10}$$

则式(5.3.9) 可以写成

$$G_d(\omega) = F(\omega)K(\omega) \tag{5.3.11}$$

式(5.3.11) 表明，多次叠加相当于一个线性滤波器，$K(\omega)$ 表征了这个滤波器的特性，多次叠加对波形的改造作用可由 $K(\omega)$ 反映出来。故定义 $K(\omega)$ 为多次叠加特性函数。

2. 多次叠加的振幅特性和相位特性

由(5.3.10) 式可以看出，多次叠加特性函数 $K(\omega)$ 与原来信号的类型和波的到达时间无关，它只是叠加次数 n、频率 ω 和剩余时差 δt_i 的函数。$K(\omega)$ 是一个复数，它的模 $|K(\omega)|$ 是多次叠加的振幅特性，它的幅角 $\varphi(\omega)$ 是多次叠加的相位特性。

(1) 振幅特性

由式(5.3.10) 可得

$$K(\omega) = \sum_{i=1}^{n} \cos\omega\delta t_i + i\sum_{i=1}^{n} \sin\omega\delta t_i \tag{5.3.12}$$

那么，$K(\omega)$ 的模表示为多次叠加的振幅特性

$$|K(\omega)| = \sqrt{\left(\sum_{i=1}^{n} \cos\omega\delta t_i\right)^2 + \left(\sum_{i=1}^{n} \sin\omega\delta t_i\right)^2} \tag{5.3.13}$$

从(5.3.13) 式可以看出，对于正常一次反射波来说，$\delta t_i = 0$，则 $|K(\omega)| = n$。叠加后输出信号振幅增强了 n 倍。而对于多次反射波之类的干扰波，$\delta t_i \neq 0$，则 $|K(\omega)| < n$，叠加后干扰波相对削弱。

显然，振幅特性曲线在 $\delta t_i = 0$ 处有极大值，其数值等于叠加次数 n。为了便于对比分析多次叠加后多次反射波相对于一次反射波的压制程度，用叠加后多次波的振幅与一次波的振幅之比来表征叠加效果，则有

$$P(\omega) = \frac{|K(\omega)|}{n} = \frac{1}{n}\sqrt{\left(\sum_{i=1}^{n} \cos\omega\delta t_i\right)^2 + \left(\sum_{i=1}^{n} \sin\omega\delta t_i\right)^2} \tag{5.3.14}$$

由于

$$\omega\delta t_i = 2\pi f\delta t_i = 2\pi\frac{\delta t_i}{T}$$

令

$$\alpha_i = \frac{\delta t_i}{T} \tag{5.3.15}$$

式中：i 为道集内各叠加道的顺序；α_i 称为各叠加道参量，它表示各道剩余时差所占谐波周期的比数，于是叠加振幅特性公式为

$$P(\alpha) = \frac{1}{n}\sqrt{\left(\sum_{i=1}^{n} \cos 2\pi\alpha_i\right)^2 + \left(\sum_{i=1}^{n} \sin 2\pi\alpha_i\right)^2} \tag{5.3.16}$$

式(5.3.16)对各种波都是普遍适用的，但各种波的剩余时差 δt_i 的变化规律不同，因而

叠加参量 α_i 的变化规律也不同。剩余时差除了与有效波和干扰波的传播速度有关之外，还与炮检距有关。所以，共深度点多次叠加实质上还是属于波数滤波，但因与炮检距有关而显得更为灵活。

(2) 多次波的振幅特性

通过前面讨论可知，由于一次波速度 v 大于多次波速度 v_d，多次波剩余时差 δt_d 曲线为一向上弯曲的抛物线，在离散情况下(5.3.4)式可写成

$$\delta t_i = q x_i^2 \tag{5.3.17}$$

根据多次波剩余时差的规律，可得出多次波的叠加参量

$$\alpha_i = \frac{\delta t_i}{T} = \frac{q}{T} x_i^2 \tag{5.3.18}$$

显然，对某一频率而言(即 T 一定)，多次波叠加参量的变化规律亦为一上升的抛物线。

由于多次波剩余时差 δt_d 曲线和叠加参量 α_i 曲线均按抛物线规律变化，因此可利用这一特点，将叠加参量变化为观测系统参数与“单位叠加参量”的函数。这样，叠加特性曲线就有了实用意义和对比标准了。为此，对(5.3.18)式作如下变换

$$\alpha_i = \frac{q}{T} x_i^2 = \frac{x_i^2}{\Delta x^2} \cdot \Delta x^2 \frac{q}{T} \tag{5.3.19}$$

令

$$k_{xi} = \frac{x_i^2}{\Delta x^2} \tag{5.3.20}$$

$$\alpha = \Delta x^2 \frac{q}{T} \tag{5.3.21}$$

那么

$$\alpha_i = k_{xi} \alpha \tag{5.3.22}$$

式中：Δx 为道间距；x_i 为炮检距；k_{xi} 为一个与观测系统有关的参量；α 称为单位叠加参量，即当炮检距等于一个道间距时的叠加参量。把(5.3.22)式代入(5.3.16)式就得到多次波的叠加特性公式

$$P(\alpha) = \frac{1}{n} \sqrt{\left(\sum_{i=1}^{n} \cos 2\pi k_{xi} \alpha \right)^2 + \left(\sum_{i=1}^{n} \sin 2\pi k_{xi} \alpha \right)^2} \tag{5.3.23}$$

这个公式给出了多次波叠加效应与观测系统参量 k_{xi} 及单位叠加参量 α 的关系。为了便于用此公式指导野外观测系统的设计，还需找出 k_{xi} 与观测系统的具体参数关系。

为此，引入下列符号：x_1 为偏移距；d 为炮点每次移动距离；$\mu = \frac{x_1}{\Delta x}$ 为偏移距道数；$\nu = \frac{d}{\Delta x}$ 为炮点每次移动的道数；i 为该道在道集中按炮检距由小到大排列的顺序号。于是(5.3.20)式可改写为

$$k_{xi} = \left(\frac{x_i}{\Delta x} \right)^2 = \left[\frac{x_1 + (i-1)2d}{\Delta x} \right]^2 = [\mu + (i-1)2\nu]^2 \tag{5.3.24}$$

对于单位叠加参量 α，可根据所在工区地震波的主频范围、道间距的最大可能范围以及剩余时差系数 q 具体情况确定。

将(5.3.24)式中求得的观测系统参量 k_{xi} 值以及单位叠加参量 α 值代入(5.3.23)式中，

就可以计算出多次波的叠加振幅特性曲线。

图 5. 3. 5 就是一条实际计算出的多次波叠加振幅特性曲线，所选用的观测系统参数是$n=4$、$\nu=3$、$\mu=12$ 时的叠加振幅特性曲线。下面以该图为例分析多次波叠加振幅特性曲线的特点。

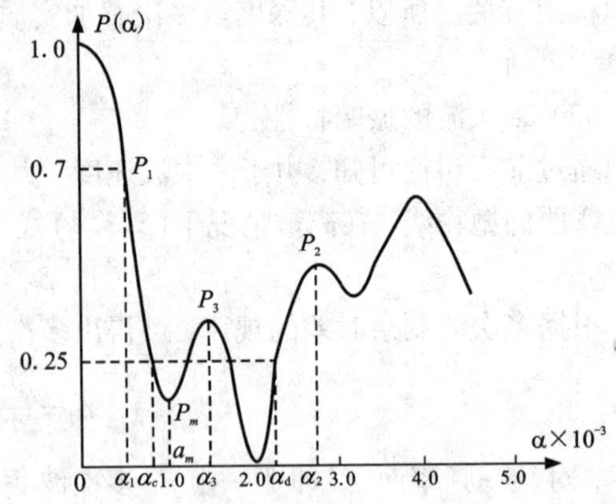

图 5.3.5　多次波叠加振幅特性曲线

($n=4$、$\nu=3$、$\mu=12$)

①通放带

当 $\alpha=0$ 时，$P(\alpha)=1$，即剩余时差为零的一次波有最大的叠加幅值；随着 α 逐渐增大，$P(\alpha)$值迅速减小；当 $\alpha=\alpha_1$ 时，$P(\alpha_1)=0.707$。通常认为 $P(\alpha)\geqslant 0.707$ 表明叠加后波的振幅得到加强，因此把 α 在 $[0,\alpha_1]$范围称为通放带，凡落在通放带中的波均可得到加强。

②压制带

当 α 进一步增大，特性曲线上 $P(\alpha)$进入低值区。当 α 在$[\alpha_c,\ \alpha_d]$范围内时，$P(\alpha)$的平均值$\overline{P}(\alpha)=\dfrac{1}{n}$，落在此范围内的波受到最大的压制，即叠加后被削弱，此低值区称为压制带，多次反射波往往落入此范围内。实际上，压制带内也有一个极值点 $P(\alpha_3)$，这个值的大小影响压制效果，该值越大，即偏离平均压制量$\dfrac{1}{n}$越高，压制效果会越差。靠近 α_c 附近(有时在 α_c 的右边有时在 α_c 的左边)有一个压制带内的第一个极小值点 α_m。如果 $\alpha_m\leqslant\alpha_c$，则压制带起始边界点左移至 α_m 处，使通放带变窄。通放带较窄时为防止有效波落入压制带，则需适当减小排列长度。

③二次极值

当 α 再增大到 α_2 时，特性曲线上出现二次极大值 $P(\alpha_2)$。实际上，当 $\alpha>\alpha_d$ 时，曲线上 $P(\alpha)$就开始迅速增大。当干扰波的值落入二次极值带时，压制效果就较差，因此道间距 Δx 不宜过大。在必须使用大道间距时，应增加覆盖次数，以降低二次极值带 $P(\alpha)$的值。

必须指出，以上用单位叠加参量 α 作为变量来讨论叠加特性曲线，纯粹是为了方便对不同观测系统的曲线进行分析和对比。实际工作中，可根据需要使用其他参量或具体参数值，利用相应的公式，对横坐标进行换算即可。

事实上，由(5. 3. 21)式可得

$$\alpha=\Delta x^2\ \frac{q}{T}=q\Delta x^2 f \tag{5. 3. 25}$$

把式(5. 3. 25)代入式(5. 3. 23)，得

$$P(f)\ =\frac{1}{n}\sqrt{\left(\sum_{i=1}^{n}\cos 2\pi k_{xi}q\Delta x^2 f\right)^2+\left(\sum_{i=1}^{n}\sin 2\pi k_{xi}q\Delta x^2 f\right)^2} \tag{5. 3. 26}$$

将式(5. 3. 24) 中求得的观测系统参量 $k_{xi}(n、\nu、\mu)$ 值以及不同道间距 Δx(此处 Δx 分别取 80 m、40 m 和 20 m) 时地震波的频率f值代入式(5. 3. 26) 中，同样可以计算出如图 5. 3. 5

所示中以频率f为横坐标的多次波叠加振幅特性曲线。其通放带、压制带等叠加振幅特性曲线特点的分析都可用不同的频率来表示，这实际上也是多次叠加的频率滤波特性曲线。

从式(5.3.26)及频率滤波曲线可以看出，对共反射点多次叠加存在剩余时差的多次波等起低通滤波作用，而对于无剩余时差的波不起频率滤波作用。

(3) 多次波的相位特性

根据相位谱的定义，由式(5.3.12)可得到多次叠加相位特性公式

$$\varphi(\omega) = \arctan \frac{\sum_{i=1}^{n} \sin\omega\delta t_i}{\sum_{i=1}^{n} \cos\omega\delta t_i} \tag{5.3.27}$$

由上式可见，对于剩余时差 $\delta t_i = 0$ 的一次反射波，叠加后相位移为零，也就是说叠加后地震波的相位与共中心点 M 处一次反射波的相位一致。

对于多次反射波，经叠加后能量会被削弱，但仍会有残余能量，它们仍会以同相轴的形式出现，残余能量的同相轴根据叠加相位特性而呈现特殊规律，即相位随偏移距分段变化而同相轴分段错开。各段之间错开的相位差随叠加次数增加而减小。叠加次数越高，就越增强多次波同相轴的连续性。因此，叠加次数较高时，虽然多次反射的振幅大为削弱，但连续性却变高了。

图5.3.6(a)、(b)所示为24道接收分别为6次覆盖与3次覆盖时叠加相位特性示意图。图中可见：在6次覆盖叠加剖面上多次波等干扰波的剩余能量的同相轴截成6段，每小段4道，成阶梯状分布，各道相位差较小，多次波同相轴的连续性较好；在3次覆盖时同相轴则截成3段，每小段8道，也成阶梯状分布，各道相位差较大，多次波同相轴的连续性较差。

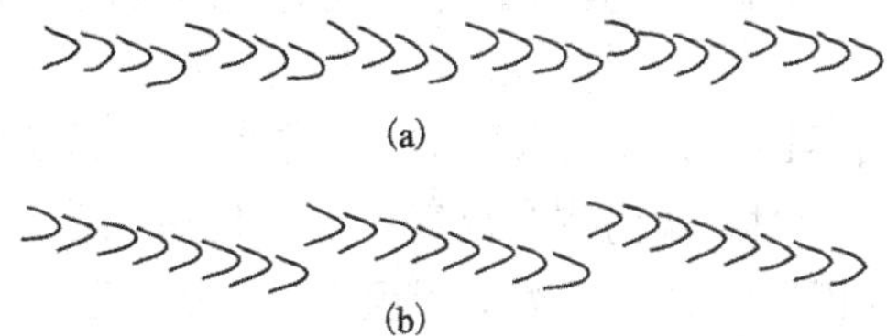

图5.3.6 多次波叠加相位特性示意图

(a) $n=6$时，分为6段，每段4道；(b) $n=3$时，分为3段，每段8道

事实上，共反射点多次叠加法也有类似组合法的统计效应。由于叠加道之间的距离(多次叠加的相关半径)大于组合检波的组合距，所以叠加法对随机干扰有更好的压制效果，其统计效应优于组合法。由于叠加法统计效应的讨论与组合法类似，在此不再赘述。

五、影响共反射点叠加效果的因素

以上讨论中，是在假定反射界面为水平的情况下进行的，并且同时认为动校正速度选取正确，满足这两个条件，就能实现真正的共反射点叠加。事实上，在实际工作中，这两个条件不可能完全满足。往往是动校正速度选择得不完全正确，反射界面又不是水平的，等等。下面分析这些因素对多次叠加造成的影响。

1. 动校正速度的精度

从前面讨论可知：对于有效反射波(一次反射波)，如果动校正量准确，那么动校正后叠加道集的各道信号校正为 t_0 的直线，波经同相叠加后有效波能量大大增强，叠加效果好；否则，如果动校正量不准确，经动校正后会产生剩余时差，波不能同相叠加，叠加效果完全与多次波相似。因此，动校正量正确与否取决于动校正速度，即叠加速度。

设地层的真速度为 v，采用的叠加速度为 v_{NMO}，则由速度误差引起的剩余时差为

$$\delta t_v = \frac{x^2}{2t_0}\left(\frac{1}{v^2} - \frac{1}{v_{\text{NMO}}^2}\right) = q_v x^2 \tag{5.3.28}$$

式中：q_v 是由速度误差引起的表达剩余时差的一个参数，称为速度误差剩余时差系数。

当叠加速度 v_{NMO} 小于地层的真速度 v，这时 $\delta t_v < 0$，表明动校正量过大；反之，当叠加速度大于地层速度，这时 $\delta t_v > 0$，表明动校正量过小。在这两种情况下，有效反射波都不是同相叠加，叠加效果是不会好的。若选择的叠加速度恰好等于多次波速度时，那么叠加后非但没有压制多次波，反而使之增强，削弱了有效波。因此，叠加速度提取得是否合适，直接关系到叠加剖面的质量。

对不同的观测系统或地质条件对速度精度的影响有以下一般的规律。

第一：叠加次数越高、接收间距越大时，通放带越窄，对动校正速度精度要求越高，否则，一次波就很容易进入压制带。

第二：界面越深的反射波，即 t_0 越大的反射波速度误差的影响越小，反之，对浅层的反射波，速度误差的影响较大。

第三：随着道间距 Δx 的增大，由速度误差引起的单位叠加参量 α_v 就会增大，而允许的最大速度差就要减小。同时，由于 α_v 与波的频率 f 成正比，频率越高，α_v 越大，速度误差就越有可能使一次波落入压制带，因此，速度误差较大时有压制高频成分的作用。

2. 地层倾斜

当地下反射界面为倾斜界面时，按照水平多次覆盖观测系统进行观测，会出现非共反射点叠加问题。在进行数据处理时，若仍按共反射点道集规律抽道，此时所抽的道集已不是共反射点道集了。因此，动校正后的叠加已类似于组合的情况，这必然影响叠加的实际效果。

(1) 非共反射点叠加

如图 5.3.7 所示，有一倾角为 φ 的倾斜反射界面，M 为共中心点，h_M 为 M 点处的法向深度，O、S 分别为炮点和检波点。从图中可见，由于界面倾斜，各叠加道的反射信号并非来自同一反射点，随着炮检距的增大，反射点要向界面上倾方向发生偏移。因此，地面共中心点的接收道反映的不再是一个公共反射点，而是一个反射段。这时的水平叠加实际上是共中心点叠加，而不是共反射点叠加。

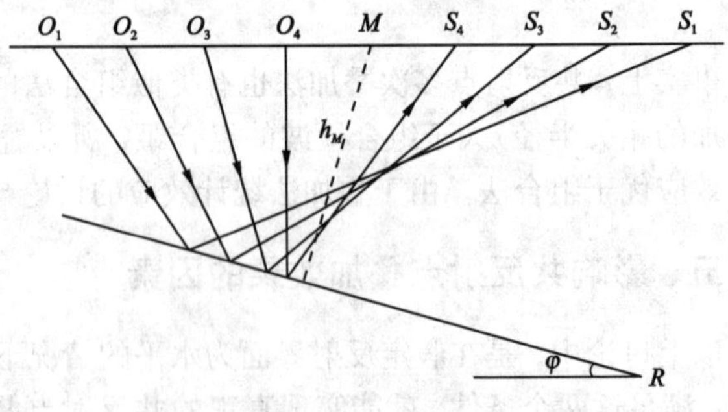

图 5.3.7　倾斜界面时共反射点的分散

为了方便确定最小炮检距道与最大炮检距道对应的反射点之间的分散距离，将图5.3.7明示为图 5.3.8 的简单几何关系，并假设用实际反射点偏离中心点的距离 $r = \overline{AM'}$ 来定量地表

示共反射点的分散程度。由图中几何关系可知$\triangle OO'A$与$\triangle SPO^*$相似，于是有

$$O'A=\frac{PO^*\cdot OO'}{SP}=\frac{x\cos\varphi\cdot h}{2h_M}=\frac{x\cos\varphi}{2h_M}\left(h_M-\frac{x}{2}\sin\varphi\right)$$

那么r的大小为与界面倾角φ之间的关系为

$$r=AM'=O'M'-O'A=\frac{x}{2}\cos\varphi-\frac{x\cos\varphi}{2h_M}\left(h_M-\frac{x}{2}\sin\varphi\right)=\frac{x^2}{8h_M}\sin2\varphi \tag{5.3.29}$$

因此，最小炮检距道与最大炮检距道对应的反射点之间的分散距离为

$$\Delta r=\frac{x_1^2-x_n^2}{8h_M}\sin2\varphi \tag{5.3.30}$$

式中：x为炮检距；n为叠加次数。

由上式可以看出：倾角越大，炮检距越大，反射点的分散距离就越大；而界面越深，反射点的分散距离越小。

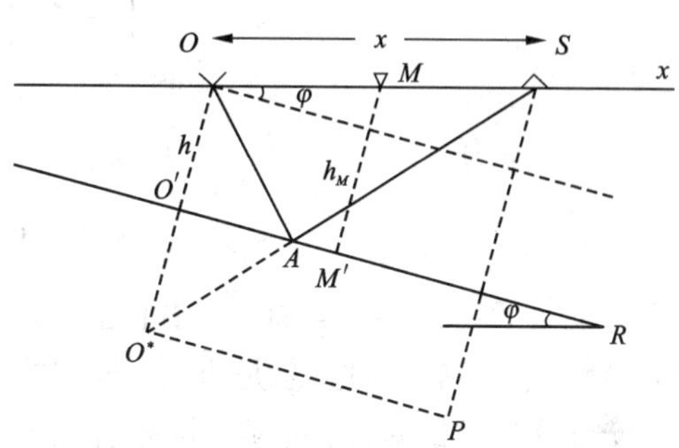

图 5.3.8 倾斜界面中心点与共反射点的几何关系

(2)对叠加效果的影响

倾斜界面情况下，按水平界面情况抽取共反射点道集虽然是非共反射点的，但却是共中心点道集。对于这种道集的反射波时距曲线称为共中心点时距曲线，其方程是共中心点时距曲线方程。利用图 5.3.8 的简单几何关系很容易建立共中心点反射波时距曲线方程，即

$$t=\frac{OA+AS}{v}=\frac{O^*S}{v}=\frac{1}{v}\sqrt{(PO^*)^2+(SP)^2}=\frac{1}{v}\sqrt{x^2\cos^2\varphi+4h_M^2} \tag{5.3.31}$$

令：$v_\varphi=v/\cos\varphi$；$t_{0M}=2h_M/v$。则式(5.3.31)可写为

$$t=\sqrt{\frac{x^2}{v_\varphi^2}+t_{0M}^2} \tag{5.3.32}$$

式中：v_φ称为倾斜界面上覆地层的等效速度；t_{0M}为共中心点M处的自激自收时间。

由式(5.3.31)和式(5.3.32)可见，当$\varphi=0$时，方程正好为共反射点时距曲线方程。所以共中心点时距曲线方程既包括水平界面情况又包括倾斜界面情况。

倾斜界面情况下的动校正量应为

$$\Delta t_\varphi=t_{0M}\left(\sqrt{\frac{x^2\cos^2\varphi}{t_{0M}^2v^2}+1}-1\right) \tag{5.3.33}$$

对上式进行二项式展开可得近似关系

$$\Delta t_{\varphi}\approx\frac{x^2\cos^2\varphi}{2t_{0M}v^2}\tag{5.3.34}$$

在进行动校正时，实际上不管地层是水平的还是倾斜的，都用水平动校正公式计算动校正量，这样就不能把道集时距曲线拉成直线，因而就存在由于地层倾斜而造成的剩余时差 δt_{φ}，即倾斜地层的校正量 Δt_{φ} 减去水平地层的校正量 Δt

$$\begin{aligned}\delta t_{\varphi}&=\Delta t_{\varphi}-\Delta t=\frac{x^2\cos^2\varphi}{2t_{0M}v^2}-\frac{x^2}{2t_0v^2}\\&=\frac{x^2\cos^2\varphi}{2t_0v^2\left(1+\dfrac{x\cos\varphi}{2h}\right)}-\frac{x^2}{2t_0v^2}\\&=\frac{x^2}{2t_0v^2}\left(\frac{\cos^2\varphi}{1+\dfrac{x\cos\varphi}{2h}}-1\right)\end{aligned}\tag{5.3.35}$$

当 $x/2h\ll1$ 时，有

$$\delta t_{\varphi}=\frac{x^2}{2t_0v^2}(\cos^2\varphi-1)=-\Delta t\sin^2\varphi\tag{5.3.36}$$

由近似公式(5.3.36)可知，存在倾斜界面时，如果按照水平界面的动校正量进行动校正则有剩余时差，且剩余时差总是负的，说明倾斜地层的真正动校正量总是小于水平层的动校正量，校正总是过量的，不能实现同相叠加。当然，由式(5.3.32)可知，如果按照等效速度计算动校正量，虽然可以实现同相叠加，但反射点分散的问题总是存在，无法解决。

实际上，对于倾角较大的层状介质或陡构造地层，如果要实现真正的共反射点叠加，在进行数据处理时可采用叠前偏移方法。

六、多次覆盖技术叠加参数的选择

前面讨论了共反射点多次叠加原理、叠加效应以及影响叠加效果的因素，下面针对反射地震勘探的特点，讨论实际工作中多次叠加技术参数的选择原则。

1. 道间距的选择

为了能突出道间距对叠加效果的影响，在单位叠加参量 $\alpha=\Delta x^2\ \dfrac{q}{T}$中，取有效波的周期 T 为定值，并把横坐标 α 换成 q，即

$$q=\frac{\alpha T}{\Delta x^2}\tag{5.3.37}$$

分别以 Δx 等于 20 m、40 m 和 80 m 代入式(5.3.37)中，就得到了一组以 Δx 为参数的、以 q 为变量的叠加振幅特性曲线，如图 5.3.9 所示。分析图中的振幅特性曲线可知，随着道间距的增大，通放带变窄、变陡，压制带的范围向左移。也就是说，随着道间距的增大，有利于压制与一次波速度相近的多次波等规则干扰波。但是，道间距也不宜过大，如果 Δx 过大，不仅影响波的同相位对比，而且也会使一次波产生剩余时差受到压制，如 $\Delta x=80$ m 的情况。道间距当然不能太小，如 $\Delta x=20$ m，q 值在很大范围内都处于通放带，这时不可能收到压制多次波的效果。

如果是以频率 f 为横坐标制作不同道间距的叠加特性曲线，那么就是不同道间距的多次叠

加频率特性曲线，如图 5. 3. 10 所示。从图中可见，$\Delta x=20$ m 的边界频率远远高于$\Delta x=80$ m的边界频率，也就是说，道间距越小，通放带的边界频率就越高。因此，一般情况下，当采用较小道间距时，多次叠加的频率特性对地震记录中的高频成分影响不大。显然，要进行高分辨率地震勘探，应当采用较小的道间距，因此，浅层地震勘探一般都采用小道间距。

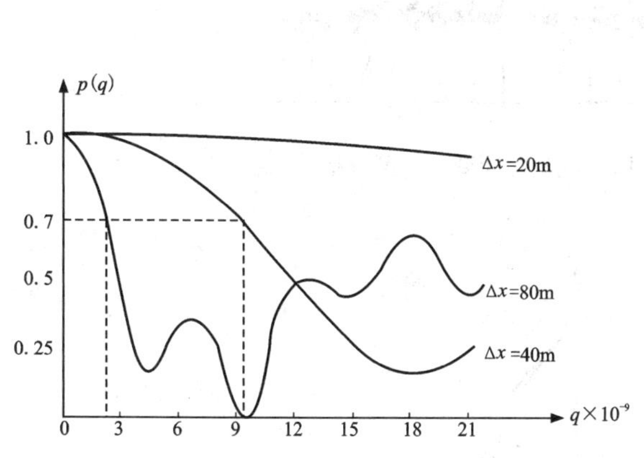

图 5. 3. 9　道间距对叠加特性的影响

（$n=4$、$\nu=3$、$\mu=12$）

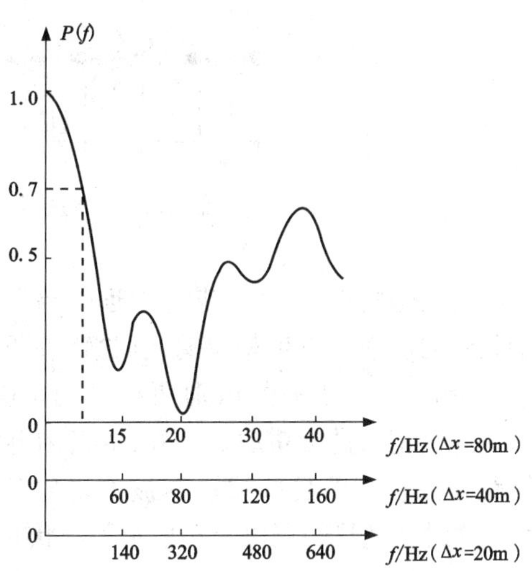

图 5. 3. 10　道间距对叠加频率特性的影响

（$n=4$、$\nu=12$，$q=15.6\times10^{-9}$）

2. 偏移距的选择

偏移距的改变对叠加振幅特性曲线也有很大影响，如图 5. 3. 11 所示为四次覆盖不同偏移距叠加的特性曲线。从图中可见，随偏移距 $\mu=\dfrac{x_1}{\Delta x}$增大，通放带的宽度变窄（$\alpha_1$ 值变小），压制带范围向左移（α_c 值也变小），同时压制带范围内曲线的三次极值的幅度均变小，有利于压制与有效波速度相近的多次波等规则干扰波。当然，偏移距也不宜太大，特别是在接收道数较多，道间距较大的情况下，会使远离激发点的一些道因炮检距太大而产生一些问题，如接收到的反射波常发生相位畸变，以及动校正量太大造成浅层动校正引起的畸变，等等。

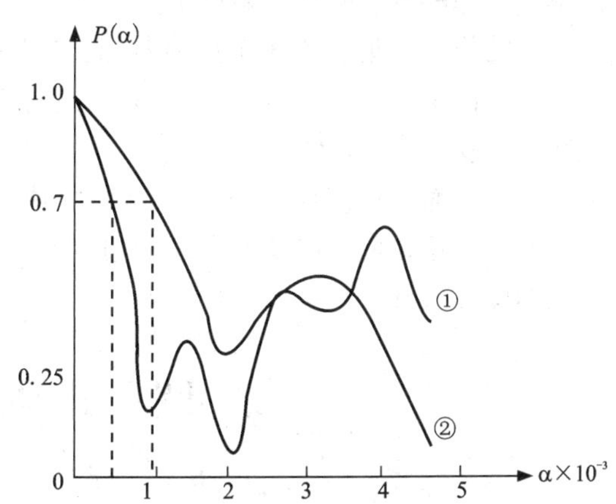

图 5. 3. 11　偏移距对叠加特性的影响

（①$\mu=12$，$n=4$，$\nu=3$；②$\mu=0$，$n=4$，$\nu=3$）

图 5. 3. 12 为主频为 60 Hz，速度为 1 500 m/s，t_0 时间为 500 ms，采用 5 m 道间距，24 道接收的地震反射波动校正理论模型分析结果。从图中可以看出，动校正拉伸结果使原来记录到的原始波形变宽，这将严重影响地震记录的分辨率。对于动校正的拉伸畸变，在进行数据处理时有时不得不用切除

的办法处理，这样会损失掉许多浅层的有效波信息（关于动校正的拉伸畸变及其处理在数据处理一章中还将作详细讨论）。

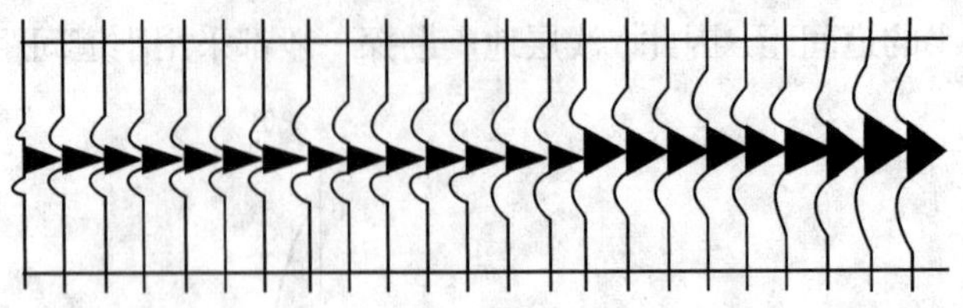

图 5.3.12　动校正拉伸畸变随炮检距变化模型分析

最大炮检距太大会使得在远炮检距处接收到的反射波发生相位畸变（这将在下一节讨论），不利于波的识别和对比，同样会影响地震记录的分辨率。另外，由于在远炮检距处接收到的目的层反射波的出射角较大，这时若把目的层以上多层水平层状介质的速度作为均方根速度考虑，并用式(3.2.24)进行速度分析，求取的均方根速度误差较大。

3. 覆盖次数的选择

图 5.3.13 表示了覆盖次数分别为 $n=6$ 和 $n=12$ 的叠加频率特性曲线。从图中可以看出，覆盖次数从 6 提高到 12，通放带的边界频率向左边移动，但移动距离不大，叠加频率特性曲线很接近。覆盖次数越大，压制带平均值越小，压制效果越好。所以增大覆盖次数 n 对于提高信噪比是有利的。但是，当地层倾角较大或界面起伏较严重时，应慎重选用覆盖次数，一般应选得较低一些。

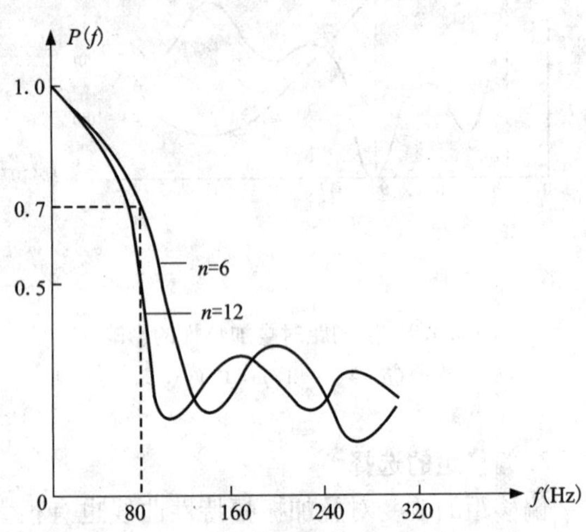

图 5.3.13　覆盖次数对叠加频率特性的影响

($\mu=12, \Delta x=20, q=15.6\times10^{-9}$)

覆盖次数虽对频率特性影响不大，但对勘探成本影响很大。因此，在原始资料的数据采集中应全面考虑记录的信噪比和勘探费用，在满足具有较高记录信噪比的前提下，应尽可能采用较低的覆盖次数。

第四节　其他抗干扰技术

一、垂直叠加

垂直叠加一般是针对浅层地震来说的。它是在地面同一点上重复激发，在同一排列上重复接收，利用浅层地震仪具有的垂直叠加处理功能，把同一点上重复激发、同一排列上重复接收到的信号依次叠加在一起，达到增强有效波的目的。

若在 t_1、t_2 时刻激发后，检波器接收到的波形的相似程度用相关系数 $R(l\Delta t)$ 表示，其中 l

为以 Δt 为单位的时间距离系数。当 $l=0$ 时，$R(0)$ 表示自相关，为 R 的最大值，则

$$\rho(l\Delta t)=\frac{R(l\Delta t)}{R(0)} \tag{5.4.1}$$

表示标准化的相关系数，当 $R(l\Delta t)$ 接近于零时，称为两者统计独立。若在 t_1、t_2 时刻激发后，接收到的波全部为干扰噪声，当 $\rho(l\Delta t)\to 0$ 时，称干扰噪声为随机干扰噪声。

在浅层地震勘探中，经 n 次激发后，接收到的归一化地震波振幅为

$$A=\frac{1}{n}\sum_{i=1}^{n}S_i+\frac{1}{n}\sum_{i=1}^{n}g_i \tag{5.4.2}$$

式中：S_i 和 g_i 分别为第 i 次激发后有效波和干扰波的振幅。

因有效反射波是有规律的，经相邻两次激发后，产生的反射波波形相似程度高，相关系数 $\rho(l\Delta t)\to 1$，经 n 次叠加后，有效波的振幅增加了 n 倍；可以证明（与组合统计效应相似），对于随机干扰波，经相邻两次激发后记录到的干扰噪声是不相似的，经 n 次叠加后，随机干扰波的振幅增强了 $\sqrt{n}$ 倍。因此，垂直叠加统计效应有最大值

$$G_{\max}=\frac{n}{\sqrt{n}}=\sqrt{n} \tag{5.4.3}$$

式中：$G_{\max}$ 称为垂直叠加统计效应的最大值；n 为垂直叠加次数。

二、频率滤波

在地震勘探中，频率滤波是压制干扰波的一种有效方法。从图 5.1.4 中可知，地震有效波和干扰波的频谱是不一样的，面波等干扰波的频谱成分以低频为主，可采用较高频率的检波器接收和选取较高低切频的低切滤波器压制这种干扰波。而声波、随机噪声等干扰波的频谱成分往往都是高频为主（100Hz 以上），针对这种干扰，野外工作设置仪器采集参数时可选取高截频的高切滤波器进行压制。而对于某一特定频率的干扰波，比如说 50Hz 工业交流电干扰，可以在地震仪上设计陷波功能，以陷切这种特定频率的干扰波。

由于有效波和干扰波的频谱特征不同，在对地震记录进行数据处理时可用频率滤波的方法压制干扰波，提高资料的信噪比，这在数据处理中还将作详细讨论。

三、最佳窗口接收

在反射波法勘探中，一种观测方式是选择最佳窗口法，它的目的是选择最佳接收地段。从前面讨论中可知，在近震源地段，震源干扰波（尤其是面波的干扰）相当严重，而在离震源比较远时，界面的反射波和折射波重叠在一起而发生干涉，影响了浅层反射波的追踪。为了使面波、声波、直达波和折射波产生较少的干扰，可以把接收地段选择在既较少受面波的影响，也较少受折射波影响的地段。这种最佳接收地段称为最佳窗口，一般要通过实地试验来选择确定。

图 5.4.1(a) 是一个模型实例。这个模型的覆盖层厚度为 90 m，速度为 1 600 m/s，它覆盖在速度为 5 000 m/s 的基岩上。图 5.4.2(b) 给出了基岩反射波、折射波以及覆盖层中的直达波和面波的时距曲线分布情况，并确定出了最佳窗口地段。

图 5.4.2(a) 是根据图 5.4.1 模型计算出的反射波振幅随炮检距的变化情况。图中曲线的拐折是地震纵波入射到分界面上产生转换波的结果（第一章中详细讨论了纵波入射时在弹

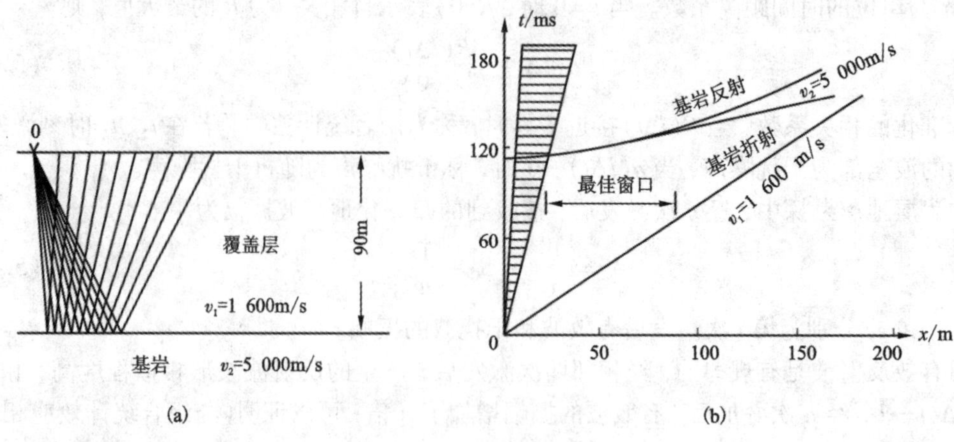

图 5.4.1 最佳时窗的选取

(a)地质模型；(b) 各种波的时距曲线分布

性分界面上波的转换和能量分配问题，知道在临界角附近各种转换波的能量变化很大）。

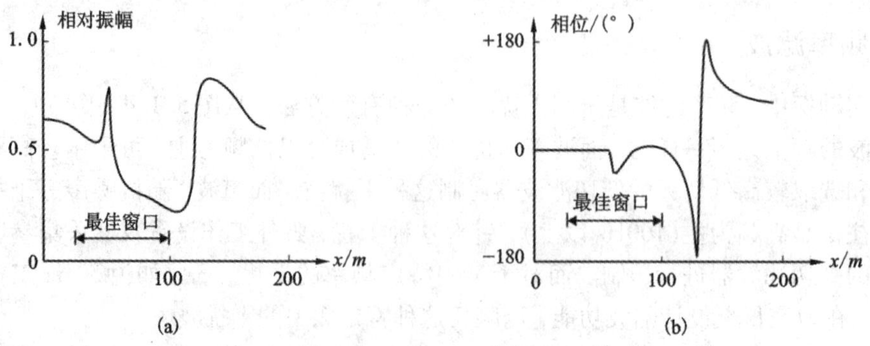

图 5.4.2 反射波振幅和相位随炮检距的变化

(a)相对振幅曲线；(b)相位曲线

通过研究可知，曲线拐折位置与所选模型的速度、反射界面的埋深、临界角等因素有关；反射纵波的振幅变化主要与传播的 P 波、S 波的临界角(分别为 α_1 和 α_2)有关。在第一临界角 α_1 处，反射纵波振幅出现一极大值，在第一临界角 α_1 和第二临界角 α_2 之间，反射纵波振幅为一弱振幅条带，在第二临界角 α_2 以外反射纵波又呈现强振幅变化。图中标出了反射波振幅相对平稳地段为最佳窗口地段。

图 5.4.2(b)是根据图 5.4.1 模型计算出的反射波相位曲线，显然，该曲线与振幅曲线有关。在近震源法线入射时，没有相位变化，而在第一临界角 α_1 附近，反射波振幅出现极大值的地方有一小的相位变化，在第二临界角 α_2 附近，反射波出现强振幅的地方相位变化很大，可从 -180°转到 +180°。在这个相位变化无常的区段内，识别反射波显然是非常不利的，图中标出了相位相对变化平稳的地段为最佳窗口。

由上面讨论可知，最佳窗口两边的选择，近震源一边受面波的限制，远震源一边受波的振幅和相位变化的限制。如果界面两侧介质的波速相差比较大，反射波又是宽角反射(在临界角附近的反射）的情况，根据经验，最大炮检距的距离一般不得大于界面埋深的 1.5 倍；反之，如果速度差较小，这个经验法则可适当放宽。

值得指出的是，最佳窗口接收技术在探测比较单一的目的层时效果较好，若要求探测的目的层是深浅相差较大的多层介质，就很难选择最佳窗口，尤其当地质条件较复杂，或外界干扰背景较大，或要求探测的浅、深层范围较大时，必须采用水平多次叠加技术。

四、最佳偏移距接收—地震映像技术

最佳偏移距接收技术也称为地震映像技术，它是在最佳窗口内选择一个公共偏移距，然后如图 5.4.3 所示那样，移动震源，保持所选定的偏移距。每激发一次只用一道接收，用 12 道（或 24 道）地震仪在每个观测点上激发接收，最后得到一张多道记录，各道具有相同的偏移距。另一种方法是采用计算机对共炮点记录进行自动选排，也可以获得各种偏移距的共偏移距剖面。由于是在最佳窗口内选择的公共偏移距，因此不受振幅和相位变化的影响，也较少受其他干扰波的影响。利用这种共偏移距地震剖面，容易正确识别同相轴，由于偏移距相同，不需作动校正。在进行其他数据处理之前，常用来了解反射波同相轴的大致位置。

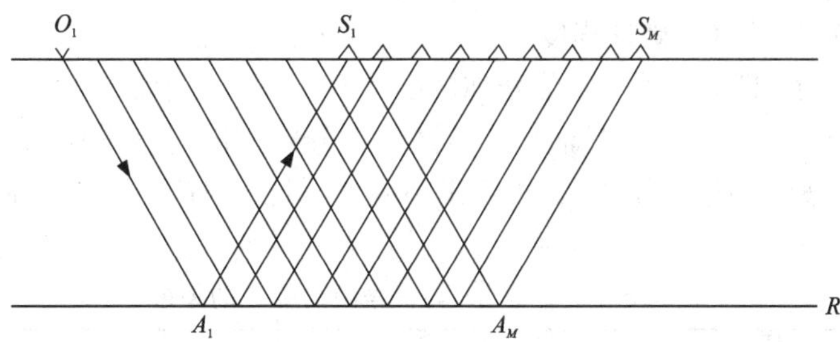

图 5.4.3　最佳偏移距技术的观测方法和反射波射线路径

由于最佳偏移距接收技术有其独特的优点，近年来在公路、铁路路基勘察及岩溶地质勘察以及江河、浅海等水上工程地质勘察中，越来越受到人们的重视和应用。

如图 5.4.4 所示为地震映像技术在华中某钢铁厂Ⅲ号高炉火车铁轨地下空洞的探测结果，从图中地震波场特征可见，在已知发生塌陷的 1 号和 2 号空洞位置同相轴连续性明显变差，震相变得模糊、零乱，并隐约可见地震波的续至振荡现象。

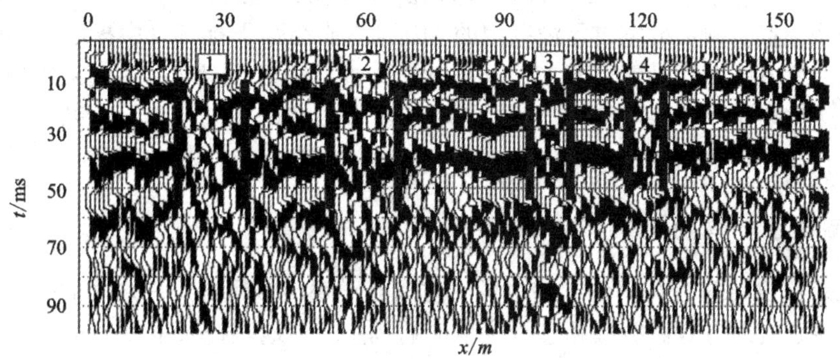

图 5.4.4　空洞探测地震映像时间剖面

第五节　抗干扰与分辨率的关系

一、抗干扰与分辨率

前面讨论可知，抗干扰地震勘探技术提高了记录的信噪比，压制了干扰波。另一方面，采用组合检波、多次覆盖和垂直叠加等抗干扰技术都具有低通滤波特性，采用的频率滤波(包括高切、低切、陷切滤波)和高频检波器接收，缩小了地震信号的频带宽度，所有这些方法都降低了地震勘探的分辨率。因此，在强干扰背景条件下，提高地震记录的信噪比是以降低记录的分辨率为代价的，分辨率和信噪比似乎是“矛盾”的。

经研究可知，地震记录的信噪比与分辨率之间有如下的关系

$$p_n = \frac{1}{1+\frac{1}{r^2}} p_a = \beta p_a \tag{5.5.1}$$

式中：r 为信噪比；p_n 为噪声干扰时的分辨率；p_a 为无噪声时的分辨率；$\beta = 1/(1+1/r^2)$ 为信号纯洁度，反映噪声对信号的破坏程度。

当信噪比 $r\to 0$ 时，即无信号时，信号纯洁度为 0，$p_n \to 0$；当无噪声时，$r\to\infty$，信号纯洁度为 1，就是无噪声时的分辨率。显然，地震记录的分辨率随着信噪比的降低而降低。根据信号纯洁度 β 和信噪比 r 之间的关系，可得出不同信噪比 r 对应的 β 值，见表 5.5.1。

表 5.5.1　信噪比 r 与信号纯洁度 β 的关系

r	0	1/8	1/4	1/2	1	2	4	8	16	∞
β	0	0.015 4	0.058 8	0.2	0.5	0.8	0.941 2	0.984 6	0.996 1	1

分析表 5.5.1 和式(5.5.1)可知，实际地震记录的分辨率随着信噪比的提高而得到改善，随着记录信噪比的降低而恶化。因此，只有在地震记录具有一定的信噪比(从表中可见，保持 r 在 2 ~4 之间比较合适)的前提下才能谈提高地震记录的分辨率。

以上讨论可知，在较强干扰背景条件下，如果不采取相应的技术措施，压制地震噪声和背景噪声，获取较高信噪比的地震记录，而只注重强调获取高、宽频反射波，其结果是获取的反射波频率最高，频带最宽也是没有用的，因为不能在强干扰背景中提取很弱幅度的有效信息，因此也就不能利用地震资料解决地质问题。在强干扰条件下，只有采用相应的方法技术，获取较高信噪比的地震记录，才能获得可供地质解释的地震资料。当然，在保证地震记录具有一定信噪比的条件下，尽可能获得宽、高频的地震反射信号是我们所期望的。

二、振幅分辨率与时间分辨率

地震记录信噪比对分辨率的影响也可用时间分辨率与振幅分辨率之间的关系来描述。所谓振幅分辨率，就是有效波振幅超过干扰水平的程度，在地震记录上发现信号的可能性决定于记录的振幅分辨率。为了能在记录上可靠地识别地震脉冲信号，它的振幅至少要超过干扰波均方差的 1.5 ~2 倍。

在大多数情况下有效波和干扰波的频谱是重叠的，经频率滤波后，信号的主要能量集中在原始信噪比最有利的频率范围内，但在滤除干扰波的过程中，有效波的频带宽度也相应变窄，使得有效波的延续时间增长，导致时间分辨率降低。但是，为了提高时间分辨率，必须缩短有效波脉冲的宽度，亦即扩展它的频谱，在扩展有效波频谱的同时，也带来了强大的干扰噪声，因此降低了振幅分辨率。显然，如果有效波振幅没有充分超过干扰背景，记录的时间分辨率也就失去了意义。

在抗干扰条件下开展地震勘探，首要的问题就是如何正确、合理地解决振幅分辨率与时间分辨率之间的矛盾，解决的办法通常采用折衷的办法，即在保证充分的振幅分辨率条件下，达到记录的最大时间分辨率。

针对不同的干扰背景和测区的地震地质条件，解决振幅分辨率和时间分辨率之间的矛盾，可分为以下三种情况。

1. 信号比干扰弱得多

在这种不利的条件下，为了在记录上发现有效波，要力求记录有较大的振幅分辨率。在数据采集和处理中，应以提高地震记录的信噪比为主攻方向，允许适当降低记录的时间分辨率。在强干扰条件下开展浅层地震勘探就属于这种情况。

2. 信号与干扰相当

在这种条件下，不仅能发现有效波，而且可估计有效波的振幅。这时，应在不严重降低时间分辨率的前提下，提高记录的振幅分辨率。在一般干扰水平条件下，开展浅层地震勘探当属此种情况。

3. 信号比干扰强得多

在这种条件下，比较容易发现有效信号，甚至于不用担心记录的振幅分辨率。这时，应以提高记录的时间分辨率为目的，即设法提高记录的频带宽度与上限频率。在外界干扰背景很小，地震地质条件很好的条件下，开展浅层地震勘探属于此种情况。

习题五

1. 名词解释：

(1) 有效波和干扰波；(2) 虚反射；(3) 多次反射；(4) 水平叠加；(5) 垂直叠加；(6) 覆盖次数；(7) 动校正拉伸畸变；(8) 最佳窗口技术；(9) 最佳偏移距技术。

2. 试绘出单边放炮的三次覆盖观测系统图示，并标出前三个满三次叠加的共反射点叠加道集(设 $N=12$，$x_1=2\Delta x$)。

3. 简述震源干扰波和外界干扰波的分类和特点。

4. 在水平界面情况下，共反射点与共炮点的时距曲线有何异同?

5. 何谓水平叠加? 影响水平叠加效果的因素有哪些?

6. 试说明多次叠加特性曲线的特点。

7. 简述多次覆盖技术是如何实现增强一次反射、压制多次反射及随机干扰的?

8. 简述多次覆盖技术中的参数选取原则。

9. 水平叠加与垂直叠加有何区别? 实施这两种叠加的目的何在?

10. 什么叫最佳窗口? 该窗口用什么方法获得? 获取最佳窗口有何用处?

11. 何谓组合检波？何谓组合的速度滤波特性和频率特性？

12. 何谓组合对随机干扰的统计效应？如何选择组合参数？

13. 为什么组合检波能压制干扰波？主要压制哪几种干扰波？说明其压制的原理和过程。

14. 假设有三个不同的工区，其地质任务分别为以提高信噪比为主、以提高分辨率为主、要同时兼顾信噪比和分辨率，在采集工作中应如何有针对性地选取相应的工作方法？

15. 设计题

已知：施工排列道数24道，道间距为5 m，偏移距道数$\nu=6$，单边4次覆盖观测。试问：

(1) 偏移距是多少？排列长度是多少？

(2) 每放一炮排列前移多少距离？

(3) 共反射点道集中各道之间距离是多少？

(4) 满4次覆盖的第2、第5个共反射点道集分别由哪些原共炮点道集中各道中的道组成？(要求列表)

(5) 每炮记录长度1 s，采样间隔0.5 ms，一炮共记录多少个离散振幅值？

(6) 计算第一炮到满4次覆盖炮点之间的距离？(即前附加段长度)

(7) 若偏移距道数$\nu=0$，上述答案有否变化？

第六章 反射波地震数据处理

受记录形式、信噪比等因素的限制，野外原始反射波地震记录无法直接为地震解释服务，必须经过适当的数据处理，才能提供与地质体的位置、形态、结构、物质成分等有关的信息，达到找矿、勘探的目的。因此，反射波地震数据处理是反射波地震勘探中的重要环节。

反射波地震勘探数据的数字处理属边缘综合应用学科，除涉及地球物理学、地震学、弹性力学等学科专业知识外，还与数字信号处理、计算机科学和应用数学等紧密相联。其技术发展大致可划分为三个时期：初期阶段(20 世纪 70 年代早、中期)、发展阶段(20 世纪 70 年代末至 80 年代初)和成熟阶段(20 世纪 80 年代中后期起)。其方法愈来愈多，趋于完善。限于篇幅，本章重点给出反射波地震数据处理过程中常用的基本方法。

第一节 预处理

预处理是在实质性处理之前对原始地震数据所进行的初步加工和整理工作，目的是将野外地震数据转化为方便计算机处理的数据格式，并进行必要的简单加工。预处理主要包括解编和剪辑处理、切除、抽道选排和真振幅恢复等几个方面。

一、解编和剪辑处理

通常，野外地震仪记录的地震数据是以炮集为单位按照各道的时间样点顺序以 SEG (SEG2、SEGB 或 SEGD 等)格式记录下来的。由于地震仪中多路开关的作用，地震数据是按时分道排列的，即依次记录 x_{11}，x_{21}，…，x_{n1}；x_{12}，x_{22}，…，x_{n2}；…；x_{1m}，x_{2m}，…，x_{nm}，其中 $x_{ij}(i=1,2,\cdots,n;j=1,2,\cdots,m)$表示第 i 道的第 j 个采样值，n 为炮集内的总道数，m 为每道的时间样点数。这种排列方式使同一道记录的相邻采样值相隔一定距离，紧邻样值所在单元的相对地址不具有时间含义，处理时很不方便。为了方便后续处理，需要将数据转换成按道分时的形式(同一道记录的采样值放在一起)，即 x_{11}，x_{12}，…，x_{1m}；x_{21}，x_{22}，…，x_{2m}；…；x_{n1}，x_{n2}，…，x_{nm}。称这种预处理为数据解编或数据重排。显然，数据重排只需将采样值存放的单元位置改变即可，不改变采样值本身。经重排后各样值所在单元的相对地址便具有了时间含义。

此外，反射波法地震野外工作中经常会记录到一些不正常的道或整炮均不正常。为了避免不正常的记录道或炮记录参与叠加，影响叠加效果，需要对不正常炮、道进行处理，称之为剪辑处理。处理方法为：对于空炮、空道、废炮、废道，可借用相邻道(炮)上的数据代替，或取相邻两道(炮)的平均值代替，或干脆全充零值；对于反道，可乘以一负号加以改正。显然，这些处理影响单元内的样值但不改变其地址。

二、切除

1. 初至切除

一般地，地震记录上的初至波在近炮点处表现为直达波，在远炮点处为浅层折射波。由于其能量较强，且有一定的延续时间，将会影响整道记录的能量均衡处理，同时又使浅层反射不易追踪，因此，在预处理时，需要把它"切除"掉；另一方面，由于动校正将会引起波形畸变(尤其是远道)，亦会对叠加效果产生影响，因此也需"切除"。所谓切除，就是把需要处理部分的原始数据冲零。初至切除是将原始地震记录上各道 0 ~ T_i(第 i 道的切除时限)的数据做清零处理，如图 6.1.1 所示。

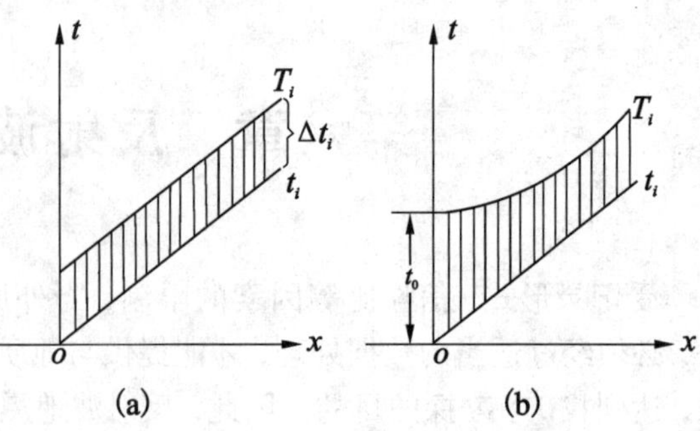

图 6.1.1 初至切除区域示意图

(a)直达波、折射波；(b)动校畸变

下面讨论两种不同条件下的初至切除范围。

(1)如果只考虑初至波而不考虑动校正畸变影响，则

$$T_i = \frac{x_i}{v} + \Delta t_i \tag{6.1.1}$$

式中：x_i 是第 i 道的炮检距；Δt_i 是第 i 道的初至波延续时间；v 为初至波的传播速度。

(2)如果考虑反射波动校正畸变影响，则

$$T_i = \sqrt{t_0^2 + \frac{x_i^2}{v^2}} \tag{6.1.2}$$

式中：t_0 为需要切除的浅层反射波的回声时间；v 为 t_0 时刻处反射波的均方根速度，通常用叠加速度代替。

2. 中间切除

在野外原始记录中，初至切除区域外的其他中间区域也可能出现某些野值或强干扰带，如面波、声波、侧面波或工作坏道等，若这些部分参与叠加势必影响叠加效果，因此也应切除，称此种切除为中间切除。

图 6.1.2 展示了某原始单炮记录切除处理前后的效果对比，切除后，反射波相对增强。

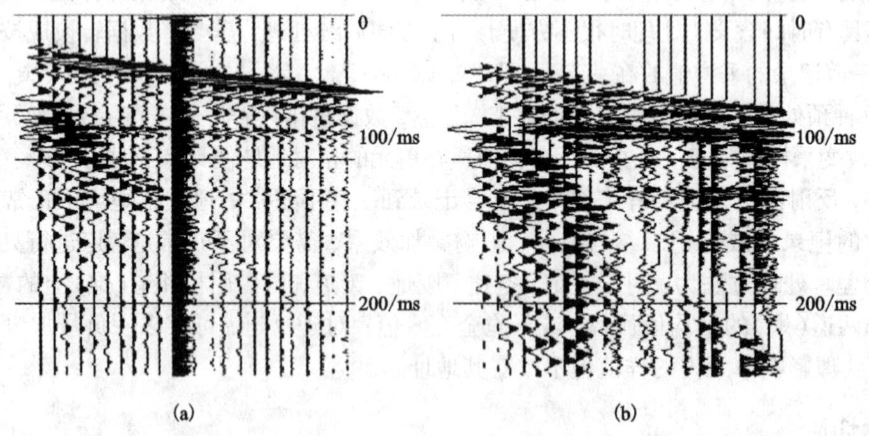

图 6.1.2 切除效果示意图

(a)原始地震记录；(b)切除初至和强干扰后的地震记录

三、抽道选排

野外地震数据经解编后是以炮集形式存储的。在资料处理过程中，为满足处理方法要求，需要将炮集中的道重新编排，形成共反射点道集、共中心点道集、共接收点道集或共炮检距道集等，此项工作称为抽道集或抽道选排。例如，为了方便叠加和计算速度谱，按观测系统将各炮集中拥有相同炮检反射点的道抽取出来放在一起顺序排列，便可得到共反射点道集，该过程称为共反射点抽道选排。这实际上也是一种资料的重排，不过不是针对单个采样值，而是以道为单位进行的重排。

抽道选排具有规律性，可用公式来表述。如单边放炮多次覆盖共反射点选道公式为

$$P=\left(N-\frac{N}{n}+j\right)-(i-m)\frac{N}{n} \tag{6.1.3}$$

式中：P 为满覆盖次数的选道号；N 为检波器单元排列的道数；n 为叠加次数；i 为炮点序号；m 为小叠加段序号；j 为小叠加段内的共反射点序号（从 1 开始，最大为 N/n，N/n 个叠加道组成一个小叠加段）。

例如，设 $N=24$（道），$n=6$（次覆盖），则 $N/n=4$，即一个小叠加段有 4 道，其中第一叠加道（$j=1$）由 $i=1$ 炮中的第 $P=21$ 道、第 $i=2$ 炮中的第 $P=17$ 道、第 $i=3$ 炮中的第 $P=13$ 道、第 $i=4$ 炮中的第 $P=9$ 道、第 $i=5$ 炮中的第 $P=5$ 道和第 $i=6$ 炮中的第 $P=1$ 道叠加组成；第二叠加道（$j=2$）由 $i=1$ 炮中的第 $P=22$ 道、第 $i=2$ 炮中的第 $P=18$ 道、第 $i=3$ 炮中的第 $P=14$ 道、第 $i=4$ 炮中的第 $P=10$ 道、第 $i=5$ 炮中的第 $P=6$ 道和第 $i=2$ 炮中的第 $P=2$道叠加组成……其余类推。

值得注意的是，抽道选排规律性公式与野外采集所采用的观测系统有关。

四、真振幅恢复

真振幅恢复主要包括增益恢复和振幅恢复，其目的是要去掉外界因素对地面测点上记录到的地震波振幅的影响，使处理后的地震波振幅能反映所考察界面的反射系数的大小。

1. 增益恢复

增益恢复的目的是去除地震仪器记录过程对于地震波振幅的影响。因为地震勘探信号很弱，一般为几微伏至几毫伏，且根据勘探目标，常常需要考虑的地震勘探信号的动态范围可高达 120 dB。而目前先进的数字地震仪的动态范围一般只有 84 dB 左右，因此，在地震仪器中要对信号进行放大（前置放大），同时，在记录过程中，仪器要采用增益控制措施。数字地震仪的前置放大器设有 2^5 和 2^7 两种增益供记录时选用。这个增益参数一旦选定，各道记录在前置放大器中的增益都是一样的，因此，无需考虑前置放大器的增益恢复，而把它输出的信号视为地震波振幅 A_0。在数字地震仪的主放大器内，针对地震信号的大小，仪器自动采用可变增益。这些可变增益有 2^0，2^1，…，2^{14} 几挡，其指数 m 形成增益码，m 的符号和绝对值被分别记录在下述记录格式中的阶符和阶码位置上。主放输出的地震波振幅 A 的绝对值记录在尾数位置上，其符号记录在符号位置上。数字地震仪的记录格式为

阶符	阶码	符号	尾数

综上所述，由于增益的变化使振幅 A 并不正比于地震波振幅 A_0，它们之间的关系是：$A=|A_0|2^m\mathrm{sign}(A)$。因此，增益恢复的公式可表达为

$$A_0=\frac{|A|}{2^m}\mathrm{sign}(A) \tag{6.1.4}$$

式中：A_0 为增益恢复结果；$|A|$为数字地震记录的振幅绝对值，可以从记录格式的“尾数”上取；m 为数字地震记录的增益码，可从记录格式的“阶符”和“阶码”上取；$\mathrm{sign}(A)$为数字地震记录的振幅符号，可从记录格式的“符号”上取。

2. 振幅恢复

除地震仪器外，影响有效波振幅的因素还有：①地震波在传播过程中的波前扩散；②非完全弹性介质对地震波的吸收；③当采用层状介质模型时，有效波能量透过各个波阻抗分界面的透射损失；④波的散射；⑤激发、接收条件的变化等。在振幅恢复处理中，仅直接对前两种因素进行补偿，因为这两种因素对地震波振幅的影响最大，其他各种因素可以大致折合成前两种因素进行补偿。

由第一章中的波动理论可知：波前扩散使地震波的振幅与传播距离呈反比例变化，而介质吸收作用使地震波的振幅随传播距离的增大按指数规律衰减。综合这两种作用，则有

$$A=\frac{A_0}{r}\mathrm{e}^{-\alpha r} \tag{6.1.5}$$

式中：r 为地震波由震源出发所传播的距离；α 为介质对地震波的吸收系数；A_0 为地震激发时的初始振幅；A 为点震源产生的波在吸收系数为 α 的均匀介质中传播了距离 r 后的振幅。

根据式(6.1.5)，便可得到振幅恢复公式

$$A_0=Ar\mathrm{e}^{\alpha r} \tag{6.1.6}$$

由于地震波的传播距离等于波速与传播时间的乘积，所以式(6.1.6)还可写成

$$A_0=Avt\mathrm{e}^{\alpha vt} \tag{6.1.7}$$

在实际处理时，由于事先无法检测出有效波的确切位置，所以不能仅对有效波的振幅进行真振幅恢复，只能对各个地震记录的全部采样值逐个进行处理。

第二节　数字滤波处理

压制干扰、提高信噪比是地震勘探工作中的一项重要任务。数字滤波是一种压制干扰、提高信噪比的处理方法，因而在地震资料处理中得到广泛应用。它是从地震记录中去除干扰波，只保留有地质意义的有效波的重要举措之一。数字滤波处理与资料采集中提高信噪比的方法一样，都是利用有效波和干扰波之间的某种差异来进行的。例如，利用有效波和干扰波之间在频率、视速度等方面的差异来压制干扰，相应的方法分别称为频率滤波和视速度滤波。频率滤波只需对单道数据进行运算，故称为一维频率滤波；视速度滤波需同时处理多道数据，故称为二维视速度滤波。

一、滤波器的基本概念

滤波可利用模拟电滤波器或数字滤波技术来实现。

模拟电滤波器一般用电阻、电感或电容等电子元器件所构成的振荡回路(网络)来完成。

其滤波对象是连续信号(或称模拟信号)，当输入信号的某种频率与滤波电路(网络)的固有频率一致时，产生谐振输出，其他频率成分则被旁路滤掉。通过改变电路(网络)参数来改变输出信号的频率，从而实现频率滤波。模拟电滤波器存在两个严重缺点：第一，结构复杂、笨重、不方便、不灵活；第二，对信号产生相位畸变。

数字滤波是利用数学运算来实现滤波的一种处理方法。它的滤波对象是离散信号，数字滤波根据滤波后期望输出离散信号的特性，设计一个数值算子(数学表达式)，通过计算机对数值算子与离散信号进行某种数学运算(褶积、相关等)来消除输入信号中与算子的频率或视速度不同的成分，保留相同的成分。若想改变期望输出的频率或视速度成分，只需改变数值算子的数学表达式或改变其参数，重新运算即可实现。因此数字滤波具有灵活、多样、简单、方便、经济、滤波效果更理想、更精确等重要特点。

目前室内滤波处理已广泛采用数字滤波的方法。

滤波就是将一个原始信号通过某一装置后变成一个新信号的过程。此时，称原始信号为输入，新信号为输出，该装置则称为滤波器，如图 6. 2. 1 所示。从广义上讲任何一个过程或系统都可以称为滤波器。

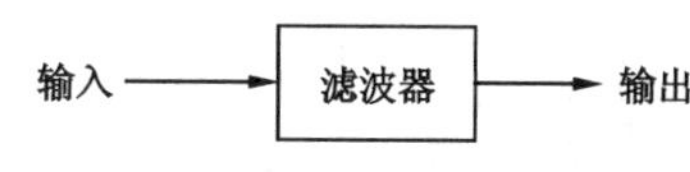

图 6.2.1　滤波的概念

1. 线性时不变滤波器的响应特征和滤波机理

滤波器对输入信号的改造作用可分为线性和非线性两大类。若一个滤波器的特性与输入的性质、极性和大小无关，且输出信号只包含输入信号所拥有的成分，不会有新的成分出现，则称之为线性滤波器；反之则称为非线性滤波器。

线性系统的主要性质是满足叠加性和正比性。数学上，设不同的信号 $x_1(t)$，$x_2(t)$，⋯分别输入到滤波器，其对应的输出为 $y_1(t)$，$y_2(t)$，⋯，若输入信号为

$$x(t) = ax_1(t) + bx_2(t) + \cdots \tag{6.2.1}$$

其中 a、b 为任意常数，则线性滤波器的输出必为

$$y(t) = ay_1(t) + by_2(t) + \cdots \tag{6.2.2}$$

线性时不变性质即滤波器对输入信号的改造作用与时间无关，换言之，若输入为 $x(t)$ 时，滤波器的输出为 $y(t)$，则输入为 $x(t-\tau)$ 时，输出必为 $y(t-\tau)$，与时移大小 τ 无关。

(1)滤波器的响应特性

滤波器的滤波性能用响应特性来度量。换个角度，从连接输入与输出之间的数学关系上考虑，又可称之为响应函数。

时间域中的响应函数称为脉冲响应，或称为滤波器的时间函数、权函数或滤波因子。它定义为对单位脉冲 $\delta(t)$ 输入所得到的输出 $h(t)$。

频率域中的响应函数称为频率响应，或称滤波器的频率特性、传递函数或转移函数。它是脉冲响应 $h(t)$ 的傅里叶变换 $H(\omega)$，也可看做是输出与输入信号的频谱之比。这是一个复变函数，可以写成指数形式：

$$H(\omega) = |H(\omega)| e^{i\varphi(\omega)} \tag{6.2.3}$$

其中：$|H(\omega)|$ 称为滤波器的振幅特性，它影响输入信号的振幅谱；$\varphi(\omega)$ 称为滤波器的相位特性，它对输入信号的相位谱起改造作用。

(2)线性时不变滤波器的滤波机理

线性时不变滤波器在时间域的滤波作用由输入信号 $x(t)$ 与滤波器的脉冲响应 $h(t)$ 的褶

积运算来实现，即：

$$y(t) = x(t) * h(t) = \int_{-\infty}^{+\infty} h(\tau)x(t-\tau)\mathrm{d}\tau = \int_{-\infty}^{+\infty} x(\tau)h(t-\tau)\mathrm{d}\tau \qquad (6.2.4)$$

在频率域中则表示为输入信号的频谱 $X(\omega)$ 与滤波器的传递函数 $H(\omega)$ 相乘，亦即：

$$Y(\omega) = X(\omega) \cdot H(\omega) \qquad (6.2.5)$$

线性时不变滤波器的时间域滤波机理可以这样来理解：如图 6.2.2 所示，将输入理解为所有大小不同的单个脉冲之和组成的脉冲序列，根据线性时不变性质，则输出为由所有这些单个脉冲使滤波器产生的相应的脉冲响应的叠加。

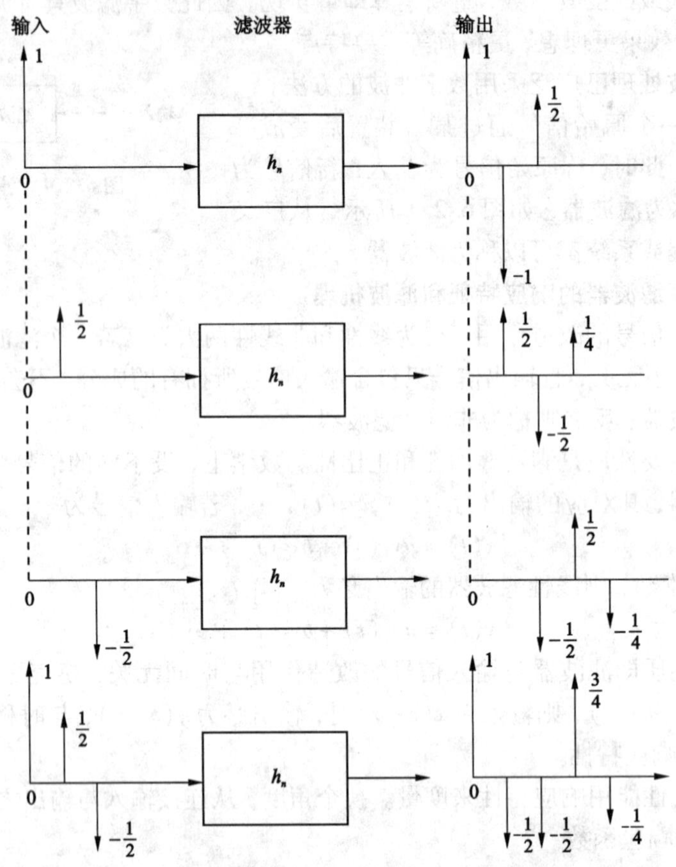

图 6.2.2　数字滤波过程，其中 $h_n = (1, -1, 1/2)$

线性时不变滤波器的频率域滤波机制可理解为：输入信号中的不同频率成分用不同的权系数相乘后组成输出信号的频谱。

利用 Z 变换的形式表示数字滤波过程十分方便。若输入 (x_i)、输出 (y_i) 和脉冲响应 (h_i) 及其 Z 变换分别为

$$x_i = (x_0, x_1, \cdots, x_m) \to X(Z) = x_0 + x_1 Z + \cdots + x_m Z^m$$

$$y_i = (y_0, y_1, \cdots, y_{m+n}) \to Y(Z) = y_0 + y_1 Z + \cdots + y_{m+n} Z^{m+n}$$

$$h_i = (h_0, h_1, \cdots, h_n) \to H(Z) = h_0 + h_1 Z + \cdots + h_n Z^n$$

则滤波输出为 $Y(Z)=X(Z)\cdot H(Z)$。形式上看，它与频率域滤波一样，是乘积运算。从多项式相乘运算来理解，它又与时间域滤波的运算一样，是褶积运算。因此，它同时表示了两个域中的滤波作用，是一种十分方便的表示形式。

2. 滤波器的特性和分类

(1)滤波器的稳定性和物理可实现性

当输入信号为有限，其输出信号亦为有限时，称这种滤波器是稳定的，即：若存在一个正数 L，使得输入信号 $x(t)$ 满足 $|x(t)|\leqslant L$，同时也有一个正数 M，使得输出信号 $y(t)$ 满足 $|y(t)|\leqslant M$，则此滤波器是稳定的。

对滤波器的一个基本要求是“稳定”，不稳定的滤波器无法使用。

滤波器 $h(t)$ 具有稳定性的充要条件为

$$\int_{-\infty}^{+\infty}|h(t)|\,\mathrm{d}t<\infty \tag{6.2.6}$$

满足因果律(即输入之前不会产生输出)的滤波器称为物理可实现的。滤波器 $h(t)$ 具有物理可实现性的充要条件是

$$h(t)\equiv 0 \qquad (t<0) \tag{6.2.7}$$

物理滤波器(包括电滤波器)都是物理可实现的，数字滤波器则不然。

(2)滤波器的分类

对滤波器分类有多种方式。若按滤波器的性质划分，可以分为：

①无畸变滤波器

振幅特性 $|H(\omega)|$ 为常数，相位特性 $\varphi(\omega)$ 呈线性的滤波器。这种滤波器不改变输入信号的波形，它的频率响应为 $H(\omega)=a_0\mathrm{e}^{-i\omega t_0}$，其中 a_0、t_0 均为常数，故

$$Y(\omega)=a_0X(\omega)\mathrm{e}^{-i\omega t_0}\Leftrightarrow y(t)=a_0x(t-t_0) \tag{6.2.8}$$

②纯相位滤波器

振幅特性 $|H(\omega)|$ 为常数，但相位特性 $\varphi(\omega)$ 呈非线性的滤波器。它将改变输入信号的相位谱，而不改变振幅谱的形状。

③纯振幅滤波器(或零相位滤波器、振幅畸变滤波器)

振幅特性 $|H(\omega)|$ 不是常数，相位特性 $\varphi(\omega)=0$ 的滤波器称为纯振幅滤波器。它将改变输入信号的振幅谱，而不改变相位谱的形状，即不产生相位畸变或相位移。因 $\varphi(\omega)=0$，所以 $H(\omega)=|H(\omega)|$；又因输入、输出均为实时间函数，故 $h(t)$ 也必定为实时间函数，由傅里叶变换的性质可知，实时间函数的频谱具有共轭性质，即 $H(\omega)=\overline{H}(\omega)$。因此，纯振幅滤波器的频率响应函数 $H(\omega)$ 必为非负的实偶函数。反过来讲，非负的实偶函数 $|H(\omega)|$ 所对应的时间函数 $h(t)$ 必为实偶函数，即 $h(t)=h(-t)$。因此，纯振幅滤波器必为物理不可实现的滤波器。

电滤波器是物理可实现的，所以，电滤波器必定会使信号发生相位畸变，无法实现纯振幅滤波或零相位滤波，而数字滤波可以实现。

二、一维频率滤波

所谓一维频率滤波，是指信号或其谱以及滤波因子等都是单变量函数的滤波。该变量可以是频率或时间，滤波原理都一样。实际工作中频率滤波用得最为广泛，故以一维频率滤波

为例进行介绍，其运用基础是有效波和干扰波的频谱分布必须呈现出明显的差异性。

1. 理想滤波器

用于提高地震记录信噪比的数字滤波器应该是纯振幅滤波器，而且在有效波占优势的频段内的振幅响应为1，在干扰波为主要内容的频段内的振幅响应为0。这种滤波器的振幅响应就是它的频率响应，其曲线一般呈“门”状。常把这种滤波器称为理想滤波器，或者更为形象地称为门式滤波器。在地震资料数字处理中经常用到的是理想低通滤波器、带通滤波器和高通滤波器。

(1)理想低通滤波器

如图6.2.3(a)所示，当有效波频率成分相对于干扰波的频率成分较低时，可以设计理想低通滤波器来压制干扰波，其频率响应如图6.2.3(b)所示，相应的数学模型为

$$H_L(f)=\begin{cases}1 & |f|\leqslant f_1\\ 0 & 其他\end{cases} \tag{6.2.9}$$

式中：f_1 为高截频。通过傅里叶反变换可以求出其脉冲响应如图6.2.3(c)所示。

$$\begin{aligned}h_L(t) &= \int_{-\infty}^{+\infty} H_L(f)\mathrm{e}^{i2\pi ft}\mathrm{d}f\\ &= \int_{-f_1}^{f_1}\mathrm{e}^{i2\pi ft}\mathrm{d}f = \frac{\sin(2\pi f_1 t)}{\pi t}\end{aligned} \tag{6.2.10}$$

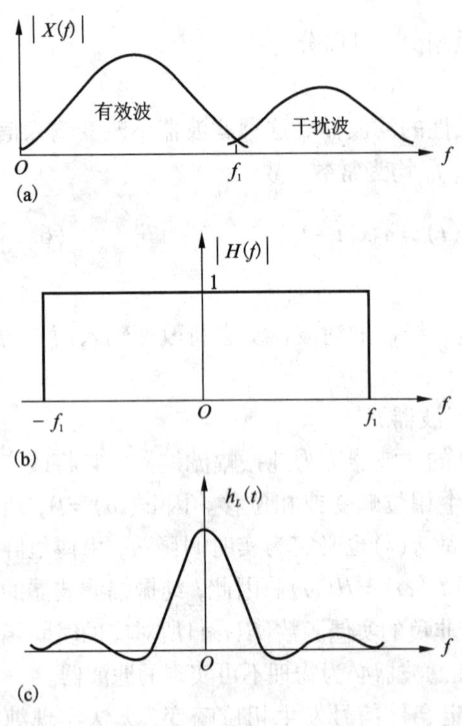

图6.2.3　理想低通滤波因子设计过程

(a)输入信号的振幅谱；(b)频率响应；(c)脉冲响应

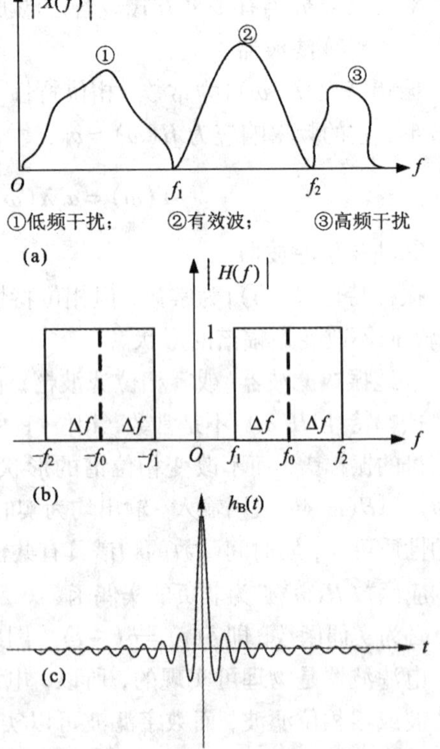

图6.2.4　理想带通滤波因子设计过程

(a)输入信号的振幅谱；(b)频率响应；(c)脉冲响应

(2)理想带通滤波器

许多情况下，地震记录既有高频干扰，又有低频干扰。假设有效波、干扰波的频谱如图6.2.4(a)所示，可设计如图6.2.4(b)所示的理想带通滤波器来提高记录的信噪比。其相应的频率响应数学模型为

$$H_B(f)=\begin{cases}1 & f_1\leqslant|f|\leqslant f_2\\0 & \text{其他}\end{cases}\tag{6.2.11}$$

式中：f_1、f_2 分别为低截频和高截频。对应的脉冲响应如图6.2.4(c)所示。

$$h_B(t)=\frac{\sin(2\pi f_2 t)}{\pi t}-\frac{\sin(2\pi f_1 t)}{\pi t}=\frac{2}{\pi t}\cos(2\pi f_0 t)\sin(2\pi\Delta f t)\tag{6.2.12}$$

式中：$f_0=(f_1+f_2)/2$ 为通频带的中心频率；$\Delta f=(f_2-f_1)/2$ 为半带宽。

(3)理想高通滤波器

当地震记录中的干扰主要表现为低频特征时(如面波干扰)，则可设计高通滤波器来进行压制。其频率响应如图6.2.5所示，相应的数学模型为

$$H_H(f)=\begin{cases}1 & |f|\geqslant f_1\\0 & \text{其他}\end{cases}\tag{6.2.13}$$

式中：f_1 为低截频。高通滤波器的脉冲响应可以采用相减法或直接计算傅里叶反变换的方法求得

$$h_H(t)=\delta(t)-\frac{\sin(2\pi f_1 t)}{\pi t}\tag{6.2.14}$$

2. 实用滤波器

数字滤波时，必须对连续信号进行离散采样，此外，理想滤波器的滤波因子为无穷序列，而在计算机内进行褶积运算时，只能取有限个数值。这种由数字离散和滤波因子有限长度原因分别导致的伪门现象和吉普斯现象将对滤波效果产生影响。

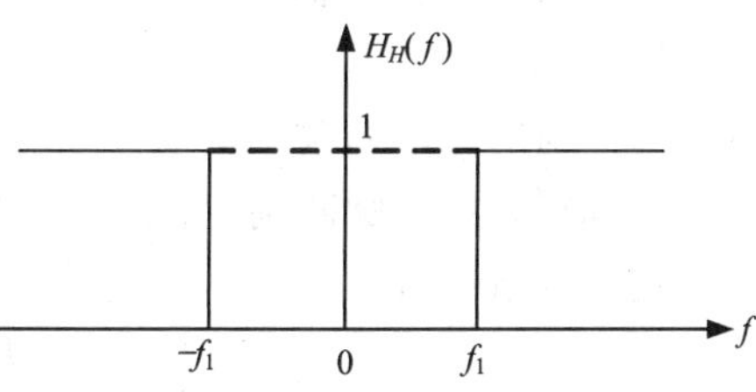

图6.2.5　理想高通滤波器的频率响应

(1)伪门现象

设连续地震道函数为 $x(t)$，滤波因子为 $h(t)$，滤波后相应的输出为 $y(t)$，则

$$y(t)=x(t)*h(t)=\int h(\tau)x(t-\tau)\mathrm{d}\tau\tag{6.2.15}$$

若将它们以采样间隔 Δt 采样，采样后的序列分别为 $x(n\Delta t)$、$h(n\Delta t)$、$y(n\Delta t)$，则式(6.2.15)对应的离散表达式为

$$y(n)=\sum_m h(m)x(n-m)\Delta t\tag{6.2.16}$$

由此产生的滤波因子必然存在周期性现象，下面进行证明。

根据傅里叶变换公式，离散滤波因子的频率响应为：

$$H(f)=\Delta t\sum_{m=-M/2}^{M/2}h(m\Delta t)\mathrm{e}^{-i2\pi f m\Delta t}$$

$$H\left(f+\frac{1}{\Delta t}\right)=\Delta t\sum_{m=-M/2}^{M/2}h(m\Delta t)\mathrm{e}^{-i2\pi\left(f+\frac{1}{\Delta t}\right)m\Delta t}$$

$$= \Delta t \sum_{m=-M/2}^{M/2} h(m\Delta t)\mathrm{e}^{-i2\pi fm\Delta t}\mathrm{e}^{-i2\pi m}$$

$$= H(f) \tag{6.2.17}$$

可见，$H(f)$具有周期性，其周期为$1/\Delta t$（如图 6.2.6 所示）。

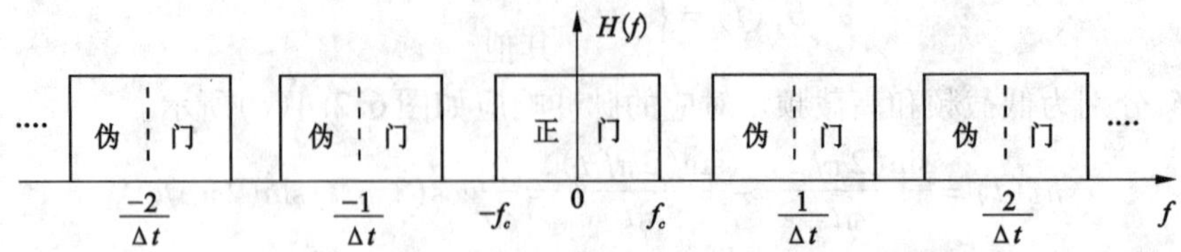

图 6.2.6　数字滤波中由于离散所导致的伪门现象

这种由于连续滤波因子被离散化后所造成的滤波因子的频率响应具有周期性的现象称为“伪门现象”。其中离频率轴原点最近的门（$-f_c \leqslant f \leqslant f_c$）称为“正门”，而其他由于周期性所出现的门称为“伪门”。

这种现象对实际工作是不利的。例如，当高频干扰信号的频带落入伪门区间时，滤波后，干扰信号将由伪门通过，因而得不到压制。

解决“伪门”问题的途径主要有：①选取合适的 Δt，使伪门尽可能地远离频率轴原点，这就要求尽可能地减小 Δt 的取值，这样做势必会增大褶积运算的工作量；②在离散采样之前，把信号通过“去假频”滤波器，事先消除高频干扰成分。

（2）吉普斯现象

理想滤波器的脉冲响应 $h(t)$ 是无限长的。为了在计算机上实现数字滤波，必须把原有 $h(t)$ 两边截断得到截尾脉冲响应，为了不改变滤波器原有性能，应对称截取。截取后，有限长度的截尾脉冲响应$\bar{h}(t)$为

$$\bar{h}(t) = \begin{cases} h(t) & |t| \leqslant M/2 \\ 0 & |t| > M/2 \end{cases} \tag{6.2.18}$$

式中：M 为$\bar{h}(t)$的长度。记$\bar{h}(t)$的频率响应为$\bar{H}(f)$，则$\bar{H}(f)$与理想滤波器的频率响应 $H(f)$ 之间的误差是由理想滤波器脉冲响应被截断而造成的，所以称为截断误差。M 越大，$\bar{H}(f)$与 $H(f)$ 越接近，截断误差越小。

下面以理想低通滤波器为例，讨论脉冲响应“截断”对其频率响应的影响。如图 6.2.7 所示，（a）、（b）分别展示了理想低通滤波器的截尾脉冲响应$\bar{h}(t)$及其对应的频率响应$\bar{H}(f)$，可以看出$\bar{H}(f)$是绕理想“门”$H(f)$摆动的一条光滑曲线。在截止频率 f_c 处频率响应的切线斜率称为截止陡度，$\bar{H}(f)$ 比对应的 $H(f)$ 截止陡度小。这种脉冲响应截尾对理想滤波器频率响应的影响称为吉普斯现象。

吉普斯现象会使滤波效果变坏。它不仅影响信噪比的提高，而且还可能使有效信号的振幅谱产生畸变，因而，在滤波时要设法克服吉普斯现象。

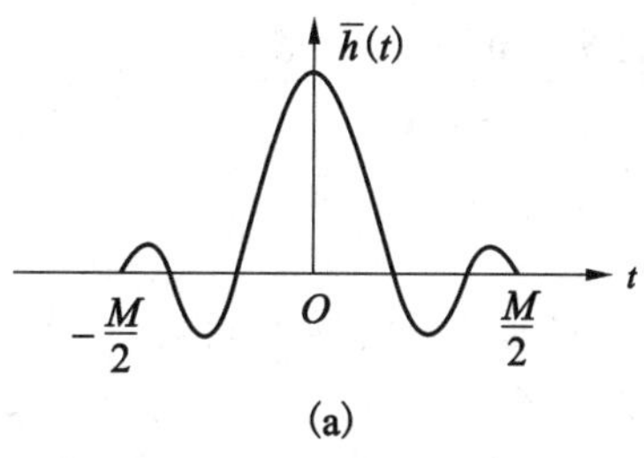

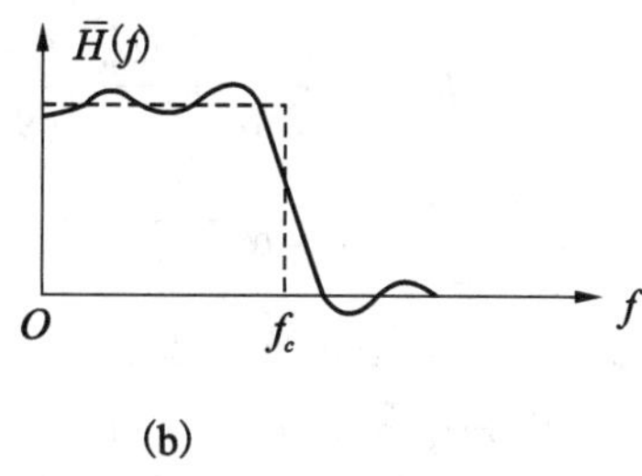

图 6.2.7 数字滤波中由于截断所导致的吉普斯现象

(a)理想低通滤波器的截尾脉冲响应；(b)相对应的频率响应

(3)克服吉普斯现象的方法

原则上，克服吉普斯现象的方法有两种。一种是在理想频率响应曲线的两边镶上两个连续变化的函数 $g_1(f)$、$g_2(f)$，克服矩形的不连续性，即镶边法，如图 6.2.8 所示；另一种是将延续无穷的滤波因子乘以一个衰减因子，使滤波因子急速衰减，即乘因子法。下面以理想带通滤波器为例来分别说明。

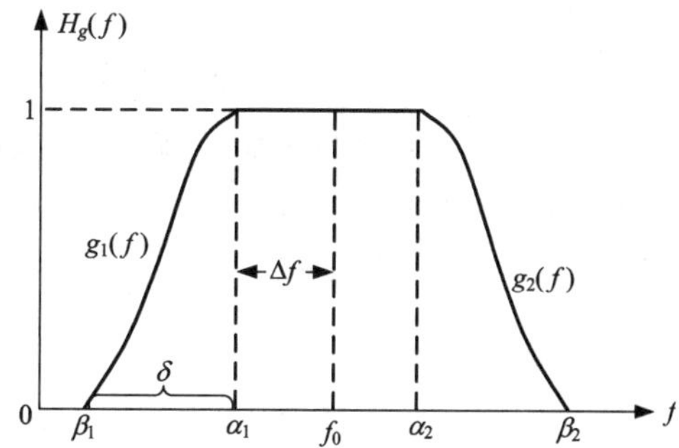

图 6.2.8 频率响应镶边示意图

①镶边法。其做法是：在 β_1 到 α_1，α_2 到 β_2 之间分别镶上两个连续变化的函数 $g_1(f)$、$g_2(f)$，称之为镶边函数，α_1 到 α_2 为矩形，幅度为 1。镶边后的频率响应为

$$H_g(f)=\begin{cases}1 & \alpha_1\leqslant|f|\leqslant\alpha_2\\ g_1(f) & \beta_1\leqslant|f|\leqslant\alpha_1\\ g_2(f) & \alpha_2\leqslant|f|\leqslant\beta_2\\ 0 & |f|\geqslant\beta_2,\ |f|\leqslant\beta_1\end{cases} \tag{6.2.19}$$

镶边函数有多种选择，常见的镶边函数有

$$\left.\begin{aligned}g_1(f)&=\sin^2\left(\frac{\pi}{2}\,\frac{f-\beta_1}{\alpha_1-\beta_1}\right)\\ g_2(f)&=\sin^2\left(\frac{\pi}{2}\,\frac{f-\beta_2}{\alpha_2-\beta_2}\right)\end{aligned}\right\} \tag{6.2.20}$$

或者

$$\left.\begin{aligned}g_1(f)&=\frac{1}{2}+\frac{9}{16}\cos\left[\frac{(f-\alpha_1)\pi}{\beta_1-\alpha_1}\right]-\frac{1}{16}\cos\left[\frac{3(f-\alpha_1)\pi}{\beta_1-\alpha_1}\right]\\ g_2(f)&=\frac{1}{2}+\frac{9}{16}\cos\left[\frac{(f-\alpha_2)\pi}{\beta_2-\alpha_2}\right]-\frac{1}{16}\cos\left[\frac{3(f-\alpha_2)\pi}{\beta_2-\alpha_2}\right]\end{aligned}\right\} \tag{6.2.21}$$

再利用傅里叶反变换，可求出对应式(6.2.20)的滤波因子

$$h_g(t)=\frac{\sin2\pi\alpha_2t+\sin2\pi\beta_2t}{2\pi t[1-4(\alpha_2-\beta_2)^2t^2]}-\frac{\sin2\pi\alpha_1t+\sin2\pi\beta_1t}{2\pi t[1-4(\alpha_1-\beta_1)^2t^2]} \tag{6.2.22}$$

以及对应式(6.2.21)的滤波因子

$$h(t)=\frac{9}{2\pi t}\frac{\cos 2\pi f_0 t[\sin 2\pi\Delta f t+\sin 2\pi(\Delta f+\delta)t]}{(9-4t^2\delta^2)(1-4t^2\delta^2)} \tag{6.2.23}$$

式中：$f_0=\frac{\alpha_1+\alpha_2}{2}=\frac{\beta_1+\beta_2}{2}$；$\delta=\alpha_1-\beta_1=\beta_2-\alpha_2$；$\Delta f=f_0-\alpha_1=\alpha_2-f_0$。

②乘因子法。为了克服吉普斯现象，同时使滤波因子长度尽可能减小，频率响应又符合带通滤波要求，可以利用乘因子法。例如，将滤波因子 $h(t)$ 乘上一个因子 $\cos 2\pi f_m t$，(式中，f_m 可取为$1/4M\Delta$，$M\Delta$ 是以毫秒为单位的滤波因子长度)，得到乘因子后的滤波因子

$$\begin{aligned}h^*(t)&=h(t)\cos 2\pi f_m t\\&=h(t)\frac{1}{2}(e^{i2\pi f_m t}+e^{-i2\pi f_m t})\end{aligned} \tag{6.2.24}$$

可见，对应的频率响应函数为

$$H^*(f)=\frac{1}{2}[H(f+f_m)+H(f-f_m)] \tag{6.2.25}$$

从该式清楚看出，在频率域上将原频率响应函数 $H(f)$ 沿横轴 f 的正、负方向各移动 f_m 后再取平均，就能削弱吉普斯现象。

如把所乘的因子称为加权因子，实际上，常见的加权因子 $P(m\Delta)$ 还有下列几种：

$$P(m\Delta)=-\alpha m^2 \tag{6.2.26}$$

$$P(m\Delta)=\left[\cos\left(\frac{\pi m}{2M}\right)\right]^2=\frac{1}{2}\left[1+\cos\left(\frac{\pi m}{M}\right)\right] \tag{6.2.27}$$

$$P(m\Delta)=e^{-\alpha m^2}\cos\frac{\pi m}{2M} \tag{6.2.28}$$

镶边法和乘因子法虽然是从不同的角度考虑问题所得到的方法，但两者的本质是一样的，即要加速时间域中脉冲响应函数的衰减，减少截断带来的误差。其结果也是相似的，提高频率域中门式滤波器振幅的均衡性和频率响应曲线的陡度。

三、二维视速度滤波

在地震勘探中，有时有效波和干扰波的频谱成分十分接近甚至重合，此时无法利用频率滤波压制干扰，需要利用有效波和干扰波在其他方面的差异来进行滤波。如果有效波和干扰波在视速度分布方面存在差异，则可采用视速度滤波，如图5.1.5(c)所示。这种滤波要同时对多道记录进行计算才能完成，因此是一种二维滤波。

地震波动实际上是时间和空间的二维函数 $g(t,x)$，即可用固定空间坐标描绘空间某一点波动随时间变化的振动图来研究它，也可用固定时间坐标描述某一时刻空间各点波动情况的波剖面图来说明它，二者之间通过波速 v 发生内在联系。

$$k=f/v \tag{6.2.29}$$

式中：k 为空间波数，表示单位长度内波长的个数；f 为频率，描述单位时间内振动的次数；v 为波速。

实际勘探总是沿地面测线进行观测，上述波数和波速均应是在测线 x 方向上测得的，即应以波数分量 k_x 和视速度 v_a 代替 k 和 v，式(6.2.29)则变为

$$k_x=f/v_a \tag{6.2.30}$$

既然地震波动既不单独是空间变量 x 的函数，也不单独是时间变量 t 的函数，而且空间变量和时间变量之间存在密切关系，无论单独进行哪一维的滤波都会引起另一维特性的变化，产生不良效果。只有根据二者的内在联系组成时间空间域(或频率波数域)滤波，才能达到最佳压制干扰，突出有效波的目的。因此，有必要进行二维滤波。

1. 二维滤波基础

二维滤波原理是建立在二维傅氏变换基础上的。

对于一个随时间和空间变化的波 $f(t,x)$，可以通过二维傅里叶变换求出它的频率波数谱，简称频波谱

$$F(f,k) = \int_{-\infty}^{\infty}\int_{-\infty}^{\infty} f(t,x)\mathrm{e}^{-i2\pi(ft+kx)}\mathrm{d}t\mathrm{d}x \tag{6.2.31}$$

同样地，可用反傅里叶变换求出频波谱对应的时空函数

$$f(t,x) = \int_{-\infty}^{\infty}\int_{-\infty}^{\infty} F(f,k)\mathrm{e}^{i2\pi(ft+kx)}\mathrm{d}f\mathrm{d}k \tag{6.2.32}$$

上式表明，波 $f(t,x)$ 是由无数个不同频率、不同波数的频波分量叠加而成。与一维傅氏变换类似，称 $F(f,k)$ 为波 $f(t,x)$ 的频波谱，$|F(f,k)|$ 为 $f(t,x)$ 的振幅谱。

通过二维傅氏变换，可将有效波与各种干扰波的二维振幅谱的分布情况展现在 $f-k$ 平面上。如：对应图 5.1.5(c)所示的低速干扰，可以得到如图6.2.9所示的频波分布结果。图中每一条通过原点的直线斜率就是视速度 $v_a = f/k$，视速度不同的有效信息和干扰信息明显被区分开来。因此，为了更好地提高记录的信噪比，有必要同时利用有效波与噪声之间频率与波数两方面的差异进行二维滤波，特别是当信号与噪声之间的频率相近时，二维滤波往往可以收到比一维滤波更为理想的效果。

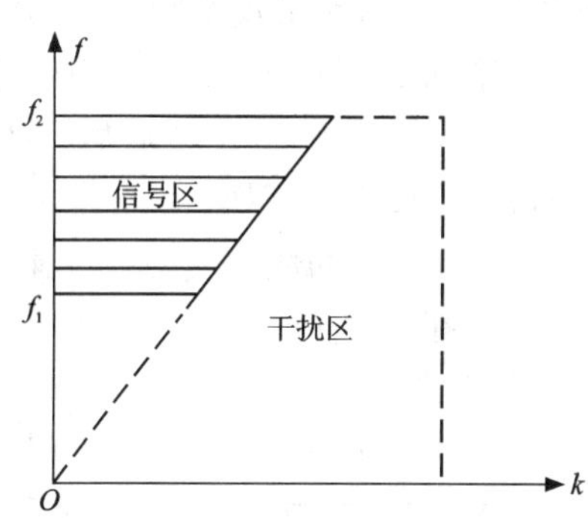

图 6.2.9　信号频波分布图

下面介绍三种二维滤波方法，其中包括时空域褶积法、频率域 $F-K$ 滤波法及 τ-p 变换滤波法。

2. 二维滤波原理

二维滤波的基本原理与一维滤波相似，即根据工区中地震波与干扰波的视速度或频率、波数方面的差异，设计滤波器的频波响应函数 $H(f,k)$。若在频波域进行滤波，则可用滤波器的频波响应函数与地震记录的频波谱对应点相乘，然后做反傅氏变换，即得滤波结果。若在时间域进行滤波，则可将滤波器的频波响应函数做反二维傅氏变换，求出时空域滤波因子，用它与地震记录进行二维褶积运算，即得二维滤波结果。

(1)二维滤波基本原理

假设二维地震信号为

$$f(t,x) = s(t,x) + n(t,x) \tag{6.2.33}$$

其中：$s(t,x)$ 为有效信号；$n(t,x)$ 为干扰信号。滤波后的输出可表示为

$$\hat{f}(t,x) = \hat{s}(t,x) + \hat{n}(t,x) \tag{6.2.34}$$

若在工区内 $S(f,k)$ 和 $N(f,k)$ 满足

$$\begin{cases} S(f,k)=0 & 当(f,k)\notin D \\ N(f,k)=0 & 当(f,k)\in D \end{cases} \tag{6.2.35}$$

式中：D 为 $f-k$ 平面中的一个区域，符号 $\in$ 表示属于，$\notin$ 表示不属于。滤波的目的总是希望

$$\hat{f}(t,x)=s(t,x) \quad 或 \quad \hat{F}(f,k)=S(f,k) \tag{6.2.36}$$

根据这个思想，可以设计频波响应函数为

$$H(f,k)=\begin{cases} 1 & 当(f,k)\in D \\ 0 & 当(f,k)\notin D \end{cases} \tag{6.2.37}$$

以上表明，只要有效波与干涉波在频波域中的分布存在明显差异，二维滤波就会得到好的效果。现在的问题归结为如何根据有效波和干扰波的视速度差异来设计二维滤波器。

(2)二维滤波器的设计

①基本原则：与一维滤波器的设计原则一样，在有效信号 $s(t,x)$ 的频波谱范围内，令滤波因子的振幅谱 $|H(f,k)|=1$，其他区域为零，并令滤波器的相位谱 $\varphi(f,k)=0$。

②二维滤波器的选择：一般在有效波视速度很高而干扰较低时，区域 D 可以选图6.2.10(a)所示形状，即所谓扇形滤波器；若有效波 v_a 为中等时，可选 D 为图6.2.10(b)所示形状，即所谓切饼式滤波器；当有效波与干扰波除了存在 v_a 差异外，还存在 f 差异，这时 D 可选图6.2.10(c)或图6.2.10(d)所示形状，前者称为带通扇形滤波器，后者称为带通切饼式滤波器。当确定了 D 域后，可以根据给定的 f、v_a，写出频波响应函数 $H(f,k)$，对 $H(f,k)$ 做二维反傅氏变换，就可求出时间响应函数 $h(x,t)$。

③二维滤波器的数学模型：以扇形滤波器为例介绍二维滤波器的数学模型。为了简单起见，以后 v_a 都用 v 代替。

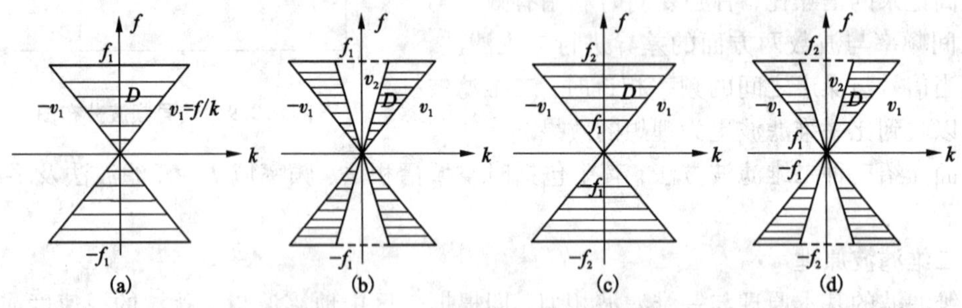

图6.2.10 几种二维滤波器的频波响应

(a)扇形滤波器；(b)切饼式滤波器；(c)带通扇形滤波器；(d)带通切饼式滤波器

若已知 D 域在 $-f_1\sim f_1$，$-v_1\sim v_1$ 范围内，如图6.2.10(a)，则其频波响应函数为

$$H(f,k)=\begin{cases} 1 & 当|f/k|\geqslant v_1,\ |f|\leqslant f_1 时 \\ 0 & 其他 \end{cases} \tag{6.2.38}$$

相应的时空响应函数为

$$h(t,x)=\int_{-\infty}^{\infty}\int_{-\infty}^{\infty}H(f,k)\mathrm{e}^{i2\pi(ft+kx)}\mathrm{d}f\mathrm{d}k=\int_{-f_1}^{f_1}\int_{-|f|/v_1}^{|f|/v_1}\mathrm{e}^{i2\pi(ft+kx)}\mathrm{d}f\mathrm{d}k \tag{6.2.39}$$

将二重积分化为二次积分，可推导出时空响应函数的具体表达式

$$h(t,x)=\frac{1}{2\pi^2 x}\left[\frac{1-\cos 2\pi f_1(\frac{x}{v_1}+t)}{\frac{x}{v_1}+t}+\frac{1-\cos 2\pi f_1(\frac{x}{v_1}-t)}{\frac{x}{v_1}-t}\right] \tag{6.2.40}$$

这就是扇形低通滤波器的时空响应函数，即褶积因子。

(3)二维滤波的实现

①$F-K$ 二维滤波

这是一种在频率波数域中进行的二维滤波，这种滤波的基本思想是：将地震记录做二维傅氏变换，求出频波谱；根据频波谱的特点，设计二维滤波器的频波响应函数；在频波域中进行二维滤波，即计算地震记录的频波谱与滤波器的频波响应函数之积；再将所得结果做二维傅氏反变换，即得二维滤波结果。

设 $f(t,x)$ 为地震记录，如图 6.2.11(a)所示，其中干扰信号和有效信号的同相轴的视速度分别为 v_1、v_2，两同相轴时差的平均线为 l，令其视速度为 v_l。将 $f(t,x)$ 做二维傅氏变换，即

$$f(t,x)\rightarrow F(f,k) \tag{6.2.41}$$

所得频波谱 $F(f,k)$ 示于图 6.2.11(b)。图中 l' 是有效信号与干扰信号频波范围的分界线。根据图 6.2.11(b)设计滤波器的频波响应函数为

$$H(f,k)=\begin{cases}1 & \text{当}|f/k|\geqslant v_l,\ |f|\leqslant f_1\\ 0 & \text{其他}\end{cases} \tag{6.2.42}$$

进行 $F-K$ 滤波

$$\hat{F}(f,k)=F(f,k)\cdot H(f,k) \tag{6.2.43}$$

然后对 $\hat{F}(f,k)$ 进行二维反傅氏变换得到的 $\hat{f}(t,x)$ 即为 $F-K$ 二维滤波后的结果。

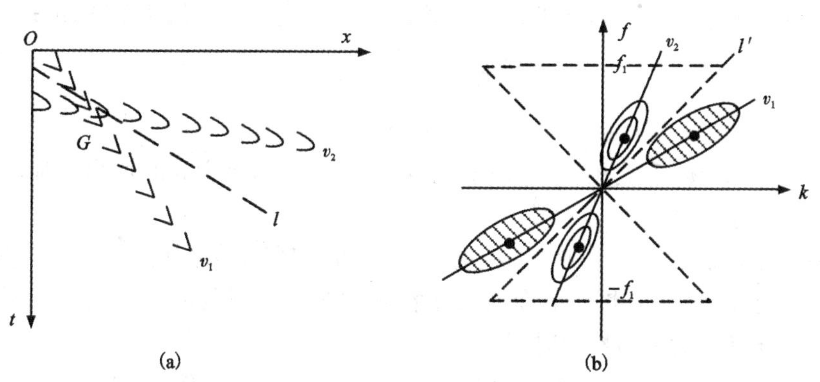

图 6.2.11　$F-K$ 滤波过程示意图

(a)两组不同视速度的同相轴信号；(b)相应的波谱分布图

$F-K$ 滤波比时空滤波思路清楚，道理易懂，但受计算机内存和计算速度限制等因素的影响，一度没有得到很好的应用。近年来，随着计算技术的发展、计算机内存的扩大和运算速度的提高，特别是快速傅氏变换程序的出现，大大促进了 $F-K$ 二维滤波的应用。

②时空域二维褶积滤波

时空域二维滤波因子的形成通常有两种方法。一种是根据有效信号和干扰信号的视速度差异，在频波域设计二维滤波器的频波响应函数 $H(f,k)$，再对其做二维傅氏反变换来求得对应的时空域二维滤波因子 $h(t,x)$；另一种是将有效波通过区域的视速度边界值 v 和有效波与干扰波频率分界值 f 代入到二维滤波因子的数学表达式中，直接计算求得时空域二维滤波因子。

二维褶积滤波表达式为

$$\hat{f}(t,x)=f(t,x)*h(t,x) \tag{6.2.44}$$

式中：$f(t,x)$ 为二维地震记录；$h(t,x)$ 为二维滤波因子；$\hat{f}(t,x)$ 为滤波后的输出。式(6.2.44)的离散形式为

$$\hat{f}(n\Delta t,m\Delta x)=\Delta t\Delta x\sum_{\mu=-M/2}^{M/2}\left[\sum_{v=-N/2}^{N/2}h_{v,\mu}\cdot f_{n-v,m-\mu}\right] \tag{6.2.45}$$

式中：n 和 m 分别为滤波因子中点所对应的滤波前后地震记录的时间采样点顺序号和空间上的地震道的道号。由于滤波因子在时间或空间上都是对称的偶函数，故可用相关运算代替上述褶积运算。

以上介绍的是二维理想滤波器，它与一维理想滤波器一样，也因滤波器振幅谱突然截断产生吉普斯现象，这里称为次生干扰。这种次生干扰在时间剖面上表现为两组弱能量高频同相轴，产状相反，互相干涉，看起来像编织的席子，所以有人把这种现象称为"炕席现象"。为了克服这种现象，需在频波域给滤波器镶边，使滤波器振幅缓慢地衰减到零。

二维滤波可在叠前使用也可在叠后使用，叠前主要用于压制声波、面波、折射波和直达波等，保留同相轴为双曲线形状的反射波；叠后主要是用于压制与有效波产状不同的规则干扰波，也可用于上行波和下行波分解。

③$\tau-p$ 域二维滤波

二维滤波不仅可在时空域和频波域中实现，也可在 $\tau-p$ 域中完成，而且在 $\tau-p$ 域中还具有许多独特的优点。将时空域中的地震记录 $f(x,t)$ 变换到 $\tau-p$ 域中的 $F(p,\tau)$。

$$F(p,\tau)=\int_{-\infty}^{\infty}f(x,t)\,\mathrm{d}\tau \tag{6.2.46}$$

$$t=\tau+px \tag{6.2.47}$$

式中：$p=\mathrm{d}t/\mathrm{d}x=\sin\alpha/v$，称为射线参数；$\tau$ 代表 (x,t) 域中斜率为 p 的直线与时间轴 t 的截距时间。

所谓 $\tau-p$ 变换就是将 $x-t$ 域中的波场 $f(x,t)$ 沿固定斜率 p 和截距 τ 的直线进行积分或叠加求和，得到 $F(p,\tau)$，因此 $\tau-p$ 变换又称为倾斜叠加。根据(6.2.47)式，当炮检距 $x=0$ 时，$t_0=\tau$，所以 τ 还称为零炮检距时间。

由 $F(p,t)$ 求 $f(x,t)$ 的运算过程称为 $\tau-p$ 反变换。$\tau-p$ 反变换公式为

$$f(x,t)=\frac{1}{2\pi}\frac{\mathrm{d}}{\mathrm{d}t}\int_{-\infty}^{\infty}H^{+}\left[F(p,\tau)\right]\mathrm{d}p=\frac{1}{2\pi}\int_{-\infty}^{\infty}H^{+}\left[F(p,t-px)\right]\mathrm{d}p \tag{6.2.48}$$

式中：记号 H^{+} 表示对函数 $F(p,\tau)$ 做希尔伯特变换。

$\tau-p$ 正变换具有如下重要性质：①(x,t) 域上的点对应 (p,τ) 域上的直线；②(x,t) 域上的直线对应 (p,τ) 域上的点；③(x,t) 上的双曲线对应 (p,τ) 域上的椭圆。

$\tau-p$ 变换的这些性质为二维滤波创造了良好的条件。$\tau-p$ 域二维滤波就是先将地震记录

$f(x,t)$经$\tau-p$变换，得到(p,τ)域的记录$F(p,\tau)$，再利用上述性质在$F(p,\tau)$图上区分出干扰和信号，将干扰所对应区域清零，然后用(6.2.48)式进行$\tau-p$反变换，便可获得滤波结果。

3. 二维滤波的应用

二维滤波是一种线性运算，可用于处理过程的每一作业中，主要用于压制强规则干扰。图6.2.12(a)显示的是四个浅海地震单炮记录经振幅恢复后的结果，从中可见，面波以及初至等相干噪声很强，致使反射波被严重压制。经$F-K$二维滤波后的结果示于图6.2.12(b)，可见相干噪音得到了很好的衰减，反射波得到相对增强，达到了压制相干线性噪音的目的。

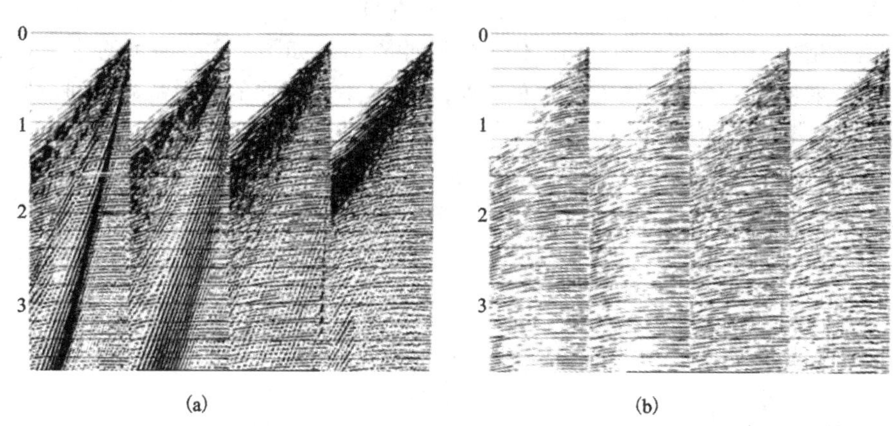

图6.2.12　四个浅海记录的$F-K$二维滤波

(a)滤波前；(b)滤波后

第三节　反滤波处理

反滤波的作用主要是压缩地震反射脉冲的长度，提高反射地震记录的分辨能力，并进一步估计地下反射界面的反射系数。这不仅是常规地震资料处理所需要的，而且对直接找油找气的亮点技术以及对地震地层学解释方面的地震资料处理技术来说尤为重要。另外，反滤波还可以消除多次干扰波及海上短周期鸣震等。

反滤波和各种滤波方法一样，可以在频率域进行，也可以在时间域进行，可以在叠前应用，也可以在叠后应用。

一、反射波地震记录的形成

震源脉冲输入地下，在传播过程中受到大地吸收和反射系数的影响(也称大地滤波)，构成了所接收到的反射信号，下面来分析这两个因素对震源脉冲到底施加了什么影响。

1. 地震子波

大地对震源脉冲的吸收作用相当于低通滤波，使尖脉冲变成了具有一定延续时间的波形，称之为地震子波$b(t)$，如图6.3.1所示。地震子波可看成是地层吸收滤波器的脉冲响应，实际的地震子波一般为1～2个周期，延续时间为20～40 ms(对中深层地震勘探而言)。

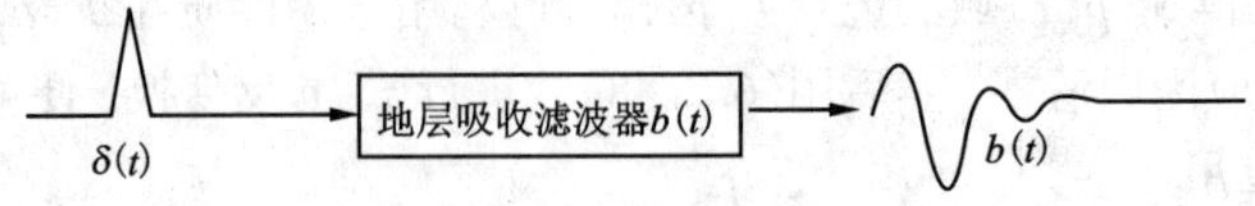

图 6.3.1　地震子波的形成

2. 理想地震记录

若不考虑地层的吸收，设震源脉冲在地层中传播只受反射界面的影响，这实际上也是一种滤波过程，可表示为 $\delta(t) \rightarrow$ 反射滤波器 $R(t) \rightarrow \hat{R}(t)$
此时，滤波器的滤波因子为 $R(t)$，输出仍为尖脉冲 $\hat{R}(t)$。如图 6.3.2 所示的地质模型，假设地下有 N 个反射界面，反射系数依次为 $R_1, R_2, \cdots, R_N$，用界面的反射系数序列 $\xi(t)$ 来表示，这时在地面某点接收到的地震记录为

$$s(t) = b \cdot \xi(t) \tag{6.3.1}$$

式中：b 是震源脉冲值，为一个常数。

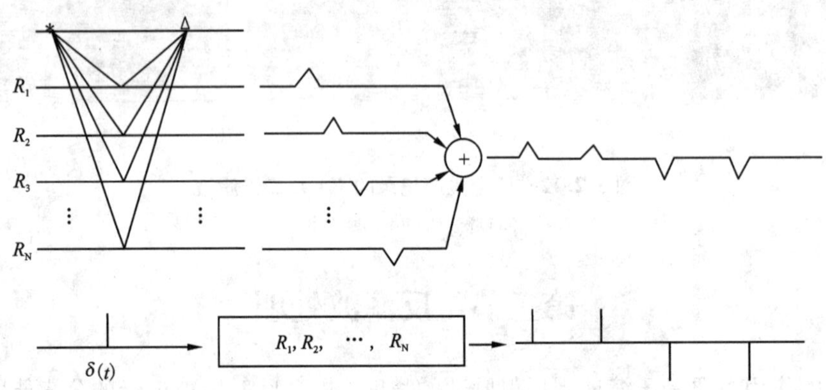

图 6.3.2　理想地震记录道的形成过程示意图

从上式可见，地震记录中每一项都为一个单位脉冲；脉冲的大小和极性反映界面反射系数的大小和极性；脉冲个数反映反射界面的个数；不同脉冲之间的时差反映地层的厚度。称这种从地面上观测到的由一系列反射系数尖脉冲序列所组成的地震记录为理想地震记录。

3. 实际地震记录

实际上，震源产生的尖脉冲经过爆炸点周围介质时会被介质吸收，变成具有一定振动延时的波形，即地震子波，如图 6.3.3 所示。地震子波在传播过程中遇到某一反射界面发生反射，从而在地面接收到也有一定时间延续度的反射波，这样使得来自相距较近的相邻反射界面的地震波到达地面的同一接收点时将不能分开，相互叠加，形成复波，称之为实际反射地震记录。

由图 6.3.3 知，地面某点接收到的地震记录为

$$s(t) = R_1 b_{t-1} + R_2 b_{t-2} + \cdots + R_N b_{t-N} = \sum_{\tau=1}^{N} R_\tau b_{t-\tau} \tag{6.3.2}$$

用 $\xi(t)$ 表示界面的反射系数序列，则上式变为

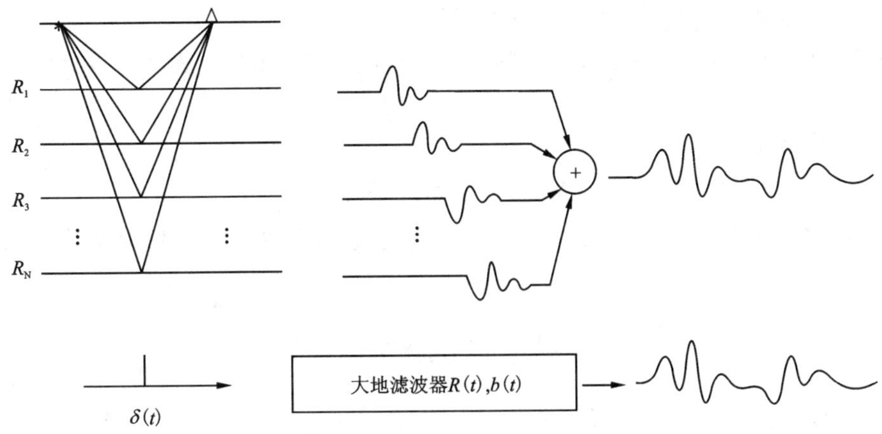

图 6.3.3 实际地震记录道的形成过程示意图

$$s(t) = \sum_{\tau=0}^{\infty} b(\tau)\xi(t-\tau) \tag{6.3.3}$$

这表明实际地震记录是反射系数序列与地震子波函数的褶积，这是一个滤波过程，滤波器的输入为$\xi(t)$，滤波因子为 $b(t)$，输出为 $s(t)$。

此外，实际地震记录一般由信号 $s(t)$ 和干扰 $n(t)$ 合成，即

$$x(t) = s(t) + n(t) = \sum_{\tau=0}^{\infty} b(\tau)\xi(t-\tau) + n(t) \tag{6.3.4}$$

其结果是一个复杂的振动图形，如图6.3.4所示。

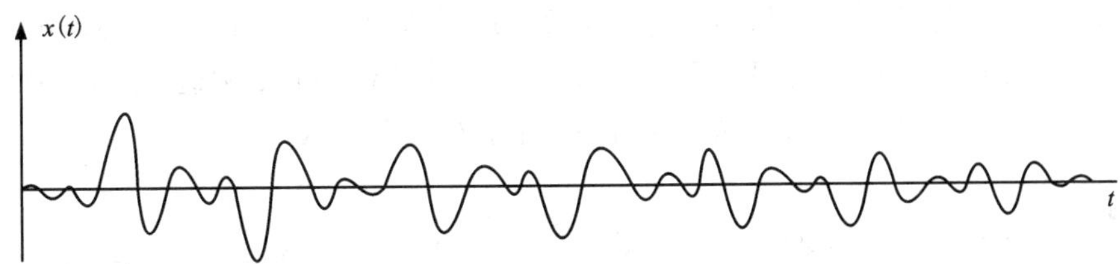

图 6.3.4 实际地震记录道

二、反滤波的基本概念

在普通地震记录上，一个界面的反射波一般是一个延续时间为几十毫秒的波形。由于地下反射界面一般为相距几米到几十米的密集层，它们的到达时间差仅为几毫米到几十毫秒，因此，在反射地震记录上它们彼此干涉，难以区分开来。

为了提高反射波地震记录的分辨能力，希望在所得到的地震记录上，每个界面的反射波表现为一个窄脉冲，每个脉冲的强弱与界面的反射系数的大小成正比，而脉冲的极性反映界面反射系数的符号。这样，不但在常规地震勘探中可以划分薄层，而且还可以在地震地层学中帮助理解岩性，也可在亮点技术中帮助直接寻找油气藏。

那么，怎样把延续几十毫秒的地震子波 $b(t)$ 压缩成为一个能使地震道 $x(t)$ 反映反射系数 $\xi(t)$ 的窄脉冲呢？这就是反滤波所要解决的问题。

可见反滤波的目的就是要把实际地震记录 $x(t)$ 变成反射系数 $\xi(t)$。为了提高反滤波的效果，事先应消除或压制地震记录中的干扰波 $n(t)$。

在(6.3.4)式中令 $n(t)=0$，反滤波问题就变得简单了。此时，式(6.3.4)可改写为

$$x(t)=s(t)=b(t)*\xi(t) \tag{6.3.5}$$

相应地，在频率域中有

$$X(\omega)=B(\omega)\cdot\xi(\omega) \tag{6.3.6}$$

其中：$X(\omega)$、$B(\omega)$ 和 $\xi(\omega)$ 分别是地震记录 $x(t)$、地震子波 $b(t)$ 和反射系数 $\xi(t)$ 的频谱。显然

$$\xi(\omega)=\frac{1}{B(\omega)}X(\omega) \tag{6.3.7}$$

如果令

$$A(\omega)=\frac{1}{B(\omega)} \tag{6.3.8}$$

则得

$$\xi(\omega)=A(\omega)\cdot X(\omega) \tag{6.3.9}$$

转换到时间域，便得

$$\xi(t)=a(t)*x(t)=a(t)*b(t)*\xi(t) \tag{6.3.10}$$

其中 $a(t)$ 是 $A(\omega)$ 的时间函数。

欲使式(6.3.10)成立，必须使

$$a(t)*b(t)=\delta(t)=\begin{cases}1 & t=0\\ 0 & t\neq 0\end{cases} \tag{6.3.11}$$

可见，$a(t)$ 恰好是滤波因子 $b(t)$ 的逆，所以称之为反滤波因子或反子波、逆子波等。

由此可知，若已知地震子波 $b(t)$，利用(6.3.11)式求出反子波 $a(t)$，再利用(6.3.10)式把反子波 $a(t)$ 与地震记录 $x(t)$ 褶积，即可求出反射系数序列 $\xi(t)$，称这一过程为反滤波，由于它也是通过褶积来实现，所以又称为反褶积，如图 6.3.5 所示。

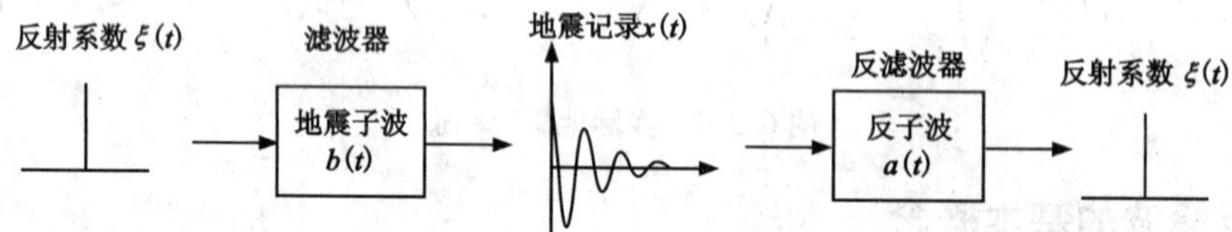

图 6.3.5　反滤波过程示意图

因此，所谓反褶积或反滤波实际上也是一个滤波过程，只不过这个滤波过程的作用恰好与另一个滤波过程的作用相反。反滤波的关键在于如何求得最合适的反滤波因子。

三、地震子波的提取

在进行反滤波时，需要知道地震子波 $b(t)$ 的形状。地震子波准确与否对反滤波的效果影响很大。求取地震子波的方法较多，下面介绍在反滤波中常用的几种方法。

1. 直接观测法

这种方法采用专门布置在震源附近的检波器来直接记录地震子波。

在海上地震勘探中，由于多数海域中的海水明显地分成两层，下层的含盐量较上层含盐量高，两层海水之间形成一个较明显的反射界面，因此，在海底反射波到达之前，有一个由该反射界面产生的、具有一定延续时间的反射地震波首先到达检波器，并被记录下来。由于这个反射波基本不会被其他波干涉，所以，可以把它当作地震子波 $b(t)$。

在陆上地震勘探中，也可以在震源附近一定深度上专门埋设检波器接收地震子波。但由于低速带的影响，这样求得的子波往往不太准确。在有深井的情况下，通过地震测井或利用垂直地震剖面法常常可以得到比较真实的地震子波。

2. 理论估算法

把地下介质看成是无限均匀、各向同性的理想弹性介质，通过解经典的波动方程可以得到以炸药爆炸作为震源时的子波数学模型。

$$b(t)=\mathrm{e}^{-\frac{Wt}{\sqrt{2}}}\left(\cos\omega t-\frac{1}{\sqrt{2}}\sin\omega t\right) \tag{6.3.12}$$

式中：$W=\dfrac{2\sqrt{2v_p}}{3a}$为子波 $b(t)$ 的能量参数；v_p 为地下介质中的地震纵波速度；a 为确定破坏带或塑性带范围的参数，代表弹、塑性分界球面的半径。这种理论子波的形状如图 6.3.6 所示。

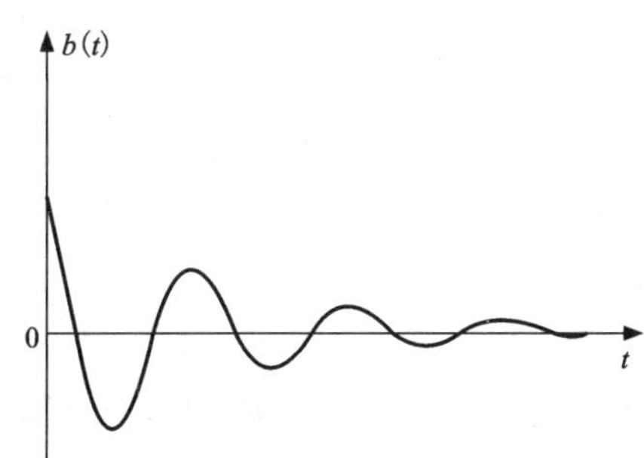

图 6.3.6　理论地震子波

还可以在地下为粘弹性介质并采用炸药爆炸震源的情况下，从理论上讨论地震子波的形态。这时理想地认为爆炸力均匀地作用于爆炸产生的球形空穴内壁上，内壁表面受力后服从线性虎克定律，并认为质点运动受迫阻尼振荡。通过求解相应的运动方程可以得到地震子波。如

$$b(t)=(\mathrm{e}^{-\alpha t^2}-\mathrm{e}^{-\beta t^2})\sin\frac{2\pi}{T}t \tag{6.3.13}$$

式中：α 为动量衰减常数，可选为 0.000 20，0.000 26，…；β 为激发能量增长率，可选为 0.044 98，0.044 94，0.042 49，…；T 为周期，可根据地震记录的主频求出。

3. 测井法

若工区内既有钻孔，又有井旁地震记录，且具备良好的声波测井和密度测井资料，同时，井旁地震道的质量高(信噪比高，多次波不发育或已被压制)时，可采用测井法求取地震子波。该方法的优点是无需对反射系数$\xi(t)$和子波的相位特性作任何限制。

其做法是：首先，由声波测井曲线 $v(z)$ 和密度测井曲线 $\rho(z)$ 求出声波阻抗曲线 $\rho v(z)$，并根据下式进行曲线自变量的深时转换

$$t=2\sum_{i=1}^{n}\frac{\Delta z}{v(i\Delta z)} \tag{6.3.14}$$

式中：t 为与 $n\Delta z$ 深度对应的回声时间；Δz 为深度间隔；$v(i\Delta z)$ 代表 $i\Delta z$ 深度对应的地震波平均速度。其次，用以下纵波法向入射、反射时的反射系数计算公式求出井孔处的 $\xi(t)$

$$\xi(t)=\frac{\rho v(t+\Delta t)-\rho v(t)}{\rho v(t+\Delta t)+\rho v(t)} \tag{6.3.15}$$

然后，不考虑地震记录中的干扰(包括多次波)，根据下式计算子波的频谱

$$B(\omega)=\frac{X(\omega)}{\xi(\omega)} \tag{6.3.16}$$

式中：$B(\omega)$为地震子波的频谱；$X(\omega)$为井傍地震记录的频谱；$\xi(\omega)$为反射系数的频谱。最后对 $B(\omega)$做反傅氏变换即可求出地震子波 $b(t)$。

4. 统计法

这是一种通过对地震记录进行统计处理而求子波的方法。这种方法也无需对反射系数$\xi(t)$及子波的相位特性作任何限制。

利用这种方法求子波时，首先要在共反射点道集记录中确定各个有效波的波列，或者在时间剖面上确定各个有效波的同相轴。

把同相轴或波列上的波形进行统计处理就可以求出对应反射界面的子波。用来进行统计处理的波形长度视具体情况而定，它应该包括而且只包括地震子波的完整波形。统计处理的方法多种多样，其中最简单的一种就是取算术平均。

最后还要把各个反射界面对应的子波综合成一个统一的地震子波。在综合过程中要优先考虑主要反射界面的子波及作为反滤波处理重点的反射界面的子波。可见，该方法的应用条件是必须明确目的层范围，且在该范围内最好有标志层。

5. 自相关法

自相关法通过对地震记录进行自相关分析来提取地震子波。

由于反射界面的深度及其反射系数几乎是随机的，在反射界面比较多时，可以假设地震反射系数为白噪声。即

$$\left.\begin{aligned}&E[\xi(t)]=0\\&E[\xi(t)\xi(t+\tau)]=\delta(\tau)\end{aligned}\right\} \tag{6.3.17}$$

式中：$E[\xi(t)]$为$\xi(t)$的均值，或称数学期望；$E[\xi(t)\xi(t+\tau)]$是$\xi(t)\xi(t+\tau)$的均值。因

$$E[\xi(t)\xi(t+\tau)]=r_{\xi\xi}(\tau) \tag{6.3.18}$$

其中：$r_{\xi\xi}(\tau)$为地震反射系数的自相关函数。这时，反射系数自相关函数的频谱等于1、用Z变换表示为

$$R_{\xi\xi}(Z)=\xi(Z)\xi(Z^{-1})=1 \tag{6.3.19}$$

式中：$\xi(Z)$、$R_{\xi\xi}(Z)$分别为地震反射系数及其自相关函数的Z变换。

根据式(6.3.6)，不考虑干扰的地震记录的Z变换为

$$X(Z)=\xi(Z)B(Z) \tag{6.3.20}$$

式中：$B(Z)$为地震子波$b(t)$的Z变换。

所以，地震记录自相关函数的Z变换为

$$R_{xx}(Z)=X(Z)X(Z^{-1})=\xi(Z)B(Z)\xi(Z^{-1})B(Z^{-1})=R_{bb}(Z) \tag{6.3.21}$$

式中：$R_{xx}(Z)$、$R_{bb}(Z)$分别表示地震记录自相关函数和地震子波自相关函数的Z变换。

根据(6.3.19)式，并将$Z=\mathrm{e}^{-i\omega}$代入式(6.3.21)得

$$B(\mathrm{e}^{-i\omega})B(\mathrm{e}^{i\omega})=X(\mathrm{e}^{-i\omega})X(\mathrm{e}^{i\omega}) \tag{6.3.22}$$

因此

$$|B(e^{i\omega})|^2 = |X(e^{i\omega})|^2 \tag{6.3.23}$$

这说明，当反射系数序列为白噪声时，地震子波的振幅谱等于地震记录的振幅谱。于是

$$B(e^{-i\omega}) = |B(e^{-i\omega})|e^{i\Phi(e^{-i\omega})} = |X(e^{-i\omega})|e^{i\Phi(e^{i\omega})} \tag{6.3.24}$$

式中：$B(e^{-i\omega})$为地震子波 $b(t)$的频谱；$|X(e^{-i\omega})|$为地震记录 $x(t)$的振幅谱；$\Phi(e^{-i\omega})$为地震子波 $b(t)$的相位谱。由于地震记录的振幅谱是已知的，因此，只要求出 $\Phi(e^{-i\omega})$，便可确定地震子波的频谱了。

为估算地震子波的相位谱，需要对地震子波的相位作一定假设，通常假设为最小相位或零相位。若采用零相位假设，则直接用(6.3.24)式便可估算出地震子波了；针对最小相位假设，已经发展了多种估算地震子波相位谱的方位，如同态法、多项式求根法等，限于篇幅，这里不作介绍。

四、最小平方反滤波

1. 最小平方反滤波的原理

最小平方反滤波方法只是利用反滤波输出与某个期望输出之间的误差能量达到最小的原理来求最佳反滤波因子，而对记录进行反滤波的过程与传统反滤波方法相同。该方法的基本思想是：假设一个反滤波因子，写出反滤波输出与期望输出之间的误差能量表达式，如果误差能量达到极小，则假设的反滤波因子就是待求的最佳反滤波因子。这是一个最优化问题。根据这个思想，可由误差能量相对于反滤波因子的偏微分等于零来推导出可求解最佳反滤波因子的矩阵方程式。该式可描述为子波自相关与反滤波因子的褶积等于子波与期望输出的互相关。当假设反射系数序列 $\xi(t)$和干扰 $n(t)$为白噪音时，矩阵方程又可描述为地震记录自相关与反滤波因子褶积等于子波与期望输出的互相关。当 $\xi(t)$与 $n(t)$为白噪音、期望输出为 $\delta(t)$函数、子波为最小相位时，矩阵方程可进一步简化，这时无需已知子波，便可求得最佳反滤波因子。用求得的最佳反滤波因子对记录进行褶积运算，即得反滤波结果。

(1)地震子波的最小平方反滤波

严格地说，反滤波因子是无限长的，但计算机运算只能取有限项。假设待求的反滤波因子 $a(t)$的起始时间为0，延续长度为 m，即：

$$a(t) = \{a(0), a(1), a(2), \cdots, a(m)\}$$

而输入的地震子波为

$$b(t) = \{b(0), b(1), b(2), \cdots, b(n)\}$$

为提高地震记录的分辨率，消除地震子波对记录的影响，就要设计一个反滤波器 $a(t)$，使地震子波 $b(t)$变成尖脉冲 $\delta(t)$，$\delta(t) = [1, 0, 0, \cdots, 0]$。假设反滤波因子 $a(t)$与地震子波 $b(t)$褶积后的输出为 $c(t)$

$$c(t) = a(t) * b(t) = \sum_{\tau=0}^{m} a(\tau) b(t-\tau) \tag{6.3.25}$$

而期望输出可以是 $\delta(t)$，也可以是一系列尖脉冲

$$d(t) = \{d(0), d(1), d(2), \cdots, d(m+n)\} \tag{6.3.26}$$

欲使二者在最小平方意义下最接近，就是要使滤波器的实际输出 $c(t)$与期望输出 $d(t)$的误差平方和

$$Q = \sum_{t=0}^{m+n} [c(t) - d(t)]^2 = \sum_{t=0}^{m+n} [\sum_{\tau=0}^{m} a(\tau)b(t-\tau) - d(t)]^2 \tag{6.3.27}$$

达到最小，数学上就是求 Q 的极值问题，即求满足

$$\frac{\partial Q}{\partial a(l)} = 0 \qquad l = 0,1,2,\cdots,m \tag{6.3.28}$$

的滤波因子 $a(t)$。式中 l 的取值范围与 τ 相同。

$$\begin{aligned}\frac{\partial Q}{\partial a(l)} &= \frac{\partial}{\partial a(l)} \sum_{t=0}^{m+n} [\sum_{\tau=0}^{m} a(\tau)b(t-\tau) - d(\tau)]^2 \\ &= \sum_{t=0}^{m+n} \frac{\partial}{\partial a(l)} [\sum_{\tau=0}^{m} a(\tau)b(t-\tau) - d(t)]^2 \\ &= 2\sum_{t=0}^{m+n} [\sum_{\tau=0}^{m} a(\tau)b(t-\tau) - d(t)]b(t-l) = 0\end{aligned}$$

由此得出

$$\sum_{\tau=0}^{m} a(\tau) \sum_{t=0}^{m+n} b(t-\tau)b(t-l) = \sum_{t=0}^{m+n} d(t)b(t-l), l = 0,1,2,\cdots,m \tag{6.3.29}$$

令

$$\left.\begin{aligned} r_{bb}(l-\tau) &= \sum_{t=0}^{m+n} b(t-\tau)b(t-l) \\ r_{db}(l) &= \sum_{t=0}^{m+n} d(t)b(t-l) \end{aligned}\right\} \tag{6.3.30}$$

式中：$r_{bb}(l-\tau)$ 是时间延迟为 $l-\tau$ 的地震子波自相关，$r_{db}(l)$ 为时间延迟为 l 的地震子波与期望输出的互相关，于是，方程式(6.3.29) 可以写成

$$\sum_{\tau=0}^{m} a(\tau) r_{bb}(l-\tau) = r_{db}(l) \tag{6.3.31}$$

写成矩阵形式，并考虑到方程的稳定性，在矩阵对角线加一个稳定性常数 e，得到

$$\begin{pmatrix} r_{bb}(0)+e & r_{bb}(1) & \cdots & r_{bb}(m) \\ r_{bb}(1) & r_{bb}(0)+e & \cdots & r_{bb}(m-1) \\ \vdots & \vdots & & \vdots \\ r_{bb}(m) & r_{bb}(m-1) & \cdots & r_{bb}(0)+e \end{pmatrix} \begin{pmatrix} a(0) \\ a(1) \\ \vdots \\ a(m) \end{pmatrix} = \begin{pmatrix} r_{db}(0) \\ r_{db}(1) \\ \vdots \\ r_{db}(m) \end{pmatrix} \tag{6.3.32}$$

方程式(6.3.32)就是著名的托布里兹矩阵方程，称之为最小平方反滤波的基本方程，利用该方程可求出任意形状的期望输出的反滤波因子 $a(t)$。求出最佳 $a(t)$ 后，就可对 $b(t)$ 进行反滤波，达到压缩子波的目的。

(2)地震记录的最小平方反滤波

有干扰时的地震记录可记为 $x(t)=s(t)+n(t)=b(t)*\xi(t)+n(t)$，现在要设计一个反滤波器 $a(t)=\{a(0),a(1),a(2),\cdots,a(m)\}$，希望用 $a(t)$ 对 $x(t)$ 进行反滤波后可以将 $b(t)$ 压缩成窄脉冲 $d(t)=\{d(0),d(1),d(2),\cdots,d(m)\}$，同时使干扰 $n(t)$ 受到很大的压制，从而得到 $\xi(t)$。若 $a(t)$ 给的不合适，就不能达到上述目的，这又归结为如何寻找最佳反滤波因子 $a(t)$ 的问题了。

设 $a(t)$ 对 $x(t)$ 进行反滤波的实际输出为

$$c'(t) = a(t)*x(t) = a(t)*b(t)*\xi(t) + a(t)*n(t) \tag{6.3.33}$$

并将期望输出令为

$$z(t) = d(t) * \xi(t) \tag{6.3.34}$$

其误差能量可表示为

$$Q = \sum_{t=0}^{m+n} [c'(t) - z(t)]^2 \tag{6.3.35}$$

最佳反滤波因子 $a(t)$ 可根据$\frac{\partial Q}{\partial a(l)} = 0$求出。用前述同样方法进行数学推导，可得

$$\sum_{\tau=0}^{m} a(\tau) r_{xx}(\tau - l) = r_{zx}(l) \tag{6.3.36}$$

其中

$$\left.\begin{aligned} r_{xx}(\tau - l) &= \sum_{t=0}^{m+n} x(t-\tau)x(t-l) \\ r_{zx}(l) &= \sum_{t=0}^{m+n} z(t)x(t-l) \end{aligned}\right\} \tag{6.3.37}$$

式中：$r_{xx}(\tau - l)$ 是时间延迟 $\tau - l$ 的地震记录自相关；$r_{zx}(l)$ 是时间延迟为 l 的地震记录与期望输出的互相关。上述表明：若已知地震记录和期望输出，便可利用(6.3.36) 式求出 $a(t)$ 来。对比(6.3.37) 式与(6.3.30) 式可知，要考察用 $a(t)$ 对 $x(t)$ 进行反滤波后，能否达到压缩子波、求得反射系数序列的目的，其关键在于如下等式是否成立。

$$r_{xx}(\tau - l) = r_{bb}(\tau - l) + e\delta(\tau - l) \tag{6.3.38}$$

$$r_{zx}(l) = r_{db}(l) \tag{6.3.39}$$

首先证明(6.3.38) 式：

$$\begin{aligned} r_{xx}(\tau - l) &= \sum_{t=0}^{m+n} x(t-\tau)x(t-l) \\ &= \sum_{t=0}^{m+n} [s(t-\tau) + n(t-\tau)][s(t-l) + n(t-l)] \\ &= \sum_{i=0}^{m+n} s(t-\tau)s(t-l) + \sum_{t=0}^{m+n} s(t-\tau)n(t-l) + \\ &\quad \sum_{t=0}^{m+n} n(t-\tau)s(t-l) + \sum_{t=0}^{m+n} n(t-\tau)n(t-l) \end{aligned} \tag{6.3.40}$$

为了将上式中各相关式改写成为人们所熟悉的标准相关表达式，可将上式中的自变量做如下代换，即令 $l-\tau=l'$，$t-\tau=t'$则 $t-l=t'+\tau-(l'+\tau)=t'-l'$。当 $t=0$ 时，$t'=-\tau$，当 $t=m+n$时，$t'=m+n-\tau$。同时，假设 $n(t)$为白噪音，它满足

$$E[n(t')]=0,\ E[n(t')n(t'-l')] = \begin{cases} e & 当\ t'=l' \\ 0 & 当\ t'\neq l' \end{cases} \tag{6.3.41}$$

$$E[s(t')n(t'-l')] \approx E[n(t')s(t'-l')] \approx 0$$

则(6.3.40)式可改写为

$$\begin{aligned} r_{xx}(l') &= \sum_{t'=-\tau}^{m+n-\tau} s(t')s(t'-l') + \begin{cases} e & 当\ t'=l' \\ 0 & 当\ t'\neq l' \end{cases} \\ &= r_{ss}(l') + \begin{cases} e & 当\ t'=l' \\ 0 & 当\ t'\neq l' \end{cases} \end{aligned} \tag{6.3.42}$$

其中

$$
\begin{aligned}
r_{ss}(l') &= \sum_{t'=-\tau}^{m+n-\tau} s(t')s(t'-l') \\
&= \sum_{t'=-\tau}^{m+n-\tau}\left[\sum_{\lambda=0}^{n} b(\lambda)\xi(t'-\lambda)\sum_{k=0}^{n} b(k)\xi(t'-l'-k)\right] \\
&= \sum_{\lambda=0}^{n} b(\lambda)\sum_{k=0}^{n} b(k)\left[\sum_{t'=-\tau}^{m+n-\tau}\xi(t')\xi(t'-l'-k)\right]
\end{aligned}
\tag{6.3.43}
$$

将上式中的自变量做如下代换，便可看出：中括号内是反射系数序列的自相关。

$$t'-\lambda=t''$$

$$t'-\lambda-l'-k+\lambda=t'-\lambda-(l'+k-\lambda)=t''-l''$$

再假设反射系数序列也具有白噪特性，即

$$
\begin{aligned}
&E[\xi(t'')]=0 \\
&E[\xi(t'')\xi(t''-l'')]=N_0\delta(t''-l'')=\begin{cases}N_0 & 当\ t''=l'' \\ 0 & 当\ t''\neq l''\end{cases}
\end{aligned}
\tag{6.3.44}
$$

若 $N_0=1$，则得

$$
\begin{aligned}
r_{ss}(l') &= \sum_{\lambda=0}^{n} b(\lambda)\sum_{k=0}^{n} b(k)\delta(l'+k-\lambda) \\
&= \sum_{\lambda=0}^{n} b(\lambda)b(\lambda-l') = r_{bb}(l')
\end{aligned}
\tag{6.3.45}
$$

这表明，在反射系数序列和干扰均为白噪音的条件下，(6.3.38) 式成立。在反射系数序列为白噪音的前提下，用上述类似的方法可证明(6.3.39) 式成立。

若假设期望输出为

$$d(t)=\delta(t)=\begin{cases}1 & 当\ t=0 \\ 0 & 当\ t\neq 0\end{cases} \tag{6.3.46}$$

则(6.3.39) 式可改写为

$$r_{zx}(l)=r_{db}(l)=\sum_{\lambda=0}^{m}\delta(\lambda)b(\lambda-l)=b(-l) \tag{6.3.47}$$

因此，在假设条件(6.3.41)、(6.3.44)、(6.3.46)式成立的条件下，(6.3.36)式可以写成如下矩阵形式

$$
\begin{pmatrix}
r_{bb}(0)+e & r_{bb}(1) & \cdots & r_{bb}(m) \\
r_{bb}(1) & r_{bb}(0)+e & \cdots & r_{bb}(m-1) \\
\vdots & \vdots & \vdots & \vdots \\
r_{bb}(m) & r_{bb}(m-1) & \cdots & r_{bb}(0)+e
\end{pmatrix}
\begin{pmatrix} a(0) \\ a(1) \\ \vdots \\ a(m) \end{pmatrix}
=
\begin{pmatrix} b(0) \\ b(-1) \\ \vdots \\ b(-m) \end{pmatrix}
\tag{6.3.48}
$$

或者

$$
\begin{pmatrix}
r_{xx}(0)+e & r_{xx}(1) & \cdots & r_{xx}(m) \\
r_{xx}(1) & r_{xx}(0)+e & \cdots & r_{xx}(m-1) \\
\vdots & \vdots & & \vdots \\
r_{xx}(m) & r_{xx}(m-1) & \cdots & r_{xx}(0)+e
\end{pmatrix}
\begin{pmatrix} a(0) \\ a(1) \\ \vdots \\ a(m) \end{pmatrix}
=
\begin{pmatrix} b(0) \\ b(-1) \\ \vdots \\ b(-m) \end{pmatrix}
\tag{6.3.49}
$$

这表明，在反射系数序列和干扰均为白噪音、期望输出为尖脉冲的条件下，已知地震记

录的自相关和子波 $b(t)$，就可以用(6.3.49)式求出最佳反滤波因子 $a(t)$，用 $a(t)$ 对记录进行褶积运算，即可得到 $\xi(t)$，完成地震记录的最小平方反滤波，通常称之为地震道反褶积。

2. 参数选择

最小平方反滤波(反褶积)程序中的几个主要参数选择如下。

(1) 反滤波算子长度的选择

反滤波算子 $a(t)$ 的长度 m 可以任意选择。在一个地区或一段测线上，往往需要通过试验来进行选择，原则上可取 2～3 个优势波的周期。

(2) 相关时窗长度的选择

相关时窗长度 $m+n$ 的选择，最小不应小于反滤波算子长度 m 的 2 倍，最长为地震记录的有效长度。实际工作中，对地震道沿时间方向开几个时窗，计算出几个反滤波算子，在相邻两算子之间进行线性内插，以便对整个地震记录道进行时变反褶积。

(3) 稳定常数(或白噪因子)的选择

解矩阵方程(6.3.48)时，表示随机干扰水平的稳定常数(或白噪因子) e 可以根据噪声水平进行选择。一般取为 $r_{xx}(0)$ 的千分数。当地震记录上干扰较小时，稳定常数 e 选择为 $0.005r_{xx}(0)$～$0.01r_{xx}(0)$。在干扰较大的地震记录上，可取 $0.02r_{xx}(0)$～$0.05r_{xx}(0)$。稳定常数 e 最大可取作 $0.1r_{xx}(0)$。

五、预测反滤波

在日常生活中经常会碰到预测问题，如天气预报。气象工作者可以根据今天、昨天、甚至前天，以及更早时间的气象变化规律来预测。到了明天，用实际的天气情况与预测结果进行比较后，便知预测效果。预测滤波就可以解决上述类似的预测问题。预测问题的实质就是根据从实践中和理论上总结出来的规律，设计一个算子——预测因子，对已知的某个物理量的过去值和现在值进行加工处理获得未来某个时刻的预测值，这个过程就是预测滤波。未来时刻的实测值和预测值的差称为预测误差，利用预测误差求预测因子的过程就是预测反滤波。

1. 预测滤波

要想对一个信号进行预测反滤波，首先要进行预测滤波，求出未来时刻的预测值，然后才能计算预测误差。

设输入记录为 $x(t)$，$t=0,1,2,\cdots,T$；预测滤波因子为 $c(t)$，$t=0,1,2,\cdots,m$；用 $c(t)$ 对输入 $x(t)$ 进行预测滤波，得到未来的预测值

$$\hat{x}(t+a) = \sum_{l=0}^{m} c(l)x(t-l) \tag{6.3.50}$$

这就是利用已知 $x(t)$ 的过去值 $x(t-m)$，$x(t-m+1)$，…，$x(t-1)$ 和现在值 $x(t)$ 通过预测滤波所得到的未来 $t+a$ 时刻的预测值 $\hat{x}(t+a)$，a 叫做预测步长。

2. 预测反滤波原理

预测问题的关键在于设法求得一个最佳预测因子，如上述气象的最佳变化规律。求取最佳预测因子与求取最佳反滤波因子的方法类似，根据最小平方原理，即根据未来时刻的实测值与预测值之间的误差的平方和为最小的条件，进行求取。

根据时不变线性褶积模型，地震记录可写为

$$x(t) = \xi(t) * b(t) = \sum_{s=0}^{\infty} b(s)\xi(t-s) \tag{6.3.51}$$

据此可以写出 $t+a$ 时刻 $x(t+a)$ 的表达式

$$x(t+a) = \sum_{s=0}^{\infty} b(s)\xi(t+a-s) = \sum_{s=0}^{a-1} b(s)\xi(t+a-s) + \sum_{s=a}^{\infty} b(s)\xi(t+a-s)$$

令 $s' = s-a$，则上式可改写为

$$x(t+a) = \sum_{s=0}^{a-1} b(s)\xi(t+a-s) + \sum_{s'=0}^{\infty} b(a+s')\xi(t-s') \tag{6.3.52}$$

式中，要计算等式右边第一项，需要利用 $\xi(t+a)$，$\xi(t+a-1)$，…，$\xi(t+1)$ 等 t 时刻以后未来的信息。而这些信息却是未知的，因此，用 t 时刻及 t 时刻以前的信息不能估计出这一项的值。而右边第二项则可以用 t 时刻及 t 时刻以前的信息估算出来，这个估算值为

$$\hat{x}(t+a) = \sum_{s'=0}^{\infty} b(a+s')\xi(t-s') \tag{6.3.53}$$

由于

$$\xi(t) = x(t) * a(t) = \sum_{\tau=0}^{\infty} a(\tau)x(t-\tau) \tag{6.3.54}$$

所以，将(6.3.54)式中自变量 t 用 $t-s'$ 代替后代入(6.3.53)式。得到

$$\hat{x}(t+a) = \sum_{s'=0}^{\infty} b(a+s')\xi(t-s') = \sum_{s'=0}^{\infty} b(a+s')\left[\sum_{\tau=0}^{\infty} a(\tau)x(t-s'-\tau)\right] \tag{6.3.55}$$

令 $\tau + s' = l$，$\tau = l - s'$，当 $\tau = 0$ 时，$l = s'$，当 $s' = 0$ 时，$l = 0$，则得

$$\hat{x}(t+a) = \sum_{l=0}^{\infty}\left[\sum_{s'=0}^{\infty} b(s'+a)a(l-s')\right]x(t-l) = \sum_{l=0}^{\infty} c(l)x(t-l) \tag{6.3.56}$$

这表明，未来某个时刻 $t+a$ 的预测值 $\hat{x}(t+a)$ 等于 t 时刻及 t 时刻以前的输入值 $x(t-l)$ 与预测因子 $c(l)$ 的褶积。

在确定预测因子 $c(l)$ 时，仍然按照最小平方原理，使未来的预测值 $\hat{x}(t+a)$ 与实际的未来值 $x(t+a)$ 之间的预测误差

$$\varepsilon(t+a) = x(t+a) - \hat{x}(t+a) \tag{6.3.57}$$

达到最小，或使误差 $\varepsilon(t+a)$ 的平方和

$$Q = \sum_{t=0}^{T}\left[x(t+a) - \hat{x}(t+a)\right]^2 = \sum_{t=0}^{T}\left[x(t+a) - \sum_{l=0}^{m} c(l)x(t-l)\right]^2$$

为最小，即

$$\frac{\partial Q}{\partial c(s)} = -2\sum_{t=0}^{T}\left[x(t+a) - \sum_{l=0}^{m} c(l)x(t-l)\right]x(t-s) = 0 \tag{6.3.58}$$

从而得到

$$\sum_{l=0}^{m} c(l)\sum_{t=0}^{T} x(t-l)x(t-s) = \sum_{t=0}^{T} x(t+a)x(t-s) \tag{6.3.59}$$

令

$$r_{xx}(s-l) = \sum_{t=0}^{T} x(t-l)x(t-s)$$

$$r_{xx}(s+a)=\sum_{t=0}^{T}x(t+a)x(t-s)$$

分别表示延迟时间为 $l-s$ 和 $s+a$ 时的地震记录 $x(t)$ 的自相关函数，则(6.3.59)式可以写成一个方程组

$$\sum_{l=0}^{m}r_{xx}(s-l)c(l)=r_{xx}(s+a),(l=0,1,2,\cdots,m),(s=0,1,2,\cdots,m) \tag{6.3.60}$$

写成矩阵形式，得到

$$\begin{pmatrix} r_{xx}(0) & r_{xx}(1) & \cdots & r_{xx}(m) \\ r_{xx}(1) & r_{xx}(0) & \cdots & r_{xx}(m-1) \\ \vdots & \vdots & & \vdots \\ r_{xx}(m) & r_{xx}(m-1) & \cdots & r_{xx}(0) \end{pmatrix}\begin{pmatrix} c(0) \\ c(1) \\ \vdots \\ c(m) \end{pmatrix}=\begin{pmatrix} r_{xx}(a) \\ r_{xx}(a+1) \\ \vdots \\ r_{xx}(a+m) \end{pmatrix} \tag{6.3.61}$$

可见，由输入地震记录 $x(t)$ 求出自相关函数 $r_{xx}(\tau)$ 后再解矩阵方程(6.3.61)，即可求出预测因子 $c(l)$，完成预测反滤波。最后根据(6.3.50)式可得到未来 $t+a$ 时的预测值，完成预测滤波。

将预测反滤波引入地震资料数字处理不仅能压缩子波，以提高地震记录的纵向分辨率，而且还能消除海上鸣震等多次干扰波。

3. 用预测反滤波消除海上鸣震

(1)海上鸣震的形成及特征

对于海上地震，海水表面以及海底面是两个强反射界面，因此，激发后，地震波将在海水层中产生多次反射，在地震记录上出现能量强、近似于正(余)弦波的连续等幅振荡，这就是海上鸣震现象。海上鸣震会大大降低地震记录的分辨率，造成假象，给地震资料解释带来极大的困难。为了消除鸣震，必须研究它的形成和特点。

如图6.3.7(a)所示，假设除了海水表面外，只考虑两个反射面，一个是海底面，另一个在海底以下的某个反射界面。

设海水深度为 H，海水的密度为 ρ_1，地震波在海水内的传播速度为 v_1，海底以下地层介质的密度为 ρ_2，波速度为 v_2。则海底面的反射系数为

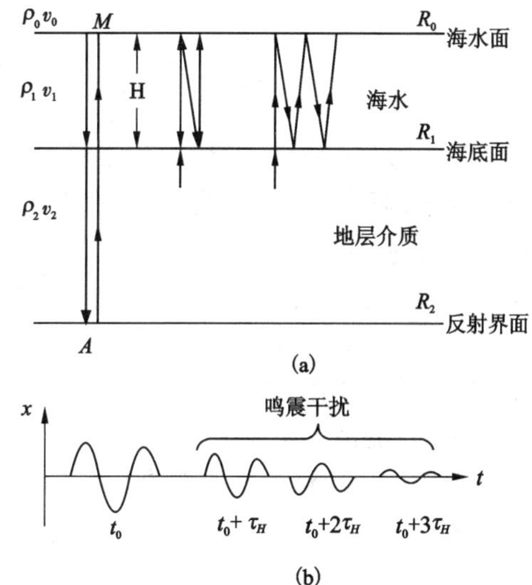

图6.3.7　海上鸣震形成过程示意图

(a)海上鸣震模型；(b)海上鸣震记录

$$R_1=\frac{\rho_2v_2-\rho_1v_1}{\rho_2v_2+\rho_1v_1} \tag{6.3.62}$$

由于空气的密度近似趋于零，所以海水面的反射系数 R_0 近似地等于 -1，即

$$R_0=\frac{\rho_0v_0-\rho_1v_1}{\rho_0v_0+\rho_1v_1}\approx\frac{-\rho_1v_1}{\rho_1v_1}=-1 \tag{6.3.63}$$

此外，地震波在海水层内的双程垂直旅行时间为

$$\tau_H = 2H/v_1 \tag{6.3.64}$$

如果近似地认为水层中的多次反射波波形与一次反射波波形 $s(t)$ 相似，只是在振幅和旅行时间上存在差别，则地震记录可表示为

$$\begin{aligned} x(t) &= s(t) + (-1)R_1 s(t-\tau_H) + (-1)^2 R_1^2 s(t-2\tau_H) + \cdots + (-1)^n R_1^n s(t-n\tau_H) \\ &= \sum_{n=0}^{\infty} (-1)^n R_1^n s(t-n\tau_H) \end{aligned} \tag{6.3.65}$$

这就是海上鸣震记录的数学表达式。

海上鸣震记录有如下特点：

① 鸣震的干扰特性

在时间剖面上，一次反射波首先出现，鸣震是在一次反射之后 τ_H 时间才开始出现的一系列极性正负相间、振幅衰减的干扰，如图 6.3.7(b) 所示。当 τ_H 较小时，各次反射几乎连起来构成近似等幅振荡的正(余) 弦波。

② 鸣震的频率特性

设 $s(t)$ 的频谱为 $S(\omega)$，$x(t)$ 的频谱为 $X(\omega)$，对式(6.3.65) 作傅氏变换可得

$$X(\omega) = \int_{-\infty}^{\infty} \left[\sum_{n=0}^{\infty} (-1)^n R_1^n s(t-n\tau_H) \right] e^{-i\omega t} dt \tag{6.3.66}$$

根据时移定理得

$$X(\omega) = \sum_{n=0}^{\infty} (-1)^n R_1^n e^{-in\omega\tau_H} S(\omega) = N(\omega) \cdot S(\omega) \tag{6.3.67}$$

其中

$$N(\omega) = \sum_{n=0}^{\infty} (-1)^n R_1^n e^{-in\omega\tau_H} = \frac{1}{1 + R_1 e^{-i\omega\tau_H}} \tag{6.3.68}$$

这说明，当存在鸣震干扰时，总振动 $x(t)$ 的频谱等于正常反射 $s(t)$ 的频谱 $S(\omega)$ 与一个和频率有关的因子 $N(\omega)$ 的乘积。从滤波的观点看，存在鸣震时，相当于正常反射经受了频率滤波，滤波的频率响应为 $N(\omega)$。

上面所说的多次波，仅是在深部界面的反射波返回水层内产生的，实际上在水层内激发时，激发脉冲也会在水层内产生多次反射，其特点和造成的后果和前者一样。因此，实际记录比上述描述的情形要复杂得多。

(2) 预测反滤波消除海上鸣震

下面介绍如何用预测反滤波的方法消除海上鸣震干扰。一级海上鸣震滤波作用的频率特征可表示为

$$N_1(\omega) = \frac{1}{1 + R_1 e^{-i\omega\tau_H}} \tag{6.3.69}$$

二级为

$$N_2(\omega) = \frac{1}{(1 + R_1 e^{-i\omega\tau_H})^2} \tag{6.3.70}$$

下面以二级鸣震为例，介绍消除它的预测反滤波方法。

设海上一次反射波为 $s(t)$，子波为 $b(t)$，反射系数为 $\xi(t)$，其频谱分别为 $S(\omega)$、$B(\omega)$、$\xi(\omega)$，海上带有鸣震的记录为 $x(t)$，其频谱为 $X(\omega)$，则

$$X(\omega) = N_2(\omega) \cdot S(\omega) \tag{6.3.71}$$

因为

$$S(\omega)=B(\omega)\cdot\xi(\omega) \tag{6.3.72}$$

所以

$$X(\omega)=N_2(\omega)\cdot B(\omega)\cdot\xi(\omega)=\frac{1}{(1+R_1\mathrm{e}^{-i\omega\tau_H})^2}B(\omega)\cdot\xi(\omega)$$

即

$$(1+R_1\mathrm{e}^{-i\omega\tau_H})^2X(\omega)=B(\omega)\cdot\xi(\omega) \tag{6.3.73}$$

在时间域，可表示为

$$x(t)+2R_1x(t-\tau_H)+R_1^2x(t-2\tau_H)=\sum_{\tau=0}^{n}b(\tau)\xi(t-\tau) \tag{6.3.74}$$

取预测步长 $a=\tau_H$，得到

$$\begin{aligned}x(t)&=\sum_{\tau=0}^{n}b(\tau)\xi(t-\tau)-2R_1x(t-a)-R_1^2x(t-2a)\\&=\sum_{\tau=0}^{a-1}b(\tau)\xi(t-\tau)+\left[\sum_{\tau=a}^{n}b(\tau)\xi(t-\tau)-2R_1x(t-a)-R_1^2x(t-2a)\right]\end{aligned} \tag{6.3.75}$$

在 $t+a$ 时，得到

$$x(t+a)=\sum_{\tau=0}^{a-1}b(\tau)\xi(t+a-\tau)+\left[\sum_{\tau=\alpha}^{n}b(\tau)\xi(t+a-\tau)-2R_1x(t)-R_1^2x(t-a)\right] \tag{6.3.76}$$

在等式右边第二项中，令 $\tau=\tau'+a$，得到

$$x(t+a)=\sum_{\tau=0}^{a-1}b(\tau)\xi(t+a-\tau)+\left[\sum_{\tau'=0}^{n-a}b(\tau'+a)\xi(t-\tau')-2R_1x(t)-R_1^2x(t-a)\right] \tag{6.3.77}$$

分析上式可知，等式右边第一项与 $\xi(t)$ 的未来值 $\xi(t+1)$，$\xi(t+2)$，…，$\xi(t+a)$ 等有关，这些值在 t 时刻是未知的。因而，这一项是不能用 t 和 t 时刻以前的值估算出来的。

等式右边括弧中的各项都是与 t 和 t 时刻以前的值 $\xi(t)$，$\xi(t-1)$，…，$x(t)$ 及 $x(t-a)$ 有关，因而可以用 t 和 t 时刻以前的值来估算，也就是说，用预测滤波方法预测出的 $x(t+a)$ 就是(6.3.77)式中等式右边括弧中的值。因此，预测误差可表示为

$$\varepsilon(t+a)=x(t+a)-\hat{x}(t+a)=\sum_{\tau=0}^{a-1}b(\tau)\xi(t+a-\tau)=s(t+a) \tag{6.3.78}$$

令 $t'=t+a$，得到

$$s(t')=\sum_{\tau=0}^{a-1}b(\tau)\xi(t'-\tau)=x(t')-\hat{x}(t') \tag{6.3.79}$$

由于一次反射波首先出现，鸣震是在一次反射波之后 τ_H 时刻开始出现的一系列正负相间、振幅衰减的干扰，所以当预测步长 a 等于 τ_H 时，预测误差就是消除鸣震后的一次反射记录。

图 6.3.8 显示了一条海上测线预测反滤波前后的炮集记录。图 6.3.8(a)为反褶积前的炮集，由于海上鸣震、交混回响使主要反射波很难分辨。图 6.3.8(b)为预测反滤波后的炮

集，从中可见，主要反射波更清晰了，反滤波在压缩主要反射波波形的同时，消除了大量鸣震能量。

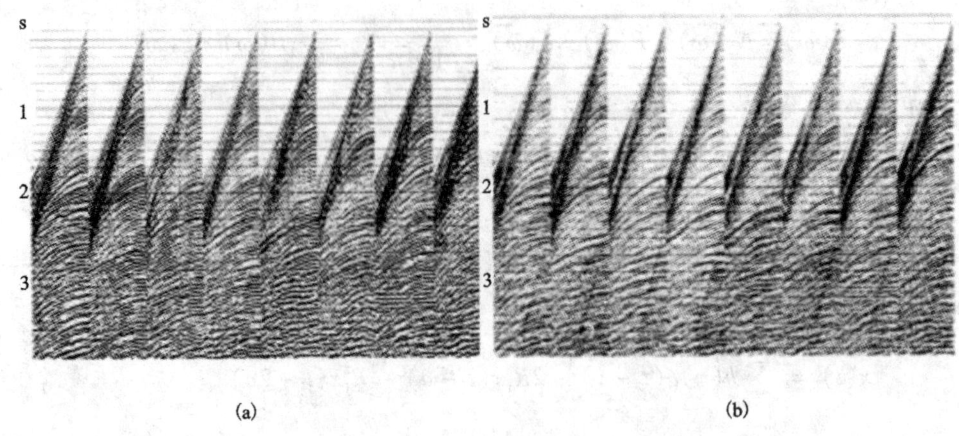

图 6.3.8　用预测反滤波消除海上鸣震

(a)伴有鸣震现象的海上炮集记录；(b)消除鸣震后的炮集记录

第四节　速度分析处理

地震波在地下介质中的传播速度是地震资料数字处理和解释中非常重要的参数，速度参数能提供关于构造和岩性方面有价值的信息，因此获取准确的速度参数是正确处理和解释地震资料的核心问题之一，获取地震波传播速度的方法较多，如地震测井、声波测井、岩石标本测定、以及从地震记录中直接提取等。

目前，从地震记录中求速度是以分析速度谱为基础的，它通过研究多道地震记录反射波到达时间差与传播速度的关系，并利用某些判别准则，进而从地震记录中获取速度参数和速度随 t_0(或深度)、岩性等的变化规律。在一般地震地质条件下，速度谱能给出较理想的地震叠加速度，为动校正、水平叠加提供可靠的速度参数，因此速度谱程序已经成为地震资料数字处理中的常规处理程序，应用十分广泛。但在地震地质条件复杂时，速度谱效果不佳，这时往往采用速度扫描的方法获取相对可靠的叠加速度，但计算工作量较大、成本高。通过对速度谱资料的自动解释，还可以提供地下岩层的层速度参数，为识别岩性、确定岩相变化和直接寻找地下油气藏提供依据。

由于速度分析工作的重要性，速度分析方法一度得到了快速发展，主要向着加快计算速度、提高计算精度和提供多种速度参数方向发展。如：自动速度分析、自适应速度分析、连续速度分析、偏移速度分析、三维速度分析、地震速度测深、符号位速度谱以及 $\tau-p$ 域速度反演等。

一、速度分析原理

研究速度分析的原理，至少应包括两个方面的主要内容：地震记录中的速度信息以及获取这种信息的若干判别准则。

1. 速度信息及反射信号的最佳估计

(1)地震记录中的速度信息

速度总是与传播距离及传播时间相关联的，地震记录中含有地震波到达地面不同位置的旅行时间，因此从时间(或时差)分析入手，就有可能求得地震波的传播速度。但是，由于地下介质的复杂性，记录时间与速度之间往往不可能找出一个解析公式把它们联系起来，常用的办法是对地质模型进行简化，按简化(或理想化)模型就可能建立速度与记录时间等参数之间的确定性数学关系。例如，如果地下介质为水平层状结构，则在炮检距不大时，反射波时距曲线公式为

$$t^2 = t_0^2 + \frac{x^2}{v_\sigma^2} \tag{6.4.1}$$

式中：t_0 为地震波从地面到达目的层的垂直双程旅行时间；x 为炮检距；v_σ 为均方根速度。那么，正常时差 Δt 为

$$\Delta t = t - t_0 = \sqrt{t_0^2 + \frac{x^2}{v_\sigma^2}} - t_0 \tag{6.4.2}$$

由于在一定的观测系统情况下，x 为已知量，t_0 可实际测出来，也是已知量，因此，可以根据(6.4.2)式求解出速度信息 v_σ。

(2)多道信号的最佳估计

所谓多道信号的最佳估计就是要找出一个适当的方法，使得按多道记录求得的估计信号与真实信号之间的误差达到最小，这可以采用下面讨论的最小平方准则。

为求取最佳估计信号，不妨给定只包含一个反射信号的 N 道记录 $\{f_i(t), i=1,2,\cdots,N\}$，且已知记录中每个采样点上的振幅值是由真实地震反射信号(简称反射信号)和随机噪声组成，来求这段记录中所包含的反射信号的最佳估计信号。

为解决这一问题，特作以下两点假设：

①设各道记录中所包含的反射信号为 $S(t)$，其到达时间 t_i 可以不同，但形状相同，且 t_i 满足双曲线规律，见图 6.4.1。

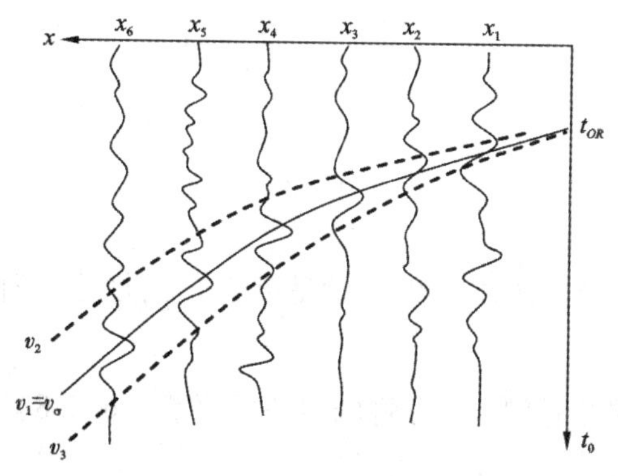

图 6.4.1　CMP 道集上不同速度对应的时距曲线

② 与 $S(t)$ 叠加在一起的随机噪声 $n_i(t)$ 在道内或道间的均值为零。此时，第 i 道的地震

记录的模型可表示为

$$f_i(t)=S(t-t_i)+n_i(t) \tag{6.4.3}$$

式中：$i=1,2,\cdots,N$ 为道序号，N 为总道数。将(6.4.3)式改写为离散形式

$$f_{i,k}=S_{k-r_i}+n_{i,k} \tag{6.4.4}$$

式中：$k=t/\Delta$ 为整道记录采样点的顺序号，Δ 为时间采样间隔，$r_i=t_i/\Delta$ 为第 i 道反射信号到达时间的采样点序号，$f_{i,k}$ 为第 i 道第 k 点处记录的振幅值，S_{k-r_i} 为第 i 道以波到达时间为时间原点的第$(k-r_i)$点上反射信号的振幅值，$n_{i,k}$ 为第 i 道记录上随机干扰的第 k 个抽样值。若令 $j=k-r_i$，则 $k=j+r_i$，(6.4.4)式可以改写为

$$f_{i,j+r_i}=S_j+n_{i,j+r_i} \tag{6.4.5}$$

式中：$f_{i,j+r_i}$ 表示第 i 道以 r_i 为原点的第 j 点上的振幅值，是已知的，而其中所包含的反射信号 S_j 是未知的，且是无法测定的。为了求取地震波的传播速度，必须找一个信号代替 S_j，设这个信号为 $\hat{S}_j$，衡量 S_j 与 $\hat{S}_j$ 相似程度的最好办法就是最小平方法，即若多道 $f_{i,j+r_i}-\hat{S}_j$ 的误差能量为最小，则 S_j 与 $\hat{S}_j$ 将达到最佳符合程度，其数学表达式为

$$Q=\sum_{i=1}^{N}\sum_{j=0}^{M}(f_{i,j+r_i}-\hat{S}_j)^2\rightarrow \text{最小值} \tag{6.4.6}$$

式中：M 为计算时窗内采样点的总个数，j 为时窗内采样点的序号。(6.4.6)式表明：当 i 固定时 $\hat{S}_j$ 和 $f_{i,j+r_i}$ 均是由 $M+1$ 个变量组成，即

$$\hat{S}_j=\{\hat{S}_0,\hat{S}_1,\cdots,\hat{S}_M\}$$
$$f_{i,j+r_i}=\{f_{i,0+r_i},f_{i,1+r_i},\cdots,f_{i,M+r_i}\}$$

设 $\hat{S}_j$ 中的任意一个变量为 $\hat{S}_l$ 与之对应的记录采样值为 $f_{i,l+r_i}$，为使 Q 达到极小，必须满足

$$\frac{\partial Q}{\partial \hat{S}_l}=0 \qquad (l=0,1,2,\cdots,M) \tag{6.4.7}$$

则得

$$\frac{\partial Q}{\partial \hat{S}_l}=\frac{\partial}{\partial \hat{S}_l}\sum_{i=1}^{N}\sum_{j=0}^{M}(f_{i,j+r_i}-\hat{S}_j)^2=\sum_{i=1}^{N}\left[\frac{\partial}{\partial \hat{S}_l}\sum_{j=0}^{M}(f_{i,j+r_i}-\hat{S}_j)^2\right]=-2\sum_{i=1}^{N}(f_{i,l+r_i}-\hat{S}_l)$$

因此

$$\hat{S}_j=\frac{1}{N}\sum_{i=1}^{N}f_{i,j+r_i} \tag{6.4.8}$$

这说明反射信号 S_j 的最佳估计信号 $\hat{S}_j$ 就是沿着 r_i 的规律（双曲线规律）所得到的 N 道记录振幅和的平均值。

为验证 $\hat{S}_j$ 与 S_j 是不是最佳符合，可将(6.4.5)式代入(6.4.8)式

$$\hat{S}_j=\frac{1}{N}\sum_{i=1}^{N}f_{i,j+r_i}=\frac{1}{N}\sum_{i=1}^{N}(S_j+n_{i,j+r_i})=\frac{1}{N}\sum_{i=1}^{N}S_j+\frac{1}{N}\sum_{i=1}^{N}n_{i,j+r_i} \tag{6.4.9}$$

根据假设条件①可知

$$\frac{1}{N}\sum_{i=1}^{N}S_j=S_j \tag{6.4.10}$$

再由假设条件②可得

$$\frac{1}{N}\sum_{i=1}^{N} n_{i,j+r_i} = 0 \qquad (N \to \infty) \tag{6.4.11}$$

将(6.4.10)和(6.4.11)代入(6.4.9)式，则有 $\hat{S}_j = S_j$。

这表明沿着反射信号到达时间 $r_i \cdot \Delta$ 所求出的 $\hat{S}_j$ 与 S_j 确实是最佳符合的。上述只是提供了求取最佳估计信号的方法，然而，速度分析的目的并不是求取反射信号的最佳估计 $\hat{S}_j$，而是要根据 S_j 建立判别准则，来提取反射信号的速度信息。

2. 速度分析判别准则

(1)最小误差能量判别准则

为建立速度分析的判别准则，将(6.4.6)式进行二项式展开并整理后得

$$Q = \sum_{i=1}^{N}\sum_{j=0}^{M} f^{2}_{i,j+r_i} - 2\sum_{j=0}^{M}\left[\hat{S}_j\left(\sum_{i=1}^{N} f_{i,j+r_i}\right)\right] + \sum_{j=0}^{M}\left(N\hat{S}_j^2\right) \tag{6.4.12}$$

将 $\hat{S}_j$ 表达式(6.4.8)代入上式后，Q 将达到极小值

$$Q_{\min} = \sum_{i=1}^{N}\sum_{j=0}^{M} f^{2}_{i,j+r_i} - \frac{1}{N}\sum_{j=0}^{M}\left(\sum_{i=1}^{N} f_{i,j+r_i}\right)^2 \tag{6.4.13}$$

式中：r_i 为反射信号 S_j 的到达时间，其中包含速度信息，因此，可以把最小误差能量 $Q_{\min}$ 作为提取速度信息的判别准则。然而在存在干扰背景的情况下，求极小值是困难的，为此需设法用找极大值的办法来代替求 $Q_{\min}$，这就是下面将要介绍的实用速度分析判别准则。

(2)实用速度分析判别准则

①平均振幅判别准则

将(6.4.13)式改写为

$$Q_{\min} = \sum_{i=1}^{N}\sum_{j=0}^{M} (f_{i,j+r_i})^2 - N\sum_{j=0}^{M}\left(\frac{1}{N}\sum_{i=1}^{N} f_{i,j+r_i}\right)^2 \tag{6.4.14}$$

式中

$$r_i = \frac{1}{\Delta}\sqrt{t_0^2 + \frac{x_i^2}{v_\sigma^2}} \tag{6.4.15}$$

是 x_i、t_0、v_σ 的函数，即当 t_0 和 v_σ 固定时，改变 x 则得一组 $r_i = \{r_1, r_2, \cdots, r_N\}$。在 t_0 固定的情况下，若改变 v_σ 又可得到一组新的 r_i，若 v_σ 取 L 个值，就可以得到 L 组 r_i。如果改变 t_0，重复上述过程 P 次，则又可得到新的 P 组 r_i。由于(6.4.14)式中的第一项和第二项均是 r_i 的函数，故可改写成

$$Q_{\min} = E(t_0, v_\sigma) - N\sum_{j=0}^{M}[\bar{f}_i(t_0, v_\sigma)]^2 \tag{6.4.16}$$

式(6.4.14)或(6.4.16)中的第一项表示分析时窗内记录的总能量，因而，$E(t_0, v_\sigma)$ 可近似视为常数。这表明 Q 达到极小主要取决于公式中的第二项。当第二项达到极大值时，Q 就达到极小。因此，可以用(6.4.14)或(6.4.16)式中的第二项作为速度分析的判别准则。令

$$A = \sum_{j=0}^{M}[\bar{f}_i(t_0, v_\sigma)]^2 = \sum_{j=0}^{M}\left[\frac{1}{N}\sum_{i=1}^{N} f_{i,j+r_i}\right]^2 \tag{6.4.17}$$

式中：A 的大小主要取决于 r_i 中的速度信息 v_σ。

为获得使 A 达到最大时的 v_σ，先固定 t_0，并给定一组试验速度（或称扫描速度）$v_l=\{v_1,v_2,\cdots,v_L\}$，按(6.4.17)式逐一计算，得到 L 个 A 值。当用某个 v_l 值所计算出的 r_i 为反射信号的到达时间时，沿此 r_i 的规律，各道振幅可以满足同相叠加，使叠加振幅达到极大，见图 6.4.2 中的 v_2 所对应的双曲线及其对应的叠加振幅 A_2。定义这时的试验速度为叠加速度，并常用 v_σ 表示。用 v_l 中的其他速度求出的 A 值都比较小，如图 6.4.2 中的 A_1 和 A_3。

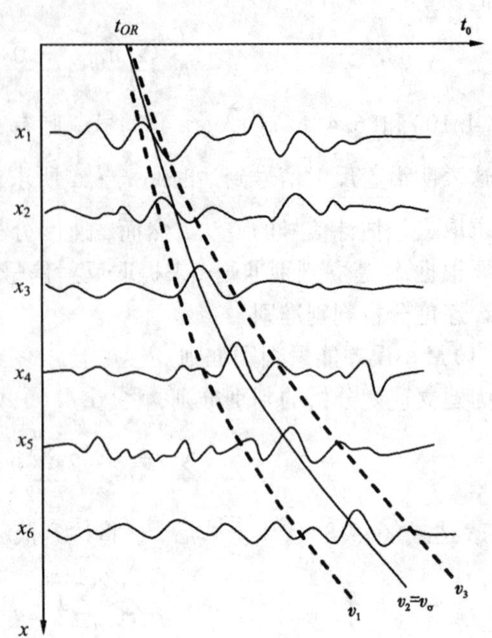

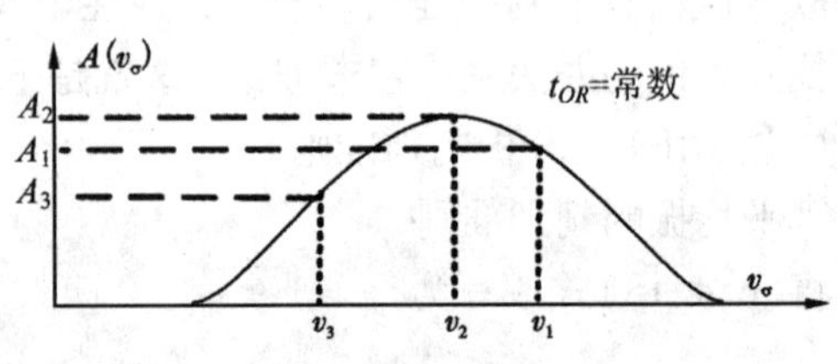

图 6.4.2　平均振幅能量判别准则分析示意图

对于不同的地质结构，v_σ 有更具体的意义。如在倾斜均匀层状介质情况下，v_σ 就是等效速度 $v_e=v_\sigma/\cos\varphi$（v_σ 为介质的均方根速度）。对于水平层状介质，且炮检距较小时 $v_e=v_\sigma$。在(6.4.17)式中，叠加振幅 A 是速度 v_l 的函数，可将其改写为

$$A_l=\sum_{j=0}^{M}[\bar{f}_i(t_0,v_l)]^2=\sum_{j=0}^{M}\left[\frac{1}{N}\sum_{i=1}^{N}f_{i,j+r_i}\right]^2 \tag{6.4.18}$$

称此式为平均振幅能量判别准则。为了减少计算工作量，也可改用下面公式

$$A_l=\frac{1}{N}\sum_{j=0}^{M}\left|\sum_{i=1}^{N}f_{i,j+r_i}\right| \tag{6.4.19}$$

这就是生产上常用的平均振幅判别准则。

② 非归一化互相关准则

将(6.4.13)式中第二项的平方式展开为

$$\begin{aligned}Q_{\min}&=\sum_{i=1}^{N}\sum_{j=0}^{M}f^2_{i,j+r_i}-\frac{1}{N}\sum_{j=0}^{M}\{(f^2_{1,j+r_1}+f^2_{2,j+r_2}+\cdots+f^2_{N,j+r_N})\}+2[f_{1,j+r_1}+(f_{2,j+r_2}+f_{3,j+r_3}+\cdots+\\&\quad f_{N,j+r_N})+f_{2,j+r_2}(f_{3,j+r_3}+f_{4,j+r_4}+\cdots+f_{N,j+r_N})+\cdots+f_{N-1,j+r_{N-1}}\cdot f_{N,j+r_N}]\}=\sum_{i=1}^{N}\sum_{j=0}^{M}f^2_{i,j+r_i}-\\&\quad\frac{1}{N}\sum_{i=1}^{N}\sum_{j=0}^{M}f^2_{i,j+r_i}-\frac{2}{N}\sum_{j=0}^{M}\left[f_{1,j+r_1}\sum_{i'=2}^{N}f_{i',j+r_{i'}}+f_{2,j+r_2}\sum_{i'=3}^{N}f_{i',j+r_{i'}}+\cdots+f_{N-1,j+r_{N-1}}\sum_{i'=N}^{N}f_{i',j+r_{i'}}\right]\\&=\left(1-\frac{1}{N}\right)\sum_{i=1}^{N}\sum_{j=0}^{M}f^2_{i,j+r_i}-\frac{2}{N}\sum_{j=0}^{M}\sum_{i=1}^{N-1}\sum_{i'=i+1}^{N}f_{i,j+r_i}\cdot f_{i',j+r_{i'}}\\&=\left(1-\frac{1}{N}\right)E(t_0,v_l)-\frac{2(M+1)}{N}K(t_0,v_l)\end{aligned} \tag{6.4.20}$$

其中

$$K(t_0,v_l)=\frac{1}{M+1}\sum_{j=0}^{M}\sum_{i=1}^{N-1}\sum_{i'=i+1}^{N}f_{i,j+r_i}\cdot f_{i',j+r_{i'}} \tag{6.4.21}$$

(6.4.21)式是 N 个道间所有可能地震道的两两组合的未归一化互相关系数之和。用 $R_{ii'}$ 表示第 i 和 i' 道记录之间的互相关系数，则(6.4.21)式可变为

$$K(t_0,v_l) = \sum_{i=1}^{N-1}\sum_{i'=i+1}^{N}\left(\frac{1}{M+1}\sum_{j=0}^{M} f_{i,j+r_i}\cdot f_{i',j+r_{i'}}\right) = \sum_{i=1}^{N-1}\sum_{i'=i+1}^{N} R_{ii'}(0,t_0,v_l) \qquad (6.4.22)$$

其中

$$R_{ii'}(0,t_0,v_l) = \{R_{ii'}(\tau,t_0,v_l)\}\big|_{\tau=0} \qquad (6.4.23)$$

(6.4.23)式表明，这是两道以 r_i 和 $r_{i'}$ 为时间起点的记录段，在相对时移为 $\tau=0$ 的情况下的互相关系数。从图6.4.2中可以见到，当 $v_l=v_\sigma$ 时，各道反射信号的相位都是对齐的，这时每两道的互相关都是无时移的互相关，其相关系数达到最大，如果 $v_l\neq v_\sigma$，则各道反射信号相位无法对齐，这时 $\tau\neq 0$，相应的相关系数变小。因此，固定 t_0，改变速度 v_l，即调整 r_i，使 $R_{ii'}$ 达到极大，则 $R(t_0,v_l)$ 达到极大，从而使 Q 达到极小 $Q_{\min}$，所以 $R_{ii'}$ 或 $R(t_0,v_l)$ 可以作为速度分析的判别准则。因其形式是未归一化的互相关，故称为非归一化互相关准则。

③ 相似性系数准则

将(6.4.13)式中第一项提出来，则有

$$Q_{\min} = \sum_{j=0}^{M}\sum_{i=1}^{N} f^2_{i,j+r_i}\left(1-\frac{\sum_{j=0}^{M}\left(\sum_{i=1}^{N} f_{i,j+r_i}\right)^2}{N\sum_{j=0}^{M}\sum_{i=1}^{N} f^2_{i,j+r_i}}\right) = E(t_0,v_l)[1-S_c] \qquad (6.4.24)$$

其中

$$S_c = \sum_{j=0}^{M}\left(\sum_{i=1}^{N} f_{i,j+r_i}\right)^2 \Big/ N\sum_{j=0}^{M}\sum_{i=1}^{N} f^2_{i,j+r_i} \qquad (6.4.25)$$

显然，(6.4.25)式就是多道归一化互相关的表达式，因而称 S_c 为相似性系数。当各道 $f_{i,j+r_i}$ 均相等时，

$$S_c = \sum_{j=0}^{M}(Nf_{i,j+r_i})^2 \Big/ N\sum_{j=0}^{M} Nf^2_{i,j+r_i} = 1$$

若 $f_{i,j+r_i}$ 为随机量，则上式分子为0。因此，S_c 在0～1之间变化。因 $E(t_0,v_l)$ 接近常量，故 S_c 达到极大时，Q 达到极小 $Q_{\min}$。当给定的记录段内各道包含同一个反射信号，而又能调节 (t_0,v_l) 值使反射信号在给定计算时窗范围内达到同相叠加时，各道反射信号最为相似，此时，S_c 值接近1。所以 S_c 也可以作为速度分析的判别准则，并称(6.4.25)式为相似性系数判别准则。

④ 统计归一化互相关准则

这种方法是把记录道的统计归一化离散值

$$\hat{f}_{i,j+r_i} = \frac{f_{i,j+r_i}}{\sqrt{\frac{1}{M+1}\sum_{j=0}^{M} f^2_{i,j+r_i}}} \qquad (6.4.26)$$

当做记录道上的一般采样值 $f_{i,j+r_i}$。即将(6.4.26)式代入到(6.4.13)式中，仿照非归一化互相关准则的推导方法，便可推导出统计归一化互相关准则的数学表达式

$$\tilde{K}(t_0,v_l) = \frac{2}{(N-1)N}\sum_{i=1}^{N-1}\sum_{i'=i+1}^{N}\frac{R_{ii'}(0,t_0,v_l)}{\sqrt{R_{ii}(0,t_0,v_l)\cdot R_{i'i'}(0,t_0,v_l)}} \qquad (6.4.27)$$

上式中 $R_{ii'}(0,t_0,v_l)$ 为 N 道记录中互不重复的两道的互相关系数，$R_{ii}(0,t_0,v_l)$ 和 $R_{i'i'}(0,t_0,v_l)$ 为参与相关的两道记录各自的自相关系数。

如果各道的 $f_{i,j+r_i}$ 都相等，则 $R_{ii}(0,t_0,v_l)=R_{i'i'}(0,t_0,v_l)=R_{ii'}(0,t_0,v_l)$，于是

$$\sum_{i=1}^{N-1}\sum_{i'=i+1}^{N}\frac{R_{ii'}}{\sqrt{R_{ii}\cdot R_{ii'}}}=\sum_{i=1}^{N-1}\sum_{i'=i+1}^{N}1=\frac{N(N-1)}{2}$$

因此

$$\tilde{K}(t_0,v_l)=1$$

当各道数据为随机噪声时，$R_{ii'}(0,t_0,v_l)=0$，因此

$$K(t_0,v_l)=0$$

其他情况下，$K(t_0,v_l)$ 的值介于 0 和 1 之间。

这表明若纪录是由纯反射信号构成，且沿 r_i 相位对齐时，K 有极大值，当反射信号沿 r_i 不同时，或纪录是由随机噪声组成，K 值都较小，甚至趋于零，因此，$K(t_0,v_l)$ 可以作为速度分析的判别准则，并称(6.4.27)式为统计归一化相关准则。

(3)几种判别准则的比较

上述四种判别准则，就工作量而言，平均振幅能量和相似性系数准则属于叠加类，计算工作量小，而非归一化互相关和统计归一化互相关准则属于相关类，计算工作量较大。就灵敏度而言，相关类是以信号的平方形式出现的，灵敏度较高，因此采用相关准则求出的速度谱谱线的峰值相对清楚、明显。但在振幅变化较大时，互相关方法会因互相关函数变化过大而不稳定，不利于在干扰背景上识别极大值的存在。

综上所述，在原始记录质量较好，随机干扰不大时，使用相关类准则较好，在记录的信噪比较低时，使用叠加类准则较为合适。

二、速度谱

共深度点多次覆盖技术的出现，使得通过在不同接收点上抽取来自同一个反射点(或一个小的反射段内)的反射波，并据此求取地震波的传播速度成为可能。其中最常用的方法就是速度分析方法，其结果通过“速度谱”展现出来。

速度谱的概念是模仿频谱概念而得来的。在傅氏分析中，把波中各分量的振幅(或能量)、相位与频率的关系，统称为频谱。这里把前述各判别准则(包括地震波能量、相似性系数等)的计算结果相对于波的回声时间 t_0、传播速度 v 的变化规律，称为速度谱。当回声时间 t_0 固定时，判别准则值随传播速度 v 的变化曲线被称为“速度谱线”。

1. 基本原理

如图 6.4.3 所示，当炮点和接收点都位于同一水平面上，且反射界面为水平，界面以上介质为均匀，共深度点(或共反射点)记录的反射波时距曲线近似为一条双曲线

$$t^2=t_0^2+\frac{x^2}{v_\sigma^2} \tag{6.4.28}$$

这条双曲线所包含的速度信息，即为反射波的均方根速度 v_σ，速度分析的理论依据就是沿着反射同相轴方向使叠加能量或相似性系数、相关系数达到最大。实际上在 t_0 固定的情况下，利用预先选定的一系列试验速度 $v_l=\{v_{\min},v_{\min}+\Delta v,\ v_{\min}+2\Delta v,\ \cdots,v_{\max}\}$，对(6.4.15)式逐一计算，便可得到一系列理论双曲线，若在试验速度中包含有某反射波的传播速度，则在

这一系列的理论双曲线中，必定有一条与反射同相轴重合或近似重合。沿这条理论双曲线，反射波满足同相叠加或同相相关，使叠加振幅达到极大或相似性系数、相关系数也达到极大。那么，这条理论双曲线所对应的试验速度 v_l 便是反射波的叠加速度 v_σ。

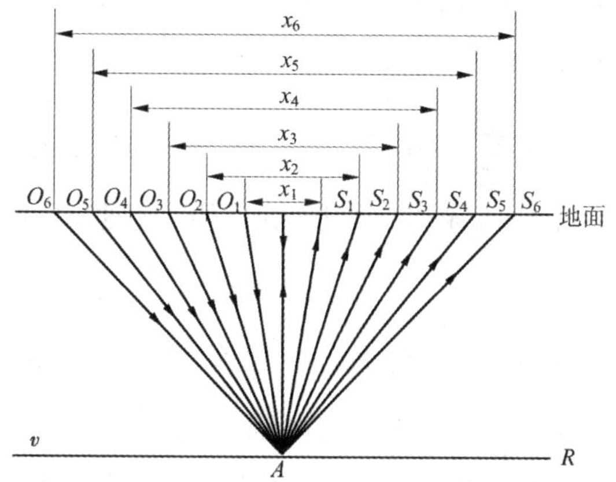

图 6.4.3 均匀介质、水平界面共深度点的激发接收示意图

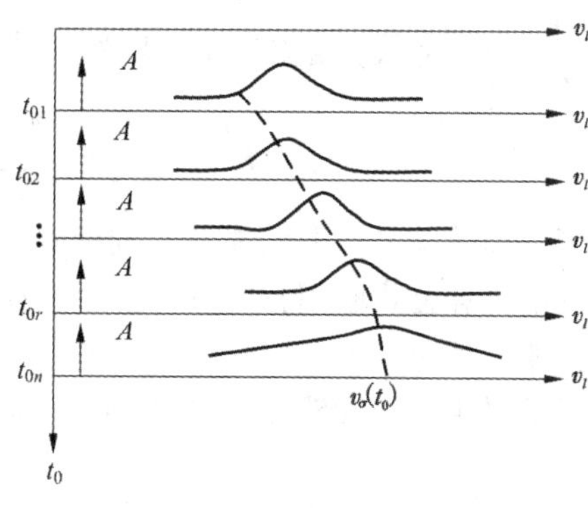

图 6.4.4 叠加速度谱示意图

对于固定的 t_0，用平均能量准则或者平均振幅判别准则计算出的叠加振幅 A 随速度 v_l 的变化规律，称为叠加速度谱线，如图 6.4.4 中的 $A \sim v_l$ 曲线所示。改变 t_0，可得到新的速度谱线，所有谱线按 t_0 大小排列在一起，便形成一张速度谱。这种用平均能量准则或平均振幅准则计算出的 $A(t_0, v_l)$ 随 t_0、v_l 的变化规律图便称为叠加速度谱。同样用非归一化互相关准则或相似性系数准则计算出的 $K(t_0, v_l)$ 或 S_c 随 t_0、v_l 的变化规律，分别称为相关速度谱或相似性系数速度谱。同理也可以得到统计归一化速度谱。

在速度谱上，依次找出不同 t_0 时刻的速度谱的极值并连接起来，便得到 $v_\sigma(t_0)$ 曲线，如图 6.4.4 所示。它反映了速度随 t_0 的变化规律，揭示了道集记录上实际存在的同相轴所对应的速度信息。

2. 速度谱的计算参数选择

(1) 速度谱的分类

利用速度谱方法求取叠加速度是目前生产中提取速度参数的重要手段。具体实现的方法主要有：叠加速度谱、相关速度谱和相似性速度谱。

①叠加速度谱

通常采用式(6.4.18)或式(6.4.19)计算叠加速度谱，其中 A_l 是一个与 N、M 和$_i$ 等空间位置有关的量。从统计效果看，N 愈多愈好，但 N 增大会增加计算工作量；$M\Delta$ 代表信号延续时间或速度分析所用的时窗长度，M 太大将会影响速度谱对同相轴的分辨能力，太小则会降低速度谱上能量团的稳定性，一般可设定为主反射波的延续度；此外，$f_{i,j+r_i}$ 表示第 i 道中的第 $j+r_i$ 个样值，由(6.4.15)式可知，反射时间序号 r_i 随着 t_0 时间、炮检距 x_i 和地震速度 v_σ 的变化而变化，速度谱分析的主要计算工作几乎集中在变量下标 $(i, j+r_i)$ 值的求取上。

②相关速度谱

计算相关速度谱时，理应采用(6.4.22)式，但该式在计算机编程上与其他方法的通用性差，且计算工作量大，因此，实际工作中，需对其进行必要的改进。

仿照 $2(ab+bc+ac)=(a+b+c)^2-(a^2+b^2+c^2)$ 的做法，可以把(6.4.22)式改写为

$$K(t_0,v_l)=\frac{1}{2(M+1)}\left[\sum_{j=0}^{M}\left(\sum_{i=1}^{N}f_{i,j+r_i}\right)^2-\sum_{j=0}^{M}\sum_{i=1}^{N}f_{i,j+r_i}^2\right] \tag{6.4.29}$$

因 $\frac{1}{2(M+1)}$ 是常数，略去它不会对判别准则带来影响，故令

$$K(t_0,v_l)=\sum_{j=0}^{M}\left(\sum_{i=1}^{N}f_{i,j+r_i}\right)^2-\sum_{j=0}^{M}\sum_{i=1}^{N}f_{i,j+r_i}^2 \tag{6.4.30}$$

式中第一项就是平均振幅能量判别准则 A。这个式子比(6.4.22)式计算速度快，且便于与其他速度谱计算公式联用，故使用较为普遍。

③相似性速度谱

通常采用(6.4.25)式计算相似性速度谱，并把它扩大 N 倍，得

$$S_c=NS_c=\frac{\sum_{j=0}^{M}\left(\sum_{i=1}^{N}f_{i,j+r_i}\right)^2}{\sum_{j=0}^{M}\sum_{i=1}^{N}f_{i,j+r_i}^2} \tag{6.4.31}$$

比较(6.4.18)、(6.4.30)、(6.4.31)式，发现它们都有共同的项，若令

$$Z_1=\sum_{j=0}^{M}\left(\sum_{i=1}^{N}f_{i,j+r_i}\right)^2 \qquad Z_2=\sum_{j=0}^{M}\sum_{i=1}^{N}f_{i,j+r_i}^2$$

则：$A_l=Z_1$ 为迭加谱；$K(t_0,v_l)=Z_1-Z_2$ 为相关谱；$S_c=Z_1/Z_2$ 为相似系数谱。因此，只要计算出 Z_1 和 Z_2，就可以比较容易地计算出任何一种速度谱了。

可见，通过上述方法对速度谱判别准则进行适当修改后，既改善了编程通用性，同时还减少了计算工作量。

(2)参数的选择

为了得到最佳速度谱，需对如下参数进行适当的选择。

①试验速度 v_l 的选择

选取原则：第一，其变化范围必须囊括工区内不同道集、不同深度点的所有反射层的速度信息，因此，应根据地震测井、声波测井或其他方法事先得到浅层最小速度 $v_{\min}$ 和深层最大速度 $v_{\max}$，将它们作为试验速度的变化范围；第二，试验速度增量 Δv 的选择应以不丢掉任何一个有效反射波的速度信息为原则，不能过大，也不能过小，过大则可能漏掉重要反射层的速度信息，过小则会增大不必要的计算工作量。由 $v_{\min}$、$v_{\max}$ 和 Δv 就可构成一组合适的试验速度 $v_l=v_{\min}+(l-1)\Delta v\in\{v_{\min},v_{\min}+\Delta v,v_{\min}+2\Delta v,\cdots,v_{\max}\}$，其中 $l\in(1,2,\cdots,L)$ 为试验速度的顺序号，L 为试验速度的总个数。

②时窗长度和步长的选取

由最佳估计信号的假设条件可知，要求随机干扰在道内和道间的均值趋近于零，这意味着参加平均的离散记录样值越多，统计效果越好。为此，在制作速度谱时，必须在一个时窗 $M\cdot\Delta$ 内计算 A、K 和 S_c。M 的大小在很大程度上决定了计算的精度，尤其是相关速度谱。如果 $M\cdot\Delta$ 过短，则统计效果不好，使得速度谱不稳定；若过大，则在一个时窗内可能包含多个反射波，这将破坏了速度分析的理论基础，使得所提取出的 v_σ 只能代表几个反射波的综合速度信息，从而降低了速度分析的精度和分辨率能力。因此，一般以反射波的延续度作为计算

时窗 $M \cdot \Delta$ 的长度。

一张记录上往往有若干条反射同相轴，因而有若干个 v_σ 与之相对应。为了得到自浅层至深层的全部反射层的速度信息，就必须对所有的 t_0 值计算出相应的速度谱线，通常取时间步长 Δt，每隔 Δt 计算一次。

设待分析记录的起始时间为 t_{01}，终了时间为 t_{0M}，则 $t_{0r} = t_{01} + (r-1)\Delta t \in \{t_{01}, t_{01}+\Delta t, t_{01}+2\Delta t, \cdots, t_{0M}\}$，其中 $r \in \{1, 2, \cdots, M\}$ 为记录上选定 t_0 的顺序号，M 是 t_0 的总个数。速度分析时，一个 t_0 对应一个计算时窗，因此，M 也是计算时窗的总个数。由此可见，Δt 是计算时窗移动的步长，不宜过大，也不宜过小。若 Δt 选得过大，则可能漏掉反射层的速度信息，过小则会增大不必要的计算工作量，一般地，可取计算时窗长度的一半，从而保证相邻时窗有连续的重叠段，以便稳定可靠地追踪速度随 t_0 的变化规律。

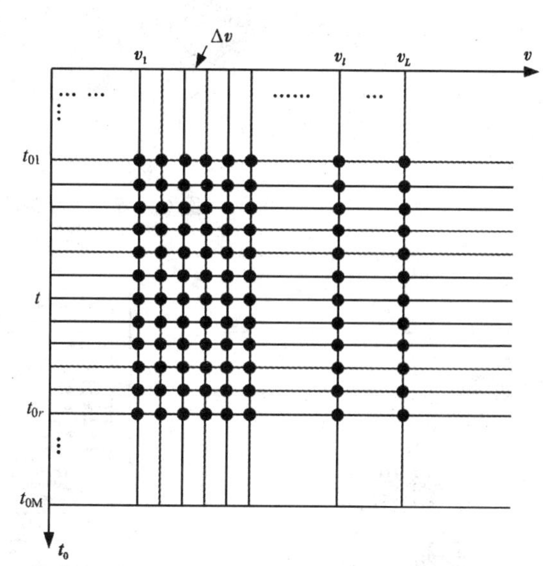

图 6.4.5　计算叠加速度谱的网格

综合考虑 v_l 和 t_{0r} 的变化，速度分析过程中，必须完成 $L \times M$ 个点的扫描，才能获得一张完整的速度谱，如图 6.4.5 所示。

3. 速度谱的显示及应用

(1) 速度谱的显示

无论利用哪种方法进行速度分析，其结果 A 或 K、S_c 等都是垂直双程旅行时间 t_{0r} 和试验速度 v_l 的函数。因此，以 A 为例，速度分析结果可表示为以下矩阵形式

$$\begin{pmatrix} A(t_{01}, v_1) & A(t_{01}, v_2) & \cdots & A(t_{01}, v_l) & \cdots & A(t_{01}, v_L) \\ A(t_{02}, v_1) & A(t_{02}, v_2) & \cdots & A(t_{02}, v_l) & \cdots & A(t_{02}, v_L) \\ \vdots & \vdots & \vdots & \vdots & \vdots & \vdots \\ A(t_{0r}, v_1) & A(t_{0r}, v_2) & \cdots & A(t_{0r}, v_l) & \cdots & A(t_{0r}, v_L) \\ \vdots & \vdots & \vdots & \vdots & \vdots & \vdots \\ A(t_{0M}, v_1) & A(t_{0M}, v_2) & \cdots & A(t_{0M}, v_l) & \cdots & A(t_{0M}, v_L) \end{pmatrix}$$

这个矩阵的每一个元素都有一个具体的值，以图形表示这些数值，通常有三种基本显示形式：①以横轴表示速度 v，水平轴表示 t_0，垂直轴表示振幅 A，则速度谱成果可显示成如图 6.4.6所示的三维图形，其中的“峰”值称为能量团，每个能量团都对应着一个强反射信息；②在 $t_0 \sim v$ 网格坐标中，以 A 或 K、S_c 的等值线平面图形式表示，如图6.4.7所示，图中由 A 或 K、S_c 的极值及其附近的值所构成的环状封闭曲线称为“能量团”；③在 $t_0 \sim v$ 网格坐标中，以能量谱线并列的形式显示，此时，对于每条谱线来说，与 t_0 轴相反的方向上是 A 或 K、S_c 的幅值，幅值可用变面积形式或波形曲线形式表示，如图 6.4.8 和图 6.4.9 所示。

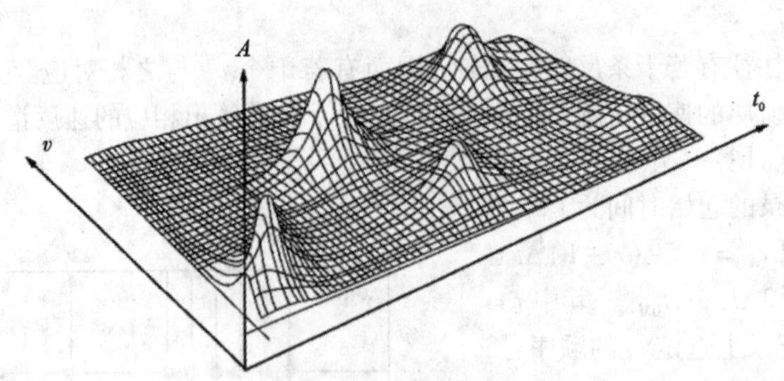

图 6.4.6　速度谱能量三维显示

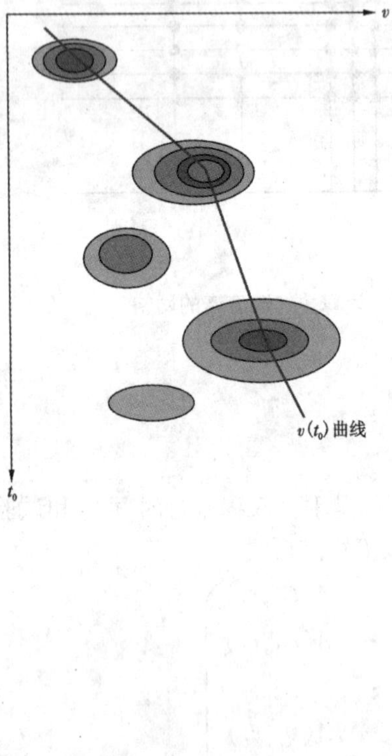

图 6.4.7　速度谱等值线显示

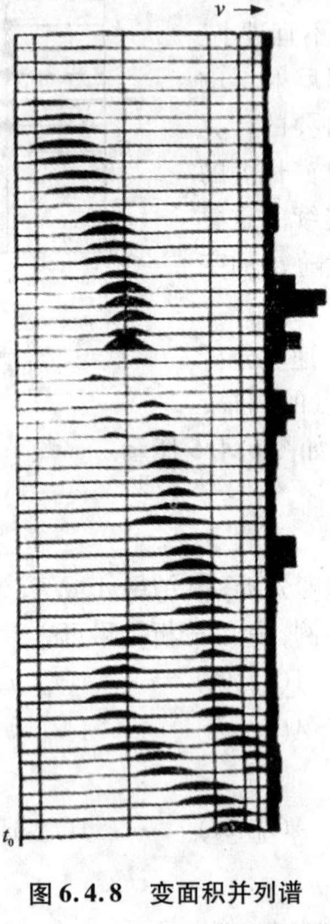

图 6.4.8　变面积并列谱线形式的速度谱

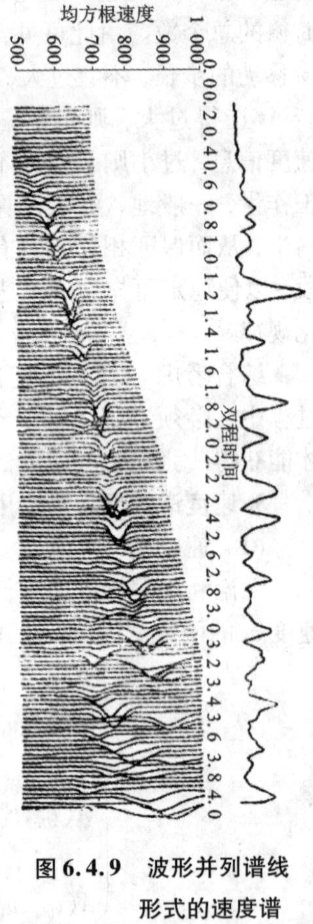

图 6.4.9　波形并列谱线形式的速度谱

速度谱中，能量的相对极值常与强反射层对应，将这些能量团或每条速度谱线上极大值所对应的速度值沿时间方向连接起来，就得到了速度随 t_0 的变化规律，即 $v(t_0)$ 曲线。

(2)速度谱的应用

速度谱的用途主要有以下几个方面：

①确定最佳叠加速度。找出速度谱线的主峰值(或次峰值)所对应的速度值，用折线连接起来，就是叠加速度曲线，为叠加提供动校正的速度参数，这是速度谱的主要用途。

②用于检查叠加时间剖面的正确性。速度谱上较强的能量团应当与水平叠加时间剖面上的强反射层相对应。如果彼此之间不一致，则说明二者之间必存在问题，应查明原因并重新处理。

③识别多次反射等规则干扰波。速度谱中如果在深层出现速度相对较低的能量团，而其 t_0 时间又与速度相近的浅层能量团的 t_0 时间成近似倍数关系，则可能是由多次波所形成的能量团。同样，如果发现速度过低或过高的能量团，还能确定其他规则干扰波的存在。

④求地层的层速度。如果速度谱质量较高，可据之求层速度，并获得层速度剖面图，再结合地质及钻探资料可进一步得到反映岩性结构的地质剖面图。

三、速度扫描

速度扫描是速度分析中最简单、直观，也是最有效的一种方法。它是用一组试验速度分别对单张 CDP 道集或单次覆盖共炮点记录做速度扫描动校正，即一次用一个试验速度对整张记录上的所有波组进行动校正（恒速动校正），得到一张校正后的记录。当所用的某一试验速度正好与某 t_0 时间所对应的真实速度一致时，此 t_0 时刻的同相轴会变得平直，其他同相轴或者下弯（速度过高，校正不足），或者上弯（速度过低，校正过量）。寻找各试验速度校正后记录上的平直同相轴，可以得到不同时间 t_0 处反射波的速度。图 6.4.10 为速度扫描原理示意图。

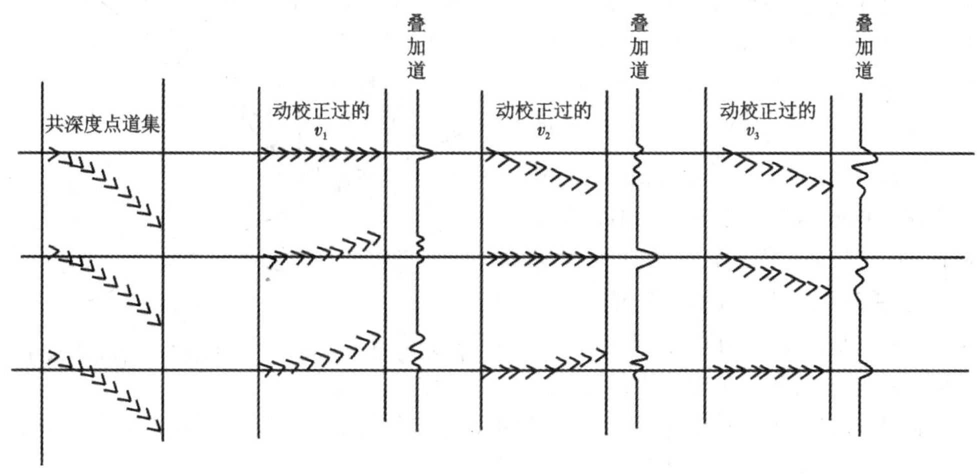

图 6.4.10　速度扫描原理示意图

速度扫描法由于直接从动校正记录或叠加道上提取速度，得到的速度比较可靠，一定是叠加效果最好的速度。此方法适用于地震地质条件比较复杂，得不到好速度谱的地区，在工程地震勘探中常被采用。但是，此处理方法很费时间，成本较高，在地震地质条件比较好的地方，采用制作速度谱的方法更经济。

四、速度分析精度的影响因素

速度分析的质量将直接影响到动静校正继而影响到叠加成像以及偏移归位。因此，高精度的速度分析可以改进动校正叠加和偏移成像的效果，提高地震资料的分辨率，以便取得更优质的地震资料解释成果。影响速度分析精度的因素很多，归纳起来有：复杂地表和低降速度带、地层倾角、界面弯曲、速度各向异性等所造成的共反射点时距曲线的非双曲线性；相干性度量方法（即判别准则）；速度扫描的间隔和采样率（即速度分析参数的选取）等。

1. 复杂地表和低降速带对速度分析的影响

低降速带测定在地震勘探的野外工作中又称为表层调查或低速带调查。在地表附近一定深度范围内，地震波的传播速度往往要比其下面地层的波速低得多。该深度范围的地层称为低速带。某些地区，在低速带与相对高速地层之间还有一层速度偏低的过渡区，称为降速带。

低速层对地震波的衰减要比深部地层严重得多，这是因为地表速度很低，即使厚度不大，波在表层中的传播时间也是很可观的。由此可以估计，表层对高频衰减起主导作用，即使表层厚度不大，它的衰减作用也不可小视。

另外，由于存在低速带，地震波经过低速带会有时间上的滞后，如果低速带的厚度变化均匀，且厚度不大则从深处到达地面各点的反射的相对滞后时间变化不大。反之若低速带厚度变化大，即低速层和下覆高速层之间的分界面起伏大，则相对滞后时间的差异就大。

在地面地震勘探中，复杂多变的低降速带的存在对地震波能量有强烈的吸收作用，并且产生散射及噪声，还会导致反射波旅行时显著增大。由于低速带的厚度和波速都会沿测线方向变化，因而造成反射波时距曲线形状的畸变，即非标准双曲线型。

因此，低速带的存在，对于速度分析有很大影响。

2. 地层倾角对速度分析精度的影响

共反射点水平叠加概念是建立在地层为水平界面基础上的。随着地层的倾斜，共反射点将不再是一个点，而被离散化了，如图 6.4.11 所示。地层倾角越大，离散度越大，在速度分析中，为了改进速度谱的质量，往往利用倾角时差校正(DMO)消除地层倾角的影响或利用多个共反射点道集分别进行速度扫描，以形成多个速度矩阵，然后将这些矩阵相加。当地层倾角较大时，道集内的反射点已散布相当大的范围，对这些矩阵求和非但不能提高信噪比，反而因反射点离散度增大影响了同相相加，并且在速度矩阵上还将产生速度及 t_0 时间两方面的误差。

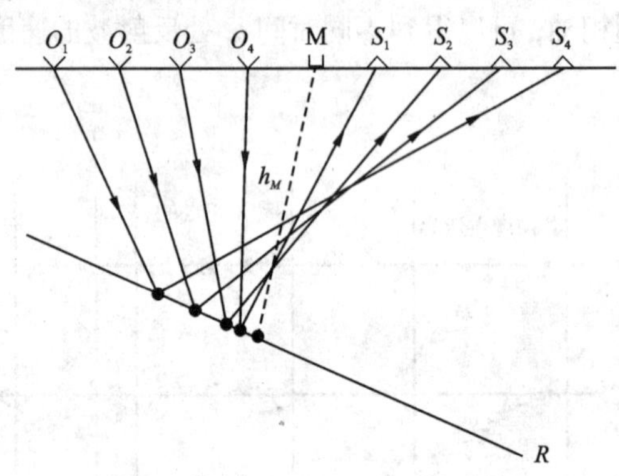

图 6.4.11 倾斜界面上共反射点的分散现象

3. 相干性测量对速度分析精度的影响

当共反射点道集时差较小时，在速度扫描叠加中，往往在相当宽的速度扫描范围内都存在较强的叠加能量，称之为“平臂效应”，给正确确定叠加速度带来困难。为解决这个问题，常采用自适应多道滤波的方法。该法的滤波因子是根据实际资料设计的，它只允许各道共有的、具有给定均方根速度的信号通过。这种方法运算工作量大。

此外，还可采用迭代叠加法和乘模型系数道叠加法(具体原理这里不作赘述)提高速度分析的精度。两种方法相比，乘模型系数道叠加法较迭代叠加法有更大的优越性。这主要表现在改进速度分析精度方面的作用更加明显，特别是对某些质量很差的资料改进作用很大。

4. 参数选择对速度分析精度的影响

在地震资料数字处理中，合理使用参数是提高处理成果质量的重要因素之一。合理选择速度分析参数是提高速度分析精度的重要保证。

① 扫描道数：若道数太少，则会影响倾角检测的统计效应，增加随机性。在地层产状变

化不大时，可适当增加扫描道数。实验结果表明，扫描道数不能少于5道。

② 扫描步长(时移量)：一般以有效波的3/4周期、5/4周期、7/4周期为好，这样才能在某一时窗范围内集中波组的主要能量，使极值突出。当波组较密集时可考虑采用较小的步长，当波组稀疏时可采用较大的步长。

③ 时窗宽度：可与扫描步长相等，或重叠半个时窗。

影响速度扫描的因素还有很多。针对这些影响，往往需要增加叠加次数，增加扫描道数，减小采样率等。但不难发现，提高速度分析精度的同时，必将增大计算量。因此，需要合理选择处理参数。

五、层速度的计算

速度分析的主要目的有两种：一是提供处理参数，使地震资料能够反映地下界面的构造形态；二是利用地震波速度区分岩性，识别地层单元，如盐丘、砂岩体、花岗岩体等。用速度做地质解释往往需要知道地震波的真速度或者在各岩层中传播的层速度。

由地震资料直接计算层速度是一件非常困难的工作，至今还未能找出比较精确有效而又可广泛使用的方法。因为，这需要对地质结构做出许多理想化的假定。这种按理想模型求出的速度参数只能在一定范围内适用，超出假设前提必将引入很大的误差。

前面提到的速度谱和速度扫描方法求出的是叠加速度，而且是以反射波时距曲线为双曲线作为假设前提的。如果地下反射界面为水平层状结构，反射波以接近地面法向方向入射，又以接近法向方向返回地面，则这时反射波时距曲线与双曲线非常接近。此时，叠加速度可近似看作均方根速度。

下面介绍一种利用均方根速度求取层速度的方法。

设有 n 层水平层状介质，各层层速度为 v_i，厚度为 h_i。在各小层中，地震波单程垂直传播时间 t_i 为

$$t_i = \frac{h_i}{v_i} \tag{6.4.32}$$

显然，第1层至第 n 层的均方根速度 $v_{\sigma,n}$ 为

$$v_{\sigma,n}^2 = \frac{\sum_{i=1}^{n} v_i^2 t_i}{\sum_{i=1}^{n} t_i} = \frac{2\sum_{i=1}^{n} v_i^2 t_i}{t_{0,n}} \tag{6.4.33}$$

式中：$t_{0,n}$ 为第1层到第 n 层的 t_0 时间。

同样地，第1层至第 $n-1$ 层的均方根速度 $v_{\sigma,n-1}$ 为

$$v_{\sigma,n-1}^2 = \frac{\sum_{i=1}^{n-1} v_i^2 t_i}{\sum_{i=1}^{n-1} t_i} = \frac{2\sum_{i=1}^{n-1} v_i^2 t_i}{t_{0,n-1}} \tag{6.4.34}$$

式(6.4.33)减去式(6.4.34)，可得

$$t_{0,n} v_{\sigma,n}^2 - t_{0,n-1} v_{\sigma,n-1}^2 = 2\sum_{i=1}^{n} v_i^2 t_i = 2 v_n^2 t_n \tag{6.4.35}$$

又

$$t_{0,n}-t_{0,n-1}=2\sum_{i=1}^{n}t_i-2\sum_{i=1}^{n-1}t_i=2t_n$$

所以

$$t_n=(t_{0,n}-t_{0,n-1})/2 \tag{6.4.36}$$

由式(6.4.35)和式(6.4.36)可得

$$t_{0,n}v_{\sigma,n}^2-t_{0,n-1}^2=v_n^2(t_{0,n}-t_{0,n-1})$$

因此

$$v_n=\sqrt{\frac{t_{0,n}v_{\sigma,n}^2-t_{0,n-1}v_{\sigma,n-1}^2}{t_{0,n}-t_{0,n-1}}} \tag{6.4.37}$$

这就是利用均方根速度求层速度的 Dix 公式。若已知第 n 层和第 $n-1$ 层的均方根速度以及这两层的 t_0 时差，就可用 Dix 公式计算出第 n 层的层速度。

从上面的讨论中可以看出，Dix 公式只适用于水平层状介质，而且其转换精度取决于均方根速度的求取精度，并与地震勘探的垂向分辨率有关。

第五节　校正和叠加处理

在共反射点地震记录上，反射波的到达时间中包含了由炮检距引起的正常时差和表层不均匀性引起的时差，为了使反射波到达时间尽可能直观、精确地反映地下构造形态，必须将这些时差从观测时间中去掉，这个过程称为反射时间的校正。由于两种时差的性质不同，故校正的方法也不同，对正常时差的校正称为动校正，对由表层不均匀性引起时差的校正称为静校正，如图 6.5.1 所示。

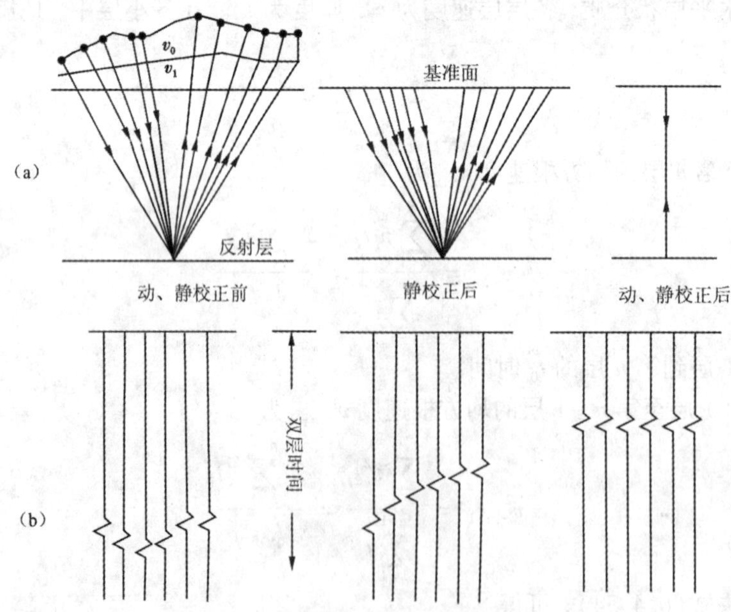

图 6.5.1　动校正和静校正示意图

(a) 射线路径；(b) 地震记录道

一、静校正

几何地震学的理论都是以地面水平、地表介质均匀为假设前提的，然而，在野外实际观测中，由于地形起伏、爆炸井深的不同，不一定能保证爆炸点和接收点处在同一个水平面上，并且低速带的速度和厚度也是经常变化的，这些因素都会引起反射波到达时间的改变，导致反射时距曲线畸变成非双曲线形，如图 6.5.2 中⑤所示。这条畸变的时距曲线，经动校正后，已不能正确反映地下构造形态，如图 6.5.2 中⑦所示。对多次覆盖而言，由表层因素引起的共深度点反射时距曲线的畸变将影响多次叠加效果（如图 6.5.3）以及速度参数和岩性参数的提取，因此，必须研究地形、表层结构对地震波传播时间的影响，设法把由表层引起的时差找出来，并对其进行校正，使畸变的时距曲线恢复正常，这个过程称为静校正。

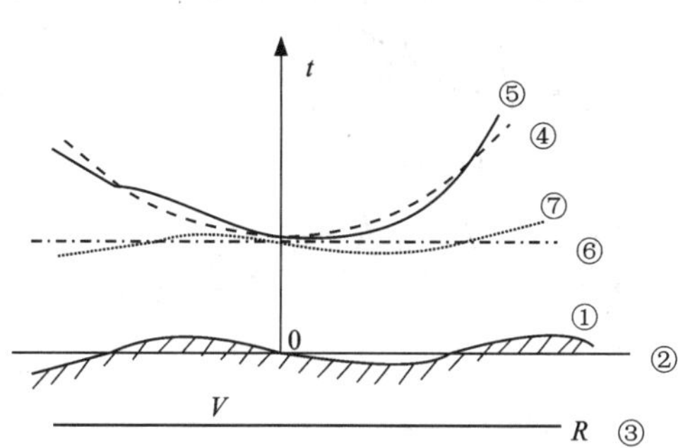

图 6.5.2　由地形不平引起反射时距曲线的畸变

①地面；②平均地形线（或称基准面）；
③反射界面；④相对于平均地形的理论双曲线形反射时距曲线；
⑤由地形影响畸变了的反射时距曲线；
⑥动校正后的理论时距曲线，与界面 R 的形态一致；
⑦由⑤动校正后的反射时距曲线，形状与地形一致。

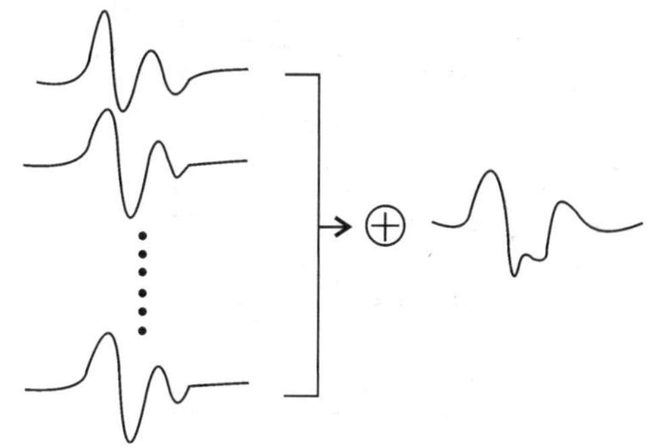

图 6.5.3　表层因素引起的反射波到达时差的改变对多次叠加的影响

由表层因素引起的地震波传播时间的变化量称为静校正量。其“静”字的含义是指在一个地震道内的校正量不随 t_0 而变化。这是因为静校正的假设条件是：低速带的速度小于基岩速度，使地震波在低速带内近似于垂直传播，与各层反射波入射到基岩面的方向无关，致使在一道记录中所有采样点的静校正值都是相同的，这个值是由爆炸点和接收点表层条件决定的一个常数。例如图 6.5.4 中，第一层和第二层静校正量相等，即 $\Delta t_{1静} = \Delta t_{2静}$。

静校正方法一般分为野外（一次）静校正和剩余静校正。

野外（一次）静校正：直接利用野外观测的高程、井深、低速带的厚度和速度及基岩速度计算静校正量并校正。其实质是把爆炸点和接收点都校正到统一的海拔高度平面上来，称这个平面为“基准面”，基准面以上进行地形校正，基准面以下进行低速带校正，即将基准面以下的低速带用基岩的速度代替。

剩余静校正：由于低速带的速度和厚度在横向上的变化，使野外表层参数测量不准或无法测量，故使用野外静校正后，爆炸点和接收点的静校正量还残存着或正或负的误差，这个误差称为“剩余静校正量”。从图 6.5.5 可以看出，剩余静校正量主要包括两种成分：一种是在一个排列内，炮点和接收点的剩余静校正量的低频背景，在进行共深度点叠加时，它不至于造成记录质量的显著下降，但却容易引起构造解释错误。这种由表层因素在大范围内(至少大于一个排列长度)的变化所引起的时差，称为“长波长剩余静校正分量”。另一种是由表层因素局部变化及观测误差所引起的时差，这种时差在一个排列内或一个共深度点道集内是随机出现的，其均值趋于零，称之为“短波长剩余静校正分量”，它主要影响多次叠加结果，使水平叠加剖面质量降低。剩余静校正量同样会影响记录的对比解释、叠加质量及参数提取等，因此，也必须设法把它从反射波的到达时间中消除掉。提取和消除剩余静校正量的过程称为“剩余静校正”。

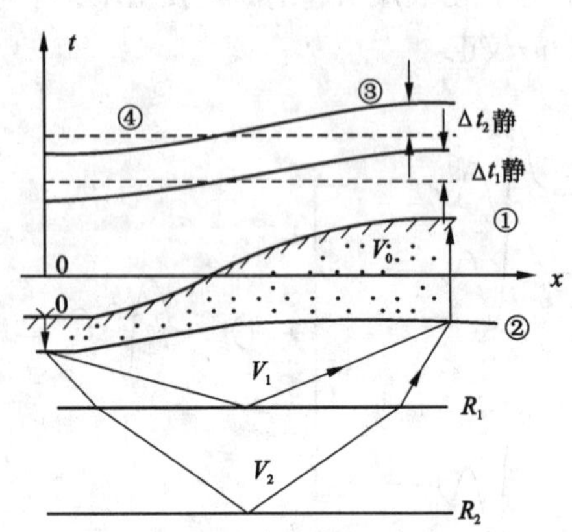

图 6.5.4　表层因素引起的静校正示意图

①地面；②基岩面；③动校后未做静校的反射时距曲线；④动静校后的反射时距曲线

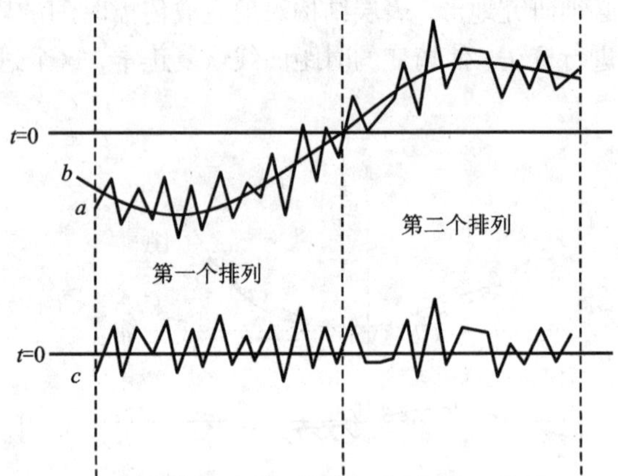

图 6.5.5　剩余静校正量组成成分示意图

a 剩余静校正分量；b 长波长剩余静校正分量；c 短波长剩余静校正分量

静校正可以增强反射同相轴的光滑程度，提高记录的信噪比和地震资料解释的可靠性。

1. 野外(一次)静校正

(1)野外静校正量的计算

为了对一个工区内不同测线或多个工区之间的地震记录进行对比解释和大面积的连图，研究二、三级构造单元的构造情况，可取同一工区中不同测线或不同工区中所有测线海拔高程的平均值为基准面，将该区所有的炮点和接收点都校正到基准面上来。校正的主要内容包括井深校正、地形校正和低速带校正等。

①井深校正

井深校正是把爆炸点校正到基准面上来，在实际工作中有两种方法：一种是把爆炸点直接校准到基准面上来，求得的井深校正量有正有负；另一种方法是把爆炸点首先校正到地面，然后把它当作接收点，与其他接收点一起校正到基准面上来，求得的井深校正量永远为负。这里主要介绍第二种方法。地震波从井底垂直向上传播到地表的时间 $\Delta\tau_j$，即井深校正量，其求取方法有二：

a)τ 时间或井口时间校正。在激发井口附近安置一个检波器，称之为井口检波器或 τ 值检波器，用 τ 来记录从井底到井口的直达波传播时间，用 τ 来表示。把实际记录的旅行时间加上 τ 值，就完成了井深静校正。

b)如图 6.5.6 所示，根据已知的表层参数及井深数据，按下式计算激发点 O_j 的校正量

$$\Delta\tau_j = -\frac{h}{v_0} \tag{6.5.1}$$

式中：v_0 为低速带波速；h 为激发井深。

因为井深校正总是向时间增大的方向校正，故此式前面取负号。

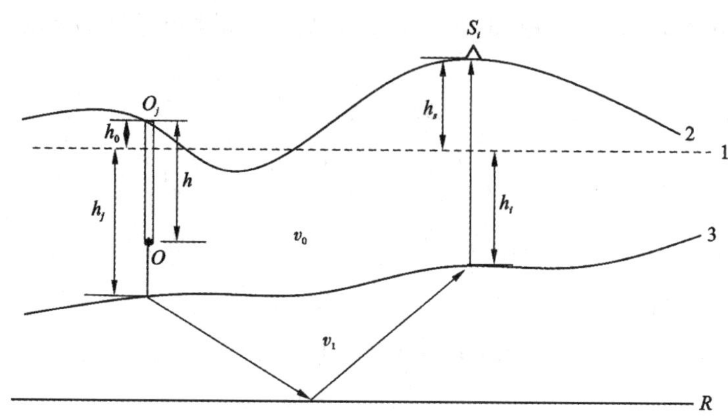

图 6.5.6 野外静校正模型示意图

1. 基准面；2. 地形线；3. 低速带底界面

②地形校正

将经过井深校正后已被校正到地表面的炮点和检波点都沿垂直方向校正到基准面上。由于静校正过程中，习惯上是把静校正值从观测时间中减掉，所以一般规定，观测点的位置高于基准面时的校正值为正，否则为负。某炮某记录道的校正值应等于炮点和接收点地形校正值之代数和。如图 6.5.6 中激发点 O_j 和接收点 S_i 的地形校正值可按以下方法计算：

设激发点 O_j 到基准面上的高程为 h_0，则激发点 O_j 处的地形校正量为

$$\Delta\tau_0 = \frac{1}{v_0}h_0 \tag{6.5.2}$$

而检波点 S_i 到基准面上的高程为 h_s，其地形校正值 $\Delta\tau_s$ 为

$$\Delta\tau_s = \frac{1}{v_0}h_s \tag{6.5.3}$$

故此道(第 j 炮第 i 道)总的地形校正量为

$$\Delta\tau_{ji} = \Delta\tau_0 + \Delta\tau_s = \frac{1}{v_0}(h_0 + h_s) \tag{6.5.4}$$

地形校正量有正有负，通过 h_0 与 h_s 之和的正负体现出来。通常规定当测点高于基准面时为正，低于基准面时为负。

③低速带校正

低速带校正是将基准面下的低速带速用基岩速度代替，在激发点和检波点处求取低速带校正量 $\Delta\tau'_j$ 和 $\Delta\tau'_i$ 的公式分别为

$$\Delta\tau'_j = h_j(\frac{1}{v_0} - \frac{1}{v_1}) \tag{6.5.5}$$

$$\Delta\tau'_i = h_i(\frac{1}{v_0} - \frac{1}{v_1}) \tag{6.5.6}$$

式中 h_j、h_i 分别为激发点 O_j 和检波点 S_i 处的基准面到低速带底界的高程。

根据(6.5.5)和(6.5.6)式，此道总的低速带校正量为

$$\Delta\tau'_{ji} = (\frac{1}{v_0} - \frac{1}{v_1})(h_j + h_i) \tag{6.5.7}$$

最后，综合考虑(6.5.1)、(6.5.4)和(6.5.7)式，便可以得到第 j 炮第 i 道的野外静校正总量为

$$\begin{aligned}\Delta t_{静} &= \Delta\tau_j + \Delta\tau_{ji} + \Delta\tau'_{ji} \\ &= -\frac{h}{v_0} + \frac{1}{v_0}(h_0 + h_s) + \left(\frac{1}{v_0} - \frac{1}{v_1}\right)(h_j + h_i) \\ &= \frac{1}{v_0}(h_0 + h_s + h_j + h_i - h) - \frac{1}{v_1}(h_j + h_i)\end{aligned} \tag{6.5.8}$$

(2)野外一次静校正的实现

静校正时，将 $\Delta t_{静}$ 从记录的观测时间中减去，即

$$t_{校后} = t_{校前} - \Delta t_{静} \tag{6.5.9}$$

式中：$t_{校前}$ 为静校正前纪录的观测时间，$t_{校后}$ 为校正后记录的观测时间。

用计算机进行野外静校正处理，只需将各激发点和检波点的高程、低速带厚度、速度、井口时间等资源输入计算机，按式(6.5.8)计算出相应的静校正值，然后按静校正值的正负和大小将整个地震道的样点值作向前或向后移动即可。

静校正与动校正的不同之处在于：第一，对每道的全部采样点具有相同的静校正量；第二，静校正量具有正负之分，它决定静校正“搬家”有两个方向。

2. 剩余静校正

通常，一次静校正并不能完全消除表层因素的影响，尚存在剩余静校正量，其值有时可高达数十毫秒，若不做剩余静校正，仍不能正确提取速度参数，导致剖面质量差。提取表层影响的剩余时差并进行校正的过程称为剩余静校正，它是改善地震剖面质量的重要手段。

剩余静校正与野外静校正有共同的目的，都是把炮点和接收点校正到基准面上来，所以剩余静校正与野外静校正的基准面是一致的。但因剩余静校正量是由野外表层参数测量误差造成的，所以不可能再用野外表层参数计算。

前面已经讲过，剩余静校正量分为长波长剩余静校正量和短波长剩余静校正量。对于前者，必须通过微测井或初至折射法计算出准确的野外一次静校正量来加以克服；而对于后者，考虑到其随机性，必须采用统计法来克服。

统计法计算短波长剩余静校正量的主要考虑是：首先形成模型道，再用互相关法计算出各道与模型道之间的时差，即剩余校正量。相应的方法很多，这里不展开讨论。

3. 影响静校正量的因素

(1)静校正不净因素分析

在计算静校正量时，需要假设整道各个样点所代表的地震波在地表至基岩之间的入射、出射方向与深度无关，即波在低速带中是垂直传播的。这个假设条件往往得不到满足。

一般地，静校正量与炮检距 x、地层倾角 φ、低速带厚度变化、低速带与基岩波速反差大小等有关，使得同一地震道上的静校正量一般来说不会是常数，而是传播时间 t 的函数关系，

因而出现静校不净的问题。

(2)剩余动校正量和地层倾角剩余时差的影响

在计算剩余静校正量时假定剩余动校正量 $\Delta t_{动}$ 和地层倾角时差 Δt_{φ} 已消除。但事实上不管是用共深度点资料还是共炮点资料，在地层倾角较大、速度 v 变化较大时，$\Delta t_{动}$ 和 Δt_{φ} 都不会消除干净。这两种影响对不同反射层是不一致的，所以只用一个反射层提取出的剩余静校正量对整道记录进行校正，就会出现这层较好，其他层较坏的现象。

二、动校正

由几何地震学知识可知，当地面水平、反射界面为平面、界面以上介质为均匀时，单层反射波时距曲线是一条双曲线(见图6.5.7)，它不能直接反映地下反射界面的形态，尽管当界面为水平时，法向深度和真深度一致，也只有在激发点处接收到的 t_0 时间，方能直观反映界面的真深度，其他各点接收到的反射波旅行时间，除了与界面真深度有关外，还包括由炮检距不同而引起的正常时差，如果能从每个观测时间中去掉正常时差，则剩下的只是与界面真深度有关的 t_0 部分，这时每个接收点就都好像是自激自收点了。用上述方法校正后的时距曲线可变成处处都是 t_0 的直线，即与界面产状完全一致了。

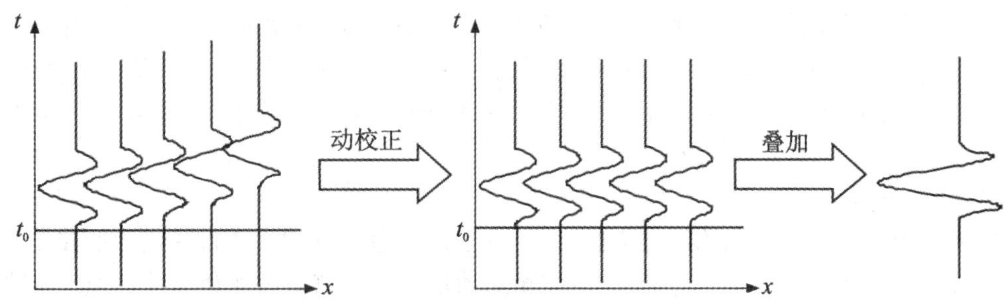

图 6.5.7　动校正过程示意图

当界面倾斜时，反射时距曲线是一条极小点向上倾方向偏移了的双曲线，与界面水平情况下类似，经正常时差校正后的时距曲线也是一条直线，而且是一条与界面成镜像关系的倾斜直线，如图 6.5.8 所示。尽管这时它反映的只是界面的法向深度，但当让时间轴方向和深度轴方向一致时，校正后的时距曲线形状基本可以反映界面形态。

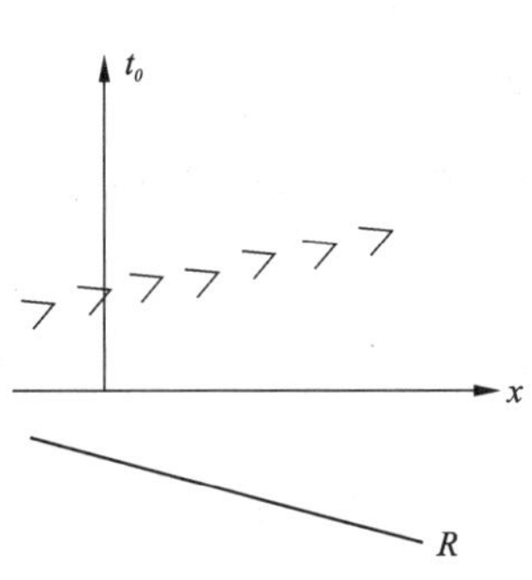

图 6.5.8　倾斜界面动校后的反射时距曲线

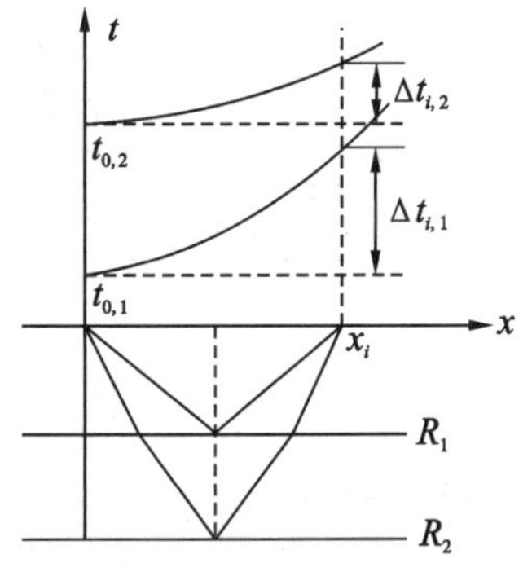

图 6.5.9　浅深层反射同相轴动校正量大小不同

综上所述，为了进行水平叠加，提高地震记录的信噪比，用反射同相轴直观地表示地下构造形态，便于波的对比解释和多种数字处理，必须对双曲线型的反射时距曲线进行正常时差校正，即把非零炮检距的反射时间都校正为零炮检距的反射时间(t_0)，这个过程称为动校正。动校正后各记录道上反射波的到达时间都变为自激自收时间，使各道有效信号满足同相叠加，从而可获得能直观反映地下构造形态的水平叠加剖面。

1. 动校正量的计算

由于校正量是个动态变化量，即在一道地震记录中，正常时差是随着 t_0 的增大而减小的(见图 6.5.9)，故称正常时差为动校正量，其数学表达式为

$$\Delta t = t - t_0 = \sqrt{t_0^2 + \frac{x^2}{v_{t_0}^2}} - t_0 \approx \frac{x^2}{2t_0 v_{t_0}^2} \tag{6.5.10}$$

可见，动校正量 Δt 是反射回声时间 t_0、炮检距 x 和地震传播速度 v_{t_0} 的函数，这意味着对非零炮检距地震记录道上的任意一个采样时间 t，都要计算出一个 Δt。

2. 动校正的实现

动校正就是把炮检距不等于零($x_i \neq 0$)的地震道上某时刻的振幅值向 t 减小的方向移动，移动的时间间隔等于该时刻的动校正量。

由于地震记录在计算机中都是离散储存的，即每一个离散振幅值 $a_{i,k}$ 占用一个内存单元，i 为道号，$k = t/\Delta$ 为时间离散点的顺序号。在动校正中，将某时刻的振幅值向 t 减小的方向移动，实际上是将该时刻的离散振幅，从它所在的单元向 k 减小的单元"搬家"，搬动的单元格数等于该时刻的动校正量 $\Delta t/\Delta$。

(1)成组搬家法

实际生产中，在一个共深度点道集内，动校正是逐道进行的。在每一道中的校正，常采用成组搬家法，即把一道地震记录中，具有相同动校正量的离散振幅值分作一组，总共可分为 L 组，组的顺序号为 $J = 1, 2, \cdots, L$。从图 6.5.10 可看出，图中 $k = 0 \sim 3$ 为初至切除记录点序号。$J = 1$ 组的第一个采样值的序号($k = 4$)对应的最大动校正量 $M_i = 4$。"搬家"时是从 $J = 1$组开始，将第一个采样 $a_{i,4}$向 k 减小的方向搬四个单元，送入 $a_{i,0}$，同理将 $a_{i,5} \to a_{i,1}$；第一组搬完后，再搬 $J = 2$ 组，因第二组的动校正量等于 3，故将第二组的各个样值均向 k 减小的方向搬三个单元，即将 $a_{i,6} \to a_{i,3}, a_{i,7} \to a_{i,4}, a_{i,8} \to a_{i,5}$，以此类推，直到把 L 组搬完，便完成了一个地震道的动校正工作。

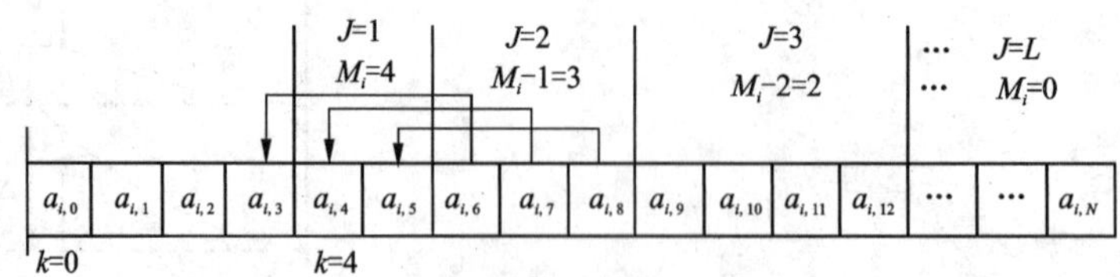

图 6.5.10　成组搬家示意图

(2)插值补空处理

由上可见，没有任何样值被送入 $a_{i,2}$ 和 $a_{i,6}$。这是因为第一组搬 4 个单元，第二组只搬三个单元，而第三组又比第二组少搬一个单元，故动校正后使相邻两组之间出现了一个空白单

元(该单元内保留了动校前的值)，可以采用下述方法来填补这个空白单元。

①用相邻组中前一组的最后一个样值或用后一组的第一个样值送入空白单元，例如将 $a_{i,5} \to a_{i,2}$ 或 $a_{i,6} \to a_{i,2}$。

② 用相邻组中前一组最后一个样值与后一组第一个样值的平均值送入空白单元。例如将 $(a_{i,5} + a_{i,6})/2 \to a_{i,2}$。

(3)成组搬家动校正对信号的畸变及处理

从“成组搬家”和“插值补空”可知，地震信号经动校正后将出现拉伸畸变，如图6.5.11所示。当拉伸畸变到某一定程度时将影响多次叠加，那么用什么来衡量拉伸程度，又如何处理拉伸现象呢？下面来讨论这两个问题。

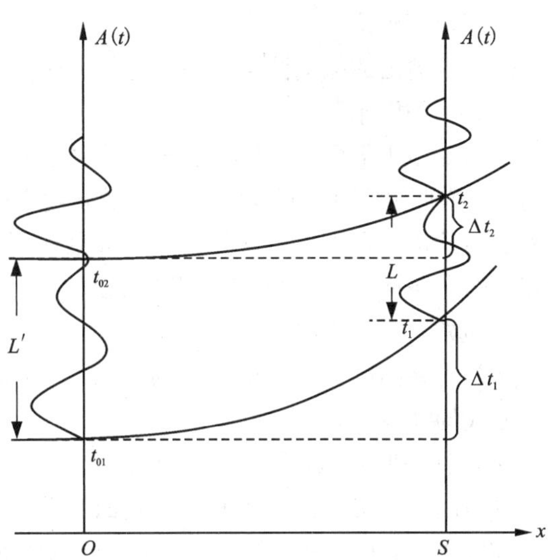

图 6.5.11 动校正后波形被拉伸畸变

设信号拉伸前后的长度分别为 L、L'，根据图 6.5.11，定义

$$\frac{L' - L}{L} = \frac{(t_{02} - t_{01}) - (t_2 - t_1)}{t_2 - t_1} = \frac{1}{\beta} \tag{6.5.11}$$

称 β 为拉伸系数。因此，β 值越小，拉伸越严重。

目前处理动校正拉伸的方法是“切除”，即把拉伸严重部分全部充零。为彻底克服动校正拉伸现象，需采用“波形整体搬家法”，即整个波形用一个动校正量，这需要自动检测信号，不但难度大，而且计算工作量也大。

三、水平叠加

对多次覆盖野外资料进行水平叠加处理，是多次覆盖技术中的主要内容之一。水平叠加(或称为共反射点多次叠加)技术是目前地震反射波勘探中最常用的方法，它涉及数据采集、资料处理和解释的全过程。水平叠加资料处理的核心是静校正、动校正和叠加。通过动、静校正和叠加，野外观测记录转换为可供解释使用的水平叠加时间剖面。

1. 水平叠加的实现

设有 n 个属于同一共反射点道集中的记录道 $x_{i,j(k)}$，经动、静校正后的水平叠加记录道为

$$x_{i(k)} = \frac{1}{n} \sum_{j=1}^{n} x_{i,j(k)} \tag{6.5.12}$$

式中：i 表示共反射点序号(空间采样点序号)；j 表示 CDP 道集内记录道的序号，$x_{i,j(k)}$ 表示水平叠加输入的第 i 个共反射点第 j 道的第 k 个采样值，n 是 CDP 道集的记录道数，也即覆盖次数。每个共反射点道集输出一个叠加道，一条测线上所有叠加道的集合组成直观反映地下构造形态、可供解释使用的常规水平叠加时间剖面。

2. 水平叠加时间剖面的显示

时间剖面的显示一般有三种形式。

(1)波形剖面

计算机输出的振动图形为波形记录，这种剖面的优点是能观察到波形变化的细节。

(2)变面积剖面

所谓变面积剖面，即是将地震波的波形斩头去尾，保留中间主要的一段，地震波振幅的强弱，以梯形黑斑面积的大小和边线的陡度来表示，振幅越强面积越大，反之振幅弱面积小。这种剖面的优点是反射层次较清晰。如果地下有一反射界面，相应在时间剖面上有各道黑疙瘩相连的一条横向“粗黑线”，即同相轴。

(3)波形变面积剖面

这是时间剖面显示中最常用的形式，在剖面上同时显示波形和变面积，它兼有上述两种显示形式的共同优点。

(4)时间剖面的格式

时间剖面的格式由图头和记录剖面两部分组成。图头一般在剖面的左边，它用以说明工区、测线号、施工时间及单位，还注明该剖面的采集及处理参数。时间剖面的横轴方向，表示各个共中心点的位置(简称 CDP 点)，相邻 CDP 点的间隔为半个道距。时间剖面的纵轴方向朝下，表示反射波的回声时间 t_0。

3. 水平叠加时间剖面的主要特点

经过水平叠加后得到的剖面是相当于在地面各点自激自收的剖面。在地层倾角小，构造简单时，它一般能比较直观地反映地下地质构造特征，同时也保留了各种地震波的现象和特点，为进行地震剖面的地质解释提供了直观而丰富的资料。

在讨论反射波的传播规律时，可把地下介质的分界面视为一个延伸很广的光滑平面，这是对地下实际介质的一种粗略的简化。实际上，地下地层结构是十分复杂的。由于构造运动的结果，沉积的地层会产生断层、褶皱、不整合、尖灭等地质现象。这些较为复杂的地质现象的存在导致地下地层界面发生中断、弯曲或变得起伏不平。此时，在水平叠加剖面上除了产生一次反射波外，还会出现一些与复杂构造有关的地震波，如断面波、绕射波和回转波等特殊波。这些特殊波的存在一方面会与反射波发生干涉，使水平叠加剖面的面貌复杂化，给波的对比解释带来困难；另一方面，它们必然同地下复杂的地质构造有着某些联系，这为了解和确定地下复杂构造提供了可能性。

4. 水平叠加剖面存在的主要问题

水平叠加剖面是地质解释的基础资料。一般说来，它可以大致反映地下构造形态。但同时也存在许多问题：在界面倾斜情况下，按共反射点关系进行抽道集、动校正、水平叠加，实际上是共中心点叠加而不是真正的共反射点叠加，这会降低横向分辨率。同时，水平叠加剖面上还存在绕射波没有收敛、干涉波没有分解、回转波没有归位、在二维地震剖面上侧面波无法归位等问题，为解决这些问题，便发展了偏移归位处理方法。

第六节 偏移处理

偏移处理又称为再定位处理、偏移归位处理、成像处理或延拓处理，是地震资料处理中的一项重要处理技术，对解释工作的正确进行具有非常重要的意义。

偏移处理的任务就是提高横向分辨率，使图像上反映的地层信息与实际相一致。事实上从野外测得的原始数据所包含的地层信息是最真实、最完整的，但是由于这些信息太复杂并且包含各种噪声，所以人们无法直接从原始资料中得到需要的信息，因而必须进行各种数据处理。然而任何的变动都会使得真实的地层信息变得模糊、虚化，有时甚至产生错误。这种模糊化表现在两方面，一方面是沿着深度方向的“纵向模糊化”，另一方面是沿着测线方向的“横向模糊化”。偏移的目的就是为了提高横向上的清晰度。具体地讲，偏移处理可使倾斜界面的反射波，断层面上的断面波，弯曲界面上的回转波以及断点、尖灭点上的绕射波收敛和归位，得到地下反射界面的真实位置和构造形态，以及清晰可辨的断点和尖灭点。

一、偏移的基本概念

1. 直观理解偏移

为了更好地理解偏移的作用，下面给出两个具体的例子。图 6. 6. 1 是一个具有相对复杂构造特征的例子。叠加剖面中，1. 0 s 以上区域为近似水平反射区，偏移后，这些同相轴几乎没有改变。但在 1. 0 s 以下，代表古侵蚀面的明显不整合在叠加剖面上以复杂形态出现，而在偏移剖面上它却变得可以解释了。叠加剖面上的回转波在偏移剖面上被有效归位为向斜。靠近 3. 0 s 处较深的同向轴是源于上部不整合的多次反射。当把它们作为初次波并用初次波速度偏移时，偏移过量了。

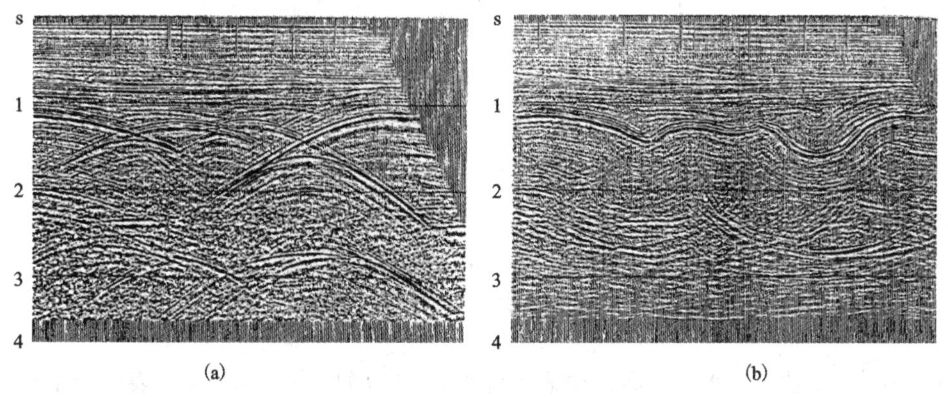

图 6. 6. 1　向斜模型水平叠加剖面与偏移剖面对比

(a) 水平叠加剖面；(b) 偏移剖面

图 6. 6. 2 给出了一个典型盐丘模型偏移前后的效果对比图。该模型为一个侧翼由缓倾角地层包围的盐丘。可以看出，偏移后，由盐丘顶部 P 所产生的绕射双曲线 D 以及由盐丘侧面 A 所产生的反射 B 都得到了很好的归位。而缓倾角地层的反射经偏移后几乎没变化。

偏移的目的就是要使叠加剖面上各种类型的波得到正确归位，使偏移后的剖面与地质剖面具有更好的可对比性。

下面通过两个更详细的示意图来描述偏移的必要性。

反射波水平叠加剖面相当于自激自收剖面，在叠加剖面上的反射波同相轴与地下的反射界面有关。当反射界面水平时，反射波同相轴与地下界面形态一致，不存在偏移的问题。当反射界面倾斜时，反射波同相轴与反射界面形态不一致。图 6. 6. 3 简明地反映了这种关系。讨论时假设地下为常速介质，速度 $v=1$，以便时间和深度之间的坐标转换，且反射面 CD 的

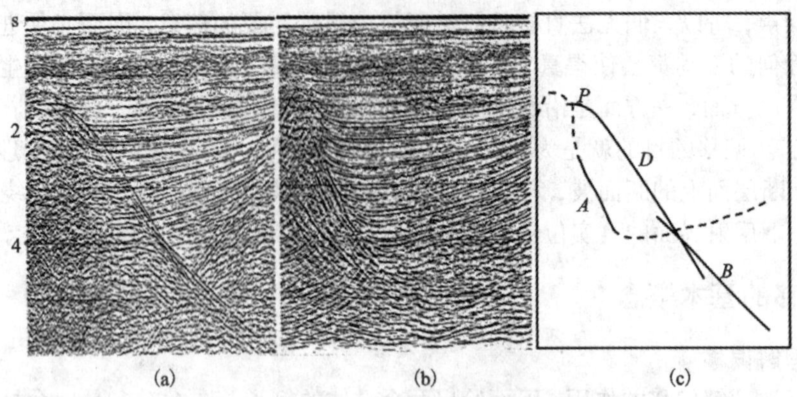

图 6.6.2 盐丘模型水平叠加剖面与偏移剖面对比

(a)水平叠加剖面；(b)偏移剖面；(c)偏移归位解释示意图

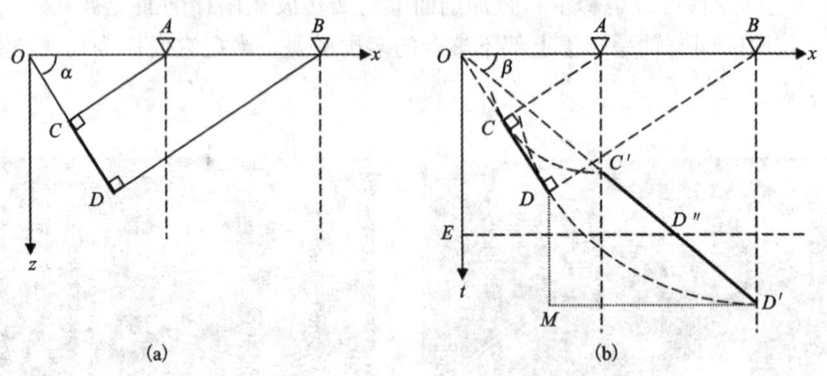

图 6.6.3 偏移的产生示意图

(a)深度剖面；(b)时间剖面

边缘绕射不计。x 轴表示水平方向，z 轴表示深度方向，t 轴表示时间，CD 表示地下真实的倾斜反射界面，A 和 B 表示两个自激自收点，AC 和 BD 分别表示反射波往返路径，根据最短路径原理可知 AC 和 BD 都垂直于 CD。按照水平叠加的做法，来自 C、D 两点的反射波在时间剖面上被分别放置在 A、B 两点的正下方 C'、D'点。由图(b)可见，真实反射界面 CD 和时间剖面上的反射界面 $C'D'$不重合，产生了偏移，且界面倾斜度越大偏移越明显。偏移处理的直观作用就是把 C'归位到 C 处，D'归位到 D 处。

与图 6.6.3 所示的分析方法一样，若不计绕射，图 6.6.4(a)中的背斜构造单元 AOB 在时间剖面上所得图像为 $A'M$ 和 NB'，O 点对应的地震信息缺失；图 6.6.4(b)中的向斜构造单元 $CDEF$ 在时间剖面上所得图像为 $C'D'$和 $E'F'$，出现了“蝴蝶结”现象。偏移所要完成的工作就是把 $A'OB'$还原到 AOB，把 $C'D'$和 $E'F'$还原到 $CDEF$。

为了进一步对偏移处理进行研究，引入偏移距和偏移角度转换的概念。如图 6.6.3(b)所示，偏移距是指反射点(如 D 点)和对应时间剖面上的点(D')之间的距离(DD')。DD'在水平方向的投影 MD'称水平偏移距，在垂直方向上的投影 MD 称为垂直偏移距。若将 CD 和 C'

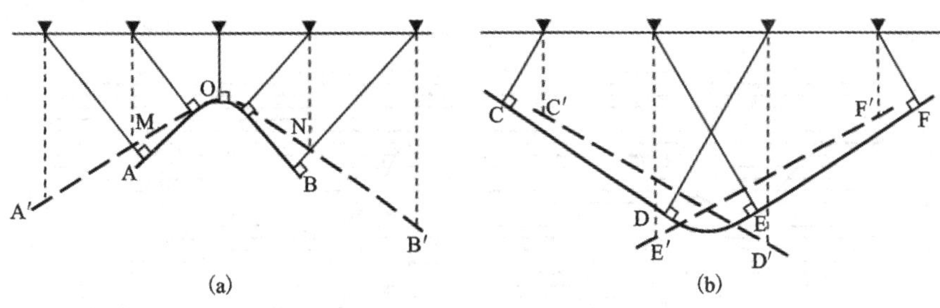

图 6.6.4　典型构造单元对应的偏移现象

(a)背斜构造单元；(b)向斜构造单元

D'延长，则可以从数学上证明他们必相交于地面(x 轴)O 点。设 CD 与 x 轴的夹角为 α，$C'D'$ 与 x 轴的夹角为 β，则 $\sin\alpha=\tan\beta$，此式称为偏移的角度转换。

再来研究图 6.6.3(b)，假设测线只布置在 AB 段，则时间剖面必包括反射界面 $C'D'$，经偏移后，$C'D'$归位到了剖面以外(CD 处)，其结果是出现空白偏移剖面。因此，在叠加剖面上的资料并不局限于地震测线下方的地层，反过来值得注意的是，测线下方的构造地层可能没有被记录在地震剖面上。同样，要得到倾斜反射界面的完全成像，必须要求记录时间足够长。如图 6.6.3(b)中，如果记录时间只有 OE，那么图中的 $D''D'$将未被记录到，那么偏移之后不可能得到完整的 CD 界面。所以在有倾斜构造的地区，考虑到水平偏移距的问题，要求测线的长度比地下构造的长度大；考虑到垂直偏移距的问题，要求记录的时间要足够长。

图 6.6.5　单斜理论模型记录偏移前后对比

(a)模拟水平叠加记录；(b)偏移剖面

Chun 和 Jacewitz 基于理论推导得出了偏移距和偏移角度转换之间的定量关系，并得到如下结论：①实际倾斜反射界面的倾角总大于时间剖面中相应的反射界面的倾角，偏移使倾斜反射界面变陡；②倾斜反射界面的长度，比时间剖面中的要短，偏移使倾斜反射界面变短；③偏移使倾斜反射界面向上倾方向移动归位；④倾斜反射界面越陡，偏移后的水平位移和垂直位移量越大；⑤偏移位移量随着倾角、时间和速度的增加而增加。图 6.6.5所示的单斜理论模型记录的偏移结果有力地支撑了上述观点。

前面的分析都是理想直线型反射界面，下面来看几个更接近实际的弯曲反射界面的偏移例子。图 6.6.6 是一个模拟的向斜和背斜构造，由图 6.6.6(a)可见，三个向斜构造在叠加剖面上呈“蝴蝶结”形状，背斜构造依然与实际相类似，只是与偏移剖面上的真实背斜构造相比显得更缓更大。据前文分析得出的结论可知，倾斜界面偏移后变短、变陡、向上倾方向移动，所以图中“蝴蝶结”的 A 段向其左上方移动并变短，B 段向其右上方移动并变短，而水平的 C 段偏移前后不变化，这样就把这个代表向斜构造的“蝴蝶结”还原成了真实的向斜构造。同样地，把类似背斜构造分成 D 和 E 两段，偏移后 D 段向其右上方移动并变短，E 段向其左上方移动并变短，最后的结果是使这个类似背斜构造整体缩小且两翼变陡。

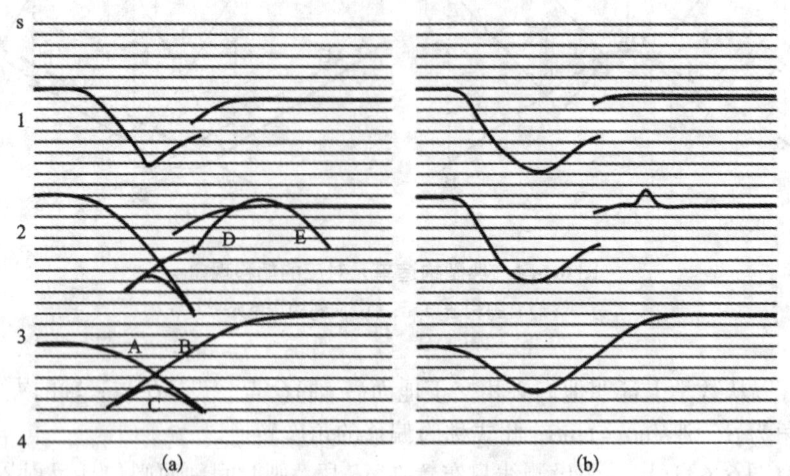

图 6.6.6　弯曲界面理论模型记录偏移前后对比

(a)水平叠加合成记录；(b)偏移剖面

图6.6.7是一条具有向斜和背斜的野外实际地震剖面。可见，偏移使向斜形态展宽，背斜形态变窄。而且，叠加剖面上随着深度展宽的“蝴蝶结”，经偏移后被还原成了真实的向斜构造。

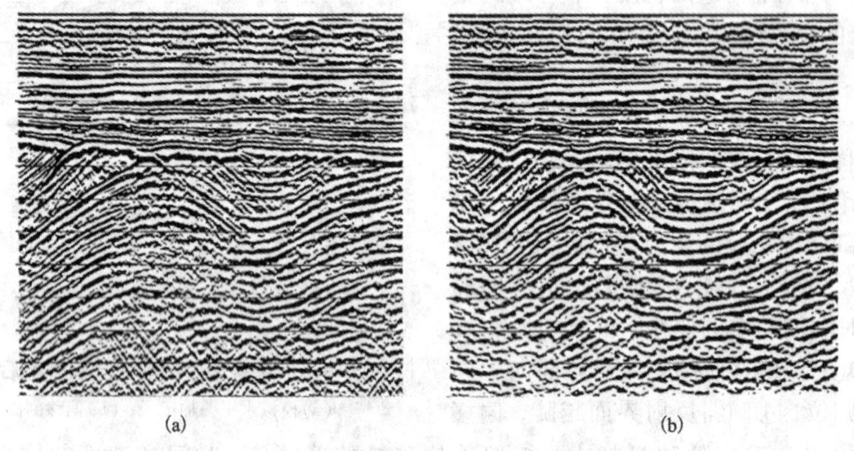

图 6.6.7　含有向斜和背斜的实际地震剖面偏移前后对比

(a)水平叠加剖面；(b)偏移剖面

2. 从广义绕射的角度理解偏移

先来看一个物理实验。如图6.6.8(a)所示，假设离海岸不远处有一挡板，在挡板中间有一个缺口。若从海面上吹来一阵微风，因为受风面积很大，可以把波浪看成是平面入射波，其波前面平行于挡板。当这个波浪碰到挡板后除了缺口外其他所有的波浪都被挡住了。这时波浪从缺口处以半圆形向海岸扩散。这个现象与在缺口处扔一块石头的结果是一样的。其实，缺口就相当于一个二次震源。如果事先在海岸处布置了能感应海浪的接收装置，那么可以得到一个绕射双曲线图 6. 6. 8(b)。

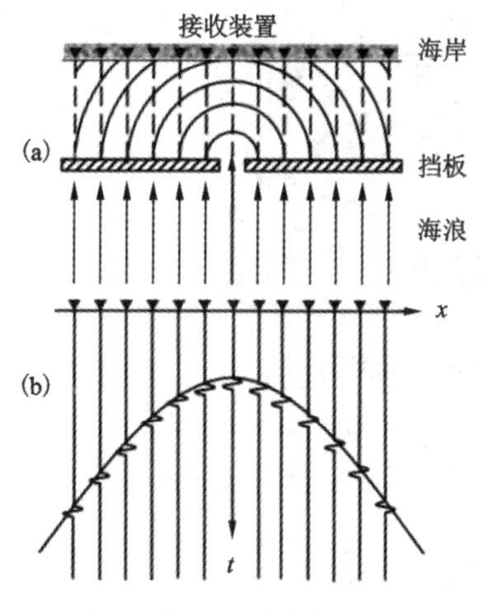

图 6.6.8 海浪物理实验

(a)模型装置;(b)绕射时距曲线

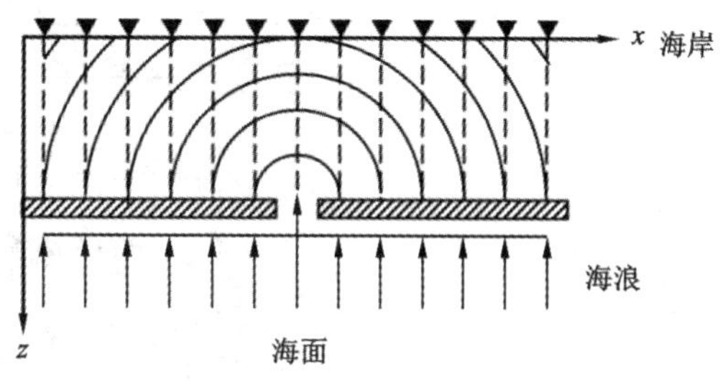

图 6.6.9 海浪物理实验模型装置坐标系

下面从数学上来证明，在这种情况下得到的初至是一支精确的双曲线，也就是常说的绕射双曲线。

如图 6. 6. 9 所示，在图 6. 6. 8(a)的基础上添加坐标系。假设缺口处的坐标为(x_0, z_0)，波浪的速度为 v，那么波从缺口处向外传播的距离为 vt，则任意时刻的波前可表示为

$$(x - x_0)^2 + (z - z_0)^2 = (vt)^2 \tag{6.6.1}$$

当时间 t 固定时这是一个圆方程，它表示经历了时间 t 后的波前面是一个圆。

若将缺口离海岸线的距离取为定值(即 z 取定值)，则式(6. 6. 1)可变为

$$t = \sqrt{\frac{(x - x_0)^2}{v^2} + c^2} \tag{6.6.2}$$

式中：$c = (z - z_0)/v$ 为常数，这是一个双曲线方程，这里的 t 是波从缺口处出发传播到接收装置所经历的时间，也就是图 6. 6. 8(b)所示的绕射双曲线。

上面所描述的海浪模型只有一个绕射点，它相当于一个惠更斯二次震源。类似于海浪模型，也可以模拟出地震波的传播情况。假设有一地下均匀介质，只有中间一个异常点，在此基础上模拟接收记录，最终也得到了一条绕射双曲线。

广义地讲，地下界面可以看成是由无数这样的点连接而成的，把这无数的点称为广义绕射点，也就是惠更斯二次震源。每一个绕射点在入射波的激励下都会向界面上方辐射广义绕射波，在记录上都有唯一的一条双曲线与该点相对应。当绕射点数足够多时，绕射双曲线也足够多。假设由足够多的绕射点连在一起形成的模型为图 6. 6. 10(a)所示的一段水平反射界面，则这么多的双曲线叠加在一起相互干涉的结果就得到图 6. 6. 10(b)所示的记录结果。

从上面的实验和分析可知，可以把地下反射界面看作是一系列广义绕射点(惠更斯二次震源)的集合，且自激自收剖面(水平叠加剖面或零偏移距剖面)是由无数条对应于这些绕射点的绕射双曲线叠加在一起所形成的。

再仔细研究前面的图可以发现，如果地下界面是由离散的一个或几个绕射点组成，或者

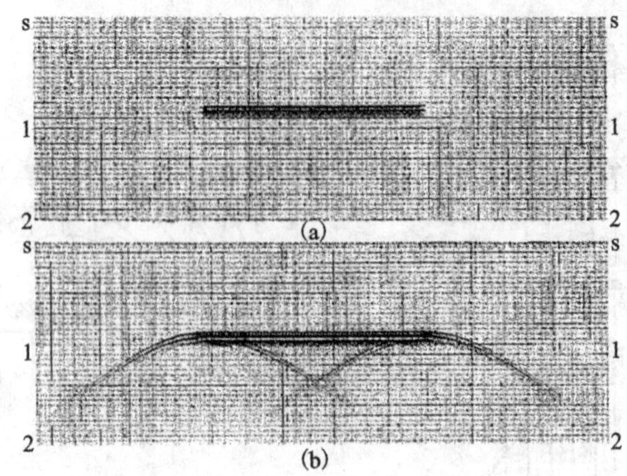

图 6.6.10　水平反射界面广义绕射观点示意图

(a)深度剖面上连续的惠更斯二次震源;(b)震源在零偏移距剖面上的响应的叠加结果

地下界面是水平的，那么可以很方便地从记录上得到正确的界面位置(即双曲线的顶点连线就是地下界面的位置)，而不需要进行偏移处理。然而当界面倾斜时情况就不这么简单了。图 6. 6. 11 是一个倾斜界面的零偏移距剖面，每一个绕射点对应一条绕射双曲线，*AB* 是所有双曲线的顶点连线，它表示了真实的地下反射界面的位置，但是由于这样的双曲线有无数条叠加在一起，所以在实际的零偏移距剖面中不可能找到这些顶点；另外从图中可以看出双曲线顶点位置通常被其他双曲线压制着。从这两方面讲都不可能直接找到 *AB* 的位置。但却能够较清晰地从叠加剖面中找到 *CD* 这条线，它是双曲线的公切线，如果不进行偏移，只能粗略地把 *CD* 所在的位置解释成地下界面位置，这显然有偏差。偏移的目的就是怎么样通过数学方法找到 *AB* 的位置。

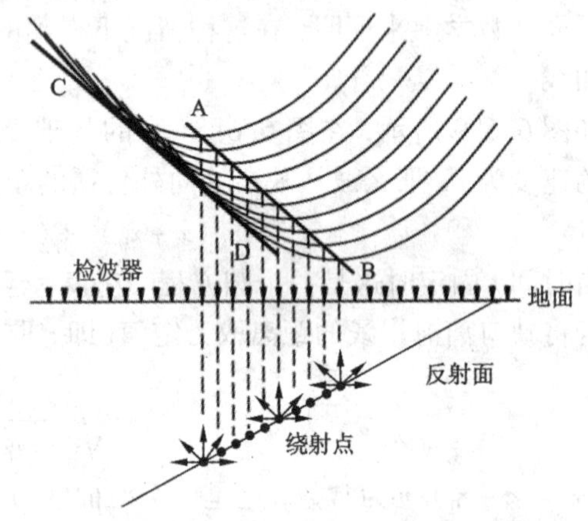

图 6.6.11　倾斜反射界面广义绕射观点示意图

3. 爆炸反射界面模型和成像原理

叠后偏移的输入是水平叠加剖面，它相当于一个自激自收剖面(即零炮检距记录)，记录的能量沿着垂直于界面的入射路径到达界面，这是一种理想形式，如图 6. 6. 12(a)所示。

现在来考虑这样一种观测系统，该观测系统几乎可以得到与自激自收完全一样的效果。如图 6. 6. 12(b)所示，设想将很多爆炸震源沿着反射界面放置，同样在测线上的每一个共中心点上都放置一个检波器，然后使所有的震源同一时刻全部爆炸，激发出的地震波向上传播被地表检波器接收到，这种实验描述的地质模型称为爆炸反射界面模型。

来自爆炸反射界面的地震剖面几乎与零偏移距剖面是等效的，但有一个重要的差别：零偏移距剖面是一个双程时间记录，而爆炸反射面模型则是单程时间记录，为了使这两种剖面相符合，可以设想在用爆炸反射界面模型时，地震波的传播速度改为真实速度的一半。

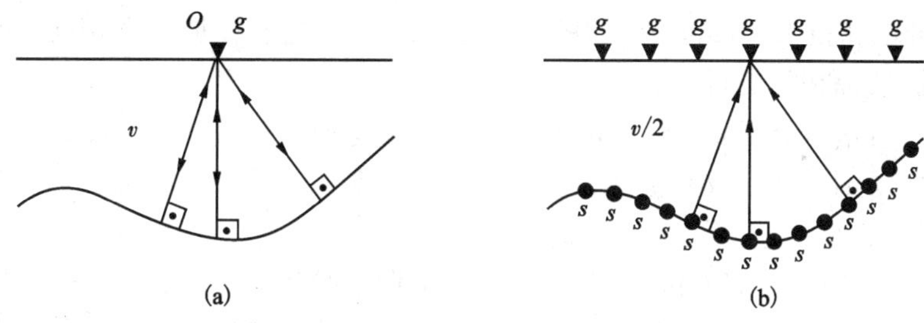

图 6.6.12 两种等价的观测系统示意图

(a)自激自收观测系统；(b)爆炸反射界面模型观测系统

延拓是偏移处理中的重要概念，但仅仅有延拓还是不够的。延拓的结果可得到地下各点处的波场值，它们仍然是时间的函数。为了要从延拓的结果中得到所需要的“反射界面图像”，必须利用成像原理。分析在 $t=0$ 时刻观测到的由爆炸反射面激发的波前形状，因为这时没有时间流逝，所以尚未发生波的传播，故波前的形状一定与激发它的反射界面的形状相同。$t=0$ 时刻的波前形状对应于反射界面形状这个事实就称为成像原理。因此，只需从延拓结果中取出零时刻的波场值就组成了所需要的“图像”。

4. 各种偏移方法

标量波动方程是常规偏移算法的基础，但这些算法不能区分多次波、面波、干扰波，进行偏移的输入数据中的任何地震能量都看作是反射波。偏移算法通常可以分为三大类：基于标量波动方程的积分解的算法（克希霍夫求和法）；基于标量波动方程的有限差分算法（有限差分法偏移）；基于 $F-K$ 变换来实现偏移的算法。

偏移在具体实现过程中有多种多样的方法，在此进行简单归类。从所依据的理论来看，可分为射线偏移和波动方程偏移；从求解波动方程数值解的方式上来看，可分为有限差分法、Kirch hoff 积分法、$F-K$（频率－波数域）法和有限元法；从输入资料的性质上来看，可分为叠后偏移和叠前偏移；从所用的域来看，可分为时间－空间域（包括 $\tau-p$ 域）和频率－波数域；从偏移算法中所采用的速度函数来看，可分为时间偏移和深度偏移；从维数上又可分为 2D 和 3D 偏移。

无论什么算法，都希望它具有如下特点：足够准确地处理陡倾角地层；有效地处理横向和垂向速度变化；高效地完成。

选择适当的偏移方法要求解释人员具有某个地区的构造地质和地层学的知识。

对具有强烈横向速度变化的复杂构造目标的精确成像，要求应用深度偏移，甚至要求在叠前做深度偏移。

此外，在有盐丘地质构造、逆掩地质构造和不规则水底地形等复杂盖层构造地区常常具有 3D 特征，因此，对这样的构造成像要做 3D 叠前深度偏移。为使 3D 影响最小，野外采集设计时，测线方向应尽可能地垂直于主要的构造走向或沿着地层倾斜方向。在这些条件下，2D 偏移假设是可以接受的。但是，如果地下界面有一个真实的 3D 几何形态，而没有主要倾向或走向，那么对 3D 数据必须做 3D 偏移。

在这里，从历史发展顺序，简要论述几种偏移技术原理。首先提出的偏移方法是半圆形扫描叠加法，这种方法用于计算机问世之前。然后是绕射波叠加技术，这是沿着绕射双曲线轨迹将地震波振幅进行相加的方法，双曲线轨迹形状受到介质速度的控制，再就是克希霍夫(Kirchhoff)积分求和技术(Schneider, 1978)，它基本上与绕射叠加技术相同，不同的是在叠加前要对地震波振幅和相位进行校正。

另一种偏移技术(Claerbout 和 Doherty, 1972)则是基于这样一种原理，即叠加剖面可以用爆炸反射界面所得到的零偏移距波场来模拟的原理。利用爆炸反射界面模型，偏移原则上就是依据波场外推(以向下连续延拓的形式)来成像。

向下延拓波场传统上可以用标量波动方程的有限差分解来实现，基于这个原理实现的偏移方法称为有限差分法偏移。有许多不同的差分算法可应用于时间 - 空间域和频率 - 空间域的微分算子。

继克希霍夫积分法和有限差分法偏移之后，Stolt(1987)提出用傅里叶变换将时空域数据转换为频率波数域的数据来实现偏移。Stolt 方法基于速度是常数的假设，但后来在 $F-K$ 域发展出了相移法，乃至相移加插值的方法，以适应速度纵向乃至横向变化的要求。

在工业化的今天，各种偏移算法在处理中仍在继续得到广泛应用的一个原因是没有一个算法能在保持经济有效的同时，完全符合处理所有倾角和速度变化的要求。基于标量波动方程的积分偏移算法，一般应当作克希霍夫偏移，可以处理从 0°到 90°变化的所有倾角，但在处理速度横向变化时很麻烦。有限差分法可以处理所有速度变化模型，但却是针对不同倾角度数给出的近似微分算子。$F-K$ 偏移法处理速度变化方面的能力有限，特别是横向变化。由于各种偏移算法的局限性，因此，需要将基本算法加以扩充和组合。剩余偏移就是在相移法或者常速 Stolt 偏移后接着进行倾角有限差分偏移的一个应用例子。

5. 影响偏移的因素

(1) 偏移参数

确定了偏移方法和适当的算法后，分析人员就需要选择偏移参数，偏移孔径宽度在克希霍夫偏移中是关键参数，小孔径导致陡倾角地层的缺失。延拓步长在有限差分法中是关键参数，它依赖于时间和空间采样、倾角、速度和频率，还依赖于差分算法类型。拉伸因子是 Stolt 偏移法的关键参数，常速介质的拉伸因子为 1，垂直速度梯度越大，拉伸因子就越小。

(2)数据输入

当分析人员偏移处理地震数据时，需要关心输入数据的各个方面，即测线长度或区域范围以及信噪比和空间假频。

测线长度必须足够长，才有可能保证陡倾角同相轴偏移后得到正确归位。同样地，对于 3D 偏移，3D 勘探的地表区域宽度也应大于地下界面目标区域宽度。偏移处理时，叠加剖面上脉冲野值对偏移效果的潜在影响不可忽视。此外，为避免高频时陡倾角地层的空间假频出现，道间距必须足够小。

(3) 偏移速度

偏移中水平位移是与偏移速度成比例的。由于速度是随着深度增加而增大的，因此，深部地层的偏移误差通常比浅部地层的大。此外，由于位移与倾角也成比例，因此，倾角越陡，对偏移速度的精确性要求就越高。

偏移后的同相轴位置的精确度，实际上受所用偏移算法的特性和速度误差共同影响。因此，选择合适的偏移算法也很必要。

6. 偏移脉冲响应

偏移脉冲响应可分为输入剖面脉冲响应和输出剖面脉冲响应。前者是指在输入的时间剖面（水平叠加剖面）或共炮集记录上的一个单一脉冲，经过偏移后在深度剖面上可能出现的界面位置轨迹。例如在均匀介质中，水平叠加时间剖面上的一个脉冲在深度剖面上的偏移脉冲响应是一个圆；而炮集记录中某一道中的一个脉冲对应的偏移响应是一个椭圆。不同偏移方法的偏移脉冲响应的精度不同，因而划分出了各个角度的偏移算法。后者是指在输出深度剖面上的一个脉冲，对应时间剖面上的时间轨迹。例如在均匀介质，目标空间有一个脉冲（或绕射点），在自激自收时间剖面上脉冲响应为一绕射双曲线；在非零炮检距的炮集记录上时距曲线也为双曲线，但两个双曲线的表达公式不同。

二、克希霍夫偏移

1. 绕射扫描叠加偏移

实际的反射层可以看成是无数绕射点组成的，实际的叠加剖面也可以看成是无数绕射双曲线叠加的结果。因此，如将地下空间划分为网格，则可把每一个网格点都看成是绕射点。根据网格点坐标计算出它的绕射时距曲线

$$t_i=\sqrt{\left(\frac{2z}{v}\right)^2+\left(\frac{2(x-x_i)}{v}\right)^2}=\sqrt{t_0^2+\frac{4(x-x_i)^2}{v^2}} \tag{6.6.3}$$

式中：(x,z)是绕射点 R（图 6.6.13）的坐标；$(x_i,0)$是接收点坐标；t_0 为绕射点至地表的双程垂直传播时间。然后按此绕射双曲线的时距关系 t_i-x_i 在实际记录道上取对应的振幅值，将它们相加后放置在绕射点 R 处，作为偏移后该点的输出振幅。依次对每个网格点都作如上处理就完成了绕射扫描叠加偏移工作。

如果 R 点是真正的绕射点（或反射界面上的点），则按绕射双曲线取出的各道记录振幅应当是同相的，它们相加是同相叠加，能量增强，偏移后 R 点处振幅突出。若 R 点不是真正的绕射点（非界面点），则参与叠加的幅值是随机的，叠加结果必然会相互完全抵消或部分抵消，从而使 R 点处振幅相对较小。因此，偏移后的剖面上，绕射波自动收敛到其绕射点处，在有反射界面处振幅变大，无界面处振幅自然相对减小，最终，绕射双曲线顶点连线便可勾勒出真实反射界面的位置。

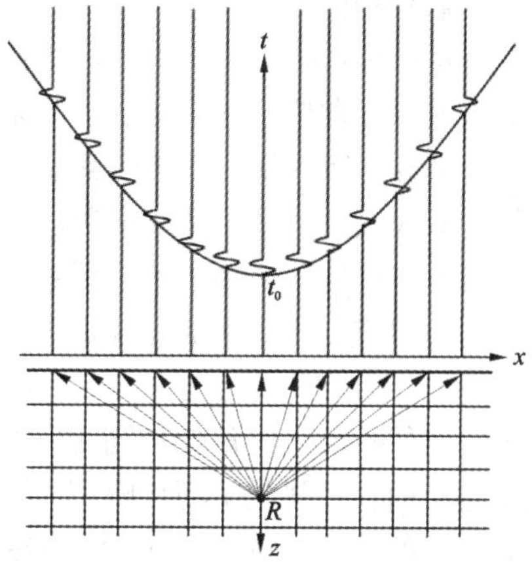

图 6.6.13　绕射扫描叠加偏移原理示意图

2. 振幅和相位因子

现在研究几个关系到绕射双曲线上波形振幅和相位状态的因子。根据图 6.6.14 所给出的模型，A 点和 B 点与点孔的距离是一样的，但 B 点与 z 轴有一交角，它的振幅就不如位于 z 轴的 A 点的振幅强。这就是点源波前振幅与点孔波前振幅的不同之处，点源波前是等振幅的，而点孔波前的振幅大小与角度有关。所以在振幅求和前要考虑到角度因素对振幅的影响。通常在 B 点移至 A 点输出之前要对 B 点的振幅乘以一个振幅比例因子，即 OA 与 OB 夹角的余弦。

另一个因素就是地震波振幅的球面发散，如图6.6.14中由于C点的波前离点孔源较B点远，所以该处的振幅比B点要弱。因能量按$(1/r^2)$衰减，振幅按$(1/r)$衰减，此处r为波前面到点孔的距离，因此在求和之前必须对振幅乘上$(1/r)$因子。

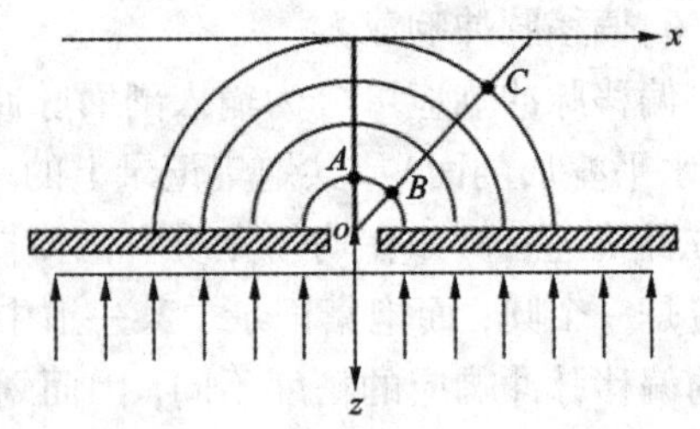

图6.6.14　点孔绕射模型

第三个因素是关于惠更斯二次震源波形的相干性，该因素很难用物理观点来表达，然而在图6.6.10上是显而易见的，惠更斯二次震源作为子波响应，其双曲线轨迹上的各点必然具有一定的相位和频率特性，否则，当它们互相靠近时，就不会有振幅相消的现象。

总之，在求和之前，必须考虑以下三个因素：

① 倾斜因子或方向因子，它表示为传播方向与垂直轴(Z轴)之间夹角的余弦。

② 球面扩散因子，在$2D$波动空间中用($\sqrt{1/vt}$)表示，$3D$空间中用$(1/vt)$表示。

③ 偏移子波整形因子，对于$2D$偏移定义一个45°常相位谱，振幅谱正比于$\sqrt{f}$；对于$3D$偏移，这个因子的相移为90°，振幅谱正比于f。

3. 克希霍夫偏移

考虑了倾斜因子、球面扩散因子和子波整形因子的绕射求和偏移方法称为克希霍夫偏移法。其具体做法是对输入资料乘以倾斜因子和球面扩散因子，然后利用以上整形因子进行滤波，再沿双曲线轨迹求和，求和结果放到偏移剖面上对应的双曲线顶点时间t_0对应的地方。实际工作中，即便利用第三个因子作滤波与求和的次序发生颠倒也并不会影响精度。

4. 影响克希霍夫偏移的因素

(1)偏移孔径

克希霍夫偏移是沿着绕射双曲线作振幅叠加。理论上，绕射双曲线可以无限延伸，而实际中只能截取双曲线的有限段作为求和路径。截取的空间范围，即实际求和路径的宽度，称为偏移孔径，它是用双曲线路径宽度所占的地震道道数来度量的。

绕射双曲线的曲率由速度函数决定，低速双曲线的孔径与高速的相比窄一些。

实际工作中偏移处理的速度函数至少是随深度变化的，致使孔径宽度是时变的。因此对剖面上的浅层部分可用小的孔径偏移，而深层部分应该用较大的孔径。

一般的，孔径宽度的选择应考虑以下几点：

①过小的孔径使倾角陡的同相轴遭到破坏，同时造成振幅变化剧烈；

②过小的孔径强化了随机噪声，特别是在剖面深部，造成假的水平同相轴；

③过大的孔径则意味着花费过多的计算时间，更重要的是大孔径会造成偏移质量的下降，信噪比降低，大偏移孔径会使深部的噪声影响到较好的浅层资料，孔径宽度总是根据噪声情况而定；

④最好用比理论值小些的孔径以避免偏移信号受到噪声的不利影响。从噪声方面考虑应采取时变的孔径宽度；

⑤对一个探区最好是使用相同的孔径对所有的测线作偏移，以便让偏移剖面保持统一的振幅特性。实际中是用探区的区域速度函数和最陡的同相轴倾角来计算最佳偏移孔径，把这个孔径应用到全区所有的资料。

(2)偏移的最大倾角

在偏移过程中，可以确定剖面中想要偏移的最大倾角。这对压制倾角陡的相干干扰是有用的。倾角参数与决定工作量的孔径有关，限制倾角参数是减少计算工作量的一种办法。

克希霍夫偏移的脉冲响应可适合各种最大倾角限制，最大允许倾角选得越小，相应的孔径也就越窄，应结合两者之间的这种关系来决定实际偏移所用的有效孔径。

(3)速度误差

速度参数也是影响克希霍夫偏移的重要因素。速度偏低，绕射双曲线收敛得越差，偏移不足；反之，偏移过量。

三、波动方程偏移

1. 波动方程偏移简介

最早采用的人工法使反射波同相轴实现偏移的做法，需要进行波的对比和识别，因而只能对已识别出的反射波同相轴绘制深度剖面，而不能利用记录下来的全部原始信息进行偏移，所以，人工绘制深度剖面在波的对比过程中已含有较多的主观因素，更不用说绘制出深度剖面后反射波的动力学特征了。

绕射扫描和克希霍夫偏移方法能把在地面上记录到的反射波或绕射波都归位到真正的反射界面或绕射点上，能较真实地反映地下构造形态，无需首先进行波的对比。然而这些方法的主要不足是没有考虑到波动的动力学特点，特别是能量的变化和其他波形特征的变化。因此这种偏移方法得出的结果只适用于构造形态解释，而不适用于较精细的地层岩性解释。

造成这一情况的根本原因在于地震波是一种波动，用几何地震学的射线理论来描述波的传播只是一种粗略近似。波动方程才是描述波动传播全部特征(包括时间和能量)的精确数学工具，可以使偏移结果不仅恢复地下界面的真实形态，还可保留波动的动力学特征。

如图 6.6.15 所示，AO 表示地面，OC 表示地下倾斜界面，A'点表示界面反射点。当观测点在 A 位置时，通过自激自收得到 A'点的反射信息，并把它放在 A 点正下方的 A''点处。比较 A'和 A''点，他们之间既有水平位移也有垂直位移。现在假设可以把观测面向地下移动到 BO'位置，观测点定在 B 点，这时我们通过自激自收又得到一个新的来自 A'点的反射信息，并把它放在 B 点正下方的 B'点处。同样 A'和 B'点之间既有水平位移也有垂直位移，但是相比于 A'',B'偏离 A'位移已经明显减小。继续向下移动观测面，很明显，来自 A'的自激自收反射信息像点的位置与 A'的偏离会越来越小，当观测面位置到达 A'点时，“偏离”就不存在了，这时得到的像点就是 A'的准确位置。

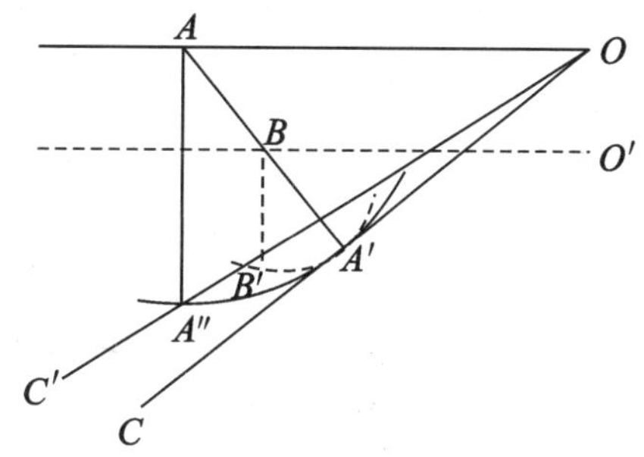

图 6.6.15 波动方程偏移示意图

上述例子只是用来说明 A'点的情况，所以要求观测面移到 A'的位置。实际上地下每一个深度处都可能有反射点，也就是说把观测面移到任何一个深度处都可以得到位于该深度上的可能的反射点的真实位置，把找到的这些反射点连在一起就得到了界面的真实形态。

当然，在实际工作中波场的观测只能在地面进行，因此上述原理在物理上是不可实现的。但是可以找到一套数学上的方法，把波场从一个高度换算到另一个高度，习惯上称之为波场延拓。为了实现偏移，可以把地面上得到的波场值作为边界条件，然后在此基础上对波场进行向下延拓。当把地面波场向下延拓到不同的深度时，就可以得到该深度处的波场值，然后根据成像原理，就得到了该深度处的真实反射界面。

前面介绍的只是波动方程偏移最基本的原理，具体的实现方法目前常用的有 3 种，即有限差分法(时间 - 空间域)、$F-K$ 法(频率 - 波数域)、Kirchhoff(积分法)。此外，随着计算机技术的发展，有限元方法也正在受到人们的关注和深入研究。

2. 15°有限差分法波动方程偏移

15°有限差分法波动方程偏移是以地面上获得的水平叠加时间剖面作为边界条件，用差分代替微分，对只包含上行波的近似波动方程求解得到地下各点波场值，并进而获得地下界面真实图像的一种偏移方法。其偏移的过程也是一个延拓和成像的过程。

(1)延拓方程的推导

由二维波动方程

$$\frac{\partial^2 u}{\partial x^2}+\frac{\partial^2 u}{\partial z^2}-\frac{1}{v^2}\frac{\partial^2 u}{\partial t^2}=0 \tag{6.6.4}$$

出发，根据爆炸反射面模型，速度减小一半，即用 $v/2$ 代替 v 代入上式得

$$\frac{\partial^2 u}{\partial x^2}+\frac{\partial^2 u}{\partial z^2}-\frac{4}{v^2}\frac{\partial^2 u}{\partial t^2}=0 \tag{6.6.5}$$

此方程有两个解，分别对应于上行波和下行波。地面地震记录到的是单纯的上行波，故不能用该方程直接进行延拓，必须将其化为单纯的上行波方程后才能使用。通常采用的办法是做以下坐标变换

$$\left.\begin{aligned} x' &= x \\ \tau &= \frac{z}{v/2} \\ t' &= t+\tau \end{aligned}\right\} \tag{6.6.6}$$

式中：第一个变换 x 其实没有变化，第二个变换只是将空间深度 z 换成时间深度 τ，也无实质性变化，关键是第三个变换，它表示不再用传统的旧时钟计时，而是用一个运行速度与旧时钟一样，但起始时刻随深度变化的新时钟。再用新时钟计时时，上、下行波就表现出差异。

因为坐标变换并不会改变实际波场，故原坐标系中的波场 $u(x,z,t)$，与新坐标系中的波场$\hat{u}(x',\tau,t')$是完全一样的，即

$$u(x,z,t)=\hat{u}(x',\tau,t') \tag{6.6.7}$$

由复合函数微分法求出上述二阶偏微分结果并代入方程(6.6.5)，整理后得

$$\frac{\partial^2 \hat{u}}{\partial x'^2}+\frac{4}{v^2}\frac{\partial^2 \hat{u}}{\partial \tau^2}+\frac{8}{v^2}\frac{\partial^2 \hat{u}}{\partial \tau \partial t'}=0 \tag{6.6.8}$$

为书写方便，以 u、x、t 分别代表$\hat{u}$、x'、t'，则上式可化简为

$$\frac{v^2}{8}u_{xx}+\frac{1}{2}u_{\tau\tau}+u_{\tau t}=0 \tag{6.6.9}$$

式中：u_{xx}、$u_{\tau\tau}$、$u_{\tau t}$分别表示 u 的二次导数。注意，此方程仍然包含了上行波和下行波。

经过坐标变换后，虽然波场不变，但在新的坐标系下，上、下行波表现出差异，此差异主要表现为 $u_{\tau\tau}$的大小不同：当上行波的传播方向与垂直方向之间的夹角较小时(小于15°)，$u_{\tau\tau}$

可以忽略；而对下行波来说，$u_{\tau\tau}$不能忽略。忽略掉 $u_{\tau\tau}$项，就得到只包含上行波的近似方程

$$\frac{v^2}{8}u_{xx}+u_{\tau t}=0 \tag{6.6.10}$$

此即 15°上行波近似方程(因为它只适用于传播方向与垂直方向夹角小于 15°的上行波，或者说只有倾角小于 15°的界面形成的上行反射波才能近似满足该方程)，为常用的延拓方程。

为了求解此方程还必须给出定解条件：①测线两端外侧的波场为零，即当 $x>x_{\max}$或 $x<x_{\min}$时，$u(x,\tau,t)\equiv 0$；②记录最大时间以外的波场为零，即当 $t>t_{\max}$时，$u(x,\tau,t)\equiv 0$；③以自激自收记录作为给定的边界条件，即时间深度 $\tau=0$ 处的波场值 $u(x,0,t)$已知。

给定了这些定解条件之后，就可以对方程(6.6.10)求解得到地下任意深度处的波场值 $u(x,\tau,t)$，这是延拓过程。再根据前述成像原理，取传统旧时钟零时刻的波场值(即新时钟时间 $t=\tau$ 时刻的波场值 $u(x,\tau,\tau)$)就组成了偏移后的输出剖面。

(2)差分方程的建立

为了求解微分方程(6.6.10)，用差分近似代替微分，采用如图 6.6.16所示的 12 点差分格式则得

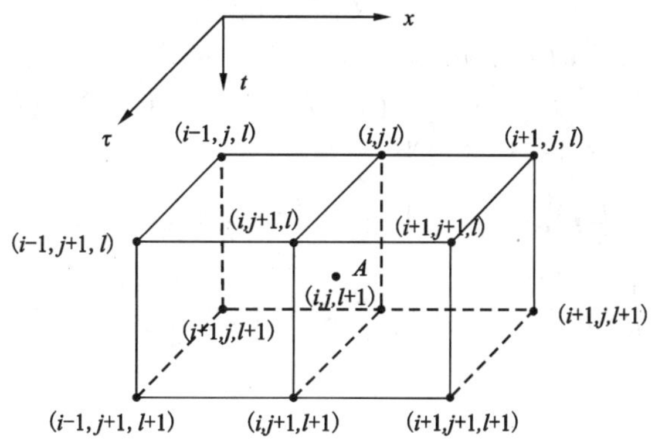

图 6.6.16　12 点差分格式的网格节点示意图

$$\begin{aligned}u_{xx}=\frac{1}{4\Delta x^2}\{&[u(i-1,j,l)-2u(i,j,l)+u(i+1,j,l)]+\\&[u(i-1,j+1,l)-2u(i,j+1,l)+u(i+1,j+1,l)]+\\&[u(i-1,j,l+1)-2u(i,j,l+1)+u(i+1,j,l+1)]+\\&[u(i-1,j+1,l+1)-2u(i,j+1,l+1)+u(i+1,j+1,l+1)]\}\end{aligned} \tag{6.6.11}$$

$$\begin{aligned}u_{\tau t}=\frac{1}{\Delta\tau\Delta t}\Big\{&\frac{1}{6}[u(i-1,j+1,l+1)-u(i-1,j+1,l)]-\\&\frac{1}{6}[u(i-1,j,l+1)-u(i-1,j,l)]+\\&\frac{2}{3}[u(i,j+1,l+1)-u(i,j+1,l)]-\frac{2}{3}[u(i,j,l+1)-u(i,j,l)]+\\&\frac{1}{6}[u(i+1,j+1,l+1)-u(i+1,j+1,l)]-\\&\frac{1}{6}[u(i+1,j,l+1)-u(i+1,j,l)]\Big\}\end{aligned} \tag{6.6.12}$$

将式(6.6.11)和(6.6.12)代入式(6.6.10)得

$$\frac{1}{6}[u(i-1,j+1,l+1)-u(i-1,j+1,l)]-\frac{1}{6}[u(i-1,j,l+1)-u(i-1,j,l)]+$$
$$\frac{2}{3}[u(i,j+1,l+1)-u(i,j+1,l)]-\frac{2}{3}[u(i,j,l+1)-u(i,j,l)]+$$

$$\frac{1}{6}[u(i+1,j+1,l+1)-u(i+1,j+1,l)]-\frac{1}{6}[u(i+1,j,l+1)-u(i+1,j,l)]=$$
$$\frac{-v^2\Delta\tau\Delta t}{32\Delta x^2}\{[u(i-1,j,l)-2u(i,j,l)+u(i+1,j,l)]+$$
$$[u(i-1,j+1,l)-2u(i,j+1,l)+u(i+1,j+1,l)]+$$
$$[u(i-1,j,l+1)-2u(i,j,l+1)+u(i+1,j,l+1)]+$$
$$[u(i-1,j+1,l+1)-2u(i,j+1,l+1)+u(i+1,j+1,l+1)]\} \tag{6.6.13}$$

定义向量 $\boldsymbol{I}$、$\boldsymbol{T}$ 为

$$\boldsymbol{I}=[0,1,0], \qquad \boldsymbol{T}=[-1,2,-1]$$

并令向量 $\boldsymbol{u}(x,j,l)$ 为

$$\boldsymbol{u}(x,j,l)=[u(i-1,j,l),u(i,j,l),u(i+1,j,l)]$$

则式(6.6.13)可简写为

$$\left(\boldsymbol{I}-\frac{1}{6}\boldsymbol{T}\right)\boldsymbol{u}(x,j+1,l+1)-\left(\boldsymbol{I}-\frac{1}{6}\boldsymbol{T}\right)\boldsymbol{u}(x,j+1,l)-\left(\boldsymbol{I}-\frac{1}{6}\boldsymbol{T}\right)\boldsymbol{u}(x,j,l+1)+$$
$$\left(\boldsymbol{I}-\frac{1}{6}\boldsymbol{T}\right)\boldsymbol{u}(x,j,l)=\frac{-v^2\Delta\tau\Delta t}{32\Delta x^2}\boldsymbol{T}[\boldsymbol{u}(x,j,l)+\boldsymbol{u}(x,j+1,l)+\boldsymbol{u}(x,j,l+1)+\boldsymbol{u}(x,j+1,l+1)] \tag{6.6.14}$$

又令

$$\left.\begin{aligned}\alpha&=\frac{-v^2\Delta\tau\Delta t}{32\Delta x^2}\\ \beta&=\frac{1}{6}\end{aligned}\right\} \tag{6.6.15}$$

则式(6.6.14)可以写成

$$\boldsymbol{u}(x,j+1,l)=\frac{\boldsymbol{I}-(\alpha+\beta)\boldsymbol{T}}{\boldsymbol{I}+(\alpha-\beta)\boldsymbol{T}}[\boldsymbol{u}(x,j+1,l+1)+\boldsymbol{u}(x,j,l)-\boldsymbol{u}(x,j,l+1)] \tag{6.6.16}$$

这就是适合计算机计算的15°上行波近似方程的差分方程式。

(3) 计算步骤和偏移结果

差分方程(6.6.16)形式上是一个隐式方程，即时间深度 $\tau=(j+1)\Delta\tau$ 处的波场值不能单独地用时间深度 $\tau=j\Delta\tau$ 处的波场值组合得到，方程右边仍然有 $\tau=(j+1)\Delta\tau$ 的项。如图6.6.17所示，为了求得第一排数据 $u(x,j+1,l)$，必须用到三排数据 $u(x,j+1,l+1)$, $u(x,j,l+1)$ 和 $u(x,j,l)$。一般来说，隐式方程的求解必须用求解联立方程的方法进行，比较麻烦，但这里可以利用有利的条件，无须复杂的联立运算。

利用定解条件②，在计算新的深度 $\tau=(j+1)\Delta\tau$ 处的波场值时，由最大的时间开始，首先计算 $t=t_{max}$ 的那一排。因 $\boldsymbol{u}(x,j,t_{max}+\Delta t)\equiv 0$ 和 $\boldsymbol{u}(x,j+1,t_{max}+\Delta t)\equiv 0$，所以有

$$\boldsymbol{u}(x,j+1,t_{max})=\frac{\boldsymbol{I}-(\alpha+\beta)\boldsymbol{T}}{\boldsymbol{I}+(\alpha-\beta)\boldsymbol{T}}\boldsymbol{u}(x,j,t_{max})$$

计算 $\boldsymbol{u}(x,j+1,t_{max})$ 只用到已知的 $\boldsymbol{u}(x,j,t_{max})$ 的值，十分容易。然后利用(6.6.16)式递推求 $\tau=(j+1)\Delta\tau$ 深度处任何时刻的波场值。

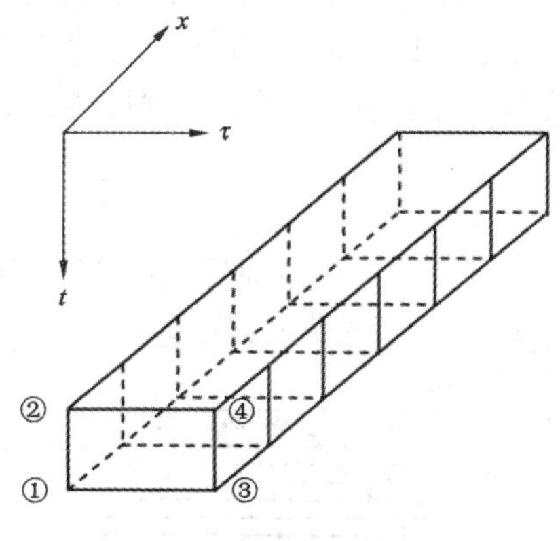

图 6.6.17 有限差分法单元网格

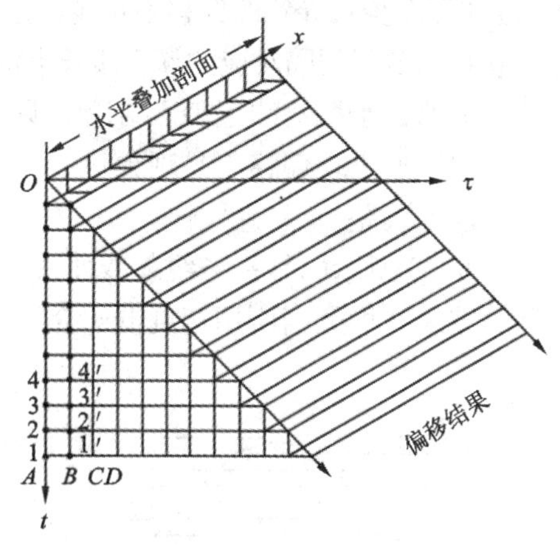

图 6.6.18 15°波动方程有限差分法偏移网格递推示意图

具体计算时由地面向下延拓，计算深度 $\Delta\tau$ 处的波场值：首先计算此深度处在 $t=t_{max}$ 时的波场，然后向 t 减小的方向进行计算直至本深度处的全部波场值计算完。一个深度的波场值计算结束后，再向下延拓一个步长 $\Delta\tau$ 继续计算。依此类推，可以得到地下所有点在不同时刻的波场值。

如前所述，在新时钟 $t=\tau$ 时刻的波场值正是所欲求的"像"。因此，每次递推计算某一深度 τ 处的波场值时，由 $t=t_{max}$ 向 t 减小的方向计算至 $t=\tau$ 时就可以结束了，$u(x,\tau,\tau)$ 为该深度处的"像"。不同深度处的"像"组成偏移后的输出剖面。

图 6.6.18 画出了偏移时的计算关系及结果取值位置。A 表示地面观测到的叠加剖面，由 A 计算下一个深度 $\Delta\tau$ 处的波场值 B，计算 B 时先算第 1′排的数值(只用到 A 中第 1 排数值)，再算第 2′排数值(要用到 A 中第 1、2 排和 B 中第 1′排的数值)，依此类推进行计算，直到算出 $t=\Delta\tau$ 的值为止，再由 B 计算下一个深度 $2\Delta\tau$ 处的波场值 C，直到算出 $t=2\Delta\tau$ 的值为止……在二维空间$(x,t=\tau)$上便呈现出了所需要的结果剖面信息。

当延拓计算步长 $\Delta\tau$ 与地震记录的采样间隔 Δt 一样时，由图 6.6.18 的几何关系可以看到，偏移剖面是该图中 45°对角线上的值。实际工作中 $\Delta\tau$ 不一定要与 Δt 相等，应当根据界面倾角大小确定 $\Delta\tau$，倾角较大时应取较小的 $\Delta\tau$，倾角较小时 $\Delta\tau$ 可取得大一些，以减少计算工作量，中间值用插值方法求得。

与其他波动方程偏移方法相比，有限差分法具有可适应横向速度变化、偏移噪声小、在剖面信噪比低的情况下也能很好地工作等优点，但 15°有限差分法在界面倾角太大时不能得到好的偏移效果。因此，又发展了 45°、60°甚至 90°的有限差分偏移方法。

3. 影响有限差分法偏移的因素

(1) 深度步长

有限差分偏移需要将地面波场向下延拓，在计算机中，该过程是以离散的深度步长进行的。深度步长决定了有限差分偏移的特性，该参数确定得不合适就会导致偏移剖面上出现人为假象。图 6.6.19 所示的是常速绕射双曲线和三个不同深度步长的 15°隐式有限差分偏移结果，可见，大的步长会引起严重的偏移不足。

根据图 6.6.19 针对 15°隐式有限差分偏移的结果。可以得到下面的推论：① 同相轴的倾角越大，增加深度步长导致的偏移不足越严重；② 陡倾角和大的深度步长时，反射层的波形是散乱的；③ 在离散层间隔对应的深度步长上沿着反射层发生扭曲，扭曲现象随倾角增大而增加。

结论①源自于抛物线近似；结论②源自于差分近似；结论③源自于每个深度步长的偏移结果的下端逐渐出现偏移不足现象。

（2）速度误差

图 6.6.20 所示的是一条绕射双曲线和用 2500 m/s 的介质速度及速度减小 5%，10% 进行偏移的结果。可见当所用速度低于介质速度时，偏移不足，反之，偏移过量。

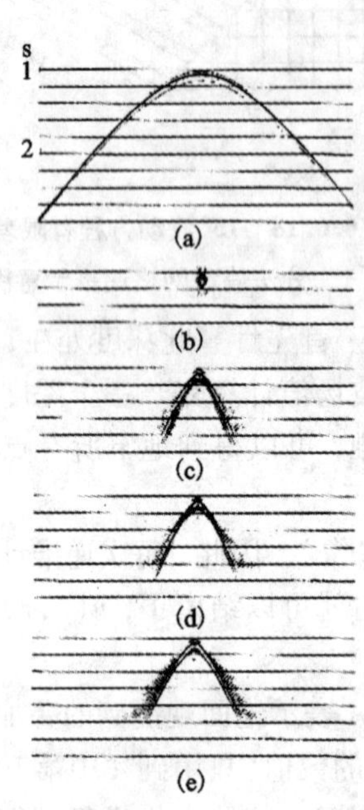

图 6.6.19　不同深度步长的 15°有限差分偏移

(a)速度为 2 500 m/s 的一条绕射双曲线零偏移距剖面；(b)理想偏移；(c)，(d)，(e)分别为用 4 ms，8 ms，12 ms 的深度步长进行偏移的结果。

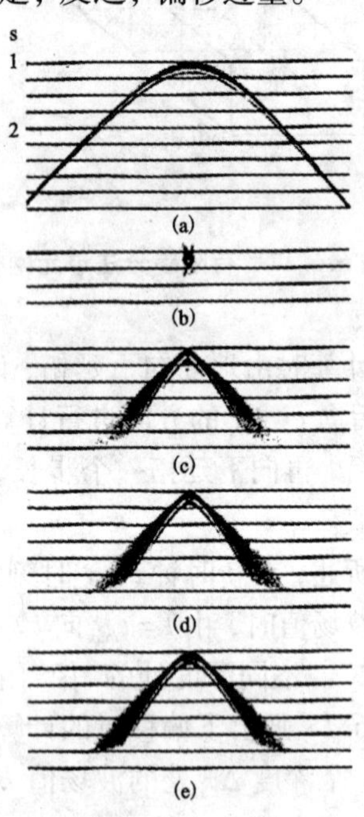

图 6.6.20　不同速度的 15°有限差分偏移

(a)速度为 2 500 m/s 的一条绕射双曲线；(b)理想偏移；(c)，(d)，(e)分别为用介质速度 2 500 m/s，比介质速度低 5% 和 10% 的速度进行偏移的结果；深度步长 20 ms

习题六

1. 名词解释：

(1)解编；(2)道编辑；(3)真振幅恢复；(4)抽道选排；(5)伪门现象；(6)吉普斯现象；(7)扇形滤波；(8)地震子波；(9)速度扫描；(10)偏移脉冲响应；(11)爆炸反射界面模型；(12)成像原理；(13)偏移孔径。

2. 说明哪些滤波器是稳定的？哪些是不稳定的？哪些是物理可实现的？哪些是物理不可实现的？

3. 已知面波的 $f_1=10$ Hz，$f_2=20$ Hz，有效波的 $f_3=25$ Hz，$f_4=70$ Hz，试在频率域设计一维滤波器的滤波因子(频率函数)以压制面波，并定性绘图说明滤波过程。

4. 一维滤波、二维滤波分别利用有效波和干扰波在什么方面的差异？

5. 什么叫反滤波？其物理意义是什么？

6. 何为大地滤波？地震资料数据处理为什么要进行反褶积滤波？

7. 已知反射系数序列 $\xi(t)$ 和地震子波 $b(t)$，如何构制人工合成地震记录。

8. 最小平方反滤波的作用是什么？

9. 根据海上一级鸣震形成的物理机制，推导它的频率响应 $N_1(\omega)$，并说明如何用预测反滤波压制它。

10. 试述滤波与反滤波的异同点。

11. 简述速度分析方法，速度分析结果的表示方式有哪些？

12. 试写出利用均方根速度求取层速度的 Dix 公式。

13. 什么是静校正、动校正？说明各自的具体做法。

14. 什么是野外一次静校正和剩余静校正？如何进行野外一次静校正？

15. 根据动校正剩余时差公式 $\Delta t = \dfrac{x^2}{2t_0}\left(\dfrac{1}{v^2} - \dfrac{1}{v_\sigma^2}\right)$，解释为什么当 $v_\sigma < v$ 时，动校过量；当 $v_\sigma > v$ 时，动校不足。

16. 什么是水平叠加？水平叠加有什么作用？水平叠加要求采用何种观测系统？

17. 水平叠加特性表现为那两个方面？

18. 影响叠加效果的主要因素有哪些？

19. 分析叠加剖面上为什么会出现“蝴蝶结”形状，进行偏移处理后又会出现什么变化？

20. 简述克希霍夫偏移的基本原理，与波动方程偏移相比克希霍夫偏移有什么优劣？

21. 简述影响波动方程偏移效果的因素，各个偏移参数的选取对结果有什么影响？

第七章　地震资料解释

地震资料解释就是把经过处理的地震信息变为地质成果的过程。经过处理得到的叠加或偏移剖面虽然可以一定程度地反映地下地质构造特点，但还存在许多假象，需要运用地震波的有关理论进行分析、对比，去伪存真。同时还要通过构造成图，将时间剖面转变为深度剖面，再根据各种地震参数以及地质、钻井和其他物探资料进行综合分析，将地震剖面转化为地质地层剖面。因此，地震勘探的野外采集和资料处理是间接或直接为解释工作服务的，获得解释成果才是地震勘探的最终目标。没有地震资料的解释，地震勘探就不会得到地质成果。所以，在地震勘探中，资料解释占有十分重要的地位。

本章只就地震解释的基础性方法进行介绍，主要包括反射地震资料的构造解释、地震地层解释以及折射波资料解释的基本方法。

第一节　地震反射波资料的构造解释

构造解释主要是利用地震波的运动学信息，把地震时间剖面转变为深度剖面，绘制地质构造图，搞清岩层之间的界面、断层和褶皱的位置和方向，它已成为地震资料解释的常规方法。

油气勘探中，构造解释主要用于寻找构造圈闭油藏。构造油藏的基本类型如图 7.1.1 所示。工程勘探中，构造解释主要用来正确确定基岩埋藏深度，搞清断层分布并对其活动性进行评价，对滑坡等灾害性地质现象进行调查。构造解释主要包括地震剖面的对比、波场的分析、地震剖面的地质解释、深度剖面与构造图的绘制、含油气远景评价等工作。

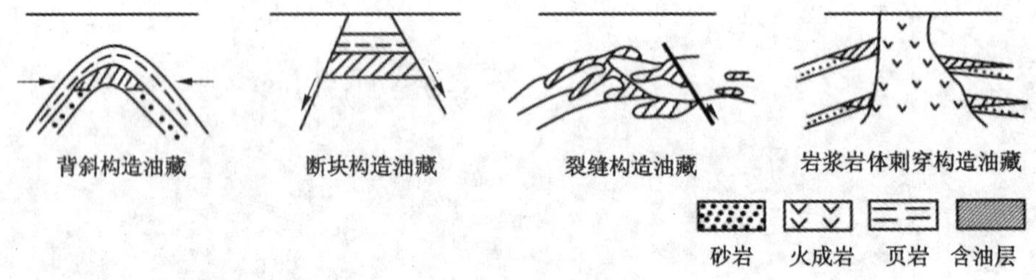

图 7.1.1　主要构造油藏类型

一、时间剖面与地质剖面的差别

水平叠加时间剖面并不是沿测线铅垂向下的地质剖面，它们之间有许多重要差别。这主要表现在以下几个方面：

（1）地震剖面上的反射波通常是由多个地层分界面上振幅有大有小、极性有正有负、到达时间有先有后的反射子波叠加、复合的结果。根据钻井资料得到的地质剖面上的地层分界面与时间剖面上反射波同相轴在数量上、出现位置上常常不能一一对应。

(2) 时间剖面的纵坐标是双程旅行时 t_0，而地质剖面或测井资料是以铅垂深度表示的。两者须经时深转换，其媒介就是地震波的传播速度，它通常随深度或空间而变化。

(3) 时间剖面上的反射波振幅、同相轴及波形本身就包含了地下地层的构造和岩性信息，如振幅的强弱与地层结构、介质参数密切相关。尽管反射波同相轴与地下分界面相对应，但其反射特性又与界面两侧的地层、岩性有关。因此，必须经过一些特殊的处理(如波阻抗反演技术等)才能把反射波所包含的“界面”信息转换成与“层”有关的信息，这时才能与地质和钻井资料进行直接比对。

(4)在水平叠加剖面上常出现各种特殊波，如绕射波、断面波、回转波、侧面波等。这些波的同相轴形态并不表示真实的地质形态。

二、时间剖面的对比

时间剖面的对比是反射地震资料解释中的一项最重要的基础性工作。对比工作的正确与否将直接影响地质成果的可靠程度。

根据反射波的一些特征来识别和追踪同一反射波的工作，叫做波的对比。在地震记录上相同相位(主要指波峰和波谷)的连线称为同相轴。在地震时间剖面或深度剖面上反射层位表现为同相轴的形式，所以在地震剖面上对反射波的追踪实际上就变为对同相轴的对比。

1. 反射波的识别标志

来自同一界面的反射波，直接受该界面埋藏深度、岩性、产状及覆盖层等因素的影响。如果上述这些因素在一定范围内变化不大，具有相对的稳定性，就会使得同一界面的反射波在相邻接收点上反映出相似的特点。属于同一界面的反射波其同相轴一般具有三个相似的特点，也称为反射波对比的三个标志。

(1)强振幅

经过反射地震资料采集及处理中一系列提高信噪比的措施后，地震剖面上反射波的振幅一般都大于干扰波的振幅，因此具有较强振幅的同相轴一般是有效反射波同相轴的特征。当然，同相轴能量的强弱与界面上下介质的波阻抗差、界面的形状及波的传播路径等有关。一般若无大的变化，沿测线反射波振幅的衰减是缓慢的。

(2)同相性

由于同一界面的反射波到达相邻检波点的射线路径是相近的，因此它们的相同相位所记录的时间也是十分接近的，同相轴应是一条圆滑的曲(直)线，同一界面的反射波组中不同相位的同相轴应彼此平行。因此，有平滑的、足够长的和平行的同相轴通常是同一界面反射波的标志。

(3)波形相似性

同一界面的反射波在相邻道的地震记录上波形一般是相似的(包括视周期、相位个数、各极值间的振幅比等)。因此，在位置接近的道上振动形状的主要特点基本不变应当是属于同一个波的标志。波形的相似性与同相性两个标志统称为相干性。

2. 实际对比方法

尽管理论上有上述对比波的基本标志，但实际情况往往十分复杂。由于激发、接收条件的变化，干扰波的影响，地震地质条件的变化等，会使有效波发生各种变化。因此，除掌握上述反射波对比的三个标志外，实际对比时还需了解下述对比的具体方法。

(1)掌握地质资料、统观全局、研究剖面结构

对比工作开始之前，要收集和分析掌握工区和邻区的地质、测井及其他物探资料，了解采集处理的方法及因素。在此基础上，统观工区大量剖面，了解重要波组的特征及相互关系，掌握剖面结构，研究规律性的地质构造特征。

(2)从主测线开始对比

一般在一个工区有多条地震剖面，应当先从主测线地震剖面开始对比工作，然后从主测线剖面上的反射层引伸到其他测线上去。所谓主测线是指垂直构造走向，横穿主要构造，并且信噪比比较高、反射同相轴连续性好的测线，它还应有一定的长度，最好能经过井位。

(3)重点对比标准层或强波的长同相轴

对某条测线而言，可能有多个反射层，应重点对比标准层。标准层是指具有较强振幅、同相轴连续性好、可在整个工区内追踪的目的反射层。它往往是主要地层或岩性的分界面。通常应当重点研究由浅到深、能控制不同年代的各个标准层，掌握了它们就能研究剖面的主要构造特点。如果标准层的反射不够好，则应尽量选取能量较强的或能连续追踪的较长的同相轴进行对比。

(4)相位对比

一个反射界面在地震剖面上往往包含有几个强度不等的同相轴，选其中振幅最强、连续性最好的某个同相轴进行追踪，这叫做强相位对比。多相位对比可以保证在某一个相位由于岩性变化或其他原因而使对比中断时，通过其他相位的对比来判明原因或补充连续对比。

(5)波组和波系对比

波组是指由数目不等的同相轴组合在一起形成的，或指比较靠近的若干界面所产生的反射波的组合。由两个或两个以上波组所组成的反射波系列，称为波系。利用这些组合关系进行波的对比，可以更全面地考虑反射层之间的关系。因为从地质的观点来说，相邻地层界面的厚度间隔、几何形态存在一定联系，反映在时间剖面上的反射波在时间间隔、波形特征等方面也就有一定规律性。有时在剖面的某段长度内，因某种原因有的同相轴质量较差(振幅弱、连续性差)，则可以根据反射波在剖面上相互之间总的趋势，例如是等时间间隔的，还是逐渐减小、增大的等，以好的反射波组来控制不好的反射波组，进行连续追踪。

(6)沿测线闭合圈对比(剖面的闭合)

在水平叠加时间剖面上，沿测线闭合圈追踪对比同一界面的反射波，在测线交点处回声时间应相等。当闭合圈中有断层时，应把断距考虑在内。一般闭合差不能超过半个相位，如果超过这个规定，就意味着对比追踪的不是反射波的同一相位，需要重新进行对比。剖面不闭合还可能是各测线施工时间不同、采集和处理因素不一样、测量误差等原因造成的。如果闭合差超过允许精度时，应认真检查其原因。

(7)利用偏移剖面进行对比

当地质构造比较复杂时，在水平叠加时间剖面上同相轴形态比较复杂，这时可利用偏移剖面来进行对比工作。剖面间的闭合不能用二维偏移剖面，因为对于沿地层倾向的剖面，反射波可以归位，而对于沿地层走向的水平叠加时间剖面，倾角为零，偏移后反射波位置没有变化，这样在测线交点处反射层就不能闭合。只有利用三维偏移资料，才能使其闭合。

(8)研究特殊波

在水平叠加时间剖面上常见的特殊波有三种：当地层的岩性发生突变时，会产生绕射波

(常在各反射层断裂处或岩层尖灭，界面凸起点处出现)；当断层的规模较大时，通常在断层的断面上产生断面反射波；当凹界面的曲率半径小于界面埋深时，由于水平叠加时间剖面显示的原因，该凹界面还会形成回转波。这些均是利用水平叠加剖面研究断层、尖灭及扰曲等地质现象时十分有用的特殊波。

(9)剖面间的对比

在对时间剖面进行了初步对比后，可以把沿地层倾向或走向的各个剖面按次序排列起来，纵观各个反射波的特征及其变化，借以了解地质构造、断裂在横向、纵向上的变化，这有利于对剖面作地质解释和作构造图等工作。

在地层起伏大、构造复杂、断层较多的地区，通常地震剖面特征波复杂，不便于对比解释，此时可以利用地震模型技术进行解释。具体实现过程包括以下两个途径。

一是根据水平叠加剖面或偏移剖面提供的初步解释方案，利用工区内的时深转换关系绘制深度剖面，得到相应的地质模型。这一过程称为地震反演模型技术，即根据实际观察资料推断地质模型的过程。地震资料解释实际上是最具有艺术性的反演过程。

二是根据初步的地质模型和相应的地层参数，如速度、密度数值等，按照射线理论或波动理论计算给定模型的地震响应，即合成的水平叠加剖面或偏移剖面，这一过程称为地震正演模型技术。将合成剖面与实际剖面进行比较，反复修改初始地质模型，直到计算合成的剖面与实际剖面比较相近为止。这也是验证解释成果是否准确的有效方法。

三、地震波场分析

地震波场是地下地质体总的地震响应。简单地质体的地震波场在前面已有介绍，特殊的地质体构造在水平叠加剖面上会形成由特殊波组成的地震波场，这些特殊波在地震剖面上的空间分布、回声时间大小、振幅强弱、同相轴的连续性等是识别它们的重要标志。因此，掌握各种特殊地质体的地震波场特征对正确的解释工作是十分重要的。

1. 单元构造波场特征分析

单元构造的地震波场是指在均匀介质情况下，小凹子、小凸起、断层等局部构造单元在水平叠加剖面上的地震响应。

(1)回转波

地质剖面上由于地层受挤压形成的凹陷，或在断层附近由于牵引作用形成的凹界面，当其曲率半径小于埋藏深度时，则在水平叠加剖面上会形成反射点位置和接收点位置相互倒置的回转波场。图 7.1.2(a)是小凹陷的回转波场记录，图 7.1.2(b)是经偏移归位后的剖面，回转波已被归位，恢复了原来小凹陷的形态。

回转波波场有如下特点：

① 回转波呈“蝴蝶结”几何形状，它的回转范围与界面的埋深及弯曲程度有关。界面越深越弯曲、回转区越大，反之则回转区越小。当凹界面的曲率中心正好处在地面上时，自激自收的射线便聚焦成一点。

② 凹界面如同凹面镜一样，有能量聚焦的作用。尤其在平界面反射波与回转波的切点处(也叫回转点)，两波相切，振幅较强。

③ 回转波的波场具有“背斜”形，其“背斜”的顶点是小凹陷的底点。正是由于回转波具有似“背斜”的同相轴形状，解释时容易误认为是地下背斜构造的反映，这一点应引起注意。

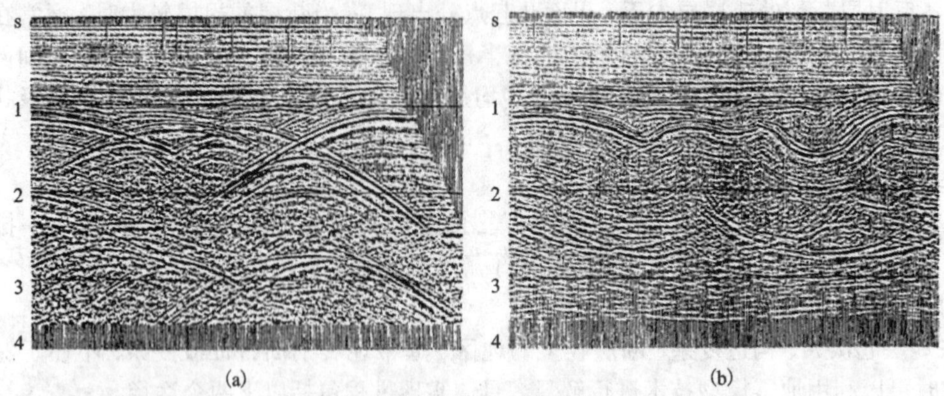

图 7.1.2　回转波现象

(a)水平叠加剖面；(b)偏移剖面

(2)发散波

如图 7.1.3 所示，在水平叠加剖面上，背斜型界面的反射波仍然是背斜形状，但是其向上隆起的范围变宽、幅度变小了。

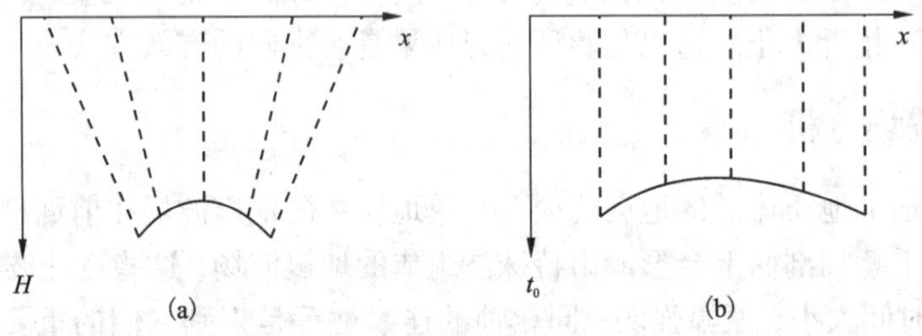

图 7.1.3　背斜型界面

(a)自激自收；(b)时间剖面

背斜型界面如同凸面镜一样，对能量有扩散的作用，故称之为发散波。

(3)绕射波

在岩性的突变点，如断点、尖灭点、侵蚀面上的棱角点都会产生绕射波。图 7.1.4 展示的是一张水平叠加剖面上，由侵蚀面上的棱角点所产生的绕射波。

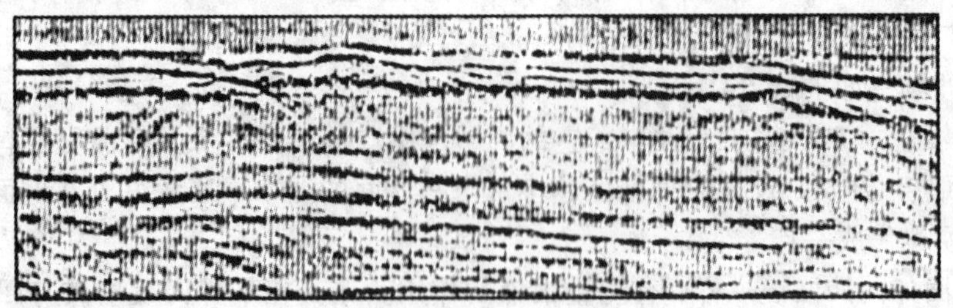

图 7.1.4　绕射波现象

绕射波具有以下特点：

① 在均匀介质情况下绕射波在水平叠加剖面上的几何形状为双曲线，其顶点就是绕射点的位置。如果绕射波是由断点产生的，则绕射点就为断点。

② 绕射波在绕射点处能量最强，然后向两侧变弱。振幅的强弱还决定于绕射点两侧岩性的差异，差异大则振幅强，反之则弱。

断点产生的绕射波与平界面的反射波在绕射点相切，从切点把绕射波分为两个半支，两半支相位相差 180°。在剖面上外半支比较明显，内半支往往被强的反射所淹没而不明显。这样在水平叠加剖面上就会出现所谓的“断层波不断，反射连绕射”的现象。

(4)断面波

当断层的断距较大，断层面两侧的岩层波阻抗有着明显的差别，且断面比较光滑时，断层面本身就是一个反射界面，此界面上产生的反射波叫做断面波。在图 7.1.5 所示的自激自收剖面上能量较强、倾角较陡、与平缓反射波相交的那组反射波就是断面波。

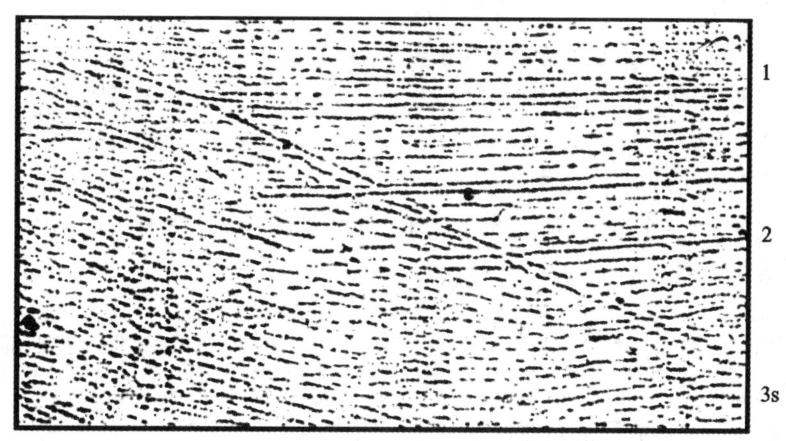

图 7.1.5　断面波现象

断面波有以下特点：① 断面波往往与下降盘的反射波斜交，在断棱点还有绕射波，构成了反射连绕射，绕射连断面波，断面波又连绕射的波动图像。② 断面波时强时弱，时有时无，断续出现，这与断面两侧岩性变化而使反射系数时大时小有关。

除了上述四种与特殊地质构造有关的波动之外，在水平叠加剖面上还常见到以下两种特殊的地震波动。

(5)多次波

在地震反射资料的采集和处理中，虽然采用了多种办法来压制多次波，但在多次波很发育的地区(尤其在海上，尽管采用了较长的排列、较高的覆盖次数，试图增加多次波的剩余时差，以利于消弱多次波)，这种努力都有一定限度(因为一般要求排列的长度约等于勘探目的层的深度，不可能设计得太长，覆盖次数也受到地表条件和生产效率的制约)，在剖面上还或多或少存在有多次波残留的能量，如图 7.1.6 所示。

在地震剖面上多次波具有以下特点(也可以作为识别标志)：

①倾角和 t_0 时间标志：对于全程多次波，这种标志更为明显，它们近似表现为一次波的整数倍。

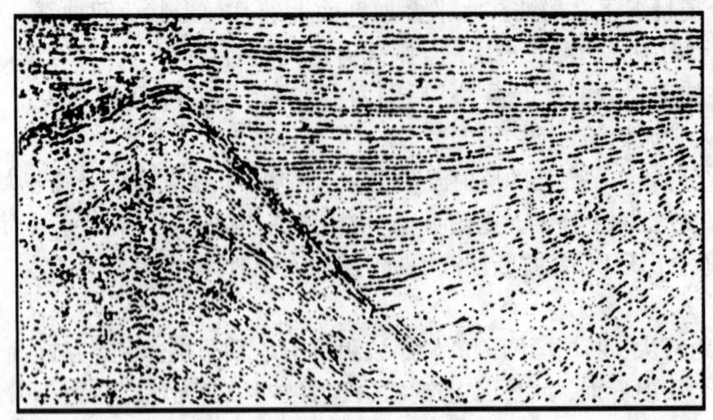

图 7.1.6　海上地震剖面上的多次波现象

②速度标志：多次波在速度谱上表现出低速的特点。

③产状标志：如果在产状比较平缓的浅层产生许多多次波，则在剖面的中、深部就会出现二次、三次波，干扰了真实的具有一定倾角的中、深层反射，出现多次波与中、深层一次反射波的斜交干涉现象，造成对比困难。

多次波的产生往往揭示着，地下存在着强波阻抗面的特殊岩性体（如火成岩），就这一点来说，多次波又是一种有用的信息。

(6)侧面波

当测线平行地层走向时，在水平叠加平面上，常会出现来自测线垂直平面外的一种波动，称之为侧面波。

图 7.1.7 是说明侧面波形成机制的示意图。图中(a)是一个简单的正断层模型，其地表布置了主测线 x 与联络测线 y，在测线的交点 S 处作下降盘与断层的法向射线，则在联络测线上可以有两个射线平面，如图(b)，图(c)作出了理论 t_0 时间（自激自收）剖面，t_{0B}是下降盘的理论 t_0 时间，t_{0A}为断面的理论 t_0 时间，因此，地表上通过 S 点的联络测线上将接收到侧面波。

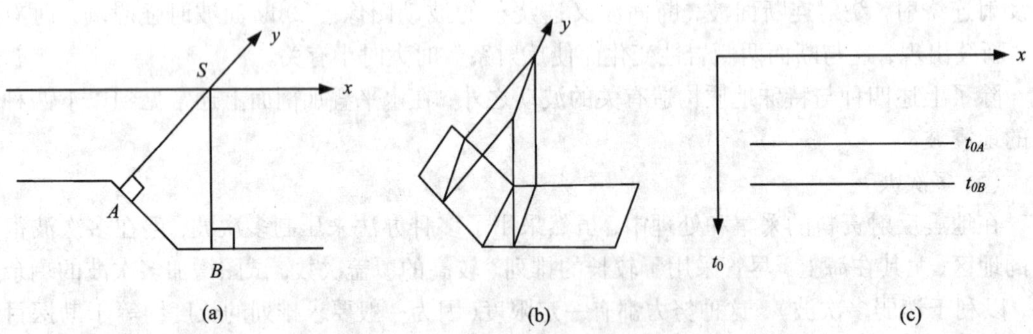

图 7.1.7　侧面波的形成机理示意图

(a)正断层模型；(b)联络测线上存在的两个射线剖面；(c)自激自收剖面上的侧面波 t_{0A}

2. 复杂构造地震波场特征分析

(1)单界面复杂构造的波场

如果所研究的某个地层的界面起伏很大，背斜、向斜、断裂等构造比较发育，这时在水平叠加时间剖面上就出现上述各种特征波的复杂组合，它们之间出现相切、斜交和干涉等各种现象，形成复杂的波动现象。

(2)多层界面复杂构造的波场

若地质剖面上有几个构造层，各层构造的发育可能是继承性的，或不是继承性的。根据水平叠加剖面自激自收成像原理，从最深反射界面沿法向射线向上传播的波，在上覆介质的所有界面上都要产生传播方向的偏折，致使所形成的像与真实的地质构造不一致，出现“假构造”、“假断点”等复杂现象。

为使讨论问题简单化，采用只考虑地震波运动学特点的数学模拟方法来说明。

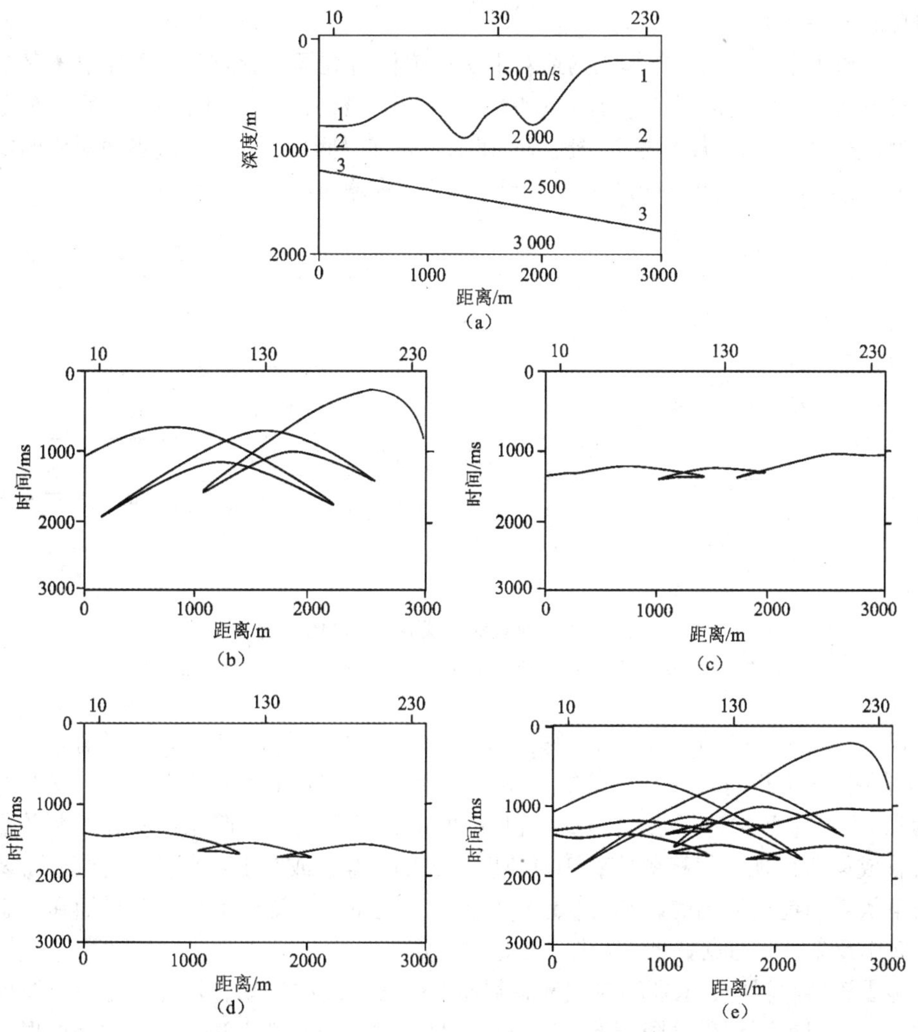

图 7.1.8　三层界面射线追踪的理论 t_0 时间剖面

(a)三层界面模型；(b)第 1 界面的响应；(c)第 2 界面的响应；(d)第 3 界面的响应；(e)总响应

图 7.1.8 是用射线追踪正演计算所得到的 3 层界面层状介质的理论 t_0 时间剖面。该层状

介质的第1个界面起伏很大，由2个小凹陷与小凸起所构成，该层的 t_0 时间剖面如图(b)。图上反射波、绕射波、回转波、发散波等波之间出现相切连接、斜交干涉等现象，几何形态犹如两个相套的"蝴蝶结"。在空间分布上，似乎有4个向上隆起的反射同相轴，这种复杂的波场图像并不能直接反映地质构造的真实形态，往往给解释工作造成假象，甚至出现错误。层状介质的第2个界面是水平的，图(c)显示了其相应的理论 t_0 时间剖面。由于从该界面沿法线向上传播的波，经第1个界面的凹陷不平处射线向中心"聚焦"，在凸起部分处射线向两侧"发散"，致使该水平界面的理论 t_0 时间剖面发生与上覆界面的同步起伏。这种上覆复杂构造对下覆简单构造波场的影响，在常规地震资料资料解释中叫做速度陷阱。因为波速横向不均匀，致使波传播的射线发生偏折，结果也使 t_0 时间大小不等，出现所谓的假构造。速度横向变化越大，这种影响也越厉害。同理可以分析图(d)的第3个斜界面的波场。而图(e)是3层界面总的复杂波场。

上面分析了上覆凹陷、隆起式构造对下伏简单构造波场的影响，在实际中还存在上覆断裂构造对下伏构造波场的影响。图7.1.9(a)是一个上覆界面有正断层，下伏界面为水平界面的模型，假设 $v_2 > v_1$，若不考虑绕射波，在水平叠加时间剖面上，两层界面对应的反射波示于图(b)，可见反射波场出现相互错断，形成了3节同相轴，出现了假断点。

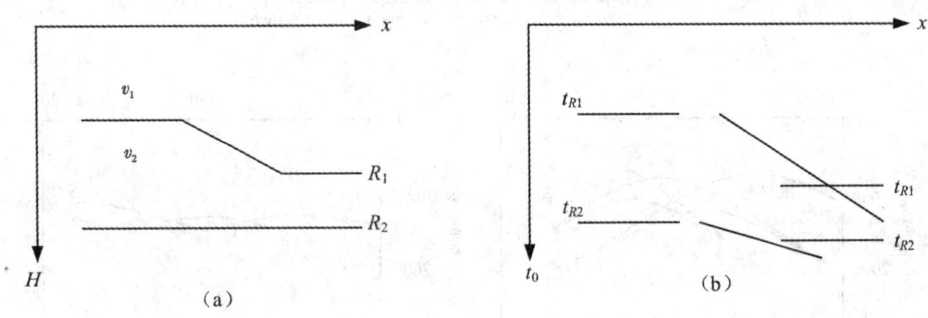

图7.1.9　断裂对下伏界面波场的影响

(a)含有正断层的两层界面模型；(b)水平叠加剖面上两层界面对应的反射波

从以上对波场的分析可知，水平叠加剖面不是地质剖面的映像，两者有内在联系(相似)，又有区别(不相同)。一般来说，当构造较简单时，反射波同相轴可以比较直观地反映构造的几何形态；当构造复杂时，水平叠加剖面上常会出现3种假象：①由于水平叠加剖面自激自收成像所出现的偏移效应；②与速度有关的假象，或叫上覆凹陷、隆起、断裂等复杂构造对下伏界面地震波场的影响；③地震剖面上的侧面波，使得1个反射界面在地震剖面上出现了2个反射波，为克服之，应做三维地震工作。

在地震资料解释中，识别和对比地震剖面上的各种地震波动，分析研究地震波场是十分重要的工作。目前不仅仅局限于此，还出现了另一种地震模拟方法，其实质是根据初步解释结果建立初始地质模型，计算理论地震波场，与实际波场进行比较，使解释方案更为合理。

四、地震反射层位的地质解释

确定地震标准反射层及其地质属性，这是剖面解释的一项重要工作，给地震层位赋以地质意义，从而把地震与地质联系起来。这项工作，通常在选择对比层位时就开始了。

1. 地震标准层的确定

所谓地震标准层，确切地是指产生反射的界面，在时间剖面上，是用反射波来代表的。标准层的反射应具备以下条件：①反射波特征明显、稳定；②在工区大部分测线上能连续追踪；③能反映地质构造（包括浅、中、深各个层位）的主要特征；④最好在目标层系之内。

2. 标准层地质属性的确定

（1）利用连井地震剖面

工区内如有钻井，要做连井测线，然后根据钻井提供的地质分层资料，由已知速度及密度参数，把深度转换成时间，制作合成记录，并与井旁的时间剖面对比，确定反射层位所对应的地质层位。这项工作又称为“标定”。层位对比时要注意以下几点：①当界面倾斜时，由钻井剖面换算的时间剖面不等于反射时间 t_0，最好将时间剖面转换为深度剖面，再与钻井深度剖面对比；②一般时间剖面上的波动是非零相位的，最大波峰并不代表波至时间，往往滞后一个相位左右；③地震记录是地震子波与反射系数序列的褶积，当相邻的反射时间间隔小于子波的延续时间时，各层记录子波将叠合成一个复合波组（图 7.1.10），这时，记录上的反射波就不能与地质分层吻合；④反射界面是波阻抗分界面，不一定都与岩性界面对应，如岩石的颜色或颗粒大小的变化几乎不会造成波阻抗的改变。

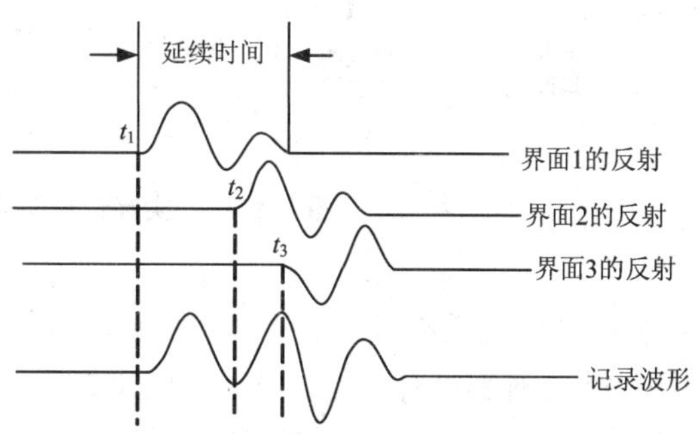

图 7.1.10　复合波组的形成

（2）利用合成地震记录

合成地震记录是根据声波及密度测井制作的，可直接与时间剖面进行对比，鉴别反射波地质属性，分辨多次波。通过声波测井和密度测井，得到声波测井曲线和密度测井曲线，将它们在同一深度上的速度值和密度值相乘，得到声阻抗测井曲线，进而求出反射系数

$$R = \frac{\rho_2 v_2 - \rho_1 v_1}{\rho_2 v_2 + \rho_1 v_1} \tag{7.1.1}$$

式中：$\rho_1 v_1$、$\rho_2 v_2$ 分别为界面两侧地层的声阻抗；进一步可以制作合成地震记录

$$x(t) = b(t) * R(t) \tag{7.1.2}$$

式中：$b(t)$是假设的零相位子波。图 7.1.11 就是合成记录与实际时间剖面对比确定反射层地质属性的例子。为了便于对比，将单道合成（一维合成）记录连续显示 4 ~ 6 道，排列在一起，看起来很像时间剖面。合成记录是按时间比例尺显示的（也可以按深度比例尺），在一旁可按相应的深度比例尺，将钻井地质剖面附上去。

（3）利用邻区钻井资料或已知地震层位对比成果

如果工区没有钻井，可利用邻区的钻井做连井测线，进行对比定层；或者邻区已做地震工作，地震层位性质已知，则可以将工区的测线延向邻区，做一段重复测线，进行对比，注意要使采集及处理因素与邻区保持一致。

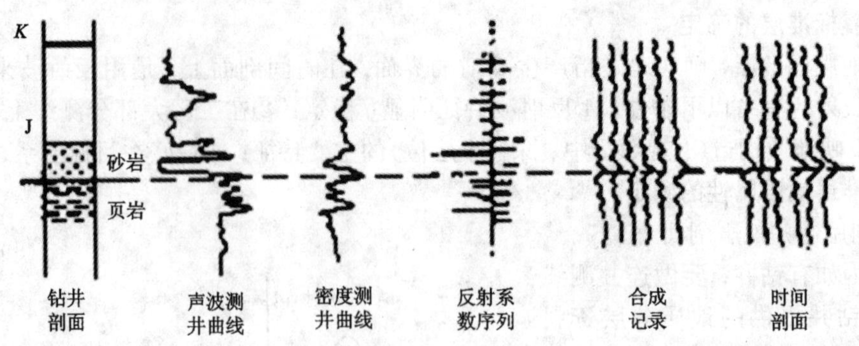

图 7.1.11　实际记录与合成记录的对比

(4)利用区域地质资料和其他物探资料解释

如果上述资料都没有，可根据区域地质资料中关于地层厚度的估计和沉积规律的结论，结合其他物探资料，推断各反射层所相当的地质层位。但是，这样做往往会产生较大误差。

五、地震反射断层的地质解释

断层是地壳运动形成的一种常见的地质现象，它对油气的运移、聚集或破坏以及金属矿脉的形成起着十分重要的控制作用。因此正确解释和分析断层是地震资料解释的重要内容。

1. 断层的地震特征

(1)地震剖面上的断层标志

①反射波同相轴错断

由于断层的规模、级别大小不同，可表现为反射标准层的错断或波组、波系的错断。若断层两侧波组关系是相对稳定的、特征是清楚的，则一般是中、小型断层的反映。它的特点是断距不大，延伸较短，破碎带较窄。

②标准反射波同相轴发生局部变化

标准反射波同相轴的局部变化包括同相轴的分叉、合并、扭曲、强相位转换等，这一般是小断层的反映。

③反射波同相轴突然增减或消失，波组间隔突然变化

对于拉张式构造模式，断层上升盘由于沉积地层少，甚至未接受沉积，因而在地震剖面上反射波同相轴减少、埋深变浅甚至缺失。相反，由于盆地不断大幅度下降，下降盘往往形成沉降中心，沉积了较厚、较全的地层，因而在地震剖面上反射波同相轴数目明显增加，反射层次齐全。这种情况往往是基底大断裂的反映，这类断层在地质上形成期早、活动时间长、断距大、延伸长、破碎带宽，它对地层厚度及构造的形成发育往往起着控制作用，一般是划分区域构造单元的分界线。

④反射波同相轴产状突变，反射零乱或出现空白带

这是由于断层错动引起的两侧地层产生突变，或是由于断层面的屏蔽作用和对射线的畸变等原因造成的。

⑤出现特殊波

在水平叠加剖面上出现的特殊波是识别断层的重要标志。在反射层错断处，往往伴随出现断面波、绕射波等。特殊波的出现一方面使剖面特征复杂化，另一方面也是确定断层的重要依据。

(2)断面反射波

当断层断距较大、断面两侧具有不同岩性的地层直接接触时，断层面成为一个较明显的波阻抗分界面，产生断面反射波。图 7. 1. 12 所示为典型的正断层在自激自收时间剖面上的理论图形。图中可见到的各种波有：

① 上、下两盘的反射波 P_1 和 P_2；

② 断面反射波 P_{12}，断面波的出现位置向断面下倾方向偏移，常与下降盘反射波 P_2 相交干涉；

③ 上、下棱的绕射波 P_{1R}和 P_{2R}，绕射波的顶点位于断棱处。绕射波的正半支通常可见，而负半支一般不清楚。

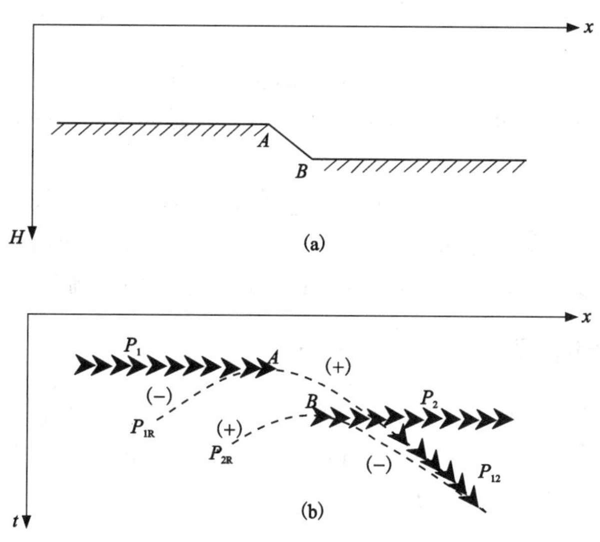

图 7. 1. 12　正断层模型及其时间剖面上的理论响应

(a)正断层模型；(b)自激自收时间剖面

断面反射波的特点主要有：① 断面反射波通常是大倾角反射波，其倾角比一般反射波要大得多，所以其同相轴常与一般地层反射波交叉产生干涉。② 断面反射波能量强弱变化大，通常断续出现。究其原因：主要是由于断层面两侧岩性不稳定，造成反射系数不稳定，加上断面光滑程度各不相同，所以断面反射波很不稳定。③ 断面波可以在相交测线上相互闭合。在断层落差较大、延伸较长、断面波振幅较强的地区，来自同一断面的反射波可在相交的多条测线上观测到，且能互相闭合，据此可绘制反映断面形态的断面深度图。④ 在偏移剖面(尤其是全三维偏移数据体)上，经偏移处理后的断面波得到准确归位，其同相轴的形态可以反映断面的实际位置和真实产状。

此外，由于断面两侧岩石的波阻抗差异较大，故断层面通常是良好的反射界面。当地震波入射到断面上时，一部分能量将被反射回去，使断层面以下的界面反射能量大大削弱。正是断层面对能量的这种屏蔽作用，常常导致断层面下方出现空白区。断层面的能量屏蔽作用主要与断层面两侧波阻抗差有关，波阻抗差越大，能量屏蔽作用越大。

2. 断层要素的确定

断层的解释实际上就是确定断层的性质，包括断层的位置、错开层位、断面产状、升降盘、落差等。这些断层要素的确定通常要依据地质规律和特点对研究区地质情况进行分析，同时要结合地震剖面上的断层标志来进行。

(1)断层面的确定

对于断层面的合理确定，最理想的情况是浅、中、深层都有断点控制，这些点的连线就是断层面。由于断层面的屏蔽作用，在断层下盘往往出现产状畸变、反射杂乱带及三角形空白带等，因此断层下盘的反射层中断点或产状突变位置不能准确地反映断层面位置。为此，断层面的位置主要依据断层上盘反射层的中断点或产状突变点等来确定。有时可利用水平叠加剖面上的特殊波来确定断面，当浅、中、深层都有绕射波出现时，各层绕射波的顶点的连线就是断面。

(2)断层升降盘及落差的确定

断层升降盘及落差应根据反射层位在断层两盘的升降关系确定。对于正断层来说，一般反射段处于较深的一侧为下降盘。两盘的垂直深度差就是断层的落差。

(3)断面倾角的确定

当测线与断层走向垂直时，地震剖面上的倾角为真倾角；当测线与断层走向斜交时，可得断层的视倾角。视倾角的大小可以从地震剖面上直接量取，再利用视倾角 φ、真倾角 ψ 和测线方位角 α 之间的关系(即 $\sin\psi = \sin\varphi/\cos\alpha$)来估计断层的真倾角。

六、特殊地质现象解释

由于构造运动的作用，在地质发展过程中形成了一些特殊的地质现象，如不整合、超覆或退覆、地层尖灭、逆牵引、古潜山、火山岩、冲断带(推覆体)等。了解它们在地震剖面上的特点对构造解释也很有帮助。这里不再阐述。

七、深度剖面、构造图、等厚图的绘制

反射信息成图是一项实践性很强的工作，有关成图的一些具体方法可以通过实践性教学环节来掌握，这里只简单介绍与成图有关的一些基本原理。

1. 深度剖面的绘制

如果进行深度偏移则可以直接得到深度剖面。但实际上，解释工作面临最多的还是时间剖面。为了把时间剖面上时间域中显示的地质构造变成空间域中的几何形态，需要进行时深转换，绘制出深度剖面来。

一般情况下，利用平均速度曲线可以直接将水平叠加时间剖面转换为深度剖面。其方法是首先由反射同相轴的回声时间及平均速度计算界面法线深度，用它画圆弧，圆弧的包络线即为深度剖面的反射界面。这样做既完成了时深转换，又进行了偏移。

在连续介质情况下，绘制深度剖面采用曲射线 t_0 法。假设在水平叠加时间剖面上有一个反射同相轴，如图 7.1.13(a)所示。在时间剖面上读取 S_1 点反射同相轴的回声时间为 t_{01}，将它代入等

时线方程，可求出相应的 Z_{01}、R_{01}；然后在要转换的深度剖面上通过 S_1 点作一条垂直线，使其长等于 Z_{01}；以垂线的下端为圆心，以 R_{01} 为半径作圆弧；对 S_2、S_3 点作同样的处理，得到一系列的圆弧，这些圆弧的包络线就是深度剖面上的反射界面段，如图 7.1.13(b)所示。

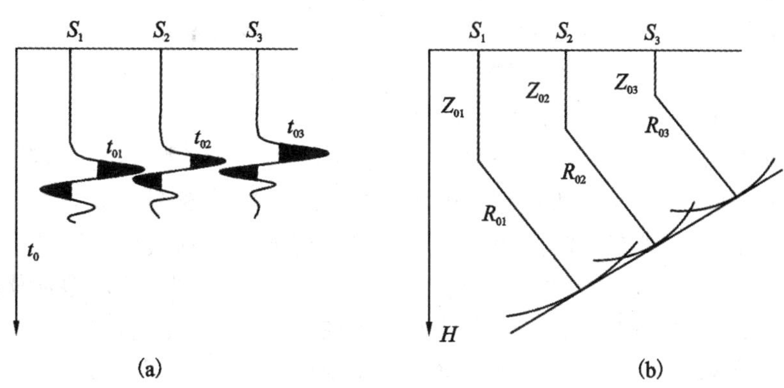

图 7.1.13　连续介质中深度剖面的绘制方法

(a)水平叠加时间剖面；(b)深度剖面的绘制过程

2. 构造图的绘制

地震构造图就是地震层位的等深线平面图，它反映某个地质时代的地质构造形态，是地震勘探最终地质成果的基本图件。在油气勘探中，它是进行油气资源评价及提供钻探井位的重要依据；在工程勘探中，它是进行工程建设设计的基础图件。

根据等值线参数的不同，地震构造图又分为等 t_0 图和等深度构造图两大类。等 t_0 图是由时间剖面的数据直接绘制的，只在简单地质条件下可以反映构造的基本形态，但其位置有偏移。由于地震勘探中有三种深度，即法向深度、视深度和真深度，因此，相应地等深度构造图也有三种，在地质解释中真正有用的是真深度构造图。为此，首先要了解这三种深度之间的关系。

(1) 三种深度(法向深度、视深度、真深度)之间的关系

如图 7.1.14 所示，反射界面为斜面，测线 X 是沿任意方向布置的。一般来说，射线平面不同于铅垂平面(除测线与界面倾向一致外)。对于测线上 O 点来说，真深度 h_z(铅垂深度)是铅垂面内垂直地面由震源 O 点至界面的铅垂距离(铅垂线交于界面上 P 点)，有时也称之为钻井深度。视深度 h^*(视垂直深度)是射线平面内垂直测线从震源 O 点至界面的垂直距离(此垂线交于界面上 N 点)。法向深度 h 是射线平面内从震源 O 点至界面的法向距离(交于界面上 M 点)。

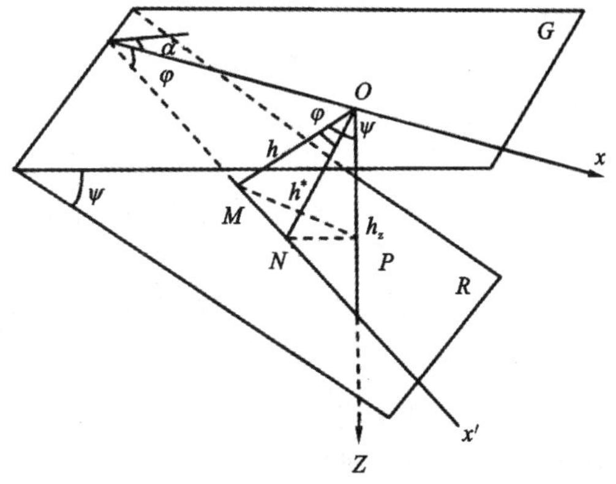

图 7.1.14　三种深度之间的关系图示

从图上可以得出

$$h_z = \frac{h}{\cos\psi} = \frac{h^* \cos\varphi}{\sqrt{1 - \frac{\sin^2\varphi}{\cos^2\alpha}}} \qquad (7.1.3)$$

式中：φ 为视倾角；ψ 为真倾角；α 为测线与界面倾向之间的夹角。

可见，当界面水平时，射线平面与铅垂面一致，三个深度相等。当测线沿地层倾向时，$\alpha=0°$，$\varphi=\psi$，$h^*=h_z$；当测线平行地层走向时，$\alpha=90°$，$\varphi=0°$，$h^*=h$。

(2) 构造图绘制的步骤和方法

不论是深度构造图，还是等 t_0 构造图，绘制的步骤都是相同的。它包括绘制测线平面图、作图层位和比例尺的选取、取数据、断裂系统平面组合、勾绘等值线等。

绘制测线平面图的主要工作为：根据测量成果，将所有的测线平面位置绘出作为底图，详细注明测线号及测线的起止桩号、交点桩号、已钻井位、主要的地名、地物及经纬度等。

在一个工区做多少层构造图，一般依据构造分层来定。每一层构造图反映了不同地质时期地层面的构造形态。通常在角度不整合面上、下应各选一个层位，分别成图。最好使用能严格控制构造特征的标准层位作图。比例尺和等值线距反映构造图的精确度，而构造图的精确度又取决于测网的密度、地质情况、勘探的要求、资料的质量等因素。

取数据就是在经过解释后的时间剖面或深度剖面上，对所选定的层位按一定距离及测线交点处读取 t_0 时间值或深度值，同时将断点位置、落差、超覆点、尖灭点等数据标注在图上。

绘制构造图中最重要的工作是断裂系统的平面组合，即把属于同一断层的断点在平面上组合起来，它是构造图的骨架，是制作构造图的关键。

在断点平面组合之后，可勾绘等值线，即按照所采用的线距，将 t_0 值或深度值相等的点用圆滑的曲线连接起来。在勾绘中一般从易到难，先勾出大致的轮廓，然后再逐步完善。

3. 等厚图的绘制

表示两个地震层位之间沉积厚度的图件称为等厚线图。在作等厚图时，首先找出两个层位在真深度构造图上的一系列等值线交点并计算出它们的深度差值，把差值标在另一张平面图的相应位置上，再对它们绘等值线，结果就是等厚线图。

在等厚图上，若发现某个方向表现有厚度明显增大的趋势，则可推断在沉积期间，这个地区是向该方向倾斜的，或者说这个方向是沉积物来源的方向。如果发生褶皱的地层厚度一致，则说明褶皱发生于沉积之后。如果离开背斜顶部地层厚度增大，则沉积可能是与构造发育同时发生的，在沉积期间同时有构造活动。可见，等厚图是根据不同地质时期地层沉积的厚度变化来研究工区构造发育演化史的一种重要资料。

第二节　地震反射信息的地震地层解释

早在20世纪50年代，美国韦尔(P・R・Wail)等人就开始了地震地层学的研究和探索。地震地层学是利用现代地震数字处理所获得的高精度的地震剖面，进行地层学分析，研究地质历史、沉积环境、岩性岩相分布的一门学科。因此地震地层学是地震资料地质解释的一个方面，即利用沉积学的观点解释地震剖面中存在的地层岩性信息。

地震剖面的地层学解释包括以下步骤：①划分地震层序；②地震相和沉积环境分析；③地震相的地质解释。

一、地震层序划分

1. 地震剖面中的地层学信息

通过地层的地震波，必然会受到地层、岩性等相关因素的影响，如地层的厚度、岩性、含流体成分、地层之间的空间位置、层理模式、地质体几何形态、地层密度、孔隙度、压实程度、界面光滑程度等。上述因素的变化会得到不同特征的反射波，而反射波的特征主要包括：反射振幅、频率、极性、层速度、反射波连续性、反射系数、吸收系数及反射的几何形态等。反射波的这些特征参数与地层、岩性因素有必然的对应关系。

(1)反射振幅

反射振幅反映了一个界面上、下两边地层的波阻抗差，或者说反映了这个界面反射系数的大小。

(2)反射的连续性

反射的连续性反映了地层的连续性。在比较稳定的沉积环境中，反射波的连续性较好，横向上可连续追踪。

(3)频率

反射波的频率是地震波受到地层滤波作用而表现出来的一种性质。例如，频率横向变化快，表明岩性变化大，地质上是一种不稳定的沉积环境。

(4)波形

地震记录上的反射波形，是由相互靠近的地层的反射子波叠合而成。若沉积环境稳定，则波形也稳定。

(5)层速度

不同地质时代的地层，地震波在其中的传播速度可能会有所不同。层速度的变化可反映纵向和横向的岩性变化。层速度还与岩石中所含流体、孔隙度及压实程度等有关。

(6)反射波组的几何关系

在地震记录上，可以看到反射波组的同相轴构成的各种几何形态和不同的空间关系。

2. 地震反射界面与地层界面的关系

理论上讲，地震反射界面为地层的波阻抗界面，而地层界面与岩性界面有时相符，有时是不相符的。如图 7. 2. 1(a)所示，同一地层内部由于岩性横向变化，形成岩性界面。图 7.2.1(b)是一个不整合面的例子，地震反射是这个不整合面和不整合面下部接触的不同岩性的综合响应。地震勘探的历史成果证实，连续地震反射同相轴通常沿自地层层面和不整合面，地层内部的岩性界面一般难以产生连续反射。

连续地震反射来自地层面和不整合面使地震反射具有地层学的含义，这就为地震剖面用于层序分析和地震相分析提供了必要条件。

3. 地震层序的概念

地震层序分析的目的是划分出地震地层学所需要研究的时代地层单元——地震层序。地震层序的划分又可给海平面变化周期分析和地震相划分打下基础。

地震层序是沉积层序在地震剖面上的反应，它是由一套互相整合的、成因上有关联的地层所组成的，这套地层的顶界面和底界面都是不整合面以及和它相连的整合面。或者说，在地震剖面中找出两个相邻的不整合面，分别沿这两个不整合面追踪，直到变成整合面，则在

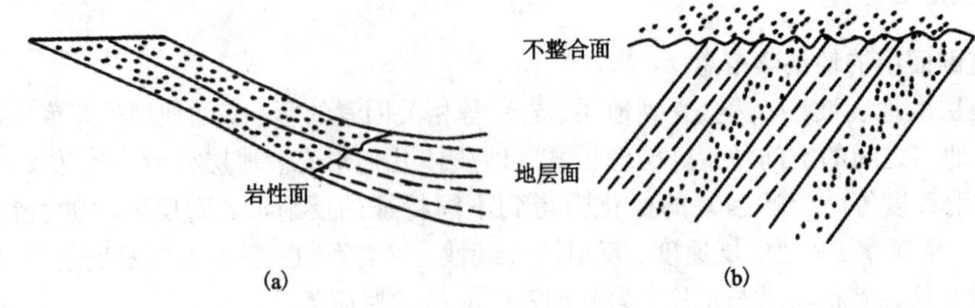

图 7.2.1　各种形式的分界面示意图

(a)岩性分界面；(b)地层分界面和不整合分界面

这两个变成整合面之间的全部地层，即为一个完整的地震层序，之间的地质时间间隔叫做层序年龄。

一个地震层序的全部地层都是在特定的地质年代内沉积形成的，其成因通常与较大的构造运动有关。因此，一个沉积层序往往可以包括若干个岩相，层序空间分布有一定范围，向陆的一边由于侵蚀或位于沉积基准面之上而产生沉积物的间断或缺失。向盆地中心的一边，由于沉积物供应不足而造成“饥饿性”间断。每一层序在开始发生时沉积物分布面积较小，随后逐渐扩大，这意味着大部分沉积物是在沉积基准面不断上升的过程中沉积的。水位上升时，沉积物的分布范围向陆地方向扩展；水位降低时，沉积物向盆地方向转移。

地震层序按规模大小可分为三级。① 超层序：从水域最高到最低的位置，往往是区域性的，可包括几个层序。② 层序：超层序的次一级单元，由水域相对扩大到缩小引起，可以是局部的或区域的。③ 亚层序：是层序中最小一级单元，呈局部分布。

4. 地震层序的划分方法

常规构造解释选择层位是着眼于反射的连续性，而地震地层解释的分层着眼点则是寻找不整合面。为此，需要从盆地边缘根据反射终端找出相邻的不整合面，然后向盆地中部对比到相应的整合面，就划分出了一个地震层序。可见，地震地层学中的层序分界面有利于作区域地质解释。

(1)地层接触关系类型

地震地层学把地层的接触关系分为：整一关系(协调关系)和不整一关系(不协调关系)两类。前者相当地质上的整合关系，后者是指界面上下反射出现终止，并且有一定角度关系。在不整一关系中，地层与上覆地层的接触关系又分为削蚀或顶超两种；地层与下伏地层的接触关系又分为上超和下超两种。这四种关系是划分地震层序的基本标志，下面简要叙述它们的地质意义及在时间剖面上表现出的特征。

① 侵蚀削截(削蚀)

在不整合面形成之前，下伏地层发生过剧烈构造运动之后遭到剥蚀，形成侵蚀型间断，如图 7.2.2(a)所示。

② 顶超

地层以很小的角度，逐步收敛与上覆地层相接触，它和削截并无显然界线。它代表一种时间不长的与沉积作用差不多同时发生的侵蚀间断，有人把它叫做冲蚀不整合，其实质是一种推覆接触关系，如图 7.2.2(b)所示。

③ 上超

上超是一套水平(或微倾斜)的地层逆原始沉积面向上的超覆尖灭，它代表水域不断扩大，逐步超覆的沉积现象，如图 7.2.2(c)所示。

④ 下超

下超是一套地层沿原始沉积面向下超覆，它代表一股携带沉积物的水流在一定方向上的前积作用，其下伏不整合面在它的早期可能有一部分是侵蚀面，或仅仅无沉积面，后来又变成携带沉积物的水流的沉积表面，如图 7.2.2(d)所示。

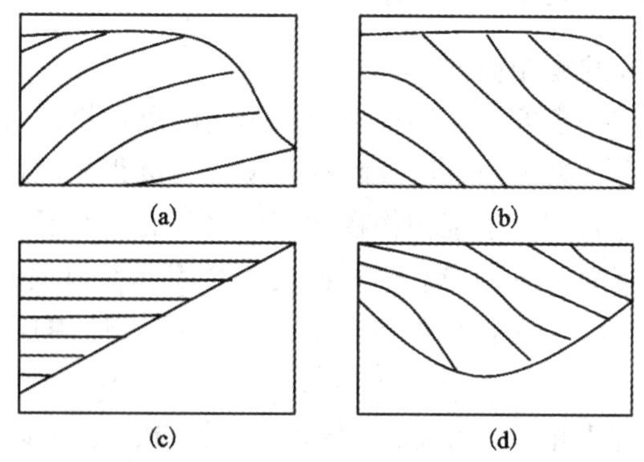

图 7.2.2　四种不整合关系示意图

(a)削蚀；(b)顶超；(c)上超；(d)下超

(2)地震层序的划分

根据上述四种接触关系的特征，在时间剖面上确定顶底部整合面，从而在剖面上划分出各地震层序。

实际划分地震层序时，应选择一些典型剖面，建立压缩剖面的骨干测网，并做到：① 应从沉积中心向边缘扩展，以比较全面地反映地层接触关系。② 尽可能避开断层，避开沉积过薄的隆起区域或剥蚀区。③ 当有几个沉积中心时，在每个沉积中心选一二条测线进行分析，以查清各凹陷沉积历史的差异。④ 逐条剖面对比地震层序，并做到交点闭合。

(3)界面接触关系图的编制

根据反射波的终止可以组成不同的地震层序，每一个地震层序都代表一定的沉积环境。因此，可采用一定的编码方式在平面图上标出某一界面的接触关系，对于解释沉积环境具有重要意义。根据各条剖面所划的地震层序，可把一个层序顶部和底部的各种接触关系的分布范围分别标在两张平面图上，如图 7.2.3 所示，据此可以了解本区的沉积环境及其发展史。

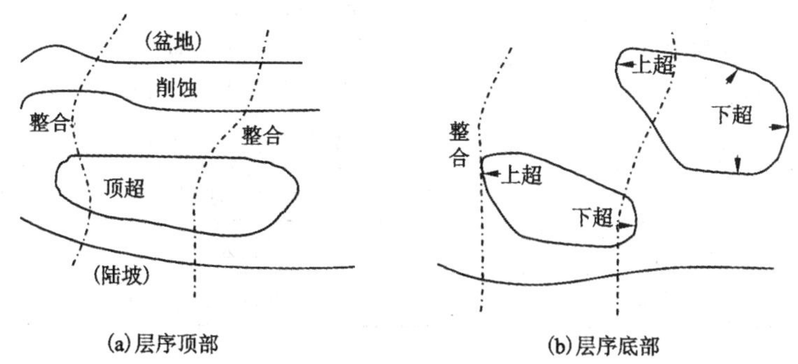

图 7.2.3　地层接触关系示意图

二、地震相分析

1. 地震相概念

在一定的沉积环境里形成一定的沉积物，沉积物的特征也反映沉积环境的变化，地质上把沉积物特征及其所反映的环境称为沉积相。把岩石符号及岩性比例反映出的沉积与环境特征称为岩相。把沉积物在地震反射剖面上所反映的主要特征的总和称为地震相，即沉积相在地震资料上的响应。岩相的变化会引起反射波的一些物理参数的改变，因此，地震相可以一定程度地表现岩相的特征，从而把同一地震层序中具有相似地震参数的单元划为同一地震相。

地震相单元和地质相单元可以一致，也可以不同，其原因是：① 地震记录受到分辨率的限制，往往不能像地质上那样分辨出过细的变化特征。② 地质上的某些变化因素在地震上并不能反映出来，如岩石的颜色、所含化石等。③ 地震资料还会受到采集、处理等非地质因素的影响，因此，用于做地震相分析的地震剖面必须是高质量、高分辨率和高保真度的。

2. 地震相分析的理论基础

(1)地震地层参数

地质上划分沉积相是根据沉积的物理、生物和化学等特征，地震上划分相主要是根据地震反射参数。所谓地震相分析，就是由测线到平面分析地震参数的变化，把同一地震层序中具有相似参数的地层单元连接起来，作出地震相的平面分布图，然后对它进行解释，把它转化成沉积相。为了减少人为因素，要全面利用地震地层参数并进行区域测网综合对比，对相交测线进行闭合检查。分析不同沉积相在地震参数上相应的响应，是地震相分析的基础之一，每一种参数都与几种地质条件密切相关，如表 7.2.1 所示。

表 7.2.1　地震相与地质解释对照表

地震相参数		地质解释	资料来源
几何参数(标志明显不易混淆)	地震相单元外形及平面分布关系	总的沉积环境、沉积物来源地质背景	由反射特征绘制
	单元边界反射结构	沉积过程中发生的事件	可在地震剖面上直观的判断
	内部反射结构(指反射同相轴本身及他们之间的相互关系)	层理模式、沉积过程侵蚀和古地形流体接触面	
物理参数(特征不明显)	反射振幅	速度－密度差、地层厚度、流体成分	
	反射连续性	层理连续性沉积过程	
	反射频率	流体成分、地层厚度	
定量参数	层速度	岩性、孔隙度、流体成分	从谱求取
对比参数	地震参数侧向变化	沉积体系、沉积环境	

(2)沉积体系(岩相的分布关系)

沉积体系是指一个统一水流控制形成的、物源基本相同、搬运距离和沉积过程不同的一组沉积体，它们的几何形态、内部结构和规模各有差异。沉积体系是划分沉积相的骨架，应根据一些已知的沉积体系规律和本区的沉积特征，建立盆地的沉积模式，进而确定沉积相。

3. 地震相划分标志

地震相划分主要依据各种地震地层参数，它们所反映的沉积相特征叙述如下。

(1) 几何参数

① 内部反射结构

反射结构是指地震剖面上层序内反射同相轴的延伸情况及同相轴之间的相互关系。它是揭示总体地震相模式或沉积体系最可靠的地震相参数。Mitchum(1997)等把内部反射结构的形态划分为如图 7.2.4 所示的十二类。

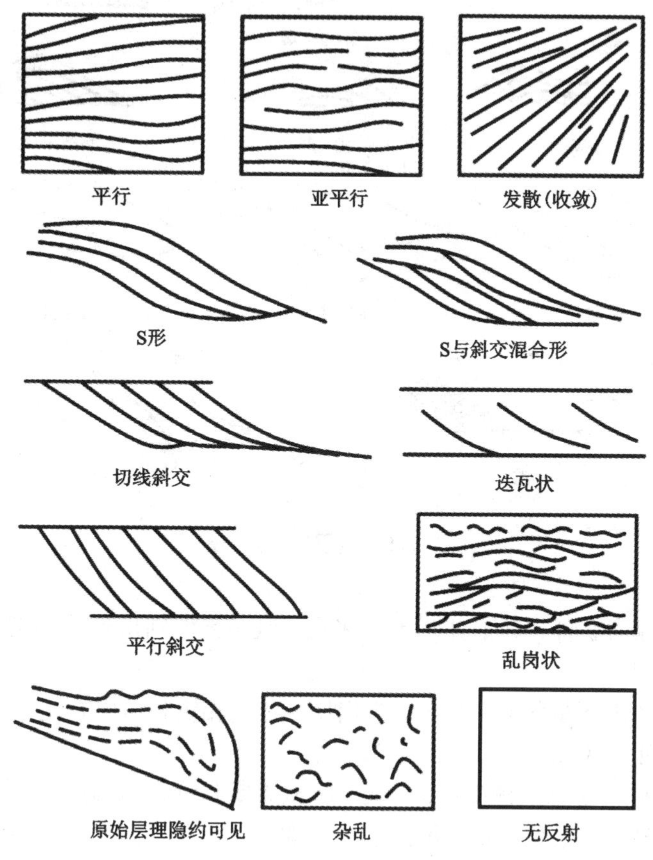

图 7.2.4　地震相单元的内部反射结构分类

②外部几何形态

地震相单元外部几何形态是指同一反射结构在空间及剖面上的分布状况，它对于了解地震相单元的生成环境、沉积物源、地质背景及成因有着重要意义。外部形态可分为席状、席状披盖、楔形、滩形、透镜状、丘状、充填形等，如图 7.2.5 所示。

席状是最常见的地震相外形之一，它是一种长度和宽度远大于厚度的席状地震相单元，其分布范围较大。它的上、下界面接近平行，厚度相当稳定。它反映均匀、稳定、广泛的前三角洲、浅海、路坡、半远洋和远洋的沉积。

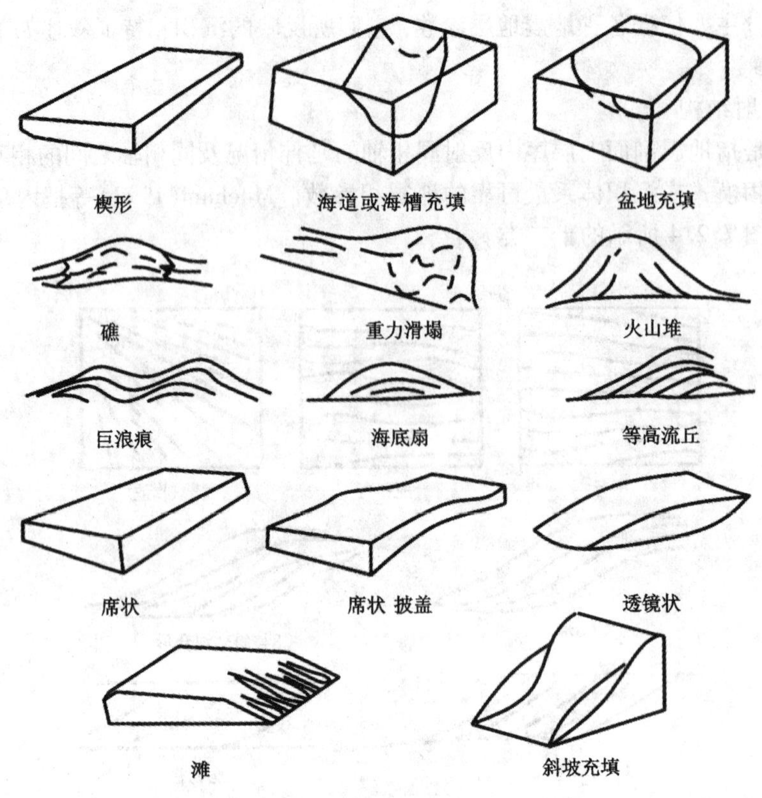

图 7.2.5　地震相单元外形

以上形态中，除席状外，其他并不十分多见，但一旦识别出这些形态，在沉积相和古流向分析中具重要作用。

地震相的外形和内部是相互关联的，它们反映地震相沉积时的古地理位置和沉积结构。

③顶界与底界接触关系

地震相在顶界和底界的接触关系，反映了沉积周期和沉积物的流向。上超表示盆地的充填和水面的相对上升，顶超和下超表示推进的层理，说明沉积由浅水区过渡到深水区，同时也指出沉积物的流向，也就是沉积物由粗到细的变化方向。

(2)物理参数

①振幅

振动离开平衡点的幅度，有正有负，通常取波峰－波谷最大振幅或均方根振幅，以消除负值影响。相面法取强、中、弱三级振幅，一般把背景振幅称中振幅。振幅大小一般反映了薄层厚度变化和岩性(波阻抗)的变化。通常用振幅异常的平面形态、延伸 、规模、组合等来确定沉积相类型，用振幅大小来确定砂厚与尖灭等。

在一个地震相中，强振幅同相轴占70%以上称为强振幅地震相；弱振幅占70%以上时称弱振幅地震相；两者之间为中等振幅地震相。

②频率

相邻同相轴之间的间距(周期)的倒数。低速、均一或含气地层一般频率较低。在地震剖面上根据同相轴疏密程度判断的频率为视频率。一般可分强、中、弱三级，中频指背景频率。

③波形

可指多个同相轴的排列形态，也可指一个同相轴的形态变化。前者主要反映结构性标志，后者与垂向岩性界面的渐变与突变有关。

④反射连续性

具有可对比意义并可追踪的反射同相轴的延伸长度。与地层本身的连续性有关，反映了不同沉积条件下地层的连续程度及沉积条件的变化，连续性好反映稳定的低能环境。

⑤层速度

地震波在同一地层内的传播速度。不同岩性、孔隙度对应于不同的速度，因而用层速度可研究砂泥比、孔隙度等。

现在用表 7.2.2 总结地震相参数与地质解释的对应关系。

表 7.2.2　地震相参数与地质解释对照表

参 数	定 义	分 类	地质解释
内部反射结构	地震剖面上层序内反射同相轴本身的延伸情况及同相轴间的相互关系	平行与亚平行、发散、前积、乱岗、杂乱、无反射	层理、沉积过程、古地理、构造运动、侵蚀作用、物源方向、流体界面
外部形态	具有某种反射结构的地震相单元在三维空间的分布状况	席状、席状披盖、楔形、滩状、透镜状、丘形、充填	物源、古地理、几何形态、水动力、沉积环境
反射连续性	可对比并可追踪的反射同相轴的延伸长度	标准：长度、丰度 三类：好、中、差	地层连续性、沉积环境
反射振幅	反射波质点离开它平衡位置的最大位移	标准：强度、丰度 三类：强、中、弱	岩性、厚度、地层结构、流体性质
反射频率	反射波质点在单位时间内振动的次数	高、中、低	地层厚度、流体成分、岩性变化
波形排列	同相轴排列的形状	杂乱、波状、平行、复合	沉积环境、地层变化
层速度	某一地层的地震波传播速度		岩性、物性、流体成分

在上述地震相参数中，反射结构和外形最为可靠，其次为连续性和振幅，频率相对较差。因此，在地震相命名时以反射结构或外形为主，辅以连续性、振幅、频率等。为了突出主要特征，能直接反应地震相的地质含义，通常采用：

① 具有特殊反射结构或外形的地震相，单独用结构或外形命名，如充填相、丘状相、前积相等；一般将振幅、连续性等作为修饰词放在前面，如强振幅中等连续前积相。

② 分布面积较广，外形为席状，反射结构为平行或亚平行时，可主要用连续性和振幅命名，如强振幅连续平行反射地震相。

4. 地震相分析

地震相分析是地震地层学的核心，地震相分析就是根据一系列地地震反射参数确定地震相类型并解释这些地震相所代表的沉积相。简单地说地震相分析就是指用地震资料分析沉积相的过程。包括区域地震相分析和地震微相分析。

区域地震相分析：往往以层序为单元，研究单元厚度不薄于 2 个同相轴，或 100 ms，适合于盆地分析或区带评价研究中的沉积体系分析。如据河谷、前积等反射确定某些大型沉积体系，利用层速度研究砂泥比，利用振幅、频率、连续性研究相变等。

地震微相分析：通过研究一个同相轴的振幅、频率、波形等变化，确定某种岩石，如储层砂岩的厚度变化、尖灭、物性、连通性等特征及其与沉积微相的关系。如在辫状河沉积区利用窄带状强振幅异常确定主河道微相，利用振幅减弱或终止确定某种岩性的尖灭等。

地震相分析包括对地震资料的识别和沉积环境的理解，二者互为因果，缺一不可，其内容可以概括为两个方面：

① 地震相分析必须掌握沉积体系在三维空间分布的特点，了解各种沉积环境模式、地层组合模式、沉积发育模式等，才能进行地震地层学的解释；

② 地震相分析的另一个基础是要掌握地震勘探的基本原理，了解各项地震参数所代表的地质意义。

地震相分析的目的是进行区域地层解释，确定沉积体系、岩相特征和解释沉积发育史。

5. 地震相图制作方法

编绘地震相图的方法通常有以下三种：

①将振幅、频率、连续性综合起来，识别其特征变化，划分地震相，主要用于宏观沉积体系研究。缺点是它们的综合变化与沉积相并无一一对应关系，因而转相(将地震相图转化成沉积相图)较难。

②特征参数作图法(最佳参数作图法)，即在露头、钻井沉积相研究基础上，确定研究区的背景沉积相，在背景相的基础上，寻找与背景相不一致的各种异常反射、根据异常体的形态、规模与背景相的关系及相序等沉积相知识，确定异常区的微相类型。

③单参数作图法，较常见的是三维沿层振幅切片，直接用振幅异常的大小、形态、延伸情况等分析沉积相类型和砂体分布，如区分河流类型、判断砂体分布和边界。利用反演波阻抗资料，确定砂厚及分布，以及利用层速度资料研究较厚地层的砂岩百分含量等均属于单参数作图法。

推荐的地震相分析手段是，首先利用形态、结构反射标志确定特殊沉积体系，或者叫骨架沉积体，如主河道、三角洲、湖泊、盆地边界、汇水沉积中心等。然后利用特征参数法在背景沉积相反射中寻找异常反射。最后根据异常反射的形态、大小，确定异常区的微相类型。简而言之，地震相的分析过程就是寻找异常的过程，找不到异常，就找不出微相，毕竟前积、丘形、河谷等反射并不是很常见，因而主要的异常是振幅异常。

对每一个地震层序沿水平方向划分出地震相单元。然后沿测网进行对比，在相交的剖面上，地震相单元应做到闭合。最后，将测区内的同一地震层序中各相单元的界线展布在平面图上，并将相同的地震相单元界线连接起来，即得到地震相平面图如图 7. 2. 6 所示。

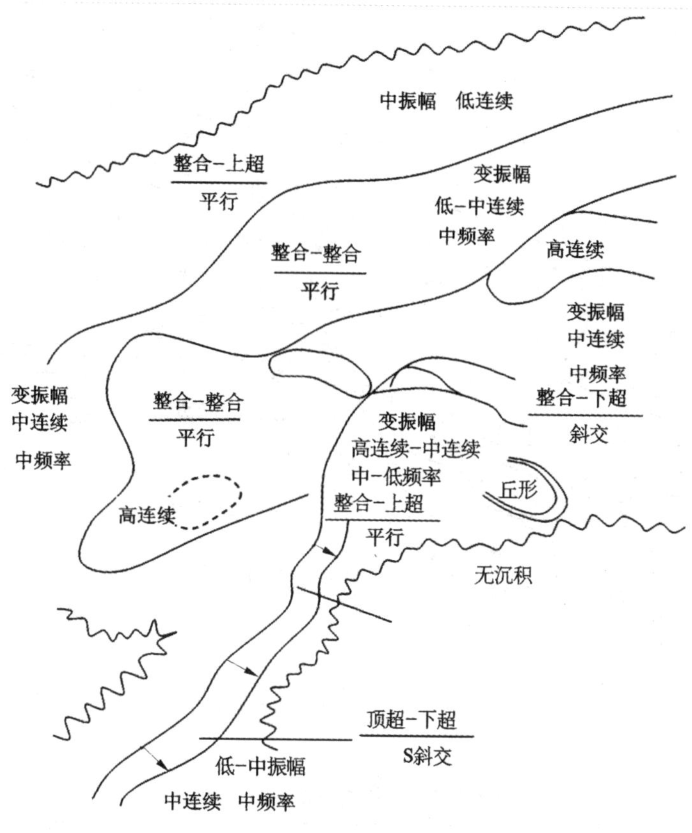

图 7.2.6 地震相平面图

三、地震相的地质解释

地震相的地质解释就是解释地震相所反映的沉积环境，把地震相转为沉积相，因此也称为地震相转相。

由以上分析可知，从地震相的特点可以直接引出它的地质解释，但为了提高解释的准确性，还需要利用以下一些资料和方法：

①利用区域地质资料，建立大区域沉积模式，作为解释本地区地震相的骨架。

②利用盆地内少量钻井取得的地质资料和盆地周围测量的地质剖面，进行单井或剖面划相，确定不同地震层序在钻井或剖面附近的沉积相，以此作为盆地内地震相解释的依据。

③绘制与地震相图相应的地震层序的等厚图。地层的厚度由沉积时的古地理和沉积供应强度两个因素确定，而这两个因素都对沉积环境有主要影响。

④利用经过压实校正的层速度资料或岩石指数资料，预测岩性和砂泥比。

⑤利用钻井取得的声速测井曲线合成地震记录，寻找钻井地质剖面与地震反射特征间的关系，从而确定每一个地震层序的地质年代及不同的反射特征所对应的岩性。

在地震相转换为沉积相的过程中，熟悉各种沉积相类型、沉积体系的分布特征，以及它们形成的沉积环境，对于提高地震相地质解释水平是极为重要的。图 7.2.7 是由图 7.2.6 所示的地震相平面图解释出的沉积相平面图，本例中所用到地震相和沉积相之间对应关系见表 7.2.3所示。

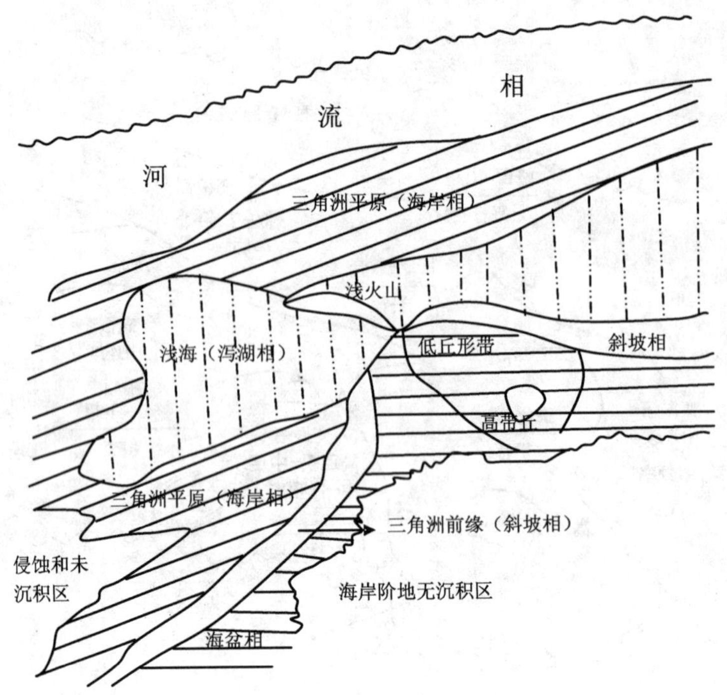

图 7.2.7　转化的沉积相平面图

表 7.2.3　地震相与沉积相转换表

地震相	沉积相
低振幅低连续相	河流相
变振幅中低连续相	三角洲平原—海岸相
变振幅中连续相	浅海相
S—斜交前积相	三角洲前缘—斜坡相
变振幅高连续相	海盆相
丘形相	可能的礁块发育带

总之，通过地震相地质解释可解决沉积相类型、古地理背景、古水流体系、能量环境、物源方向等地质问题。

第三节　地震折射波资料的解释

折射波资料可以小到确定表层结构，大到确定莫霍面形态，同时，还可以相对准确地提供勘探介质的速度参数，因此，折射波勘探方法被得到广泛应用。合理地解释折射波资料比解释反射波资料要求更高的熟练程度和技巧。

一、折射波记录的对比

折射波同相轴的对比通常较反射波同相轴简单，折射波和直达波、面波一样有着直线形的同相轴，而直达波和面波的速度低，易于与折射波区别。主要的困难在于多个折射层出现时怎样对比不同的同相轴。与反射波对比依据相似，为了识别不同层位的折射波，要充分研究和利用折射波的运动学和动力学特点，即：振幅大小，振幅衰减特点，同相性(视速度)及所包含频率成分的波形等标志，并借助于波形标志判断观测到的视速度的变化，究竟是由于中间折射界面的弯曲还是较深的折射界面所引起的，如图 7.3.1 所示。

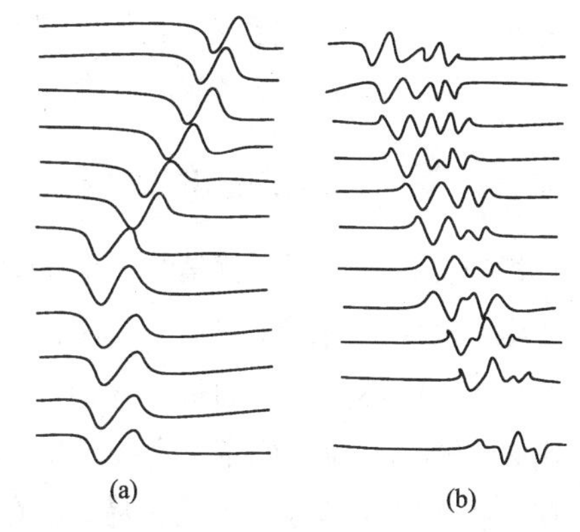

图 7.3.1　同相轴列呈现出的视速度的变化

(a)深部折射面引起；(b)中间折射面弯曲引起

在初至区追踪折射波是最为有利的，这是因为干扰背景小，波的旅行时间能较精确地测定。

在均匀水平厚层多层介质的情况下，折射波的记录形状稳定，振幅随炮检距的增大而缓慢衰减。当折射层厚度 h 为小于波长 λ 的薄层时，波在这种地层内传播会发生强烈的衰减，其振幅随着传播距离增大而迅速变小，因而只能在短距离上追踪它们。其频率取决于比值 λ/h。根据这种特性，通常在炮检距不太大的情况下能观察到这种波，并且可以局部地进行对比。如果层速度比覆盖层的层速度高得多，一般会出现强烈的超临界反射波，这种波是很容易对比的。

在进行折射波法观测和宽角测量时，常常发现同相轴的逐渐衰减，然而却在平行地延迟后以相近的视速度和波形继续传播。也就是说，能量明显地向较大的旅行时移动。出现这种现象主要有以下几种原因。① 出现了多次波。② 地下地层由交互层构成，且存在低速夹层。此时，上面薄地层产生的首波能量不强，而其下结构相似而且较厚的地层就承担了能量的传输任务。所以人们观察到了同相轴的“弥散”——振幅总是向着较大的旅行时方向转移。③ 存在断层。折射界面经过断层后位置变深(或浅)了，于是时距曲线就向旅行时增加(减小)的方向平行移动。正反两个方向放炮得到的时距曲线，在断层上面出现了不同的中断，且有绕射波伴同。

地层非水平但整合接触时(倾角在 5°～30°之间)，在相遇系统中，正反两支折射波的动力学特点可能不同，沿下倾方向的振幅衰减比上倾方向强烈，甚至沿上倾方向可能出现远离炮点而振动增强的现象，造成记录形状在互换点可能不同。

当地层中有尖灭层时，且炮点位于尖灭层之上时，折射波在尖灭范围内强烈衰减，并有绕射波出现，波的对比中断。

界面弯曲将使折射波的记录形状和振幅沿测线发生变化，这时在追逐系统的相同接收点上，折射波的记录形状和振幅可能不同，在相遇系统上波的动力学特征的变化规律也可能不同。

折射波资料解释中还需注意隐蔽层的问题，这有两种情况：一是低速夹层，该层不能产生折射波，但该隐蔽层的低速能使深层折射波的旅行时增大，结果夸大了深层界面的深度；另一种情况是虽然波速随深度是递增的，但中间有一个地层厚度较薄，其顶面产生的折射波在一定炮检距范围内不能成为初至，初至法无法发现它们。

此外，折射资料解释之前同样要作表层校正(主要是野外静校正)。

二、折射波时距曲线的绘制

在折射波对比之后，就是绘制时距曲线。为此必须知道：激发深度，检波器高程，风化层，以及在可能的情况下第一个固结地层的速度和厚度，以便对折射资料作表层校正。接着，当存在许多不同深度的折射界面时，首先要把属于各个折射面的折射波的时距曲线分支划分出来。然后，应当确定，这些产生于不同爆炸点的曲线支中的哪些需要连在一起。在两层介质条件下，这样做一般很容易，但在实际中几乎总是面临多层条件。因此，把时距曲线支配属给各个折射界面，往往是整个解释工作中最困难的问题。

1. 时距曲线分支的检查

当存在多个折射界面时，由于时距曲线支众多，因而要求有一张总括的综合时距曲线图，在这张图上用易于识别的符号标出各个炮点的旅行时间。在画完综合时距曲线图之后，根据视速度把某些曲线支配给各自的折射界面，并为属于同一界面的时距曲线支涂上一种颜色，以便突出那些连续的同相轴。

从综合时距曲线图上求出的视速度，不仅与折射界面的速度有关，而且也与其倾角有关。因此，解释时还必须进一步掌握以下一些辅助方法。

(1) 互换时间的相等性

在相遇观测系统中，正反方向炮点上的互换时间相等，它适用于所有的同相轴组。

(2) 时距曲线的平行性

在追逐观测系统中，相同剖面段上同一边不同炮点所得到的同一折射界面的初至折射时距曲线具有平行性。理论上，若折射界面为水平或单斜界面，则严格平行，若折射界面弯曲，则近似平行。

(3) 截距时间的相等性

对于同一炮点，在相反的剖面方向进行观测，得到的初至折射时距曲线的截距时间应具有相等性。对于水平或单斜地层，因时距曲线为直线，所得到的截距时间理论上应严格相等；对于弯曲界面，截距时间可能出现一定的差异，但这种误差通常可以通过时距曲线的平行性来消除。

(4) 动力学标志

解释工作的一项非常重要的任务，就是识别和区分折射波。完成这种任务往往要根据波的动力学标志：振幅、频率及波形等。这类标志的迅速变化就是一个新波到达的重要判据。对动力学标志的检测，一般依赖目测，因此容易受到解释者主观因素的影响。随着地震软件的发展，目前许多解释者都利用计算机进行频谱分析。

2. 时距曲线支的综合

按照上面所述的四条准则，整理后得到各炮点经过检查了的可靠的时距曲线支。图7.3.2展示了对于一个三层折射界面的折射波初至时距曲线进行成功控制、解释和正确综合后所绘制的综合时距曲线结果。

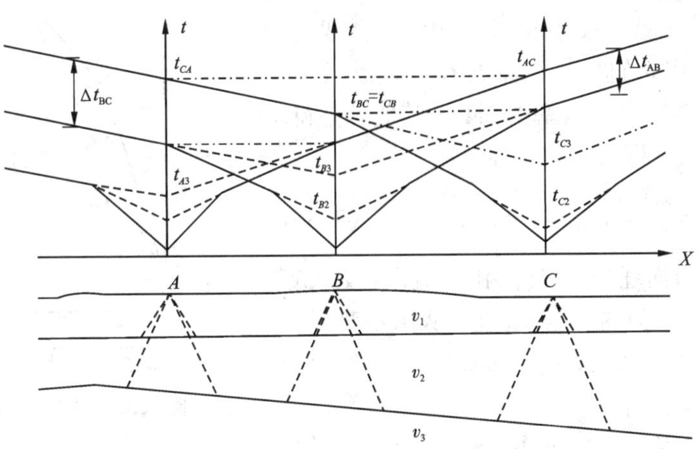

图 7.3.2 对折射初至时距曲线进行控制后绘制出的综合时距曲线

三、折射界面的构制

1. 时深转换速度及其求取方法

在反演解释中，勘探目的层的埋深，是利用有效波的走时，转换为深度以后才能得到。这种时深转换的必要条件是事先应求出时深转换的波速参数，这种把时间转换为目的层深度的速度，以 v_t 表示。对于 $N=2$ 的两层介质，v_t 就是第一层的波速 v_1，而对于 $N>2$ 的多层介质，如图 7.3.3 所示，求解界面 R_2 埋深时，显然 $v_t \neq v_1$。v_t 是 h_1、h_2、v_1、v_2 的多元函数。当 $\varphi \neq 0°$时，还与界面的倾角有关。这些参数都是资料解释时的待求参数，因而求取 v_t 值只能采用替代层（等效层）方法，该方法的基本思想如图 7.3.4 所示，求解 R_2 界面深度时，把一、二两层介质用一个波速为 v_t、厚度为 $H(H=h_1+h_2)$ 的等效层来取代，从而把多层的实际模型，等效为简单两层介质模型，使问题简化为两层介质的反演解释。

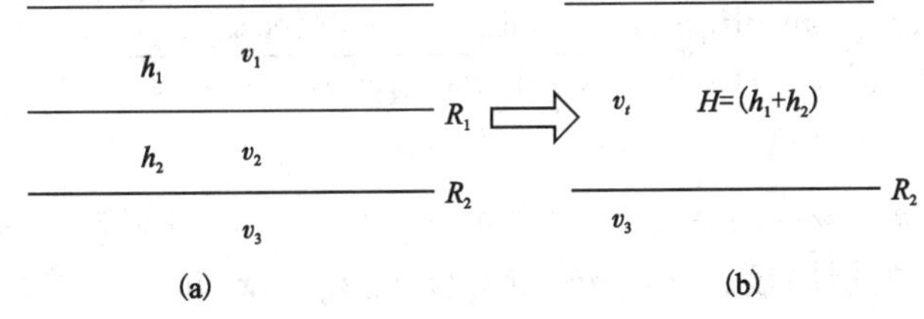

图 7.3.3 等效层示意图

(a)实际三层；(b)等效两层

求解等效层波速（即时深转换波速）的方法较多，不同方法取得等效层速度的名称也不相同。例如，利用地震测井取得的时深转换波速称为平均速度，用 $\bar{v}$表示；利用折射波或反射时距曲线求得的时深转换波速称为有效波速，以 v_e 表示。浅层折射波法求时深转换的波速，大多采用交点法。它是利用实测得到的初至折射波时距曲线求 v_e。

如图 7.3.4 所示，设 S_0、S_1、S_2 为实测得到的时距曲线。据理论时距曲线的基本知识可判定：S_0 为直达波时距曲线，S_1、S_2 分别为来自待求的 R_1、R_2 两个折射面的折射波时距曲线。交点法是利用时距曲线的交点(A_1、A_2)，分别作它们与坐标原点 O 的连线 OA_1 与 OA_2，进而计算 OA_1 与 OA_2 斜率的倒数，其值就是待求的有效速度 v_{e1} 与 v_{e2}，即

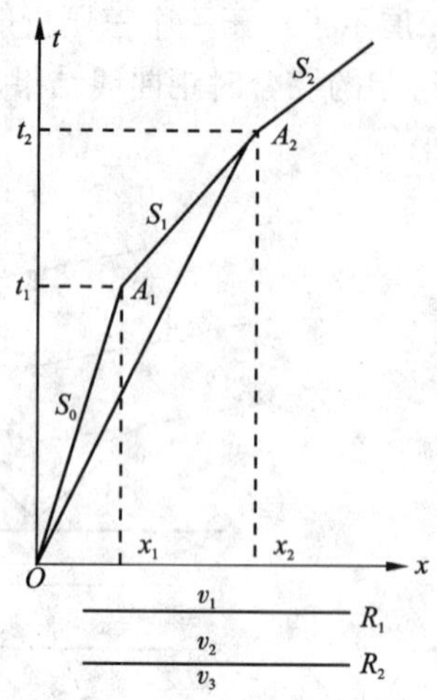

图 7.3.4　交点法求有效速度

$$v_{e1}=\frac{x_1}{t_1}=v_1 \qquad v_{e2}=\frac{x_2}{t_2} \tag{7.3.1}$$

时深转换求 R_1 折射面埋深 h_1 时，用 v_{e1} 值；求 R_2 折射界面埋深 $H(=h_1+h_2)$ 时，用 v_{e2} 值。从图不难看出：OA_1 的斜率大于 OA_2，因此，$v_{e1}<v_{e2}$，推而广之，对于更多层介质，$v_{en}>v_{e(n-1)}$。

利用实测资料求取时深转换波速，属于反演解释中一个十分重要的内容，它直接影响到求解目的层埋深的精度。求解该速度的方法较多，每一种方法都有它的适用范围，例如，用地震测井方法求得的平均速度 $\bar{v}$，只适用于水平层状介质，而实测的测区并不可能完全都是水平层，因此必然会存在误差，交点法求出的 v_e 也不例外，它的误差值 Δv_e 与地层参数(各层速度、厚度与倾角)有关。对于水平三层介质，理论推导出的相对误差 $\Delta v_e/v$ 公式为：

中间层为速度倒转层时(即 $v_2<v_1<v_3$)

$$\frac{\Delta v_e}{v}=\frac{\sqrt{\left[\sqrt{1-k^2}+m\sqrt{n^2-k^2}\right]^2+k^2(1+m^2)}}{1+m}-1>0 \tag{7.3.2}$$

中间层为隐伏层时

$$\frac{\Delta v_e}{v}=\frac{\sqrt{(\cos i_{31}+m\sin i_{21}\cos i_{32})^2+(1+m)^2\sin^2 i_{31}}}{1+m}-1<0 \tag{7.3.3}$$

中间层为初至层时(有初至区的折射层称为初至层)

$$\frac{\Delta v_e}{v}=\frac{\cos i_{31}-\cos i_{21}+m\sin i_{21}\cos i_{32}\sqrt{(\cos i_{31}+m\sin i_{21}\cos i_{32})^2+(1+m)^2\sin^2 i_{31}}}{(1+m)(\sin i_{21}\cos i_{31}+m\sin i_{21}\cos i_{32}-\cos i_{21}\sin i_{31})}-1 \tag{7.3.4}$$

以上三个公式中：$n=v_1/v_2$；$k=v_1/v_3$；$m=h_2/h_1$；v_1、v_2、v_3 分别为一、二、三层的层速度，h_1、h_2 分别为一、二层的层厚度；$i_{21}=\arcsin(v_1/v_2)$，$i_{31}=\arcsin(v_1/v_3)$，$i_{32}=\arcsin(v_2/v_3)$。式(7.3.2)Δv_e 为正数，表明中间层速度倒转时，用交点求得的 v_e 值偏大。式(7.3.3)中间层为隐伏层时 Δv_e 为负数，即 v_e 偏小；而式(7.3.4)表明中间层为初至层时，可在正负数之间。以上说明：①中间层性质不同，误差的规律也不同，并且不管中间层属于哪一种性质，$\Delta v_e/v$ 的绝对值大小都决定于地层参数。②对于多层介质，用交点法计算出的 v_e 求解折射界面埋深时，除特殊情况外，一般都存在误差。

2. 时距曲线的定量解释

定量解释的目的是求解勘探目的层的埋深与波速，进而推断该层的岩性与构造等。定量解释的方法较多，有截距法，t_0 差数时距曲线法，延迟时法，表层剥去法，哈里斯法，椭圆法，时间场法等。其中截距法只适用于水平层，利用单支时距曲线就能解释。其他各种方法必须利用满足下述两个条件的相遇时距曲线，才能进行解释。其一，必须是相遇观测系统得到的同层折射波时距曲线，其特点是正、反两支时距曲线的互换时间 T 相等或相差不超过规范要求(互换时间相等表明正、反两条曲线得到的是同一地层的折射波)。其二，同层折射波的正、反两支时距曲线，还必须有相遇段，所谓相遇段指的是图 7.3.5(a)中的 M_1M_2 区域，该区域中既有 S_1 又有 S_2 的同层折射波时距曲线。图 7.3.5 中(a)满足上述两个条件，因而可用于解释，而(b)只满足互换时间相等的条件，但 S_1 与 S_2 不相遇(即 M_1M_2 并非相遇段)，因而除非是水平的折射面，否则曲线不能用于定量解释。

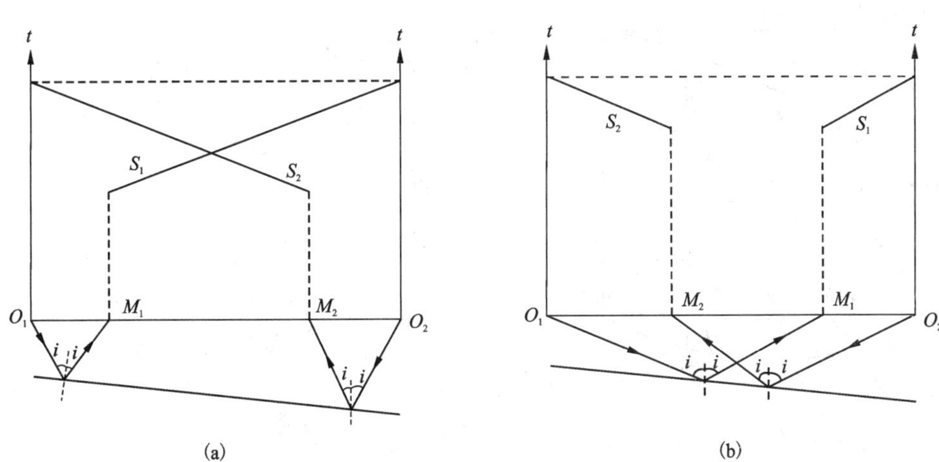

图 7.3.5 两类曲线示意图

(a)可解释曲线；(b)不可解释曲线

定量解释的方法虽多，但大体上分为正三角形与倒三角形两类，它们有各自的适用条件和优缺点，以下分别介绍这两类解释方法中的各一种。

(1)t_0 差数时距曲线法

①基本原理

当界面起伏或弯曲时，需利用差数时距曲线法求界面速度，用 t_0 法求各测点下方折射界面的法线深度。应用此方法要求折射面的曲率半径比其埋深要大得多，波沿折射面滑行时没有穿透现象，界面波速沿界面变化不大，并已知界面以上介质中的波速。

如图 7.3.6 所示，设由爆炸点 O_1 和 O_2 激发，得到两支折射波时距曲线 S_1 和 S_2。对应于相遇段上的任意点 S 可得到折射波旅行时间 t_1 和 t_2 为

$$\left.\begin{aligned} t_1 &= t_{O_1ABS} \\ t_2 &= t_{O_2DCS} \end{aligned}\right\} \qquad (7.3.5)$$

互换时间 T 为

$$T = t_{O_1AB} + t_{BC} + t_{CDO_2} \tag{7.3.6}$$

当折射界面的曲率半径比埋深大很多时，可以把三角形△SBC 近似看成是等腰三角形。自接收点 S 作 BC 的垂直平分线 SM，得 $SM = h$。

令

$$t_0 = t_1 + t_2 - T = t_{BS} + t_{CS} - t_{BC} = 2(t_{BS} - t_{BM}) \tag{7.3.7}$$

由于

$$\left.\begin{aligned} t_{BS} &= t_{CS} = \frac{h}{v_1 \cos i} \\ t_{BC} &= 2t_{BM} = \frac{2h\tan i}{v_2} = \frac{2h\sin^2 i}{v_1 \cos i} \end{aligned}\right\} \tag{7.3.8}$$

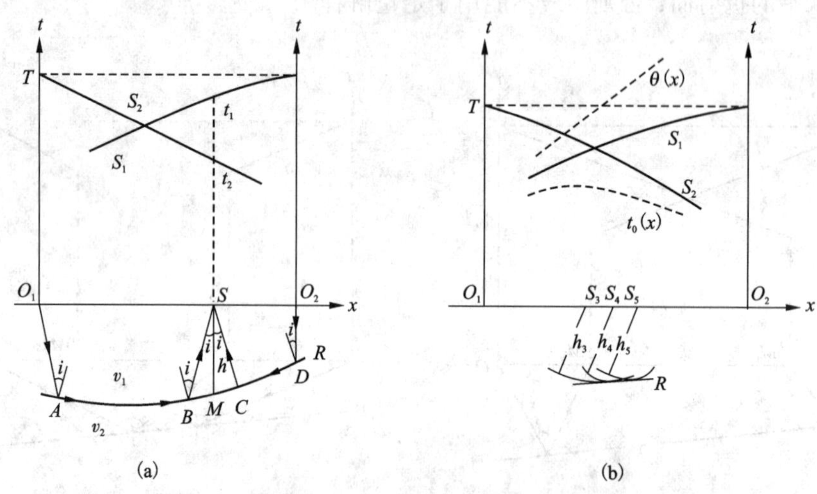

图 7.3.6　t_0 差数时距曲线法构制折射界面原理示意图

(a) 相遇时距曲线；(b) $t_0(x)$、$\theta(x)$曲线并构制折射界面

式中：i 为临界角；v_1 是覆盖层速度；v_2 是折射界面的界面速度。将式(7.3.8)代入式(7.3.7)中得

$$t_0 = \frac{2h\cos i}{v_1} \tag{7.3.9}$$

所以

$$h = \frac{t_0 v_1}{2\cos i} = kt_0 \tag{7.3.10}$$

其中

$$k = \frac{v_1}{2\cos i} = \frac{v_1}{2\sqrt{1-\sin^2 i}} = \frac{v_1 v_2}{2\sqrt{v_2^2 - v_1^2}} \tag{7.3.11}$$

因此要求取折射界面深度，需要 t_0、k 两个参数。

②求 $t_0(x)$ 曲线

对于每个地面解释点 S，都可根据式(7.3.7)求出相应的 t_0 值。在具体解释时，为方便起见，可作出 $t_0(x)$ 曲线，作法如下：

在式(7.3.7)中，令 $\Delta t=T-t_2$，则

$$t_0=t_1+t_2-T=t_1-\Delta t \tag{7.3.12}$$

根据此式，可利用卡规在时距曲线 S_2 上量出 Δt 线段的长度，然后从另一条曲线 S_1 的 t_1 中减去 Δt 长度，即可确定出对应于 S 点的 t_0 值。对于测线上的其他点，同理可定出 t_0 值，连接这些点，可得 $t_0(x)$ 曲线，如图 7.3.6(b)所示。

③求 k 值

在 t_0、v_1 已知情况下，作差数时距曲线 $\theta(x)$，令

$$\theta(x)=t_1-t_2+T \tag{7.3.13}$$

同样地，可求得 $\theta(x)$ 曲线。它是一条斜直线。在 $\theta(x)$ 公式中，T 为常量，$\theta(x)$ 曲线只与 t_1 和 t_2 的时差有关，所以称 $\theta(x)$ 曲线为差数时距曲线。

差数时距曲线的斜率为

$$\frac{\Delta\theta}{\Delta x}=\frac{\Delta t_1}{\Delta x}-\frac{\Delta t_2}{\Delta x} \tag{7.3.14}$$

因为

$$\frac{\Delta t_1}{\Delta x}=\frac{1}{v_{a上}},\ \frac{\Delta t_2}{\Delta x}=\frac{1}{v_{a下}},$$

且由于 S_2 是反向接收的时距曲线，Δx 应取负值，所以式中的 $v_{a下}$ 为负值。将其代入(7.3.14)式，得

$$\frac{\Delta\theta}{\Delta x}=\frac{1}{v_{a上}}+\frac{1}{v_{a下}} \tag{7.3.15}$$

根据界面速度和视速度的关系

$$\frac{1}{v_{a上}}+\frac{1}{v_{a下}}=\frac{\sin(i+\varphi)}{v_1}+\frac{\sin(i-\varphi)}{v_1}=\frac{2\sin i\cos\varphi}{v_1}=\frac{2\cos\varphi}{v_2}$$

将上式代入式(7.3.15)可得

$$\frac{\Delta\theta}{\Delta x}=\frac{2\cos\varphi}{v_2} \tag{7.3.16}$$

由此可得计算界面速度 v_2 的公式

$$v_2=2\cos\varphi\frac{\Delta x}{\Delta\theta} \tag{7.3.17}$$

当折射界面倾角不大时，$\cos\varphi\approx1$，这时界面速度

$$v_2=2\frac{\Delta x}{\Delta\theta} \tag{7.3.18}$$

求得 v_2 值后，将 v_2 和已知的 v_1 代入式(7.3.11)就可求出 k 值。

④折射界面的绘制

对测线上任一点 S，求出 t_0 与 k 值，就可求得 h 值，然后以 S 点为圆心，以 h 为半径作圆弧。对多个测点作出一系列圆弧，它们的公切线就是折射界面的位置，如图 7.3.6(b)所示。

由于地面上的 S 点位于待解释的△SBC 的顶点,大利△SBC 为正三角形，所以，t_0 差数时距曲线法属于正三角形法。

(2)时间场法(波前法)

当界面起伏较大，或界面岩性变化较大时，用时间场法追踪折射界面较好，它的理论基

础是波前原理。这是一种比较精确的定量解释方法，比射线路径法用起来更为方便，绘制界面迅速，并且从中还能直接求得折射界面的速度及其变化。

① 两层介质

如图7.3.7所示，在相遇观测系统中，由A、B点激发产生的两支正反时距曲线分别为S_1和S_2，并假设v_1可以近似为常数，则

$$\left.\begin{aligned} t_1 &= t_{AC}+t_{CS}+t_{SF} \\ t_2 &= t_{BD}+t_{DS}+t_{SE} \end{aligned}\right\} \tag{7.3.19}$$

假若能找到某两个t_1和t_2，使

$$t_1+t_2=T \tag{7.3.20}$$

则$t_{SF}+t_{SE}=0$，这意味着E、F点均已退回到S点，且相应的S点必为折射界面上的点，这就是时间场法的解释原理。由于界面上的S点位于待解释的$\triangle SEF$的底点，$\triangle SEF$为倒三角形，所以，时间场法属于倒三角形法。

具体做法是分别由S_1和S_2出发各自构建一组波前面，再在两组波前面所对应的时间t_1和t_2中寻找对应$t_1+t_2=T$的波前面的交点，然后将这些交点顺序连接即得折射界面。因此，问题的关键是波前面的构组。

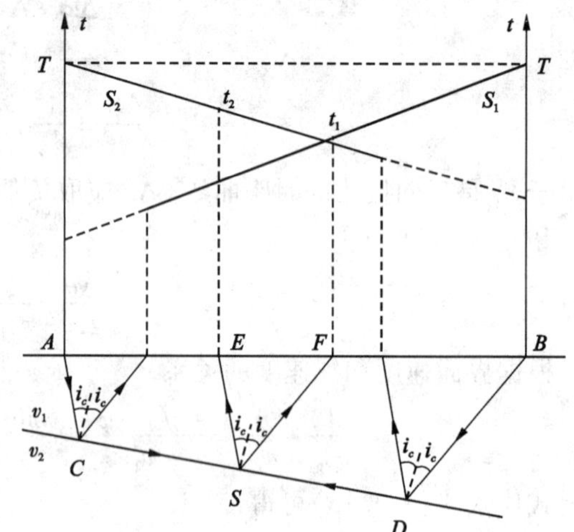

图7.3.7　时间场法的解释原理示意图

折射波前构组。如图7.3.8所示，假设欲构组由A点激发所得到的时距曲线S_1上时刻t_1所对应的波前W_{t_1}，则在S_1上找到时刻$t_n=t_1+(n-1)\Delta t(n=1,2,\cdots)$所对应的地面坐标$x_n$，以$x_n$为圆心，以$r_n=(t_n-t_1)v_1=(n-1)\Delta t v_1$为半径在地下介质中画圆弧，所有这些圆弧的包络线即为t_1时刻对应的波前W_{t_1}。其中Δt的选取决定了解释的精细程度，通常可取10、50、100 ms等。

折射波前组的绘制。与上述单个折射波前的构组方法相同，改变t_1的值（时间间隔也可取Δt），便可得到一个新的波前面，直到得到一系列的波前面W_{t_n}。然后，用同种方法可绘出B点激发所得时距曲线S_2所对应的一组波前面$W_{t'_n}$，两组波前面相交，形成一系列的菱形块图案，如图7.3.9所示。

折射界面的绘制和折射面速度的求取。在正反两组波前W_{t_n}和$W_{t'_n}$的交点（即菱形顶点）中找出时间和等于互换时间t_{AB}的点，沿测线方向将这些点连成线，即可构组出折射界面。如图7.3.10所示，R_1，R_2，R_3，R_4，$\cdots$即为折射界面上的点。由于折射波在相邻两点滑动的时差为Δt，设其距离为ΔS，则折射界面上的波速为

$$v_g=\frac{\Delta S}{\Delta t} \tag{7.3.21}$$

当时距曲线为直线时，折射界面是v_g为常数的直线。当时距曲线呈弯曲时，折射界面的局部倾角和界面速度v_g是可变的。

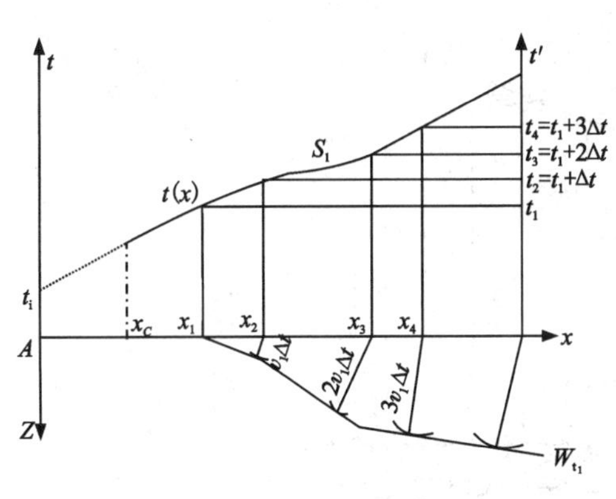

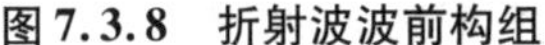
图 7.3.8 折射波波前构组

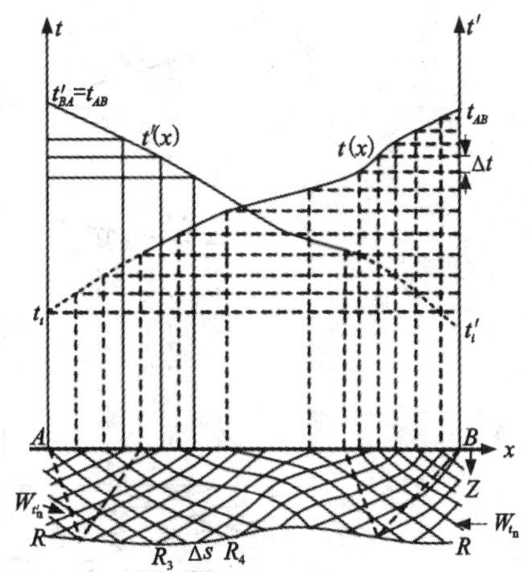

图 7.3.9 折射波前绘制和折射界面构组

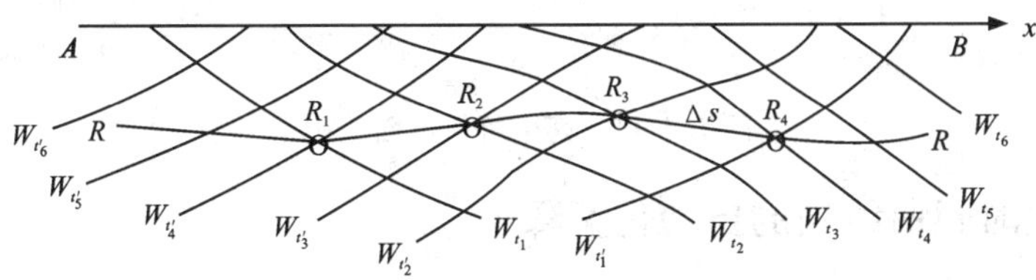

图 7.3.10 折射界面 R 的构组

利用覆盖层内的波前构组折射界面的过程非常容易理解，而且实现起来相当快速。但是，实际工作中，该方法的应用存在下述局限性：

第一，在构造侧翼具有明显倾角的情况下(例如背斜、向斜、地垒、地堑等)，射线将存在穿透现象，此时，将使解释结果的倾角趋缓。

第二，如果覆盖层的真实速度是局部变化的，那么 v_1 为常数的假设不再成立，将导致解释结果出现误差。

②多层介质

对于第一个折射界面，按照前面描述的两层介质的方法构组，对于后序的其他折射界面的构组，假设其上覆的地层组能够确定一个合适的平均速度$\bar{v}$，那么就可以用同样的方式多次进行。

对于层速度为常数的复合地层，可以考虑射线在各个折射界面上的折射。在第一个折射界面根据它的时距曲线被构组出来以后，可以按照图 7.3.11 的方式用以下方法进行第二个折射界面的波前构组：利用第二个折射界面的时距曲线 $t(x)$ 和 $t'(x)$，用两层介质条件的同样方式，以速度 v_1 构组从地面到达第一个折射面的波前；在第一个折射界面以下，波前的构组是以速度 v_2 进行的，它是在上面的构组时作为界面速度 v_g 得到的。

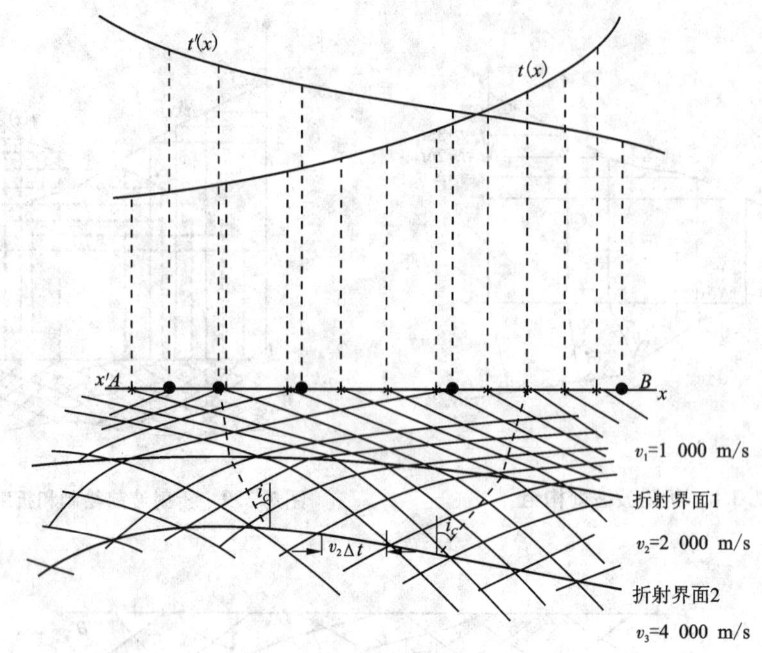

图 7.3.11　两个折射界面的构组

四、t_0 差数时距曲线法的自动化解释

利用微型计算机进行自动化解释，不仅可以提高工效，而且可以消除人工解释过程中的展点、绘图、画辅助线以及读数等方面引起的误差。在我国，自 1985 年实现了 t_0 差数时距曲线法的自动化解释以来，其他各种方法的自动化解释也相继实现。自动化解释的软件，因方法不同而异，下面介绍 t_0 差数时距曲线法自动化解释的原理。

1. 解释步骤

解释工作首先需要读取各检波点的初至波走时(包括初至折射波与直达波，它是绘制时距曲线的必要数据之一，另一数据是各检波点与震源之间的距离—炮检距 x)。t 值可以利用"初至波自动拾取软件"，在野外获得的磁盘资料中自动读取；也可以利用野外获得的纸带波形记录，用人工读数，然后手动把数据输入微机。自动化解释流程如图 7.3.12 所示。

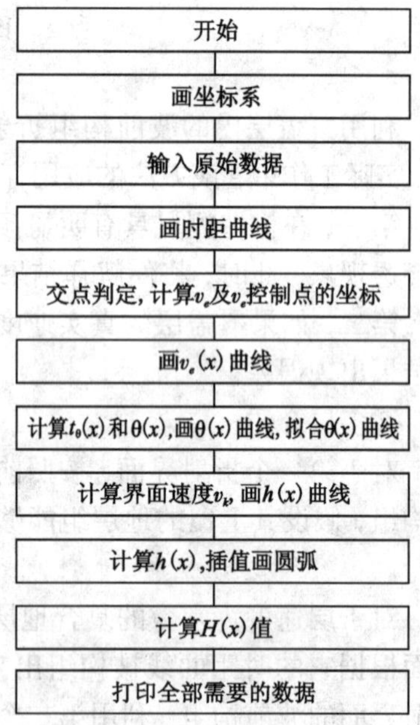

图 7.3.12　自动化解释流程图

2. 交点的判定和有效速度 v_e 的计算

如图 7.3.13 所示，$A_1(x)$ 为折射波时距曲线，$A_2(x)$ 为其追逐时距曲线，如果折射界面无穿透现象，那么

$$\Delta t(x_i) = A_2(x_i) - A_1(x_i) \tag{7.3.22}$$

式中：$\Delta t(x_i)$应为常量；i表示检波点的序号。

要确定交点位置A，必先确定计算机自动判定交点而进行搜索的门槛值ε，即

$$\Delta t(x_{i+1}) - \Delta t(x_i) < \varepsilon \tag{7.3.23}$$

式中：ε可根据精度的要求不同而定；$\Delta t(x_i)$、$\Delta t(x_{i+1})$分别为第i与$i+1$号检波点处的A_2与A_1之间的时差。

计算机根据所给的门槛值ε和(7.3.23)式，从离震源最远检波点开始，对每一个点逐步进行搜索，一旦发现$\Delta t(x_{i+1}) - \Delta t(x_i) > \varepsilon$的检波点，并且从此点开始直至震源的各检波点一直保持大于门槛值ε的时候，则判定坐标x_i，$A_1(x_i)$为交点A的位置，并记为x_A、t_A。

利用自动搜索到的交点坐标x_A、t_A，则可计算出有效速度v_e，其计算式为

$$v_e = \frac{x_A}{t_A} \tag{7.3.24}$$

式中：长度的单位取米；走时的单位取毫秒。

3. 绘制 $v_e(x)$ 曲线

在浅层勘探中，由于目的层上部各覆盖层的波速横向变化或厚度变化，$v_e(x)$的横向变化是很普遍的，因此需绘出$v_e(x)$随x而变化的曲线，以便每个检波点进行时深转换时，在$v_e(x)$曲线上可以取到对应的值。

如图7.3.14所示，对于3个激发点，微机可判定出A_1，A_2，A_3，A_4等4个交点，并计算出相应的有效速度v_{e1}，v_{e2}，v_{e3}，v_{e4}。进而利用4个交点和与之对应的炮点的中点的横坐标x_1，x_2，x_3，x_4及其相应的v_{e1}，v_{e2}，v_{e3}，v_{e4}用曲线拟合方法，绘出v_e曲线，拟合的函数较多，可采用样条函数或下式所示的拉格朗日函数进行拟合

$$v_e(x_k) = \sum_{j=1}^{M}(v_{ej})\left[\prod_{\substack{i=1\\i\neq j}}^{M}\left(\frac{x_k - x_i}{x_j - x_i}\right)\right] \tag{7.3.25}$$

式中：k为检波点序号，$k=1，2，\cdots，N$；i，j为循环变量；M为控制点的最大序号，本例中$M=4$。

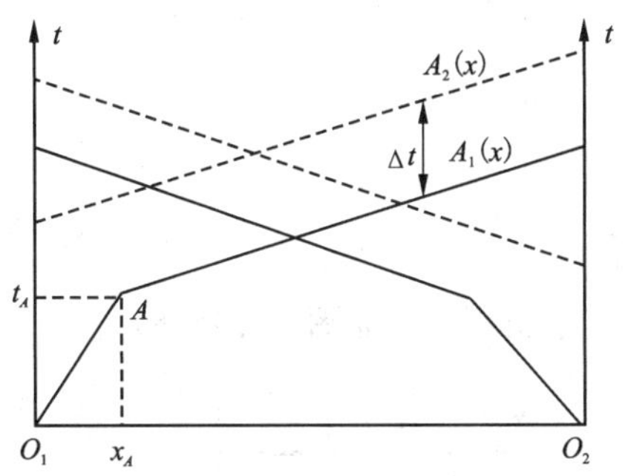

图7.3.13 交点示意图

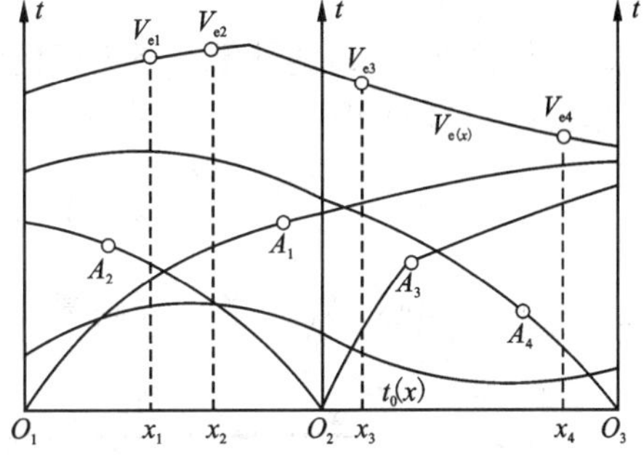

图7.3.14 $v_e(x)$曲线的构制

4. t_0值的计算及$t_0(x)$曲线的绘制

按下式计算t_0值，进而绘制$t_0(x)$曲线

$$t_0(x) = t_1(x) + t_2(x) - \frac{T_1 + T_2}{2} \tag{7.3.26}$$

式中：T_1、T_2分别为正、反二支时距曲线的互换时间。

5. 差数时距曲线 $\theta(x)$ 的拟合和折射层速度 v_k 的计算

差数时距曲线 $\theta(x)$ 可用下式计算

$$\theta(x) = t_1(x) - t_2(x) + \frac{T_1 + T_2}{2} \tag{7.3.27}$$

在折射层波速稳定的条件下，$\theta(x)$ 是由离散点组成的斜直线，用最小二乘法可对离散点进行拟合，其方程式为

$$\theta(x) = ax + b$$

如果 $\theta(x)$ 的离散点与线性方程 $ax + b$ 直线达到最佳拟合时，则

$$I = \sum_{i=1}^{N} [\theta(x_i) - ax_i - b]^2 = \text{最小值}$$

解上式得

$$a = \frac{N\sum_{i=1}^{N} x_i\theta(x_i) - \sum_{i=1}^{N} x_i \sum_{i=1}^{N} \theta(x_i)}{N\sum_{i=1}^{N} x_i^2 - [\sum_{i=1}^{N} x_i]^2}$$

$$b = \frac{\sum_{i=1}^{N} x_i^2 \sum_{i=1}^{N} \theta(x_i) - \sum_{i=1}^{N} x_i \sum_{i=1}^{N} \theta(x_i)x_i}{N\sum_{i=1}^{N} x_i^2 - [\sum_{i=1}^{N} x_i]^2}$$

式中：i 为离散点（即检波点）的序号，$i = 1, 2, \cdots, N$。根据式（7.3.18），$\theta(x) = ax + b$ 直线斜率的两倍即为折射层波速 v_k

$$v_k = 2\frac{\Delta x}{\Delta \theta} \tag{7.3.28}$$

6. 法线深度 $h(x)$ 的计算与折射面的绘制

据式（7.3.10）可知

$$h(x_i) = \frac{v_k v_e(x_i)}{2\sqrt{v_k^2 - v_e^2(x_i)}} t_0(x_i) \tag{7.3.29}$$

以检波点 x_i 为圆心，$h(x_i)$ 为半径画圆弧，其包络线就是折射面，如图7.3.15所示。

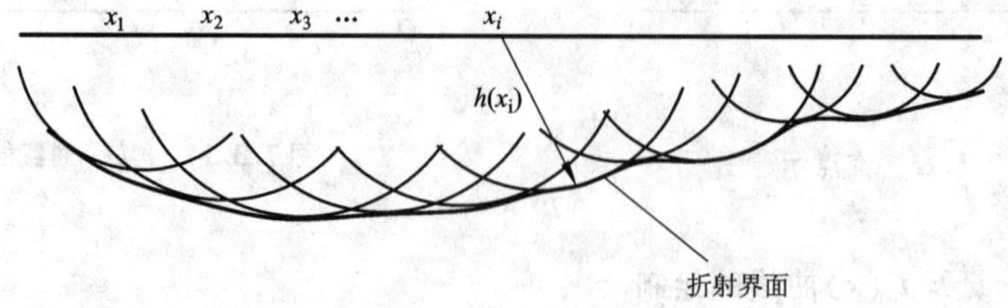

图 7.3.15　折射界面的绘制

7. 折射面埋深 H 的计算

用式(7.3.29)计算出的 h 值只是折射面的法线深度，并非折射面的埋深 H。如图7.3.16所示，假设 H、h 分别为 x_i 检波点下部折射面的埋深与法线深度，则据图中的几何关系可得

$$H_i = \frac{h_i}{\cos\varphi} = \frac{h_i}{\sqrt{1-\sin^2\varphi}} \tag{7.3.30}$$

因

$$\sin\varphi = \frac{\Delta h}{\Delta x} = \frac{h_i - h_{i+1}}{x_{i+1} - x_i}$$

所以

$$H_i = \frac{h_i}{\sqrt{1-\left(\dfrac{h_i - h_{i+1}}{x_{i+1} - x_i}\right)^2}} \tag{7.3.31}$$

最后微机打印出测区内根据上式计算出的各测点的 H 值，它们是绘制折射面埋深平面图件的必要数据。该深度图也可以利用微机自动绘出。

用微机还可以对时间场法、哈列斯法、共扼点法等进行自动化解释，原理及过程大体相似，在此不赘述。

五、特殊问题

在实际工作中，特别在利用采矿爆破进行深部地震测深时，如果没有在相反方向进行激发，就会面临解释单边时距曲线这个问题。这对折射界面速度的测定会带来一定困难。在多个爆炸点向着一个方向进行观测的情况下，借助截距时间能够进行速度的测定。对此，如图7.3.17所示，首先计算爆炸点 A 和 B 之间的平均视速度$\bar{v}_a$

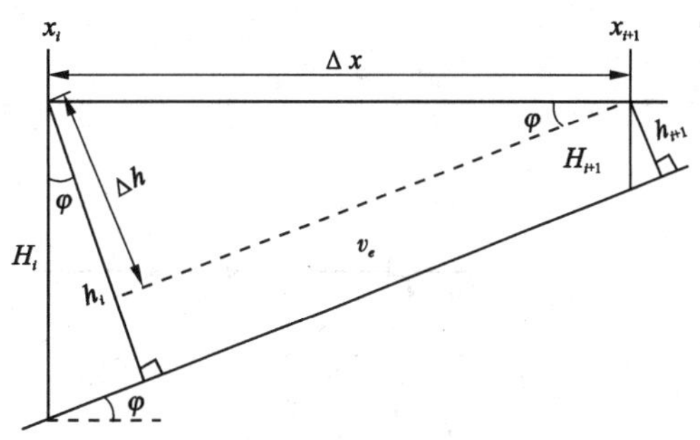

图7.3.16　H 与 h 的几何关系图

$$\left.\begin{aligned}\bar{v}_{aA} &= \frac{AB}{t_{AB} - t_{iA}}\\ \bar{v}_{aB} &= \frac{AB}{t_{AB} - t_{iB}}\end{aligned}\right\} \tag{7.3.31}$$

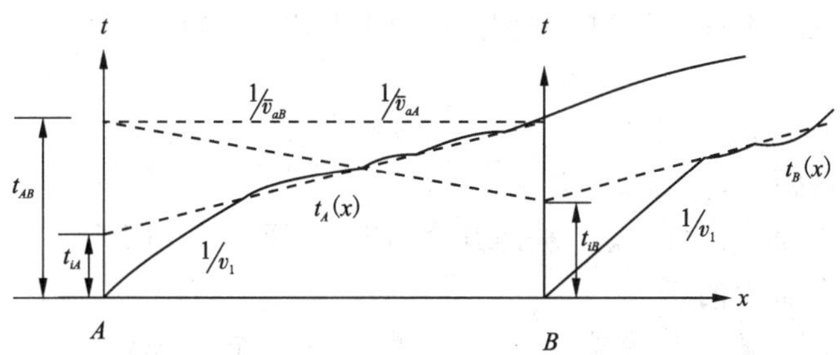

图7.3.17　平均视速度的测定

显而易见，这里$\bar{v}_{aA}$是从测量中直接得到的，与此相反，$\bar{v}_{aB}$是根据截距时间以及互换时间的相等性算出的。作为对真界面速度的近似值，应用下式计算

$$\frac{1}{v_g}=\frac{1}{2}\left(\frac{1}{\bar{v}_{aA}}+\frac{1}{\bar{v}_{aB}}\right) \tag{7.3.32}$$

或者更简单地取

$$v_g=\frac{1}{2}(\bar{v}_{aA}+\bar{v}_{aB}) \tag{7.3.33}$$

此外，若折射面为一个倾角为 φ 的平坦界面。则可根据以下方法精确地计算 v_g

$$\left.\begin{aligned} i-\varphi&=\arcsin\left(\frac{v_1}{\bar{\bar{v}}_{aA}}\right),(\text{下倾激发}) \\ i+\varphi&=\arcsin\left(\frac{v_1}{\bar{\bar{v}}_{aB}}\right),(\text{上倾激发})\end{aligned}\right\} \tag{7.3.34}$$

由此得到

$$i=\frac{1}{2}\left[\arcsin\left(\frac{v_1}{\bar{\bar{v}}_{aA}}\right)+\arcsin\left(\frac{v_1}{\bar{\bar{v}}_{aB}}\right)\right] \tag{7.3.35}$$

因而，有

$$v_g=\frac{v_1}{\sin i} \tag{7.3.36}$$

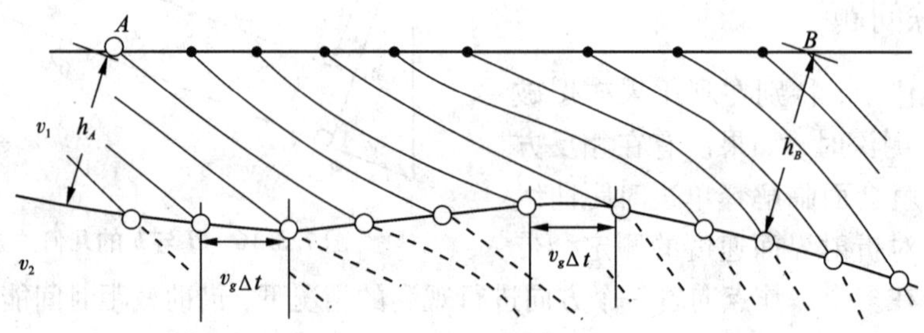

图 7.3.18　折射界面的构组

这里，v_1 被视为覆盖层内平均的常数速度。利用从式(7.3.36)得到速度 v_g，就能如图 7.3.18那样构组折射界面，采取的步骤如下：

①根据属于折射界面的单边时距曲线 $t_A(x)$绘制覆盖层内的波前。

②确定折射界面的深度。例如，根据深井或者利用下式算

$$h_A=\frac{v_1}{2\cos i}t_{iA} \tag{7.3.37}$$

式中：t_{iA}为 A 点的截距时间。

③从这个折射界面点出发，逐点构组其余的折射界面点，用半径 $v_g\Delta t$ 作弧，与最近的波前的交点就是折射界面上的点。

④根据截距时间 t_{iB}直接利用式(7.3.37)计算出 h_B，作为对爆炸点 B 下方用上述方法构组的折射界面深度的控制。

习题七

1. 试述如何利用多次覆盖资料求得：叠加速度、均方根速度（地层倾角 $\varphi=0,\varphi\neq0$ 两种情况）、层速度和平均速度。要求写出每一种速度的求取方法及主要公式，并加以说明。

2. 在哪些地质情况下，会出现地震界面与地质界面一致和不一致的情况？

3. 在时间剖面的对比中，为什么闭合差不能超过半个相位？

4. 试述绕射波、回转波、发散波、断面波、多次反射波在水平叠加时间剖面上的波场特征。

5. 波对比的原则是什么？实际对比时应注意什么问题？

6. 何谓法向深度、视深度、真深度？它们之间有何关系？

7. 水平叠加时间剖面是地质剖面的简单映像吗？

8. 比较区域地震相和地震微相分析的差异以及二者研究方法方面的差异。

9. 沉积相分析应在地震相分析之前还是之后进行，为什么？

10. 折射波资料解释的主要流程是什么？

11. 折射波资料的定量解释方法主要有哪些？

12. 试述 t_0 差数时距曲线法和时间场法的基本原理和各自的应用条件。

13. 折射波资料的定量解释必须满足什么条件？

14. 折射波资料的定量解释方法中，正三角形法和倒三角形法各有什么优缺点？

15. 用 t_0 差数时距曲线法求出的折射界面较实际折射界面会更平缓还是更弯曲？为什么？

第八章　其他地震勘探方法与技术

第一节　金属矿地震勘探

随着地质找矿工作向寻找盲矿和深部隐伏矿方向发展，传统的金属矿勘查技术已不能完全满足深部资源勘查的要求。由于重力、磁力、直流电法和电磁法等常规金属矿物探方法往往探测深度有限以及分辨率较低，利用探测深度大、分辨率高的地震勘探方法则可以显示出它的潜力和优势。目前，地震勘探尤其是能源地震勘探，无论从勘探设备、数据采集、资料处理和解释等方面都已发展到了很高的水平，而金属矿地震勘探由于地形地貌、地质条件、数据采集、资料处理和解释等与能源地震勘探相比要复杂得多，这种方法目前尚处于试验和发展阶段，还存在许多难题，这些难题妨碍了该方法在金属矿勘查中的应用。

由于金属矿地震勘探的复杂性和难度,本书仅简单介绍散射波地震勘探的基本原理与金属矿地震勘探中的数值模拟研究,以及散射波地震采集技术与硬岩环境下的反射波地震采集技术,至于金属矿的地震地质特征已在第二章中作出介绍,此处不再赘述。

一、散射波地震勘探的基本原理

实际上，当地质体的几何尺寸等于或小于地震波波长时，不能产生反射波，而是产生散射波。一般情况下，散射波向介质空间的各个方向传播，即散射波的能量出射范围很宽。与反射波相比，散射波能量较弱，其特征与地质体的物性、几何形状及入射角有关，散射波的主能量方向是反射方向。和反射波不同的是，来自同一激发点、同一散射体的散射波在很多接收点都可以接收到。

在金属矿勘查中，经常会遇到一些几何形态很不规则的块状矿体，相对于周围地层具有较大的密度差。反射地震方法对这种几何形态很不规则的矿体难以探测，而只能采用散射波地震探测技术。

广义地说，地震记录上的所有地震波都是散射波，反射波只是散射波的一个特例。反射波所具有的特征，散射波同样具有。下面讨论散射波地震方法的基本原理。

若地下介质速度不均匀，介质速度 $v(x)$可表示成如下形式

$$v^{-2}(x)=v_0^{-2}(x)+h(x) \tag{8.1.1}$$

式中：x 为三维空间中的任一点；$v_0(x)$为背景速度；$h(x)$为介质的散射势。背景速度 $v_0(x)$可以随深度 z 或水平方向 x 变化。

在地下介质不均匀情况下，若地震波场近似满足声波方程

$$\left(\nabla^2-\frac{1}{v^2(x)}\frac{\partial^2}{\partial t^2}\right)u(x,s,t)=-\delta(x-s)\delta(t) \tag{8.1.2}$$

式中：$u(x,s,t)=u_0(x,s,t)+u_s(x,s,t)$为总波场。$u_0(x,s,t)$为与源和背景速度有关的背景波

场；$u_s(x,s,t)$为散射波场；s为单位能量点源的位置。

对方程(8.1.2)式进行傅氏变换，可得到频率域的声波方程

$$\left(\nabla^2+\frac{\omega^2}{v_0^2(x)}\right)u_0(x,s,\omega)=-\delta(x-s) \tag{8.1.3}$$

和

$$\left(\nabla^2+\frac{\omega^2}{v_0^2(x)}\right)u_s(x,s,\omega)=-h(x)\omega^2[u_0(x,s,\omega)+u_s(x,s,\omega)] \tag{8.1.4}$$

当频率域散射波场$u_s(x,s,\omega)$远小于背景场$u_0(x,s,\omega)$时，即$u_s(x,s,\omega)\ll u_0(x,s,\omega)$，由Born近似，可得出：

$$u_s(s,r,\omega)=\omega^2\int G(x,s,\omega)G(x,r,\omega)h(x)d^3(x) \tag{8.1.5}$$

式中：r为接收点位置；$G(x,y,\omega)$为背景介质的格林函数，且满足

$$\nabla^2G(x,y,\omega)+\frac{\omega^2}{v_0^2(x)}G(x,y,\omega)=-\delta(x-y) \tag{8.1.6}$$

格林函数$G(x,y,\omega)$在$v_0(x)$为常数时，可以写成一个显式，但在$v_0(x)$不为常数时，一般较复杂。为方便起见，可使用几何光学的一阶渐进近似给出

$$G(x,y,\omega)=A(x,y)\exp[i\omega\tau(x,y)] \tag{8.1.7}$$

式中：传播时间函数$\tau(x,y)$满足Eikonal方程

$$\Delta\tau\cdot\Delta\tau=v_0^{-2}(x) \tag{8.1.8}$$

几何扩散函数$A(x,y)$满足传输方程

$$2\Delta\tau\cdot\nabla A+A\nabla^2\tau=0 \tag{8.1.9}$$

把式(8.1.7)代入式(8.1.5)，并令：

$$\left.\begin{aligned}\tau(r,x,s)&=\tau(r,x)+\tau(x,s)\\A(r,x,s)&=A(r,x)+A(x,s)\end{aligned}\right\} \tag{8.1.10}$$

则式(8.1.5)可写成：

$$u_s(s,r,\omega)=\omega^2\int A(r,x,s)\exp[i\omega\tau(r,x,s)]h(x)\mathrm{d}^3x \tag{8.1.11}$$

对式(8.1.11)作反傅氏变换，可得：

$$u_s(r,s,t)=-\int A(r,x,s)\delta''[t-\tau(r,x,s)]h(x)\mathrm{d}^3(x) \tag{8.1.12}$$

设x_0为地下介质中的某一点，在方程式(8.1.12)中，$t=\tau(x,r,s)$代表一等时界面。若固定源s和接收点r，则过x_0等时面是唯一的。

由式(8.1.12)可知，只要$h(x)\neq0$，即地下介质为不均匀介质，散射波场u_s都会随震源的激发而产生，且散射波的强弱与$h(x)$的大小成正比。也就是说，相对于围岩来说，地下介质的不均匀性越严重，产生的散射波场就越强。据此可在金属矿勘查中，根据地震时间剖面上散射波的强弱，研究哪些散射波是由矿化带产生的，哪些散射波是由矿体产生的。

二、散射地震波的分类及基本特征

1. 散射波的分类

根据不同几何尺度非均匀体产生的散射波和不同种类散射体产生散射波的相互作用，可

对非均匀地质体产生的散射波进行分类。

(1)按传播态式划分

不同尺度的非均匀体对地震波的影响可通过不同的传播态式或相应近似解析方法的适用范围来进行讨论。一般情况下，波在非均匀体中的传播态式可用下式来表示

$$E = kd = 2\pi \frac{d}{\lambda} \tag{8.1.13}$$

式中：d 为非均匀体尺度；k 为波数，λ 表示波长。

①准均匀态散射

当 $E \ll 0.01$ 时，表明非均匀地质体的尺度太小，非均匀体的存在不会影响地震波的传播，该介质可用某些有效参数做均匀介质处理。

由于 kd 正比于地震散射波的频率，当非均匀地质体的尺度 d 一定时，提高地震波的频率有助于探测较小的非均匀体。由此可见，在散射波地震勘探中，也需要采用高频高分辨率地震方法技术。

②Rayleigh 散射(点散射)

当 $E \ll 1$ 时，散射能量与 k^4 成正比，该区的散射可引起视衰减。

③大角度散射

当 $E \approx 1$(如 $0.1 < E < 10$)时，非均匀地质体的大小与地震波的波长比较接近，散射效应最为明显。入射能量向不同方向成大角度散射，该状态也叫“共振散射”或“Mie 散射”。这种态式的散射是生成尾波和产生散射衰减的主要原因。为较完整地记录该散射波，在数据采集时，应在较大的炮检距范围内接收该散射波。

④小角度散射

当 $E \gg 1$ 时，散射波的主要能量集中在与入射角较小的夹角范围内，而与入射波较大夹角范围内的散射能量很弱。在这种情况下，数据采集采用的工作方法类似于反射波地震方法。

(2)按不同种类散射体产生散射波的相互作用划分

根据地震波入射到非均匀地质体产生的散射以及散射体之间相互作用引起的散射，可将地震散射波分为单散射和多次散射。

①单散射

单散射也称为一次散射，它是地震波入射到散射体产生的散射。单散射忽略了不同散射体之间的相互作用，它仅适合于散射体松散分布的情况。在该情况下，每一个散射体都被当作一个处于均匀场中的独立散射体。

②多次散射

多次散射是由散射体产生的一次散射再次入射到其他散射体产生的散射，即二次散射。二次散射再一次入射到其他散射体产生的散射，称为三次散射，依此类推，将产生多次散射。在散射比较弱的情况下，一般只考虑一次散射，而忽略了多次散射，这就是著名的 Born 近似。

2. 散射波的基本特征

根据散射波的基本理论和模型实验研究，可得出地震散射波在地下非均匀介质中传播的一些基本特征。

(1)散射波强弱与不均匀性有关

散射波的强弱与产生散射波不均匀体的不均匀性有关。地下介质的不均匀性越严重，产生的散射波场就越强；地下介质的不均匀性越弱，产生的散射波场就越弱。

(2)高频特征

模型实验研究结果表明，地下不均匀体产生的散射波场呈高频特征，且在一定的范围内，呈有序分布。散射波的这些特征不同于高频干扰波和反射波。一般情况下，高频干扰波杂乱无章，地下波阻抗界面产生的反射波，则在较大的范围内相干性较好。

(3)绕射特征

当地下某地质体相对于围岩的不均匀性较强，且该不均匀体的棱角相对分明时(如断层和直立地层的棱角、地层尖灭点等)，由该不均匀体棱角产生的地震波的振幅和相位特征比较明显，通常把这类地震波称作绕射波。在金属矿地震勘探中，根据绕射波时距曲线的极小点，可确定断点或矿脉的位置。

三、金属矿地震勘探数值模拟研究

为了研究复杂地层岩性或构造形态的地震波场特点，本节分别用自激自收模型及多次叠加方式模型对金属矿地震勘探进行数值模拟研究。

1. 自激自收模型实验

在地震数值模拟中，自激自收是最简单的一种模拟方式。对于每道地震记录而言，自激自收的模拟方式就是激发点和接收点位于同一点上。理论上，在入射角为零的情况下，反射波振幅最强，由此可知自激自收模拟得到的来自波阻抗界面的地震波的能量最强。由于是采用零偏移距模拟，对得到的地震记录无需进行动校正，只需把各个物理点的记录拼接在一起，就可得到一条自激自收的地震时间剖面，该剖面类似于多次叠加时间剖面，但却不存在因动校速度误差引起反射波不同相叠加的问题。对自激自收的地震时间剖面进行偏移，就可得到偏移地震时间剖面。

在模拟中，采用的是纵波激发震源，只考虑地震波的垂直分量，不考虑水平分量，因此在模拟得到的地震记录中，不存在横波和各种转换波，这使得模拟得到的地震记录波场比较简单，有利于研究复杂模型产生的地震波场。

在自激自收模型实验中，分别对几个有代表性的金属矿矿床制作地震模型，并进行模拟。

(1)某银铅锌多金属矿

这是根据某勘探线地质剖面制作的地震地质模型，模型中地质体(金属矿体)呈薄层状倾斜雁形排列，如图 8.1.1 所示。

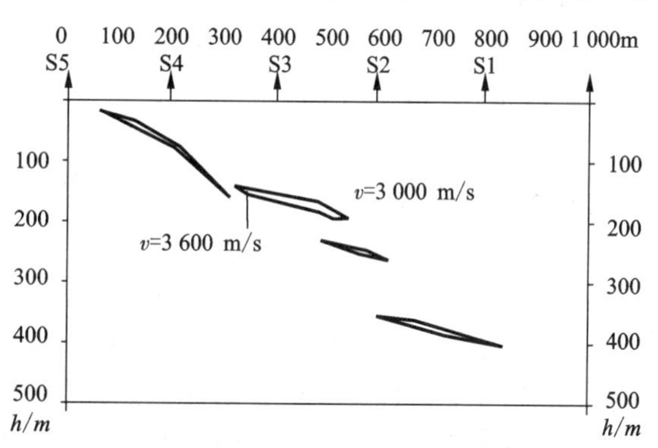

图 8.1.1 某银铅锌多金属矿地震地质模型

模型介质参数为：矿体地震波速度 $v=3\ 600$ m/s，围岩地震波速度 $v=3\ 000$ m/s。取时间采样步长 $\Delta t=0.5$ms，记录长度 $t=1\ 024$ ms，道间距 $\Delta x=5$ m，所用 Ricker 子波最高频率为 120 Hz。模拟结果如图 8.1.2(a)所示。从模拟结果可以看出，除倾斜地质体(矿体)产生的反射波外，在四个雁形排列地质体的尖灭处均产生了绕射波。对图 8.1.2(a)剖面进行偏移，得到偏移后的剖面如图8.1.2(b)所示。由此看出，经偏移后，绕射波收敛，倾斜界面产生的反射波得到了归位，偏移剖面较好地反映了倾斜地质体的形态。

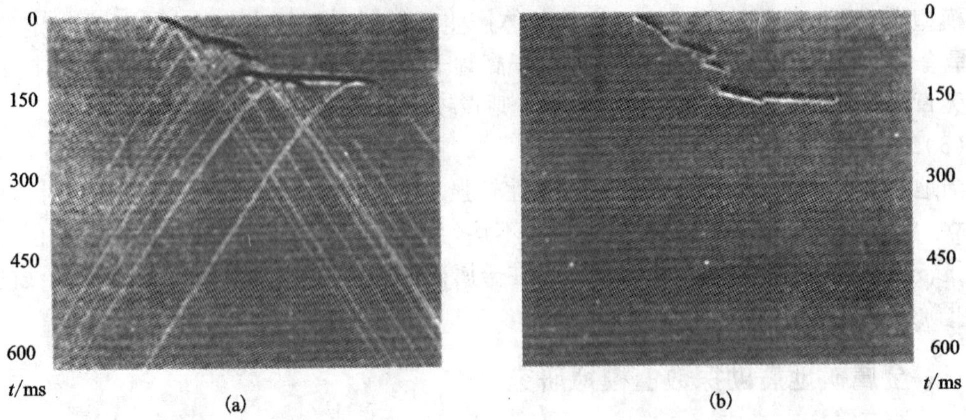

图 8.1.2　偏移前(a)后(b)的模拟地震剖面

(2)某铜矿床

为研究复杂金属矿区地质构造或矿体产生的复杂地震波场，对某地铜矿床地震地质模型(如图8.1.3所示)进行了自激自收的地震模拟。模型介质参数图中已标示。取时间采样步长 $\Delta t=0.5$ ms，记录长度 $t=1\ 024$ ms，道间距 $\Delta x=5$ m，所用 Ricker 子波最高频率为 80 Hz。模拟结果如图8.1.4(a)所示，对该模拟结果进行偏移得到的偏移地震剖面如图8.1.4(b)所示。

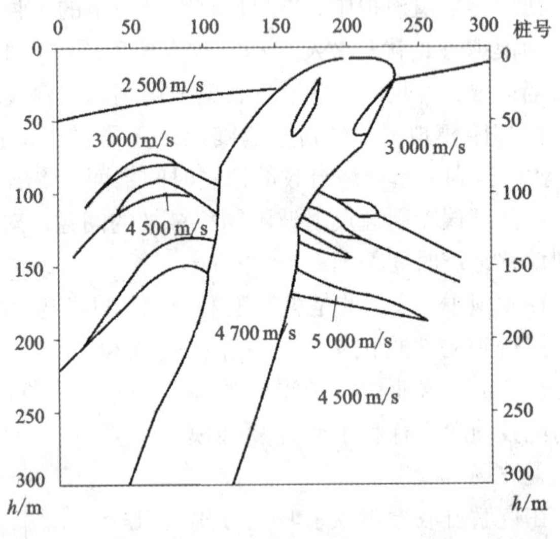

图 8.1.3　某铜矿床地震地质模型

分析对比偏移前后的地震剖面可以看出，在偏移处理后，陡倾斜界面的归位效果十分明显，且这种效果随着界面深度的增加而变得显著。如在200 ms以上的陡倾斜界面的归位效果还不太明显，但在350 ms以下，这种陡倾斜界面的归位效果却十分明显。研究结果表明，当探测深度较大时，必须采用偏移处理提高地震记录的成像精度。将偏移剖面与地震地质模型对比可以看出，偏移剖面较好地反映了模型的几何形态，但对于很陡的界面，地震模拟的效果不太理想，即使在模型的速度已知和自激自收的情况下也难以模拟出很陡界面产生的反射波。

2. 多次叠加模型实验

多次叠加是金属矿野外反射波法地震资料采集中的最为常用的方法之一，为了在野外数据采集、数据处理和资料解释中更好地利用数值模型试验的结果，仿照野外工作中的多次叠加方式进行模型试验研究。

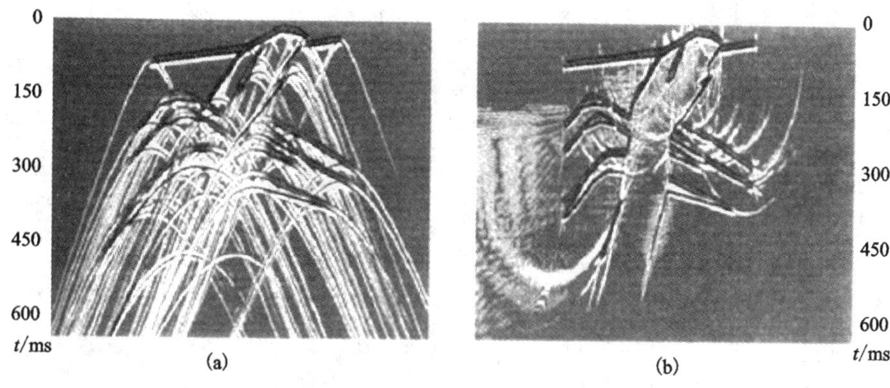

图 8.1.4 偏移前(a)后(b)的模拟地震剖面

(1)某银铅锌多金属矿

根据在某银铅锌多金属矿区使用的地震采集方法，对图 8.1.1 所示的矿区地震地质模型仿照野外工作方式进行了数值模拟。地震模拟采用单边放炮、下倾激发、上倾接收的工作方式。采集参数为：道间距 5 m，炮间距 10 m，最小炮检距 10 m，最大炮检距 305 m，覆盖次数 15 次，采集道数 60 道；记录参数为：采样率 0.5 ms，记录长度 512 ms，采集样点数 1 024，震源主频 60 Hz。图 8.1.5 为几个有代表性的地震模拟记录，在图 8.1.5 中标出了这几个炮集记录的炮点位置(S1、S2、S3、S4 和 S5)。

图 8.1.5 所示地震记录上的地震波场比较简单，对模拟得到的共炮集地震记录进行处理，得到的偏移地震时间剖面如图 8.1.6 所示。该剖面反映的地震波组特征与实际地震记录比较一致，表明模拟中所采用的地质模型及模拟参数的选取是正确的。

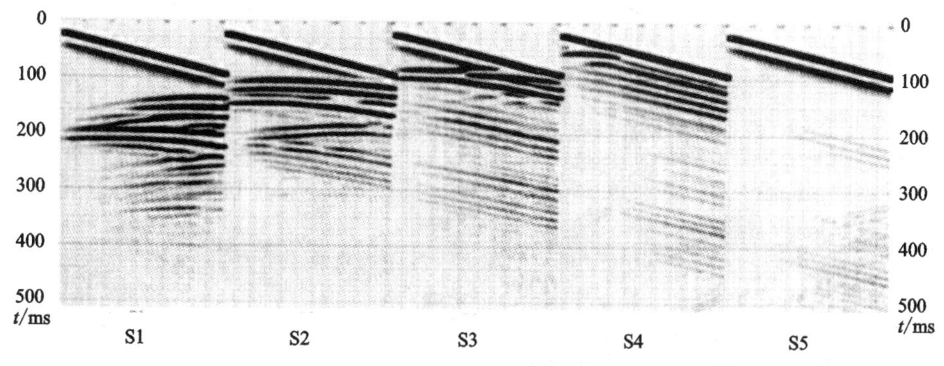

图 8.1.5 几个有代表性的地震模拟记录

(2)某铜镍多金属矿床

图 8.1.7 所示为根据某铜镍多金属矿地质剖面制作的地震地质模型。地震模拟所用采集参数为：道间距 4 m，炮间距 8 m，偏移距 60 m，采集道数 60 道；记录参数为：采样率0.5 ms，记录长度 512 ms，采集样点数 1 024。图 8.1.8 为几个有代表性的共炮集地震模拟记录。

从地震记录可以看出，由图 8.1.7 地质模型产生的地震波场十分复杂。地震记录上比较稳定的地震波是第四系底界面产生的反射波和直达波，陡倾斜物性界面产生的倾斜反射波也比较稳定。此外，在地震记录上，还可以看到一些由物性界面间断点(不均匀点)产生的绕射波和散射波等。在图 8.1.7 模型两侧得到的地震记录的波场相对简单，而在模型中部得到的地震波场相对复杂。特别是在模型右侧得到的地震记录上(Shot 5 和 Shot 6)，除直达波和第四系底界面产生的反射波外，主要的地震能量是由物性界面间断点产生的绕射波和散射波，在 Shot 6 地震记录上，下面的一组倾斜反射波是由模型边界引起的。

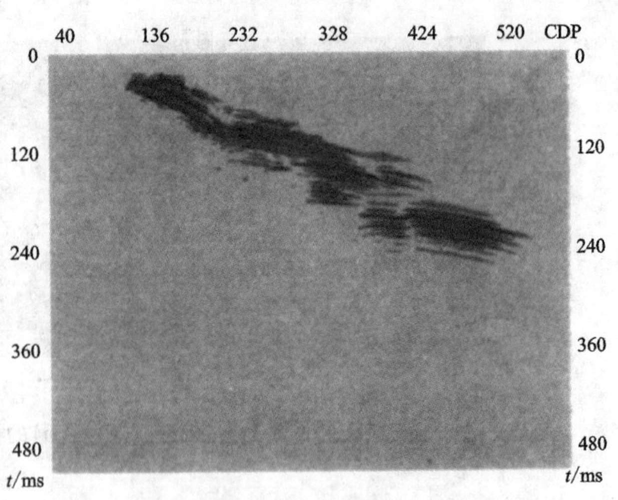

图 8.1.6　地质模型中的正演模拟剖面

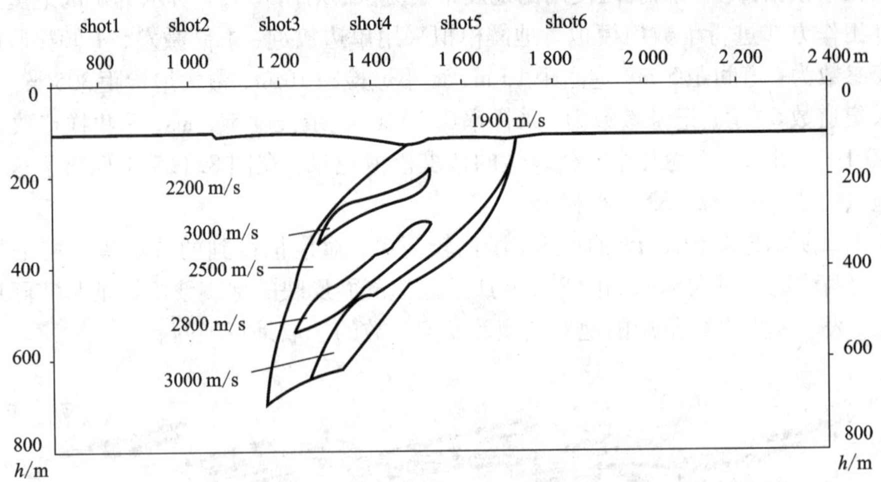

图 8.1.7　某铜镍多金属矿床地震地质模型

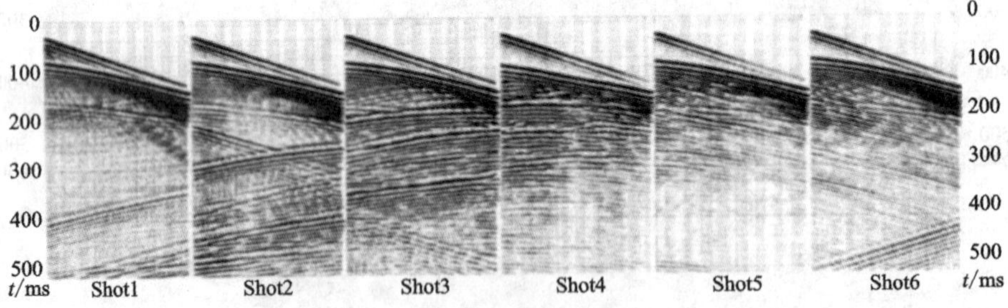

图 8.1.8　部分共炮点地震模拟记录

对模拟得到的共炮点地震记录进行处理，可得到 CDP 地震时间剖面如图 8.1.9 所示。将该剖面与图 8.1.7 的地质模型相对比后可以看出，地震剖面较好地反映了模型的构造形态。分析该地震模拟结果后可知，该方法对于埋藏比较浅的陡物性界面能够进行很好的模拟成像，对于埋藏比较深的陡物性界面，成像效果较差。分析原因为对于埋藏比较浅的陡物性界面，该剖面长度能够探测到该界面产生的反射波，而对于埋藏比较深的陡物性界面，该剖面长度就显得不够，要探测到该界面产生的反射波，就需采用较长的排列长度接收，特别是在陡倾斜界面的下倾方向，需要敷设较长的剖面。

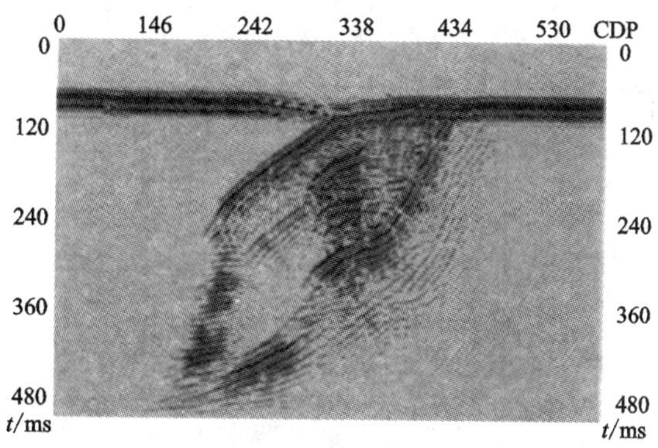

图 8.1.9　地质模型中的正演模拟剖面

该研究结果表明，为探测较小的目标物，需采用较小的道间距；为探测较陡的倾斜界面，需采用较长的接收排列和敷设较长的地震剖面。当地震记录道数较少时，这是矛盾的。为此在金属矿勘查中，为探测倾角较陡的较小目标物，需采用地震记录道数较多的地震仪器进行采集。

四、散射波成像原理及地震采集技术

1. 散射波成像基本原理

如图 8.1.10 所示，地下某散射点 P（也为反射点），由 O_1 点激发 S 点接收，选择坐标系的原点 O 在 P 点$(0, z)$的正上方，O_1PS 构成了一个简单的地震射线路径示意图。那么地震波沿射线路径 O_1PS 的旅行时可表示为如下方程：

$$t=\frac{\sqrt{(d-x)^2+z^2}}{v}+\frac{\sqrt{(x+d)^2+z^2}}{v} \tag{8.1.14}$$

式中：x 为中心点到原点的水平距离；d 为半炮检距；v 为地下介质速度。

把 $z=\frac{1}{2}t_0v$ 代入(8.1.14)式，方程变为：

$$t=\frac{\sqrt{\left(\frac{1}{2}t_0v\right)^2+(d-x)^2}}{v}+\frac{\sqrt{\left(\frac{1}{2}t_0v\right)^2+(d+x)^2}}{v} \tag{8.1.15}$$

式中：t_0 为垂直双程旅时。

设存在一等效偏移距 x_e，使得(8.1.15)式的双平方根方程变成单平方根方程

$$t=2\frac{\sqrt{\left(\frac{1}{2}t_0v\right)^2+x_e^2}}{v} \tag{8.1.16}$$

由(8.1.16)式得

$$t^2=t_0^2+\frac{4x_e^2}{v^2} \tag{8.1.17}$$

上式表明，CSP（共散射点）道集的共散射点旅行时方程为双曲线方程，可以应用常规的速度分析方法对 CSP 道集的地震数据进行速度分析。图 8.1.11 所示为等效偏移距与叠前偏移射线路径示意图，图中的实线为等效偏移距射线路径，虚线为叠前偏移射线路径。

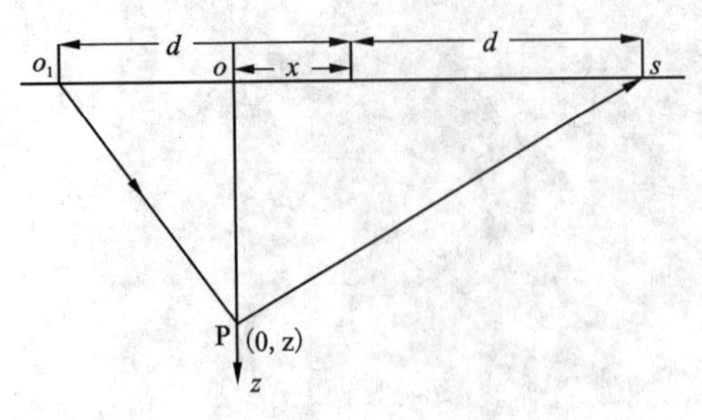

图 8.1.10　地下 *P* 点地震波的散射

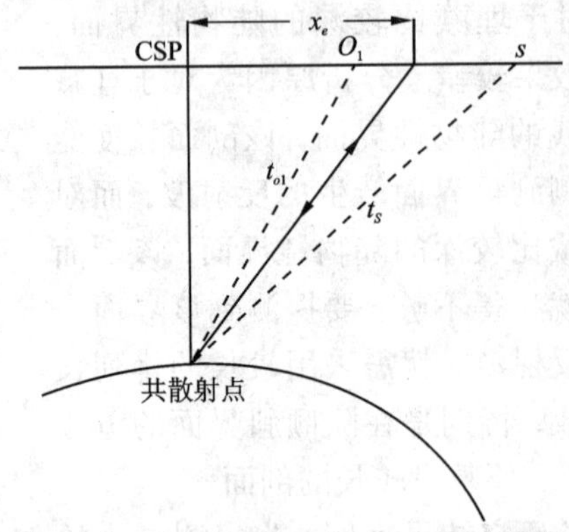

图 8.1.11　等效偏移距与叠前偏移射线路径图

由(8.1.15)式和(8.1.16)式联立，可得等效偏移距的表达式为

$$x_e^2 = x^2 + d^2 - \frac{4x^2 d^2}{(vt)^2} \tag{8.1.18}$$

上式表明，等效偏移是时变的，通过求解式(8.1.18)可从输入地震道的不同炮检距和反射旅行时得到 CSP 道集中的等效偏移距。

根据叠前 Kirchoff 时间偏移公式，CSP 偏移成像公式可写成

$$f(\tau,y,x_e) = \int W(\tau,y,x,d)D(t_{O_1} + t_S \mid \tau,y,x,d)\,\mathrm{d}x \tag{8.1.19}$$

式中：f 为成像结果；τ 为地震波旅行时；y 为 CSP 的空间位置；t_{O_1}为炮点到成像点的旅行时；x 为 CSP 的空间距离；t_S 为检波点到成像点的旅行时；W 为权函数；D 为输入数据的时间差分。

$$W = \frac{\cos\theta_{O_1} + \cos\theta_S}{2} \tag{8.1.20}$$

式中：θ_{O_1}为入射与垂直轴的夹角；θ_S 为反射与垂直轴的夹角。

那么，地震波的旅行时 τ、等效偏移距 x_e 和成像时间 t_0 三者具有如下关系

$$\tau^2 = t_0^2 + \frac{4x_e^2}{v^2} \tag{8.1.21}$$

由此可见，共散射点成像的基本原理就是 Kirchoff 积分偏移，共散射点成像等价于叠前偏移。它与常规叠前偏移的区别在于散射成像在共散射点道集内进行。与共中心点(CMP)道集相比，共散射点(CSP)道集不但具有较高的信噪比，而且有利于速度分析和剩余静校正等地震资料数据处理方法的再应用，使得最终的成像剖面具有较高的信噪比。

2. 散射波地震采集技术

在金属矿地震勘探中，有关散射波地震数据采集技术还不很成熟，但基本上类同于高分辨率反射地震数据采集技术。在反射地震勘探中，以多次覆盖方式进行数据采集，地震采集的数据需满足 CMP 道集(共中点道集)处理的要求。在散射波地震勘探中，也需要以多次覆盖的方式进行数据采集，只不过采集的数据需满足 CSP 道集(共散射点道集)处理的要求。

散射波地震成像的效果不但与采集数据的质量密切相关，也与采用的观测系统密切相

关。在观测系统中，道间距、炮间距、排列长度、覆盖次数等因素与散射波地震成像的效果关系较大。

（1）较小的道间距

在金属矿地震勘探中，不均匀体产生的散射波仅在一定范围内出现（在该范围以外，散射波将很快衰减到背景噪声的幅度），为使该不均匀体能够很好地成像，必须采集到足够多的由该不均匀体产生的散射信号，因此，采用较小的道间距比较有利。此外，由于与金属矿有关的地下不均匀体的几何尺度较小，为在散射波地震剖面上能够更好地反映该不均匀体的形态，也需要采用小道间距。

考虑到受横向分辨率的限制以及勘探成本，在散射波地震数据采集中，并不是道间距越小越好。一般认为在主频 f_{main} 对应的波长上取 4 个样点（采样定理为在对应的波长上取 2 个样点），就能得到横向分辨率的道间距，即：

$$\Delta x = \frac{v_i}{2f_{main}} \tag{8.1.22}$$

式中：v_i 为目的层以上地层的层速度。

（2）合适的炮间距

从空间采样的角度考虑，现代采样理论要求炮间距等于道间距。从现代处理技术的角度考虑，有些处理要求在共接收道集或共偏移距道集域内进行；在每炮记录道数确定之后，炮间距大小决定了共接收道集或共偏移距道集上的记录道数和相邻道间的距离；而成像数据道集内相邻道间的距离与成像精度有关，对于复杂的构造带，炮间距越小，成像精度越高。

炮间距小，成像精度高，勘探成本也高。在实际工作中，炮间距要结合测区地震地质条件和要解决的地质问题进行综合考虑，以获得较好的散射波成像效果为目的。

（3）较长的排列长度

排列长度与采用的道间距、偏移距和接收道数有关。排列长度与探测深度和目标物的几何形态、产状有关，通常情况下，当界面产状近似水平时，排列长度应等于主要目的层的深度。从速度分析的角度，排列长度应尽可能长些。

考虑速度分析精度，最大炮检距也应满足：

$$x_{max} \geqslant \sqrt{\frac{2t_0}{f_{main}\left[1/(v_\sigma - \Delta v)^2 - 1/v_\sigma^2\right]}} \tag{8.1.23}$$

式中：v_σ 为对应 t_0 的均方根速度；Δv 为允许的速度误差，一般取 $\Delta v/v_\sigma = 4\% \sim 8\%$；$f_{main}$ 为有效波主频。

由于散射波能量的衰减远大于反射波，通常情况下，当地下不均匀体的产状比较平缓时，散射波地震勘探要求的排列长度小于或等于反射地震勘探所要求的排列长度。

在金属矿勘查中，散射波地震方法主要用于探测块状硫化物矿床。除点散射之外，散射波的能量并不是均匀地向各个方向传播，而是存在一个能量相对集中的方向，且该主能量方向与散射体的几何尺度、形态、入射波的方向和入射角有关。因此，当块状硫化物矿体的产状较陡时，在数据采集时，应采用较小的点距和较长的排列长度接收。

（4）较高的覆盖次数

采用较高的覆盖次数，能够大幅度提高地震记录的信噪比。在金属矿勘探中，由于地震记录的信噪比较低，为有效提高地震记录的信噪比，需要在偏移处理前进行面元处理和道合并，高覆盖次数可以在数据处理阶段灵活地选择面元和道合并的方式，有利于提高成像的精度。

覆盖次数与采用的炮间距、记录道数和激发方式有关。较高的覆盖次数对应于较小的炮间距和较多的仪器记录道数，采用道数较多的仪器和较小的炮间距对应于较高的勘探成本。因此，采用的覆盖次数应根据测区地震地质条件、拟解决的地质问题和投入的勘探经费综合考虑。在相同的观测方式下，散射波的覆盖次数要大于或等于反射波的覆盖次数。

五、硬岩环境下的地震数据采集技术

金属矿地震勘探中，硬岩环境是指与常规沉积盆地的地震勘探相比，表层介质的速度和密度都比较高时的情形。比如当地震波速度 $v>3\ 000$ m/s 及密度 $\rho>2.4$ g/cm^3 时，就构成了所谓的“硬岩环境”。

1. 硬岩地震勘探的特点

事实上，在大多数情况下，金属矿地震勘探都属硬岩地震勘探。一般说来，在硬岩环境下，地震勘探具有以下特点：

(1) 地层界面的反射系数较低，但介质对地震波的衰减却相对较弱。

(2) 通常地形起伏较大，谷深坡陡，地表岩性横向变化较大。地震波的激发和接收都比较困难。

(3) 地震记录上一次反射波同相轴一般都能较清楚分辨，而多次反射波能量比较弱。这是因为在硬岩环境下，反射界面的反射系数不是很高，速度随深度的变化不像沉积盆地那样会明显增加。

(4) 在地震记录上，由于面波速度较高，震源易产生低频 10 ~ 30 Hz 强振幅面波干扰噪声，掩盖了相对较弱的有效反射波。通常的震源和检波器组合基距不能有效地压制震源产生的干扰波。

(5) 由于地震波速度高，在 CMP 道集上的正常时差较小，限制了速度分析的灵敏度。长排列接收，虽有助于速度分析，但排列越长，各向异性影响就越大。

2. 硬岩地震数据采集技术

根据以上硬岩环境下地震勘探的特点，金属矿地震野外数据的采集应注意考虑以下方法和技术：

(1) 采用高频震源和高频检波器

在低频噪声存在的情况下，要分辨较小几何尺度的金属矿体必须采用较高频率的震源和检波器。震源必须激发出大约 100 Hz 的高频信号，采用的检波器也必须有利于接收该高频信号，在数据处理过程中，还必须保护好该高频信息。

(2) 采用小道间距和高叠加次数

当采用较高频率的震源和检波器进行数据采集时，为消除空间假频，还需采用较小的道间距。在硬岩地区，由于得到的地震记录信噪比较低、能量较弱，为记录这些弱有效信号，需使用大动态范围的地震仪器进行记录以及小道间距和高叠加次数的工作方法。

(3) 尽量选在物理胶结的岩石中激发

大量的试验研究结果表明：在硬岩中激发，激发效果与激发岩性有关。如果选取的激发岩性为物理胶结的岩石(如砂岩、页岩等)，则往往能取得较好的激发效果，且在页岩地层中的激发效果好于在砂岩地层中的激发效果；如果选取的激发岩性为化学胶结的岩石（如灰岩、大理岩等），则激发效果一般较差，且在化学胶结的岩石中钻井的成本也大于在物理胶结的岩石中钻井的成本。在硬岩地区进行金属矿地震数据采集时，最好选取在物理胶结的岩石中激发。

就爆炸震源来讲，最佳的激发条件就是在激发点之下近距离内无明显声阻抗界面，且炮井最好选择在泥质“原”地层中激发。通过大量的实践，在硬岩地区开展地震勘探，提出了“五避五就”的经验，即“避干就湿、避高就低、避碎就整、避土就岩、避虚就实”。

（4）尽量采用最小抵抗线原理激发

炸药包距临空面（岩土与空气的接触面）最近点的连线，也就是最小抵抗线（药包中心到临空面的最短距离）方向，介质具有最大的运动速度。显然，在最小抵抗线方向上的岩石，抵抗药包爆炸作用的能力是最弱的，爆炸的能量向介质最薄弱的方向集中，因而爆炸的破坏和抛掷作用最先从这里打开缺口。试验表明，爆炸所产生的地震振动，在背离最小抵抗线方向上强度最大。因此为产生较强的有效振动，必须使地震振动最强方向沿铅垂线方向指向地心。这种利用选择最小抵抗线方向来达到产生最大有效地震振动的方法，称之为“最小抵抗线原理”。在激发点位置选取方面，应按最小抵抗线原理，选择合适临空面。

硬岩环境下的临空面一般可归纳为 7 种情况，如图 8.1.12 所示。其中图 8.1.12（a）、（b）只有一个临空面，图 8.1.12（c）、（d）、（e）、（f）有两个临空面，图 8.1.12（g）有 3 个临空面。如果将最小抵抗线与铅垂线之间的夹角称之为偏转角 φ，以井口为中心、以井深为半径画出的临空面范围称之为临空面积 S。

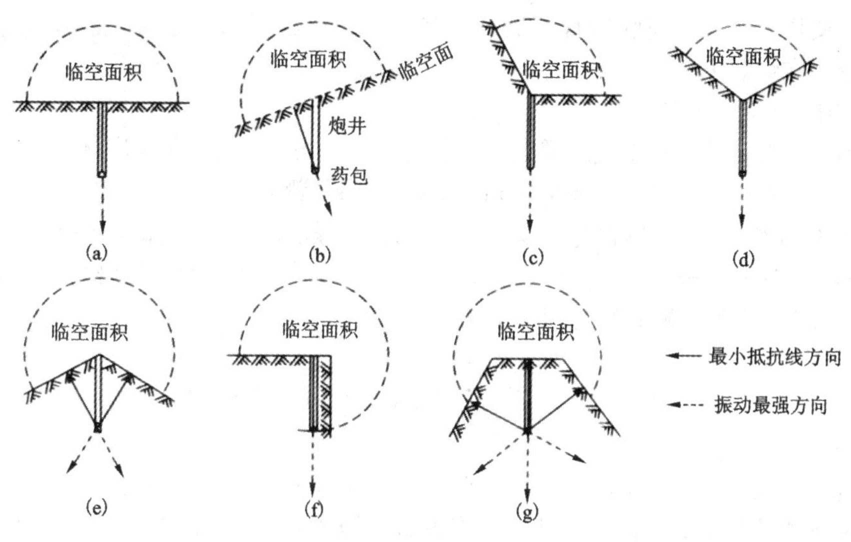

图 8.1.12　炸药包与不同临空面激发示意图

根据最小抵抗线原理和定向原理得出产生较强有效地震振动的条件是：① 只有一条最小抵抗线，且偏转角 φ 等于零，或振动最强方向在地面的投影指向排列方向；② 临空面积 S $\left(S\leqslant\frac{1}{2}\pi h^2\right)$越小，定向效应越好，在峡谷地带，临空面积小，在这种地形条件下激发，易产生声波混响；③ 为保证地震纵波有足够大的能量，还需尽量保证爆炸条件的对称性。

根据上述条件分析，图 8.1.12(c)、(d)为最佳临空面形状；图 8.1.12(a)次之；对于图 8.1.12 (b)的情况，只有排列布设在临空面上倾方向才是最有利的；图 8.1.12(e)、(f)、(g)都有两条以上最小抵抗线，是最差的临空组合，图 8.1.12(f)还严重破坏了爆炸条件的对称性，容易产生横波。

(5)采用浮动基准面进行静校正

根据 Snell 定律，当低速表层与下伏层在速度上存在强烈反差时，不同倾角的反射波射线到达表层后大体都将折转成近似垂直，如图 8.1.13(a)所示。射线在表层近乎垂直方向可满足静校正所要求的“静”的条件，可以按高差及速度计算出静校正量。在硬岩环境下，近地表速度与下伏层速度相近，出射角与铅垂线之间的夹角较大，如图 8.1.13(b)所示。在此情况下，用常规的静校正计算方法则不能有效地进行静校正。对该问题需采用浮动基准面的方法进行静校正。

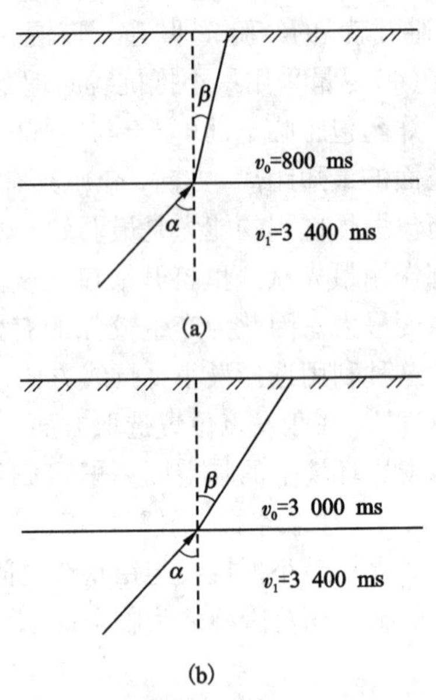

图 8.1.13　与静校正有关的两种情况

(6)检波器应与大地成最佳耦合

尽量做到使检波器与大地成最佳耦合状态。野外工作中应尽量避免在表层低速介质中埋置检波器，选线时应尽可能绕开山麓碎石堆积。如果是硬岩出露地表，应避免直接在硬岩石上堆土埋置检波器(俗称“贴膏药”)，而要用特殊工具在硬岩石上凿出细洞，将检波器尾椎胶结在细洞中。

(7)采用短排列多次覆盖技术

长排列多次覆盖技术是常规地震勘探中普遍采用的方法技术。在构造相对平缓的地区，采用这种技术可有效压制多次波和某些相干干扰，得到信噪比较高的水平叠加剖面。

而在硬岩环境下，构造场相对比较复杂，多次波一般都不发育，采用短排列进行叠加成像相对容易，而采用长排列接收反而会带来严重的不均匀性。因此，为提高水平叠加次数，需采用小道间距、小炮间距和短排列的工作方法。

第二节　垂直地震剖面(VSP)法

垂直地震剖面(VSP)法是相对于地面地震剖面(HSP)法，在地震测井方法的基础上发展起来的一种新方法技术。这种方法是在地表设置震源激发，在井内安置检波器接收地震波，然后对所观测得到的资料经过校正、叠加、滤波等处理，得到垂直地震剖面。与地震测井相比，垂直地震剖面不仅利用记录的初至波，也利用续至波，观测点间距也小得多。

目前，垂直地震剖面法已经从零偏移距(井口附近激发)发展到有偏移距、多偏移距，从单方位(二维) 发展到多方位(三维)，有了一系列的方法，已发展成为无论是石油、煤田地震勘探还是金属矿和工程地震勘探中一种重要的勘探方法。本节主要介绍最早出现、最简单的零偏移距 VSP 方法。

一、VSP 基本原理

1. VSP 中的几种主要波动

如图 8.2.1(a)所示为 VSP 的观测系统，设震源 S 在地表，检波器沉入井内等间距 G_1、G_2 …、G_8 8 个位置，地下有一个反射界面 R，图中画出了直达波和一次反射波的射线，图 8.2.1(b)为 VSP 的时深曲线。从图中可以看出波自震源出发向下传播，一部分向下直接传播到井中各接收点，形成直达初至波，又称为下行波；另一部分经反射界面一次反射后向上传播，依次到达井中各观测点，称为上行一次反射波。

在多层介质中，除了一次上行波和下行波之外，还有全程多次波和层间多次波。图 8.2.2(a)表示了下行和上行多次波传播的射线路径。图中仅画出了在接收点 G_n 处的一次波与二次波的情况。

由此可知：下行多次波是指在界面之间经过多次反射，最后由比观测点浅的界面向下到达检波器的波；上行多次波是指在界面之间经过多次反射，最后由比接收点深的界面向上反射到检波器的波。

从以上讨论可知，VSP 主要有 3 种波：直达初至波、一次反射波和多次反射波。如果按波传播到接收点的方向来看，主要有 2 种波：下行波和上行波。下行波又包括直达波和下行多次波，上行波包括一次反射波和上行多次波。

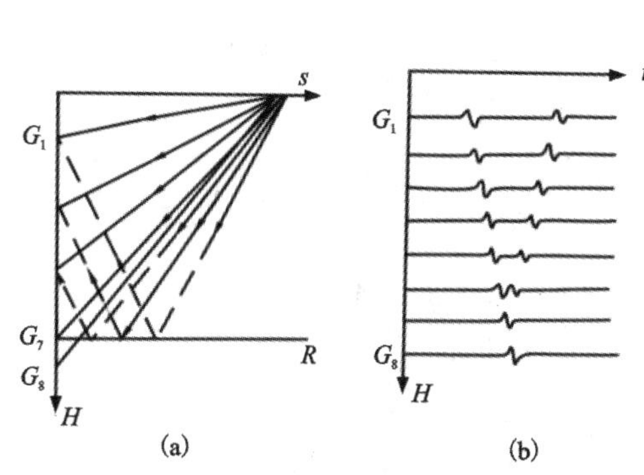

图 8.2.1 VSP 的观测系统及时深曲线

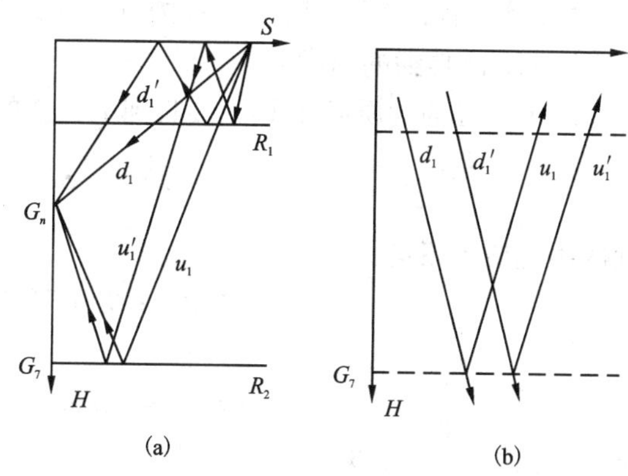

图 8.2.2 下行和上行多次波

2. VSP 时距曲线分析

和地面地震相似，可从波传播时间与距离（深度）的关系，即时距关系来研究波在介质中的传播情况。

(1) 直达波时距曲线

在均匀介质情况下，设波的传播速度为 v，观测点深度为 h，激发点 S 距井口 O 点的距离为 d，如图 8.2.3(a)所示，则直达波传播的时间 t 为

$$t = \frac{1}{v}\sqrt{h^2 + d^2} \tag{8.2.1}$$

上式为一个双曲线方程，其时距曲线为双曲线。当 $d = 0$ 时，式(8.2.1)变为直线方程，因此，在 d 值较小时，直达波同相轴可近似视为直线，如图 8.2.3(b)所示。

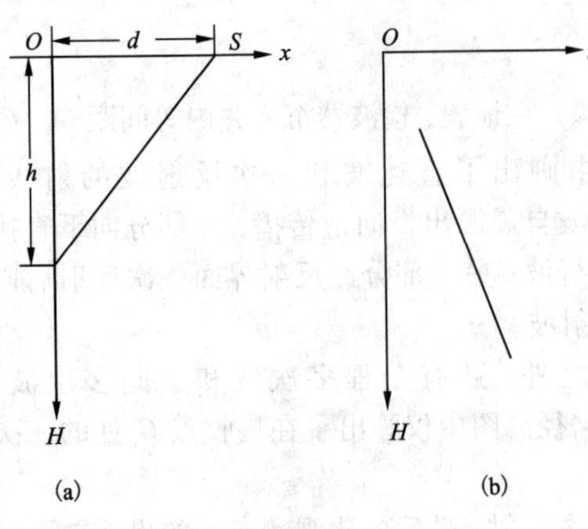

图 8.2.3　直达波射线及时距曲线

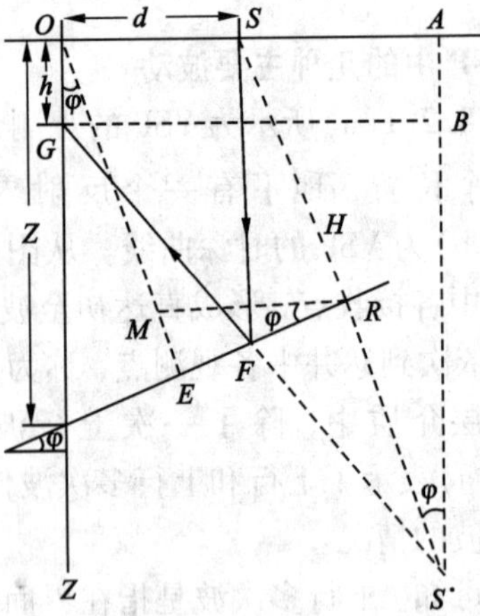

图 8.2.4　上行一次反射波

(2)一个平界面的上行波时距曲线

图 8.2.4 为上行波的射线路径，S 为激发点，O 为井口，G 为接收点，沉放深度为 h，φ 为界面的视倾角，$S^{\bullet}$ 为虚震源，z 为井口到反射界面的垂直距离，H 是激发点到反射界面的垂直距离，波传播的速度为 v。

由虚震源的性质可知 G 点接收到上行波的时间为

$$t = \frac{1}{v}(SF + FG) = \frac{1}{v}S^{\bullet}G \tag{8.2.2}$$

据图中几何关系可知

$$S^{\bullet}G^2 = GB^2 + S^{\bullet}B^2 \qquad GB = OA = OS + SA$$

$$OS = d \qquad SA = 2H\sin\varphi$$

$$OA = d + 2H\sin\varphi$$

把上述关系代入式(8.2.2)，可得

$$t = \frac{1}{v}\sqrt{(2H\sin\varphi + d)^2 + (2H\cos\varphi - h)^2} \tag{8.2.3}$$

如果将激发点移到下倾方向，时距方程为

$$t = \frac{1}{v}\sqrt{(2H\sin\varphi - d)^2 + (2H\cos\varphi - h)^2} \tag{8.2.4}$$

式中

$$H = OE - EM = Z\cos\varphi - d\sin\varphi \tag{8.2.5}$$

从时距方程可看出反射波旅行时与接收点位置、激发点位置，地层倾角及速度有关。当界面水平时($\varphi = 0$)，时距方程变为

$$t = \frac{1}{v}\sqrt{d^2 + (2H - h)^2} \tag{8.2.6}$$

上式为双曲线方程，其时距曲线为双曲线。从上式可知，随检波器沉放深度的增加，旅行时随之变小，当 d 值很小并趋于零时，反射波时距曲线可视为直线。

反射波的视速度

$$v_a = \frac{\mathrm{d}h}{\mathrm{d}t} = \frac{v\sqrt{d^2+(2H-h)^2}}{h-2H} \tag{8.2.7}$$

由于检波器的沉放深度一般小于界面的二倍埋深（$h<2H$），所以视速度为负值，反射波具有从左向右向上倾斜的近乎直线的同相轴。

当检波器沉放深度为 H 时（在反射界面处），则直达波和反射波具有相同的传播时间，即

$$t = \frac{1}{v}\sqrt{d^2+H^2} \tag{8.2.8}$$

（3）一个平界面的二次下行波时距曲线

图 8.2.5 所示为一个平界面的二次下行波，射线路径为 $S \to F \to A \to G$，由虚震源可知射线长为 $G'S^{\bullet}$，据图中几何关系

$$G'S^{\bullet} = \sqrt{G'E^2+S^{\bullet}E^2} = \sqrt{OB^2+S^{\cdot}E^2}$$

$$OB = 2H\sin\varphi + d$$

$$S^{\bullet}E = 2H\cos\varphi + h$$

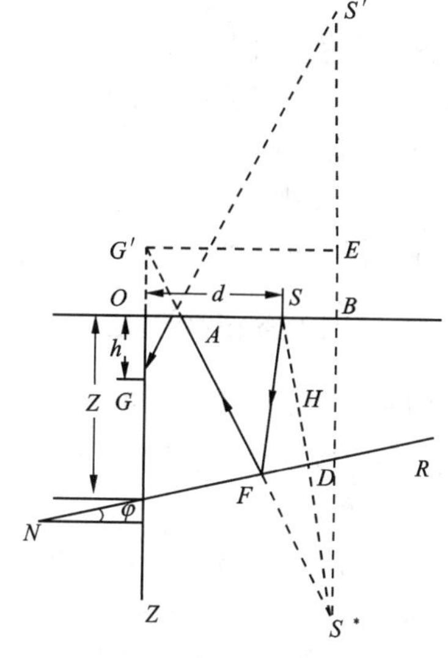

图 8.2.5 下行二次波的射线路径

可以得出

$$t = \frac{1}{v}\sqrt{(2H\sin\varphi + d)^2 + (2H\cos\varphi + h)^2} \tag{8.2.9}$$

式中

$$H = Z\cos\varphi - d\sin\varphi$$

当界面水平时，式(8.2.9)变为

$$t = \frac{1}{v}\sqrt{d^2+(2H+h)^2} \tag{8.2.10}$$

从上式可知，旅行时随检波器沉放深度的增加而增大，当 d 值很小时，二次下行反射同相轴近似为直线，其视速度为

$$v_a = \frac{v\sqrt{d^2+(2H+h)^2}}{h+2H} \tag{8.2.11}$$

显然，视速度为正值。用类似的方法同样可以讨论一个水平界面的上行多次波的时距曲线，在此不赘述。

3. 干扰波

在垂直地震剖面法中，与地面地震一样也存在着随机噪声和各种干扰波。

随机噪声成为 VSP 记录的背景，由于上行波能量较弱，为增加能量和压制随机噪声，常采用的办法是将检波器沉放于同一深度上，在地表进行重复激发和叠加。

而干扰波主要为套管波、电缆波和管道波等。

（1）套管波

由于井孔中某段内固井质量较差，围岩与套管不能很好耦合，波到此处就会产生沿套管传播的波动。

(2)电缆波

由于地面附近或井内的振动，导致电缆的振动，再通过电缆传至检波器，从而形成的一种较强的电缆波，避免它的方法是当井下检波器固定在某个深度时要放松电缆。

(3)管道波

充满泥浆的井与围岩形成一个明显的波阻抗界面，当可能有震源产生的面波传播至此界面时，好像一个新的震源，产生了沿井轴方向传播的管道波，这种管道波能量强、速度低(1 400～1 460 m/s)，并且很稳定。由于它实质上是由震源所产生的面波引起的，压制的办法一般是在低速带以下进行激发，或者在震源与井口之间设置地滚波障碍(如挖沟)，此外还可以在数据处理中采用速度滤波等方法进行压制。

二、VSP 资料的采集

图 8.2.6 给出了在 VSP 资料采集所用的设备，它主要包括震源、井下检波器、记录仪器、电缆、参考检波器(近场检波器)等。

1. 震源

所用的震源类型有炸药、可控震源、气枪和电火花等，为了保证激发条件的可重复性，目前陆上 VSP 用得比较多的是可控震源，在条件较差时也可以用气枪和电火花。但一般不用炸药作为震源，因为炸药震源有不可重复性。震源子波要求有较好的一致性，在一口井内观测点往往有上百个，每个点又重复激发，这样测一口井必须激发上百次，甚至千次以上，要求每次激发的子波都一样，因此要求激发条件必须能够重复。

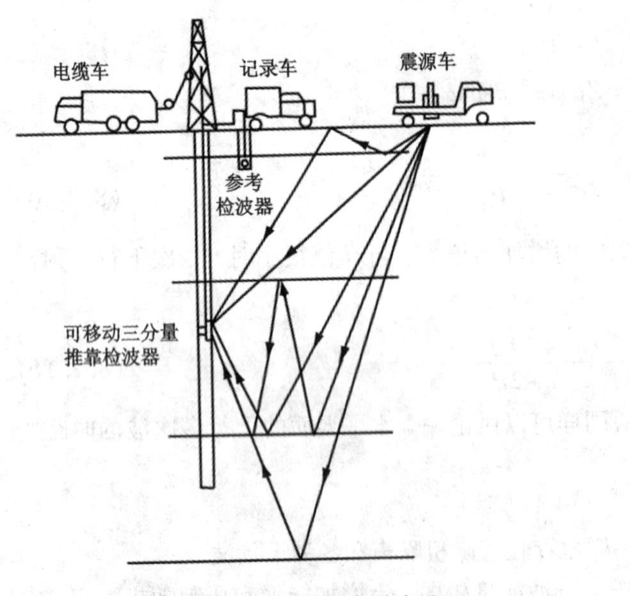

图 8.2.6　VSP 观测设备的布设

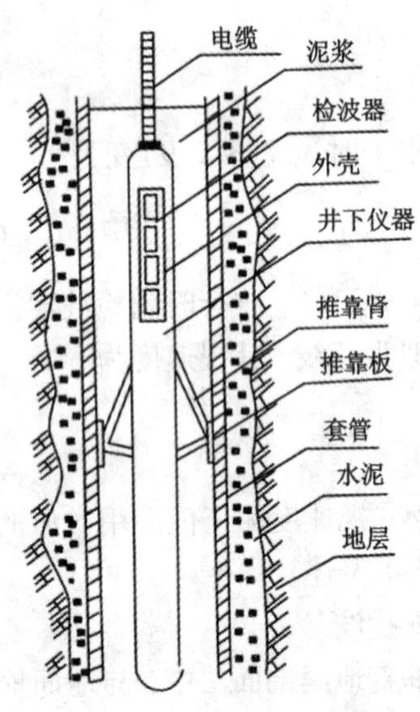

图 8.2.7　井下检波器

2. 井下检波器

井下检波器是 VSP 工作中的主要设备，如图 8.2.7 所示。检波器必须满足以下条件：①应具有较宽的通频带和可调的动态增益；②检波器的形状应是两端尖直径小，以防止管道波的产生；③应该有三个分量，可同时取得纵横波的资料；④能承受高温高压。此外，它应具有可伸缩的推靠臂，当沉放到某一观测点时，要求将检波器推靠在套管上，保证良好的耦合条件。井下检波器多数是1道或2道，最多为12道。

因为要利用所能接收到的所有类型的波，所以要求井下相邻检波器的点距符合采样定理，即点距应为最小有效波波长的二分之一，而在地震测井中没有这个要求，这是VSP和地震测井的重要区别。事实上，点距小，对应界面上反射点的间距也小，这对分辨细微的地质结构是有利的，这实际上提高了VSP剖面的分辨率。

3. 参考检波器(近场检波器)

所谓近场，是指检波器埋于不超过以震源子波的主波长为半径的范围。埋设参考检波器的目的是为了监视震源余波，它可以为子波处理提供依据，因此要求它尽可能与井中检波器的性能相同。在地震测井中是没有参考检波器的。

4. 偏移距

偏移距是指井口到震源点的距离。和地震测井一样，震源不可能就在井口，一般认为当震源位于井口附近，偏移距小于接收点深度十分之一时，可以称为是零偏移的，否则就是有偏移距的VSP。偏移可大可小，主要考虑偏移距的大小与界面成像的范围。随偏移距增加，地下成像范围随之增大，反之，成像范围减小。偏移距小，野外工作及处理较简单，如果偏移距过大，由于波型转换，可能造成资料质量变坏。

当地下界面水平时，零偏移距是不能探测井身周围地质情况的，如图8.2.8(a)所示；非零偏移距可以探测震源到井口距离一半的界面范围，如图8.2.8(b)所示。当地层倾斜时，探测范围随地层倾角而变化，探测范围可用虚震源到起止观测点的两条直线所限的界面长度来确定，这时就是零偏移也可探测井身范围一小段界面，如图8.2.8(c)所示，图8.2.8(d)是倾斜界面非零偏移距的情况。对于同一个倾斜界面，虽采用同样的偏移距，界面上倾方向的探测范围大于下倾方向的探测范围，所以在实际生产中应将震源布设在地层的上倾方向。

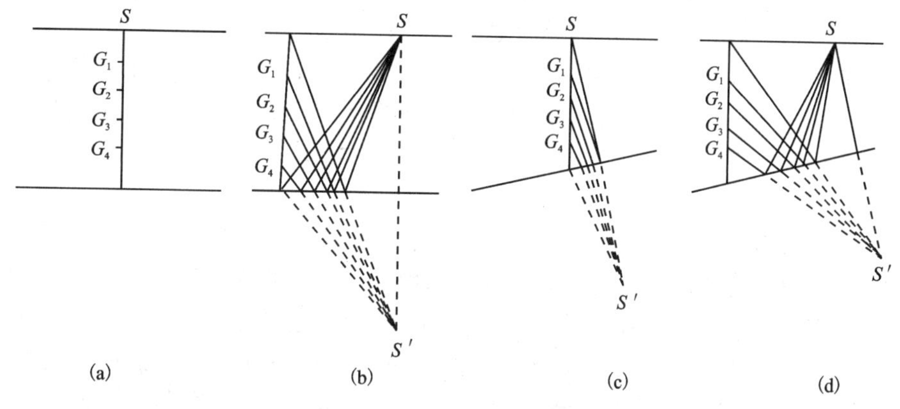

图8.2.8 偏移距与探测范围的关系

三、VSP资料的处理和解释

图8.2.9是我国某地一口井的VSP原始记录。从图8.2.9可以看出，原始的VSP记录与地面地震记录大不相同，是很难直接进行解释的，必须经过一定的处理，这是因为：

(1)从 VSP 中希望提取出简单理想的震源子波，但实际的震源子波一般延续时间较长，不同炮的子波波形往往有变化，因此须进行整形处理；

(2)下行波太强，上行波较弱，尤其在靠近界面附近，上行的一次波被直达波所淹没，而在资料解释中主要是利用上行波，因此，须对上、下行波进行分离并加强上行波；

(3)记录中存在表层多次波和层间多次波；

(4)需要从 VSP 原始资料中提取有关速度、振幅、频率等多种信息。

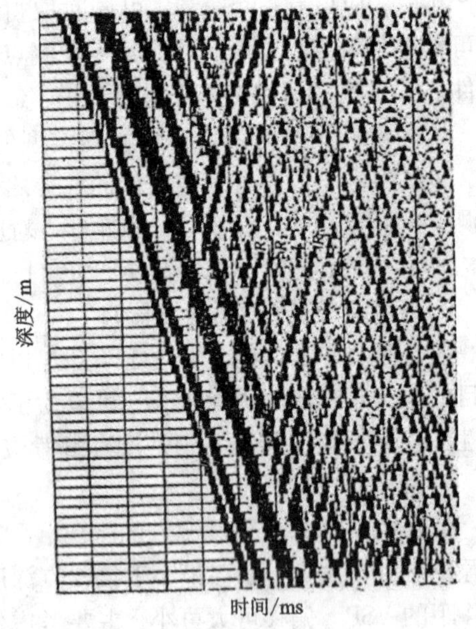

图 8.2.9　VSP 原始记录

VSP 资料的处理可以分为零偏移和非零偏移两种情况，本书主要讨论零偏移 VSP 纵波资料的处理。VSP 资料的处理除了与地面地震资料处理相同的内容(如频谱分析、滤波处理、真振幅恢复、反褶积等)以外，比较特殊的是波场分离(上、下行波的分离)、静态时移、走廊叠加等，这里仅介绍有关的特殊处理方法。

1. 初至拾取

初至直达波的拾取是 VSP 资料处理的基础。拾取的精度直接影响到资料解释中速度参数的精度和静校正量的大小。为了保证初至波拾取的精度，目前已经发展了利用计算机自动拾取的许多方法，有一般的互相关技术，也有复杂的神经网络技术。但为了保证初至波拾取的精度，一般还要采用人机联作的方式进行修正。

2. 静态时移

静态时移是对 VSP 资料中的每一道进行一定的时间移动，以使得记录中的上行波或下行波同相轴按时间分别对齐，并显示为类似地面地震剖面的形式。

对于零偏移水平界面的 VSP 观测，假设井中检波器接收到直达波、上行波、下行波(二次反射波)，到达时分别为 t_1、t_2 和 t_3，地面接收到的反射波旅行时为 t_0。由前述时距公式可知它们之间有以下关系：

$$t_2 + t_1 = t_3 - t_1 = t_0 \tag{8.2.12}$$

如果将上行波各道都加上初至时间，即相当于将检波器放在井口地面处，接收反射界面的反射波到达时间。也就是说，上行波将按其从地表到界面的双程时间排齐，我们把各道增加一个初至时间的过程叫做静态时移。与此同时，初至波也增加了一倍的时间，同相轴的斜率也将增加一倍。图 8.2.10 为说明上行波静态时移后排齐显示的示意图，图(a)、(b)、(c)、(d)分别表示为射线路径图、排齐之前的记录、上行波排齐后的记录及将坐标转动 90°的结果，这种显示方式便于与地表地震剖面进行对比。图 8.2.11 是当有两个反射界面时，上行波静态时移后排齐显示的示意图。如果将下行波减去初至时间，使初至波在同一时间出现，则所有的下行波对齐排列，这样就突出了下行反射波。

3. 波场分离

在 VSP 资料中，同时记录了上、下行波，二者重叠在一起，因此如何有效地分离两种波

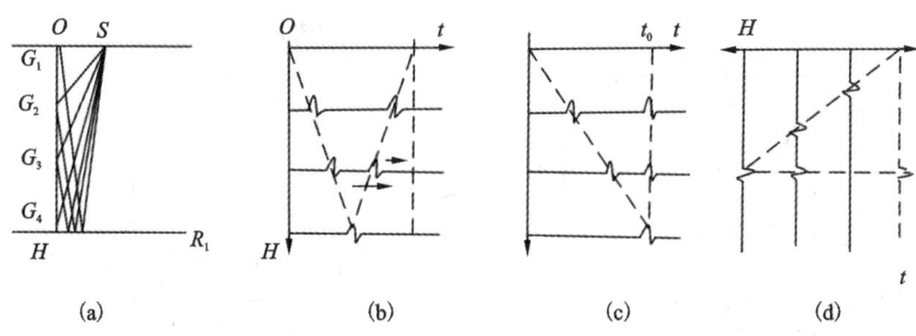

图 8.2.10　上行波排齐后显示的方式

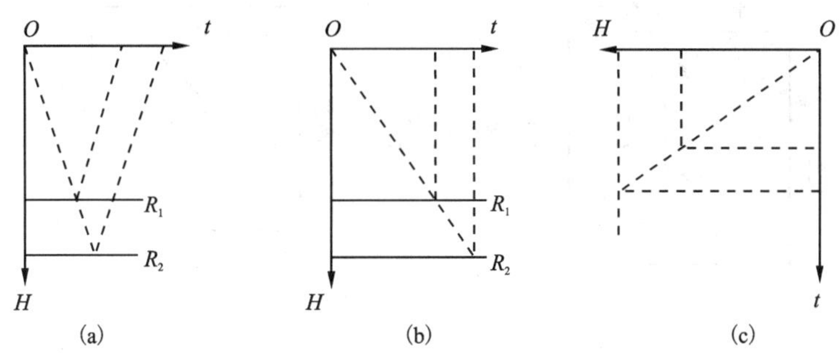

图 8.2.11　有两个界面时上行波排齐后的情况

动是 VSP 资料处理的又一项重要任务。分离上、下行波，主要是依据两者视速度的不同，其方法有多道速度滤波、$f-k$ 滤波，还有 $\tau-p$ 域滤波、中值滤波等方法。

(1)多道速度滤波

多道速度滤波是常规地震勘探中行之有效的方法，该方法一般也能有效地用于 VSP 的上、下行波分离。

(2)频率 - 波数域滤波

分离 VSP 记录中上、下行波的工作也可以转换到频率 - 波数域中进行，其基本原理如图 8.2.12所示。其中：(a)图为原始 VSP 资料，强的下行波用粗线表示，弱的上行波用细线表示；(b)图是对(a)图作二维傅氏变换，将时间 - 空间域的数据变换到频率 - 波数域，这时下行波在正波数平面，上行波在负波数平面；(c)图是对(b)图作滤波处理，正半平面的数据乘以小数(如 0.001)，使下行波衰减约 60 dB，负半平面的上行波不受影响；(d)图是对(c)图作二维反傅氏变换回到时间 - 空间域的结果，此时下行波已经衰减、上行波得到增强。

4. 走廊叠加(VSPLOG)

走廊叠加是为压制多次波、加强一次波的处理，利用的是一次波与初至波相交而多次波不与初至波相交这一特点，如图 8.2.13 所示。其中图 8.2.13(a)为 VSP 剖面，图中既有一次上行反射波，又有上行多次波，U_1、U_2、U_3 为上行一次波，US_1、US_2、US_3 为上行多次波。图 8.2.13(b)为校正后的 VSP 剖面，时间轴为双程时间。因为多次波终止于产生它的那个界面的深度处，不与直达波相交，因此为短同相轴；而一次波与直达波相交，这样在直达波附近就只有一次波，没有多次波。从初至波斜同相轴到多次波终止处连线(斜线)的一个条带(通道)上，只有一次波，而切除了多次波。把一次波的同相轴叠加形成单一的地震道，就得

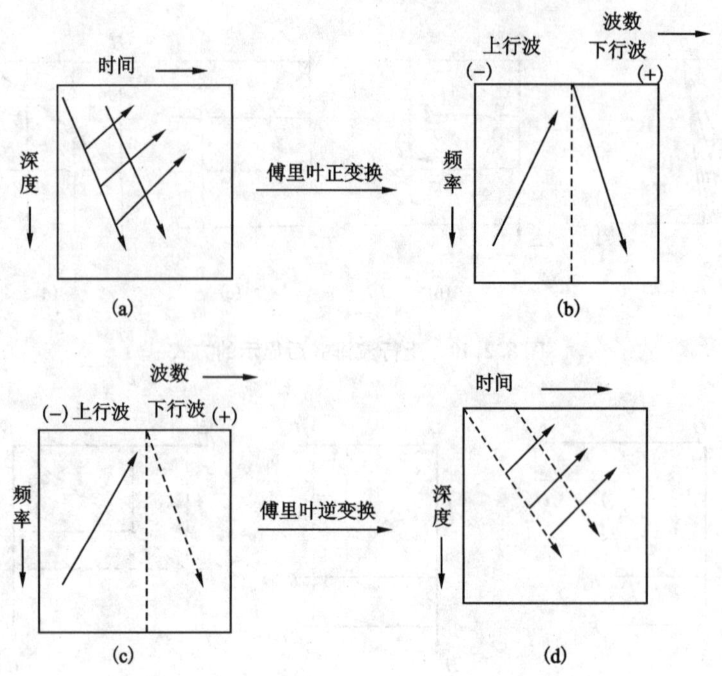

图 8.2.12　在频率 - 波数域分离上、下行波

到一次波能量很强的记录，这个工作叫走廊叠加，如图 8.2.13(c)。

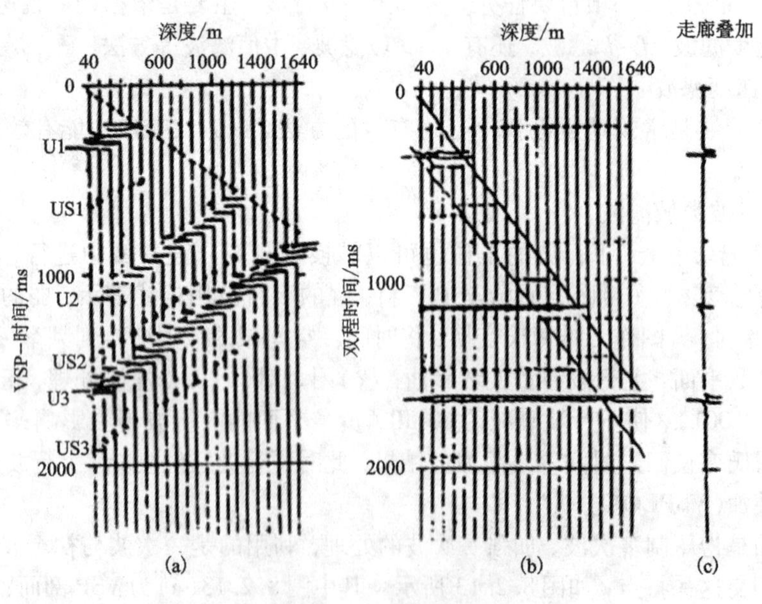

图 8.2.13　走廊叠加

四、VSP 资料的应用

VSP 资料中包含着丰富的地质地层和岩性等方面的信息，将它与地面地震、钻井、测井等资料结合起来，可以大大提高解释的精度。概括起来，有以下几个方面的应用。

1. 提取准确的速度参数

从VSP资料中提取速度参数与利用地震测井和声波测井提取速度参数一样，都是根据初至时间进行计算得到。但是，用地震测井和声波测井来测定速度，受到一些条件的限制，精度也较低。这是因为：地震测井点距太大；声波测井虽分层较细，但受到井径变化和时间累积的影响，特别是声波与地震波的物理本质还有区别，结果会有一定差异。而VSP工作中通过采用推靠检波器，提高了灵敏度，并且点距小、位置准确，这样用初至波所测定的速度精度将会得到很大的提高。

2. 标定地震地质层位

确定地震剖面上反射波的地质属性（包括年代地层及岩性）通常有两种做法：一种是对过井的地面地震剖面进行时深转换，然后与钻井对比；另一种是用合成记录的方法，根据测井的资料制作理论合成记录与地震剖面对比，再利用钻井得到的地质资料来标定地震层位。以上两种方法是否能得到满意的结果，在很大程度上决定于所用速度的精度，如果速度存在较大误差，标定工作就不会使人满意。

用VSP资料来标定地震地质层位，可以直接建立钻井（深度）与地面地震记录（时间）的联系，而不受速度参数的影响。如图8.2.14所示：首先，用VSP记录直接与钻井（井柱子）、测井资料对比，VSP记录上标有A、B、C、D四个一次反射层，产生这些反射的地层深度为A'、B'、C'、D'，从井柱子上可知产生这些反射的年代地层和岩性；然后，在VSP记录的时间轴上将它们与地面地震剖面再对比，就可以确定地震剖面上的反射层位的地质属性。

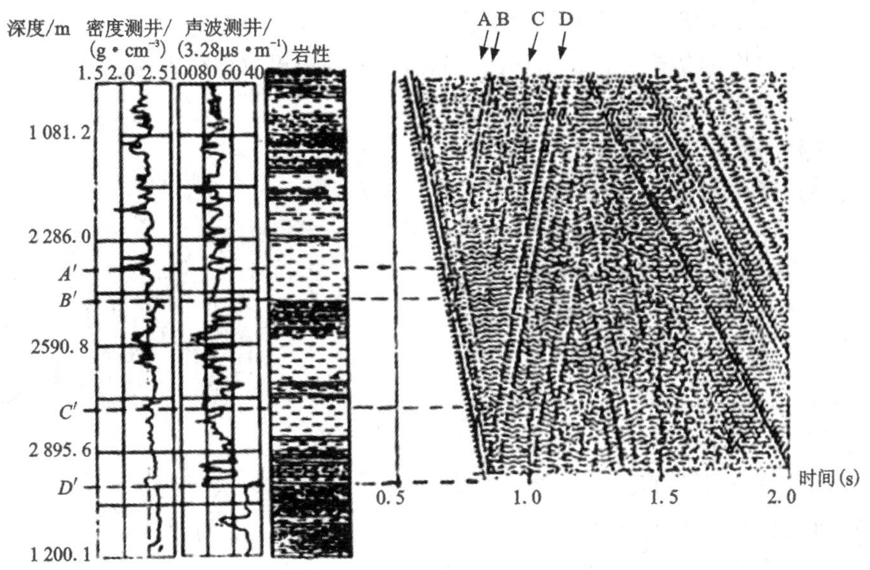

图8.2.14　用VSP记录识别和标定反射层

3. 多次波的识别

利用VSP资料识别地面地震中的多次波是既准确又方便的，并可指明多次波的来源和传播过程。凡是与初至波同相轴相交的上行波都是一次波，不与初至波同相轴相交的上行波就是多次波，多次波同相轴中断点的深度表示了多次波的来源。

如果应用 VSP 资料来确定产生多次波的上、下界面，则记录上行波和下行波都必须存在，如图 8.2.15 所示。在图上两个上行波同相轴（A 和 B）分别在 0.7 s 和 1.4 s附近与初至波同相轴相交，表明这两个同相轴都是一次波，根据交点可知其界面深度为 1 402.08 m 及 3 322.32 m，同相轴 C 和 D 则是往返于上述两个界面之间的层间多次波。

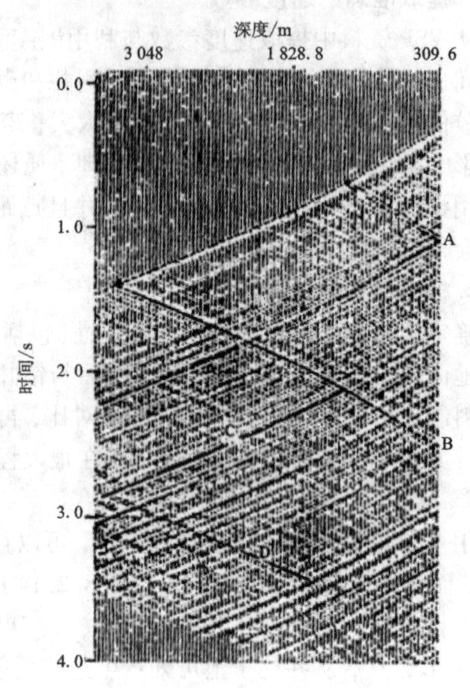

图 8.2.15　多次波的 VSP 记录

4. 提取反褶积因子

反褶积可以提高地震资料的分辨率，但其效果，取决于反射系数和反褶积因子是否正确。在地面地震中，因为地表只接收上行波，反褶积因子只能从上行波中提取。理论和实践都表明，如果能从下行波中提取反褶积因子，则可大大提高反褶积的效果，因为上行波在地层中传播是先向下运行，然后再向上运行，受到地层等因素的双程影响。而下行波只受到地层等因素的单程影响，信号的特征与强度等都优于上行波。而 VSP 中的初至波正是这样的下行波，识别和提取都很容易，利用它们可以求取最佳的反褶积因子。

5. 预测井底下反射层的深度

钻井资料只能了解井中地层的情况，不能预测深度大于井深的地下地层的情况。而 VSP 不仅可以接收来自检波器上方的信息，而且还可以取得接收点下方的信息，所以可以预测井底以下的地层情况。如图 8.2.16 所示，来自井底下地层的一次反射波同相轴 A 在 VSP 记录上不与直达波同相轴相交，分别延长直达波同相轴与反射波同相轴使二条射线相交，则交点即为产生一次反射波的地层深度。

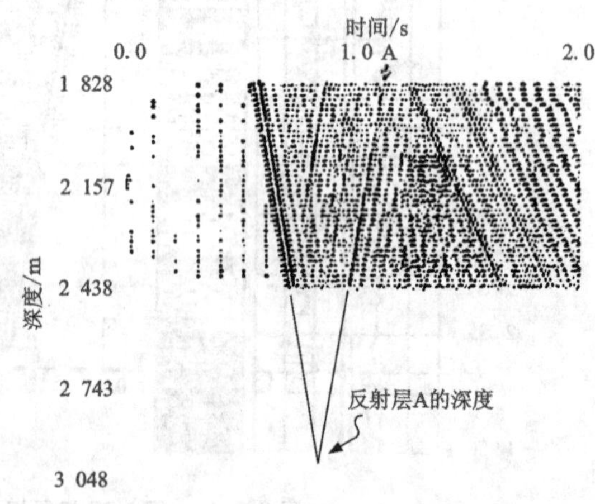

图 8.2.16　预测井底下反射层的深度

此外，利用 VSP 资料还可以做计算吸收衰减系数、计算反射界面的倾角、提取泊松比参数以及进行地层岩性解释和储层横向预测等工作。

第三节　地震层析技术

一、层析技术概述

地震层析技术是在20世纪80年代兴起，近十多年来得到迅速发展的一种地球物理勘探技术。这种技术借鉴了医学上CT技术X射线断面扫描诊断的基本原理，通过地表或井间观测到的地震波走时或波形，利用大量的地震波信息进行特殊的反演计算，得到被测区内岩体地震波速度分布规律，从而揭示其中的地质构造、岩性分布或矿藏形态。与常规的地震穿透波速测定相比，地震层析成像技术具有较高的分辨率，更有助于全面细致地对岩体进行质量评价，圈定地质异常体(包括岩溶、陷落柱、裂缝、断裂破碎带、软弱夹层、地下空洞和不明埋设物等)的空间位置及分析岩体风化程度等。

众所周知，医学CT技术，又称为计算机辅助层析成像技术(Cpmputer Tomography)，是获得巨大成功的一种反演技术，两次获得诺贝尔奖。它的基本思想是从曲线积分中求取物性参数的空间分布，从而得到探测对象的精确图像。

地震层析成像是用层析成像的方法对地震数据进行处理，来重建地质体内速度分布的图像。但是，地震勘探的对象是地球，在CT技术的应用上与医学有很大差异。

第一，X射线在人体中可视为直线传播，而地震波射线在地层中传播并非直线，而是曲线或折线，这就使地震层析成像变为非线性问题。

第二，正常的人体构造是已知的，而实际的地质体构造是复杂的、未知的，因而地震勘探中资料采集方式受到很大限制，总存在不完全投影(即某些区域数据缺乏)问题，无法直接借用医学CT的精确计算方法。

第三，CT可以在人体周围扫描，而地震波的激发接收要受到空间的限制。

基于上述差异，可知地震层析技术比医学CT技术要困难得多。目前，虽然地震层析技术中的许多技术性问题还正在摸索和研究之中，但具有极大发展潜力和广泛的应用前景。

二、层析成像的基本理论(拉冬变换)

根据地震波理论，地震层析成像可分为地震射线层析成像和波动方程层析成像(或称散射层析成像)。波动方程层析成像方法能充分利用地震波走时、振幅、相位和频率等全波形记录，大大增加了所研究介质的信息量，能提高分辨率和减少由于透射角不全所造成的假象。但在实际应用中，波动方程层析成像仍然存在一些困难和问题，如散射数据的提取、对波形产生严重影响的各种干扰因素的消除(震源信号、介质吸收、检波器接收地耦合)等。而射线层析虽然仅用了地震波初至旅行时，但方法原理简单、干扰因素较小，只要能充分利用可观测空间和介质的先验信息，采用误差较小的反演算法，就可以获得比较满意的效果。目前射线层析成像在地震层析成像实际应用中占有主要地位。

射线层析成像的数理基础是拉冬(Rodon)变换，拉冬变换构成了井间地震层析成像技术和医学CT技术的基本理论。

1. 投影—拉冬正变换

设二维定义域Ω中存在某种物性参数的连续函数$f(x,y)$，S为定义域Ω的面积，并令

O_{xy}坐标系沿逆时针方向旋转 θ 角，形成 O_{vu}坐标系，如图 8.3.1 所示。将 $f(x,y)$沿平行于 u 轴方向的射线 l_1 做线积分，设为 $P_\theta(t_1)$

$$P_\theta(t_1) = \int_{l_1} f(x,y)\mathrm{d}s \tag{8.3.1}$$

为讨论方便，用 δ 函数来表示 t_1 与间径 $\boldsymbol{r}$ 之间的关系

$$\delta(\boldsymbol{r}\cdot\boldsymbol{v}-t_1)=\begin{cases}1 & \boldsymbol{r}\cdot\boldsymbol{v}=t_1\\ 0 & \boldsymbol{r}\cdot\boldsymbol{v}\neq t_1\end{cases} \tag{8.3.2}$$

式中：t_1 为射线 l_1 在 v 坐标轴上的垂直截距；$\boldsymbol{r}\cdot\boldsymbol{v}$ 为间径 $\boldsymbol{r}(x,y)$在 v 轴上的投影；$\boldsymbol{r}$ 为 v 轴正方向单位矢量。那么射线 l_1 依以下方程定义

$$t_1 = \boldsymbol{r}\cdot\boldsymbol{u} = x\cos\theta + y\sin\theta \tag{8.3.3}$$

综合式(8.3.2)和式(8.3.3)，得

$$P_\theta(t_1) = \int_{-\infty}^{\infty}\int_{-\infty}^{\infty} f(x,y)\delta(x\cos\theta + y\sin\theta - t)\mathrm{d}x\mathrm{d}y \tag{8.3.4}$$

显然，$P_\theta(t_1)$为$f(x,y)$在角度为 θ 时沿射线 l_1 的投影值，沿许许多多射线 l_1，l_2，…，l_n 的投影，构成投影函数

$$P_\theta(t) = \int_{-\infty}^{\infty}\int_{-\infty}^{\infty} f(x,y)\delta(x\cos\theta + y\sin\theta - t)\mathrm{d}x\mathrm{d}y \tag{8.3.5}$$

方程式(8.3.5)就称之为拉冬变换(拉冬正变换)。改变 θ 角便可以得到一系列投影函数 $P_\theta(t)$，如图 8.3.2 所示。

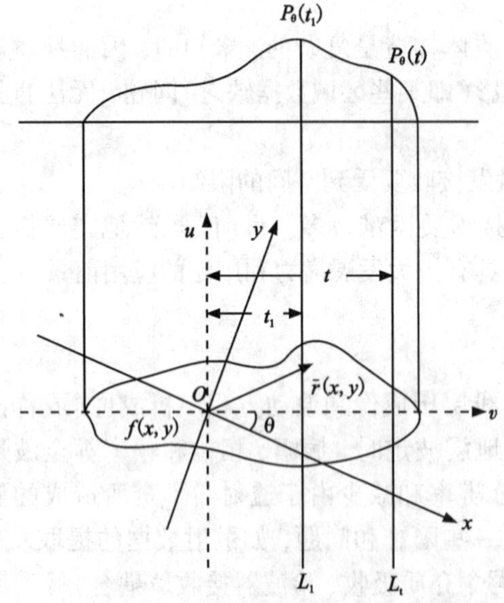

图 8.3.1　*xOy* 坐标系与 *vOu* 坐标

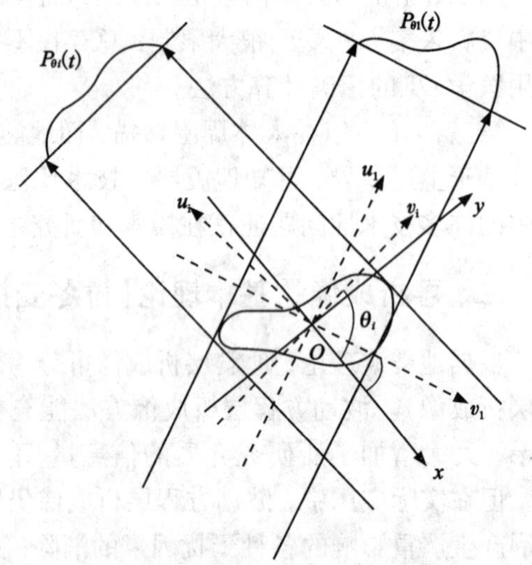

图 8.3.2　不同 θ 角的投影函数

在层析技术中，投影装置除平行射线束外，实际用得更多的是扇形射线束，图 8.3.3 是扇形线投影示意图。

由式(8.3.5)可见，拉冬正变换是对 (x,y)平面上所有直线作线积分运算，并将结果按一定次序排列起来的一种变换。医学 CT 技术中对人体器官的数据测量过程相当于拉冬正变

换，地震数据的采集过程也可以看作是拉冬正变换。

2. 反投影成像—拉冬逆变换

反投影成像即由投影来重建被测区内物体的图像（如地震波介质速度结构图像或医学上人体器官病变的影像），这一过程叫做拉冬逆变换。将式（8.3.5）中一系列 $P_\theta(t)$ 作反投影，得目标函数

$$f(x,y) = \int_\theta^\pi P_\theta(x\cos\theta + y\sin\theta)\mathrm{d}\theta \tag{8.3.6}$$

方程式（8.3.6）就称为拉冬逆变换。

反投影成像时，会产生所谓的“月晕效应”。为消除这种现象，需做适当的滤波，滤波反投影形成的拉冬逆变换为

$$f(x,y) = \int_{\pi/2}^{\pi/2}\left[\int_{-\infty}^{\infty}\left(-\frac{1}{2\pi^2 S^2}\right)P(x\cos\theta + y\sin\theta - s,\theta)\mathrm{d}s\right]\mathrm{d}\theta \tag{8.3.7}$$

实际应用时，需将式（8.3.7）离散化、有限化。

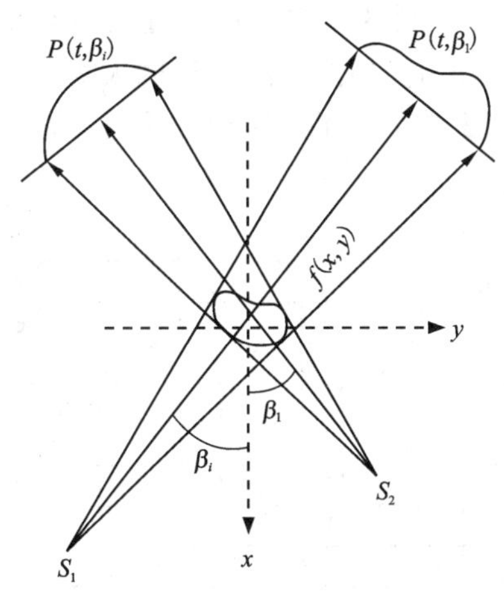

图 8.3.3　扇形射线投影

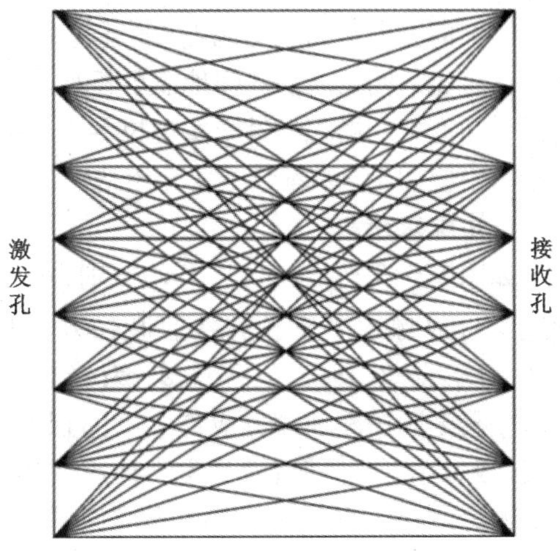

图 8.3.4　观测系统示意图

三、地震波井间层析成像原理

地震层析一般可分为反射层析、折射层析和井间透射层析三种。由于反射层析和折射层析受地质体空间的影响因素太多，在生产中还很少得到实际的应用；而透射层析是在钻孔中进行，影响因素相对较少，技术的发展比较快，在生产中已有很多成功的应用实例。因此本章只对井间透射层析进行讨论。

1. 观测系统

为了探明岩体内部的结构及性质，通常在岩体两钻孔之间以及地面与钻孔之间采用一发多收的扇形透射观测系统，组成致密交叉的射线网络。图 8.3.4 为两钻孔之间的扇形透射观测系统示意图。

2. 透射层析成像原理

地震波井间透射层析成像是利用地震波对于地质体的透射投影（即地震记录），通过拉冬

逆变换来重新构成地震波速度场的分布形态，根据地震波速度与地质体的对应关系，揭示井间的地质构造、岩性分布或对岩体进行分类和评价。

地震波速度和岩体特性一般都具有较好的对应关系，致密完整的岩体地震波速度较高，而疏松破碎的岩体地震波速度较低。对于整个围岩而言，当其是均匀介质时(没有异常体)，地震波的穿透速度是单一的，当有低速介质或高速介质存在时(视为异常体)，地震波穿透这些低速或高速介质时则产生时间差(旅行时增加或减少)。根据一条射线所产生的时间差来判别异常体的具体位置是困难的，因为它的位置可能在整个射线的任何一处，这时如果再有另一条(或多条)射线在同一低速或高速介质中穿透，则这一低速或高速介质就具有一定的限定。采用相互交叉的致密射线穿透网络，对异常体在空间上就会具有较强的限定，层析成像就是利用井间所取得的地震数据运用适当的反演计算方法来构制井间地质体的速度图像，从而获得地质体的速度场分布。

四、反演计算与图像生成

用不同方向上的大量地震波信息(地震记录)去得到被测区域内岩体波速的分布规律叫做图像重建或叫反演。井间地震层析技术中，反演大致分为变换法和迭代法两大类。变换法用傅里叶变换和褶积反投影实现拉冬逆变换，达到图像重建的目的，这种方法目前在地震层析技术中应用不多，本节主要介绍迭代法。

1. 矩阵求逆法

如图8.3.5所示，ZK_1、ZK_2 分别为井间地震层析成像的激发孔和接收孔，O_1、O_2、$\cdots O_n$ 为激发点，S_1、S_2、$\cdots$、S_m 为接收点。把两钻孔之间的断面划分成许多等面积的小方格(成像单元)，其目的是实现地震波透射空间的离散化。假设 v_j 为第 j 个成像单元的地震波速度值，那么对于每条地震波射线的旅行时方程可表示为

$$T_i = \int_{l_{ij}} \frac{1}{v_j(x,z)} \mathrm{d}l = \int_{l_{ij}} s_j(x,z) \mathrm{d}l \tag{8.3.8}$$

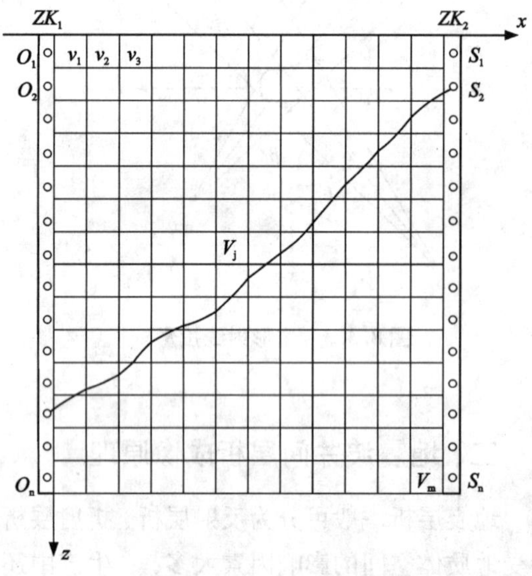

图8.3.5 井间层析格网示意图

式中：$i=1, 2, \cdots, n$；$j=1, 2, \cdots, n$；n 为射线总条数；m 为成像单元的总个数；T_i 为第 i 条射线的总旅行时；$v_j(x,z)$ 为第 j 个成像单元的速度值；$s_j(x,z)$ 为第 j 个成像单元的慢度值(即速度的倒数)；l_{ij} 为第 i 条射线通过第 j 个成像单元内的长度；$v_j(x,z)=1/s_i(x,z)$。

将每个成像单元的 $v_j(x,z)$、$s_j(x,z)$ 视为常数；则可将式(8.3.8)写成级数求和的形式。

$$T_i = \sum_{j=1}^{n} l_{ij} s_j(x,z) \tag{8.3.9}$$

从数学角度看，式(8.3.9)实际上是一个线性方程组：

$$\left.\begin{aligned} T_1 &= l_{11}S_1 + l_{12}S_2 + \cdots + l_{1m}S_m \\ T_2 &= l_{21}S_1 + l_{22}S_2 + \cdots + l_{2m}S_m \\ &\cdots\cdots \\ T_n &= l_{n1}S_1 + l_{n2}S_2 + \cdots + l_{nm}S_m \end{aligned}\right\} \tag{8.3.10}$$

它的矩阵表示形式为

$$[\boldsymbol{T}]_{n\times 1} = [\boldsymbol{L}]_{n\times m} \cdot [\boldsymbol{S}]_{m\times 1} \tag{8.3.11}$$

式中：$[\boldsymbol{L}]$为一个($i_{\max}\cdot j_{\max}$)的系数矩阵，其中 $i_{\max}$ 为穿过要讨论的区域的全部射线数，$j_{\max}$ 为要讨论的区域的全部成像单元数。$[L]$是一个相对松散的矩阵，因为任何一条射线通常只会穿过研究区中部分单元。

由式(8.3.11)可知，只要矩阵 $[\boldsymbol{L}]$建立了，求它的逆 $[\boldsymbol{L}]^{-1}$，则矩阵 $[\boldsymbol{S}]$就可以很容易地求得，因而各成像单元的速度可以求得。只要将单元划分得足够精细，求出的速度值可以逼近任何形式的速度函数。这就是矩阵求逆法的基本原理。

地震勘探中，只要介质速度有变化，射线就不是直线。这使问题变得相当复杂，因为要知道射线路径，首先必须知道地下介质速度的分布。也就是说，要建立矩阵 $[\boldsymbol{L}]$求矩阵 $[\boldsymbol{S}]$，首先必须知道 $[\boldsymbol{S}]$，即“对问题求解需要事先知道解”。对这种解奇异和病态方程组，通常采用迭代方法求解。

首先给出一个初始假设模型，此模型越接近于真实模型越好。在此模型中进行射线追踪，求出射线，建立矩阵 $[\boldsymbol{L}]$。将计算出来和第 i 根射线旅行时 $\boldsymbol{T}_i'$ 与观测到的该射线旅行时 T_i 相减，得到对初始模型运行时的扰动值为

$$\Delta T_i = T_i - T'_i = \sum_{j-1}^{m} l_{ij}S_j(x,z) \tag{8.3.12}$$

式中，ΔT_i 为对初始模型的慢度扰动值。上式同样可以写成矩阵方程形式

$$[\Delta \boldsymbol{T}] = [\boldsymbol{L}] \cdot [\Delta \boldsymbol{S}] \tag{8.3.12}$$

于是，由$[\boldsymbol{L}]$的逆 $[\boldsymbol{L}]^{-1}$可以求出 $[\Delta \boldsymbol{S}]$，然后再对初始模型各成像单元中的慢度进行修正。

$$[\boldsymbol{S}_{新}] = [\boldsymbol{S}_{旧}] + [\Delta \boldsymbol{S}] \tag{8.3.13}$$

得到一个修改过的新模型。再追踪射线，建立新的矩阵，求逆，又可得到新的修正值，……此过程可以反复迭代多次，直到达到事先给定的精度为止。

地震层析的对象是地下介质，目标很大。只要网格划分稍微精细一点，$i_{\max}$ 和 $j_{\max}$ 就相当大。因此，矩阵求逆法的计算量十分大，为减少占用计算机内存和提高计算速度发展了代数重建法。

2. 代数重建法

代数重建法(又称 ART 法)既保留了矩阵求逆法中对射线的考虑比较灵活、不限于直射线的优点，又克服了矩阵求逆法中计算速度慢、占用计算机内存多的缺点，是目前应用较广的一种方法。

与矩阵求逆法相似，代数重建法的基本思想是先给出每个单元内的初始模型(初始值 v_j 或 s_j)，然后将所得到的投影值残差(慢度扰动值)一个一个沿其射线方向均匀地反投影回去，不断地修改 v_j 或 s_j 值，直到达到规定的精度为止。

以上过程用数学表达式表示：

$$\left.\begin{aligned} s_j^{(0)} &= \text{初始值} \\ s_j^{(k+1)} &= s_j^{(k)} + \frac{T_i - \sum_{j=1}^{m} l_{ij} s_j^{(k)}}{\sum_{j=1}^{m} l_{ij}^2} \cdot l_{ij} \end{aligned}\right\} \tag{8.3.14}$$

式中：$s_j^{(k+1)}$ 为第 j 个单元内第 $k+1$ 次迭代的慢度值；$s_j^{(k)}$ 为第 j 个单元内第 k 次迭代的慢度值。式(8.3.14)即为一般的 ART 计算式。

从数学上讲，式(8.3.14)就是在逐次计算中产生一系列 $s_j^{(1)}$，$s_j^{(2)}$，$s_j^{(3)}$，……，使得当 k 足够大时，这个序列收敛于所要求的估计值 s。对于不同的实际问题，发展了一系列 ART 算法，但用得最普遍的是阻尼 ART 算法。

$$\left.\begin{aligned} s_j^{(0)} &= \text{初始值} \\ s_j^{(k+1)} &= s_j^{(k)} + \lambda \frac{T_i - \sum_{j=1}^{m} l_{ij} s_j^{(k)}}{\sum_{j=1}^{m} l_{ij}^2} \cdot l_{ij} \end{aligned}\right\} \tag{8.3.15}$$

式中的 λ 为阻尼因子。当 $0<\lambda<2$，式(8.3.15)是收敛的。从表面上看，式(8.3.15)只比式(8.3.14)多了一个阻尼因子，但这个阻尼因子为加快收敛速度，提高计算精度和压制噪声起着非常重要的作用。

完成上述迭代运算后，便可将反映地质异常体的速度等值线绘制出来，这样就完成了根据地震记录反演的图像重建。

五、地震层析技术在工程勘察中的应用

地震层析技术在工程勘察中主要应用于对岩体进行质量评价，它既适合于对岩体波速场的求解，也适合于对吸收系数、衰减系数等的反演，因此可以用来划分岩体风化程度，对工程岩体进行稳定性分类，圈定地质异常体的空间位置，这些异常体可能包括岩溶、陷落柱、裂缝、破碎带、软弱夹层以及地下空洞和不明埋设物等。作为地震勘探的一种新方法，已越来越显示出了它在解决工程地质问题中的潜力。

下面举一个实例来说明井间地震透射层析成像技术在岩溶工程勘察中的应用效果。

京福高速公路徐州段某桥梁基础进行施工，钻探资料显示桥梁基础下可能存在危及基桩安全的岩溶。徐庄中桥 2 号桥墩层析成像试验剖面钻孔深度约 20 m，孔间距离 31.4 m，基岩埋深约 7 m。该剖面共有 6 个钻孔的地质资料，如图 8.3.6 所示。井间地震波层析成像如图 8.3.7 所示，图中 7 m 以上深、浅灰度的色变为上覆松散地层与下伏灰岩的差异，可见基岩面能清晰反映出来。以下部分速度较低的较深灰度区域为岩溶发育位置，其中深灰度区为岩溶较发育或溶洞位置。7 m 以上的深灰度区域为松散第四系，其下方的浅灰度区为奥陶纪灰岩层，在灰岩地层中的深灰度区为低速的岩溶发育位置，并能反映岩溶的发育呈串珠状分布。而钻孔地质资料揭示了在井间层析成像区域内有 11 处岩溶部位，而波速层析图像所得岩溶部位除钻孔 2# – Y – 1 有 1 处没有反映外，其他 10 处均有良好的对应。钻孔 2# – Y – 1 显示岩溶位置位于基岩面以下 1 m 多，且该处基岩面倾角较大，可能造成识别上的困难。波速层析图像显示的岩溶位置，除 2 – 2 孔下方的溶洞相对地质钻孔资料浅 1 m 外，其他岩溶位置误差均小于 0.5 m。

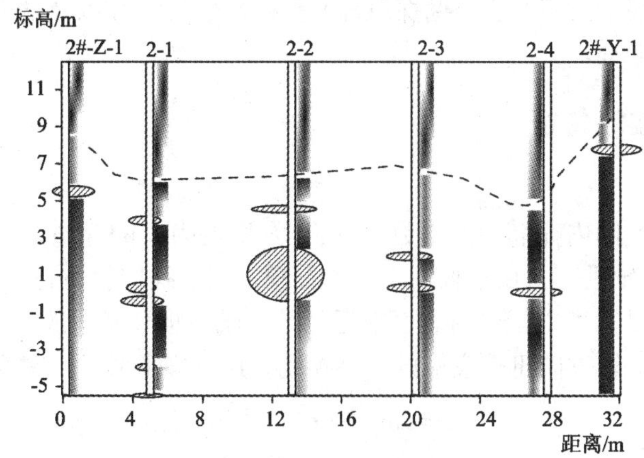

图 8.3.6 某桥墩试验剖面钻孔地质资料

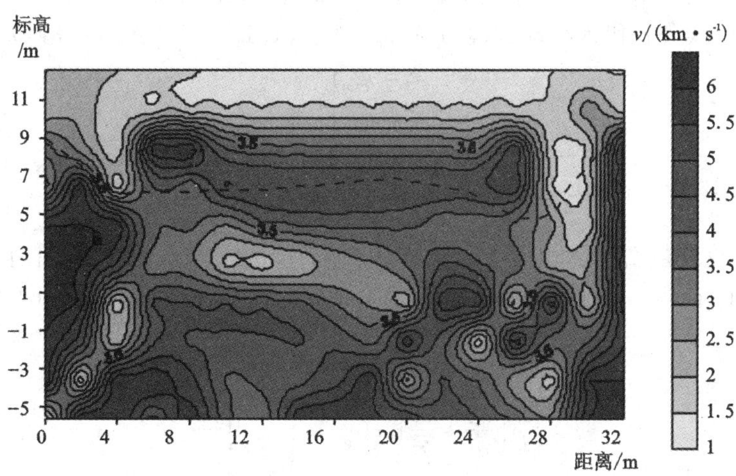

图 8.3.7 某桥墩试验剖面波速层析图像

以上工程实例说明，井间地震层析图像较好地反映了岩溶发育的方向及联通关系，与已知 6 个钻孔地质资料中岩溶位置有很好的对应关系。

第四节 瑞雷波勘探

瑞雷波勘探是近二十年来发展非常迅速的一种工程地球物理勘探方法。在过去的地震勘探中，由于人们对瑞雷面波(简称瑞雷波)的认识不足，研究程度不深，常常将它当作一种严重的干扰波来看待，无论是在资料的采集还是处理中，都是想尽办法将它压制和消除。实际上，瑞雷波的能量非常强，且沿地表传播方向衰减很慢，在层状介质中传播具有频散特性。目前，通过地球物理工作者的努力，瑞雷波的正反演理论研究取得了不少成果，瑞雷波勘探已逐步成为工程物探中的重要手段和方法。目前已广泛用于进行第四系地层划分，地下洞穴(土洞、溶洞等)和掩埋物的探测，地基加固处理效果评价，填筑土的调查，碎石桩及复合地基承载力的检测，岩土的物理力学参数测定，饱和砂土层的液化判别，铁路、高速公路、堤坝等压实度的检测等工程勘察和工程质量检测的各个领域。

本节主要对瑞雷波的波场特征、勘探原理、资料处理与解释以及瑞雷波在工程勘察与检测中的应用等进行简单介绍。

一、瑞雷波的波场特征

1. 瑞雷波方程

假设半无限弹性空间内充满弹性常数为 λ、μ 及密度为 ρ 的介质，其上为空气。令 $x-y$ 面与自由表面重合，z 轴垂直自由表面向下。为简单起见，我们仅讨论 $x-z$ 平面内的二维问题。由于瑞雷波的能量只集中于自由表面附近且沿 x 轴方向传播，故预测它的解应该是沿 x 轴方向传播且振幅沿 z 轴方向迅速衰减的一种振动，其位移位形式可写为

$$\left.\begin{aligned}\varphi &= A\mathrm{e}^{-kz}\cdot \mathrm{e}^{ia\left(t-\frac{x}{v_R}\right)}\\ \psi &= B\mathrm{e}^{-\varepsilon z}\cdot \mathrm{e}^{i\omega\left(t-\frac{x}{v_R}\right)}\end{aligned}\right\}\tag{8.4.1}$$

式中：A、B、k、ε 为常数，且 $k>0$，$\varepsilon>0$；ω 为平面谐波的圆频率，v_R 为瑞雷波的传播速度。

将解(8.4.1)式分别代入波动方程(1.1.31)式和(1.1.32)式中，可得到 k、ε 值分别为

$$\left.\begin{aligned}k &= n\beta_p\\ \varepsilon &= n\beta_s\end{aligned}\right\}\tag{8.4.2}$$

式中：$\beta_p=\sqrt{1-\frac{v_R^2}{v_P^2}}$；$\beta_s=\sqrt{1-\frac{v_R^2}{v_S^2}}$；$n=\frac{\omega}{v_R}$。

由于空气密度和岩石密度相比可认为是零，地面成为一个自由界面。在自由界面上，位移不受任何限制，而应力为零。在真空中没有介质，也就没有位移，因此边界条件为

$$\left.\begin{aligned}\lambda\left(\frac{\partial u}{\partial x}+\frac{\partial w}{\partial z}\right)+2\mu\left(\frac{\partial w}{\partial z}\right)&=0\\ \mu\left(\frac{\partial u}{\partial z}+\frac{\partial w}{\partial z}\right)&=0\end{aligned}\right\}\tag{8.4.3}$$

将位移与位移位的关系

$$\left.\begin{aligned}u &= \frac{\partial\varphi}{\partial x}-\frac{\partial\psi}{\partial z}\\ w &= \frac{\partial\varphi}{\partial z}+\frac{\partial\psi}{\partial x}\end{aligned}\right\}\tag{8.4.4}$$

代入(8.4.3)，得到由位移位表示的自由边界条件

$$\left.\begin{aligned}v_P^2\left(\frac{\partial^2\varphi}{\partial^2 x}+\frac{\partial^2\varphi}{\partial^2 z}\right)+2v_S^2\left(\frac{\partial^2\psi}{\partial x\partial z}-\frac{\partial^2\varphi}{\partial^2 x}\right)\\ v_S^2\left(2\frac{\partial^2\varphi}{\partial x\partial z}+\frac{\partial^2\psi}{\partial^2 x}-\frac{\partial^2\psi}{\partial^2 z}\right)=0\end{aligned}\right\}\tag{8.4.5}$$

将位移位(8.4.1)代入自由边界条件(8.4.5)中，可得求解系数 A、B 的方程组

$$\left.\begin{aligned}(2v_S^2-v_R^2)A-2i\beta_S v_S^2 B&=0\\ 2i\beta_P v_S^2 A+(2v_S^2-v_R^2)B&=0\end{aligned}\right\}\tag{8.4.6}$$

欲使方程组(8.4.6)式有非零解，需要其系数行列式为零，即

$$\begin{vmatrix}2v_S^2-v_R^2 & -2i\beta_S v_S^2\\ 2i\beta_P v_S^2 & 2v_s^2-v_R^2\end{vmatrix}=0\tag{8.4.7}$$

由此可以得到瑞雷波方程

$$\left(2-\frac{v_R^2}{v_S^2}\right)^2-4\sqrt{1-\frac{v_R^2}{v_P^2}}\sqrt{1-\frac{v_R^2}{v_S^2}}=0 \tag{8.4.8}$$

上式即为均匀半无限弹性空间中瑞雷波的频散方程，v_R 即为瑞雷波的相速度。进一步化简整理后得

$$\left(\frac{v_R}{v_S}\right)^6-8\left(\frac{v_R}{v_S}\right)^4-\left(16\frac{v_S^2}{v_P^2}-24\right)\cdot\frac{v_R^2}{v_S^2}+16\left(\frac{v_S^2}{v_P^2}-1\right)=0 \tag{8.4.9}$$

2. 瑞雷波的传播速度

将第一章（1.2.2）式中 $v_p=v_s\sqrt{\dfrac{2(1-\sigma)}{1-2\sigma}}$代入式(8.4.9)即可得 v_R 和 v_S 与介质泊松比 σ 之间的关系

$$\frac{1}{8}\left(\frac{v_R}{v_s}\right)^6-\left(\frac{v_R}{v_s}\right)^4+\frac{2-\sigma}{1-\sigma}\left(\frac{v_R}{v_s}\right)^2-\frac{1}{1-\sigma}=0 \tag{8.4.10}$$

为使方程式(8.4.10)有解，可令

$$v_R=\eta\cdot v_s \tag{8.4.11}$$

式(8.4.11) 表示了瑞雷波速度 v_R 与横波速度 v_s 的关系，η 称之为校正系数，它依赖于泊松比 σ。当 σ 分别为 0.25，0.33，0.40，0.50 时，η 值分别为 0.920，0.933，0.943，0.956。图 8.4.1表示了 P 波、S 波和 R 波与泊松比 σ 的关系，图 8.4.2 为数值模拟时得到的三种波传播的波场快照。从两个图中可看出瑞雷波波速的三个特点：

(1)在相同介质中，纵波波速最快，横波次之，瑞雷波最慢。

(2)v_R 与 v_s 呈近线性关系，并且当 σ 较大时，$v_R\approx v_s$。在一般情况下，岩石的泊松比为 0.25 左右，土的泊松比为 0.45～0.49 之间。因此对于土质地基，可以认为瑞雷波波速与横波波速近似相等，求横波波速 v_s 可用求瑞雷波波速 v_R 来代替。

(3)v_R 与频率 f 无关，表明在均匀介质中瑞雷波无频散现象。

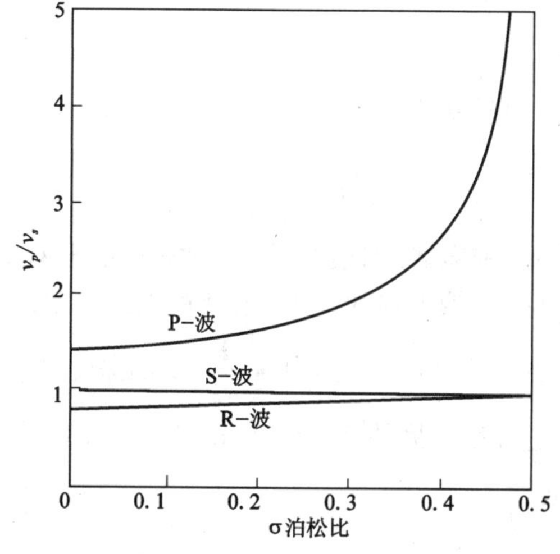

图 8.4.1　三种不同波速的区别

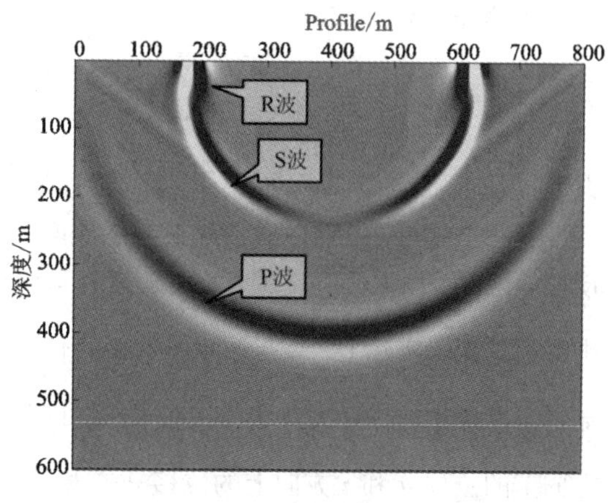

图 8.4.2　均匀介质中三种波数值模拟的波场快照

3. 瑞雷波质点的振动

下面我们来讨论瑞雷波质点的振动规律，将(8. 4. 1)式代入(8. 4. 4)式，经推导可得瑞雷波在介质中传播时质点位移的水平分量与垂直分量

$$\left.\begin{aligned} u &= A_0\left(e^{-\frac{k_1}{\lambda_R}z} - \frac{\varepsilon_1\varepsilon_2}{\pi}\mathrm{e}^{-\frac{\varepsilon_1}{\lambda_R}z}\right)\cdot\sin 2\pi f\left(t-\frac{x}{v_R}\right) = C\sin 2\pi f\left(t-\frac{x}{v_R}\right) \\ w &= A_0\left(2\varepsilon_2\mathrm{e}^{-\frac{\varepsilon_1}{\lambda_R}z} - \frac{k_1}{2\pi}\mathrm{e}^{-\frac{k_1}{\lambda_R}z}\right)\cdot\cos 2\pi f\left(t-\frac{x}{v_R}\right) = D\cos 2\pi f\left(t-\frac{x}{v_R}\right) \end{aligned}\right\} \tag{8.4.12}$$

式中

$$\left.\begin{aligned} k_1 &= 2\pi\sqrt{1-\frac{\alpha^2}{\beta^2}} \\ \varepsilon_1 &= 2\pi\sqrt{1-\alpha^2} \\ \varepsilon_2 &= \frac{\sqrt{\frac{1}{\alpha^2}-\frac{1}{\beta^2}}}{\frac{2}{\alpha}-\alpha} \\ \beta &= \frac{v_p}{v_S},\ \alpha = \frac{v_R}{v_S} \end{aligned}\right\} \tag{8.4.13}$$

上式中：ε_1、ε_2、k_1 为瑞雷波衰减系数，λ_R和 f 分别为瑞雷波波长与频率，A_0为任意常数。由(8. 4. 12)式可得

$$\frac{u^2}{C^2}+\frac{w^2}{D^2}=1 \tag{8.4.14}$$

上式表明，沿均匀半空间表面传播的瑞雷波，其质点的振动轨迹在 $x-z$ 平面内是一个椭圆。

为了使问题的讨论有量的概念，我们取岩石的泊松比 $\sigma=0.25$，则 $v_p=\sqrt{3}v_s$，$v_R=0.920v_s$，将其代入式(8. 4. 13)中可算出：

$$k_1=5.325 \qquad \varepsilon_1=2.471 \qquad \varepsilon_2=0.734$$

于是式(8. 4. 12)变为

$$\left.\begin{aligned} u &= A_0(\mathrm{e}^{-\frac{5.325}{\lambda_R}z} - 0.577\mathrm{e}^{-\frac{2.471}{\lambda_R}z})\cdot\sin 2\pi f\left(t-\frac{x}{v_R}\right) \\ w &= A_0(1.468e^{-\frac{2.471}{\lambda_R}z} - 0.847e^{-\frac{5.325}{\lambda_R}z})\cdot\cos 2\pi f\left(t-\frac{x}{v_R}\right) \end{aligned}\right\} \tag{8.4.15}$$

分析上式可知，介质质点随振幅随深度 z 的增加迅速衰减，且衰减系数与波长瑞雷波 λ_R 成反比。因此，瑞雷波波长越大，波随离开自由界面的深度衰减越慢，即波长大的瑞雷波在介质中穿透越深。实际上，瑞雷波水平和垂直位移的主要能量均大部分集中在 $\frac{z}{\lambda_R}<1$ 的深度内，在瑞雷波勘探中，一般认为瑞雷波波长 λ_R 即为其穿透深度。另外从式(8. 4. 15)还可得出，在 x 方向上的位移 u 和 z 方向上的位移 w 在相位上相差 $\frac{\pi}{2}$。

现以深度与波长的比值 $\frac{z}{\lambda_R}$为参数，按公式(8. 4. 15)计算瑞雷波质点位移 u 和 w，其图形示于图 8. 4. 3。

从图中可以看出，位移垂直分量 w 恒为正值，且在 $\frac{z}{\lambda_R}=0.1$ 附近有极大值，位移水平分量 u 在 $\frac{z}{\lambda_R}$ 为0.1～0.2之间其数值改变符号。因此，在地面附近 $z=0$ 处 $(u=0.42,\ w=0.62)$，从式(8.4.15)看出，由于 u 是正弦函数，w 是余弦函数，且 u 和 w 同号，两者合成之后形成一个长轴垂直地面的、质点向逆时针方向转动的椭圆轨迹，椭圆的长短轴之比 $\frac{u}{w}\approx 1.5$。随深度增加，即 $z=0.196\lambda_R$ 时，位移水平分量 w 由正值变为负值，质点振动变为顺进的椭圆，但由于 w 值总是大于 u 值，它仍是一个长轴垂直地面的椭圆，仅仅是幅度变小了。

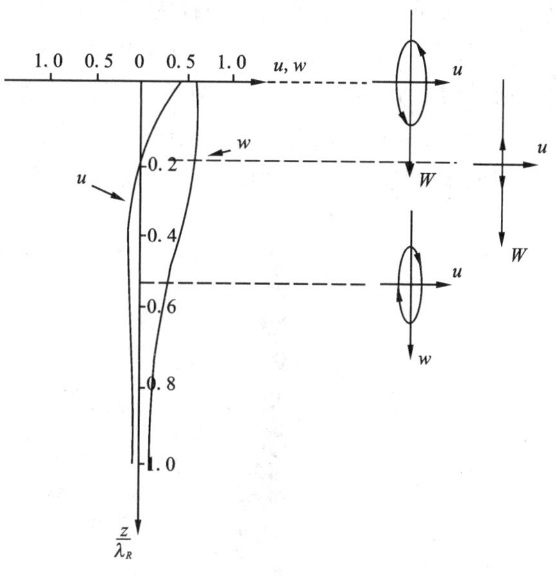

图 8.4.3 瑞雷波质点位移图

4. 瑞雷波在非均匀介质中的频散

从地震波的频谱理论中可知，实际的波动极少为单频波(简谐波)，但较复杂的波动总可以认为是由许多单频波的叠加。物理学上，单频波的传播速度称为相速度 v(或相位速度，常指波峰或波谷的传播速度)，各单频波叠加总振动的极大值(或能量最大值)的传播速度称为群速度 U。在地震学中，群速度就是地层介质的速度。

在均匀介质中，不同频率成分的瑞雷波相速度相同，因此相速度等于群速度，即 v_R 与频率无关，因而实测得到的波速就是介质的波速。而对于非均匀介质，由于瑞雷波的相速度与频率(或波长)有关，因此不同频率的单频瑞雷波都按自己的相速度传播，于是各分振动的相位差随波的传播而改变，从而导致由分振动叠加的速度不等于相速度，二者的关系为

$$U=v-\lambda\frac{dv}{d\lambda} \tag{8.4.16}$$

式中：U 为群速度，v 为相速度，λ 为单频波的波长。

当式中 $\frac{dv}{d\lambda}>0$ 时，$U<v$，这种关系称为正常频散，正常频散表明相速度随波长增大(或频率降低)而增加；反之，当 $\frac{dv}{d\lambda}<0$ 时，$U>v$，则称为异常频散。

所谓频散，就是指相速度随频率而改变的现象。瑞雷波的频散特性与波场分布空间内介质的物质成分、结构、密度、孔隙度等因素有关。实际上，由于瑞雷波的穿透深度约为一个波长，因此，在地表测得的瑞雷波波速被认为反映小于一个波长的某一深度范围内介质的平均弹性性质。不同的频率有不同的波长，v_R 的变化反映了不同深度内介质平均性质的改变，也就是说非均匀介质中瑞雷波的频散特性决定了进行瑞雷波勘探的可行性。

瑞雷波在非均匀介质中会产生频散，并且其频散曲线出现多模式特征。所谓多模式，就是指在非均匀介质中，瑞雷波的相速度随频率的变化曲线不是一条而是一簇，第一条为基阶

模式频散曲线，第二、第三……称为高阶模式频散曲线。

为了对频散曲线有一个量的概念并直观表示，特设计一个两层介质模型，使用高精度交错网格有限差分法进行波场的数值模拟。模型参数如下：第一层厚度 10 m，$v_p=800$ m/s，$v_s=200$ m/s，$\rho=2.0$ g/cm^3；第二层 $v_p=1\ 200$ m/s，$v_s=400$ m/s，$\rho=2.0$ g/cm^3。数值模拟结果如图 8.4.4 所示。从图中可见，两层介质的频散曲线出现多模式特征。

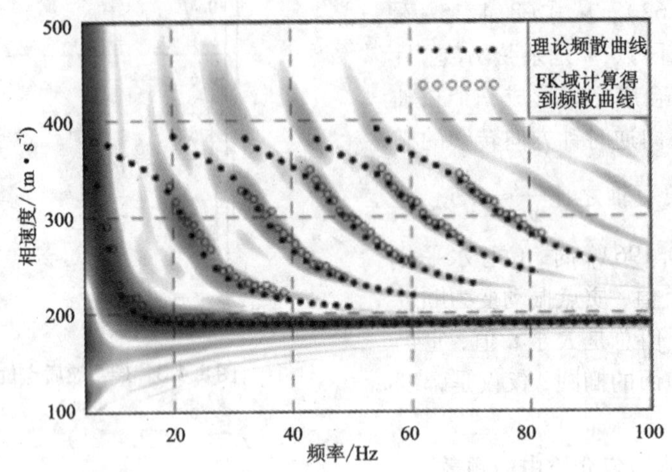

图 8.4.4　层状介质中瑞雷波的多模特征

二、瑞雷波法勘探原理

瑞雷波勘探是按照测网的布置，在测线上以一定的道间距逐点进行观测，每一个测点(或一个排列)根据地质任务和勘探深度的要求，测得一条 v_R-f(或 $v_R-\lambda_R$)的频散曲线。由于频散曲线的变化规律与地下介质存在着内在联系，通过对频散曲线的反演解释，可得到地下某一深度范围内的地质构造情况和不同深度处的瑞雷波传播速度 v_R 值。另一方面，由于 v_R 值的大小与介质的物理性质有关，据此可以对岩土的物理性质作出评价。

根据震源信号的特点，瑞雷波勘探又分为稳态法和瞬态法两种。

1. 稳态法

稳态法使用一套幅值和频率可以控制的非炸药震源进行激发，通过改变震源的频率来调节勘探深度。记录仪器仍为工程数字地震仪，一般采用 10 Hz 以下的速度型或加速度型垂直检波器接收。其原理如图 8.4.5 所示。当激振器在地面上施加一频率为 f_1 的简谐竖向激振时，频率为 Δx 的瑞雷波以稳态的形式沿地表传播，利用地面上的检波器(道间距为 Δx)可测量出相邻道瑞雷波的同相位时差 Δt，可算出 f_1 的瑞雷波传播速度 v_{R1}。改变激振器的振动频率 f_1，就可以测得当前频率下的 v_R 值。所以，当激振器的频率从高向低变化时，就可以测得一条 v_R-f(或 $v_R-\lambda_R$)的频散曲线。当速度变化不大时，改变频率就可以改变勘探深度。频率越高，波长越小，勘探深度越小，反之，勘探深度越大。

最早采用的震源是日本产 GR－810 仪器系统中的激振系统，其主要技术指标为：①工作频率：0.001～999 Hz；②输出功率为 1～2 kW；③输出波形为等幅或变幅的正弦信号。

目前，我国廊坊物化探研究所杨成林研究员研制成功的 RL－1 型电磁式激振系统已在稳态法瑞雷波勘探中得到广泛应用，其主要技术指标为：①工作频率：1 ~ 10 KHz；②输出电流及最大功率为 20 A、400 W；③输出波形为等幅或变幅的正弦信号。

从接收的角度考虑，又可分为定 1 点测量和剖面观测两种。对于剖面测量一般采用纵测线观测系统，等间距接收，但应当注意，检波器间距 Δx 应满足下式：

$$\Delta x \leqslant \lambda_R = \frac{v_R}{f} \tag{8.4.17}$$

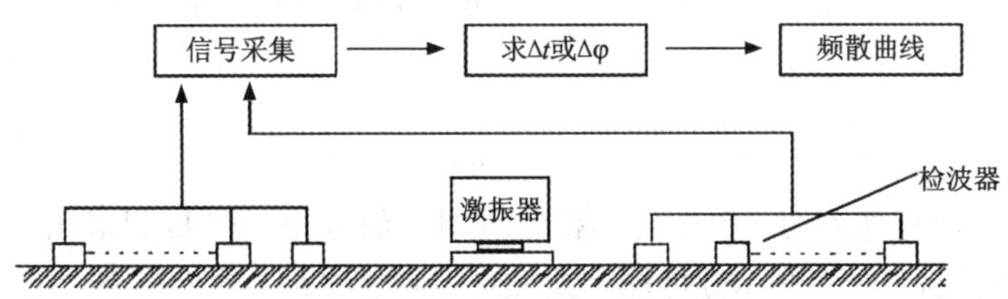

图 8.4.5　稳态法原理示意图

2. 瞬态法

瞬态法采用锤击或炸药作震源，比稳态法要简单轻便。其原理如图 8.4.6 所示。锤击时激发一瞬时冲击力，产生一定频率范围的瑞雷波，不同频率的瑞雷波叠加在一起，以脉冲的形式向前传播，因而瞬态法记录的信号要经过频谱分析、相位谱分析，把各个频率的瑞雷波分离开来，从而得到一条 $v_R - f$（或 $v_R - \lambda_R$）曲线。

为了使得两检波器接收的信号有足够的相位差，Δx 应满足下式：

$$\frac{\lambda_R}{3} < \Delta x < \lambda_R \tag{8.4.18}$$

则两信号的相位差 $\Delta\varphi$ 应满足：

$$\frac{2\pi}{3} < \Delta\varphi < 2\pi \tag{8.4.19}$$

由此可见，如果勘探深度较大，那么相应的 λ_R 较大，道间距 Δx 的大小也可以相应较大，反之，如果勘探深度较浅，道间距 Δx 应小些。

实际上，瞬态瑞雷波法的野外数据采集方式与通常的浅层反射及折射法地震工作差别不大，只是检波器的频率一般在 10 Hz 以下，目前实际工作中最常采用的为 4 Hz 和 2.5 Hz。

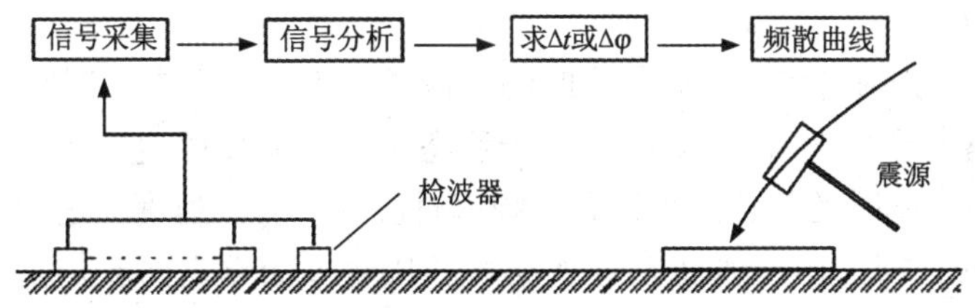

图 8.4.6　瞬态法原理示意图

三、瑞雷波传播速度的计算

瑞雷波勘探的第一手资料是各频率的传播速度，因此速度计算是资料处理的关键。速度计算同样分为稳态法和瞬态法。

1. 稳态法

稳态法计算瑞雷波的传播速度通常采用时间差法和互相关分析法，在进行速度计算之前一般要对原始的瑞雷面波记录作适当的滤波或圆滑处理，以压制随机噪声的干扰，便于波至时间的拾取。

(1)时间差法

设地面上两检波器间的距离为 Δx，且 $\Delta x < \lambda_R$，两检波器接收的瑞雷波的同相位时间差为 Δt，则瑞雷波的传播速度为

$$v_R = \frac{\Delta x}{\Delta t} \tag{8.4.20}$$

利用这种方法计算速度时，由于对同相位时间一般都是通过目测来确定，在有干扰振动时，某一相位(零相位或峰谷相位)可能产生误差，使得 Δt 读数不准确，进而影响到求取 v_R 值的精度。为了减小误差，可对同一频率读取多个相位的时间差，然后取其平均值。即使这样，也只是利用了振动波形上的几个点，因此，这种方法计算瑞雷波传播速度的精度不高。

(2)互相关分析法

这种方法实际上也是时间差法，只不过上面所说的时差法是通过某一特征相位来确定时间差的，而互相关法是通过整个波形曲线进行对比，因此该方法精度较高。设地面上两点 x_1、x_2 处的采样数均为 N，且 $x_2 - x_1 \leqslant \lambda_R$，采样时间间隔为 Δ，则根据互相关理论，x_1、x_2 两点的波形互相关函数为

$$\gamma_{x_1x_2}(\tau) = \frac{1}{N}\sum_{n=1}^{N} x_1(n)x_2(n+\tau) \tag{8.4.21}$$

式中：τ 为时移量，$x_1(n)$ 为 x_1 点波形离散值，$x_2(n+\tau)$ 为 x_2 点波形移动 τ 值后的离散值。通过互相关分析，可求得最大相关函数所对应的 τ 值，则 x_1、x_2 两点间同相位时间差为 $\Delta t = \tau \cdot \Delta$，因此可得

$$v_R = \frac{\Delta x}{\Delta t} = \frac{x_2 - x_1}{\tau \cdot \Delta} \tag{8.4.22}$$

2. 瞬态法

对于瞬态法获得的面波数据计算其瑞雷波速度时又可分为面波谱分析方法(简称 SASW)和多道面波分析法(简称 MASW)

(1)面波谱分析方法(SASW 法)

SASW 法通过计算两道信号不同频率时的相位差，从而得到该频率对应的相速度。这种方法计算瑞雷波速度最初应用于稳态法，由于稳态法每次激发固定频率的面波，因此可以通过两道信号在某一频率时的相位差来得到该频率对应的瑞雷波速度。这种方法后来被应用到瞬态法中，值得注意的是，由于瞬态法每次激发和接收到的瑞雷面波是多频率，多模式叠加的信号，同时接收到的地震信号中有直达波、折射波以及反射波等，因此在利用面波谱分析法计算瑞雷波速度时必须首先对原始面波数据进行多模态分离，然后进行计算，这样才能正确的计算出瑞雷面波速度。面波数据的多模态分离一般采用高精度拉冬变换或傅里叶变换法。

SASW 法计算频散曲线时将相邻两道地震信号 $x_1(t)$，$x_2(t)$ 利用傅里叶变换得到某一频

率f的相位差为$\Delta\varphi(f)$，用公式(8.4.23)就可求出对应这一频率瑞雷波的相速度。对于地震信号$x_1(t)$和$x_2(t)$来说，它们的互相关函数如式(8.4.24)所示

$$v_R = \frac{2\pi f \Delta x}{\Delta\varphi} \tag{8.4.23}$$

$$\gamma_{x_1x_2}(\tau)\int_{-\infty}^{+\infty} x_1(t)x_2(t+\tau)\mathrm{d}t \tag{8.4.24}$$

对式(8.4.24)的互相关函数作傅里叶变换，则其频谱为

$$R_{x_1x_2}(f) = \int_{-\infty}^{+\infty}\gamma_{x_1x_2}(\tau)e^{-i2\pi f\tau}\mathrm{d}\tau = x_1(f)\cdot x_2^*(f)$$

$$= |x_1(f)|\cdot|x_2(f)|e^{i(\varphi_2-\varphi_1)} = |R_{x_1x_2}(f)|e^{i\Delta\varphi(f)} \tag{8.4.25}$$

式中：$x_1(f)$、$x_2(f)$是$x_1(t)$和$x_2(t)$的线性谱；$x_2^*(f)$是$x_2(f)$的共轭谱。可见互相关谱$R_{x_1x_2}(f)$的相位就是x_1、x_2两点的相位差$\Delta\varphi$，把不同频率的$\Delta\varphi(f)$代入式(8.4.23)，就可以计算出该频率对应的相速度。

(2)多道面波分析法(MASW 法)

对于瞬态面波数据来说，由于激发和接收到的信号中不同频率、不同类型的地震波相互叠加，在利用 SASW 计算某一频率的相位差时很难将各个频率单独分开，因此计算得到的瑞雷波相速度精度较低。针对 SASW 存在以上缺点，有人提出了 MASW 法，这种计算方式是对整个排列采用不同的变换方式计算瑞雷面波的频散曲线，并将计算结果置于该排列中心点处，这种方法的优点是频散曲线精度较高，并且能够得到瑞雷面波的各种高阶模式。目前在 MASW 法中计算频散曲线大多采用相移法。相移法的基本原理是将时间域的一道记录$u(x,t)$对时间t做傅里叶变换得到式(8.4.26)

$$U(x,\omega) = \int_0^t u(x,t)e^{iat}\mathrm{d}t \tag{8.4.26}$$

$U(x,\omega)$也可以写成如下形式：

$$U(x,\omega) = \varphi(x,\omega)A(x,\omega) \tag{8.4.27}$$

(8.4.27)式中的$\varphi(x,\omega)$和$A(x,\omega)$分别代表相位谱和振幅谱。$U(x,\omega)$又可以表示为：

$$U(x,\omega) = e^{-i\varphi x}A(x,\omega) \tag{8.4.28}$$

式中：φ为相位角；ω为角频率；v_ω为角频率ω所对应的相速度。在(8.4.28)式中，对$U(x,\omega)$进行积分变换可得到

$$v(\omega,\varphi) = \int_{x_1}^{x_2} e^{i\Phi x}U(x,\omega)/|U(x,\omega)|\mathrm{d}x =$$

$$\int_{x_2}^{x_1} e^{i(\Phi-\varphi)}A(x,\omega)/|A(x,\omega)|\mathrm{d}x \tag{8.4.29}$$

式中：x_1和x_2分别为地震记录的最小和最大炮检距。(8.4.29)式所表示的积分变换可认为是对某一频率的所有偏移距x求和。因此，对于给定频率ω，如果$\Phi=\varphi=\omega/v_\omega$，则可以计算出$v(\omega,\varphi)$的最大值，此最大值对应的$v_\omega$就是所要求的相速度。如果频散曲线有高阶模式，则一个频率将对应有多个峰值。通过这种计算方式就可以得到地震记录的频散曲线。

四、瑞雷波勘探的资料解释

目前瑞雷波勘探主要采用瞬态法，其资料解释主要是通过获得的频散曲线反演计算出地下介质的横波速度。瑞雷波最初的反演解释主要是采用半波长解释法，该方法认为勘探深度

为波长的一半，并且瑞雷波的速度代表着半波长深度以上介质的平均速度。利用半波长直接作为勘探深度容易使界面深度较实际偏小，层速度计算过程中也容易解释出虚假的速度层，这种半波长解释方法计算简单但容易产生较大的误差。类似的反演方法有半波长法、拐点法、渐进线法、$(\partial v_R/\partial\lambda_R\cdot H)$极值点法等，这些反演方法只能粗糙地确定初始模型，可靠性差、主观性强，所用到的公式仅为 v_s 与 v_R 的近似关系，而这些关系又是在均匀半空间中推导得到的，当用于复杂介质时计算结果误差较大。

真正意义上的瑞雷波频散曲线的反演，是通过层状介质中瑞雷波频散曲线的正演计算公式来反演横波速度和地层厚度，所采用的反演方法有线性反演和非线性反演方法(遗传算法、神经网络、模式识别等)。目前在实际工作中主要使用线性反演算法(最小二乘法)，该算法是将层状介质中的非线性频散方程进行线性化，利用频散曲线的拐点分层初步确定初始模型同时反演出横波速度和地层厚度。

1. 传统解释方法

(1) 深度换算

在瑞雷波勘探中，波长 λ_R 的变化对应着深度 H 的变化，而深度值并不就等于波长值，之间有一个换算系数 β，即

$$H=\beta\lambda_R=\beta\frac{v_R}{f} \tag{8.4.30}$$

换算系数 β 是一个随介质的泊松比 σ 不同而变化的常数，其值小于1。不同介质瑞雷波的 β 值与泊松比的关系见表8.4.1。

表8.4.1　波长深度换算系数 β 与泊松比 σ 的关系

σ	0.10	0.15	0.20	0.25	0.30	0.35	0.40	0.45	0.48
β	0.550	0.575	0.525	0.650	0.700	0.750	0.790	0.840	0.875

从表中可以看出：对于所有介质，瑞雷波的穿透深度为 $0.550\lambda_R\sim0.875\lambda_R$；而对于一般岩石，泊松比 $\sigma=0.25$ 左右，则瑞雷波的穿透深度约为 $0.650\lambda_R$；对于土体而言，泊松比 $\sigma=0.40\sim0.45$，则穿透深度为 $0.790\lambda_R\sim0.840\ \lambda_R$。实际应用中，对于一般的土层介质，深度换算系数 β 值常取为0.800。

(2)频散曲线的绘制

在以土体为勘探对象的工作中，以实测 v_R 值为横坐标，以 $H=0.800\lambda_R$ 为纵坐标(淤泥质黏土以 $0.850\lambda_R$，岩石以 $0.650\lambda_R$ 为纵坐标)绘制 $v_R-0.800\lambda_R$ 曲线，这样绘制的频散曲线，纵坐标可近似代表勘探深度。因实测的 v_R 值中包含有各种干扰引起的误差，使得频散曲线不圆滑，在解释前，应根据频散曲线的一般变化规律进行圆滑。

(3)层速度的计算

为了与层速度 v_{Ri} 区分，把前面所描述的速度 v_R 记为 $\bar{v}_R$，这样就可以由实测的 $\bar{v}-H$ 曲线计算层速度 v_{Ri}，计算公式如下：

当速度 $\bar{v}_R$ 随深度加大而增大时

$$v_{Ri}=\frac{\bar{v}_{Rn}\cdot H_n-\bar{v}_{R(n-1)}\cdot H_{(n-1)}}{H_n-H_{n-1}} \tag{8.4.31}$$

当速度$\bar{v}_R$随深度加大而减小时

$$v_{Ri} = \frac{H_n - H_{n-1}}{\dfrac{H_n}{\bar{v}_{Rn}} - \dfrac{H_{n-1}}{\bar{v}_{R(n-1)}}} \tag{8.4.32}$$

式中：$\bar{v}_{Rn}$和$\bar{v}_{R(n-1)}$分别为地面至第n层和第$n-1$层深度内的平均速度，H_n和H_{n-1}分别为第n层和第$n-1$层的深度；v_{Ri}为第i层的波速。

2. 瑞雷波最小二乘反演

层状介质中瑞雷波的频散方程可表示如下

$$F(v_{R_j}, f_j, \boldsymbol{v}_p, \boldsymbol{v}_s, \boldsymbol{\rho}, \boldsymbol{h}) = 0 \qquad (j = 1, 2, \cdots, m) \tag{8.4.33}$$

式中：f_j是第j个频率；v_{R_j}是对应于第j个频率的瑞雷波的相速度或群速度；$\boldsymbol{v}_s = (v_{s_1}, v_{s_2}, \cdots, v_{s_n})^{\mathrm{T}}$是横波速度向量；$\boldsymbol{v}_p = (v_{p_1}, v_{p_2}, \cdots, v_{p_n})^{\mathrm{T}}$是纵波速度向量，$\boldsymbol{\rho} = (\rho_1, \rho_2, \cdots, \rho_n)^{\mathrm{T}}$是密度向量；$\boldsymbol{h} = (h_1, h_2, \cdots, h_n)^T$是厚度向量；$m$为频率个数，$n$为地层层数。

研究结果表明，频散方程对密度及纵波速度不敏感，故反演时假定纵波速度和密度已知或由函数约束关系求得；同时，假定地下各层为厚度相同，则(8.4.33)式可以表示成如下函数的隐式形式

$$v_{R_j} = G(v_s, f_j) \tag{8.4.34}$$

将(8.4.34)式中的v_{R_j}在初始值$v_{R_{j0}}$处泰勒级数展开并取一阶近似得

$$\begin{aligned} v_{R_j} - v_{R_{j0}} &= \frac{\partial G(f_j)}{\partial v_{s_1}}(v_{s_1} - v_{s_{10}}) + \frac{\partial G(f_j)}{\partial v_{s_2}}(v_{s_2} - v_{s_{20}}) + \cdots + \frac{\partial G(f_j)}{\partial v_{s_n}}(v_{s_n} - v_{s_{n0}}) \\ &= \sum_{i=1}^{n} \frac{\partial G(f_j)}{\partial v_{s_i}}(v_{s_i} - v_{s_{i0}}) \qquad (j = 1, 2, \cdots, m) \end{aligned}$$

写成矩阵形式为

$$\begin{bmatrix} v_{R_1} - v_{R_{10}} \\ v_{R_2} - v_{R_{20}} \\ \vdots \\ v_{R_m} - v_{R_{m0}} \end{bmatrix}_{m\times 1} = \begin{bmatrix} \dfrac{\partial G(f_1)}{\partial v_{s_1}} & \dfrac{\partial G(f_1)}{\partial v_{s_2}} & \cdots & \dfrac{\partial G(f_1)}{\partial v_{s_n}} \\ \dfrac{\partial G(f_2)}{\partial v_{s_1}} & \dfrac{\partial G(f_2)}{\partial v_{s_2}} & \cdots & \dfrac{\partial G(f_2)}{\partial v_{s_n}} \\ \vdots & \vdots & & \vdots \\ \dfrac{\partial G(f_m)}{\partial v_{s_1}} & \dfrac{\partial G(f_m)}{\partial v_{s_2}} & \cdots & \dfrac{\partial G(f_m)}{\partial v_{s_n}} \end{bmatrix}_{m\times n} \begin{bmatrix} v_{s_1} - v_{s_{10}} \\ v_{s_2} - v_{s_{20}} \\ \vdots \\ v_{s_n} - v_{s_{n20}} \end{bmatrix}_{n\times 1} \tag{8.4.35}$$

于是得式(8.4.33)线性化后的矩阵方程为

$$\boldsymbol{\Delta d} = \boldsymbol{A\Delta x} \tag{8.4.36}$$

式中：$\boldsymbol{A}$是由函数$G(f_i)$关于元素向量$\boldsymbol{v}_s$的一阶偏导数所组成的$m\times n$阶雅可比矩阵；$\boldsymbol{\Delta d} = \boldsymbol{v}_R - v_{R0}$是$m$维瑞雷波速度残差向量；$\boldsymbol{\Delta x} = \boldsymbol{v}_s - \boldsymbol{v}_{s0}$是$n$维横波速度残差向量。

对于地球物理反演问题，其目标函数一般都具有如下平方和形式

$$\boldsymbol{\Phi}(\boldsymbol{v}_{Si}) = \frac{1}{m}\sum_{j=1}^{m}[v_{R_{理论}}(j) - v_{R_{实测}}(j)]^2 \tag{8.4.37}$$

根据 Levenberg – Marquardt 法将(8.4.36)式代入(8.4.37)式中则可将目标函数$\boldsymbol{\Phi}$表示成如下的矩阵形式

$$\Phi(\boldsymbol{v}_s) = \| \boldsymbol{A}\Delta x - \Delta d \| W \| \boldsymbol{A}\Delta x - \Delta d \| + \mu \| \Delta x \|_2^2 \tag{8.4.38}$$

式中：$\| \bullet \|_2$ 是向量的 l_2 范数，$\mathbf{W}$ 是加权矩阵，μ 为正常数，其物理意义是阻尼因子。从而使反演问题成为在约束条件 $\| \Delta \boldsymbol{x} \| \leqslant \varepsilon$ 下，寻求使目标函数 Φ 极小的模型参数修正量，ε 为一小正数。

将方程(8.4.38)利用 Levenberg - Marquardt 法做进一步化简整理并利用奇异值分解(SVD)技术求解就可得到地下介质的横波速度。

五、瑞雷波勘探在工程勘察中的应用

瑞雷波勘探在工程勘察中的应用很广，可用于第四系地层的划分，地基处理效果评价，地震小区域划分，地基填筑土的调查，探测建筑桩基根部埋深，高速公路检测，探测地下空洞，评价饱和砂土的液化，计算各种弹性动力学参数，评价地基的承载力等。下面仅举几例来说明瑞雷波勘探的探测效果。

1. 工程地质勘察

(1)地基调查

将震源和两个检波器安置在测点上，改变激发频率可测得不同深度的瑞雷波平均速度 $\bar{v}_R$，可由 v_s 算出 N 的层速度及相应的标贯值 N。

图 8.4.7 是采用瑞雷波频率测深进行地基调查的测量方法和解释结果示意图。图 8.4.7(a)为地基分层剖面示意图，图中 E 为震源，A、B 为检波器；图 8.4.7(b)为实测的平均速度 $\bar{v}_R$ 曲线；图 8.4.7(c)为由 $\bar{v}_R$ 曲线计算的层速度 v_s 曲线；图 8.4.7(d)为由 v_s 曲线计算的标准贯入系数 N 曲线；图 8.4.7(e)为钻孔柱状图。从图中可以看出，层速度 v_s 和标准贯入系数 N 值与钻孔柱状图基本上对应起来，由此可对第四纪地质剖面进行划分。

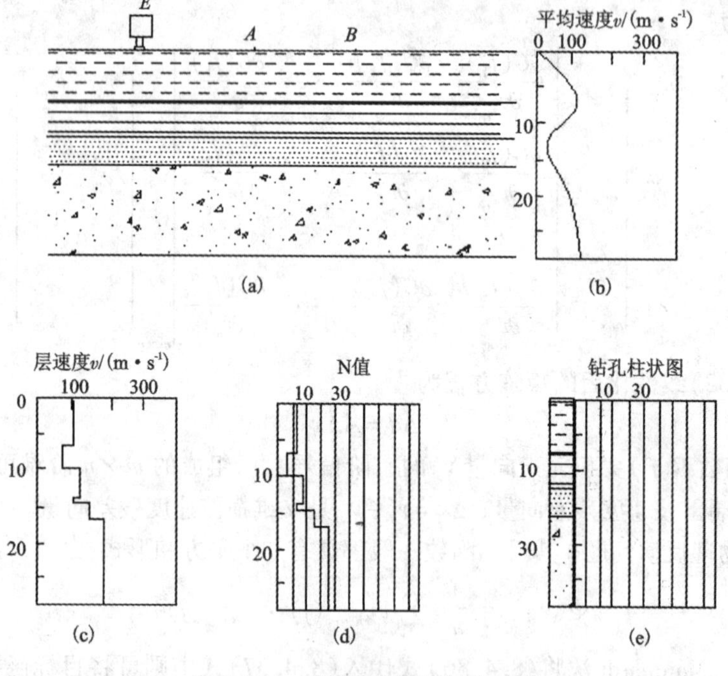

图 8.4.7　地基调查及解释结果型

(2)探测地下空洞

当空洞位于瑞雷波频率测深的可能探测的深度内并且直径大于埋深的 1/10 时，用瑞雷波频率测深可以探测出空洞的位置。在$\bar{v}_R - H$曲线上，当有空洞存在时，$\bar{v}_R$值会突然降低。这种方法可以检查防护堤岸和探测防空洞以及溶洞等。

空洞的测量探测方式大致分为两种：一种是空洞的位置完全不知道时，将震源E和检波器A、B以一定的间距同时移动逐点测量，如图 8.4.8 所示。在中间的$\bar{v}_R - H$曲线图上，$\bar{v}_R$速度值突然下降，表明测点下方深约 5 m 的地方有一空洞存在。另一种测量方式是在已大致了解空洞位置，但要求精确确定其中心位置和深度时，采用的一种测量方式。具体做法是固定震源和一个检波器，以一定的间距移动另一个检波器进行测量。因为这种测量方式检波器间距是改变的，所以又称变距测量方式，第一种测量方式则相应称作定距测量方式。图8.4.9 是变距测量方式及其解释成果示意图。一般说来，只要目标物附近干扰因素不严重，可大致确定空洞的中心位置和顶、底面埋深。

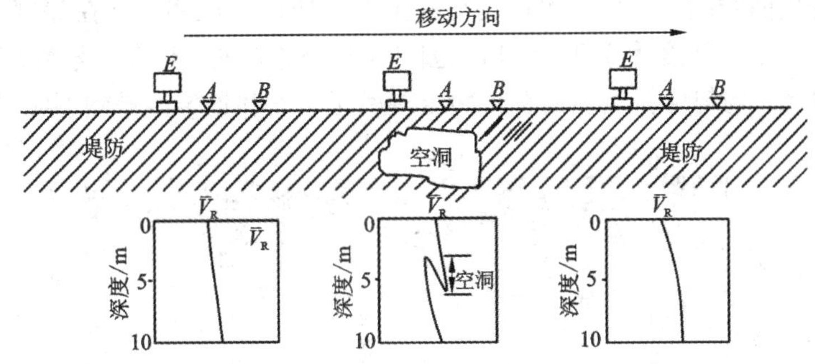

图 8.4.8　空洞位置未知时的测量方式

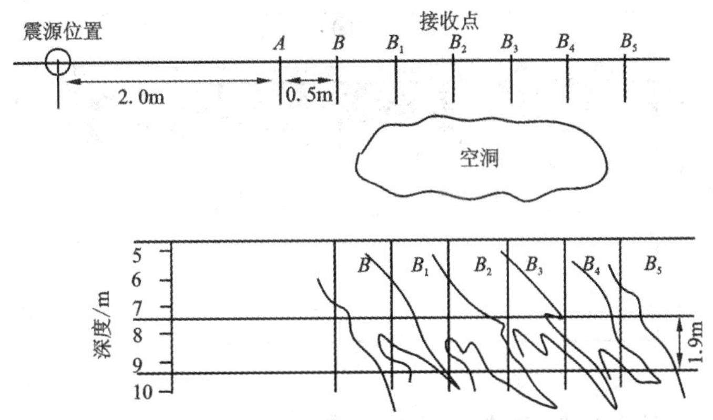

图 8.4.9 空洞位置大致了解时的测量方式

2. 路基压实度检测

在高速公路施工中，路堤土压实度是衡量土方路基的重要质量指标，振冲压碾前后的介质将具有不同的物性，具有不同压实度，回填路基与原状路基同层数之间均存在一定的物性差异，因此瑞雷波在这些物性分界面处必然产生频散现象，从而为检测路堤土压实度提供了有利的地震地质条件。

路堤土的压实度亦称压实系数，可表示为

$$k=\rho/\rho_0 \tag{8.4.39}$$

式中：ρ 为路堤实际压实后达到的密度（g/cm^3），亦称干容重；ρ_0 为标准击实试验所能达到的最大密度，亦称最大干容重。Carmichael(1989)指出，密度与瑞雷波速成指数关系，即

$$\rho=Av_R^B \tag{8.4.40}$$

从(8.4.11)式可知瑞雷波速度 v_R 与横波速度 v_S 成正比，即：$v_R=\eta\cdot v_s$（η 是介于 0.874 ~ 0.996之间的常数）。

联立(8.4.39)式、(8.4.40) 式及(8.4.11)式可得

$$k=(v_s/v_{s0})^B \tag{8.4.41}$$

式中：A、B 均为常数，B 为待标定系数（采用钻探取芯实测横波速度及压实度进行标定）；v_s 为路堤实际压实后反演出的横波速度值；v_{s0}为标准击实试验所能达到的最大横波速度值。

图 8.4.10 是某高速公路某段路基瞬态瑞雷波法检测的实测资料，经处理后绘制成压实度等值线剖面变化曲线图。从图中可以明显看出振冲压碾前压实度 k 在深度为 1.0 ~3.0 m 范围内为90%左右；在深度为3.0 ~5.0 m 范围内为86%左右，且在桩号为 K74150 ~ K74230 范围内为起伏较大，均匀性较差。而在振冲压碾后压实度和均匀性得到了明显的提高。

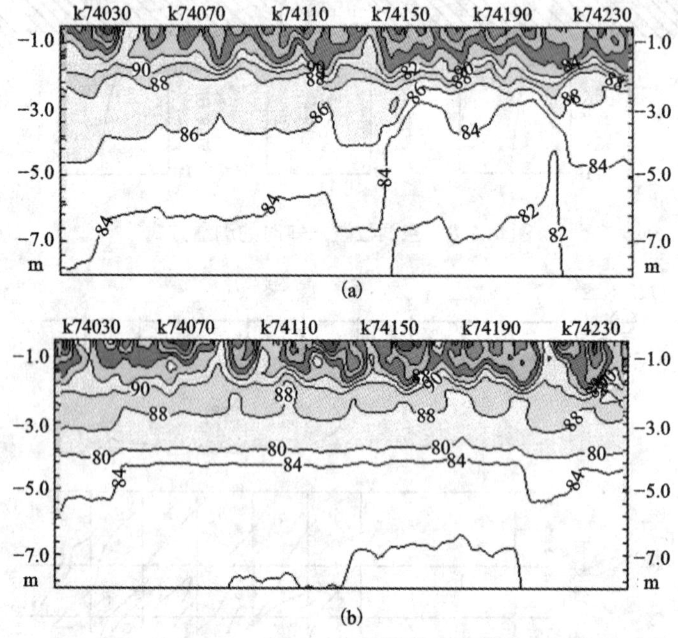

图 8.4.10 高速公路振冲压碾前(a)后(b)压实度剖面图

3. 岩土力学参数原位测试

目前，各种岩土力学参数与弹性波速度之间的关系被表示为纵波速度 v_p 和横波速度 v_s 的函数，但由于横波速度的测定较为复杂，常需要钻孔和安置井中检波器接受来测定。鉴于瑞雷波速度 v_R 与横波速度 v_s 近似相等，因此，随着瑞雷波测试技术的普及，由各岩土层的瑞雷波速 v_R 可换算为横波速度 v_s，如表 8.4.2 所示，再利用如下公式即可获得各种岩土力学参数。

$$
\left.\begin{aligned}
E_{\mathrm{d}} &= \frac{\rho v_s^2(3v_p^2-4v_s^2)}{v_p^2-v_s^2} \\
K_{\mathrm{d}} &= \rho\left(v_p^2-\frac{3}{4}v_s^2\right) \\
\sigma_{\mathrm{d}} &= \frac{v_p^2-2v_s^2}{2(v_p^2-v_s^2)} \\
\mu_{\mathrm{d}} &= \rho v_s^2 \\
\lambda_{\mathrm{d}} &= \rho(v_p^2-2v_s^2) \\
N_{63.5} &= 10\left(\frac{\lg v_s-1.959}{0.337}\right)
\end{aligned}\right\} \tag{8.4.42}
$$

式中：E_{d} 为动杨氏模量；K_{d} 为动体变模量；σ_{d} 为动泊松比；μ_{d} 为动剪切模量；λ_{d} 为动拉梅常数；ρ 为岩土的密度；v_p 为岩土中实测的纵波速度；v_s 为岩土的横波速度；$N_{63.5}$ 为标准贯入击数。该公式为北京市砂类土统计关系式。对不同地区、不同岩土类型公式中的常数是有变化的。

表 8.4.2 瑞雷波速度与泊松比关系表

泊松比	v_S/v_R	泊松比	v_S/v_R	泊松比	v_S/v_R	泊松比	v_S/v_R
0.00	0.874 032	0.21	0.912 707	0.32	0.930 502	0.43	0.946 303
0.02	0.877 924	0.22	0.914 404	0.33	0.932 022	0.44	0.947 640
0.04	0.881 780	0.23	0.916 085	0.34	0.938 526	0.45	0.948 959
0.06	0.885 598	0.24	0.917 751	0.35	0.935 018	0.46	0.950 262
0.08	0.889 374	0.25	0.919 402	0.36	0.936 433	0.47	0.951 549
0.10	0.893 106	0.26	0.912 036	0.37	0.937 936	0.48	0.952 820
0.12	0.896 789	0.27	0.922 654	0.38	0.939 372	0.49	0.954 074
0.14	0.900 422	0.28	0.924 256	0.39	0.949 792	0.50	0.955 313
0.16	0.904 003	0.29	0.925 842	0.40	0.942 195		
0.18	0.907 528	0.30	0.927 413	0.41	0.943 581		
0.20	0.910 995	0.31	0.928 965	0.42	0.944 951		

3. 地基评价

(1)场地土类型的划分

根据 1989 年中华人民共和国国家标准《建筑抗震设计规范》，用横波速度 v_s 可对建筑场地土进行分类，如表 8.4.3 所示。

表 8.4.3 场地土的类型划分

场地土类型	土层剪切波速度/($\mathrm{m\cdot s^{-1}}$)	备 注
坚硬场地土	$v_s>500$	v_s 为土层剪切波速度； v_{sm} 为地面以下 15m 深度内各土层的加权平均波速
中硬场地土	$250<v_{sm}\leqslant500$	
中软场地土	$140<v_{sm}\leqslant250$	
软弱场地土	$v_{sm}\leqslant140$	

表中的 v_{sm} 按式

$$v_{sm}=\frac{\sum v_{si}H_i}{\sum H_i} \tag{8.4.43}$$

计算。其中 v_{si} 为第 i 层的横波速度，H_i 为第 i 层的厚度。

(2)地基平均剪切模量的计算

地基平均剪切模量 μ(kPa)可按下式进行计算。

$$\mu=\frac{\sum_{i=1}^{n}H_i\rho_i v_{si}^2}{\sum_{i=1}^{n}H_i} \tag{8.4.44}$$

式中：n 为覆盖层的分层层数；v_{si} 为第 i 层土的横波速度(m/s)；H_i 为第 i 层的厚度(m)；ρ_i 为第 i 层土的密度(t/m^3)。

(3)软弱地基加固后地基承载力的测定

软土、淤泥等软弱地基需要进行加固处理，夯实、挤密、土石置换、复合地基或桩基建造等。如图 8.4.11 为软地基中进行碎石桩加固法示意图，图 8.4.11(a)为地基加固断面图，图 8.4.11(b)为地基加固平面图。加固处理后必然导致地基的物理力学性质的变化，波速值的改变。因此在加固前后必须对地基作出评价，目前常采用瑞雷波探测法对地基的加固处理效果进行评价。该方法是利用 v_R 值按相关的规范规定给出地基的承载能力，表 8.4.4 是冶金部沈阳勘察研究院得出的统计结果；在测量现场可分别实测出碎石桩及桩间土的 v_R 值，从而给出桩和土的容许承载力 $R_{桩}$ 和 $R_{土}$，则复合地基的容许承载力为

$$R_{复}=(R_{桩}-R_{土})m+R_{土} \tag{8.4.45}$$

式中：$m=\dfrac{碎石桩截面积}{平均单桩所占面积}$。

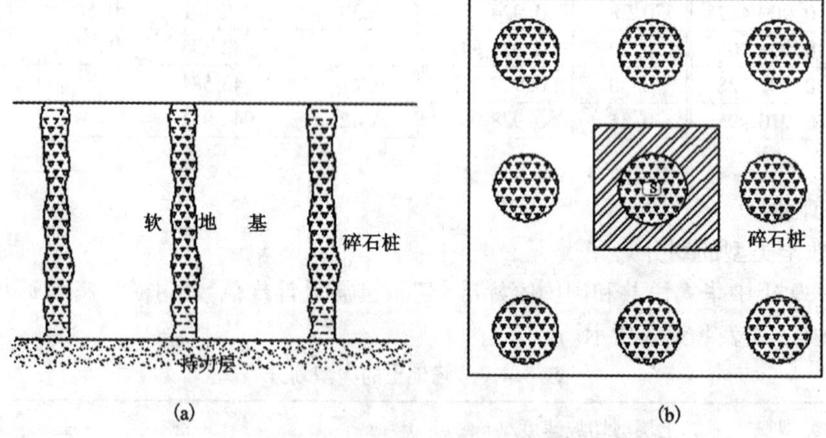

8.4.11 碎石桩复合地基示意图

表 8.4.4　v_R与[R]的关系表

黏性土	$v_R/(\mathrm{m \cdot s^{-1}})$	100 ~ 125	125 ~ 150	150 ~ 175	175 ~ 200	200 ~ 225	225 ~ 250
	[R]/kPa	70 ~ 105	105 ~ 135	135 ~ 170	170 ~ 206	206 ~ 245	245 ~ 288
砂土	$v_R/(\mathrm{m \cdot s^{-1}})$	100 ~ 125	125 ~ 150	150 ~ 175	175 ~ 200	200 ~ 250	250 ~ 300
	[R]/kPa	70 ~ 95	95 ~ 115	115 ~ 145	145 ~ 170	170 ~ 245	245 ~ 330

第五节　微动观测

一、微动的概念

地球表层任何地点、任何建筑物的地基都在以微小的振幅不停地振动着，振动周期一般从 0.05 秒至数秒，其位移通常不超过数微米，这种人体难以察觉的微小振动叫做微动（或者叫微震）。

从地震观测的角度可以把微动分为两类：一类是短周期微动，另一类是长周期微动。前者主要是由机械振动、建筑施工、交通运输等人文因素所引起；而后者主要是由风雨、海浪、火山活动等自然因素所引起。通常，我们将无特定震源且周期大于 1 s 的微动称作地脉动（有的学者将周期大于 1 s 而小于 5 s 的微动称为中长周期微动），而将无特定震源且周期小于 1 s 的微动称为常时微动。地脉动的分布范围很广，有时在整个大陆地震观测台的记录上都表现出非常相似的特点，是地震学家们感兴趣的一类微动；而常时微动随不同的地质条件和地基结构而不同，是地质和建筑工程师们感兴趣的一类微动。

常时微动的振动是随机的，但起主导作用的频率成分以一定的周期重复出现，这种在一定的时间内以相同周期出现次数最多的周期，称为常时微动的卓越周期。由于常时微动的振动波形和卓越周期与观测点下方的地质条件、地基结构以及它们的振动特性有着密切的联系，因此，利用常时微动的观测，可以了解地基的振动特性，并对地基进行分类和评价，为大型建筑的场地选择和工程施工提供科学依据。

常时微动与其他地震方法相比，有场源频谱丰富、观测简便易行、不受场地限制和随时随地都可获取大量信息的特点，近年来，在工程地震领域已经取得了明显的社会经济效益。

说明常时微动基本性质的理论，目前有面波理论和体波理论。这两种理论都能对常时微动的地基振动特性作出理论解释。由于这两种理论都比较复杂，限于篇幅，该书不予介绍，只介绍常时微动的性质、测量方法及数据处理。

二、常时微动的性质

1. 常时微动的波形特征

（1）微动源是平稳的

常时微动的稳定性关系到最终的分析结果是否可靠，目前认为常时微动是一种平稳的随机过程。若将波形 $x(t)$ 看作随机函数，它的各种概率特征参数（均值、自相关函数等）均不随时间变化，可以用多次观测波形的总体平均值来确定随机过程的特征，即

$$m_x(t) = \lim_{n\to\infty}\frac{1}{n}\sum_{k=1}^{n}x_k(t) \tag{8.5.1}$$

$$R_x(t,t+\tau) = \lim_{n\to\infty}\frac{1}{n}\sum_{k=1}^{n}x_k(t)x_k(t+\tau) \tag{8.5.2}$$

式中：$m_x(t)$为这一随机过程的均值；$R_x(t,t+\tau)$为自相关函数，τ为时间位移。

(2)具有各态历经性质

所谓具有各态历经性质，即在某观测点上某次波形的某段观测曲线的概率特征值就能代表其总体平均值，即

$$R_x(\tau,k) = \lim_{T\to\infty}\frac{1}{T}\int_0^T x_k(t)x_k(t+\tau)\mathrm{d}t \tag{8.5.3}$$

(3)微动源为白噪声

即波形$x(t)$由无数多个频率分量、强度相等的正弦波叠加而成。

由于微动的复杂性，一些学者认为这一随机过程不一定具有各态历经性质，即在某观测点上某次波形的某段观测曲线的概率特征值不能代表总体平均性质。当振源密度函数(振源数/面积)随时间变化时，必将引起增益特性和周期特性的差异。为了使常时微动资料能反映出某观测点上真正的地基振动特性，只有采用多次重复观测的办法。有人统计用20次以上观测结果的平均频谱所得到的卓越周期才是稳定的。

2. 常时微动的时间性

研究表明，在不同的时间测量，常时微动的卓越周期变化不大，比较稳定，如图8.5.1(a)所示。而振幅随时间有较大变化，如图8.5.1(b)所示。在一昼夜里，白天振幅较大，功率谱的形状亦较复杂；夜间，特别是午夜，功率谱的形状几乎没有什么变化，比较稳定。

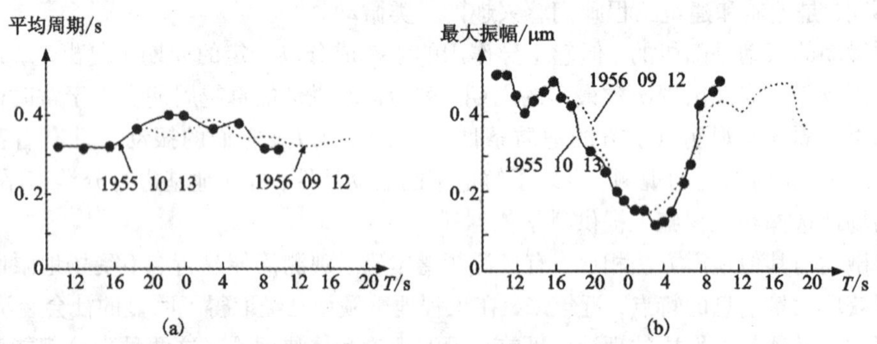

图8.5.1　常时微动的时间特性

(a)卓越周期随时间的变化；(b) 最大振幅随时间的变化

另外，常时微动与气象变化也有一定关系，如风速超过5 m/s时，长周期波将占优势；降水量超过30~40 mm时，中长周期波占优势；地表冻结时，短周期波占优势。因此，为了得到地基振动的可靠信息，常时微动的测量应选择在夜间及风力较弱时进行，在观测地点上应注意避开特定的振动源，并选择平坦的地方安置检波器(用于天然地震观测时称为拾震器)。

三、常时微动测量方法

常时微动测量，一般分为地下、地表和建筑物中三种方式，图 8.5.2 为测量系统示意图。

在地表或建筑物中测量时，应选择没有工业交通和其他噪声震源时进行，测点应平坦，以便于安置和调整（调平和对准方向）拾震器。在建筑物上测量时，测点应选在主轴上。地下测量多在钻孔中进行，测量深度根据目的而定，放在基岩面上或建筑物的持力层上。

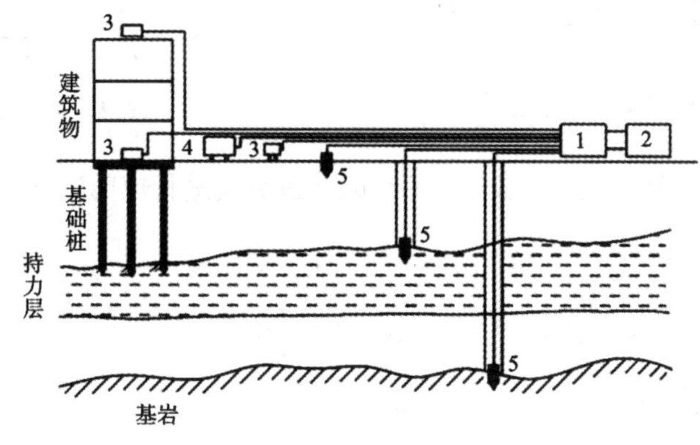

图 8.5.2 常时微动测量系统示意图

1—采集仪；2—计算机；3—短周期检波器；4—长周期检波器；5—井中检波器

拾震器一般采用固有周期为 1 s 的速度型电磁式拾震器，其输出电压与地基振动速度成比例。这类拾震器的体积较通常地震勘探用的检波器体积大，有的为长方体，有的为圆柱体，重量从几千克到十几千克不等。地面测量时可测两个水平分量（北、东）或四个水平分量（北、东、北东、南东）；井中拾震器采用带有三分量（两个相互垂直的水平分量、一个垂直分量）换能器的圆筒式拾震器；在高层建筑物中测量时，需采用周期大于 1 s 的长周期拾震器。记录仪器可采用武汉岩土所产的 RSM 采集仪，配合笔记本式计算机进行波形的监视和记录。整个采集系统的工作原理与地震仪的工作原理相似。

四、常时微动的资料处理和解释

常时微动测量主要是求得微动的振幅与周期，它们是说明地基振动特性的物理量，通常是计算出它的周期频度谱和傅氏谱曲线来求得地基评价所需的参数。由于常时微动是一个随机过程，还可以用相关函数、功率谱等数据处理方法来对它的振幅特性进行分析。因此，常时微动的资料处理一般可用周期频度分析和频谱分析两种方法。

1. 周期频度分析

周期频度分析是研究振动周期出现的频度的一种数据处理方法，是一种简易分析方法。具体做法是：在连续记录数分钟的常时微动记录中，选择一段质量良好的记录，对记录段中所含的周期进行频度分析，作出周期频度曲线，如图 8.5.3 所示。在频度曲线分析中，出现次数最多的周期称为卓越周期（曲线上最大峰值点所对应的周期，也称优势周期）；周期最长的称最大周期；而用出现于记录波形上的波数除以记录时间长度所得的周期称平均周期。

周期频度分析方法只是一种近似方法，早期多以手工进行，后来用频度分析仪进行，其分析结果可近似代替频谱分析。但目前由于计算机的普及，频谱分析已成为波形频率特性分析的主要方法。

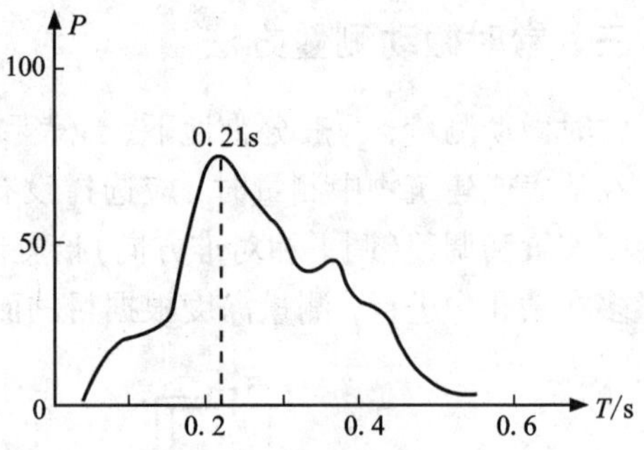

图 8.5.3　周期频度曲线

2. 频谱分析

对常时微动这样一种随时间作不规则振动的量，通常采用功率谱分析法。设常时微动时间域函数为 $x(t)$，则将它变换到频率城的傅氏积分为

$$X(\omega) = \frac{1}{2\pi}\int_{-\infty}^{\infty} x(t)e^{i\omega t}\mathrm{d}t \quad (8.5.4)$$

具体处理时，将记录时间分成若干段，对每个时间段分别进行傅氏积分

$$X(\omega) = \frac{1}{2\pi}\int_{-\frac{T}{2}}^{\frac{T}{2}} x(t)e^{-i\omega t}\mathrm{d}t \quad (8.5.5)$$

功率谱 $P(\omega)$ 用 $X(\omega)$ 和它的共轭复数 $X^*(\omega)$ 表示，则

$$P(\omega) = \frac{1}{T}X(\omega)\cdot X^*(\omega) \quad (8.5.6)$$

在实际解释中，将明显混入噪音的时间段剔除不用，用各时间段波形的功率谱 $P_n(\omega)$ 的算术平均值即可求得平均功率谱

$$\overline{P(\omega)} = \frac{\sum_{n=1}^{N} P_n(\omega)}{N} \quad (8.5.7)$$

式中：N 为所取时间段的个数。

一般取 3 ~ 10 s 为一个时间段，这样做 5 ~ 10 个时间段的功率谱取平均值，就能得到该观测点的稳定的功率谱。

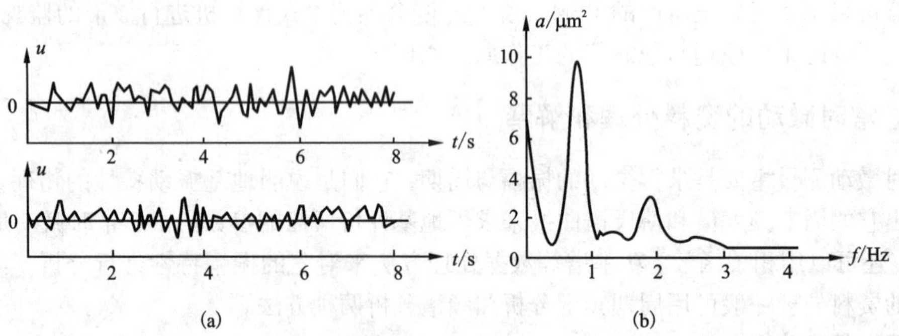

图 8.5.4　功率谱曲线

(a) 原始波形记录　(b) 功率谱

以信号波形的平均功率谱为纵坐标，以频率为横坐标，就得到一条常时微动波形记录的功率谱曲线。我们把平均功率谱（即幅度值）出现最大值时的频率称为卓越频率，卓越频率的倒数即为卓越周期。图 8.5.4 为常时微动的波形记录经频谱分析后的功率谱曲线，从功率谱

曲线中可求得地基的常时微动的卓越周期。

五、常时微动在工程中的应用

常时微动是研究地基土动力特性的方法之一。根据常时微动的测量就可知道地震时地基的振动特性，从而对场地土进行类别划分，了解场地土的动态变化与建筑物固有周期的关系，为工程抗震设计提供依据。

1. 划分场地土类别

常时微动的振动特性与地基的构造和振动特性有关。大量实际资料表明，就功率谱而言，较坚硬密实的砂类土的优势频率(卓越频率)较高，较软弱疏松的砂性或粘性土的优势频率较低，呈现地基越软弱、优势频率越低(即卓越周期越高)的倾向。因此可按常时微动的卓越周期来进行地基分类。

我国在 1964 年地震区建筑设计规范中，曾把常时微动的卓越周期规定为划分场地类别的一个定量指标，如表 8. 5. 1 所示。

表 8.5.1 场地类别的划分

地基分类	地层岩性	卓越周期/s
Ⅰ	基岩	0. 1 ~0. 2
Ⅱ	洪积层(硬、厚状砂砾层、含砂硬黏土)	0. 2 ~0. 4
Ⅲ	冲积层(软、厚状粉细砂、亚黏土)	0. 4 ~0. 5
Ⅳ	淤泥及人工土	0. 6 ~0. 8

2. 地基参数的推算

(1)推算平均横波速度

日本学者田中爱一郎(1988 年)在常时微动和场地分类关系的研究中提出用常时微动观测结果推算地下 30 m 内各类土层的平均 S 波速度的经验公式

$$v_s(\mathrm{m/s}) = \alpha \cdot 160[T_{\mathrm{m}}(\mathrm{s})]^{-0.668} + \beta \cdot 200[A_m(\mu\mathrm{m})]^{-0.348} \tag{8.5.8}$$

其中 v_s 是地表 30 m 厚土层的平均横波速度；α、β 分别为考虑场地周期和振幅影响的权系数；T_{m} 为常时微动的平均周期；A 是常时微动的最大振幅。

在长春市地震小区划中，研究人员曾用此公式推算了各类地基类别与平均横波速度的关系。Ⅰ类地基为 600 m/s，Ⅱ类地基为 400 m/s，Ⅲ类地基为 250 m/s。

(2)推算地基特性值

根据常时微动的观测结果，可以得到卓越周期。如果土层的 S 波速度已知，就可按下式近似确定地层的厚度(或地基持力层的埋深)。

$$T = 4\sum \frac{h_i}{v_{si}} \tag{8.5.9}$$

式中：h_i 为地层的厚度；v_{si} 为地层的 S 波速度；T 为基于 1/4 波长法则的地基固有周期，与常时微动的卓越周期相当。

上式中，如果已知地层的 S 波速度和卓越周期，则可反演出地层的埋深；如果已知地层的埋深和卓越周期，则可反演出地层的 S 波速度。

在厦门市美景花园工地常时微动测量中，研究人员根据地基分类方案得出该地基为三类地基，并统计出该地基卓越周期 $T_m=0.256$ ms，卓越周期所对应的振幅 $A_m=2.5$ μm，那么根据式(8.5.8)可推算出地基表层的平均 S 波速度 $v_s=271$ m/s。因此，据式(8.5.9)可推算出地基软弱层的厚度为 $h=17.3$ m，这与钻探结果软弱层平均厚度 18.7 m 相此，误差仅为 7.5%。

3. 进行地震小区划

(1)常时微动与震害

建筑物整体有自己振动的固有周期，它在外力作用下也将随之振动。当作用力很小时，建筑物并无受振感觉，当作用力很大时(如地震)，建筑物在强大的地震波(主要是 R、S 波)的作用下将随之振动。当地震波的优势周期与建筑物的固有周期一致时，将出现共振现象，这样会大大增加建筑物的振动幅度，使之承受过大的荷载而遭破坏。

实测表明，常时微动测定的地基卓越周期与地震优势周期有明显的对应关系。因此，卓越周期对建筑物的抗震设计有着重要的现实意义。若地基卓越周期与建筑物固有周期一致，在地震发生时将出现共振。其规律为：在地基厚度相同时，地基越硬，卓越周期越短，短周期刚性建筑易损坏；地基越软，卓越周期越长，长周期柔性建筑易破坏。

1966 年河北邢台地震，在某个烈度异常区观测了地面的常时微动，发现常时微动与震害有明显的关系。表层黄土较薄(小于 10 m)、卓越周期小于 0.1 s 的地区，房屋破坏很轻；表层黄土较厚(20～30 m)、卓越周期稍长(0.17～0.23 s)的地区，房屋破坏严重；表层黄土很厚(大于 30 m)、卓越周期大于 0.23 s 的地区，房屋破坏反而减轻。结果表明震害与卓越周期存在着一定的关系。

(2)常时微动与建筑物抗震设计

以上讨论表明，在进行建筑物抗震设计时，要使建筑物自振周期远离场地的卓越周期，以免地震时发生共振，从而达到抗震防灾的目的。一般情况下，可选择适当的地层做持力层，加大建筑物的基础及埋深，或者增加建筑物的整体刚度。这样，就会增加建筑物埋置部分的阻尼。而阻尼越大，结构物振动的振幅就越小，受震害也就越小，另外，增加建筑物的整体刚度，可提高其自振频率，降低固有周期，使之避开场地的卓越周期。

(3)常时微动与地震小区划

从以上讨论可知，地基的振动特性，可用常时微动的卓越周期来表征。如果在某地区不同地点做了大量的常时微动观测，获得了不同地点的振动特性数据，就能依据振动特性的不同，划分不同的地基。许多城市的地震小区划都把常时微动的测量作为场地土动力特性调查的一个手段，将常时微动的分析结果作为场地分区和表征场地动力特性的参考指标。

首先，按一定比例尺的测网进行常时微动测量，通过频谱分析，求出各点的卓越周期；然后依据工程地质资料，制定地基分类的判定准则；最后绘出工程地质小区划图。

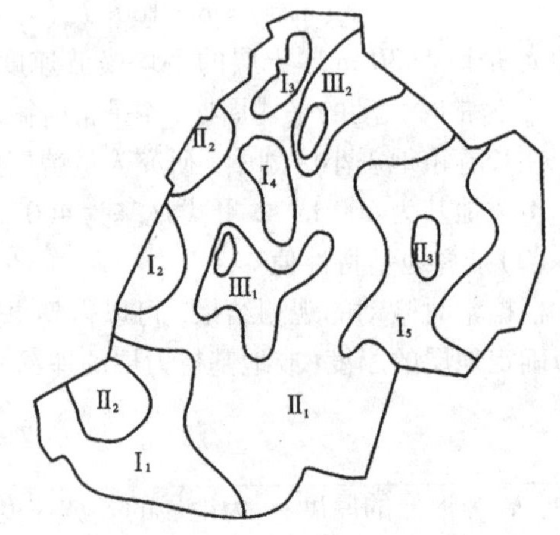

图 8.5.5　长春市常时微动地震小区划分区图

如图 8.5.5 所示为长春市由常时微动观测结果所作的地震小区划分区图，分区的主要依据为功率谱的卓越周期。卓越周期 $T_p<0.125$ s 为主构成的为Ⅰ类场地，其中包括 $\mathrm{I}_1\sim\mathrm{I}_5$，场地整体刚度较大，表现为硬土类特征；卓越周期 $T_p=0.3\sim0.7$ s 为主构成的为Ⅲ类场地，其中包括 $\mathrm{III}_1\sim\mathrm{III}_3$，Ⅲ类场地为第四系沉积物较厚、场地整体刚度较小的软土地基；介于两者之间的是卓越周期 $T_p=0.25$ s 的Ⅱ类场地。

上面对常时微动的研究和应用作了一个十分简要的介绍。这种方法实际是被动式地震法的一种，其精度不很高，不能推断解释地基的详细构造，只能从整体上给出地基的动态特性。与其他物探方法相比，可以说是缺点。但从地震工程学的角度来看，这反倒成为这种方法的独到之处，因为地震工程学正是这样来考察地基特性的。

第六节　声波探测

一、声波探测概述

声波探测是通过探测声波或超声波在岩体内的传播特征来研究岩体性质和完整性的一种物探方法。由于它和地震勘探相类似，也是以弹性波理论为基础，因此放在本章中一起进行讨论。在第四章地震波速度的测定中已经讨论了井中声波探测，此处不再赘述。

与地震勘探相比，声波探测所采用的信号频率要大大高于地震波的频率，通常可达一千赫兹至几兆赫兹，因此，所使用的仪器和工作方法也与一般的地震勘探不同。由于声波的频率高、波长短，受岩石的吸收和散射比较严重，因此声波探测对岩体探测范围较小，但对岩体的了解比较细致，并且它具有简便、快速、便于重复测试和对岩石无破坏作用等优点，目前已成为工程地质勘查与检测中重要的手段之一。

岩体声波探测可分为主动式和被动式两种工作方法。主动式测试的声波是由声波仪的发射系统或锤击等声源激发的；而被动式的声波是由于岩体遭受到或其他作用力时，在形变或破坏过程中由它自身产生的，因此两种探测的应用范围也不相同。目前声波探测主要应用于下列几个方面：①据波速等声学参数变化规律进行工程岩体的地质分类；②根据波速随岩体裂隙发育而降低的规律，圈定开挖造成的围岩松弛带，为确定合理的衬砌厚度和锚杆长度提供依据；③测定岩体或岩石试样的力学参数；④通过利用声速及声幅在岩体内的变化规律，进行工程岩体边坡和底下硐室围岩稳定性的评价；⑤探测断层、张开裂隙的延伸方向及长度等；⑥研究岩体风化壳的分布；⑦工程灌浆后的质量检测。

研究和解决上述问题，为工程项目及时而准确地提供设计和施工所需要的资料，对于缩短工期、降低造价、提高安全度等都有重要的意义。

二、声波探测原理及工作方法

1. 声波仪

声波仪主要由发射系统和接受系统两部分组成。发射系统包括发射机和发射换能器，接收系统由接收机、接收换能器和用于数据记录和处理用的计算机组成，如图 8.6.1 所示。发射机是一种声源讯号发生器。其主要部件为振荡器，由它产生一定频率的电脉波，经放大后由发射换能器转换成声波，并向岩体辐射。

电声换能器是一种实现声能和电能相互转换的装置。其主要元件是压电晶体，一种天然的(或人工制造的)晶体或陶瓷。压电晶体具有独特的压电效应，将一定频率的电脉冲加到发射换能器的电压晶片时，晶片就会在其法向或径向产生机械振动，从而产生声波，并向介质中传播。晶片的机械振动与电脉冲是可逆的。接收换能器接收岩体中传来的声波，使压电晶体发生振动，则在其表面产生一定频率的电脉冲，并送到接收机内。

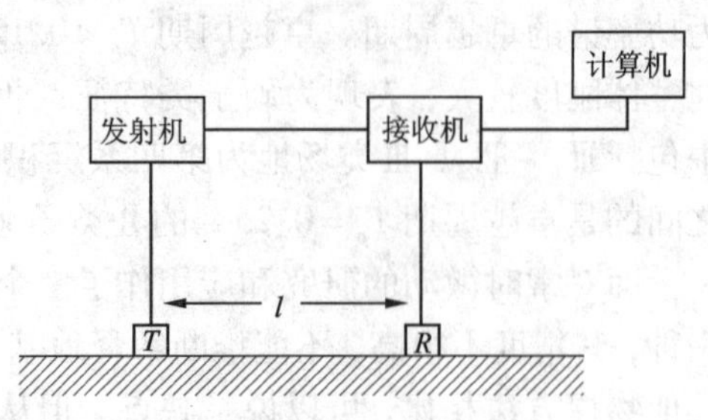

图 8.6.1　声波探测示意图

T—发射换能器；R—接收换能器

接收机是将接收换能器接收到的电脉冲进行放大，并将声波波形显示在荧光屏上，通过调整游标电位器，可在数码显示器上显示波至时间，若将接收机与计算机连接，则可对声波信号进行数字处理，如频谱分析、滤波、初至切除、计算功率谱等，并可通过打印机输出原始记录和成果图件。

2. 声波探测原理

声波在不同类型的介质中具有不同的传播特征。当岩土介质的成分、结构和密度等因素发生变化时，声波的传播速度、能量衰减及频谱成分等亦将发生相应变化，在弹性性质不同的介质分界面上还会发生波的折射和反射。因此，用声波仪器探测声波在岩土介质中的传播速度、振幅及频谱特征等，便可推断被测岩土介质的结构和致密完整程度，从而对其作出评价。

例如，当对某岩体(或硐)进行声波探测时，只要将发射点和接收点分别置于该岩体(或硐)的不同地段，根据发射点和接收点之间的距离 l(图 8.6.1)，以及声波在岩体中传播的时间 t，即可由下式算出被测岩体的波速 v

$$v=\frac{l}{t} \tag{8.6.1}$$

此外，根据声波振幅的变化和对声波信号的频谱分析，还可了解岩体对声波能量的吸收特性等，从而对岩体作出评价。

3. 声波探测的工作方法

岩体声波探测的现场工作，应根据测试的目的和要求，合理地布置测网、确定装置距离、选择测试的参数和工作方法。

测网的布置应选择有代表性的地段，力求以最少的工作量解决较多的地质问题。测点或观测孔一般应布置在岩性均匀、表面光洁、无局部节理、裂隙的地方，以避免介质不均匀对声波的干扰。装置的距离要根据介质的情况、仪器的性能以及接收的波型特点等条件而定。

由于纵波较易识读，因此当前主要是利用纵波进行波速的测定。在测试中，最常用的是直达波法(直透法)和单孔初至折射波法，如图 8.6.2 所示。反射波法目前仅用于井中的超声电视测井和水上的水声勘探。陆地上的反射波法还处于试验阶段。

三、声波探测在工程地质中的应用

1. 岩体的工程地质分类

为了评价岩体质量，了解硐室及巷道围岩的稳定性，合理选择地下硐室或巷道的开挖方案，设计合理的支撑方案，都必须对岩体进行工程地质分类。

大量岩体力学实验表明，岩体的纵、横波速度与其抗压强度(R_e)成近于正比的关系。因

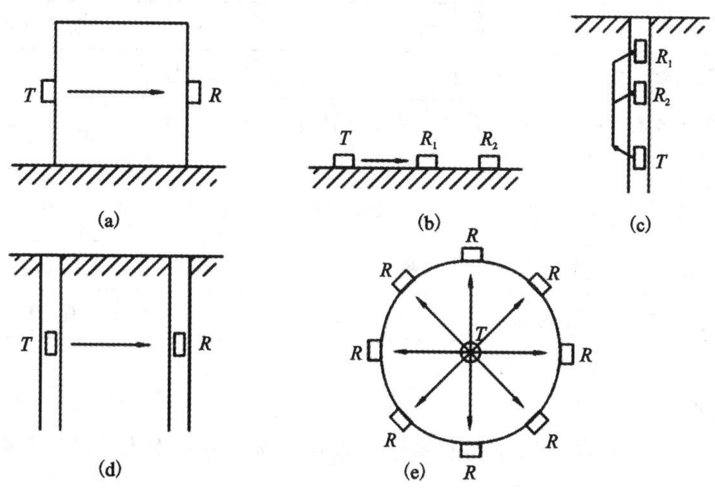

图 8.6.2　常用的几种现场工作示意图

(a)对穿直透法;(b)同侧直达波法;(c)单孔一发二收法;(d)双孔直透法;(e)单孔直透法

此，强度高(或弹性模量大)的岩体具有较高的声速。另一方面，岩体的成因、类型、结构面特征、风化程度等地质因素，直接影响着岩体的力学性质，而岩体的力学性质又与声波在岩体中的传播规律有着密切的关系，这就是岩体声波探测之所以能作为岩体分类的主要手段的物理前提。目前对岩体进行工程地质分类的声学参数主要是纵波速度 v_p，此外还有扬氏弹性模量 E、完整性系数 k_W、裂隙系数 L_s、风化系数 β 以及衰减系数 α 等。

(1)纵波速度

一般来说，岩体新鲜、完整、坚硬、致密，波速就高。反之，岩体破碎、结构面多、风化严重，波速就低。

(2)完整性系数和裂隙系数

完整性系数 k_w 是描述岩体完整情况的系数，可表示为

$$k_w = \left(\frac{v_{p体}}{v_{p石}}\right)^2 \tag{8.6.2}$$

裂隙系数 L_s 是表征岩体裂隙程度发育程度的系数，可表示为

$$L_s = \frac{v_{p石}^2 - v_{p体}^2}{v_{p石}^2} \tag{8.6.3}$$

式中：$v_{p石}$表示无裂隙完整岩石的纵波速度；$v_{p体}$为有裂隙岩体的纵波速度。使用上述二式时，岩石试样和岩体测点在同一地段选取。

根据 k_w 和 L_s，可将岩体分为五个等级，如表 8.6.1 所示。

表 8.6.1　岩体状态分级

符号	岩质	岩 体 状 态	完整性系数 k_w	裂隙系数 L_s
A	极好	岩体新鲜，节理少，无风化变质	>0.75	<0.25
B	良好	节理稍发育，极少张开，沿节理稍有风化，岩块内新鲜坚硬	0.50~0.75	0.25~0.50
C	一般	岩块较新鲜，表面稍风化，一部分张开，含有黏土	0.35~0.50	0.50~0.65
D	差	岩块坚硬、节理发育，含有泥及黏土	0.20~0.45	0.65~0.80
E	很差	风化变质，岩体显著弱化	<0.20	>0.80

(3)风化系数

风化系数β是表示岩体风化程度的系数。根据岩体波速随岩体风华而减小的特点，可将其表示如下

$$\beta = \frac{v_{p新} - v_{p风}}{v_{p新}} \tag{8.6.4}$$

式中：$v_{p新}$表示新鲜岩体的纵波速度；$v_{p风}$表示风化岩体的纵波速度。

由式(8.6.4)可知，β值越大，风化程度越深，β值越小，风化程度越小。根据风化系数，可将岩体分为四级，如表8.6.2所示。根据工程地质调查和试验，将上述各种参数进行分析后，可对岩体进行总体分类评价。

表 8.6.2　岩体风化程度分级

风化等级	风化程度	岩体状态描述	风化系数
0	未分化(新鲜)	保持原有组织结构，除原生裂隙外见不到其他裂隙	<0.10
Ⅰ	微风化	组织结构未变，沿节理面稍有风化现象，在临近部分的矿物变色，有水锈	0.10~0.25
Ⅱ	弱风化	岩体结构部分或全部被破坏，节理而风化，夹层呈块状球状结构	0.25~0.50
Ⅲ	强风化	岩体组织结构大部分或全部被破坏、矿物变质、松散、完整性差，用手可压碎	>0.50

(4)衰减系数

声波在岩体中传播时，除波速发生变化外，振幅也会发生变化。试验表明，声波在不连续面上的能量衰减比较明显，因此衰减系数α可以反映岩体的节理裂隙发育程度。其表示式为

$$\alpha = \frac{1}{\Delta x}\ln\frac{A_m}{A_i} \tag{8.6.5}$$

式中：A_i为固定增益时，参与比较的各测试段的实测振幅值；A_m为其中的最大振幅值，单位为mm；Δx为发射换能器至接收换能器的距离，即测试段的长度，单位为cm；α表示参与比较的各测试段介质的振幅相对衰减系数，单位为cm^{-1}。

由(8.6.5)式可见，当 $A_i = A_m$ 时，相对衰减系数 α 为 0，表明该段岩体在参与比较的各测试段中质量最好；A_i 越小，α 就越大，表明该段岩体质量最差。因此，衰减系数不仅可用作岩体分类的指标，而且还可用于圈定工程爆破引起的周围岩体破裂影响范围等方面。

2. 围岩应力松弛带的测定

地下硐室开挖后，围岩应力会发生变化，当超过围岩强度时，硐室周边围岩将首先破坏，并逐步扩展到一定深度，硐室围岩中产生的这种破碎带被定义为围岩松弛带。围岩松弛带是围岩应力对围岩作用的一种结果，是反映围岩应力和岩体强度的一个综合性指标。围岩应力松弛带的大小与硐室的稳定性及支护的难易程度密切相关。

由岩石力学理论可知，围岩应力越大，岩体越致密，裂隙越少，则声波在岩体中的传播速度就越快，反之亦然。超声波探测围岩应力松弛带的实质是利用超声波通过介质时波速或振幅的变化情况来研究介质的性质，如应力状态、位移变形、介质完整性等。利用超声波测量的方法有单孔一发二收法、双孔直透法、单孔直透法。一般情况下采用双孔直透法，这种方法通常是在硐室中沿纵向或环向并钻两个平行孔，钻孔深度要超过松弛带 1 ~ 2 m，测量时一个孔中置发射探头，另一个孔中置接收探头。同步等深移动两探头来测量不同深度时超声波从发射探头到接收探头的穿透时间 t。通过测量 t 和两探头间的距离 l，由公式 $v_p = l/t$ 计算出被测岩体的超声波传播速度 v_p。根据测得不同深度的波速 v_p，就可以确定出松弛带的厚度。

3. 滑坡、塌陷等灾害监测

与利用声波仪发射系统向岩体辐射声波的主动工作方法不同，滑坡、塌陷等灾害的监测是采用被动式的声波探测技术。其原理是利用岩体受力变形或断裂时以弹性波形式释放应变能，从而产生声发射。在滑坡、矿柱塌陷等灾害发生前夕，由于微裂隙的产生而释放出应变能，这种应变能随裂隙的增多而扩张和增大，利用地音仪对岩体进行监测，就能预报滑坡、矿柱塌陷等灾害。

声发射现象的研究包括两方面内容：一是研究岩体声发射信号的时间序列和声发射源的空间分布，即声波的运动学特征；二是研究声发射信号的频谱与岩体变形及破坏特征的关系，即声波的动力学特征。

利用声发射研究岩体的稳定性，一般是利用地音仪记录发射的频度等参数作为岩体失稳的判断指标。所谓频度是表示单位时间内所记录的能量超过一定阀值（背景噪音）的声发射次数，以 N 表示。

习题八

1. 名词解释

(1)静态时移；(2)走廊叠加；(3)上行波和下行波；(4)波场分离；(5)频散；(6)高模式面波；(7) 波长深度转换系数；(8)饱和砂土液化；(9)阻尼因子；(10)卓越周期；(11)拾震器；(12) 电声换能器。

2. 简述散射地震波的分类及基本特征。

3. 简述硬岩环境下地震勘探的特点及相应的地震数据采集技术。

4. VSP 记录中上、下行波的特点是什么？如何分离它们？

5. 利用 VSP 记录帮助确定地面地震剖面上的地质层位有什么好处？如何进行？

6. 稳态与瞬态瑞雷波法之间有哪些共同点与不同点、优点与缺点？

7. 试述瑞雷波场的主要特点和瑞雷波法的应用范围。

8. 简述地震波层析技术的方法原理、应用条件和主要优缺点。

9. 试述井间地震波透射层析成像原理及矩阵求逆法重建图像的基本思路。

10. 在常时微动资料数据处理中：何谓周期频度法？何谓频谱分析法？各有什么作用？

11. 地基和建筑物常时微动的机因有哪些？观察常时微动的目的和意义是什么？

12. 工程岩体声波探测与浅震波速测试相比，有哪些共同点和不同点？它们各自的优缺点是什么？

13. 分别简述声波仪和声速测井的工作原理。

参考文献

[1] 何樵登,熊维纲.应用地球物理教程——地震勘探.北京:地质出版社,1991.
[2] 姚姚.地震波场与地震勘探.北京:地质出版社,2006.
[3] 陆基孟,等.地震勘探原理.北京:石油大学出版社,1996.
[4] 徐明才,高景华等.金属矿地震勘探.北京:地质出版社,2009.
[5] 钱绍瑚.地震勘探.武汉:中国地质大学出版社,1993.
[6] 王庆海,徐明才.抗干扰高分辨率浅层地震勘探.北京:地质出版社,1991.
[7] 王振东.浅层地震勘探应用技术.北京:地质出版社,1988.
[8] 熊章强,方根显.浅层地震勘探.北京:地震出版社,2002.
[9] 顾汉明,周鸿秋.工程地震勘探.武汉:中国地质大学出版社,1994
[10] 张胜业,潘玉玲.应用地球物理学原理.武汉:中国地质大学出版社,2004.
[11] 杜世通.地震波动力学理论与方法.东营:中国石油大学出版社,2008.
[12] 陈仲候,王兴泰.工程与环境物探教程.北京:地质出版社,1993.
[13] 张玉芬.反射波地震勘探原理和资料解释.北京:地质出版社,2007.
[14] 李录明,李正文.地震勘探原理、方法和解释.北京:地质出版社,2007.
[15] 董敏煜.地震勘探.东营:中国石油大学出版社,2000.
[16] 董世学.地震数据采集系统基本原理.北京:地质出版社,1995.
[17] 赵鸿儒,郭铁栓.工程多波地震勘探.北京:地震出版社,1996.
[18] 刘天放,潘冬明,等.槽波地震勘探.北京:中国矿业大学出版社,1994.
[19] 王俊如.工程与环境地震勘探技术.北京:地质出版社,2002.
[20] 雷宛,肖宏跃,邓一谦.工程与环境物探教程.北京:地质出版社,2006.
[21] 陈宏林,丰继林.工程地震勘察方法.北京:地震出版社,1998.
[22] (美)谢里夫 R E,(加)吉尔达特 L P.勘探地震学.初英等,译.北京:石油工业出版社,1999.
[23] 朱广生,等.勘探地震学教程.武汉:武汉大学出版社,2005.
[24] 杨成林,等.瑞雷波勘探.北京:地质出版社,1993.
[25] 姚姚,等.地震勘探新技术与新方法.武汉:中国地质大学出版社,1991.
[26] 丁志俊.城市地震小区划及工程地震勘探.北京:地震出版社,1991.
[27] 吴世明,唐有职,等.岩土工程波动勘测技术.北京:水利电力出版社,1992.
[28] 迈斯内尔 R. 实用地震勘探技术.吴晖,译.北京:地质出版社,1982.
[29] (美)海特曼 F,等. 地质学家应用地球物理学.许云等,译.北京:中国石油工业出版社,1984.
[30] 王兴泰.工程与环境物探新方法新技术.北京:地质出版社,1996.
[31] 丁绪荣.普通物探教程——地震附声波探测.北京:地质出版社,1984.
[32] 吕郊.地震勘探仪器基本原理.东营:中国石油大学出版社,1997.
[33] 黄德济,贺振华,包吉山.地震勘探资料数字处理.北京:地质出版社,1990.
[34] 李振春,张军华.地震数据处理方法.东营:中国石油大学出版社,2004.

[35] 李鸣祉. 地震勘探资料数据处理. 北京:中国矿业大学出版社,1989.
[36] 王有新. 应用地震数据处理方法. 北京:中国石油工业出版社,2009.
[37] 李正文,赵志超. 地勘探资料解释. 北京:地质出版社,1988.
[38] 北京恒信潜能地球物理技术有限公司. 数据处理与地质解释. 北京:中国石油工业出版社,2003.
[39] 郭少斌. 油气综合勘探方法. 北京:中国地质大学出版社,2006.
[40] [美] 渥·伊尔马滋. 地震资料分析——地震资料处理、反演和解释. 刘怀山等,译. 北京:石油工业出版社,2006.
[41] [美] Sheriff R E , Geldart L P. 勘探地震学. 徐中信等,译. 吉林科学技术出版社,1992.
[42] 戴呈祥,王庆海. 浅层反射法地震勘探数据采集中应注意的几个问题. 物探与化探,1989(1).
[43] 熊章强,方根显. 浅震反射法在厦门美景花园工程勘察中的应用. 华东地质学院学报,1994(3).
[44] 熊章强,方根显. 浅层折射波法在隧道工程地质调查中的应用. 水文地质与工程地质,2001(1) .
[45] 熊章强,谢志招等. 地震映像技术在泉州造船厂海上勘查中的应用. 港工技术,2008(4).
[46] 吴志强,陈建文. OBS 在我国海洋深部地质调查中的应用现状和前景. 海洋地质动态,2008(9)
[47] 熊章强,张学强,等. 高密度地震映象勘查方法及应用实例. 地震学报,2004(4).
[48] 戴呈祥,等. 关于提高浅层地震勘探分辨率的几点体会. 物探与化探,1987(6).
[49] 周鸿秋,等. 折射波法反演 t0 差数时距曲线法的自动化解释. 物探与化探,1987(3).
[50] 张世洪. 工程地震勘探的科技进展. 物探与化探,1989(5)
[51] 丁志俊. 国外浅层地震技术应用现状与展望. 国外地质勘探技术,1990(5).
[52] 崔林,杨积发. 水利水电系统物探工作的进展及发展方向. 工程物探,1993(4).
[53] 赵连锋. 井间地震波速与衰减联合层析成像方法研究. 成都:成都理工大学,2002.
[54] 熊章强,张大洲,秦臻. 瑞雷波数值模拟中的边界条件处理及模拟实例分析. 中南大学学报,2008(4).
[55] 熊章强,张大洲,肖柏勋. 裂缝介质中瑞雷面波传播的渐变非均匀交错网格数值模拟. 湖南大学学报,2008(4).
[56] 刘彦华,熊章强,刘江平. 利用瑞雷波法检测路基密实度. 西部探矿工程,2008(4).
[57] 张大洲,顾汉明,熊章强. 基于多模态分离的面波谱分析方法. 地球科学,2009(6).
[58] 张大洲,熊章强,秦臻. 基于 Fourier 变换的瑞雷面波分离提取及实例分析. 中南大学学报,2010(3).
[59] 杨成林. 瑞雷波法勘探原理及其应用. 物探与化探,1989(6).
[60] 严寿民. 瞬态瑞雷波勘探方法. 物探与化探,1992(2).
[61] 杨文采. 地震层析成像在工程勘测中的应用. 物探与化探,1993(3).
[62] 杨文采,李幼铬,等. 应用地震层析成像. 北京:地质出版社,1993.
[63] 徐宏波. 地震层析技术的实现及其应用. 工程物探,1991(1).
[64] 刘曾武. 概述常时微动的研究及在工程中的应用. 世界地震工程,1992(1).
[65] 熊章强等. 常时微动在地基勘察工程中的应用. 物探与化探,1995(4).
[66] 张大洲,钟世航,熊章强. 应用超声波法和陆地声纳法测量松弛带厚度. 东华理工学院学报, 2004(4).
[67] 李松涛,岩性解释,石油物探专题情报成果集,1985(2).
[68] Ralph. W K , Don. W S. High - resolution Common - depth - point reflection profiling: Field acquisition parameter design . Geophysics, 1986,51(2).
[69] Ruhi Saatcilar , Nezihi Canitez. A method of ground - roll elimination . Geophysics,1988,53(7).
[70] Majer E L, Evilly T V, Eastwood F S, Myer L R. Fracture detection using P - ware and s - ware virtual seismic Profiling at the Geysers. Geophysics,1988,53(7).
[71] Tatham R H, Mc Cormack M D. Multicomponent seismology in petroleum exploration. Society of Exploration Geophysicists, 1991.
[72] Carmichael R S. Practical handbook of physical properties of rocks and minerals. CRC Press Inc,1989.